中国国家标准汇编

541

GB 28547～28567

（2012 年制定）

中国标准出版社　编

中国标准出版社

北　京

图书在版编目(CIP)数据

中国国家标准汇编:2012年制定.541:
GB 28547～28567/中国标准出版社编.—北京:
中国标准出版社,2013.11
ISBN 978-7-5066-7272-6

Ⅰ.①中…　Ⅱ.①中…　Ⅲ.①国家标准-
汇编-中国-2012　Ⅳ.①T-652.1

中国版本图书馆CIP数据核字(2013)第186309号

中国标准出版社出版发行
北京市朝阳区和平里西街甲2号(100013)
北京市西城区三里河北街16号(100045)

网址 www.spc.net.cn
总编室:(010)64275323　发行中心:(010)51780235
读者服务部:(010)68523946

中国标准出版社秦皇岛印刷厂印刷
各地新华书店经销

*

开本 880×1230 1/16 印张 36.25 字数 1 100 千字
2013年11月第一版 2013年11月第一次印刷

*

定价 220.00 元

出 版 说 明

1.《中国国家标准汇编》是一部大型综合性国家标准全集。自1983年起，按国家标准顺序号以精装本、平装本两种装帧形式陆续分册汇编出版。它在一定程度上反映了我国建国以来标准化事业发展的基本情况和主要成就，是各级标准化管理机构，工矿企事业单位，农林牧副渔系统，科研、设计、教学等部门必不可少的工具书。

2.《中国国家标准汇编》收入我国每年正式发布的全部国家标准，分为"制定"卷和"修订"卷两种编辑版本。

"制定"卷收入上一年度我国发布的、新制定的国家标准，顺延前年度标准编号分成若干分册，封面和书脊上注明"20××年制定"字样及分册号，分册号一直连续。各分册中的标准是按照标准编号顺序连续排列的，如有标准顺序号缺号的，除特殊情况注明外，暂为空号。

"修订"卷收入上一年度我国发布的、被修订的国家标准，视篇幅分设若干分册，但与"制定"卷分册号无关联，仅在封面和书脊上注明"20××年修订-1，-2，-3，……"字样。"修订"卷各分册中的标准，仍按标准编号顺序排列(但不连续)；如有遗漏的，均在当年最后一分册中补齐。需提请读者注意的是，个别非顺延前年度标准编号的新制定的国家标准没有收入在"制定"卷中，而是收入在"修订"卷中。

读者配套购买《中国国家标准汇编》"制定"卷和"修订"卷则可收齐由我社出版的上一年度我国制定和修订的全部国家标准。

3.由于读者需求的变化，自1996年起，《中国国家标准汇编》仅出版精装本。

4.2012年我国制修订国家标准共2 101项。本分册为"2012年制定"卷第541分册，收入国家标准GB 28547～28567的最新版本。

中国标准出版社

2013年8月

目　　录

ICS 29.080.99
K 49

中华人民共和国国家标准

GB/T 28547—2012

交流金属氧化物避雷器选择和使用导则

Selection and application recommendations of metal oxide surge arresters for a.c. systems

(IEC 60099-5:2000,NEQ)

2012-06-29 发布　　2012-11-01 实施

中华人民共和国国家质量监督检验检疫总局
中国国家标准化管理委员会　发布

前　言

本标准按照 GB/T 1.1—2009 给出的规则起草。

本标准使用重新起草法参考 IEC 60099-5:2000《避雷器　第5部分:选择和使用导则》和 IEC 37/361/CD (IEC 60099-5 Ed 2.0:2009),并结合我国的实际情况起草。文本结构与 IEC 60099-5 Ed 2.0 相同,但内容作了许多修改,与 IEC 60099-5:2000 的一致性程度为非等效。

本标准由中国电器工业协会提出。

本标准由全国避雷器标准化技术委员会(SAC/TC 81)归口。

本标准负责起草单位:中国电力科学研究院、国网电力科学研究院、西安高压电器研究院有限责任公司。

本标准参加起草单位:西安交通大学、东北电力科学研究院有限公司、广东电网公司电力科学研究院、陕西电力科学研究院、国家绝缘子避雷器质量监督检验中心、西安西电避雷器有限责任公司、南阳金冠电气有限公司、电科院东芝避雷器有限公司、深圳市银星电气股份有限公司、抚顺电瓷制造有限公司、中能电力科技开发有限公司、上海电瓷厂、温州益坤电器有限公司、重庆电力科学试验研究院。

本标准主要起草人:李启盛、王保山、王新霞、郭洁、陈立栋、颜文、钟定珠、张翠霞、谢秀余、王维州、张宝全、何计谋、龚正全、苏宁、熊易、车文俊、田恩文、张家骞、伍本才、徐学亭、朱树立、黄勇、程文怡、李凡、印华、张博宇、宋继军、刘飞。

交流金属氧化物避雷器选择和使用导则

1 总则

1.1 范围

本标准提出了标称电压大于 1 kV 的交流系统用避雷器的选择以及应用建议。这些建议适用于 GB 11032 中定义的交流无间隙金属氧化物避雷器，GB/T 28182—2011 中定义的额定电压 52 kV 及以下带串联间隙避雷器，以及 IEC 60099-8、DL/T 815—2002 和 JB/T 10497—2005 中定义的用于架空输电线路和配电线路的带串联外间隙金属氧化物避雷器。

GB 311.1 和 GB/T 311.2 中给出了电力系统绝缘配合的原则。绝缘配合是确保高压电网和变电站的设计和运行的安全性、可靠性、经济性以及风险管理的过程，使用避雷器使得系统和设备在一定的绝缘水平上，有一个可以接受的风险，并使经济损失最小。

引进分析模型和电力系统暂态仿真进一步优化设备绝缘水平的选择。在电力系统设计和运行中，避雷器的选择变得越来越重要，应当认识到：电力系统和设备的可靠性取决于用户在设计和选择设备以及避雷器时所选择安全裕度的大小。

避雷器残压是大多数用户选择避雷器时考虑的一个重点参数，GB 11032 给出了典型避雷器的最大残压，然而，对于某些系统，如果有更好的运行经验或者有更好性能的避雷器，可以按实际情况选择。

1.2 规范性引用文件

下列文件对于本文件的应用是必不可少的。凡是注日期的引用文件，仅注日期的版本适用于本文件。凡是不注日期的引用文件，其最新版本(包括所有的修改单)适用于本文件。

GB 311.1 高压输变电设备的绝缘配合(GB 311.1—1997，neq IEC 60071-1:1993)

GB/T 311.2 绝缘配合 第 2 部分:高压输变电设备的绝缘配合使用导则(GB/T 311.2—2002，eqv IEC 60071-2:1996)

GB/T 311.4 绝缘配合 第 4 部分:电网绝缘配合及其模拟的计算导则(GB/T 311.4—2010，IEC 60071-4:2004，MOD)

GB/T 4585—2004 交流系统用高压绝缘子的人工污秽试验(IEC 60507:1991，IDT)

GB/T 6115.2—2002 电力系统用串联电容器 第 2 部分:串联电容器组用保护设备(IEC 60143-2:1994，IDT)

GB/T 7327—2008 交流系统用碳化硅阀式避雷器

GB 7674 额定电压 72.5 kV 及以上气体绝缘金属封闭开关设备(GB 7674—2008，IEC 62271-203:2003，MOD)

GB 11032—2010 交流无间隙金属氧化物避雷器(IEC 60099-4:2006，MOD)

GB/Z 24842—2009 1 000 kV 特高压交流输变电工程过电压和绝缘配合

GB/Z 24845—2009 1 000 kV 交流系统用无间隙金属氧化物避雷器技术规范

GB/T 26218.1—2010 污秽条件下使用的高压绝缘子的选择和尺寸确定 第 1 部分:定义、信息和一般原则(IEC/TS 60815-1:2008，MOD)

GB/T 28182—2011 额定电压 52 kV 及以下带串联间隙避雷器(IEC 60099-6:2002，MOD)

DL/T 815—2002 交流输电线路用复合外套金属氧化物避雷器

JB/T 10497—2005 交流输电线路用复合外套有串联间隙金属氧化物避雷器

IEC 60099-8 避雷器 第8部分:交流1 kV以上架空输电和配电线路用带外串联间隙金属氧化物避雷器(EGLA)(Surge arresters—Part 8: Metal-oxide surge arresters with external series gap (EGLA) for overheadtransmission and distribution lines of a. c. systems above 1 kV)

IEEE 824—2004 电力系统中的串联电容器标准(IEEE Standard for Series Capacitor Banks in Power Systems)

1.3 避雷器应用总则

本标准主要针对电力系统标称电压范围为:

范围Ⅰ:大于1 kV,小于等于220 kV;

范围Ⅱ:大于220 kV。

对于范围Ⅰ系统,当含有架空线时,设备的主要威胁是来自与其连接的架空线上出现的直击雷和感应雷。在不与架空线连接的电缆系统中,由故障或开关操作引起的过电压是最常见的,少数情况下也会产生感应雷过电压。对于范围Ⅱ系统,除了范围Ⅰ的影响因素外,随着系统电压的增高,操作过电压是重要的影响因素。过电压可能会导致设备的闪络和严重损坏,从而危及对用户的供电。用避雷器和绝缘之间恰当的配合来阻止这样的事故发生是十分重要的。因此,如果可能出现对设备有危害的雷电过电压或者高幅值操作过电压时,建议采用避雷器防护。

避雷器是系统的一个重要组成部分,其设计应当具有足够的可靠性,足以耐受在污秽或其他安装环境下的电压和通过它的电流。在每一个系统中避雷器承受的电压包括(见GB 311.1):

——工作电压;

——暂时过电压;

——缓波前过电压;

——快波前过电压;

——陡波前过电压(GIS用)。

由操作产生的缓波前过电压对保护范围Ⅱ的避雷器来说特别重要。

一般来说,设备得到最好的保护与采用较高的避雷器额定电压的要求是相互矛盾的,因此,选择适当的避雷器是一个优化过程,这一过程必须考虑系统和设备的各项参数,第3章绝缘配合和避雷器选择对这一过程进行了详细解释。

2 避雷器的发展过程、基本性能和应用

2.1 避雷器的发展

20世纪70年代后期开始使用的金属氧化物避雷器(又称MOA),已经被证明能够解决有间隙碳化硅(SiC)避雷器所不能解决的问题,避雷器的保护水平不再是一个统计参数,而是可以精确给出。与SiC避雷器相比,SiC避雷器的放电电压易受到周围电场的影响,金属氧化物避雷器的保护功能不再受安装位置或者周围设备的影响。通过并联金属氧化物电阻片(又称MOV),理论上可以满足任何能量需求。由于保护设备可处理极高能量已经成为可能,因此这种设计开创了一个新的应用领域,例如,电容器组可用多个MOV柱并联组成更高能量避雷器来保护。

起初一些MOA使用与电阻片串联或与部分电阻片并联的放电间隙。在一定程度上,这种设计主要是考虑电阻片材料的长期稳定性,使用串联或者并联放电间隙都可以降低电阻片的承受电压,另一个原因是为了获得比有间隙SiC避雷器更低的保护水平。

随着经验的增长,与旧的技术相比,取消间隙使得避雷器结构非常小巧、紧凑、运行可靠。另一方面,带外串联放电间隙MOA(外串间隙线路型避雷器,又称EGLA)正在被越来越多地使用,这种避雷

器通常用以保护架空输电线路和配电线路，限制由雷电引起的快波前过电压，在缓波前过电压和暂时过电压下不动作。

从20世纪80年代至今MOA的设计技术得到长足发展，电阻片正朝着老化性能更优异、保护水平好（即残压更低）、最大持续运行电压更高、能量吸收能力更强以及通流能力更好的方向发展。

从20世纪80年代开始，复合外套避雷器已逐步取代瓷外套避雷器广泛应用于配电系统中，到80年代后期，复合外套避雷器已经越来越多地应用于110 kV甚至于220 kV的系统中，目前，复合外套避雷器已被认为能够应用于500 kV系统甚至于1 100 kV、1 200 kV的特高压系统。

早期的复合外套设计时使用EPDM橡胶作为绝缘材料，从20世纪90年代开始，越来越多的制造厂开始使用具有更好憎水性和耐污性的硅橡胶（SIR）做绝缘外套。

2.2 不同设计和类型的避雷器及其电气及机械特性

首先可以通过非线性电阻的类型（金属氧化物电阻片或碳化硅电阻片）来区分避雷器，金属氧化物非线性电阻片中的主要成分是ZnO。另一种区分方法是看其是否带有间隙，间隙可能在避雷器的外部或者内部，内间隙可能与所有非线性电阻片串联或者部分并联。另一个重要的不同是其外套技术，敞开式变电站（AIS）的避雷器可以用瓷外套，或者是各种不同设计的高分子聚合材料的复合外套，气体绝缘组合电器（GIS）避雷器使用金属封闭、内部充以高运行压力的SF_6气体，此外，对配电避雷器还存在许多其他的外套设计技术。这些不同的避雷器技术包含在下列标准中：

——内串联间隙瓷外套SiC避雷器，GB/T 7327—2008；

——所有类型外套的无间隙MOA，GB 11032—2010；

——具有内串联间隙的瓷外套或复合外套额定电压52 kV及以下配电MOA，GB/T 28182—2011；

——应用于架空输电线路或配电线路的带外间隙瓷外套或复合外套线路避雷器（EGLA），IEC 60099-8。

SiC避雷器目前仍在少量使用，但是市场上已不会再提供，本导则仅针对MOA。

现在新安装的保护变电站设备用避雷器绝大部分是无间隙MOA，配电系统中主要使用的是复合外套MOA，在输电系统中瓷外套避雷器仍然是常见的，但复合外套避雷器的市场份额正在逐渐扩大。

对敞开式变电站（AIS）绝大多数是户外型避雷器，而GIS避雷器只局限于保护GIS或其中的一部分。

从传统意义上来说，避雷器主要用来保护变电站设备，例如电力变压器、互感器，在某些情况下也可以保护进线断路器。一个比较新的应用是作为线路避雷器，线路避雷器可用于防止因雷击无架空地线线路或者有架空地线但是线路架空地线屏蔽失效（绕击）后导致的绝缘子闪络，或者由于雷击高接地电阻的杆塔或架空地线而引起的闪络（反击）。由于现在MOA具备很高的通流能力，使避雷器的进一步应用已经成为可能，避雷器可以很容易地做到多个金属氧化物电阻片柱并联（有时可高达一百多柱）。特殊设计结构的避雷器可以集成到电缆插件系统和配电开关装置中，也可以直接安装在变压器油箱内在油中运行。

2.2.1 无间隙金属氧化物避雷器

2.2.1.1 不同设计和类型

GB 11032—2010中包括以下无间隙避雷器：

——瓷外套避雷器；

——复合外套避雷器；

——气体绝缘金属封闭避雷器（GIS避雷器）；

——分离型和外壳不带电型避雷器；

——液浸式避雷器。

以上这些不同类型的避雷器在后面的章节中会有详细介绍。

2.2.1.2 瓷外套避雷器

瓷外套金属氧化物避雷器的功能部分是由不同的机械结构支撑的，叠加起来的金属氧化物电阻片柱组成。金属氧化物电阻片具有非线性伏安特性，可近似由公式 $I=K\cdot U^{\alpha}$ 式表示。其中 α 是非线性系数，α 的值取决于所选材料以及实际电压电流区域，一般在5～50之间。避雷器用金属氧化物电阻片通常为饼型或环型，直径大约在20 mm～136 mm范围内，高度可达45 mm，几个电阻片柱可并联在一个外套中以增加能量吸收能力(通过增加体积和热容量)，或者改善保护水平(在给定冲击电流水平下减小电流密度)。

避雷器的内部绝缘介质一般为氮气或者空气，如果介质是其他气体，例如 SF_6，应当按照GB 11032—2010的规定，在避雷器内填充实际介质条件下进行相关试验，并考虑是否可能有介质泄漏。这点对短路试验特别重要，因为气体的类型对避雷器的短路性能影响很大。因此，若避雷器内填充空气或氮气，则试验已无代表性。

瓷外套将避雷器功能元件与外部环境隔离，因此瓷外套必须具备以下方面的要求：

——机械强度；

——闪络距离；

——爬电距离；

——污秽条件下的特性；

——防止湿气侵入的密封；

——过载下压力释放能力。

一般避雷器外套(不限于瓷外套)的介电强度要求与电力系统中其他设备不同，由于在电力系统中避雷器的外套绝缘受着最好的保护，因此避雷器的外套绝缘水平不同于绝缘配合标准GB 311.1中规定的标准绝缘水平，而是采用比其更低的值来替代。在避雷器的运行中，为了避免避雷器在冲击残压作用时发生任何闪络，根据GB 11032—2010，对避雷器外套要求如下：

——雷电冲击耐受电压(*LIWV*)为避雷器雷电冲击保护水平(U_{pl})的1.3倍；

——对10 kA和20 kA等级、额定电压大于等于200 kV的避雷器，操作冲击耐受电压(*SIWV*)为避雷器操作冲击保护水平(U_{ps})的1.25倍；

——对10 kA和20 kA等级、额定电压小于200 kV的避雷器，工频耐受电压(*ACWV*)为避雷器操作冲击保护水平(U_{ps})的1.06倍；

——对1.5 kA、2.5 kA、5 kA等级和强雷电负荷避雷器，外套工频耐受电压(*ACWV*)为避雷器雷电冲击保护水平(U_{pl})的0.88倍。

根据供需双方协商，也可依据避雷器使用的系统标称电压，按GB 311.1中对高压电器外绝缘的规定确定。

采用的系数是考虑到当放电电流大于标称放电电流时残压的增加，以及安装在海拔高度1 000 m时的大气修正，当海拔高度大于1 000 m时，则必须进行进一步修正。

避雷器的运行环境特殊，若采用GB 311.1规定的标准值，这将导致避雷器绝缘外套不必要的过高，这不仅是一个几何尺寸的问题，而且会导致严重的轴向电压分布不均匀和污秽条件下性能的畸变。特殊场合，例如极端环境条件下，可能要求较高的额定冲击耐受电压，但一般来说，最好还是采用GB 11032—2010的要求。

避雷器外套内壁与功能元件之间的间隙一般用气体完全或者部分填充(例如干燥的空气或者氮气)，或者用固体或半固体(例如硅橡胶)材料填充，一般外套都有压力释放装置，当功能元件由于能量过载而发生击穿或者闪络时，压力释放装置可以确保外套不剧烈爆炸。然而，我们必须知道市场上存在一些没有压力释放装置的避雷器，用户必须特别考虑这些设备的安全问题。

密封系统是避雷器(不仅指瓷外套避雷器)最敏感的部件，瓷外套避雷器中湿气浸入是影响 MOA 寿命的一个主要因素(MOV 的电气寿命也是一个因素，例如其电压电流特性的改变，但不是主要因素)。

出于机械方面的考虑，外套的长度一般小于 2 m，因此，系统标称电压 220 kV 及以上的避雷器一般是由若干个避雷器元件串联而成，串联元件长度一般在 1.5 m～2 m，并配以均压环，均压环的作用是通过补偿对地杂散电容而使得轴向电压分布均匀。安装时绝不能缺少均压环，因为缺少均压环的避雷器可能会在短时内发生热崩溃(例如功耗超过散热能力)。

目前，GB 11032—2010 不允许在没有外部均压系统的条件下对避雷器元件外套进行绝缘试验，对于多节元件的超高压和特高压避雷器，这种试验不会得到正确的耐压值。

2.2.1.3 复合外套避雷器

在 20 世纪 80 年代中期(配电系统)、80 年代后期(输电系统)复合外套避雷器在市场上出现，在配电系统中得到了更广泛的应用。在输电系统中，这种避雷器的应用呈现逐渐增加的趋势。各种不同的设计已经得到了发展，尤其对配电避雷器，但是所有的现有设计都是基于几个基本设计原则。值得注意的是，从力学角度考虑，因为环氧树脂是脆性材料，其机械特性类似于瓷外套，GB 11032—2010 认为采用环氧浇注外套设计的任何避雷器都应被当作瓷外套避雷器。

“管型设计”：这种避雷器采用的外套有意包含一定的气体体积(与瓷外套相似)，这种设计必须有密封和压力释放系统。外套一般为非瓷性复合外套，如外部有伞裙的增强塑料玻璃纤维管制成。外部伞裙可能直接模压在玻璃纤维管上，或者以其他某种方法作为单个部件挤压在套筒上。避雷器内部电阻片柱的周围介质一般为氮气或者空气，如果介质是其他气体，例如 SF_6，应当按照 GB 11032—2010 的要求对避雷器充满气体进行相关试验，并考虑可能发生的泄漏，由于在短路时气体种类对避雷器性能有重要影响，所以对充有 SF_6 等其他气体的避雷器进行短路试验时，避雷器必须充有 SF_6 等其他气体，此时氮气或者空气的试验结果已经不具有代表性。

“缠绕型设计”：避雷器的机械支撑部分使用纤维玻璃增强塑料(FRP)缠绕型结构。可以通过环氧树脂浸透玻璃粗纱实现，也可以用预浸渍网或带缠绕在电阻片柱上，然后在烘箱中固化而成。所得到的管型缠绕电阻片柱，可以完全包裹(可以预留薄弱点以保证在避雷器过载时外套打开)，也可以有预留“窗口”。这种缠绕也可能是一个预制的 FRP 管包裹在 MOV 柱上，两者之间的空隙可用弹性材料填充。

“笼型设计”：MOV 柱由 FRP 网或 FRP 棒或 FRP 带以极高的张力夹紧。MOV 本身即作为机械支持结构的一部分，而玻璃钢形成一个开放的笼子。另外还可能再用带子缠绕玻璃钢笼子以增加机械强度，改善短路性能。外部伞裙必须直接模压在模件上，通常使用的是硅橡胶。

尽管以上这种分类方法比较实用，但是 GB 11032—2010 采取了另一种不同的分类方法，以便针对不同设计在短路试验中采取不同的程序。若验证封闭外套内包含有气体体积的“压力释放”性能，或验证外套直接挤压在 MOV 柱上的“压力释放”性能，它们是有区别的。这两种基本设计原理要求采用不同的试验方法。例如为了反映恶劣条件，在前一种短路试验情况下，必须熔断与电阻片柱并联的熔丝以产生内部电弧代表发生内部闪络，然而在后一种短路试验中，只有避雷器能量过载(通过施加更高电压)才会导致避雷器损坏，也不排除由于单个电阻片元件过载炸裂而导致的外套机械损伤，因此，GB 11032—2010 介绍了以下短路试验性能：

——“设计 A”避雷器是一种沿避雷器元件的整个长度都有气体释放通道的设计，并且内部气体容积大于等于除内部功能元件外剩余内部容积的 50%；

——“设计 B”避雷器是一种没有封闭气体的实心设计，或者内部气体容积小于除内部功能元件外剩余内部容积的 50%。

GB 11032—2010 给出了进一步的解释：

典型的“设计 A”避雷器是指瓷外套避雷器；或者是用带压力释放装置的复合空心绝缘子装配的复合外套避雷器；或者在复合外套上预制薄弱点制造的避雷器，在规定的压力下破裂或者弹开以降低内部压力。

典型的“设计 B”避雷器没有任何压力释放装置，是没有封闭气体容积的实心类型。如果电阻片发生电气故障，避雷器内部产生电弧。该电弧引起严重汽化并且可能引起避雷器外套和(或)内部材料烧毁。这种避雷器的短路特性取决于它本身对由于电弧的影响发生外套破裂或撕开的控制能力，以避免剧烈爆破。

换句话说，“设计 A”避雷器的气体中发生故障的可能性比固体材料中发生故障的可能性大得多，“设计 B”在固体材料中发生故障的可能性更高。对试验要求而言，这种分类方法是最优的。尽管许多情况表明鉴别两种设计结构还存在问题，不足以区分市场上现有各种避雷器产品之间细节的不同。因此，以上所提到的两种方法可能会同时共存。

复合外套与环境直接接触的外部可能由不同种类的材料制成，例如三元乙丙橡胶(EPDM)或者硅橡胶(SIR)，后者可进一步细分成室温硫化，高温硫化，以及液态硅橡胶，这些仅仅是通用名称，也许下面还有很多分支。大多数情况下，为了抵抗不良环境的影响，这些复合物材料都要掺杂其他化学物质，或者需要添加填充物(例如氢氧化铝)，复合材料最重要的特征是憎水性和动态特性(长持续时间的潮湿后暂时丧失性能而在后来的干燥期又恢复性能)以及抗漏电起痕和耐电蚀能力。它是如此的重要，因此，GB 11032—2010 中要求所有无间隙复合外套避雷器都需要做气候老化试验。

对于外套内腔无气体体积的复合外套避雷器，它的密封系统性能可通过浸水试验(沸水煮 42 h)进行考核。

使用复合外套避雷器的用户应当意识到：与瓷外套避雷器不同，复合外套避雷器即使设计成具有极高机械强度的避雷器，也可能在机械抗弯负荷下产生偏移。变电站设计时必须考虑这点，特别是当避雷器与邻近设备间距较小时应考虑该因素。

复合外套避雷器一个特别的地方是采用串并联设计，例如配电系统的避雷器采用串联设计以满足所要求的额定电压，采用并联结构设计以满足能量吸收以及保护水平的要求。GB 11032—2010 中没有包括所有的特殊设计结构(例如考虑短路试验和机械试验)，因此用户必须注意这种串并联设备的性能可能会偏离单个避雷器型式试验中验证的性能。

2.2.1.4 气体绝缘金属封闭避雷器(GIS 避雷器)

气体绝缘金属封闭避雷器(GIS 避雷器)是一种可以直接连接到 GIS 的避雷器，这种避雷器的金属外套一般用铝或者钢制造，由于 GIS 的气体隔室的连接是制造厂规定的，没有标准化，GIS 避雷器的连接也是如此。因此，GIS 制造厂一般都有自己的 GIS 避雷器设计，借助于适配法兰可以连接市场上的不同 GIS 和避雷器。

GIS 避雷器设计最显著的不同是同罐内的相数，当系统电压低于 220 kV 时，通常是三相共罐设计；当系统电压较高时，通常采用单相设计。与 AIS 避雷器相比，由于对地电容对 GIS 避雷器 MOV 柱的影响更为严重，若未采取特殊措施，则会导致沿 MOV 柱的电压分布极不均匀，因此 GIS 避雷器的内部均压系统比 AIS 避雷器的均压系统更复杂。另外当系统电压高于 220 kV 时，为了减小电阻片柱的几何高度，功能元件的内部设计是：机械上三柱式盘旋，电气上单柱，如图 1 所示。为了实现电阻片层间的相互绝缘，必须使用极高绝缘强度的绝缘板，GB 11032—2010 中规定了绝缘板所要求的介质耐压试验。

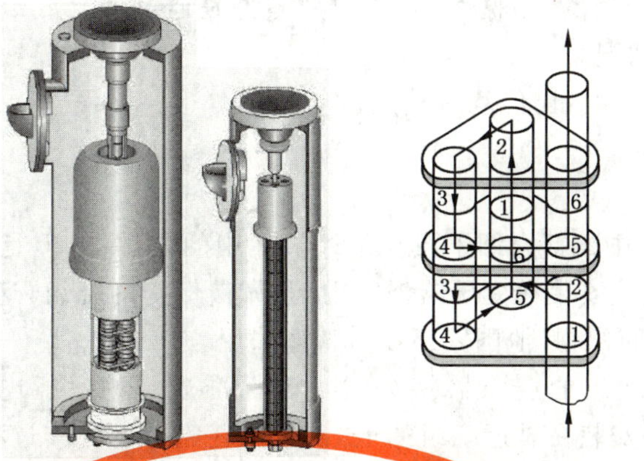

图1 三机械柱/一电气柱(左)和单柱设计(中)及三机械柱/一电气柱电流路径(右)示意图

目前超高压单机械柱/单电气柱避雷器已经得到一定发展,这种避雷器使用的是高梯度电阻片。目前还开发出了保护性能更好的特高压GIS避雷器,该避雷器电气上采用四柱并联,因此其机械上12柱电阻片并联排列。

一般来说,GIS避雷器与AIS避雷器的绝缘强度要求相同($LIWV=1.3U_{pl}$,$SIWV=1.25U_{ps}$,$ACWV=1.06U_{ps}$),但无需任何大气条件校正:只要没有气体泄露,罐内气体密度保持不变,由于GIS介质绝缘故障会导致严重后果(金属罐内的工频电弧),因此要求有更高的安全裕度,三相共罐设计时必须验证相-相耐受电压。

GIS避雷器比AIS避雷器自感低得多的原因是其采用同轴圆柱结构,一般来说,GIS避雷器单位长度的自感为0.3 μH,而AIS避雷器单位长度的自感为1 μH,因此,在陡波冲击电流下,GIS避雷器的保护性能比AIS避雷器更好。

如果GIS避雷器使用已经按照GB 7674规定做过试验的金属外壳,并且其内部没有附加的压力释放装置,那么GIS避雷器在型式试验中不需要做短路试验。否则必须进行短路试验以检验内部压力释放系统。

如果GIS内包含GIS避雷器,则在GIS调试时要特别小心,因为GIS避雷器是不能耐受介质试验中所要求的工频耐受电压水平的。有大量有关GIS避雷器在调试试验时发生故障的报告,如果要做这类试验,必须打开专用的隔离刀闸或移走GIS避雷器,或者采用其他方法将避雷器和系统脱开。

2.2.1.5 分离型避雷器和外壳不带电避雷器

分离型避雷器和外壳不带电避雷器是两种不同设计的避雷器,它们的共同特征是不固定安装,而且不是通过固定导体与系统永久性连接,而是通过滑动触头和插头分别安装和拆卸,一般情况下它们都是安装在箱内,例如配电开关柜,但是目前也有将它们使用在户外的报道,分离型和外壳不带电避雷器之间存在一些基本的不同。

分离型避雷器(不带电插拔避雷器):外套可能是绝缘的(复合材料)或屏蔽的(金属或导电的复合材料)。在所有情况下,它们是不带电插拔避雷器,这意味着避雷器在接入或者移去时,电力系统必须处于断开状态。

注1:不带电插拔避雷器通常使用在欧洲。

外壳不带电型避雷器(带电插拔避雷器):它们总是有屏蔽(接地的)的外套,通常安装在地下且有托架的配电设备及回路中,它们是带电插拔式避雷器,可以在带电状态下安装或者移去。

注2:带电插拔避雷器通常使用在美国。

这两种类型的避雷器对绝缘耐受的要求与AIS避雷器不同,主要体现在绝缘以及屏蔽外套上。

与AIS避雷器标准不同之处是短路性能及相关试验条件和评价。特别对于金属外套的分离型避雷器,在过载情况下允许内部有零件脱落(只要内部零件是通过外套底部的压盖或者其他特别装置排除),安装时应该考虑这种情况。

这两种类型的避雷器在国内已经均有使用。

2.2.1.6 液浸型避雷器

尽管GB 11032—2010中概括介绍了浸在绝缘液体中的避雷器,但是实际上只有浸在绝缘油中的避雷器,这种避雷器一般直接安装在变压器油箱内,紧靠被保护的绕组,这种避雷器从1980年在美国、1985年在日本已经被大量使用,其他国家还没有普遍采用。

只有直接保护变压器绕组的避雷器持久地承受标准规定的运行电压,不包括保护分接开关的MOV。由于液浸型避雷器安装在靠近绕组的地方,可以避免由于行波过程而造成的间隔距离效应,此外还可以避免受环境的影响,因此这种避雷器的保护性能极好。

有一个必须解决的问题是在热油中运行,因为这个原因,加速老化试验(动作负载试验的一部分)必须进行7 000 h(如果制造厂-用户双方达成协议,这个试验可以减少到不少于2 000 h),然而这种试验方法不能对预期寿命给出如GB 11032—2010附录K中1 000 h电阻片试验所给出的同样的可信度。

另一个问题是避雷器的短路性能,液浸型避雷器可以设计成"故障开路"或者"故障短路"型。但是,由于有时故障电流低于开路电流或者高于短路电流,"故障开路"避雷器在电路断路时不一定起作用,"故障短路"避雷器在电路短路时也不一定起作用。"故障开路"不意味着避雷器将会切断电路,仅仅意味着在其他设备清除故障后,故障开路避雷器保护的设备可以重新带电,当然,这种情况下没有过电压保护。表示其短路特性的这两个不同方式要求的试验程序和评价准则不同于所有其他结构的避雷器(见GB 11032—2010)。

2.2.1.7 电气和机械特性参数

2.2.1.7.1 概述

金属氧化物避雷器的基本电气特性是持续运行电压、额定电压、标称放电电流、在标称放电电流下的残压、在陡波冲击电流下的残压和在操作冲击电流下的残压。在给定持续运行电压和额定电压下,避雷器类型不同,保护水平也存在差别。进一步需要考虑的特性还有线路放电等级、额定短路电流等级、污秽耐受能力。

机械性能数据有规定的长期负荷和短期负荷。

2.2.1.7.2 持续运行电压 U_c

持续运行电压是允许持续施加在避雷器端子间的最大正弦工频电压值。整支避雷器的持续运行电压按比例单元计算可能会低于动作负载试验中用于老化和用于验证热稳定的值。由于避雷器外套的污秽效应,或因其他物体的邻近效应引起均压效果下降,致使电阻片电压分布不均匀,使得避雷器的实际持续运行电压降低。

2.2.1.7.3 额定电压 U_r

额定电压是施加在动作负载试验中对应10 s的最大工频电压(GB 11032—2010),它也是建立避雷器工频电压耐受时间特性和定义线路放电试验要求的参考参数。

根据GB 11032—2010额定电压是以1 kV～24 kV的级差定义的。其他值也是可接受的,但需是6的倍数。

2.2.1.7.4 标称放电电流 I_n

标称放电电流是用来划分避雷器等级的。按照GB 11032—2010,标称放电电流将避雷器划分为五个等级。负载和要求值随着标称放电电流等级的提高而增加。标称放电电流是避雷器保护特性和能量吸收能力的主要参数,它的选择会影响绝缘配合的整个程序。

2.2.1.7.5 保护水平 U_{pl},U_{ps}

避雷器的雷电冲击保护水平是在标称放电电流下的最大残压,它用于保护设备免受快波前过电压。

操作冲击保护水平是在规定的操作冲击电流下的最大残压。它用于保护设备免受缓波前过电压。

对于金属氧化物避雷器快波前过电压的保护特性,必须考虑陡波电流冲击试验中电阻片导电机理的影响。

2.2.1.7.6 线路放电等级(LD)

10 kA 和 20 kA 避雷器线路放电时的能量吸收能力与级数有关,按 GB 11032—2010 分为 5 个等级,能量吸收能力随线路放电等级提高而增加。

对于线路放电等级 2 级及以上的避雷器,产生的放电电流用于动作负载试验中以验证吸收能量后的热稳定性。由系统事件引起具有不同波形的电流,可以通过与一个等效的线路放电电流和能量比较来估算。但是,避雷器的通流容量不是一个固定值,而是取决与电流密度以及能量注入时间。通常通流容量随着电流密度增大以及能量注入时间缩短而增强。此问题仍处于验证之中。

2.2.1.7.7 额定短路电流 I_s

额定短路电流数值是避雷器内部功能元件失效后的一个内部故障电流,避雷器应能耐受该电流 200 ms 而没有引起外套剧烈爆炸并使火灾风险最小化。在短路电流型式试验中,还需要验证避雷器在大约 50%和 25%额定短路电流,以及 600 A、1 s 的小电流短路特性。

2.2.1.7.8 污秽耐受特性

避雷器污秽耐受能力涉及三种情况:

a) 避雷器外套必须耐受污秽应力而没有闪络。这可以根据 GB/T 4585—2004 来验证,或按照 GB/T 26218.1—2010 设计来保证。
b) 避雷器必须耐受由于外套表面的污秽作用而导致电压分布变化可能引起的温度升高。应考虑污秽水平以及在污秽条件下由于故障和重合闸操作引起的过电压幅值和频度。适用于多元件瓷外套避雷器的试验程序,已在 GB 11032—2010 中给出,对于复合外套避雷器,目前尚未规定类似的试验程序。
c) 避雷器必须耐受由于污秽作用导致外套表面电压分布变化而引起的内部局部放电,同时不会引起对电阻片或内部支撑件的损害。但目前尚无相关的试验程序。

2.2.1.7.9 规定的长期负荷(SLL)

SLL 是一种垂直于避雷器轴向的力,运行期间允许持续施加在避雷器上而不会产生避雷器机械损伤,可以用力(N)或者弯矩(N·m)表示,弯矩可以用力乘以避雷器高度得到。对于高压复合外套避雷器,SLL 需由一个循环负荷试验来验证,然后对避雷器做包含密封试验的评估试验。对于系统电压不超过 35 kV 的避雷器,型式试验不采用循环方式,而是简单的抗弯试验,该方法也可以用于瓷外套避雷器,由于瓷外套在机械负荷下不会产生偏移,简单的抗弯试验就足够了。

2.2.1.7.10 规定的短期负荷(SSL)

SSL 是一种垂直于避雷器轴向的最大力,运行期间允许短时施加在避雷器上而不会使避雷器产生任何机械损伤,它是针对比较少的事件(如短路电流负载、非常高的风载或中度的地震负荷),可以用力

(N)或者弯矩(N·m)表示。避雷器在运行多年后仍可能遭遇SSL,已在相关试验程序中考虑该情况(SSL试验在SLL试验之后进行)。还有很重要的一点是,SSL值不包括极严重地震负荷,严重地震负荷要求值可能比正常运行条件下的SSL值大得多,因此需要特别考虑。

2.2.2 内串联间隙金属氧化物避雷器

GB/T 28182—2011明确了不包括以下部分:

——非金属氧化物类避雷器;

——额定电压高于54 kV串联间隙避雷器;

——所有额定电压等级的外间隙避雷器;

——所有额定电压等级的并联间隙避雷器;

——线路放电等级为2、3、4、5的避雷器。

因此,这个标准只适用于交流配电系统,瓷外套或复合外套的具有内串联间隙的金属氧化物避雷器(额定电压52 kV及以下)。

2.2.2.1 不同的类型和设计

图2为一种设计:

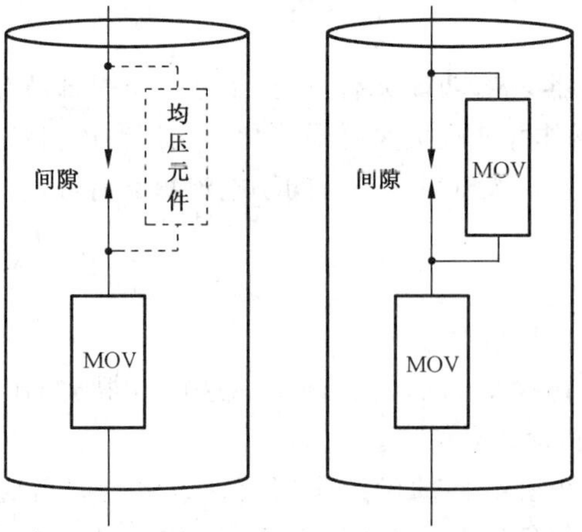

图2 内间隙金属氧化物避雷器设计

20世纪70年代后期开始,图2这种设计开始在中国、美国以及日本出现,这种带内串联间隙的避雷器结合了老式避雷器串联间隙和新型避雷器的金属氧化物电阻片的优点。

从图2可以看出,这种避雷器有两个基本部件,MOV和间隙,MOV为非线性电阻片柱,和无间隙避雷器特性大致相同,间隙一般为空气间隙,和MOV串联,有时也和均压元件或者其他MOV并联,可能有一个或者几个间隙单元。

串联间隙MOA的各部件与早期的SiC避雷器都不同,早期SiC避雷器中间隙的作用类似于开关,在雷击时闭合,当间隙电压接近零时打开。通常间隙的作用是接通和断开避雷器,而MOA中串联间隙的作用是触发避雷器动作,而不是终结动作。由于MOV优异的非线性特性,有助于消除工频续流对间隙老化的影响。在氧化锌避雷器出现之前的碳化硅避雷器中,含有大量的碳化硅电阻片。它们被用来限制在冲击电流之后通过避雷器的工频续流,受限制的电流可使间隙不过度地损坏,而且当电压达到较低水平时间隙可结束动作。然而它也会允许一定的电流通过避雷器,该电流足以劣化间隙,并改变了它们的特性。

串联间隙的正面作用是使金属氧化物电阻片组件的参考电压可以低于无间隙MOA 20%~30%。

取较低的参考电压是因为仅需要满足能在过电压后切断避雷器。这句话的意思是避雷器的动作电压只比系统电压高出几个百分点，而系统电压是指在过电压期间，间隙被有效短接时，加在避雷器上的系统电压。较低的参考电压直接意味着较少的金属氧化物电阻片，或较少的金属氧化物材料。

由于参考电压较低，因此金属氧化物电阻片柱较短，残压也会较低。这意味着可以降低高度，并减小了降低单位高度金属氧化物电阻片残压的困难。这样就可以采用单位高度残压比较高的金属氧化物电阻片，而无需虑及所提供的保护裕度。在某些应用场合，无间隙 MOA 的缺点是对暂时过电压太敏感。而对上一代碳化硅避雷器而言，这并不是一个大问题，因为它们的内部间隙经常把动作电压设置在大于 1.5 p.u.系统电压。而这种内串间隙 MOA 也具有这个能力。间隙设置可以使避雷器避开电力系统中绝大部分暂时过电压。

串联间隙 MOA 一般应用于要求保护水平较好，或较高 TOV，或两者兼而有之的场合，其缺点是间隙具有统计放电特性。

2.2.2.2 电气和机械特性参数

2.2.2.2.1 额定电压和持续运行电压

除非制造厂特别宣称，GB/T 28182—2011 中试验和设计的避雷器额定电压和持续运行电压是与 GB 11032—2010 中规定值相同。

2.2.2.2.2 避雷器等级和能量处理能力要求

有间隙避雷器通流能力一般比无间隙避雷器低，因为其金属氧化物电阻片比较少。电荷转移和电流载流能力和无间隙避雷器相同。

2.2.2.2.3 绝缘配合

根据 GB/T 28182—2011，避雷器设计测试的保护特性如下：

a) 根据 GB/T 28182—2011，确定陡波冲击电流残压和波前放电电压；

b) 根据 GB/T 28182—2011，确定雷冲击电流残压和 1.2/50 冲击放电电压；

c) 根据 GB/T 28182—2011，确定操作冲击电流残压和操作冲击放电电压。

一般情况下，将两个值中较大的一个作为保护特性，在绝缘配合设计程序中采用这个最大值。

2.2.2.2.4 暂时过电压

设计和测试要求与 GB 11032—2010 中考虑方法相同。

2.2.3 带外间隙线路避雷器(EGLA)

2.2.3.1 不同类型和设计

大多数线路避雷器(LSA)的作用是防止由于雷直击或绕击导线而导致的绝缘子闪络和雷击杆塔导致的绝缘子闪络，其主要特征是：

——有间隙或者无间隙；

——瓷外套或者复合外套；

——用于配电线路或者输电线路；

——用于雷电和/或操作过电压保护。

无间隙线路避雷器按照 GB 11032—2010 测试，带外间隙线路避雷器按照 IEC 60099-8 测试。

大多数线路避雷器是复合外套避雷器，仅用于防护雷电过电压，与瓷外套避雷器相比，复合外套避雷器更轻便、易安装、机械过载性能更好。更值得注意的是，线路型避雷器经常安装在公共通道，对线路避雷器应用而言，其安全性(机械强度、短路性能)更为重要。因此针对每个特定的应用，必须在安全和经济两方面找到一个合理的平衡。

配电线路用LSA主要是无间隙避雷器，而绝大多数安装在输电线路避雷器是EGLA型。外串联间隙使得避雷器本体具有较低的额定电压。一方面，由于避雷器不考虑操作冲击过电压的影响，EGLA的能量吸收要求可能比LSA低，另一方面，由于电荷转移不可能向其他并联避雷器分流，因此能量要求又可能较高。由于避雷器本体不持续带电，EGLA对复合外套材料要求会更低；此外放电电压的调整有时候会比较困难——如果避雷器的本体有效时，避雷器的放电电压不应超过绝缘子的雷电冲击耐受电压，而当避雷器的本体损坏时，EGLA必须能够耐受线路上的操作过电压。

EGLA由避雷器本体(SVU)和外串联间隙组成，如图3所示，一个电极安装在SVU的末端，另一个电极固定在线路绝缘子上。另一种方法是将外串间隙与支撑绝缘子并联装配再与SVU串联，这种设计结构不包括在IEC 60099-8中。

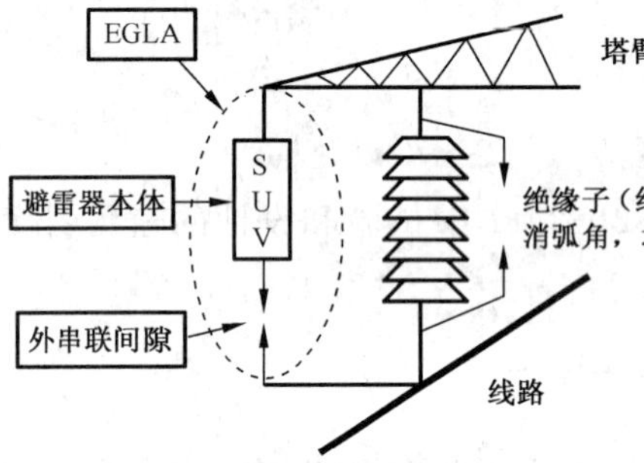

图3　EGLA组成

EGLA有许多不同的安装方法，在杆塔横臂上悬挂式安装是最常用的。还有一些是EGLA直接连接到线路绝缘子上，此时，避雷器本体可能会水平安装。与电站用避雷器相比，必须考虑到，在所有情况下，EGLA (以及所有的线路避雷器LSA)会遭遇更严酷的风荷载和覆冰，因此，机械要求可能会更高。

2.2.3.2　电气及机械特性参数

EGLA只保护雷电冲击过电压，下列涉及无间隙电站避雷器，或保护操作过电压的线路型避雷器的项目均与EGLA无关：

——操作冲击电流下的残压；

——热稳定性；

——长持续时间冲击电流耐受；

——工频电压耐受时间特性；

——工频电压下老化特性。

EGLA对操作电压和工频过电压不起作用，因此不能按照能量处理特性分类，应根据标称放电电流和大电流冲击耐受能力分类，EGLA在日本已经应用了很长时间，IEC 60099-8包括两种分类体系，“X”系列(从X1到X4)，“Y”系列(从Y1到Y4)，当前新设备一般采用前一个系列，而“Y”系列是考虑日本的实际。作为特殊规定，“Y”系列的标称放电电流和大电流冲击波形都是2/20 μs，该值已通过计算可作为有架空地线线路当屏蔽失效时的代表性电流值。

EGLA的基本电气参数包括额定电压，类别(X或者Y)，雷电放电能力，绝缘子耐受电压和EGLA保护水平之间的配合，污秽条件下续流遮断能力以及额定短路电流。

机械特性参数需经制造厂和用户之间协商一致。作为一个最低要求，EGLA必须能够承受运行中的振动负荷。

下列条款给出了EGLA的一些特征参数。

2.2.3.2.1 **额定电压 U_r**

额定电压是施加到 EGLA 避雷器端子间的最大允许工频电压有效值,EGLA 避雷器应被设计成能在此电压下正确地动作,因此额定电压值必须大于安装点可能出现的最大工频暂时过电压值。额定电压也可以作为运行和续流遮断特性的参考参数。

2.2.3.2.2 **EGLA 分类**

EGLA 按照系列名称分类,可以是"X"系列或者"Y"系列,"X"系列包括 X1、X2、X3、X4,"Y"系列也包括 Y1、Y2、Y3、Y4。每个子系列由标称放电电流和大电流冲击耐受能力组合表示。

2.2.3.2.3 **雷电放电能力**

雷电放电电流是专门为线路避雷器试验引进的,在 GB 11032—2010 附录 N 中作了规定。电流波形是持续时间为 200 μs~230 μs 的近似正弦波,相当于 90/200 μs 的电流波,型式试验中必须进行18 次冲击电流试验,此试验为耐久性试验,雷电放电能力由三个参数确定:

——电流峰值(kA);

——比能量(kJ/kV);

——电荷转移能力(C)。

2.2.3.2.4 **绝缘子耐受和 EGLA 保护水平之间的配合**

在型式试验(用"普通"间隙装配)和验收试验(用间隙和规定的待用绝缘子)中必须验证绝缘子的闪络特性与 EGLA 波前放电电压和标准雷电冲击放电电压,以及标称放电电流下残压之间的配合。雷电冲击的任何击穿都应该发生在外串联间隙,不能引起绝缘子的任何闪络。标准规定了两种不同的验证方法:一种是在型式试验中不使用绝缘子;另一种是验收试验中采用拥有最短绝缘距离的待用绝缘子。第一种方法中,首先应确定放电电压和残压,用统计法与绝缘子进行配合;第二种方法中,要求间隙可靠放电,绝缘子无闪络,只需要用统计法计算安全裕度。

必须将避雷器本体短接后进行操作冲击湿耐压试验和工频湿耐压试验,以确定外间隙的最短距离。此时所有闪络均不发生 EGLA 上,而发生在线路绝缘上。

2.2.3.2.5 **污秽条件下续流遮断性能**

型式试验或者验证试验中,必须对 EGLA 做潮湿和污秽条件下续流遮断试验,在实际运行中是不允许避雷器本体表面闪络的,而通过外间隙的续流必须可靠地遮断。

IEC 60099-8 列出了两种续流遮断试验方法:"方法 A"和"方法 B",如果污秽属于 GB/T 26218.1—2010 规定的"非常严重"级别,使用方法 B,其他污秽条件,制造厂根据实际情况选择合适方法。

"方法 B"一般在人工污秽条件下进行。

两种方法都需要在与 EGLA 额定电压相等的工频电压下进行,每种极性要做五次雷电冲击电压击穿试验,每次击穿后,续流必须在工频电压第一个半波周期内切断,而且在以后的任何半波内均不得重击穿。

2.2.3.2.6 **额定短路电流 I_s**

额定短路电流 I_s 是在避雷器功能元件损坏后的内部故障电流,避雷器应能承受该电流 200 ms 而不引起外套粉碎性爆炸。型式试验时,还需要验证大约 50%和 25%额定短路电流,以及 600 A、1 s 的小电流短路特性。

型式试验中,一般按照 GB 11032—2010 中的步骤进行短路试验,试品的安装是直立式还是悬挂式

(按预期安装方式)由制造厂决定。另外还应注意,在试验后应能承受特殊的机械需求,如避雷器本体保持完好,并可以由它的顶端提起或移走,但不做强制要求。问题是间隙和避雷器本体是独立的两个部件,对于不同的应用间隙可能有不同类型的设计,EGLA其他试验也存在这个问题。因此,短路试验时可不包括间隙,但对于其他试验,则必须包括在内。

2.2.3.2.7 机械性能

与电站用避雷器一样,应规定长期负荷(SLL)和短期负荷(SSL),除了GB 11032—2010所要求的机械试验外,IEC 60099-8还引入了振动试验,基本要求是避雷器顶端施加加速度为1 g的100万次振动,间隙组件也要求进行该试验。

根据IEC 60099-8短路试验的规定,允许避雷器碎片脱落,但碎片必须落在指定的范围内。应注意,目前该标准如此规定是因为公众需要通过输电线路和配电线路的下方的通道。另外,还应指出,当EGLA本体MOV损坏之后,每次间隙放电时,均会发生短路,因此,在其被替换之前,可能会遭遇若干次短路事件。

2.3 避雷器的应用

2.3.1 高压变电站避雷器

2.3.1.1 安装

与其他变电站设备相比,避雷器看似是一种比较简单的设备。事实上,用户在运输、储存和安装避雷器时也没有太多的要求,但是不应低估避雷器和它的附件,如均压环、电晕环、法兰盖、绝缘底座等,避雷器内还有半导体的高非线性MOV,它们在其整个寿命期间一直与线路连接在一起。

避雷器既应在持续运行电压和环境应力下稳定运行,又要有更好的保护性能和高的通流容量。制造厂必须非常仔细地在此之间做优化平衡,如果有任何一个附件被忽略或装配不当,这种平衡就将被打破。因此,有必要认真阅读并遵循制造厂的安装和运行手册。

应该严格遵循制造厂为避雷器运输和储存规定的措施,特别是瓷外套避雷器通常对运输应力很敏感,因为这经常意味着它可能代表了瓷外套避雷器整个寿命期间的最高机械应力。大多数情况下运输和储存时避雷器应当处于垂直状态。

复合外套避雷器在贮存时必须确保空气条件可控,如果贮存像运输时一样带有外包装,外套就容易长苔藓和真菌,制造厂一般会标明外包装在贮存时是否需要被拆除。

多节避雷器运输时通常分成多个独立的避雷器元件,现场安装时必须重新装配。另外必须遵循制造厂的安装说明。避雷器元件装配必须严格按其正确的顺序,因为它们的电压等级和高度可能不同。错误的安装可能导致一些额外故障,例如:对中间法兰的外闪络,或降低避雷器的防污特性。对于复合外套避雷器,为了吊装避雷器元件而采用带子捆扎时,必须小心不要损坏绝缘伞裙。某些类型的避雷器(通常是瓷外套避雷器或“管型”复合外套避雷器)要求有金属顶盖板和避雷器元件之间的中间板。如果这些板去掉,则会影响整只避雷器的短路(压力释放)性能。

高度超过1.5 m～2 m的金属氧化物避雷器一般装有均压环,这些均压环是用来使避雷器电阻片柱轴向电压分布均匀,所以不能省略,均压环的数量、直径、支撑杆的长度都是制造厂经仔细优化精确规定的,它涉及避雷器的电压分布和温度分布。去掉均压环或采用错误的尺寸可能导致避雷器在短时间内完全损坏。

当避雷器直接立于地面上时,对地电容会使得避雷器上电压分配不均匀,均压环的作用就是减弱对地电容的影响,如果避雷器安装在支架的顶部,对地电容的影响就比较小,但均压环也不能省略或改变,详细内容见GB 11032—2010。

当避雷器配有均压环时,必须认真对待制造厂宣称的从均压环最大环的外径到接地体或带电部件的最小间隙距离。如果由于均压环的安装尺寸不允许有任何改变而出现间隙距离问题时，必须与厂商联系，以确定是否可以采用另一种配置，特别是针对特殊的应用。在EHV和UHV系统中，避雷器装有额外的电晕环，为了在电气上屏蔽高电压端子，电晕环一般安装在避雷器顶部，电晕环的作用是限制电晕效应和无线电干扰电压(RIV)水平，切勿将电晕环和均压环混淆，这两个环在尺寸上有很大不同，如图4所示：

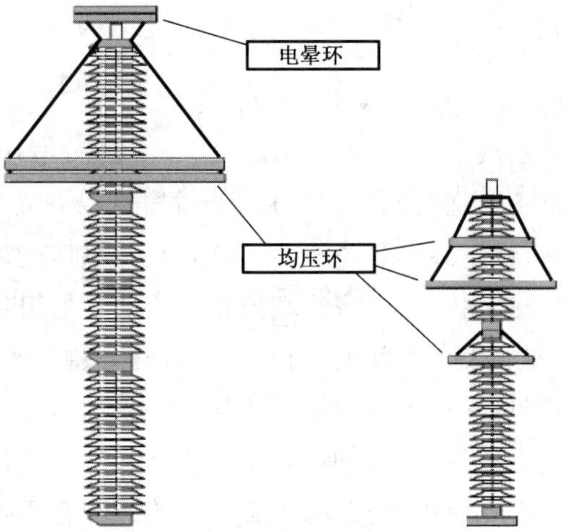

图4　EHV/UHV以及HV带均压环和防电晕环避雷器

制造厂还清楚地给出了避雷器可能的安装方式(直立、悬挂、斜拉)的说明，当悬挂安装时不能改变伞裙的朝向，即保持伞裙朝下，同样的考虑也适用于当避雷器安装有一定角度时的伞裙朝向(如果制造厂允许的话)。当避雷器悬挂安装时，避雷器上下端的功能改变了。顶端法兰接地，而底座法兰作为高压端子，这种情况下均压环必须安装在底座上(即高压端)，如图5所示。正如前文所说，避雷器各独立元件可能会有不同的额定电压，因此安装之前要按预先规定的顺序从底到顶放置，或者更确切地说，从接地端到带电端。对于悬挂安装时这种顺序会受到影响，因为此时底部法兰代表高压端，而顶部法兰代表接地端，必须仔细阅读说明书，看是否允许悬挂安装，或是否允许改变安装顺序。通常如果安装方式不同于直立安装时，必须在避雷器订货时提出。若在安装现场有任何疑问，应与制造厂联系。如果为了连接监测装置而将避雷器竖立在绝缘底座上，绝缘底座在长期工作情况下应该经常打扫不允许发生短路，尽管短路或者绝缘底座被旁路不会影响避雷器的功能，但可能会引起所连监测装置的失效。

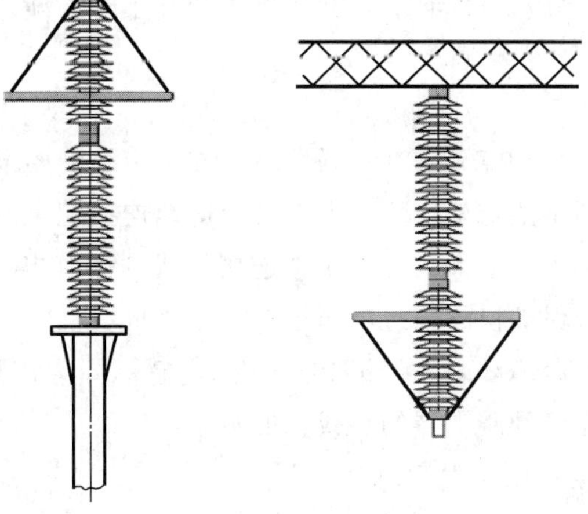

图5　支架避雷器和悬挂于钢结构的避雷器

如果避雷器安装有压力释放装置和喷口，应该仔细选择喷口的位置，首先要保护人员安全，其次在压力释放动作时，寻找一种好的办法，不仅能够保护人员安全，而且能够保护设备免于受燃烧电弧的影响。应当注意到，喷口出口的方向和短路电流引起的电动力的方向共同决定燃烧电弧的运动方向。这种情况下，应避免避雷器与电弧直接接触，尽可能避免外套热爆炸（瓷外套避雷器）或外套燃烧（复合外套避雷器），从而减少故障损失。

2.3.1.2 保护范围和间隔距离

对于快波前过电压，其上升速率比较快，避雷器和设备之间的行波效应不能忽略。通常，被保护设备上的快波前过电压预期比避雷器残压高。被保护设备端子上的过电压陡度是原过电压陡度的两倍，直到过电压波从避雷器到电器设备传播时间的两倍后，避雷器可以有效地减小这个过电压。从避雷器到设备终端行进两个行波周期后，设备终端过电压会升高到行波电压的两倍，导致振幅超过避雷器雷电冲击保护水平两倍、周期为行波从避雷器到设备终端所用时间四倍的阻尼振荡。传播距离越短，过电压幅值越低。因此，最好降低避雷器和设备之间的保护距离，有时，只要行波上升速率可以被限制，变电站和架空线路屏蔽较好，一个避雷器可保护多台设备。

应用避雷器做设备的雷电过电压保护可以有两种情况：

——对给定的避雷器保护水平和保护距离，确定必要的绝缘配合用雷电冲击耐受电压，然后乘以安全系数，得到额定雷电冲击耐受电压；

——对给定的避雷器保护水平和配合耐受电压，通过雷电冲击耐受电压除以安全系数，确定避雷器保护区域，以确定最大保护距离来满足绝缘配合要求。

原则上讲，上面两种都需要知道被保护设备精确的过电压波形以及与波形有关的耐受电压，为了简化起见，假设以下条件就满足这些要求：

——比较标称放电电流（或陡波冲击电流）的残压与被保护设备的雷电冲击耐受电压；

——要求被保护的典型雷电过电压通常在避雷器中引起的电流波形的波前时间接近 1 μs～8 μs，采用陡波电流下的残压似乎是比较合适的，而陡波冲击电流下的残压比标称电流下残压大约高 5%。

有时，受空间尺寸的限制，可能无法采用标准净距。因为标准净距的规定都是基于冲击耐受电压，所以减小净距还是有一定可能性的。然而要注意净距是要根据变电站的操作冲击耐受 *SIWV*，而不是避雷器的保护水平所决定的。这是一个在确定新的输电电压等级时讨论很多的问题，如减小距离时，必须包括均压环。这在输电电压等级更成问题，在此等级净距减小时必须考虑均压环。

2.3.1.3 连接引线

站用避雷器的连接引线截面通常都比较大，因此对于连接引线的要求更多地是取决于机械方面，而不是电气方面，主要考虑的问题是能与架空导线或母线合适地连接配合。由于放电电流持续时间短，尽管电流很大，导线的功率和能耗也不起太大的作用。连接引线的固有电阻和电感阻抗会增大被保护的设备上的有效残压，这个问题对保护快波前过电压很敏感。因此，应该使引线长度尽可能短，尽可能没有感性回环，例如，期望陡度为 5 kA/μs 的雷电冲击电流，电感压降为该陡度乘以雷电冲击电流流到有效接地通道的总长度（由线路连接到避雷器的导线长度＋避雷器高度＋到有效接地的接地线长度）。以图 6 为例，总长度为 10 m 时，电感压降为 50 kV。

$$U_i = L \times \frac{\mathrm{d}i}{\mathrm{d}t} = 10\ \mu\mathrm{H} \times 5\ \mathrm{kA}/\mu\mathrm{s} = 50\ \mathrm{kV}$$

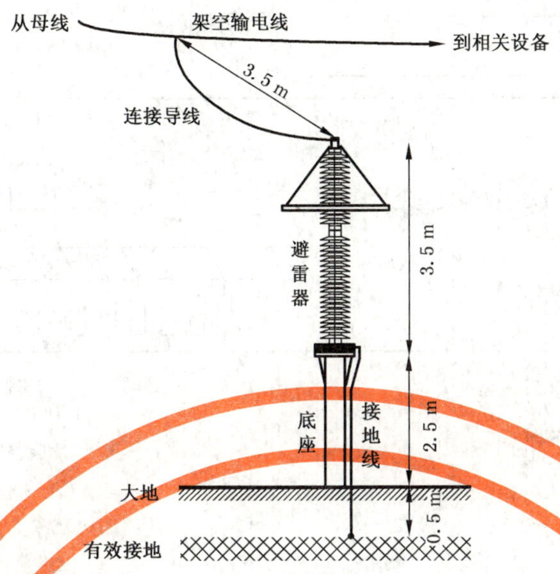

图 6 雷电冲击电流产生电感压降的示例

该电感压降不一定会同时出现在避雷器残压峰值上。然而 50 kV 表示的是电感压降可能的数量级，它可能叠加在避雷器的残压上（例如，会由 800 kV 增至 850 kV）。尽管在稳定运行条件下，流过连接导线的泄漏电流通常只有几个 mA，但是连接导线的电流额定值必须满足避雷器动作期间的电流要求（kA 级；μs～s 的持续时间）。连接导线及其端子的额定值必须满足冲击电流负载和额定短路电流的要求。任何固定件也必须能够承受如上所述的机械应力，特别是当用于避雷器非直立安装，如倒装或斜拉安装时。

2.3.1.4 避雷器接地

一般情况下，为了确保有效的过电压保护，避雷器应该尽可能靠近所保护的设备，高压引线和接地引线的长度应当尽可能短，而且尽可能直，以减小电感并保证引线上的最小压降。高压端和接地端连接引线连同连接点应保证满足耐受大冲击电流以及在避雷器或设备安装处闪络时的短路电流。对地阻抗应较小，以便使高幅值电流能够安全入地。

避雷器接地端一般连到变电站接地网，图 7 和图 8 分别说明了配电系统和变电站不同的接线方式，其中接地网是影响保护电压水平的参考点，避雷器通过这个点将电流迅速导入地网以提供过电压控制。

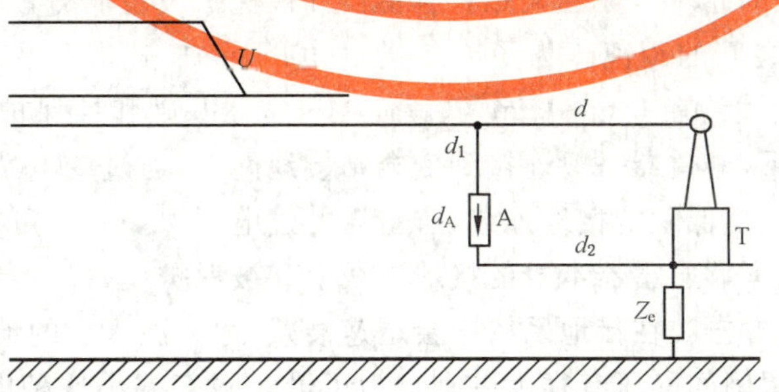

d——避雷器和被保护设备间的相导线长度；

d_1——避雷器到线路的引线长度；

d_2——避雷器到地的引线长度；

d_A——避雷器有效部分长度；

U——过电压侵入波；

Z_e——接地电阻。

图 7 无接地网避雷器安装（配电系统）

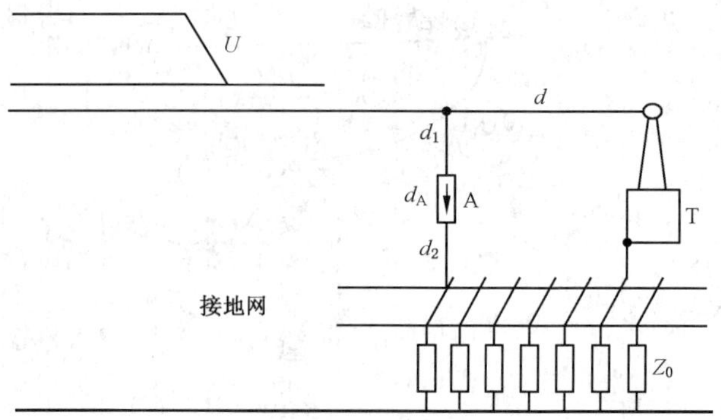

d——避雷器和被保护设备间的相导线长度；

d_1——避雷器到线路的引线长度；

d_2——避雷器到地的引线长度；

d_A——避雷器有效部分长度；

U——过电压侵入波；

Z_0——接地电阻。

图 8　有接地网避雷器安装(高压变电站用)

避雷器和被保护设备之间的连接引线应该尽可能短，以减少由于导线阻抗对快波前过电压引起的电压降。此外，如果避雷器接地引线是过长的环状回路，可能导致避雷器绝缘底座的闪络，因为通常绝缘底座的耐受电压只有几千伏。直接与设备(如变压器油箱)连接时是有效的。但要注意高频电流通过油箱的导电路径，因为这可能会引起电位升高的问题，导致安全风险。

对于最为常见的支架式安装的站用避雷器而言，基本上都会配套安装监测器(或放电计数器)。支架高度通常可达 2 m～7 m。为便于观察，监测器一般安装于离地 1.5 m 的高度处，而接地引线必须从避雷器的接地端(接地底座的上端)连接到监测器然后接地，这样将不可避免会增加一段 2 m～7 m 的引线。为此必须考虑和解决两个问题，第一是引线所引起的附加残压增加，第二是引线的固定以及引线的额定电流问题。

对于倒装或悬挂式安装的避雷器，接地线可能非常长(如超过 20 m)，在设计避雷器保护裕度时必须认真加以考虑。

接地效果会影响避雷器保护水平，因此，如果接地系统不是固定在地下，需要认真研究快波前过电压的裕度。

在高压系统(特别是范围Ⅱ)中，往往很难将避雷器和被保护设备靠得很近。然而，应尽一切努力以减少避雷器及被保护设备之间的距离。为了有效的过电压保护，避雷器及设备之间的距离应该小于 10 m，常见的间隔距离平均大约在 3 m～5 m，这就使在避雷器基础和被保护设备接地端之间的直接短线连接很困难。这种情况下，避雷器一般连接到变电站接地网上，通过变电站接地网和设备接地端连接起来。但是这些位置没有提供低阻抗接地连接，避雷器的过电压保护能力可能会受削弱。而且，当通过高幅值快波前过电压时，在紧靠避雷器本身的接地连线上和被保护设备处可能出现地电位抬高。

众所周知，由于快波前冲击波在接地系统中会迅速衰减，远离注入点的地表电位会迅速下降。这会导致同一接地系统临近位置间的电压有很大差别。为了最大限度减小这种电压差别，应该用尽可能短和直的接地线将设备和避雷器的接地点连接起来，为了避免弯曲的避雷器接地引线和改变避雷器接地引线的方向，有时会有必要凿穿混凝土基础结构。更重要的是要以有效方式降低接地系统的地电位抬高和采取措施释放过电压电流，因此推荐使用高频接地棒。这些高频接地棒可以打入地下 5 m 或更深，视当地土壤电阻率而定。这种接地棒使其与更深的、电阻率更低的土壤层接触。因此，可以改善冲击电流的消散，降低总的接地电阻。当不能采用高频接地棒时，也可以采用埋入地中防腐蚀的水平导体地网。如果距离较远，则接地连线应直接铺设于避雷器和设备之间高压导线连接路径的地下，以降低回环的电感。

2.3.1.5 高频接地棒

高频接地棒一般和接地系统绑定在一起，当需要提高避雷器电流导入大地速度时采用这种棒，这种棒对于快波前过电压的保护特别重要。如若不可能时，避雷器接地端与被保护设备之间的连线应尽可能短且无弯曲，以避免引起保护裕度的附加降低。

2.3.1.6 机械特性

对避雷器运行中的机械应力的认识常常比较含糊，因而提不出要求，或者可能是要求过高。通常，静态抗弯负荷很少构成避雷器的问题。除静态抗弯负荷外，还必须考虑动态负荷的要求。这可能是由某些原因引起，例如，短路电流通过导线或者大风等。在这种情况下，对于瓷外套避雷器，由于瓷外套的脆性和分散性，避雷器的静态负荷仅能承受动态强度的 40％以下。另一方面，规定的顶部允许动态负荷应该通过试验验证其相对应的实际破坏负荷平均值，至少有 20％的安全裕度。典型的瓷外套避雷器的最大允许水平拉力见表 1。

表 1 最大允许水平拉力 *F*

避雷器额定电压(有效值) kV	2.4～25	42～90	96～216	288～468	600～648
最大允许水平拉力 N	147	294	490，980	980，1 470	水平横向 2 500 水平纵向 2 500

对复合外套避雷器，静态负荷和动态负荷的比率可能是不同的，目前还没有建立统一标准，制造厂一般使用自己的设计准则，由于其机械特性的分散性比较小，所以可以采用较小的比值(而对于树脂浇注外套类，因其特性与瓷外套类似，有脆性，因此，被认为是完全可考虑与瓷外套同样的方式)。由于 GB 11032—2010 中没有具体的动静负荷的固定比值，因此，在比较样本值和技术数据时必须十分小心。图 9 指出了适用于瓷外套和树脂浇注外套以及复合外套避雷器的机械性能的确定方法。

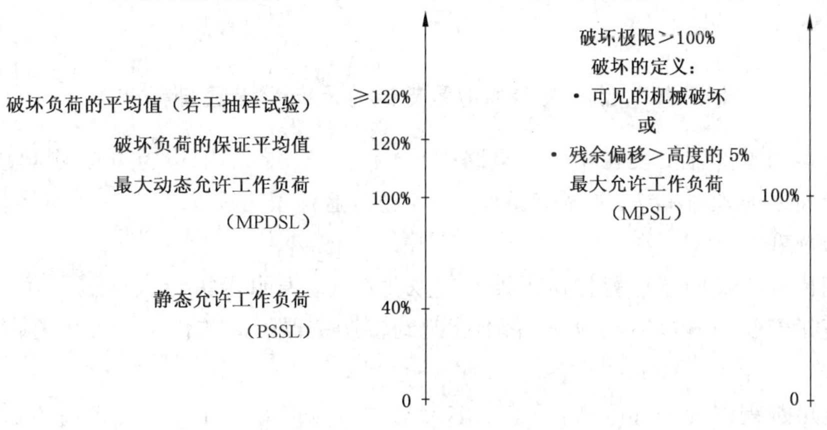

图 9 机械负荷定义

与瓷外套相比，复合外套在机械负荷作用下会出现可见的偏移，通常并不考虑它，但是若这种特性可能引出某些问题时，就必须选择机械强度更大的外套（瓷外套在机械负荷下几乎不发生弯曲）。

对于复合外套避雷器，可能会选择不同于传统的基础固定的"直立"安装方式。如选择悬挂式安装，避雷器的机械强度要求最小，但是避雷器的整个结构必须能够长期承受避雷器本身的重量，现有避雷器一般不采用这种安装，设计阶段就应该考虑这些问题。

2.3.2 配电系统避雷器

2.3.2.1 安装

制造厂应当在说明书中明确说明配电系统避雷器应该怎样装配、安装、维护、运输、贮存以及处理。

配电系统避雷器是单节元件避雷器，无均压环，常常直接安装在配电变压器上。这种避雷器可能装有脱离器、支架、故障指示器以及其他野生动物保护器（鸟罩）。

当避雷器过负荷时，脱离器用来将避雷器和被保护设备自动分离，一般直接安装在避雷器接地侧。脱离器应当不仅能够将避雷器和地电位隔离，同时还能指出应该替换的故障避雷器。脱离器的对地连接必须比较灵活，和避雷器底端之间必须有足够的绝缘距离，以便在脱离器动作后，脱离的接地端可以自由垂下，在避雷器下部接地端出现施加的运行电压时，不致引起放电。

脱离器的作用是：避免故障避雷器导致系统永久短路、开关跳闸，这样系统才能继续供电。脱离器确实在人无法触及或者故障避雷器不能被很快更换的地方起了很大作用，脱离器的弱点是如果避雷器被脱离，系统就失去过电压保护，这就是为什么要移去故障避雷器，迅速换上新避雷器的原因。

绝缘支架和脱离器一般配合使用，其作用是在避雷器故障后配电变压器可以继续运行（见图10），其他种类的支架一般只用于安装。

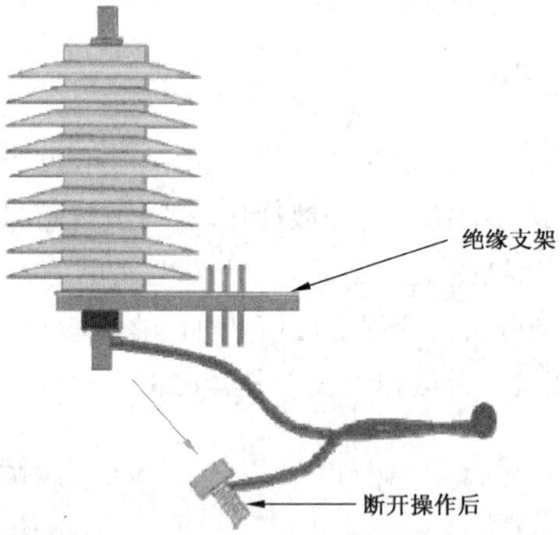

图10 带脱离器和绝缘支架的配电系统避雷器

如果高压熔断器和脱离器安装在相同的电路中，两个保护设备的响应特性必须能够彼此配合。脱离器必须在熔丝熔断之前及时响应，或者和熔丝同步响应，这样就可避免更换后的新熔丝由于短路依然存在，而再次切断短路电流。

故障指示器用比较明显的颜色警告避雷器已经发生故障，表明避雷器应该被更换。指示器一般安装在高压侧或者直接安装在避雷器接地侧，它不能起到将避雷器隔离的作用。如果避雷器故障，可以被发现并迅速地移去。

为了减少配电用避雷器的外部闪络，需要考虑野生动物保护器。配电用避雷器比较短，动物可能会短接避雷器的高压端和其接地端或其附近的接地点，在避雷器附近安装栅栏或大的野生动物保护器可以起到一定的作用。

2.3.2.2 连接引线

用户通常应能观察到连接引线。选择连接引线的截面积应至少保证通过避雷器的短路电流(给定短路电流持续时间)不应导致连接引线熔化或扯掉。这一点既适用于高压端连接引线,也适用于低压端连接引线。

当考虑快速上升雷电冲击时,配电用避雷器相对于被保护设备的位置非常重要,此时与避雷器串联的引线和与设备并联的引线由于内在电感会产生很大的电压降,这种引线电压降会附加到避雷器的快波前响应特性上,连接引线应当尽可能短而且直,因为冲击电流流过时,由于自感会在连接上产生电感压降,当$\frac{di}{dt}$很高时,如雷电流,此电感压降是应该考虑的。金属氧化物材料本身对较陡的电压和电流响应几乎是同步的,就避雷器和连接引线本身而言,电感压降总是存在,在陡波电流冲击时必须考虑电感压降,从数据手册上可以查到的残压通常仅指避雷器端子间的电压,见图 11。

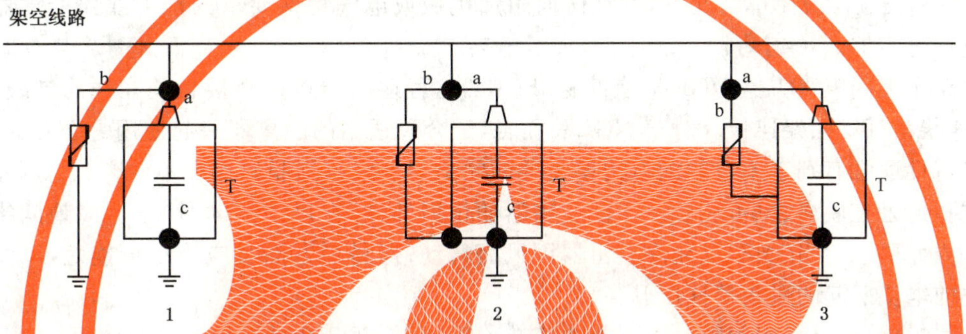

分析上述三种接地方法:

方法 1:效果差,避雷器和变压器没有相同的接地端,过电压首先到达变压器套管,连接线 b 太长。

方法 2:效果好,避雷器和变压器有相同的接地端,连接线 a 和 b 长度相同。

方法 3:效果非常好,避雷器直接在变压器油箱上接地,连接线 b 几乎为零。在这种情况下,过电压侵入波首先到达避雷器,无延迟地限制过电压。

图 11 三种接地方法

电感压降的计算式为:$U_i = L \cdot \frac{di}{dt}$

设 1 m 长直线的电感为 $L=1\ \mu H$,雷电流波形为 8/20、幅值为 10 kA,则每米连线的附加电感压降大约为 $U_i=1.2$ kV。而对于上升时间为 1 μs、幅值为 10 kA 的陡波冲击电流,则每米连线的附加电感压降大约为 $U_i=10$ kV。因此必须尽可能地消除引线和回环的电感效应,而且,避雷器和变压器必须在同一点接地。

2.3.2.3 配电系统避雷器的接地

在配电系统中,避雷器常常和被保护设备(例如变压器)靠得很近,这种情况下,避雷器接地端应该和被保护设备接地端用非常短而且尽可能直的导线连接在一起。

接地电阻应该尽可能小,以限制接地端地电位升高,减小危险性,确保变压器高压侧不发生闪络。一般接地电阻小于等于 10 Ω 就行,接地电阻一般用直流电流或者 50 Hz 交流电流测量,高频下数值可能更大,这就是为什么要使用特殊的接地装置来释放冲击电流。

对于柱上变压器,需要仔细设计接地极,采用接地棒和地网降低接地电阻。应参考可用的接地规程。

变电站中,如果避雷器支架和被保护设备相连,避雷器接地连接端应当通过合适的直导体和主接地网连接。

2.3.2.4 机械特性

配电系统避雷器由于很短，静态抗弯负荷很小。由于避雷器一般安装在柱上与架空线路连接在一起，安装时最大允许扭矩再加上风力对这种避雷器来说或许是比较重要的。

2.3.2.5 油浸避雷器

配电变压器内装的MOV会给变压器提供优异的保护。如果由于雷电或其他原因造成避雷器失效，整个变压器就要更换，因此，这种装置一般适用于单相变压器。

2.3.3 线路避雷器(LSA)

线路避雷器可直接安装在架空线上，通常无间隙线路避雷器(NGLA)比有间隙线路避雷器(EGLA)更容易安装。最简单情况下，没有任何附加机械或电气特性要求的配电线路避雷器就是一个标准的配电用避雷器。

输电线路用无间隙避雷器NGLA(有时称TLA)，这种避雷器可以直接悬挂在线路导线上，靠近绝缘子，接地连线与杆塔构架连接。对于NGLA而言，配合以适当的脱离器一起使用是必要的，但是该脱离器的电气特性通常有别于一般的配电用避雷器的脱离器，因为，当脱离器在不脱离状态时承受的动作负载比较重。但是在脱离之后，还必须保证避雷器的任何部件(在风中舞动时)不会对地闪络。接地引线的长度一方面要求适当地长，以允许避雷器因风而舞动；但另一方面又应该尽可能短，以便减小电流回路和快波前电流引起的避雷器残压升高。

注意：对较高电压等级无间隙避雷器上要安装均压环(前面已经讲过均压环的作用)。

安装金具的寿命特性，在许多情况下，可能比避雷器本身更关键。因此，在规定金具特性时应特别留意。设计时，应考虑让其承受最小的机械应力，而对其质量要求，则应该考虑极端苛刻的机械应力和环境运行条件。

如果避雷器直接竖立安装在杆塔上，或者倾斜有一定角度，或者和杆塔主结构保持水平，必须确保避雷器有足够的机械强度。不能低估振动、风、以及覆冰对避雷器的影响，这要比电站避雷器所受的此类影响大得多。如果避雷器挂在横担上，应当认真考虑伞裙的方向。

EGLA的安装应综合考虑各种影响因素，既要允许本体和导线有合适的摆动空间，又要考虑到这种摆动不致于影响到间隙的放电电压。

2.3.3.1 故障清除

与变电站内的避雷器相比，LSA的电应力过载以及由于雷电冲击而造成的过度能量吸收引起的故障并进而导致避雷器损坏的风险会更高，原因是变电站有屏蔽，可以避免高幅值直击雷。鉴于架空线绝缘一般具有自恢复能力，因而对于电应力过载的线路用避雷器(以下简称线路避雷器)是可以做到不影响线路重合闸的。对于无间隙避雷器(NGLA)而言，在过负荷时可以采用脱离器将线路避雷器与线路隔离。而对于有外串间隙避雷器(EGLA)来讲，将外串间隙的放电电压与线路的最大操作冲击耐受电压($SIWV$)相配合，可以使线路重合闸时也不致于引起EGLA间隙放电。

3 绝缘配合和避雷器的选择

3.1 引言

绝缘配合决定了介质的耐受能力和电力系统在电磁作用下的响应特性。这要求选择设备的电介质强度时要考虑设备所在的系统可能出现的电压，同时还要考虑运行环境以及保护与控制设备的特性。

3.2 概述了基本原则和绝缘配合的实例，它们会具体地影响或决定避雷器的特性。这包括确定设备保护裕度的程序，各种类型的过电压以及避雷器在设备和电网中的应用。

3.3 和 3.4 给出了应用于标称电压 1 kV 以上交流电力系统中避雷器的选择和应用建议。它适用于 GB 11032—2010 所定义的无间隙金属氧化物避雷器的有关部分，也适用于 GB/T 28182—2011 所定义的额定电压小于等于 52 kV 带间隙避雷器和 IEC 60099-8 所定义的用于架空输电和配电线路上的带间隙线路避雷器。

3.2 绝缘配合概述

GB 311.1 给出了绝缘配合的程序。GB/T 311.2 给出了更详细的应用指南。这个标准解决了范围Ⅰ(系统最高运行电压不高于 252 kV)、范围Ⅱ(系统最高运行电压高于 252 kV)中设备绝缘的选取和额定耐受电压的确定。

3.2.1 绝缘配合程序

一个典型的绝缘配合程序包括以下几点：

a) 系统分析：运行中有代表性的电压和过电压；

b) 设备的配合耐受电压(U_{cw})：选择避雷器的保护特性和安装位置(第一步没有考虑雷电过电压)；

c) 要求的耐受电压(U_{rw})；

d) 选择额定绝缘水平。

这些选择和应用建议用于选择避雷器的保护特性和安装位置的分析，也决定雷电过电压下的设备的配合耐受电压。

3.2.2 过电压

电力系统受到干扰时会产生过电压，如系统故障、受到雷击和断路器操作等。过电压所产生的应力会超过设备的设计能力，并给系统运行带来不良影响。过电压的类型在确定避雷器时很重要，因为它决定了保护裕度和能量吸收能力。

电力系统在有避雷器保护和没有避雷器保护两种情况下可能出现的典型过电压与设备绝缘强度的关系如图 12 所示。表 2 综合了电力系统中遭受过电压的典型数据。电力系统中避雷器通常不用于保护工频和暂时过电压。绝缘强度一般会随着冲击波前的变短而稳定增加，但是雷电冲击和不可控制的开关操作仍会产生有危险的过电压，需要避雷器保护。

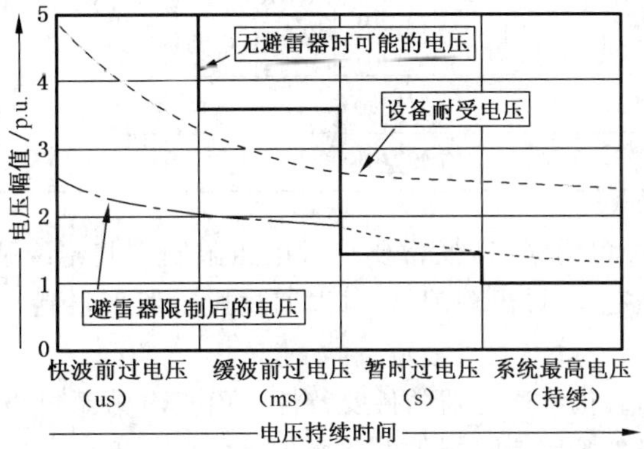

图 12 典型的电压及持续时间(大致相当于 500 kV 电压等级的工况)

表 2　电力系统可能出现的典型过电压

<table>
<tr><th colspan="4">过电压分类</th><th>典型过电压倍数
1 p.u. $=\sqrt{2}\times U_m/\sqrt{3}$</th></tr>
<tr><td rowspan="5">暂时过电压</td><td rowspan="2" colspan="2">单相接地故障</td><td>有效接地系统</td><td>1.3～1.4</td></tr>
<tr><td>不接地系统</td><td>≥1.7</td></tr>
<tr><td rowspan="3" colspan="2">甩负荷
容升效应</td><td>200 km 线路</td><td>1.02</td></tr>
<tr><td>300 km 线路</td><td>1.1</td></tr>
<tr><td>连接有线路的变压器合闸</td><td>1.2～1.8</td></tr>
<tr><td rowspan="15">操作过电压</td><td rowspan="4" colspan="2">线路合闸</td><td>空载线路</td><td>1.5～2.0</td></tr>
<tr><td>无合闸电阻的重合闸</td><td>3.0～3.4</td></tr>
<tr><td>有一级合闸电阻的重合闸</td><td>2.0～2.2</td></tr>
<tr><td>有可控合闸的重合闸</td><td>1.2～1.5</td></tr>
<tr><td rowspan="2" colspan="2">发生故障</td><td>非故障相</td><td>2.1</td></tr>
<tr><td>耦合回路</td><td>1.5</td></tr>
<tr><td colspan="3">清除故障</td><td>1.7～1.9</td></tr>
<tr><td rowspan="3">分合并联电容器组</td><td>接地系统</td><td>断路器无重击穿</td><td>1.7</td></tr>
<tr><td rowspan="2">不接地系统</td><td>断路器发生重击穿
无避雷器</td><td>＞3.0</td></tr>
<tr><td>断路器发生重击穿
有避雷器</td><td>约 2～3
（与避雷器的额定电压有关）</td></tr>
<tr><td rowspan="5">断路器瞬时恢复电压（TRV）及恢复电压上升率（RRRV）</td><td rowspan="2">一般回路</td><td>TRV</td><td>1.7</td></tr>
<tr><td>RRRV</td><td>＜2.0</td></tr>
<tr><td rowspan="3">电感性回路</td><td>TRV</td><td>约 3.0</td></tr>
<tr><td>RRRV
无 TRV 电容</td><td>＞4.0</td></tr>
<tr><td>RRRV
有 TRV 电容</td><td>＜3.0</td></tr>
<tr><td rowspan="2">进入变电站的
雷电陡波过电压</td><td colspan="3">无架空地线</td><td>＞4.0</td></tr>
<tr><td colspan="3">有架空地线</td><td>＜4.0</td></tr>
</table>

对没有自恢复绝缘能力的电力设备，通常要将过电压限制在其绝缘强度的 85%以下。另一方面，有自恢复绝缘能力的电力设备上允许出现闪络，可以通过避雷器来限制过电压以达到期望的设备和系统运行性能。

图 13 中给出了典型金属氧化物避雷器的伏安特性。由于电力系统设备在正常电压和暂时过电压下不需要避雷器保护，避雷器主要用于限制雷电和操作过电压。因此避雷器规范确定了避雷器累积的能量吸收能力和相应的电流幅值。当极端暂时过电压下需要避雷器起保护作用时，必须特别注意过电压持续累积的能量以及避雷器并联时电流分担的情况。

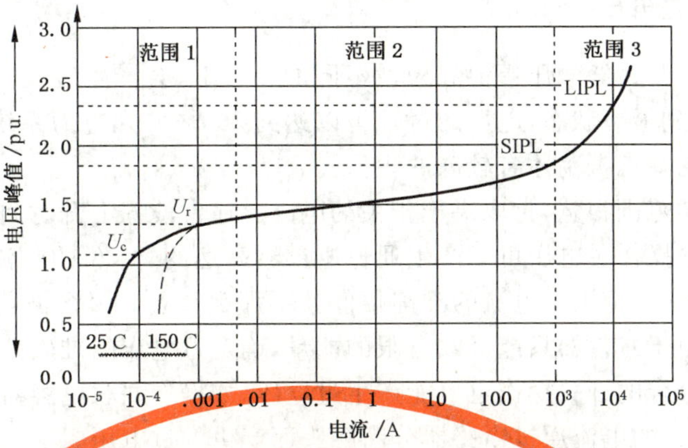

范围 1：稳态运行下的小电流区。

范围 2：暂时过电压和操作过电压下的高度非线性区。

范围 3：雷电及操作冲击电流高于 1 kA 的大电流区。

注 1：LIPL——雷电冲击保护水平。

注 2：SIPL——操作冲击保护水平。

图 13　避雷器伏安特性

3.2.2.1　雷电(快波前)过电压

雷电(快波前)过电压一般产生在雷击线路时，有时在设备附近的开关操作也会产生快波前过电压。这些过电压的波头时间一般为 0.1 μs～20 μs，波尾时间长达 300 μs。

雷电冲击电流(通常不高于 200 kA)会在回路上产生电压，这个电压是电磁波在波阻抗上的压降。行波在波阻抗的交界处(设备的连接处)产生反射，当它的电压超过绝缘强度时就会产生闪络或击穿。

雷电是很难预测和量化的，然而统计数据表明大多数雷电流都超过了 10 kA。雷电的发生频繁程度因地区的不同而不同，但是可以根据当地的落雷密度确定。

雷击事件分为两类，雷电直接击中导线或者击中导线附近的地面而在导线上产生感应电压波。当架空地线屏蔽失败或无架空地线时，雷电可能直接击中导线。还有一种特殊情况是在雷击架空地线或者杆塔后发生的，这种现象叫做反击，是一种沿绝缘子反击到导线上的闪络。

雷击对变电站的影响是根据雷击点与变电站的距离而确定的，因为即使只有雷击产生的一小部分电压波到达变电站，只要其幅值和陡度足够高，就会给变电站带来问题。其他因素如变电站的布置也会影响和雷电冲击有关的行波，通常行波会被连接在同一母线上的并联线路分流，降低对关键设备的危险冲击。

快波前过电压也会在分合与开关之间的连接线很短的感性设备时发生。分合空载变压器和并联电抗器是一种可能的情况，它可以产生很多次非常快速的预击穿和重击穿过电压。每次过电压的持续时间和传播都很短但是却会发生多次。一般情况下，设备和开关之间的避雷器可以有效地降低这些快波前操作过电压，同时也会减少开关设备重击穿率。

3.2.2.2　陡波前(特快速瞬态)过电压(VFFO)

陡波前过电压的上升时间小于 0.1 μs，它一般是 GIS 中的隔离开关操作或故障，由 SF_6 气体间隙的迅速击穿和几乎无阻尼的冲击波在 GIS 中的传播而产生的。在离开 GIS 时(如到达套管)它们的幅值迅速衰减，同时其波前时间变长，达到了快波前过电压的范围。

一般情况下，避雷器不能有效防护陡波前过电压有两个原因：第一，过电压的电压幅值一般低于避雷器的保护水平；第二，保护效果受到被保护设备和避雷器之间的距离以及避雷器尺寸的影响。

3.2.2.3 操作(缓波前)过电压

在操作时的初始电压与最终电压幅值和极性不同的场合下,会产生缓波前过电压。如果不考虑能量损失,从初始状态过渡到最终状态,电压的过冲可以达到200%。在电力系统中,由于能量损耗,一般只有前两个或三个周期的瞬态振荡才有较高的幅值。

缓波前冲击波波形的范围很宽,它取决于相关的电路。通常波头上升时间从20 μs到5 ms。

线路合闸和重合闸的操作过电压可以产生通过避雷器高达约2 kA的电流。由于目前金属氧化物材料的优良非线性,确定这一范围内电流的准确幅值就不那么重要。对缓波前过电压来说电流的波前上升时间可以忽略。但由于避雷器只能吸收有限的能量,确定过电压的准确持续时间是非常重要的。

一些并不属于线路分合的开关操作也可能产生过电压,如操作并联电容器和电抗器,旁路串联电容器等容性设备时,由于过大的电流通过断路器分断触头而产生的过电压。

线路操作包括线路和设备的快速重合闸,这种操作很容易引起重燃或重击穿,电缆线路在超高压下有很强的储存电荷的能力,由于在重击穿时释放出很大的能量,它将考验避雷器的能量吸收能力。

3.2.2.4 暂时过电压

暂时过电压(TOV)是一种相对地或相对相的振荡过电压,有较长的持续时间并且是无阻尼或者弱阻尼的。在这种情况下,暂时过电压的幅值是可以确定的,它对绝缘的影响按稳态考虑。引起暂时过电压的典型原因如下:

在大部分电力系统中,过电压由接地故障产生。附录A给出了决定暂时过电压幅值的导则。过电压的持续时间对应于故障时间(直到故障清除)。在中性点接地系统中一般不超过1 s。中性点谐振接地(消弧线圈接地)系统,如果有接地故障清除装置的,故障持续时间通常小于10 s,如果没有接地故障清除装置,其持续时间可能达到几个小时。

甩负荷时随着负荷的切除,断路器操作的电源端会有电压升高。过电压的幅值取决于切除的负载和供电变电站的短路容量。发电机变压器侧全负荷断开时,暂时过电压有很高的幅值,这个幅值取决于励磁和超速情况。甩负荷过电压的幅值并不是固定的。精确计算需要考虑很多参数,应考虑下述典型的过电压值:

——在中等大小的电力系统中,由完全甩负荷引起的相对地过电压的幅值一般小于1.2 p.u.。过电压的持续时间取决于电压控制设备的动作情况,有可能达到几分钟;

——在较大的电力系统中,当发生电容性升高(Ferranti效应)或者共振效应时,由完全甩负荷引起的相对地过电压可以达到1.5 p.u.甚至更高。其持续时间可以达到几秒钟;

——当发电机变压器甩负荷时,汽轮发电机的暂时过电压幅值可以达到1.4 p.u.,而水轮发电机则可以达到1.5 p.u.,其持续时间大约为3 s。

下述原因引起的暂时过电压则需要考虑电力系统的性质:

——谐振效应,例如当空载长线充电或系统之间的共振;

——长线上的电压升高(Ferranti效应);

——谐振过电压,例如分合变压器时;

——通过互联变压器绕组的反馈,例如有共同的二次母线的两个变电站故障清除时或者三相负载不对称变压器的一相动作时。

由铁磁谐振引起的暂时过电压不能作为避雷器选择的基础。使用避雷器作为额外负荷去阻尼掉铁磁谐振不是有效的方法,也没有经过证实。同样的看法也适用于线性谐振。铁磁谐振有多种形式,铁磁谐振的高次谐波不会产生过电压,但基波铁磁谐振可能会产生很高的暂时过电压。

需要注意引起暂时过电压的两种起因的次序,例如由接地故障引起的甩负荷,因为这两种过电压都相当严重。在这些情况下,甩负荷的容量取决于故障的位置,此时要慎重确定避雷器的安装位置。

由接地故障和甩负荷共同引起的暂时过电压比其中一种情况单独作用下引起的暂时过电压都要高。当这两种情况共同发生的可能性比较大时，要综合考虑电力系统的实际结构。

3.2.3 绝缘配合

绝缘配合可以分为两个基本类别：线路绝缘配合和变电站绝缘配合。线路绝缘配合主要防止由雷电或者线路上开关操作所引起的线路故障，而变电站绝缘配合主要保护变电站的设备不受线路上雷电侵入波的损害，以及在变电站开关操作时对当地和远方设备的损害。

3.2.3.1 线路绝缘配合

线路运行中的绝缘配合性能可以分为雷电和操作两个基本类别。评估它们性能的方法主要基于预期的快波前和缓波前过电压以及规定的绝缘水平。由于线路绝缘是可自恢复的，其性能通常都是由统计法确定。

3.2.3.1.1 雷电过电压

实际上，并不能完全防止雷击导线，除非所有相导线完全用架空地线包围起来。此外，为了保证不发生闪络而屏蔽所有导线是不经济的。有些地方接地电阻很大，从经济角度考虑，架空地线并不能充分发挥作用。

有效的架空地线可以拦截大多数高幅值的雷电流，根据雷电流的严重程度和杆塔的设计，再适当降低杆塔接地电阻，就能使得绝缘子的闪络或故障降到最低。

3.2.3.1.2 绕击率

绕击率是指雷绕击到相导体上的概率。并不是所有这些绕击都会导致闪络。然而，如果雷击到相导体上所产生的电压超过线路的临界闪络电压，就会发生闪络。

3.2.3.1.3 反击率

反击率是雷击到杆塔或架空地线上，并导致绝缘子闪络的概率。雷电流使杆塔电压升高，由此在线路绝缘上产生了一个电压。如果电压超过了线路的绝缘强度，就会产生由杆塔到导线的反击闪络。

反击是雷电引起线路供电中断的主要原因之一。当地的接地情况（土壤电阻率和接地设计）对反击影响较大。

3.2.3.1.4 操作过电压

目前，实际上所有的超高压线路都是采用概率方法进行设计的。这种方法适用于标称电压为 330 kV 及以上的线路，但是不适用于 220 kV 及以下的线路。对 220 kV 及以下的线路，由于较低电压等级的操作过电压幅值较低，雷电工况下对线路绝缘的要求已提供足够的操作波绝缘强度。

3.2.3.1.5 闪络率：统计配合因数

GB/T 311.2 假定过电压和电气强度的分布可以通过它们的分布曲线图的每一个点来定义。统计过电压定义为有 2% 概率的过电压超过该数值，而统计绝缘耐受能力（电压）是指绝缘具有 90% 的耐受概率。

统计配合因数是统计耐受电压与统计过电压之比，闪络率由闪络与配合因数关系图（GB/T 311.2）得到。统计配合因数和闪络率的相互关系显示过电压波形的改变只会对它产生轻微的影响。

3.2.3.1.6 操作冲击闪络率

操作冲击闪络率是所加电压和耐压强度关系的数值积分。所加操作过电压的分布可以由三种概率密度函数中的一种来近似,这三种函数为:高斯、正偏斜极值和负偏斜极值,而耐压强度由等效的大量并联绝缘子的耐压分布得到。

操作冲击闪络率可以采用统计法研究。

3.2.3.2 变电站绝缘配合

变电站运行中的绝缘配合性能取决于变电站和线路的情况。绝缘配合研究的复杂性决定于分析深度和采用的模型。电力系统暂态分析具有主观性。

3.2.3.2.1 快波前过电压(雷电)的保护

保护变电站不受雷击包括两个基本任务:

——防止雷电直接击中设备或者母线。这可以通过对变电站屏蔽做到。此外可以用避雷器保护设备。

——保护变电站设备不受电网产生的侵入波的危害。这保护取决于线路的设计、变电站的布置和避雷器的应用策略。侵入波的严重性是根据线路上的雷击点到变电站的最小距离来估计的,根据线路的电气特性,它会通过电晕逐渐衰减。

变电站内避雷器安装位置的主要影响因素是线路和变电站的屏蔽性能。即使相关的线路没有架空地线,通常也要给变电站安装架空地线和避雷针。变电站避雷针/线降低了当变电站遭受大雷电流冲击时发生高压和陡波冲击的可能性。但是,应该注意大多数的雷击作用在线路上,它会产生从线路侵入到变电站的行波。如果线路有架空地线,进入到变电站的侵入波能量远远小于线路没有架空地线的情况,流过避雷器的雷电流很小,避雷器的残压很低,从而更好地保护设备。

3.2.3.2.1.1 变电站的屏蔽

敞开式(AIS)变电站屏蔽的基本设计和线路的稍有不同。虽然对于变电站母线来说,采取与线路相同的绕击跳闸率是可行的,但是对于特殊的设备基于绕击跳闸率的设计却很难实现。因此为了简便,变电站的设计是以设计电流作为基础的。

另外一个不同是变电站可以使用避雷针或架空地线中的一种,或者都使用,具体由设计者决定。

3.2.3.2.1.2 敞开式变电站:来自雷击线路的侵入波

变电站通常有防直击雷的避雷针或架空地线,保护其设备不直接遭受雷击,因此变电站的雷击通常来自线路的侵入波。整个过程可以概括如下:

a) 评估对开路断路器保护的需求和类型。首先评估开路断路器的需求,如果需要使用避雷器,那么在变电站的初始研究时就要把它们考虑进去。

b) 选择侵入波:应该使用平均无故障时间(MTBF)的方法。

c) 选择可能的雷电冲击保护水平:根据电压等级,可能的雷电冲击保护水平通常为 1 个至 3 个值。

d) 评估正常和意外条件:对于多条进线的变电站,意外条件应该包括有些线路断开。然而,所有线路断开的可能性较小,很少考虑所有线路断开的情况。

e) 选择避雷器的类型、额定电压和初步的安装位置:通常情况下,避雷器安装在变压器端,也可能在变电站线路的入口处。

f) 按照如下的 GB 311.1 绝缘配合程序:

有架空地线的线路上的侵入波在幅值和陡度上都低于没有架空地线线路上的侵入波。很多情况下,这允许避雷器和被保护的设备有一定距离。对于一条有架空地线的进线,避雷器应安装在能保护所有设备的地方,其中优先保护变压器(因为从风险考虑这是最关键的一点)。

当侵入波到达变电站的入口时，基于以下几点估计侵入波幅值、波形（陡度）和波尾时间：

——变电站和雷击点之间的距离；

——雷电流的幅值；

——雷击类型——绕击或反击。

反过来，到达变电站的侵入波的数量是距离、反击闪络率和绕击率的函数。因为雷电流、反击闪络率、绕击率都是统计数据，侵入波的幅值和波形是随机的，必须按概率来考虑。侵入波的统计数据是侵入波的幅值和波形每年等于或者大于特定陡度和幅值的电流的概率。

侵入波数量的倒数是间隔期或每年中侵入波之间的平均时间。也就是说，选择的侵入波幅值超过了保护值，例如100年一次的侵入波。如果这百年一遇的侵入波在变电站所产生的电压恰好等于绝缘强度，那么设备发生故障的平均时间就是100年。

对于多路进线的变电站，情况更为复杂，因为每条线路都可能给变电站带来不同数量的侵入波。对于变电站变压器和变压器母线上的所有设备，遭受的侵入波的数量是所有进线上侵入波的总和。然而对于其他母线上的设备，只考虑单根线路上的侵入波，因为它在这条母线上产生了最严重的电压。

3.2.3.2.1.3 多重雷击（断路器开路情况下）

多重雷击发生在线路断路器和终端设备上，特别是没有架空地线的线路。故障清除后，断路器的断开时间可能超过500 ms，即在第一次雷击后30 ms～300 ms内，终端设备可能遭受多重雷的侵袭。

一般来说，电力系统中的断路器可能发生此种情况时，应给予保护。通常情况下，保护包括在断路器线路侧安装避雷器等方式。

3.2.3.2.1.4 电缆连接

当用短电缆来连接设备与敞开式变电站时，通过避雷器提供足够保护裕度的预防措施会比较复杂。

因为电缆和线路之间阻抗比很低，只有一部分架空线路上产生的雷电侵入波可以传入到电缆。当行波在1 km以上的电缆里向前或向后传播时，行波会通过自然电阻损耗而衰减。对于小于1 km的电缆，由于多次反射和阻尼不足，可能在电缆终端出现过电压。因此，短电缆的一端或两端需要避雷器保护。对于低电压系统这种问题可能更严重。

总之，电缆连接的变电站比同样大小的敞开式变电站保护效果更好。

架空线路和电缆的连接处应安装避雷器以保护电缆头。保护距离可按照敞开式变电站作保守的估计。雷击时如果有一条以上的线路通过电缆和变电站连接，避雷器就有足够的能力保护变电站。如果雷击时连接变电站的电缆是断开的，则需要经过计算确定电缆的开口端是否需要一个额外的避雷器来保护。这也适用于架空线路一端断开的情况。

3.2.3.2.1.5 GIS变电站的保护

一般来说，GIS变电站比敞开式变电站有更好的保护效果，因为它的波阻抗比架空线路要小很多。由于GIS变电站的复杂性，不同的操作可以产生陡波冲击，推荐用电磁暂态程序来研究变电站的情况。GIS不允许有闪络，因为闪络造成永久性损害的可能性非常高。

与敞开式变电站不同，GIS中SF_6不能简单地认为是可以随后再检查的自恢复绝缘，因此任何可能由闪络带来隐患的地方都需要消除。作为一般原则，避雷器应该安装在连接到GIS的线路入口端，控制进入GIS之前的电压。

a） 快波前过电压的保护

SF_6被击穿的速度快，结果导致快波前和陡波前过电压的出现。

对于敞开式变电站使用一般公式会导致偏于保守的计算结果。使用计算机模型确定GIS配合雷电冲击耐受时的电压或者保护范围是很必要的。

如果变压器与线路入口端避雷器的距离过大，或者在线路入口处的避雷器被断开时变压器上预期会出现很大过电压，就需要在变压器侧再加一个避雷器。对大型GIS变电站，可能需要在内部合适的地方安装避雷器。

如果不能使用敞开式避雷器对线路入口提供足够的保护，可以通过在GIS内部线路入口安装避雷器来更好地限制快波前过电压。虽然这种避雷器比敞开式避雷器价格要高，这消除了户外避雷器引线产生的影响，不需要装额外的避雷器，这可能是更经济的解决方案。

当由于保护范围需要在GIS内部安装额外的避雷器，就不应使用近似公式，而应当进行行波计算。

b) 陡波前过电压的保护

避雷器一般不可能保护在GIS内产生的具有高频率和低幅值的陡波前过电压。GIS变电站的布置和设备设计可能减少这种风险。

3.2.3.2.2 缓波前过电压(操作过电压)的保护

3.2.3.2.2.1 变电站操作过电压的配合方法

GB/T 311.2给出了变电站过电压绝缘配合的方法。虽然变电站绝缘配合的方法与线路上的类似，但也有较大差异：

a) 变电站绝缘和线路绝缘必须要协调；
b) 并联绝缘子数量 n；通常在同一相上并联绝缘子的数量；
c) 变电站设备的不同电介质的击穿强度；
d) 变电站中设备(变压器)的绝缘强度用雷电耐受电压描述，空气间隙(母线)绝缘强度用临界闪络电压来描述；
e) 变电站操作过电压闪络率的设计值可能是线路设计值的十分之一。IEC给出了系统中每个电压等级的操作冲击耐受电压和雷电冲击耐受电压。

IEC推荐的相对地和相对相空气间隙随着电压等级升高而增大。

3.2.3.2.2.2 变电站设备的操作

除了线路操作，很多其他类型的设备如电容器、电抗器和变压器都是在有负载或故障的情况下操作。通常情况下，隔离开关只用来断开母线，也有可能断开空载变压器，负荷开关和断路器用来断开负载，而只有断路器才能安全地切断大多数故障。

开关操作负载和故障电流时在开关(断口)可以产生严重的瞬态恢复电压(TRV)。如果瞬态恢复电压高于开关内介质恢复强度，开关就会重击穿或重燃，单次或多次的重击穿瞬态过电压会导致开关故障，以及/或者对未保护的设备造成伤害。如果设备受避雷器的保护，避雷器也可能由于开关重击穿吸收过多的能量而损坏。

3.2.4 绝缘配合研究

绝缘配合研究的复杂程度取决于分析的深度和采用的模型。电力系统暂态分析是有主观性的。对于简单的情况有基本的经验方法和公式。然而，当需要更准确的结果或者对于包括行波和非线性效应的复杂的线路和设备，通常采用电磁暂态分析工具来分析。

3.2.4.1 计算指导和建模技术

GB/T 311.4给出了有代表性网络和设备，关于雷电和操作的瞬态或暂时过电压，有多种分析类型的细节和例子的绝缘配合指导技术报告。它还讨论了GB/T 311.2中绝缘配合的确定性法和统计法。

3.2.4.2 研究步骤

有些情况比较容易检验，例如GB/T 311.2中给出的由统计法得来的经验公式和规律，可以用来做初步的评价。对于更加复杂的情况或者实际应用，使用这些由简单公式得出的结果则显得过于保守。对于这种情况，通过详细的计算机模拟可以得到更好的结果，这可能结合现实的线路和变电站结构，包括杆塔和接地的暂态过程等重要特性，参数与频率有关及有电晕的多相耦合线路的准确模型，主要设备如电容式电压互感器的电容量，避雷器的非线性和其他更多GB/T 311.4中提到的特性。图14给出了根据避雷器合理应用来进行绝缘配合的程序。避雷器参数的确定，可以(但不总是)考虑最恶劣的工况，最恶劣工况与雷电和操作保护水平以及避雷器的通流能力有关。

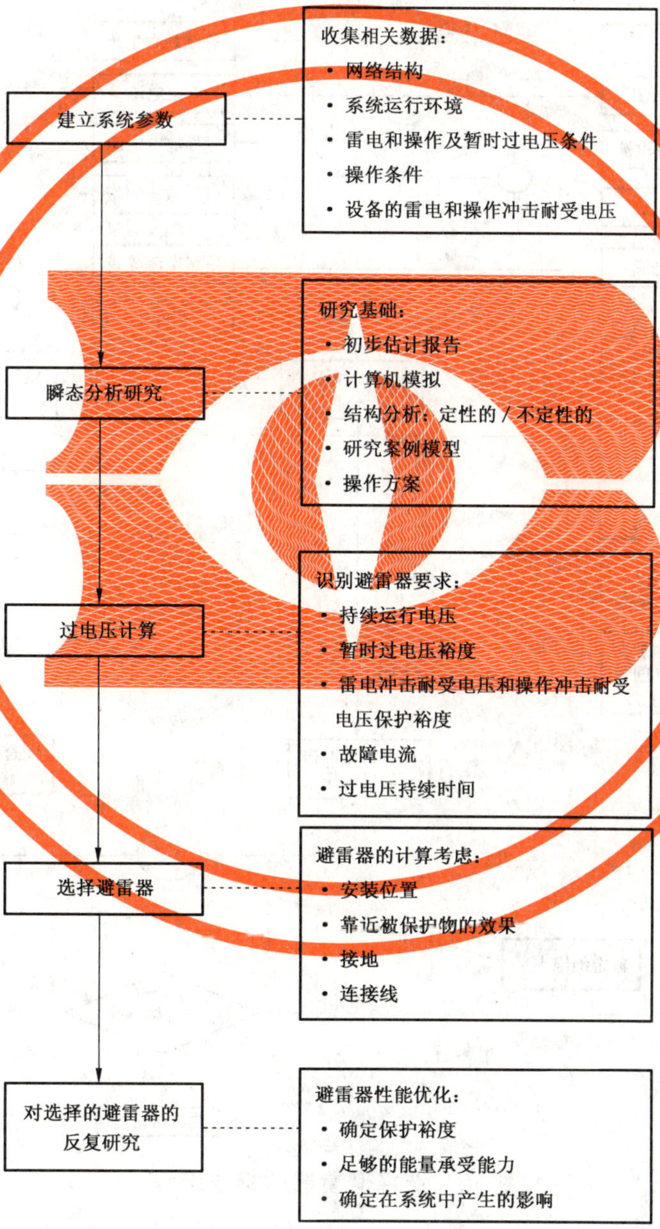

图14 选择避雷器进行绝缘配合的典型步骤

附录B给出了避雷器的建模技术。

3.3 避雷器的选择

在线路和变电站绝缘配合中，避雷器是必要的保护装置。大多数避雷器一般用来保护高压变电站和配电设备不受快波前和缓波前过电压的侵害。为了确保避雷器的可靠性和系统的安全性，要根据适当的运行条件选择合适的避雷器，其次，避雷器的保护水平和能量吸收能力要接受所有过电压的考核。

3.3.1 高压变电站选择避雷器的一般步骤

图 15 所示的反复优化过程是为高压变电站设备选择避雷器的标准程序。下述文字是对图 15 的简要解释：

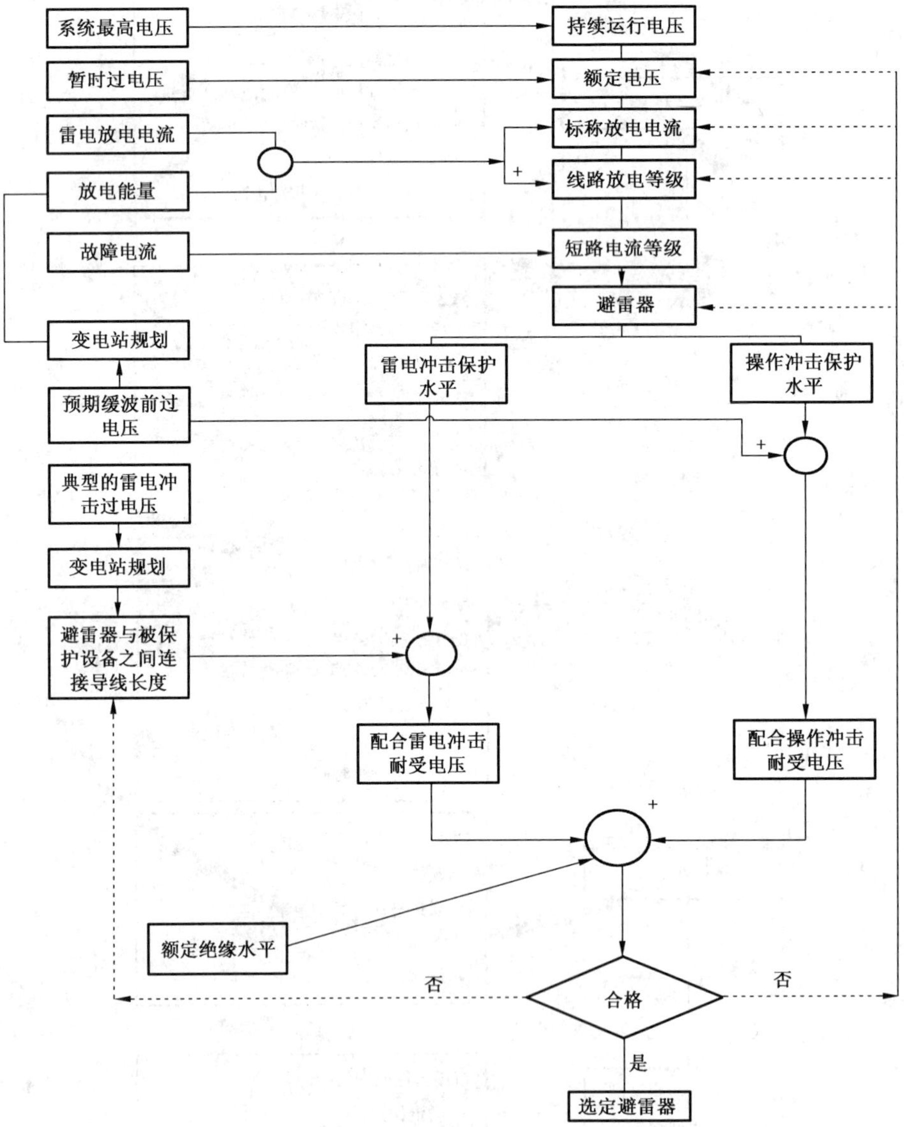

图 15 选择避雷器的标准流程

a） 根据电力系统最高运行电压来确定避雷器的持续运行电压；

b） 根据暂时过电压来确定避雷器的额定电压；

c） 估计通过避雷器的雷电放电电流大小和概率，确定避雷器的线路放电要求，选择标称放电电流、大电流冲击耐受值和避雷器的线路放电等级；

d) 根据故障电流选择短路电流等级；

e) 选择能够满足以上要求的避雷器；

f) 确定避雷器雷电和操作冲击保护特性；

g) 避雷器和所保护设备之间的距离(避雷器尽可能靠近被保护的设备)；

h) 考虑缓波前过电压和系统的结构，确定被保护设备的操作冲击耐受电压；

i) 确定被保护设备的雷电冲击耐受电压时要考虑：

 1) 根据连接到避雷器的架空线路上的雷电活动情况和所保护设备的可接受故障率，确定有代表性的侵入的雷电冲击过电压；

 2) 变电站的布置；

 3) 避雷器和所保护设备之间的距离；

j) 从 GB 311.1 中确定被保护设备的标准绝缘水平；

k) 如果要用较低额定绝缘等级的设备，通过反复优化就应选用有较低的额定电压、较高的标称放电电流、较高的线路放电等级的避雷器，以及对避雷器进行不同的设计或者减小避雷器和所保护设备之间的距离等进行研究。

要注意避雷器额定电压如果取得太低，有可能降低其运行可靠性。

3.3.1.1 选择持续运行电压 U_c 和额定电压 U_r

避雷器的持续运行电压 U_c 要高于或等于作用在避雷器的最高实际运行电压。对于相对地避雷器，U_c 通常要高于 $U_m/\sqrt{3}$。U_m 为系统运行或避雷器安装点的最高线电压的工频电压有效值。系统最高线电压由相应的工频电压和可能存在的电压谐波决定。在一般系统中，谐波增加的峰值电压可在 1.05 倍的工频电压的安全系数中考虑。作为一般原则，持续运行电压应为：

——在中性点直接接地或有自动故障清除保护的非直接接地系统中，等于或高于最高运行线电压除以$\sqrt{3}$；

——在经消弧线圈接地或中性点绝缘而且没有自动故障清除系统中，等于或高于最高运行线电压。

注：对于这些系统，1.05 倍的安全系数已经考虑在包括这些系统接地故障极限持续时间与避雷器的工频电压耐受时间特性中。

如果避雷器安装点的最高运行电压不太清楚时，应该用系统最高电压或设备的最高电压代替。

如果避雷器被安装在小于制造厂所要求与带电体或接地体的最小距离(最小距离一般为避雷器高度的 1.5 倍～2 倍)，必须验证沿避雷器的电压分布是否满足设计要求，以及它对选择持续运行电压的影响。

避雷器额定电压的选择是基于避雷器安装点的系统暂时过电压，并考虑到它们的幅值以及相应的持续时间，以确定合适的额定电压。暂时过电压包括工频过电压和谐振电压，本导则中所指的暂时过电压主要指工频过电压，一般不包括谐振电压。

应该特别考虑接地故障过电压和甩负荷引起的暂时过电压，具体情况见 3.2.2.4。

与避雷器的额定电压有关的还有两个重要参数，一个是避雷器的工频参考电压($U_{a.c.ref}$)。它是在避雷器通过工频阻性参考电流时的工频电压峰值除以$\sqrt{2}$。避雷器工频参考电流的数值，一般是由制造厂根据电阻片直径的大小以及避雷器元件中并联电阻片柱数的多少确定的。工频参考电压在避雷器伏安特性曲线的拐点附近。因此，在物理意义上，在这一点以后，外加电压略有增加，电流就会增加很多，避雷器的保护作用将会很明显。一般规定避雷器的工频参考电压，在数值上应该等于或高于其额定电压。所以，正确选择动作负载试验的试品必须测量工频参考电压。多个元件串联组成的避雷器的工频参考电压是每个元件的工频参考电压之和。

另一个重要参数是避雷器的直流参考电压($U_{a.c.ref}$),它是在避雷器通过直流参考电流时测出的直流电压平均值。如果电压与极性有关,则取低值。国外(包括进口)的金属氧化物避雷器一般没有这个数据。我国对直流参考电压从20世纪80年代延用至今,主要是方便现场验收和运行中检查避雷器是否老化或性能改变。国内生产的避雷器的规范中都有这个数据,是验收的依据之一。在动作负载试验时也需要测量这个数据。应用在系统标称电压330 kV及以下的避雷器,其直流参考电压一般约为避雷器的工频参考电压乘以$\sqrt{2}$。330 kV以上的避雷器,比值略低于$\sqrt{2}$。直流参考电流的数值,一般应用在系统标称电压500 kV及以下的避雷器,都使用1 mA。在系统标称电压750 kV及以上的避雷器,由于电阻片直径的增大或避雷器元件中并联电阻片柱数增多,采用的直流参考电流,往往大于1 mA,其直流参考电流与直流参考电压由制造厂提供。

为了满足耐受暂时过电压的要求,应选择合适的额定电压。在标准中额定电压的定义是在动作负载试验中施加大电流冲击或长持续时间电流冲击之后避雷器能够耐受10 s的最大工频电压。因此,按照标准,额定电压是避雷器能够耐受10 s的暂时过电压最小值。对于其他持续时间的暂时过电压的耐受能力,制造厂应以额定电压U_r或U_c的倍数与耐受时间的关系来表示,即避雷器的工频电压耐受时间特性(曲线)。GB 11032—2010规定,制造厂应提供避雷器在预热到60 ℃并分别经受大电流或线路放电等级能量负载后,允许施加在避雷器上工频电压的持续时间而不发生损坏或热崩溃的相应工频电压数值。提供的资料应为工频电压与时间的曲线,且在曲线上应标明施加工频电压前注入的冲击能量。

注1:避雷器的额定电压必须根据由系统的条件(例如雷电、操作及暂态过电压)确定的工频电压耐受时间特性曲线选择。

注2:工频电压耐受时间特性曲线也可以通过计算建立。

注3:工频电压耐受时间特性曲线应覆盖0.1 s～20 min时间范围,对于用于中性点绝缘或谐振接地而没有接地故障清除的系统,时间应该延伸到24 h。

影响工频电压耐受时间特性的因素有周围环境温度、吸收的能量(即施加工频过电压前电阻元件的起始温度)和工频过电压后施加的电压。因此,制造厂通常提供几个预加或不预加能量的工频电压耐受时间特性曲线。

有两种方法可以表示工频电压耐受时间特性,分别是:T_r以额定电压的倍数表示和T_c以持续运行电压的倍数表示。这两种方法分别在图16a)和图16b)中表示。要注意这两个例子并不是对于同一个避雷器,因此工频过电压的耐受能力并不相同。

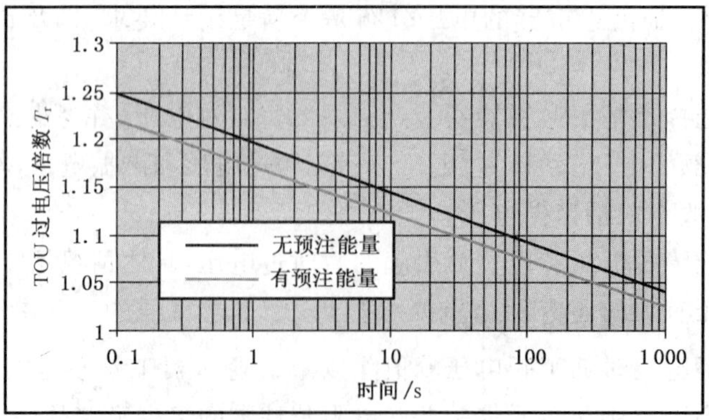

a) 按额定电压倍数给出的避雷器工频电压耐受时间特性

图16 避雷器工频电压耐受时间特性

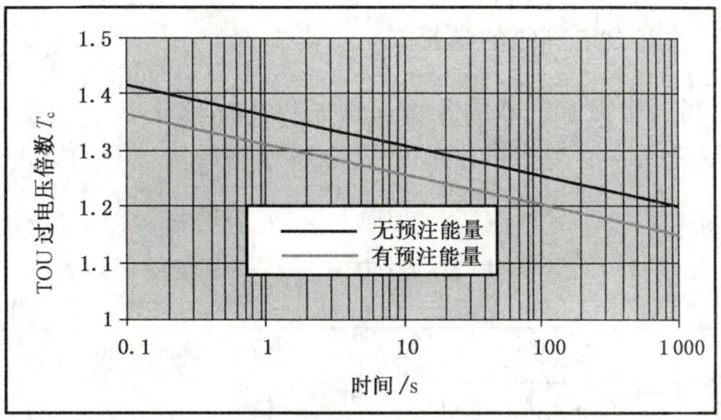

b) 按持续运行电压倍数给出的避雷器工频电压耐受时间特性

图 16(续)

对按额定电压倍数给出的避雷器暂时过电压耐受能力,在所考虑的持续时间内,T_r 乘以 U_r 一定要高于或等于预期的暂时过电压。

对按持续运行电压倍数给出的避雷器暂时过电压耐受能力,在所考虑的持续时间内,T_c 乘以 U_c 一定要高于或等于预期的暂时过电压。

典型的电站用避雷器的额定电压、持续运行电压和避雷器直流 1 mA 参考电压如表 3 所示。

表 3 典型的电站用避雷器参数

电力系统标称电压 U_n(有效值) kV	避雷器额定电压 U_r(有效值) kV	避雷器持续运行电压 U_c(有效值) kV	避雷器直流 1 mA 参考电压(不小于) kV
3	5	4	7.2
6	10	8	14.4
	12	9.6	17.4
10	15	12	21.8
	17	13.6	24
35	51	40.8	73
66	84	67.2	121
110	96	75	140
	102	79.6	148
	108	84	157
220	192	150	280
	204	159	296
	216	168.5	314
330	288	219	408
	300	228	425
	312	237	442
500	420	318	565
	444	324	597
	468	330	630
750	600	462	810
	648	498	875

3.3.1.2 标称放电电流和线路放电等级的选择

标称放电电流用于金属氧化物避雷器的分级。但是仅用标称放电电流值并不足够表达避雷器的性能，还需要线路放电等级或者通常所要求的能量耐受能力作为补充。标称放电电流以及大电流冲击的关系见表4。

表4 避雷器的分级

线路放电等级	—	1	2	3	4	5
标称放电电流/kA	5	10	10	10	20	20
大电流冲击/kA	65	100	100	100	100	100
操作冲击电流/A	—	125 和 500	125 和 500	250 和 1 000	500 和 2 000	500 和 2 000

高压变电站使用线路放电等级为2级～5级的避雷器。在中压系统，主要使用标称放电电流 5 kA 和 10 kA，线路放电等级为1级的避雷器。对于特定的设备，例如保护电缆、旋转电机和电容器组等，即使这些设备也在中压系统中，可能需要选择更高的线路放电等级。

国内通常按用途分类，表5给出按其标称放电电流和用途分类，供设计和用户选型参考。

表5 按避雷器标称放电电流和用途分类

标准标称放电电流	20 000 A	10 000 A	5 000 A	2 500 A	1 500 A
额定电压 U_r (kV rms)	$360<U_r\leqslant756$	$3\leqslant U_r\leqslant468$	$U_r\leqslant132$	$U_r\leqslant36$	$U_r\leqslant207$
避雷器使用场合	电站用避雷器 线路避雷器	电站用避雷器 线路避雷器 电气化铁道用避雷器	电站用避雷器 线路避雷器 发电机用避雷器 配电用避雷器 并联补偿电容器用避雷器 电气化铁道用避雷器	电动机用避雷器	电机中性点用避雷器 变压器中性点用避雷器 低压避雷器

3.3.1.3 避雷器的雷电能量

雷电冲击能量(W)可通过式(1)计算得到：

$$W=\{2U_f-N\cdot U_{pl}[1+\ln(2U_f/U_{pl})]\}\times\frac{U_{pl}\cdot T_1}{Z} \quad\cdots\cdots(1)$$

式中：

ln ——自然对数；

U_{pl}——避雷器雷电冲击保护水平；

U_f ——线路绝缘负极性雷电冲击放电电压；

Z ——线路波阻抗；

N ——连接到避雷器(变电站)的线路数；

T_1 ——包括第一次和后续雷击(多重雷击)的等效雷电持续时间(典型数值为 3×10^{-4} s)；

W ——能量(如果在配电系统中变电站之间的距离小,该能量会因为分流而降低)。

这个公式来自于呈指数递减的过电压的整合。

3.3.1.4 操作过电压下避雷器的能量

避雷器在操作过电压下产生的热能决定于操作过电压的幅值、波形、电力系统的阻抗和结构、避雷器的保护特性和短时间内的操作频率。总之,所选择避雷器的能量耐受能力必须比最严重运行情况下所积累的能量大。避雷器的能量要求决定于在绝缘配合步骤中有代表性的过电压。在大多数实际情况中,由于开关操作具有统计性,加上避雷器的非线性,通常产生的操作过电压波形很复杂,可通过计算机仿真来模拟研究,也可以对应线路放电等级下的避雷器的分级方法进行初估:假设整条线路在预期的操作冲击电压下充电,然后在两倍线路的波传播时间内,对预期保护水平的避雷器放电,就可以推导避雷器能量的简化计算,见式(2)。

每次操作的能量:

$$W = U_{ps} \times \frac{(U_{rp} - U_{ps})}{Z_S} \times \frac{2L}{c} \qquad \cdots\cdots(2)$$

式中:

L ——线路长度;

c ——光速;

Z_S ——线路波阻抗;

U_{ps}——避雷器的操作冲击保护水平/残压;

U_{rp}——没有安装避雷器时的代表性最大操作过电压。

3.3.1.5 操作过电压的保护

金属氧化物避雷器适用于限制线路合闸和重合闸过电压以及断路器操作感性、容性负载所引起的过电压,通常不限制幅值较低的操作过电压。

对避雷器限制操作过电压,波前时间的影响可以忽略。如果在变电站安装了相似等级的带间隙和无间隙避雷器,可以不考虑变电站中的距离影响,但不建议有间隙和无间隙避雷器混合使用。

避雷器通常安装在相-地之间,如果使用无间隙金属氧化物避雷器将操作过电压限制到很低的水平时,不管变压器中性点接地状况如何,相-相过电压将达到相-地避雷器保护水平的两倍。相-相过电压由两个相-地过电压分量组成,通常两者是 1∶1。如果需要更低的相-相保护水平,则需要增加相-相避雷器。

用避雷器抑制操作过电压,需考虑能否耐受操作冲击电流,它可能使电阻片击穿、破裂、闪络,以及发热所引起的热崩溃。可通过预测可能出现的过电压幅值,采用具有耐受操作冲击电流和能量吸收能力的避雷器来控制。

操作过电压对高压电力系统更为严酷,它对高压网络的设备比中压更危险。实际上,操作过电压保护对标称电压高于 220 kV 的电力系统是重要的。

对 220 kV 及以下,设备的标准绝缘水平对操作过电压足够高,因而不必考虑对操作过电压的保护(旋转电机除外)。使用避雷器保护 220 kV 以下的无功补偿设备时,需要注意校核操作过电压的能量。

用避雷器抑制设备上的操作过电压,其代表性过电压等于操作冲击保护水平。除了输电线路外,可忽略行波的影响,设备上的电压就等于避雷器上的电压。当不装相对相避雷器时,相对相过电压最高会达到上述值的两倍。

用避雷器抑制操作过电压时,过电压的统计分布会发生明显变化。与预期的操作过电压幅值相比,操作过电压下残压越低,变化越明显。在这种情况下,很小的绝缘耐受偏差都会对故障率产生大的影响。为了控制这种影响,建议根据实际的统计分布确定 2%统计过电压或根据避雷器的保护水平和 2%

统计过电压的相关性决定配合系数[见式(3)～式(5)]。

$$\frac{U_{ps}}{U_{e2}} \leqslant 0.7 \qquad K_{cd}=1.1 \quad \cdots\cdots(3)$$

$$0.7<\frac{U_{ps}}{U_{e2}} \leqslant 1.2 \qquad K_{cd}=1.24-0.2\frac{U_{ps}}{U_{e2}} \quad \cdots\cdots(4)$$

$$\frac{U_{ps}}{U_{e2}} > 1.2 \qquad K_{cd}=1.0 \quad \cdots\cdots(5)$$

而设备的配合操作冲击耐受电压为：

$$U_{cw}=K_{cd}\times U_{ps} \quad \cdots\cdots(6)$$

式中：

U_{ps} ——避雷器操作冲击保护水平；

U_{e2} ——2%统计操作过电压(相对地)幅值；

U_{cw} ——设备的配合操作冲击耐受电压；

K_{cd} ——确定的配合系数。

注：系数1.0～1.1是考虑到由于避雷器引起了过电压分布曲线的截断，幅值等于保护水平的过电压出现频度增大。残压越低.这个频度越高。由于设备耐受电压的不确定性，耐受电压和保护水平之间的裕度应该随着过电压频度的增加而增加，以维持一定的故障率水平。

如果U_{e2}小于$U_{ps}/1.2$，U_{cw}的计算可不考虑避雷器的保护。

3.3.1.6 雷电过电压的保护

变电站规模的大小明显影响避雷器对雷电过电压的保护效果。避雷器不能同时保护相距较远的线路入口和变压器以及其他间隔(回路)的设备。因此，关键设备通常需要专门的避雷器保护，并加装出线避雷器去控制侵入变电站的过电压。

避雷器对变电站内设备的保护范围可以使用EMTP等电磁暂态程序计算。

在配电系统中，设备并没有受到雷直击导线或反击的保护，需要考虑感应雷过电压。

3.3.2 特高压(UHV)避雷器

3.3.2.1 特高压(UHV)避雷器的选择

基本上其他所有避雷器的选择程序也同样适用于特高压避雷器。特高压避雷器的参数可以参见GB/Z 24845—2009。表6是1 000 kV交流系统用无间隙金属氧化物避雷器主要技术参数。

表6　1 000 kV变电站金属氧化物避雷器主要技术参数

项　　别	避雷器主要参数
系统标称电压(有效值)/kV	1 000
避雷器标称放电电流(峰值)/kA	20
避雷器额定电压(有效值)/kV	828
避雷器持续运行电压(有效值)/kV	638
陡波冲击残压(峰值)/kV	≤1 782
雷电冲击残压(峰值)/kV	≤1 620
2 kA操作冲击残压(峰值)/kV	≤1 460
直流参考电压/kV	≥1 114

表 6（续）

项　　别		避雷器主要参数
0.75 倍直流参考电压下的漏电流/μA		≤100
工频参考电流(峰值)/mA		24
工频参考电压(峰值/$\sqrt{2}$)/kV		≥828
持续运行电流	阻性电流(基波峰值)/mA	≤3
	全电流(有效值)/mA	≤20
2 ms 方波耐受电流/A		8 000
大电流冲击耐受电流值/kA		100/柱
线路放电等级/每柱		5 或 6
并联柱数		4
柱间电流分布不均匀系数		≤1.10
绝缘底座绝缘电阻/MΩ		≥2 000
注 1：对于典型的 4 柱并联结构而言，直流参考电流通常为 8 mA。 注 2：对于典型的 4 柱并联结构而言，工频参考电流通常为 24 mA。 注 3：4 柱并联结构是经过验证的典型的结构，只要所有性能可以满足要求，其他柱数也是允许的。		

3.3.2.2　特高压的绝缘配合

依据 GB/Z 24842—2009，特高压绝缘配合包括输电线路和变电站，是实现一个可靠和经济的特高压电力系统的关键因素。试验示范工程已经用计算机辅助计算和模拟方法精确地设计复杂的绝缘配合。

特高压避雷器的优异的保护水平是特高压电力系统绝缘水平的决定性因素。当雷电过电压超出GIS、变压器等设备的非自恢复内部绝缘的设计时，最佳绝缘配合基于高性能避雷器。特高压金属氧化物避雷器是限制操作过电压和雷电过电压的主要装置，其保护水平是变电站设备以至线路绝缘配合的基础。避雷器按其安装位置可分为母线侧(线路断路器变电站侧)避雷器和线路侧(线路断路器线路侧)避雷器。避雷器的保护水平与其额定电压相关。避雷器额定电压的选择主要取决于工频过电压的大小和持续时间。

以特高压试验示范工程为例，用电磁暂态程序和精确的计算机辅助计算可以算出这些数值。母线侧最大工频过电压为 1.3 p.u.，因此母线侧避雷器的额定电压按母线侧最大工频过电压 1.3 p.u.(826 kV)选为 828 kV；线路侧最大工频过电压为 1.4 p.u.(889 kV)，但持续时间较短(小于 0.5 s)。利用避雷器的工频电压耐受时间特性曲线，当工频过电压的持续时间较短时，耐受电压的数值可以较高。因此线路侧避雷器额定电压也可选为 828 kV，这对于降低线路过电压水平，同时降低断路器外侧设备以及线路的绝缘水平有重要意义。

避雷器的标称电流分类通常是 20 kA，通过使用多柱的、线路放电等级 5 级避雷器，以满足降低雷电冲击保护水平的要求。为了有效地抑制过电压，避雷器需要安装在关键的地方，如线路入口端，母线和变压器处。一般都用电磁暂态计算程序确定避雷器在变电站中的安装位置，使各种设备的雷电冲击耐受电压更合理。

线路杆塔高度和变电站空气间隙主要取决于操作过电压抑制水平。因为经济原因，希望将操作过电压水平降低到 1.6 p.u.～1.7 p.u.，有几个可能的解决方案：

——在线路入口端安装操作冲击保护水平较低的多柱避雷器；

——在线路杆塔处安装无间隙线路避雷器；

——多柱的GIS避雷器可能有更高的电压应力，进而需要有更高的荷电率(U_c/U_r)；

——断路器选相操作；

——断路器使用合闸或分闸电阻；

——单相重合闸；

——上述措施的组合。

这些可能性有助于优化经济设计、缩小特高压设备的尺寸和增加线路的传输功率。一般需要通过电磁暂态计算来确定所采用的降低操作过电压的方式和相应的要求。

3.3.2.3 机械设计

敞开式变电站特高压避雷器的重量和高度都很大，还要满足一定烈度的地震要求，并保证在避雷器内部短路下不爆炸，机械设计是一个重要问题。GIS避雷器还要通过严格的运输试验的考核。为了保证避雷器的安全可靠性，特高压试验示范工程敞开式变电站用的瓷套式避雷器通过了63 kA短路试验。GIS避雷器也通过了要求的运输试验。在重污秽地区，瓷套式避雷器还要通过Ⅲ级以至Ⅳ级的污秽试验，是一个严格考验。

避雷器使用复合外套的设计可能有利于降低高度和减少爬电距离，同时它的重量也较小。对于悬挂在线路杆塔上的避雷器，复合外套更具有优越性。

3.3.3 配电系统避雷器的选择

这些系统的线路很少有架空地线防护，因此经常直接遭受雷击。对于这种类型的避雷器最需要注意的是由雷电引起的瞬态过电压。操作冲击对配电系统设备影响很小，可不考虑。

图15所示的高压避雷器选择程序，也适用于保护配电设备的配电用避雷器，但关于雷电保护特性选择的只有3.3.1的a)～g)合适。

3.3.3.1 能量吸收能力

配电用避雷器必须吸收的能量主要是与雷电放电有关的能量。由于避雷器产生的热量是残压的函数，残压越高，散出的能量就越多。配电用避雷器一般应可以通过65 kA或者100 kA大电流冲击。通常配电用避雷器不以能量表示，只给出通过的电流，这是一种间接的评估能量吸收能力的方法。

3.3.3.2 暂时过电压的考虑

配电系统不会很好监视其过电压水平，因而很多情况下不能了解到实际状况，所以当发生系统接地故障时都假定为最坏的情况。由于在配电系统中的暂时过电压最经常是由接地故障所引起，而且很少知道非故障相的电压上升幅度，一般以最坏情况决定避雷器的参数，最坏的情况下，电压的上升取决于系统中性点的配置。

配电系统最常见的4种系统中性点配置是：

——四线多点接地的星形连接系统，故障因数1.25；

——三线，低阻抗接地系统，故障因数1.4；

——三线，高阻抗接地系统，故障因数1.73；

——三角连接的系统，故障因数1.73。

对于上面的每一个系统，故障因数是用来确定系统中非故障相的暂时过电压升高的倍数。电压升高是线路对地电压乘以故障系数。通过制造厂提供的暂时过电压数据来选择持续运行电压和额定电压，参见图16a)和图16b)。

3.3.3.3 故障模式

配电用复合外套避雷器按 GB 11032—2010 测试，耐受故障电流为 10 kA～20 kA 时，避雷器没有明显地粉碎散开。值得注意的是，按照 GB 11032—2010，当制造厂宣称避雷器有短路电流等级时，必须进行短路电流试验。如果制造厂未宣称避雷器有短路电流等级时，避雷器故障下有可能出现严重粉碎性爆炸。

3.3.4 线路避雷器的选择和使用

线路故障及跳闸对该回路的安全供电有重大的影响，因此，采取措施以降低这种故障就越来越重要。为了降低一条架空线路的跳闸率，可以在整条线路或选择部分杆塔上安装避雷器以防止线路绝缘的闪络或击穿。架空线路避雷器可以应用在配电和输电线路上。

线路避雷器的保护特性要与线路绝缘的雷电冲击耐受电压和操作冲击耐受电压相配合。由于线路避雷器直接和线路绝缘子并联安装，所以只有安装在超高压或非常长的绝缘子旁边时才需考虑距离的影响，一般情况可不考虑。

线路避雷器也可以安装在多回路杆塔上的其中一回路上，以防止多回路同时跳闸，也可以降低无保护回路的跳闸概率。

在单回路或多回路上安装线路避雷器，加上单相或快速多相重合闸，可以更好地控制操作过电压并提高系统可靠性。

线路避雷器还可以应用在：已建线路升压改造、新建的紧凑型线路、扩大变电站避雷器的保护范围以及降低市区内接触及跨步电压的风险。

3.3.4.1 雷电过电压

雷电过电压是由雷击在架空线路或其附近所造成的。在很多地区，线路跳闸超过 50% 是由于雷电过电压引起线路绝缘子(串)闪络。目前大多数线路避雷器是用以改善架空线路的防雷性能，降低线路的对地跳闸率。

架空线路的绝缘一般是可以自恢复的，因此，不适宜于用一个固定的配合电流来计算保护裕度。而代之以，加在线路上的雷电流分布概率来计算出闪络概率。典型的方法是，使用百分之五十闪络电压 $U_{50\%}$ 加上典型的 3% 的标准偏差 σ 来计算闪络概率。线路的绝缘也是波前和波尾的函数。与当地的雷击密度结合起来，就可以得出单位长度每年的雷电闪络概率。闪络概率是衡量线路耐雷电性能的尺度。

3.3.4.1.1 雷电冲击对架空线路的影响

有三种情况可以在架空线路上产生雷电过电压：雷电直击在导线上，雷击在架空地线或杆塔上，以及雷击附近的接地物体，在线路上的感应过电压。

3.3.4.1.2 雷电直击在导线上

雷电直击可能发生在无架空地线线路或有架空地线线路绕击在导线上。对于无架空地线线路，直击在导线上的次数要比有架空地线的线路多得多，这与雷电流的分布有关。由于它比有架空地线时要严酷一些，一般需要进行系统研究以确定避雷器的雷电放电能量要求。避雷器的能量要求的选择，取决于预期的避雷器跳闸率和故障风险率。

绕击故障闪络的电流幅值是在电流强度曲线的末端，一般小于 20 kA，但波尾则长于反击时的电流。

如图 17，雷直击导线时，由于没有其他的电流对地通路，大部分电流都通过最近的避雷器流入地中。由于档距间的电感限制，相邻的避雷器只释放部分能量。如果被击杆塔由于土壤被电离使接地电阻降低，相邻的避雷器分流的效果就更差。由于避雷器优异的非线性伏安特性，电流幅值较低的波尾处的电流基本没有被分流。被击中杆塔的接地电阻 R_i 越低，通过该线路避雷器的电流就越大。

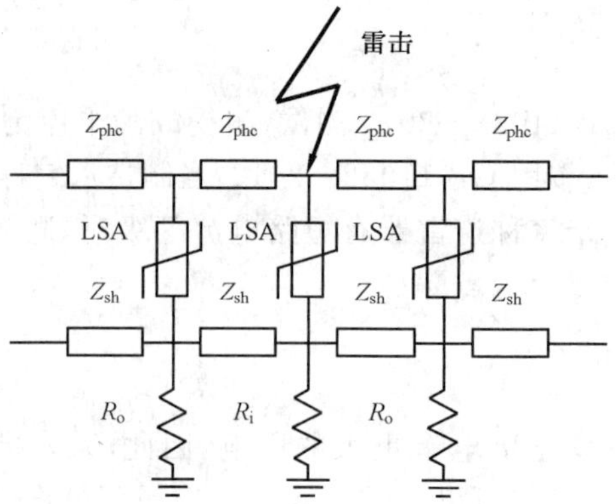

Z_{sh} ——架空地线的波阻抗；

Z_{phc} ——相导线的波阻抗；

LSA——线路避雷器；

R_i ——最靠近的杆塔(被击导线的杆塔)接地电阻；

R_o ——邻近杆塔的接地电阻。

图 17 雷电直击在有线路避雷器的一相上

由于雷直击在档距中的某一地方时，电流会沿导线流向两侧，所以，两侧杆塔上必须要有线路避雷器以防止闪络。由于这个原因，在直击或绕击下，避雷器必须安装在连续的杆塔上才能有效地防止闪络。

线路避雷器也用以代替架空地线，特别是在接地条件很差时。三角形排列的输电线路，相对于其他两相，最顶的一相起到了架空地线的作用，通过安装线路避雷器可以防止闪络。这时应考虑其作为架空地线的短路电流影响。

为了消除配电线路的直击雷闪络，应该每个杆塔都安装避雷器。

3.3.4.1.3 雷击架空地线或杆塔，反击(逆闪络)

这些事件发生在雷击架空地线或杆塔上，造成绝缘子上电压升高，引起杆塔对导线闪络。因此，称为反击，这是雷击引起跳闸的主要原因。当地的接地条件(土壤电阻率和塔脚接地设计)对反击性能起主要影响。

架空地线主要拦截雷击导线。大多数的电流将从杆塔入地。流过线路避雷器的电流相对较小(见图 18)，在发生反击时，架空地线能减少避雷器吸收的能量，但如果接地电阻较大，避雷器吸收的能量也较大。

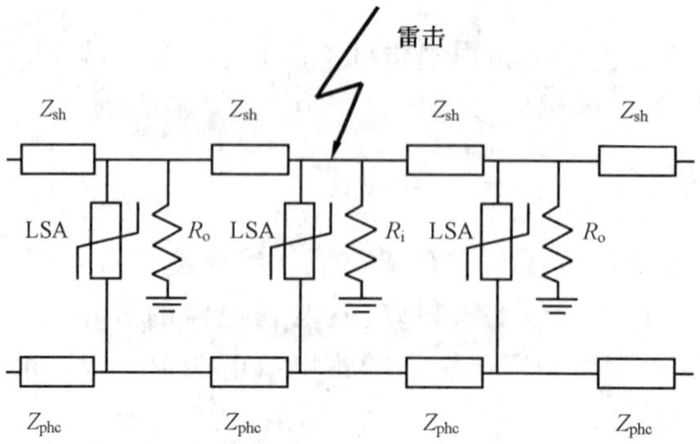

Z_{sh} ——架空地线波阻抗；

Z_{phc} ——相导线波阻抗；

LSA——线路避雷器；

R_i ——距离最近的(被击架空地线的杆塔)接地电阻；

R_o ——邻近杆塔的接地电阻。

图 18 雷击在安装有线路避雷器的架空地线和杆塔上

三相都安装线路避雷器或仅在对架空地线耦合系数最低的相安装线路避雷器能降低反击跳闸率，在高接地电阻地区，一般安装在下面的一相。为确定线路避雷器的安装位置、安装数量及被保护相，有必要进行系统研究。在高接地电阻地区，重要的是不仅在该区的杆塔上安装线路避雷器，还要在离开该区的一、两个杆塔上安装，否则可能会引起其他临近无线路避雷器的杆塔上绝缘子的闪络。

三相导线垂直排列时，最低相的耦合电压最低，电压应力最大。线路避雷器可以只安装在最下相。线路避雷器在预期的反击下动作，有效地产生一个对地通道并提高非故障相的耦合电压。耦合电压提高后能降低没有安装线路避雷器的对应相的反击闪络率。

对配电系统，保护配电变压器用避雷器也能够为线路提供部分保护。如果安装线路避雷器以减少线路闪络，应首先安装在绝缘强度较弱的杆塔上，如线路终端杆或拉线杆上。

另外一种特殊的情况是正在建设的配电线路与有架空地线的输电线路共用一个杆塔的闪络。配电线路不太可能遭受直击雷，但由配电线路对(输电线路)架空地线的耦合最弱，配电线路上的绝缘强度也较低，很容易发生反击。配电线路闪络后与输电线路间的耦合增强，使输电线路不太可能产生反击。输电线路的雷电性能的提高是以损失配电线路的雷电性能为代价的。这种情况可以通过在配电安装线路避雷器弥补，通常在每一个杆塔上，至少在每塔的一相上安装。

3.3.4.1.4　雷击附近物体及地面

发生在架空线路附近的雷击，可能在相导线上感应一个过电压而引起闪络。这个感应过电压很少超过 300 kV。因为输电线路的绝缘子的雷电耐受电压通常高于 300 kV。所以，只考虑感应过电压对配电架空线路的作用。闪络发生在相导线到杆塔接地，其电流流向如图 17 所示。

对于易于受感应电压造成闪络的，一般要求每 200 m～400 m 安装一组三相线路避雷器，以降低感应过电压的影响。

3.3.4.2　缓波前过电压

输电线路的高速重合闸在相导线上产生行波，如果不控制的话，它可能产生导线对横担闪络。在线路末端开路的情况下特别危险，可能引起加倍的冲击。有多种不同的方法控制操作过电压，如合闸电阻、分合闸控制或线路避雷器。与限制雷电过电压不同，线路避雷器需要在几个杆塔上连续安装。线路避雷器用以抑制操作过电压，只需要在线路的两端，以及视乎线路绝缘的操作冲击耐受电压和线路长度，可能沿线再安装一两个地方。通常大概在中间、线路的三分之一或三分之二线路长度的位置。安装在线路两端的避雷器一般在终端杆塔上，通常变电站型避雷器即可。抑制操作过电压时，线路避雷器需要在三相上安装。

这种用途的线路避雷器一般用在 220 kV 及以上的线路。与合闸电阻和/或控制开关比较，这种避雷器的优点是：它们还能够在断路器重击穿时保护系统、不需要维护、也不受电压谐波影响等。对非常长的或操作冲击电压耐受能力低的线路，无间隙线路避雷器加上分合闸控制，可能是最经济的解决办法。

3.3.4.3　线路避雷器的种类

线路避雷器有两种不同的形式，无间隙线路避雷器和带间隙线路避雷器。它们各有某些不同的特征，使得它们适用不同的环境中。无间隙线路避雷器的试验根据 GB 11032—2010，带间隙避雷器根据 DL/T 815—2002 或 JB/T 10497—2005 进行。当前线路避雷器一般是复合外套型，它比瓷外套有显著的优点。

安装在杆塔上的线路避雷器与变电站避雷器承受不同的机械应力，安装后可能由于风力、线路的摆动和振动而移动，因此重要的是，选择合适的附属金具，以避免机械疲劳和类似的问题。

因雷击能量太大而使线路避雷器在电气上过负荷而损坏的风险比较大；与此不同，由于变电站有直击雷保护，安装在变电站的避雷器遭遇这种风险的可能性较小。架空线路的绝缘一般都是可以自恢复的,如果避雷器在过载损坏后,可以通过脱离器与线路脱离的话,即使线路安装了无间隙金属氧化物避雷器后,仍然可以使用快速自动重合闸。或在带间隙线路避雷器的情况下,如果间隙的放电电压高于系统中出现的最大的操作过电压,线路就可以重合而不会引起间隙的放电。

根据 GB 11032—2010,短路试验中只要碎片落在规定的范围内,可以允许避雷器破碎倒下。机械上保持完整对线路避雷器来说特别重要,甚至需要故障后还有一定的强度。对这种情况,在制造厂和用户之间会有不同的测试程序和要求(例如:在试验后,要求带间隙线路避雷器的本体或无间隙线路避雷器仍可以从顶部吊起运走)。

3.3.4.3.1 无间隙线路避雷器的选择

无间隙线路避雷器适用于所有系统电压等级,并且可以保护雷电和操作过电压。

无间隙线路避雷器和通常的避雷器选择只有很小的区别。最明显的差别是,在高于配电电压等级的线路避雷器上也用脱离器。无间隙线路避雷器选择推荐使用图 19 的反复优化程序:

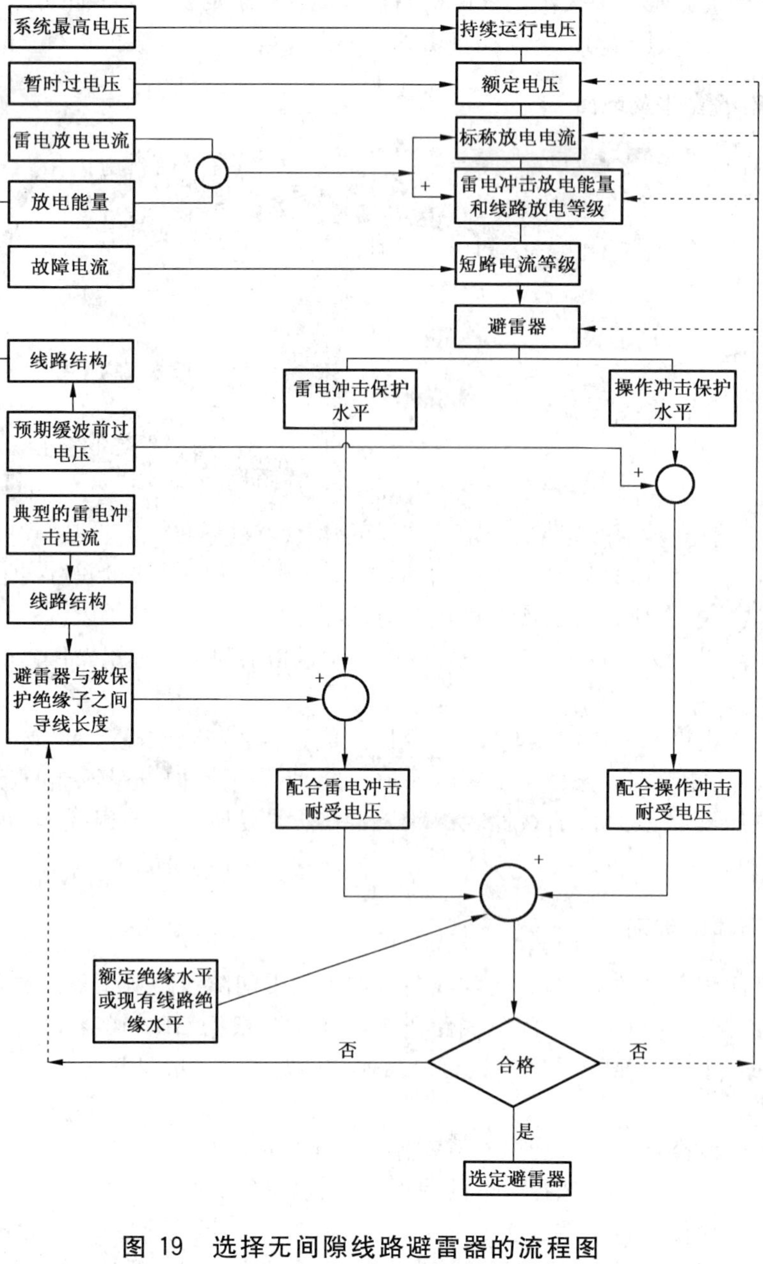

图 19 选择无间隙线路避雷器的流程图

——考虑最高系统工作电压来确定避雷器的持续工作电压。

——考虑暂态过电压以确定避雷器的额定电压。

——估计预期流过避雷器的放电电流幅值,电荷(或通过避雷器的能量)及概率,考虑一个可接受的避雷器故障率下,确定线路放电要求和选择避雷器的标称放电电流、大电流冲击数值、线路放电等级和雷电冲击放电能力。

注:雷电放电电流和相关的放电能量可能显著地高于变电站的避雷器,特别在无架空地线线路上。操作冲击电流则可能低些。

——考虑预期的故障短路电流,选择短路电流额定值。

——选择一个符合上述要求的避雷器。

——确定避雷器的雷电和操作冲击保护特性。

——考虑避雷器在过负荷时,脱离器动作有足够的空间下,将避雷器装在靠近要保护的绝缘子。

——考虑有代表性的缓波前过电压和系统结构,确定与被保护设备配合的操作冲击耐受电压。

——考虑下列因素,确定与被保护设备配合的雷电冲击耐受电压:

- 由安装避雷器的线路的雷电特性(对地闪密度、雷击线路的方式、接地电阻等)和可接受的被保护设备闪络率,确定有代表性的雷电流冲击;
- 线路结构;
- 避雷器和被保护绝缘子之间连线的长度。

——由 GB 311.1 确定设备的额定绝缘水平。

——如果设备希望用较低的额定绝缘等级,则需要探讨使用一个较低的额定电压、较高的标称放电电流、较高的线路放电等级、较高的雷电冲击放电能力的避雷器,或缩短避雷器和被保护绝缘子的连线。

注 1:避雷器的额定电压较低可能降低其运行可靠性。

注 2:线路的绝缘水平可以与 GB 311.1 给出的不同。

注 3:通常避雷器也可能安装在现有的线路上。这时就要与现有线路比较以进行操作和雷电冲击耐受电压的配合。

注 4:应该考虑避雷器雷电放电过负荷的风险,并且在计算线路的闪络和跳闸率中权衡轻重。

3.3.4.3.2 额定电压

与变电站避雷器的选择相似,线路避雷器的最低持续运行电压和额定电压的最初选择是以系统的工况为基础。其后考虑线路绝缘的雷电冲击耐受电压和操作冲击耐受电压再作选择。

避雷器额定电压的选择应使其雷电和操作冲击的残压低于线路的雷电和操作冲击耐受电压。通常线路雷电冲击耐受电压和避雷器保护水平之间有足够的裕度,所以额定电压的选择不是很难。特别大的裕度也没有什么好处,不推荐使避雷器达到最低可能的额定电压,因为这样避雷器可能会承受不必要的高的工频过电压应力,从而增加风险。通常无间隙线路避雷器会选择比变电站避雷器高一些的额定电压或低一些的线路放电等级。这样的选择也保证了避雷器不必承受应由电站避雷器承受的高的操作过电压能量和电容器放电。

3.3.4.3.3 避雷器的等级和能量要求

选择无间隙线路避雷器要考虑它们的等级,对于额定电压高于 52 kV 的线路避雷器还要按照 GB 11032—2010 考核它们的雷电冲击放电能力。根据使用情况,有避雷线线路上的无间隙线路避雷器的标称放电电流通常为 5 kA 或 10 kA,线路放电等级为 1 级～3 级。

对无架空地线线路防雷用的无间隙线路避雷器，根据雷电活动水平以及预期跳闸率，标称放电电流为 10 kA 或 20 kA，线路放电等级为 2 级～4 级。

用以限制操作过电压的无间隙线路避雷器的线路放电等级可以等于变电站避雷器，或在许多情况下可以低一级。因为线路较长时，避雷器大约装在线路的中间，线路的长度减少了，降低了操作过电压能量。通常标称放电电流为 10 kA 或 20 kA，放电等级 3 级～5 级。

3.3.4.3.4 故障清除和脱离器

无间隙线路避雷器直接跨接在线路绝缘子上，由于架空线路的绝缘是自恢复性的，避雷器过负载时应能够快速切断避雷器，线路可以自动重合。安装脱离器使过负载的避雷器与线路隔离可以实现这一点。由于变电站的绝缘一般是不能够自恢复的，即变电站不可以在无保护下重新合闸，变电站的避雷器通常不使用脱离器。

脱离器和无间隙线路避雷器串联，也可以作为指示器，使得容易用肉眼发现过负荷的故障避雷器。

与配电用避雷器脱离器比较，输电线路避雷器脱离器要求更大的能量，即比配电避雷器脱离器耐受更大的雷电流和长持续时间的冲击电流。实际上，脱离器应通过线路避雷器的所有型式试验，最关键的是要证实脱离器仅在线路避雷器过负载故障时才动作，且动作速度足够快。对中性点非直接接地系统且无架空地线线路，线路的短路电流很小，例如：只有几十安，这对脱离器的动作是个矛盾。

通常脱离器的机械部分是其最薄弱环节。因此，连接无间隙线路避雷器到导线或接地的线一定要足够长，以保证在避雷器或导线运动时，脱离器不会由于机械疲劳而折断。

在无间隙线路避雷器脱离器动作以后，线路的绝缘应最好有和安装避雷器以前同样的雷电冲击和操作冲击耐受电压水平，因为要有一段时间才能更换有故障的避雷器。被隔离的避雷器与杆塔之间的绝缘强度应足够，避免避雷器再次放电。

3.3.4.3.5 无间隙线路避雷器的使用

无间隙线路避雷器可防护雷电以及操作过电压，它适用于提及的各种条件。

但是，在高地闪密度地区，接地故障电流小于 20 A 的系统(中性点经补偿或非直接接地)架空线路上使用带脱离装置的无间隙线路避雷器时，应特别考虑所用脱离器在接地故障电流下是否可能不动作。当避雷器发生故障时，脱离器不动作将使线路不能脱离接地。

无间隙避雷器如果安装在每个杆塔上，可使输电线路设计更为紧凑，空间显著地小于传统线路。无间隙线路避雷器也可以使用在原有杆塔和线路的基础上实现现有线路的升压，特别是对旧的和不常用的输电电压。例如线路升压运行时，在中等雷电活动地区，只在顶相上安装线路避雷器以代替架空地线，也可以装在有架空地线的线路三相上，关键是它可以防护快波前以及缓波前的过电压。

无间隙线路避雷器可作为变电站的线路入口保护装置。在靠近变电站的线路终端塔上(该杆塔的接地与变电站接地系统不连接)，所有的相上都装无间隙线路避雷器，这或多或少地可以消除靠近变电站的线路反击。从而降低侵入波的陡度和幅值，改善电站避雷器的保护性能。对 GIS 变电站，可以仅用户外变电站入口处的避雷器代替金属全封闭 GIS 避雷器。使用避雷器并联可能是最经济的解决方法。这种额定电压相同的并联避雷器，只是为了降低保护水平，而不必考虑分流。

典型的无间隙避雷器电气参数见表 7。

表 7　典型的无间隙线路避雷器参数

单位为千伏

避雷器额定电压 U_r	避雷器持续运行电压 U_c	标称放电电流												系统标称电压
		20 kA 等级				10 kA 等级				5 kA 等级				
		陡波冲击电流残压	雷电冲击电流残压	操作冲击电流残压	直流 1 mA 参考电压	陡波冲击电流残压	雷电冲击电流残压	操作冲击电流残压	直流 1 mA 参考电压	陡波冲击电流残压	雷电冲击电流残压	操作冲击电流残压	直流 1 mA 参考电压	
有效值		峰值 ≤			≥	峰值 ≤			≥	峰值 ≤			≥	有效值
17	13.6									57.5	50	42.5	25	10
51	40.8									154	134	114	73	35
54	43.2									163	142	121	77	
96	75					288	250	213	140	288	250	213	140	66
108	84					315	281	239	157	323	281	239	157	110
114	89					341	297	252	165					
216	168.5					630	562	478	314					220
312	237					847	760	643	442					330
324	246					880	789	668	459					
444	324	1 238	1 106	907	597	1 137	1 015	900	597					500
468	330	1 306	1 166	956	630	1 198	1 070	950	630					

3.3.4.3.6　带间隙线路避雷器的选择

带间隙线路避雷器仅用于雷电过电压保护。与无间隙线路避雷器的另一个不同点是，避雷器本体仅承受很小的持续运行电压。因此，带间隙线路避雷器的额定电压的选取与无间隙线路避雷器不同。另一个重要特点就是它的间隙特性要与被保护线路绝缘的雷电冲击耐受电压和操作冲击耐受电压配合。带间隙线路避雷器的选择包括避雷器本体和串联间隙。

国内的外间隙避雷器又可以分为间隙有绝缘件(一般为复合绝缘子)支撑和无绝缘件支撑两种。

下面的反复优化过程和图 20 所示流程图，给出了带间隙线路避雷器的选择建议：

——根据系统最高运行电压和间隙放电时的暂时过电压，以确定带间隙线路避雷器的额定电压；

——估计通过带间隙线路避雷器的雷电放电电流幅值、电荷(或通过带间隙线路避雷器的相关能量)和概率，考虑可接受的带间隙线路避雷器故障率情况下，选择标称放电电流、大电流冲击值和雷电冲击放电能力；

——根据预期的故障电流，选择短路等级；

——选择一个满足以上要求的带间隙线路避雷器；

注：特别是在线路没有屏蔽的情况下，雷电放电电流和放电能量可能明显高于应用在变电站的避雷器。

——根据系统最大缓波前过电压，确定带间隙线路避雷器(在避雷器本体短路之下)的绝缘耐受；

——确定带间隙线路避雷器的雷电冲击保护特性包括快波前放电电压、标准雷电冲击放电电压、标称放电电流和大电流下的残压；

——确定雷电冲击配合耐受电压，根据：

- 有代表性的雷电冲击电流，及由带间隙线路避雷器连接的架空线路决定的雷电性能（地闪密度，线路的落雷方式，杆塔的基础阻抗等）和受保护绝缘的可接受的闪络率等；
- 线路的结构。

注 1：降低额定电压可能降低带间隙线路避雷器的运行可靠性。

注 2：线路的绝缘等级可能和 GB 311.1 给出的绝缘等级不同。

注 3：通常的情况可能是：带间隙线路避雷器安装在现有的线路上，其雷电冲击耐受电压就是与线路的现有绝缘等级相配合。

注 4：应该考虑带间隙线路避雷器雷电放电下过载的风险，并计入计算的线路闪络率和跳闸率中。

注 5：带间隙线路避雷器与绝缘子直接并联安装。避雷器的保护水平应考虑连接导线的影响。

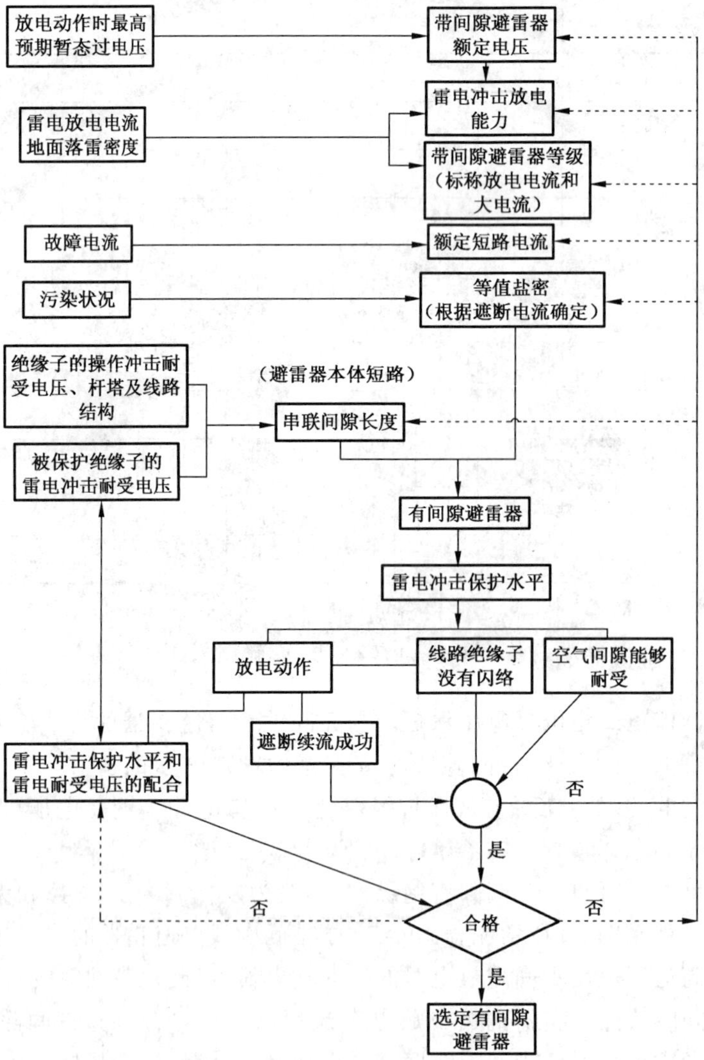

图 20 选择带间隙线路避雷器流程图

3.3.4.3.7 额定电压

运行中线路最大对地工频电压决定了带间隙线路避雷器的额定电压，带间隙线路避雷器可耐受半个周期的工频电压。间隙应在第一个工频半周期内熄弧。另外，带间隙线路避雷器的保护特性，包括残压和外间隙的放电电压，要低于线路绝缘的雷电冲击耐受电压，对持续运行电压 U_c 没有要求。因此，带间隙避雷器本体的额定电压可低于系统中使用的其他避雷器的额定电压。和无间隙线路避雷器相比较，避雷器本体可以更紧凑更轻便，同样也便于带间隙线路避雷器在拥挤的多回路输电线路杆塔上安装。

典型带间隙避雷器本体的电气参数如表 8 所示。

表 8　典型带间隙避雷器本体的电气参数

单位为千伏

系统标称电压	避雷器本体额定电压	标称放电电流								
		20 kA 等级			10 kA 等级			5 kA 等级		
		陡波冲击电流残压	雷电冲击电流残压	直流 1 mA 参考电压	陡波冲击电流残压	雷电冲击电流残压	直流 1 mA 参考电压	陡波冲击电流残压	雷电冲击电流残压	直流 1 mA 参考电压
有效值		峰值								
		≤		≥	≤		≥	≤		≥
10	13							46	40	20
	17							60	52	26
35	42							138	120	60
	51							168	146	73
66	69							228	198	100
	75							246	218	108
110	90				292	260	130	292	260	130
	96				314	280	140			
	102				332	296	148			
	108				358	320	160			
220	180				584	520	260			
	192				628	560	280			
	204				664	592	296			
	216				716	640	320			
330	288	868	775	408	868	775	408			
500	396	1 172	1 050	561	1 127	1 010	561			

3.3.4.3.8　带间隙线路避雷器的等级和能量要求

选择带间隙线路避雷器应根据分类和 GB 11032—2010 附录 N 中雷电冲击放电能力。根据 DL/T 815—2002 或 JB/T 10497—2005 的分类，通常情况下有架空地线的输电线路上的带间隙线路避雷器的标称放电电流为 5 kA、10 kA 或 20 kA，主要取决于地面落雷密度和期望的故障率。表 9 为带间隙线路避雷器本体的电流冲击耐受试验推荐值。

表 9　带间隙线路避雷器本体的电流冲击耐受试验推荐值

系统标称电压(有效值) kV	2 ms 方波冲击电流(峰值) A	4/10 大电流冲击电流(峰值) kA
500	800	100
330	600	
220	500	
110	400	
66		
35	150	65
10		

3.3.4.3.9　**间隙的绝缘配合**

与绝缘子并联安装的带间隙线路避雷器外间隙仅用以防护雷电过电压。即使在污染和湿的情况下,带间隙线路避雷器在系统中任何操作过电压、工频过电压、或电容放电时都不应发生放电。如果避雷器本体过载,它就会短路,在重合闸或系统的任何缓波前和暂时过电压下,间隙都不应发生放电。要使带间隙线路避雷器的保护性能与并联安装绝缘子的雷电冲击耐受电压强度相配合,推荐使用式(7)作为判据考虑带间隙线路避雷器的保护性能:

$$U_{50EGLA} + X \cdot \sigma < U_{50L1} - X \cdot \sigma \qquad \cdots\cdots(7)$$

式中:

U_{50L1} ——绝缘子在标准雷电冲击下的50%闪络电压;

U_{50EGLA} ——带间隙线路避雷器在标准雷电冲击下的50%放电电压;此外,不管避雷器本体是否短路,它也应是最大电压;

σ ——雷电冲击标准偏差,设定为3%;

X ——建议值为2.5。

外间隙在进行放电试验时,必须与串联使用的避雷器本体作为一个整体试验。由于避雷器本体中的金属氧化物电阻片也是一个电容,与外间隙的电容串联后也分担一部分电压,因此串联本体后的整体避雷器放电电压将高于单纯间隙的放电电压。

应对带外间隙的整只避雷器进行雷电冲击50%放电电压和工频耐受电压(考虑将避雷器本体短路)试验。雷电冲击50%放电电压试验用来确定避雷器间隙的最大距离,而工频耐受电压试验用来确定避雷器间隙的最小距离。其数值应与线路绝缘水平相配合,以保证避雷器在雷电过电压下放电,而在工频及部分操作过电压下不放电(考虑包括避雷器本体已经发生故障的情况)。表10给出了避雷器雷电冲击50%放电电压、工频湿耐受电压和330 kV及以上避雷器操作冲击湿耐受电压的推荐值,厂家须提供220 kV及以下避雷器操作冲击湿耐受电压值(操作过电压倍数)。

表 10　带间隙避雷器雷电冲击放电电压和操作湿耐受电压性能推荐值

系统标称电压(有效值) kV	雷电冲击50%放电电压 正极性(峰值) kV 不大于	工频湿耐受电压(有效值) kV 不小于	操作湿耐受电压 正极性(峰值) kV 不小于
10	100[a]	26	—
35	240	70	—

表 10（续）

系统标称电压(有效值) kV	雷电冲击 50%放电电压 正极性(峰值) kV 不大于	工频湿耐受电压(有效值) kV 不小于	操作湿耐受电压 正极性(峰值) kV 不小于
66	400	117	—
110	550	185	—
220	965	340	—
330	1 300	460	652
500	1 760	510	898
[a] 当 10 kV 线路使用雷电冲击耐受电压低于 110 kV 的绝缘子时，用户可与制造厂协商降低雷电冲击 50%放电电压。			

间隙有绝缘件支撑的外间隙避雷器，间隙的支撑绝缘件必须有足够的绝缘强度，在进行雷电冲击放电电压试验时，应保证每次放电路径为间隙电极之间，而不是沿支撑件表面放电。避雷器进行放电电压试验时，放电必须发生在空气间隙，而不能发生在支撑的绝缘件上。如果采用复合绝缘子作为支撑件时，这种复合绝缘子在电气性能上，必须进行与线路用的复合绝缘子对应的型式、抽查和例行试验，以保证其长期运行的可靠性。

避雷器雷电冲击伏秒特性(放电时间至少覆盖 1 μs～10 μs)应比被保护的线路绝缘子(串)的雷电冲击伏秒特性曲线至少低 10%。

3.3.4.3.10 带间隙线路避雷器的应用

带间隙线路避雷器仅用来防护雷电过电压，主要是有架空地线线路的反击雷和绕击雷。

如果避雷器过载，应该注意很难检测到避雷器本体的损坏。故障指示器可以清晰直观地显示避雷器本体的损坏。

应该指出带间隙线路避雷器本体故障后，避雷器的放电电压将会降低，线路的雷电冲击耐受电压总是比原来的低。因此，建议要尽快更换故障避雷器。

3.3.5 选择电缆保护用的避雷器

3.3.5.1 电缆的过电压保护

架空线路和电缆电气参数最本质的不同就是波阻抗。架空线路的波阻抗值范围为 200 Ω～450 Ω，而电缆的范围为 20 Ω～60 Ω。首先，这种差异导致当行波进入电缆时过电压幅值明显降低。降低了的电压波通过电缆，在其末端反射电压会升高一倍。随后，电压波返回到电缆首端再次进行反射等。这样，电缆上的过电压逐步建立，虽然它的实际陡度较低，但峰值和架空线路上的过电压峰值接近。

两端都和架空线路连接的电缆，其两端都应有避雷器的保护，如果电缆的长度长到了一定的程度，那么避雷器的参数选定和能量吸收能力要做仔细的计算。

注 1：这种计算的一种方法是使用成熟的 EMTP 程序进行。

注 2：这种计算的另一种方法是依据有关金属氧化物避雷器使用导则的 IEC 标准所推荐的公式进行。

母线或架空线路发生在空气中向地面放电的最严重影响是引起短路停电。但接着的损失较小。在电缆中，电缆套管的闪络或绝缘击穿则完全不同，它将导致电缆损坏并需要大量维修工作。因此电缆必须被视为变电站的设备并用避雷器来保护。

对等于和高于 66 kV 的电缆，建议接近电缆(约 3 个挡距)采用有架空地线的架空线路以及电缆终端的杆塔要有较低的接地电阻。

避雷器要直接安装在电缆的两端，连接线要尽可能短。避雷器接地端必须用最短的方式直接连接到电缆护套。

长的电缆两端都需要避雷器保护，部分短电缆只要一端保护就足够了，因为一端的避雷器也可以保护另一端。

由于电缆可以储存相对较高的能量，建议选择更高的线路放电等级的避雷器。在同样的持续运行电压下，有更高的能量吸收能力的避雷器有更低的残压，保护性能更好。

3.3.5.2 电缆护套的保护

由于发热的原因(电缆护套上的功率损耗)，高电压系统中的电力电缆的护套仅有一端接地。电缆护套非接地端采用过电压保护。

在高压及超高压系统，电缆护套是两端接地还是一端接地取决于系统管理和电缆的长度。

如果电缆护套两端接地，可以避免电缆护套上的任何电应力。两端接地的电缆护套的一般缺点是总的功率损耗会增加。对于典型的中压电缆，复合绝缘电缆在电缆护套上的额外损耗大约为相应电缆总损耗的 2%～10%。然而，如果电缆护套只有一端接地，在电缆护套没有接地的一端安装电缆金属屏蔽层电压限制器，额外的功率损耗就可以避免。

电缆护套的电压和电流的影响因素：

——短路电流的持续时间；

——负载电流；

——电缆布置(三角形或平行排列)。

由负载电流引起的电缆护套的感应电压可以忽略，而短路电流引起的感应电压用来计算保护电缆护套的避雷器的持续运行电压。

电缆护套避雷器的持续运行电压可以通过式(8)近似地计算。

$$U_c \geqslant \frac{U_i \times I_k \times L_k}{T} \qquad \cdots\cdots(8)$$

式中：

U_c ——避雷器的持续运行电压，单位为千伏(kV)；

I_k ——电缆的最大短路电流(单相)，单位为千安(kA)；

L_k ——没有接地的电缆护套长度，单位为千米(km)；

U_i ——电缆护套单位长度的感应电压，kV/(kA·km)电缆长度；

T ——电缆金属屏蔽层电压限制器暂时过电压能力(与避雷器工频电压耐受时间特性曲线相对应的过电压倍数 $T=U_{TOV}/U_c$)。

这些电缆金属屏蔽层电压限制器的额定电压应该比最大故障电流下的护套对地感应电压要高。标称放电电流应该和电缆末端的相对地避雷器的标称放电电流值相等。保护等级要尽可能的低，因为护套在运行期间，它的耐受强度没有明确的定义，也不能通过标准的测试确定。

3.4 正常和异常运行条件

3.4.1 正常运行条件

GB 11032—2010 给出了避雷器的正常运行条件。

3.4.2 异常运行条件

GB 11032—2010 给出了可能出现的异常运行条件。下面给出了有关题目的简短说明。

3.4.2.1 温度高于+40 ℃或低于-40 ℃

环境温度较高时，按照GB 11032—2010进行的动作负载试验预热到60 ℃将不能代表所有运行温度，需提高热温度。这取决于实际持续运行电压，功率损耗和避雷器外套的热性能。

低温可能影响内部装有气体的避雷器的密封性能。复合外套避雷器在温度接近或低于-50 ℃时会非常的敏感，复合材料可能出现裂痕。避雷器应用于-40 ℃或以下温度时应咨询制造厂，并试验验证。

3.4.2.2 海拔超过1 000 m

外部绝缘强度随着海拔的升高而降低。这要求设计避雷器及布置均压环时要考虑绝缘强度的降低，同样爬电距离也应得到补偿，具体导则见GB/T 311.2。

3.4.2.3 导致绝缘表面或安装金具老化的烟雾或蒸汽

对于特殊的烟雾或蒸汽，请咨询制造厂。

3.4.2.4 烟雾、污垢、盐雾和其他导电材料的过度污染

避雷器的耐污能力包括3个方面：

a) 避雷器的外套要能够耐受污染而不闪络。这可以按GB/T 4585—2004验证，或按GB/T 26218.1—2010的设计来确定。应按GB/T 26218.1—2010的建议增加爬电距离或者选择复合外套避雷器来提高耐污能力。
b) 避雷器必须耐受可能由于避雷器外套污染使电压分布改变而引起的温度升高。应该考虑污秽等级和在污秽条件下由故障或者重合闸操作引起的过电压的幅值和频繁程度。GB 11032—2010给出了适合瓷外套避雷器的检测方法，这样就可以通过下面的方法提高耐污性能：
    1) 选择更高的暂时过电压容量，即相同类型的避雷器采用更高的额定电压；
    2) 选择更高能量的避雷器；
    3) 选择有更好热传递机理的避雷器；
    4) 选择在持续运行电压下有更少功率损耗的避雷器；
    5) 选择复合外套避雷器。
c) 避雷器必须耐受由于污染时外套上电压分布改变，而引起的内部局部放电不会损害电阻元件或内部组装元件。

3.4.2.5 在水汽、湿气、水滴或蒸汽情况下的过多暴露

可以咨询制造厂。依据GB 11032—2010，通过了气候老化试验的大多数复合外套避雷器可以耐受。

3.4.2.6 避雷器带电清洗

一般不建议对复合外套避雷器进行清洗，高压水可能对复合外套绝缘造成伤害。

瓷外套避雷器需要清洗。如果是带电清洗，要注意所有外套同时均匀冲洗。如果避雷器装有大的均压环要特别的注意。请咨询制造厂。

3.4.2.7 粉尘、煤气或烟气的爆炸性混合物，安装在矿井或地下等爆炸敏感区域

一般情况下，在敏感区域安装无间隙金属氧化物避雷器没有问题，但还是要咨询制造厂。必须特别

注意避雷器的连接，以避免火花和局部放电。必须要考虑可能的避雷器故障的影响，因为它很可能导致电流电弧。建议设计时保证较大裕度的能量吸收能力和暂态过电压能力，以减少故障的风险。

3.4.2.8 异常运输和贮存

咨询制造厂，进行特殊情况下的试验来检验避雷器性能。

3.4.2.9 标称频率低于 48 Hz 或高于 62 Hz

一般情况下，无间隙金属氧化物避雷器的功率损耗随频率的升高而明显增加。因此避雷器的持续运行电压可能因为高频率而必须要降低，以避免丧失热稳定，特别是滤波器用避雷器更是这种情况。如果持续运行电压必须降低，通常相应的保护水平要比正常的避雷器的等级高，就需要考虑这种情况下的绝缘配合。

频率低于 48 Hz 时，问题首先出现在直流，在交流下稳定的电阻片元件在直流时可能不稳定。请咨询制造厂。

采用高于 62 Hz 频率调试时，如 GIS 变电站，应征得避雷器制造厂的同意。频率增加不仅仅是功耗的增加。由于避雷器在持续运行电压下主要呈电容性，容性电流随频率线性增加。

3.4.2.10 避雷器靠近热源

这可能会降低避雷器的热稳定极限温度，还可能会降低避雷器的持续运行电压和能量吸收能力及耐受暂态过电压能力。

3.4.2.11 非垂直安装和悬挂安装

非垂直安装引起弯矩，需要制造厂的检查和同意。如果不是软连接，悬挂安装也可能产生弯矩。

3.4.2.12 异常机械条件（地震、振动、强风速、厚覆冰、高弯曲负荷）

3.4.2.12.1 风速大于 35 m/s

应该考虑避雷器上的附加机械应力。请咨询制造厂。

3.4.2.12.2 地震

根据地震参数、避雷器的共振频率和阻尼情况得到的应力，同避雷器的机械耐受强度相比较。要得到更准确的信息需要不同的地震测试（见 GB 11032—2010）。

3.4.2.12.3 避雷器的扭矩

应咨询制造厂。

3.4.2.12.4 避雷器的拉伸负荷

有些避雷器耐受拉伸能力强于耐弯曲负载能力。请咨询制造厂。

3.4.2.12.5 避雷器用于机械支撑

这也许可能取决于避雷器的设计和机械负载的要求。然而，如果避雷器过载，必须考虑避雷器的可能的机械效应，同时避雷器过载后可能出现高阻抗或低阻抗短路情况。

3.4.2.12.6 振动

在一些使用中，避雷器可能遭受严重的机械振动，特别是线路避雷器容易遭受振动应力。这种情况下应该咨询制造厂，在特殊情况下必须通过试验来确定避雷器的性能。

4 特殊用途的避雷器

4.1 变压器中性点用避雷器

4.1.1 总则

最广泛使用的特殊避雷器之一是用于保护变压器中性点。由于多相或单相雷电过电压波的入侵、电力系统操作和不对称故障产生的过电压，使变压器的中性点绝缘会承受过大的过电压。每一个不接地的变压器的中性点都需用保护装置对雷电和操作过电压进行保护。在电网发生单相接地故障或在非全相运行时，中性点工频暂态和稳态电压升高，也需要保护装置进行保护。

a) 雷电过电压

线路雷击导致变压器单相或多相进波时，中性点将出现较高的雷电过电压。雷击杆塔距变电站越近，变压器不接地中性点将产生的过电压越高。由于雷电波在变压器中性点的折反射，变压器中性点过电压三相进波比二相进波要高，二相进波比一相进波要高。具体数值可以通过计算机数值仿真计算得出。

由于变压器中性点不会产生大的电流幅值，因而可用放电电流 1.5 kA 下的残压确定避雷器的保护水平。由于变压器中性点过电压波头较缓，因而绝缘配合系数可以取得小一些。

b) 操作过电压和谐振过电压

当电力系统在正常操作或故障操作的过程中，会产生操作过电压导致变压器单相或多相进波，也可能某些电感和分布电容匹配，产生谐振过电压。具体情况可以借助计算机数值仿真计算。中性点避雷器吸收操作过电压放电能量的能力应至少等于或高于相-地避雷器的要求。

c) 工频过电压

在电网发生单相接地故障或在非全相运行时，变压器不接地中性点将产生电压位移，其中中性点工频过电压对中性点绝缘有重要影响，不同故障下变压器中性点的工频过电压见表 11。

表 11 不同故障下变压器中性点的工频过电压

故障方式	中性点	变压器中性点的稳态电压 U_0（有效值）
变压器单侧有电源的中性点，不接地变压器只有一相合闸	220 kV	$U_0=U_{xg}=252/\sqrt{3}=146$ kV
	110 kV	$U_0=U_{xg}=126/\sqrt{3}=73$ kV
变压器单侧有电源的中性点，不接地变压器只有两相合闸	220 kV	$U_0=U_{xg}/2=252/\sqrt{3}/2=73$ kV
	110 kV	$U_0=U_{xg}/2=126/\sqrt{3}/2=36.5$ kV
中、低压侧有电源上网的系统，事故跳闸时解列为其中一个系统不接地，且有一相开关跳不开	220 kV	$U_0=2\times U_{xg}=2\times 252/\sqrt{3}=292$ kV
	110 kV	$U_0=2\times U_{xg}=2\times 126/\sqrt{3}=146$ kV
事故跳闸时解列为孤立不接地系统，且单相接地	220 kV	$U_0=U_{xg}=252/\sqrt{3}=146$ kV
	110 kV	$U_0=U_{xg}=126/\sqrt{3}=73$ kV
注：U_{xg}＝电网允许运行的最大工频相电压。		

注：产生以上中性点工频工频过电压时，保护变压器中性点绝缘的避雷器会因工频过电压而损坏，对此有必要加上并联间隙来限制工频过电压。

4.1.2 全绝缘变压器中性点过电压保护

目前我国电力系统内 35 kV 及以下变压器有全绝缘中性点。全绝缘变压器中性点可以使用等于或低于通常相-地避雷器保护水平来保护。由于中性点对地的工频电压较低，因此中性点避雷器的额定电压可以选用较低的值。建议可选用以下三种避雷器：

a) 可以选用相同电压等级的典型的相-地避雷器。

b) 与典型的相-地避雷器设计相同但额定电压降低，额定电压甚至可以降低到相-地避雷器额定电压的 60%。

c) 降低保护水平的特殊避雷器。

选用额定电压较低的避雷器时，要分析不接地时的变压器的中性点可能出现的工频过电压。

4.1.3 分级绝缘的变压器中性点过电压保护

具有分级绝缘的变压器中性点通常用在中性点直接接地系统中，一般 110 kV 及以上变压器都采用这种结构。

a) 单独采用避雷器保护

在系统运行中，变压器中性点如果没有表 11 所述的工频过电压，则可采用单独避雷器进行保护，该避雷器性能的选择要依据系统条件和中性点的耐受电压，根据变压器中性点的绝缘水平，可按 GB 11032—2010 的表 J.9 选择。

b) 单独采用间隙保护

间隙保护具有结构简单，维护简单，既可保护雷电和操作过电压也可以保护工频过电压等优点，缺点是放电分散性比较大。棒电极直径对间隙放电影响不大，可采用 $\phi16\pm4$ mm 的圆钢。棒间隙一般推荐采取水平布置方式，也可垂直布置。间隙距离值的选择要参考工频放电电压、操作冲击放电电压、雷电冲击放电电压，考虑正负 3 倍(操作取 6 倍)的放电电压的标准偏差。还应综合考虑以下三点：

1) 对变压器中性点的绝缘保护的要求。即间隙的标准雷电波动作值的上限小于变压器中性点的标准雷电波耐受值。该耐受值的老化积累安全系数取 0.85。

2) 间隙距离最大值的确定。形成不接地系统且单相接地故障时，该间隙应动作。应以正常或最低运行电压下，形成不接地系统且单相接地时中性点稳态过电压进行验算。

3) 确定间隙工频电压不应动作的要求。发生单相接地故障时，系统以有效接地方式运行，间隙不应动作。不接地主变中性点电压升高与系统零序、正序阻抗参数有关。有效接地系统接地系数 X_0/X_1 要求不大于 3，计算时取 $X_0/X_1=3$，则 220 kV 中性点对地最大偏移电压为 87.6 kV，110 kV 中性点对地最大偏移电压为 43.8 kV。

间隙距离还要根据变压器中性点的绝缘水平来选择。一般情况下，220 kV 中性点可取间隙 260 mm～310 mm，110 kV 中性点间隙可取 110 mm～145 mm。间隙距离偏小，保护裕度大，但动作频繁，增加运行监测工作量。间隙距离偏大，保护裕度小，变压器中性点的绝缘会受威胁。

c) 间隙并联避雷器保护

由于间隙的雷电冲击放电电压分散性大，而金属氧化物避雷器的雷电冲击残压比较稳定，雷电冲击下避雷器可以可靠动作。在工频过电压下间隙动作，可以有效地保护避雷器。缺点是大部分雷电冲击放电电压下间隙都会动作。很多 220 kV、110 kV 变压器中性点都采用这种保护，尤其是大容量的变压器。

4.2 相间避雷器

当切除一个电抗器或带有感性负载变压器时，在变压器或电抗器的相间会产生很高的过电压。当相-地避雷器没有动作，过电压可能会超过电抗器或变压器的相间耐受电压。如果预期有这样的操作，则除相-地避雷器外，相间也应装避雷器。相间避雷器的持续运行电压应等于或高于 1.05 倍的最高系统电压。金属氧化物避雷器耐受的暂时过电压应按最高系统电压的 1.25 倍考虑。对更高的暂时过电压必须规定额定电压值。对有间隙避雷器，其额定电压必须考虑暂时过电压。典型结构如图 21、图 22 和图 23 所示。

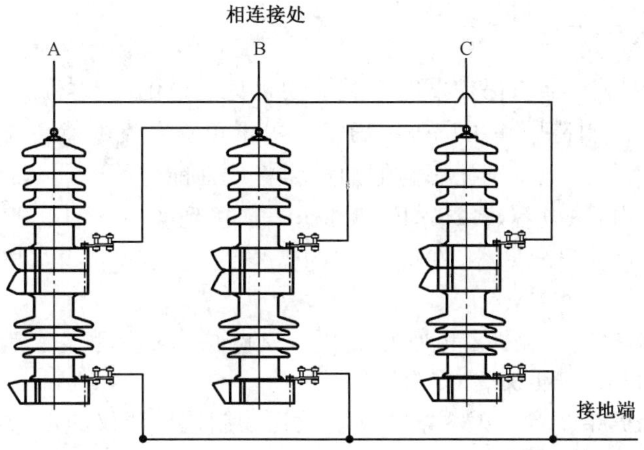

图 21　六组连接

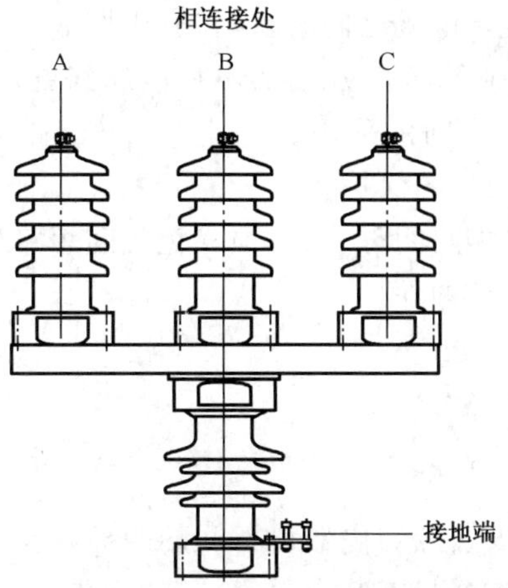

图 22　星型连接

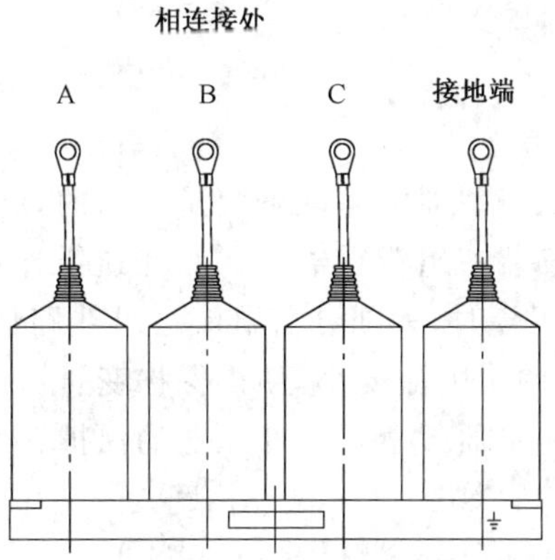

图 23　四星型连接

对于具有一个△连接低压线圈的变压器，需在低压侧装相间避雷器以限制感应传递过电压。当断开变压器时，低压侧避雷器通过吸收磁能也能保护变压器的高压侧。

电弧炉变压器除了安装相-地避雷器外，还需安装相间避雷器。对于该类避雷器，必须有特殊要求和明确的避雷器特性。

4.3 旋转电机用避雷器

对旋转电机，可以利用避雷器来保护发电机和电动机免遭过电压损坏。

该类避雷器技术要求由制造厂和用户协商确定。由于短路电流可能会高于 GB 11032—2010 列出的值，因此对发电机用避雷器必须特别注意它们的压力释放性能。

对直接或通过一段短电缆、电容(0.25 μF～0.5 μF)连接到架空线的电机，在相-地之间应安装避雷器，避雷器应尽可能靠近电机端。另外，在电机前的架空线上或架空线与电缆连接点应装第二组避雷器。

注：架空线上安装的避雷器除了限制进入电机的过电压外，还降低了通过电机避雷器的放电电流，因而使保护电机避雷器的残压降低，相当于给电机提供了附加保护。

选择避雷器特性要依据第 2 章或第 3 章的规定及比较制造厂建议的被保护设备绝缘冲击强度和避雷器的保护水平。通常，在保护水平和耐受电压之间只能达到很小的保护裕度。

当电机通过变压器连接到架空线时，若变压器已采取保护，电机可以不再装设避雷器。当电机通过长电缆或具有上述电容值(0.25 μF～0.5 μF)的并联电容器连接到架空线时，电机也可以不再装设避雷器。如果断路器安装在变压器和旋转电机之间时，应在变压器端(电机侧)安装电容器。

通过增设相间避雷器，对连接到 Y/△变压器的电机能起到更好的保护。装在电机旁或变压器电机侧的避雷器不易遭到大的雷电流。因而，采用放电电压较低(带间隙避雷器)或采用放电电流较小(500 A 或更小)的避雷器，能得到较好的保护。

汽轮发电机有低的波阻抗和单相封闭母线，必须避免相间短路。因此，相间不应安装避雷器。采用变压器高压侧的避雷器可以得到足够的保护。

4.4 多只避雷器的并联

4.4.1 总则

在大型电站中，由于避雷器的安装点与电器设备间的距离以及变电站的运行方式，为了确保对电站电气设备的可靠保护，每一相上可能不只安装一只避雷器，需要安装一定数量的避雷器。

另一个原因是单只避雷器难以吸收可能出现的高能量。

对于改造和扩建的电站，新增设备的过电压保护可能需要新装避雷器，新装的避雷器与系统中原有的避雷器并联。

4.4.1.1 从保护方面考虑

从避雷器保护的观点来看，多只避雷器的并联安装是可以的，能够提高对电站设备的保护水平。一般情况下，在线路侧和变压器处各安装一组避雷器。线路侧避雷器保护线路入口处安装的断开的断路器和其他设备(如：CVT)。断路器闭合时，一部分雷电流通过线路侧避雷器分流，流过变压器避雷器的雷电流比没有安装线路侧避雷器时的雷电流要小，使得保护变压器的避雷器残压降低，同时变压器承受的雷电过电压也降低，所以线路侧避雷器改善了对变压器的保护。

4.4.1.2 从吸收能量方面考虑

在可能的发生操作或故障事件中，并联的避雷器的能量吸收通常不可能在并联避雷器之间保持一致。

为了保证在并联避雷器之间电流和能量分配比较均匀，需要对并联的避雷器进行匹配。对于通常的避雷器一般不进行电流和能量的匹配。

对于通常的高压避雷器，如果在订购同样结构和保护水平的避雷器时没有要求其之间电流和能量的匹配，应该考虑其电压特性的偏差在5%的范围内。对于不同结构或具有不同保护水平的避雷器，其电压特性的偏差会很大。

对于操作波电流的范围，避雷器的非线性系数约为20～30，其电压5%的偏差，会引起避雷器间电流分配更大的偏差。

因此，所有避雷器必须独自耐受确定的能量或者在避雷器间保护水平偏差不小于10%时有足够能量承受裕度供选择以吸收能量。

对于暂时过电压(TOV)，电流和能量分配一般不考虑，每个避雷器应能单独耐受TOV。仅在避雷器用来限制TOV的这种情况下，才考虑避雷器的电流分配。另外在这种情况，具有低残压的避雷器可以“保护”其他高残压的避雷器。

然而，通常在暂时过电压下，通过避雷器的电流比操作冲击电流小，并接近避雷器伏安特性的“拐点”。在这种电流范围内避雷器的非线性系数比较大，很难获得好的电流分配。另外，同正温度系数大电流伏安特性的区域相比，接近伏安特性拐点的区域具有负的温度系数。

4.4.2 与有间隙SiC避雷器并联安装

当变电站有无间隙和有间隙两种避雷器时，无间隙避雷器经常有更低的操作冲击保护水平，因此它会吸收差不多所有的操作冲击的能量(实际上是保护了那条线路上的有间隙避雷器)。因此，当新的无间隙金属氧化物避雷器和老式SiC避雷器并联安装时，必须要计算在忽略老式SiC避雷器情况下的能量吸收能力。

4.5 保护并联电容器组用避雷器

保护电容器组用避雷器具有以下作用：

a) 防止断路器重击穿时对电容器的危害；
b) 降低断路器反复再击穿的风险；
c) 通过限制高幅值的过电压来延长电容器的使用寿命；
d) 防止不可预见的谐振情况，否则可能导致电容器故障；
e) 限制所有电容器组暂态操作过电压，该过电压能在系统中传播得更远并干扰敏感的设备；
f) 通过防止高幅值过电压以升级电容或者提高其工作电压；
g) 对连接到线路上的电容器起雷电保护作用；
h) 保护全绝缘或弱绝缘的串联电抗器。

晶闸管控制的电容器经常和许多避雷器装配到一起。对于这种电容器已经做过许多详细的研究，因此这里只考虑断路器开关设备。

避雷器的放电能量是需要考虑的最重要的参数。这种能量取决于电容器的设计、系统的接地方式、避雷器的安装方式及断路器性能等。

粗略估计避雷器能量W的公式见式(9)。

$$W=\frac{1}{2}\times C\times[(3U_0)^2-(\sqrt{2}U_r)^2] \quad \cdots\cdots(9)$$

式中：

C ——电容器组中单相电容值。

U_0——相对地运行电压。

U_r——避雷器的额定电压。

此外,电容器组的运行电压可能比系统其他地点运行电压高5%～10%,当选择避雷器的持续运行电压时必须考虑这一点。

对于保护串联电抗器或滤波器的避雷器,如果电抗器为弱绝缘,避雷器的额定电压较低;当单相接地时,电容器通过电抗器和避雷器的并联回路放电的能量会很大。这个能量可通过式(10)近似估算。

$$W=\frac{1}{2}\times C\times(U_{sw})^2 \qquad \cdots\cdots(10)$$

式中:

C ——电容器组中单相电容值;

U_{sw} ——电容器组相地操作过电压保护水平。

电容器放电的持续时间可能比长持续冲击的持续时间短很多,但其电流可能相当大。因此,制造厂必须考虑这一点。

另外必须考虑避雷器在合闸时的操作冲击能量和可能的再击穿能量。

如果滤波器的基频偏离50/60 Hz时,应对避雷器的应用给予足够的重视,因为金属氧化物避雷器的功率损耗随频率的增加而增加。因此,对更高的频率,不得不降低避雷器的持续运行电压U_c。如果持续运行电压U_c必须要降低,那么避雷器相对的保护水平也将高于正常应用的避雷器。制造厂家必须考虑这一点。

4.6 保护串联补偿电容器组用避雷器

用在保护串联电容器的避雷器通常被称为非线性电阻器,现有的避雷器IEC标准不包括该类型试验。对不同的故障情况要进行系统研究。因为串联补偿电容器串联在线路中,系统的故障可以导致电容器有不同的电压降。这些非线性电阻器可以单做保护或与旁路间隙做组合保护,一般采用IEEE 824—2004和GB/T 6115.2—2002进行测试和选择。

5 避雷器的资产管理

5.1 总述

本章讨论与用户使用避雷器相关的内容。它涉及在GB 11032—2010,GB/T 28182和IEC 60099-8中定义的金属氧化物避雷器。尽管制造厂的例行检查会验证避雷器的制造是否满足生产要求,但若没有遵照制造厂对运输、储存和现场组装的说明,则可能会造成对避雷器产生有害的影响或不能提供最佳的性能。

避雷器的运行环境也会影响性能,因此像环境污染和接地系统的完整性问题需要关注。从运行角度来看,避雷器中没有任何备用和替代的部件,而且从实质上来讲,避雷器在整个寿命周期内都是密封的。本章讨论了无间隙避雷器的状态监测,叙述了诊断技术和影响寿命的因素,不过总的来说,无论何时只要避雷器有故障或显示故障的迹象,一般建议替换整个避雷器。

5.2 避雷器的管理

5.2.1 资产数据库

本节不适用于配电避雷器。

建议建立有关主要信息和技术数据的数据库,这些资料至少应该包含避雷器制造厂和型号,制造年份、安装年份和地点、避雷器的编号和电气参数。

5.2.2 技术参数

涉及系统暂时过电压、能量应力和保护水平的避雷器技术规范应实时更新。

5.2.3 关键备品

故障避雷器可以脱离，且电网也可恢复运行，在未更换避雷器之前电网的可靠性较低。危险性和其影响需要由供电部门加以确定，这里还不能给出建议。

避雷器成本相对较低，但考虑到更换一个避雷器所需的时间，还是值得存放一只避雷器备品。如果避雷器故障或需要更换，该备品可能会对电网的可靠性和有效性有很大的作用。通常，当一相避雷器故障时，无须更换其他两相避雷器。

当决定要有什么备件时，应考虑避雷器的结构尺寸及安装要求。不推荐将不同结构、不同型号及不同保护水平和能量水平的避雷器混用。这一点仍应由供电部门自己确定，因为只有他们才能决定所需的安全裕度。当三相一组避雷器需要同时替换时，如果替换下来的避雷器经试验证实是好的，可以储存起来，万一同一设计的避雷器需要更换时可重新使用。有关检查避雷器状态的诊断方法见附录D。

5.2.4 运输和存储

应严格遵循制造厂给定的有关运输和存储的注意事项。瓷外套避雷器对运输中出现的机械应力很敏感。对许多避雷器而言，这个应力可能代表在其寿命中的最高机械应力。在大多数情况下规定在运输和存储期间避雷器均为直立状态。

复合外套避雷器对存储条件非常敏感。避雷器按照运输所用的封闭包装方式存储时，外套可能会产生苔藓和真菌，且会持续增长。制造厂通常会给出明确的指示，规定避雷器在存储时是否需要拆除运输包装。仓库应尽量避免有老鼠、鸟类和其他动物进入，因为它们可能损害这些软的有机绝缘材料。

5.2.5 调试

一般而言，避雷器无需调试。如果考虑需要，则应遵循制造厂的意见，并向其寻求有关现场调试试验的咨询。常见的调试试验是参考电压试验、绝缘电阻测量、泄漏电流试验、持续电流试验等，这些试验有助于判断避雷器是否有性能问题，并可作为未来状况评估的基准。试验时需要解开已安装避雷器的高压端子和接地端子，试验后避雷器应重新连接以备运行。这一点对GIS避雷器来讲非常困难，因为它首先需要收气以断开避雷器，然后又要给避雷器充气进行试验。试验后还要重复上述的工作并重新连接避雷器。因此，通常不要求进行以上的调试试验。

注：在测试后应检查接地和高压连接是否已经恢复。

5.3 维护

避雷器基本上是免维护的。没有必需的解体性维护工作，主要是因为该设备是一个密封的固定结构，没有运动部件。

对于额定电压100 kV及以上的避雷器，可能的日常工作包括目视检查，以确保压力释放喷口清洁、无碎片，喷口内无积水(通常，此处应该有排水孔)。水分渗入是导致密封长期劣化的主要原因。

检查与避雷器相连的接地系统的完整性，如果已经损坏，避雷器可能无法履行其功能。

不用进行解体维护，但是对于瓷外套避雷器外绝缘表面可能需要清洁，但清洁频率取决于环境条件。复合外套避雷器外绝缘表面不需要清扫。如果需要的话，可用一些在线或离线测试技术进行状态评估。

一般的维护工作可能包括：

——安装的计数器的测试；

——避雷器本体外观检查；

——确认高压端和接地端连线完好；

——需要时对瓷外套表面清扫或重新涂脂。

应该检查所有防晕环和均压环,因为这些零部件失效会损坏避雷器,或者会产生电晕,这将引起复合绝缘性能劣化。

一旦避雷器故障或者显示出任何故障的迹象,整个避雷器必须更换。

5.3.1 避雷器外套污秽

避雷器外套污秽可能会导致避雷器内部电阻片温度增加进而形成内部击穿或者直接造成外部闪络。为防止污秽地区的故障,必须选择能够承受该污秽条件的避雷器。虽然没有在 GB 11032—2010 中明确,在正常环境条件下避雷器应能耐受依据 GB/T 311.2 的Ⅱ级污染水平,但是国内通常的做法是,对于用于Ⅰ级和Ⅱ级污秽区的避雷器而言,通常只需检查避雷器的爬电比距能否满足要求即可。但是如果避雷器是安装于重(污秽Ⅲ级)或特重(污秽Ⅳ级)污秽地区,避雷器则必须通过人工污秽试验来验证避雷器的耐污秽能力,GB 11032—2010 的附录 F 和附录 O 介绍了两种不同的人工污秽试验方法,供需双方可依据不同的要求加以选用。如果耐污能力设计不足的避雷器用于重(污秽Ⅲ级)或特重(污秽Ⅳ级)污秽地区,定期清扫或涂脂也可以有效防止上述事件。若允许带电清洗时,避雷器的设计结构必需符合相应的运行条件。

复合外套避雷器一般不要求清扫,但应经常检查避雷器各元件伞裙下的干带痕迹,因为这些地方可能会产生漏电起痕。

当规定避雷器带电清洗时,应咨询有关专家。由于避雷器无内部串联间隙放电问题,带电清洗比较容易。不过进行带电清洗时,要注意安全上的经验和实践。与绝缘子清洗相比,要特别考虑电阻片发热的危险。

5.3.2 避雷器外套的涂层

瓷外套避雷器外套采用权宜性的临时性涂层是可以的,但不是首选。首先应选择正确的爬电距离,以避免涂层。然而,如果安装后情况有变,它可能需要涂层。硅脂和 RTV 室温硫化硅橡胶是瓷外套表面最常见的涂层,避雷器使用涂层无需特殊考虑。

5.3.3 脱离器的检查

脱离器主要用于线路避雷器和配电避雷器。脱离器是否脱离需要定期检查。在现场往往不容易确定脱离器的动作是否正确。如果脱离器动作,应检查确认避雷器是否完好。如果避雷器完好,则属于脱离器误动作,从技术的角度讲更换脱离器后避雷器可以继续使用。

5.3.4 线路避雷器

现场检查可以使用热成像,但只限于无间隙线路避雷器(NGLA)。对于带间隙线路避雷器(EGLA),目测也是一种选择,目测检查主要针对间隙和本体结构的完整性。

5.4 性能和诊断工具

为了评估避雷器性能的劣化或损坏,可以采用多种方法。

配网避雷器最简单的诊断方法是使用表明避雷器损坏的故障指示器和脱离器,当然也可以使用站用避雷器的诊断方法进行进一步的测量判断。

对于无间隙的避雷器而言,通常的性能诊断方法有直流法和交流法两大类。直流法主要是测量避雷器的直流参考电压及其 0.75 倍直流参考电压下的漏电流,避雷器的劣化(受潮或/和电阻片老化等)均可以通过直流参考电压下降和/或 0.75 倍直流参考电压下的漏电流的增加加以反映。交流法是使用可以测量金属氧化物避雷器阻性电流或功率损耗微小变化的专用仪器测量避雷器的阻性电流、全电流以及功耗等,阻性电流和功耗的增加将意味着避雷器的可能出现了劣化。

关于运行中的避雷器的这些相关问题将在附录 C 中加以详细讨论。

5.5 寿命终结

对避雷器寿命终结的判断是主观的,因为在许多情况下,避雷器出现故障是很突然的。避雷器的功能是为了保护其他设备,然而,如果它失效,那么其应用则毫无意义。因此,避雷器的寿命时间应从避雷器功能的角度及涉及其耐受能力方面出发加以考虑,然后,再考虑是否用新的避雷器元件替换。电力公司通常将主要设备的经济寿命与其他变电站设备相配合,避雷器的寿命时间可能在 20 年～50 年之间变化。电力公司根据经济和技术因素确定适当的避雷器更换间隔时间。评估标准应该考虑在内,例行更换是可行的,因为避雷器不需要解体维护或者大修,而且能够避免更换其他贵重设备(例如 GIS,电力变压器等)的昂贵代价。

从技术层面上看,假设避雷器电阻片并没有过负荷,那么由功能元件决定的寿命可以很长。但是,外套和密封性更有可能是寿命的决定因素。

对于空心筒式结构避雷器(瓷套式和复合外套 A 型),当密封系统已经劣化到一定程度,不再能将功能元件与外部大气条件相隔离,湿气渗入弱化了避雷器功能元件组的绝缘强度。与密封性有关的可靠寿命大约在 20 年～30 年。运行工况和气候环境也对避雷器是否能够达到预期寿命有很大的影响。

复合外套避雷器仍然是比较新的避雷器种类,寿命仍然需要评估。

5.5.1 GIS 避雷器

GIS 避雷器的元件由于是封闭在充有 SF_6 气体的罐体内,认为寿命应该可以超过 30 年。

5.6 处理和循环使用

应用户的要求,每家厂商都应提供足够的资料,以便所有的避雷器部件都可以按国际和国家标准废弃和/或回收。在 SF_6 气体内运行的元件,当出现漏电起痕或电弧时应仔细处理,特别是 SF_6 击穿时会造成污染物。

用于夹紧避雷器电阻片的支撑件有一定的应力,所以当将其从避雷器外壳内拿出来和处理时,应谨慎。

附 录 A
（资料性附录）
确定由于接地故障产生的暂态过电压的方法

接地故障因数 k 是在接地故障（在任意点的单相或多相）时，在某一特定点健全相的最高工频相电压有效值与无故障时工频相电压有效值之比（参见 GB 311.1）。

接地故障因数可通过正序、负序、零序复阻抗 Z_1、Z_2、Z_0，同时考虑故障电阻 R 进行计算，阻抗的表示式为：

$Z_1=Z_2=R_1+jX_1$：系统的正序和负序电阻和感抗；

$Z_0=R_0+jX_0$：系统的零序电阻和感抗

所计算的是故障点的故障因素。

注：应该注意，在扩展的谐振接地网络中，在其他点的接地故障因数可能会高于故障点的。

图 A.1 给出了当 $R_1 \ll X_1$ 且 $R_1=0$ 时的全部情况。

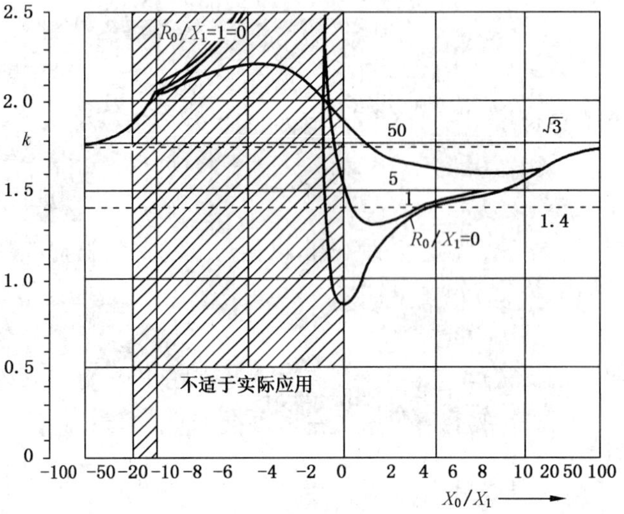

图 A.1 接地故障因数 k 与 X_0/X_1 的关系（$R_1/X_1=R_1=0$）

对 X_0/X_1 值（正或负）很高的区域，适用于中性点谐振接地和中性点不接地系统。

X_0/X_1 值（正）低的区域，适用于中性点接地系统。

X_0/X_1 为负的低值范围（如阴影部分），由于谐振条件，不适合于实际应用。

对中性点有效接地系统，图 A.2～图 A.5 给出了适用于 R_1/X_1 在特殊值情况下的接地故障因数的曲线族。

这些曲线适用于给出最大接地故障系数的故障电阻值。

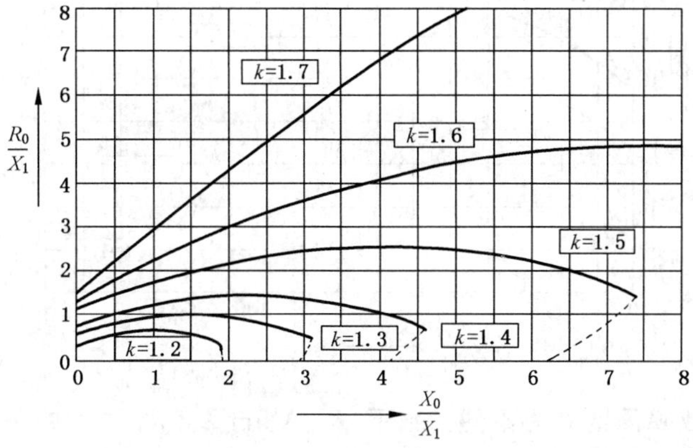

图 A.2 接地故障因数 k 为不同常数下，R_0/X_1 与 X_0/X_1 之间关系（$R_1=0$）

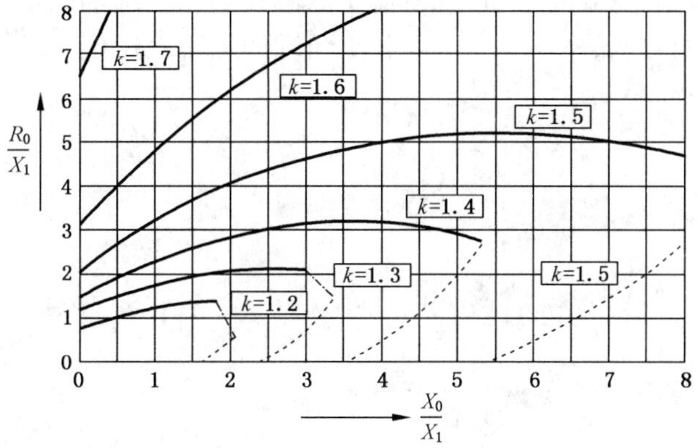

图 A.3 接地故障因数 k 为不同常数下，R_0/X_1 与 X_0/X_1 之间的关系（$R_1=0.5X_1$）

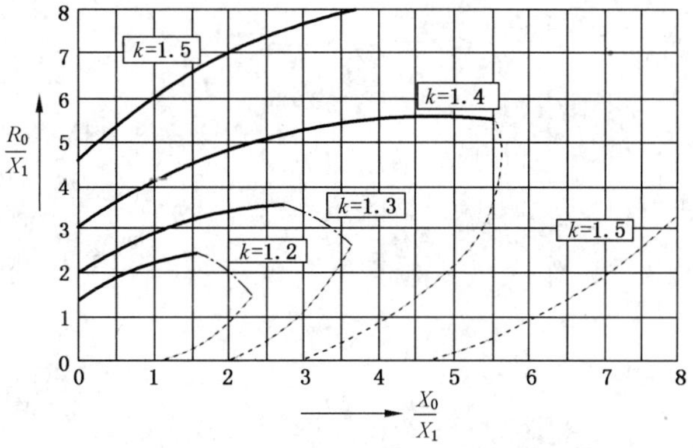

图 A.4 接地故障因数 k 为不同常数下，R_0/X_1 与 X_0/X_1 之间的关系（$R_1=X_1$）

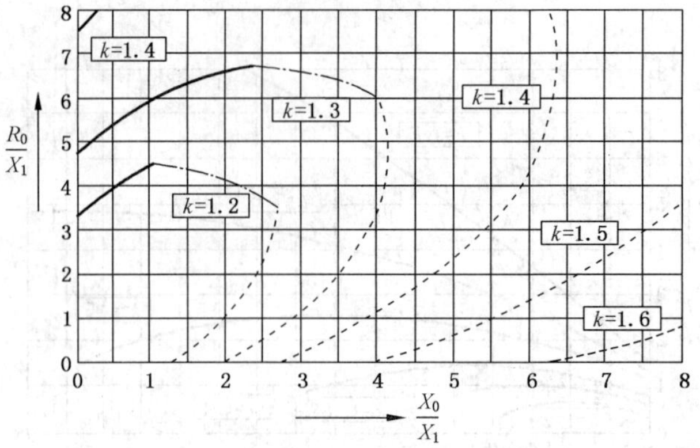

图 A.5　接地故障因数 k 为不同常数下，R_0/X_1 与 X_0/X_1 之间的关系（$R_1=2X_1$）

在图 A.2～图 A.5 中，曲线按下列表示划分代表最严酷条件的区域：

————————在相对地故障下，相位超前于故障相的相上出现的最大电压值；

- - - - - - - - - - 在相对地故障下，相位滞后于故障相的相上出现的最大电压值；

—·—·—·—·—在相对地故障下，非故障相上出现的最大电压值。

附　录　B
（资料性附录）
研究绝缘配合和能量要求用的避雷器模拟技术

非线性金属氧化物电阻的残压会随着冲击电流的陡度增加而增大。典型例子是一个幅值为10 kA波头时间为1 μs的冲击电流的残压会比相同幅值但波头时间为8 μs的冲击电流的残压高5%～10%。整只避雷器的残压应该是避雷器内所有电阻元件的残压的总和。但是，当在电流通道中测量任何对象上的电压时，测量电路将会产生一个闭合磁通，测得的电压将是试品内部电阻和电流乘积的电压，以及由包含试品和用于测量电压的连线组成封闭环的闭合磁通所衍生的电压的和。

这也意味着，对于极快速陡波冲击电流，如果电压测量紧靠试品，或者通过连线连接试品而导致较大的闭环而产生较大的磁通，这样电压测量结果将会差别很大。等值电感可以定义为与测量封闭环所交链的磁通除于电流。而磁通则是与试品和测量回路组成的封闭环所交链的磁势矢量的线积分。针对一定数量的导体，依据不同导体半径和与导体不同的距离，如图B.1所示，计算了其等值电感，见表B.1。

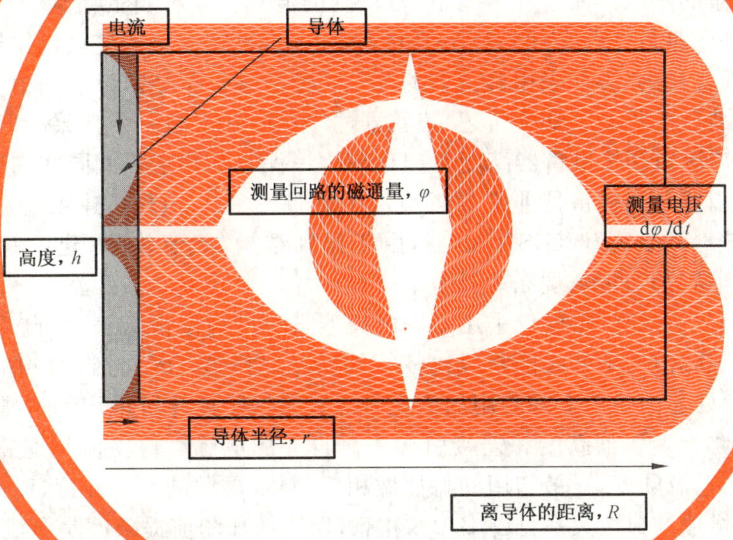

图 B.1　避雷器电压测量环等值电路

表 B.1　垂直圆柱体的计算等效电感

圆柱体的垂直高度(h) m	圆柱体半径(r) m	到圆柱体的水平距离(R) m	等效电感 μH/m
1.0	0.01	0.5	0.7
1.0	0.01	20	0.86
3.0	0.01	0.5	0.75
3.0	0.01	20	1.1
9.0	0.01	0.5	0.77
9.0	0.01	20	1.3
1.0	0.04	0.5	0.43
1.0	0.04	20	0.59

表 B.1（续）

圆柱体的垂直高度(h) m	圆柱体半径(r) m	到圆柱体的水平距离(R) m	等效电感 μH/m
3.0	0.04	0.5	0.48
3.0	0.04	20	0.79
9.0	0.04	0.5	0.5
9.0	0.04	20	0.98

结果清楚表明，“电感”是一个相当复杂的参数。它是通过电流的试品的半径、高度以及到试品距离的函数。

对于非线性金属氧化物电阻片和 8/20、10 kA 冲击电流或 30/60 μs 冲击电流，对电压测量磁场的影响并不很大。但对于波前时间仅为 1 μs 的陡波冲击电流，测得的电压会显著受电压测量回路布置影响。这当然不是一个想得到的结果，因为这结果毫无意义，而且出于绝缘配合目的也可能会是无用的。它或许只能适用于此特定的电流幅值和波形。因此，在对非线性电阻做陡波电流试验时，大多数制造商试着减少或消除磁通量的影响。在这种情况下，所得到的值只会是材料的响应。因此可以针对任一幅值和波形，通过增加基于避雷器的实际安装所加的等效电感，很容易获得整只避雷器的最终保护效果。

因此，出于绝缘配合目的，必须采用避雷器的等效模型。该模型必须考虑到由于电流陡度的作用和“电感”效应而引起的残压的提高。如上所述，避雷器的“电感”并不是一个常数。但是，出于绝缘配合研究的目的，对于 AIS，广泛采用按避雷器高度 1 μH/m 这一保守的数字。此同样的每单位长度电感值也推荐采用于任何连接引线。当避雷器非常靠近被保护设备(＜0.5 m)时，建议每单位长度的电感取一半，即 0.5 μH/m 比较合适。对于 GIS 避雷器，由于同轴结构，此值较小，建议每单位长度的电感取 0.3 μH/m。对于特别情况，可能需要精确计算。

对于绝缘配合研究，包括陡波，建议采用不同的模型来考虑由于电流波形、陡度以及避雷器电感和引线电感对残压的增加。但非常复杂的是以比较精细的方式模拟 ZnO 材料的响应。因此至今还未建立起很精确的模型，此处建议一个实际应用的简化方法。第一步计算所采用的避雷器模型是避雷器 8/20 μs 的 U-I 特性，再加上避雷器高度和连接引线 1 μH/m 的电感以检验流经避雷器电流的陡度的影响。然后，根据已定的电流陡度，对最初用的特性做相应调整，再做进一步计算，以此类推。残压随电流视在波前时间减小而增加的典型关系见图 B.2。注意，残压增加的前提条件是电流幅值不变。

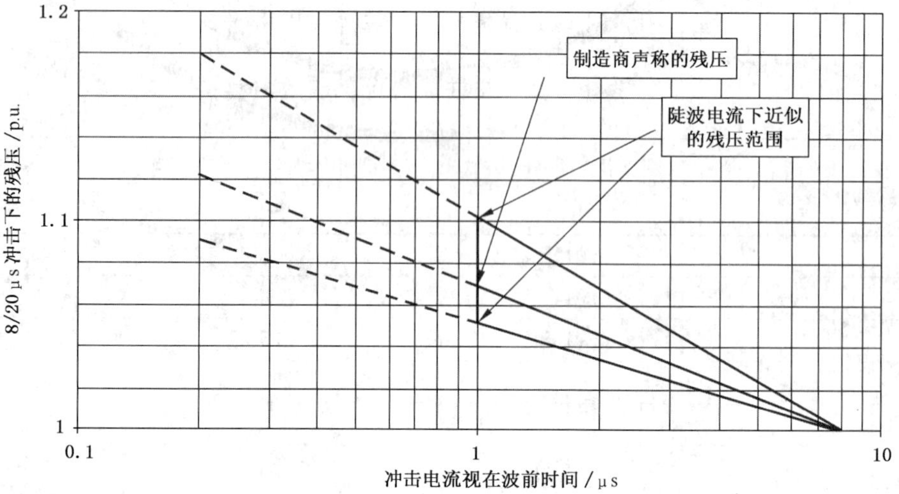

图 B.2 残压随电流视在波前时间减小而增加

注意，这仅仅是材料的响应，而非电感效应。此外，小于 1 μs 数据仅表示估计的趋势。当需要更准确的值时，应咨询制造厂。

通常，确定避雷器保护水平的典型冲击电流，包括波前时间大约为 1 μs 的波形。因此，第一步应该选择按比 8/20 残压特性值高 5%～10%的特性进行计算。然后，根据此得到的电流陡度，对最初用的特性做相应调整，再做进一步计算，以此类推。对于绝缘配合，最大的残压特性是重要的。然而，当计算避雷器吸收操作波电流的能量时，通常较高的能量对应于较低的残压特性。对于这些研究，应采用最小的残压特性。作为近似，如果没有更准确可利用的信息，取比制造厂给定最大残压小 5%～10%的低残压特性。而对雷电冲击相关能量，则相反，因为这种情况的电源通常被看成是电流源，所以，避雷器的最大残压特性对应于最高能量。若做操作波研究时，应采用避雷器 30/60 的 *U-I* 特性，通常无需计及避雷器高度和连接引线的长度，因为可忽略缓波前串联电感的效应。

作为总结，在图 B.3～图 B.5 所示的下列模型建议用在冲击电流条件下。

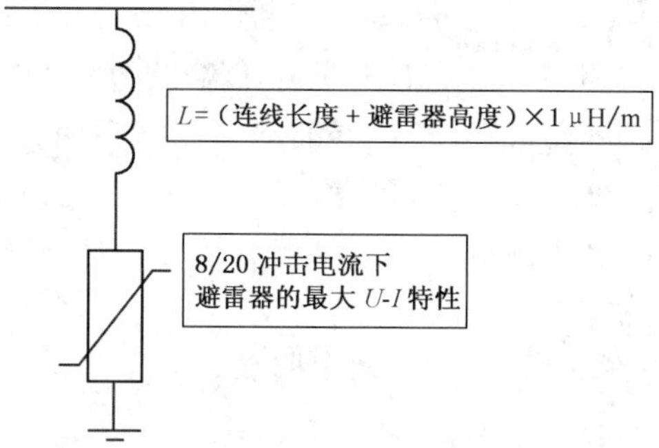

图 B.3　绝缘配合分析用避雷器模型——快波前过电压和预计算(选择 1)

冲击电流的陡度(视在波前时间)取决于初步计算。然后 *U-I* 特性得到相应调整，再重复计算。

注：对于 GIS 避雷器，电感规定约为 0.3 μH/m。

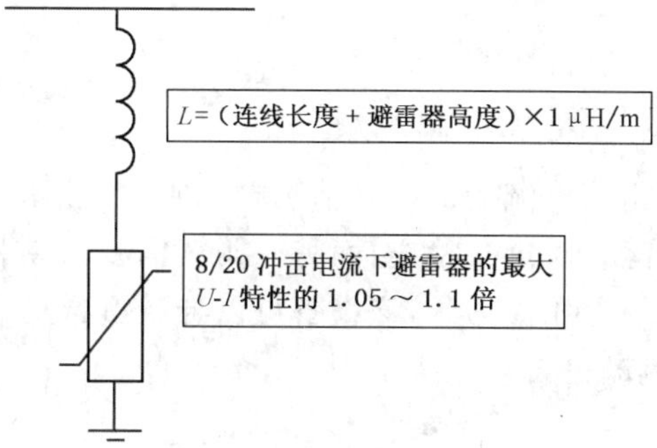

图 B.4　绝缘配合分析用避雷器模型——快波前过电压和预计算(选择 2)

冲击电流的陡度(视在波前时间)取决于初步计算。然后 *U-I* 特性得到相应调整，再重复计算。

注：对于 GIS 避雷器，电感规定为 0.3 μH/m。

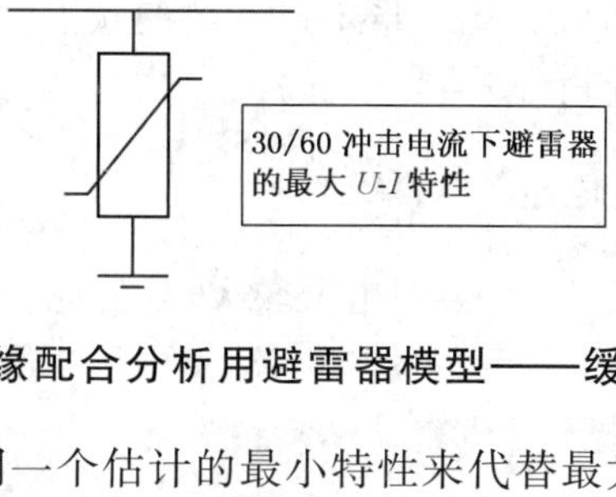

图 B.5　绝缘配合分析用避雷器模型——缓波前过电压

为了研究避雷器的能量强度，用一个估计的最小特性来代替最大特性。

附　录　C
（资料性附录）
运行中金属氧化物避雷器的诊断

C.1　概述

自从使用避雷器以来，已经有许多不同的显示装置和诊断方法开发出来。诊断装置有两类：一类是显示整个避雷器故障的指示器和脱离器；另一类是测量避雷器阻性电流（或功耗）变化的仪器。

C.1.1　故障指示器

故障指示器动作后，会给出一个明显的标志，表明避雷器已经发生故障，但避雷器不脱离电网运行。

指示器可以与 MOA 一体，也可以分开。指示器的动作原理有两种：第一种，根据流过 MOA 电流的大小和持续时间长短；第二种，根据 MOA 电阻片温度的高低。

C.1.2　脱离器

脱离器动作后，将避雷器与电网脱离，并给出一个明显的标志。脱离器有热熔式和热爆式两种。

C.1.3　放电计数器

当流过放电计数器的电流超过规定时动作（是电流大小和时间长短的组合）；如果两次电流的时间间隔极短，计数器不一定正确动作。

为了安全起见，计数器应该安装在人不易接触，但又能在运行中方便读数的地方；计数器的接地线要尽可能短，截面积要足够大。

C.1.4　监测火花间隙

监测火花间隙可显示通过避雷器电流的次数并估算电流幅值，解释间隙上的标记需要丰富的经验。

有些火花间隙可以在避雷器运行时进行检查，而另一类就需要避雷器停电后测量。这要求避雷器装备的接地端子有足够的冲击耐受电压。另外，该设备可以与避雷器安装在一起，火花间隙不能直接给出避雷器的实际状态，但有助于判断是否可继续使用。

注：在我国很少见。

C.1.5　温度测量

利用热像仪可以远距离测量运行中避雷器的温度。可通过与邻近运行避雷器的比较测量来判断避雷器是否过热。

直接测量金属氧化物电阻温度可以精确地指示避雷器的状态。但是，它需要避雷器装有专用的变换器。因此，此种方法仅能应用于特殊的避雷器上。

C.1.6　金属氧化物电阻片全电流的特性

交流全电流分为容性电流和阻性电流，容性电流较大，阻性电流较小，图 C.1 显示的是一金属氧化物电阻片在持续运行电压 U_c 时在实验室测得的全电流。图 C.2 所示的是稍低于 U_c 而且谐波含量不同，两种不同避雷器的全电流测量结果。

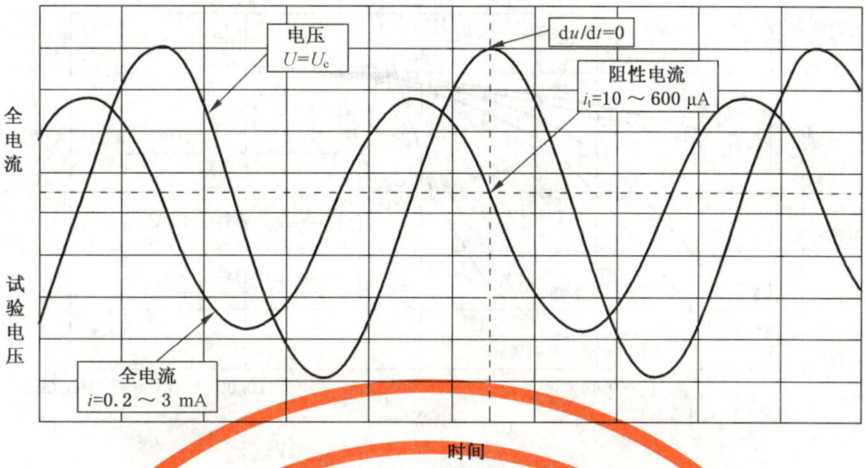

图 C.1 在实验室条件下金属氧化物电阻的典型全电流

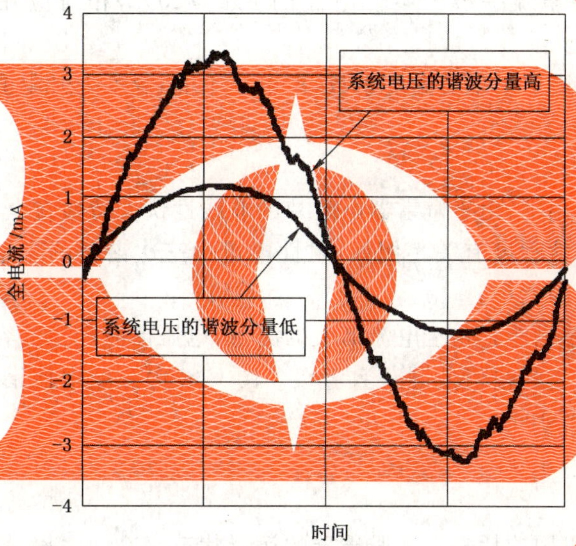

图 C.2 避雷器典型全电流

C.1.6.1 容性电流

在避雷器接地端测得的容性电流是由金属氧化物电阻片的自身电容、杂散电容和均压电容(如果使用)共同作用所产生的。金属氧化物电阻片的电容与电压和温度有轻微的关系。

没有证据说明由于金属氧化物电阻片的伏安特性劣化导致容性电流发生了变化，因此，容性电流不能说明金属氧化物避雷器的状态。

C.1.6.2 阻性电流

在一定电压和温度下，MOA 的阻性电流与金属氧化物电阻的伏安特性有很大的关系。当 MOA 老化或受潮时，小电流伏安特性曲线会右移，即阻性电流变大；因此，可以把阻性电流作为诊断运行中的金属氧化物避雷器状态变化的特征量。图 C.3 显示在交流电压下典型的阻性和容性伏安特性。为比较，图 C.3 也显示了直流电压下的典型特性。

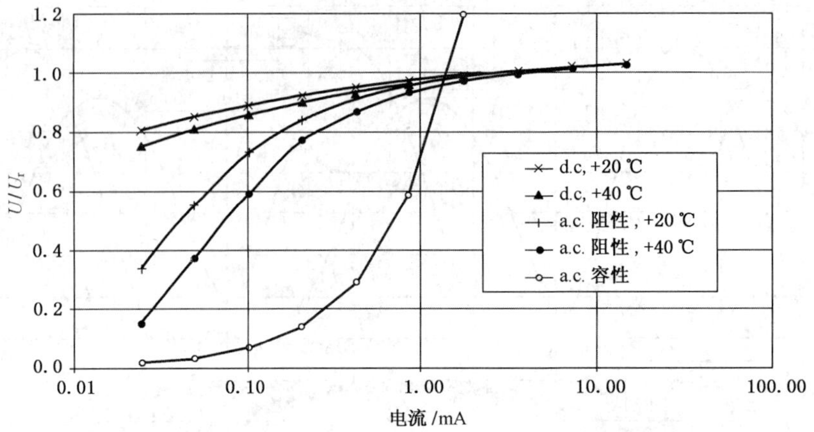

图 C.3　金属氧化物电阻片的典型电压电流特性

交流电压下阻性电流定义为瞬时电压最大时的电流值($du/dt=0$ 时)如图 C.1 所示,在正常工作状态下金属氧化物电阻的阻性电流一般为容性电流的 5%～20%,相对应在 20 ℃下大约为 10 μA～600 μA。

在小电流区域电阻片的阻值呈现负温度系数,即电压不变,温度上升阻值变小(阻性电流变大)。

C.1.6.3　全电流中的谐波

当避雷器在正弦电压作用下,由于避雷器电阻片的非线性伏安特性在全电流中会含有谐波,其谐波分量的大小与电阻片的非线性程度有关。例如:阻性电流中三次谐波的含量为 10%～40%。因此,谐波含量可用于表征阻性电流的大小。

另外,系统电压中的谐波也能影响全电流谐波的测量,电压谐波产生的容性谐波电流可能与避雷器的非线性电阻产生的谐波电流的幅值处同一数量级。图 C.2 为系统电压谐波产生的全电流中的谐波的例子。

C.1.6.4　功耗

和阻性电流一样,也可以用功耗来表征避雷器的运行状态。

C.1.7　外表面泄漏电流

在雨天或湿度较大时,瓷外套或复合外套的表面污秽会形成表面泄漏电流,该电流是阻性电流。若避雷器是由一个避雷器节构成的,则会不同程度地改变避雷器原来的电压分布,即使在避雷器下部用集电环将表面泄漏电流直接引入地中,避雷器底部阻性电流的测量值仍可能改变;若避雷器是由两个(或更多)避雷器节串联构成的,除了上述影响,还应考虑到,在两个避雷器节的法兰联接处,避雷器原来的电流与表面漏泄电流交汇并重新分配,情况更为复杂。

C.2　全电流的测量

由于容性电流较大,阻性电流较小,而且容性电流基波和阻性电流基波相差 90°的相角。因此,全电流主要与容性电流有关。当阻性电流发生很大的增长才能观察到整个全电流值的变化。全电流的大小受到周围带电体及接地体的影响。

全电流的在线监测可以用监测器,也可以用便携式仪器来测量。图 C.4 说明阻性电流的增加对全电流的影响。

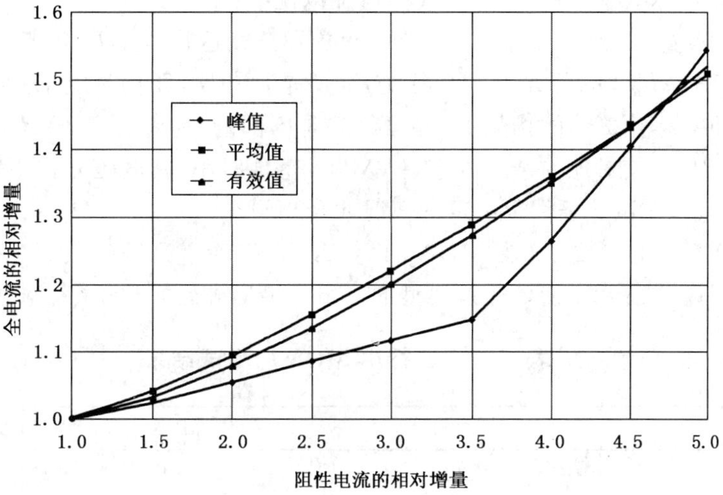

图 C.4 阻性电流的增加对全电流的影响

C.3 阻性电流的测量

C.3.1 阻性电流基波测量

提出测量阻性电流基波的理由：a) 理论方面：MOA 在正弦波电压作用下，只有阻性电流基波 I_{R1} 是作功的；

b) 工程方面：只要作用在 MOA 两端电压的基波值 U_1 不变，I_{R1} 也不变。

在实际测量中十分方便，不同谐波含量的电源，对 MOA 加压，只要 U_1 是相同的，测量得到的 I_{R1} 也是相同的。

C.3.1.1 用投影法得到 I_{R1}

在实验室取 MOA 两端电压 U，取 MOA 底部电流 I_X；将 I_X 的基波 I_{X1}，投影到 U 的基波 U_1 上即为 I_{R1}，见图 C.5。有式(C.1)：

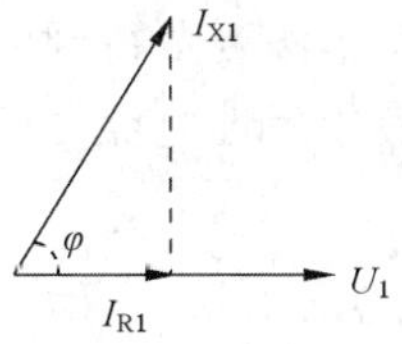

图 C.5 用投影法得到 I_{R1}

$$I_{R1P}=\sqrt{2}\times I_{X1}\times \cos\varphi \qquad \text{(C.1)}$$

式中：

I_{R1P}——阻性电流基波峰值；

φ ——阻性电流角。

GIS 的 MOA 的全电流 I_X 和阻性电流基波峰值 I_{R1P}，在 MOA 的生产厂或运行现场用投影法测量，结果都是一致的。

目前电力系统使用的大量是敞开式 MOA(瓷套和复合套)，实验室试验与现场试验所得的结果往往是不同的。

以 u_r＝444 kV(500 kV 系统用)的 MOA 为例加以说明：

a) 当整支 MOA 置于实验室地面上，对 MOA 施加持续运行电压 U_c，测量其全电流 I_X 及阻性电流基波峰值 I_{R1P}(MOA 采取了均压措施，一般是欠补偿，即仍是上部承担的电压较高，下部较低)；当 MOA 置于 3 m 的构架上，测量结果是不同的，前者的 I_X 及 I_{R1P} 较后者的小。原因是 MOA 在构架上，其对地的杂散电容，比 MOA 落地时小，其电压分布比较均匀。

因此，试验数据只有在试验条件很一致的情况才会相同。

b) 运行中的 MOA 的测量。3 支 MOA 的 I_X、I_{R1P} 在实验室测得的数据十分接近，然而在运行中的测量结果差别很大。表 C.1 是典型的一组一字形排列的 500 kV MOA 运行中的测试结果。

表 C.1　运行中 MOA 的测试结果

测试项目	A 相	B 相	C 相
U/kV	290	291	289
I_X/mA	1.48	1.38	1.28
Φ_{u-I_X}/(°)	83.7	86.1	88.7
I_{R1P}/mA	0.23	0.13	0.04

测量 A(B、C)相时，电流信号从 A(B、C)相 MOA 底部取得；电压信号从 A(B、C)相 PT 二次绕阻取得。

测试结果表明 3 支性能相同的 MOA，处在不同的相位，用投影法测得的 I_{R1P} 和阻性电流角 φ 是不同的(尽管 3 支 MOA 的真实运行状态是很接近的，特别是两个边相的运行状态完全相同)，所以在运行方式不变(即该组 MOA 周围的带电体及接地体不变)的情况下，测得的数据作纵向比较是非常有效的。

C.3.1.2　用相角差法来判断运行中 MOA 的劣化程度

MOA 在各种过电压和长期运行电压的作用下会老化，老化在小电流区域的表现是阻性电流变大(若 MOA 受潮，阻性电流也变大)，一般认为老化的判据是测量运行电压下的全电流、阻性电流或功率损耗，测量值与初始值比较，有明显变化时应加强监测，当阻性电流增加 1 倍时，应停电检查。

从工程角度来看，若某 MOA 的测量数据历次比较都是一致的，则认为该 MOA 的小电流特性是稳定的(而不是十分看重数据与真值相比有多少偏差)，MOA 可以继续运行。

但判断 MOA 的老化则不然，由于用投影法测量得到的各相阻性电流基波峰值是不同的，规程的规定无法执行。如果把阻性电流的变化，转换成阻性电流角的变化，就会使对 MOA 老化的判断变得十分清晰。

周知，公式 $I_{R1P}=\sqrt{2}\times I_{X1}\times\cos\varphi$ 已经给出了，φ 与 I_{R1} 的关系，MOA 全电流 I_X 中，容性电流比阻性电流大得多，当 MOA 的阻性电流增大时(不超过初始值的 2 倍)I_X 的变化很小，因此从工程上可把 I_X 看作常数，这样 I_{R1P} 与 $\cos\varphi$ 的关系变得十分简单、明确；I_{R1P} 的变化可用 φ 的变化来描述。

当 I_{R1P} 增加 1 倍时(即是原来的 2 倍)，有 $\cos\varphi_{终}/\cos\varphi_{初}=2$ 成立，$\varphi_{终}=\text{arc}(2\cos\varphi_{初})$，$\Delta\varphi=\varphi_{初}-\varphi_{终}=\varphi_{初}-\text{arc}(2\times\cos\varphi_{初})$。

用 $\Delta\varphi$ 法来分析表 C.1 的实例，$\varphi_{初}$ 取表 C.1 中 B 相的阻性电流角 φ 的值 $\varphi_{初}=86.1°$，$\Delta\varphi=86.1°-\text{arc}(2\times\cos86.1°)$；可按 $\Delta\varphi=3.9°$ 来判断表 C.2 中的数据，A 相 MOAφ 由 83.7°减小到 79.8°；B 相 MOAφ 由 86.1°减小到 82.2°；C 相 MOAφ 由 88.7°减小到 84.8°；避雷器真实的阻性电流就是原来的 2 倍了。

因为不同类型、不同制造厂生产的 MOA，其初始的全电流和阻性电流往往是不同的，其 $\Delta\varphi$ 也不同；如某额电压为 200 kV 的 MOA，单相施加 127 kV 电压时，全电流 0.36 mA(r.m.s)，阻性电流基波 I_{R1P}＝0.07 mA(此处是指峰值)，φ＝82.0°，可算出当阻性电流增加 1 倍时，$\Delta\varphi$＝8.1°。

不论何种 MOA 都可用 RCD-4 型阻性电流测量仪，测出在运行电压下，某相 MOA 的 I_X、I_{R1P}及 φ 值，并很方便地求出 I_{R1P}增长至初始值 k 倍的 $\Delta\varphi$，$\Delta\varphi=\varphi_{初}-\mathrm{arc}(k\times\cos\varphi_{初})$。

用相角差法来判断 MOA 的劣化，使运行中 MOA(不论 MOA 的排列、安装如何，只要该组 MOA 周围的带电体及接地体不变)，劣化的判据很明确，判断十分方便。

a) 不从 PT 二次绕组取电压信号

在电力系统中，绝大多数 MOA 都是以同生产厂、同型号的三相 MOA 成一组运行的。有的现场没有 PT，有的甚至连 220 V 电源都没有。

解决测量的办法是找到一个符合以下 3 个条件的矢量：

——该矢量与 MOA 运行的电网频率完全相同；

——该矢量在测量过程中与电网 A、B、C 三相电压的角差稳定；

——矢量的模较稳定。

做一个高压探头，将感应的电压送到测量仪的电压输入端或从现场找一个 220 V 交流电源。探头放置的位置是任意的(第一次和第 N 次的位置可以完全不同)，220 V 电源也可以是任意的。

先测 B 相 MOA 的 I_X，此时测量仪自动将 φ_B 定为 85°(我国较多的 MOA 的 φ 是 85°，也可根据生产厂的情况设定)，已经自动生成 B 相电压 U_B，然后测量 A 相 MOA，仪器自动将 $U_B+120°$作为 U_A；最后测 C 相 MOA，仪器自动将 $U_B-120°$作为 U_C。每次对三相 MOA 进行测量 φ_B 总是 85°，φ_A、φ_C 可能变化。三相 MOA 运行状况判断如表 C.2 所示。

表 C.2 MOA 运行状况判断表

$\Delta\varphi_B$	$\Delta\varphi_A$	$\Delta\varphi_C$	结果
0	0	0	三相都正常
0	>0	0	A 相变坏
0	0	>0	C 相变坏
0	$\Delta\varphi_A=\Delta\varphi_C<0$		B 相变坏
0	>0	>0	A、C 相变坏
0	≥0	<0	A、B 相变坏
0	<0	≥0	B、C 相变坏

注 1：$\Delta\varphi=\varphi_{第一次测量}-\varphi_{第N次测量}$。

注 2：以上分析是基于 A、B、C 三相 MOA 同时变坏的可能性很小而做出的。

按上述理论生产的 RCD-6 型阻性电流测量仪在现场应用是成功的，已经推广使用。

b) 直接取 A、B、C 三相 MOA 的全电流

取 A、B、C 三相 MOA 的全电流信号输入测量仪，测量仪显示 A、B、C 三相 MOA 的全电流值 I_X 及 φ，φ_B 仍为常数(例如 85°)；MOA 的运行状况判断如表 C.2 所示，该方法仅适合测量运行中的三相 MOA，接线简单，测量可靠。RCD-7 型测量仪具备上述功能。

C.3.2 利用电压信号作参考

该方法利用参考信号代表避雷器两端的电压，该参考信号可用于在电压达到峰值瞬间($du/dt=0$ 时)直接读取阻性电流。电压和阻性电流值可通过示波器读取，由于该参考信号可通过分压器获得，该电压分压器必须要有足够小的相差。如图 C.6 所示。

注：理论上是对的，实际使用不太方便。

C.3.3 平衡法

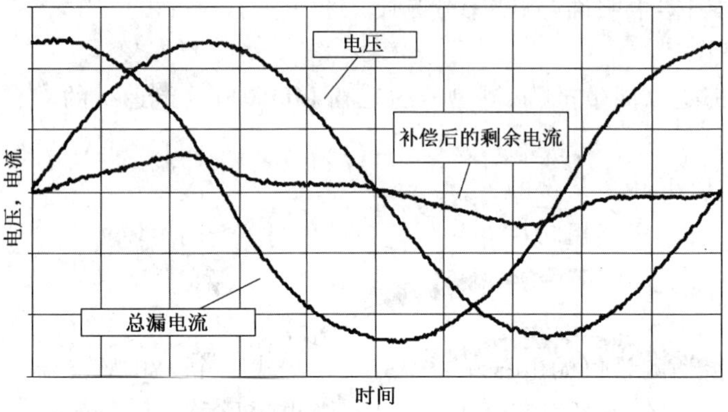

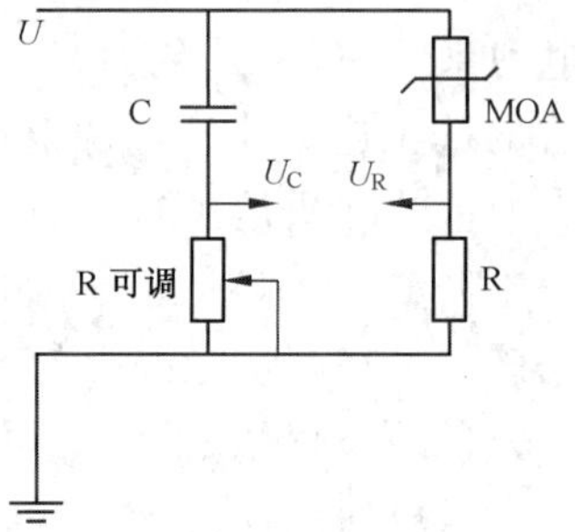

图 C.6 在持续运行电压 U_c 下的容性电流补偿后的剩余电流

图 C.6 中 C 为介损较小的电容器，C 下串可调电阻，MOA 下串分流器 R，U_C 和 U_R 信号分别送入示波器的两个信道，做减法。该方法实验室可用；现场不方便，因为电容器体积较大，还有其他带电体的影响；另外，电压谐波的影响也要注意。

C.3.4 零序电流法

该方法基于如下假设，三相避雷器的容性电流是相等的，三相相加，则容性电流抵消。合成电流由三相避雷器的阻性电流组成，如果它们大小相等，基频分量也相抵消，合成电流为零。只要任意一相避雷器阻性电流增大，则合成电流增大。但无法判断是哪一相的阻性电流增大。

此方法的主要缺点是三相避雷器的容性电流往往不相等，则合成电流不为零。另外一个因素，系统电压谐波在合成电流中也产生谐波。

该方法在(1)三相电压值完全相同，且三相角差均为 120°，(2)三相 MOA 小电流性能完全相同的三个罐式 MOA 中是对的。

在三相电压值完全相同，且三相角差均为 120°，对三相瓷外套或复合外套的 MOA(即使小电流特性完全相同)是不对的。由于相间影响，三相全电流之间的相角差不是 120°，合成电流值不为零。

C.3.5 三次谐波法

该方法是用避雷器的非线性伏安特性在全电流中产生谐波的原理，它假设所有谐波电流均由非线性电阻产生。阻性电流中最大的谐波成分是三次谐波，因此，它不需要参考电压。

该方法容易应用在运行中测量。最主要的问题是系统电压中所含的谐波导致测量的准确程度下降。电压中的谐波能产生容性谐波电流，如果其大小与避雷器的非线性电阻产生的谐波电流在同一量级上，就会给谐波电流的测量带来大的误差。

C.3.6 利用电压谐波补偿的三次谐波法

该方法的原理与 C.3.5 相同，由于引进了对避雷器中的容性三次谐波电流的补偿电流信号，所以对电压中谐波的灵敏度大大减小。其中的补偿电流信号是通过放置在避雷器基座上的“电场探头”取得的。通过正确的刻度，电场探头感应的谐波电流将从总的谐波电流中减去，得到的结果就是避雷器的非线性阻性电流产生的谐波电流。

C.3.5 及 C.3.6 两种方法存在的最大的缺陷是，MOA 劣化的原因，有不少是由于内部受潮，受潮的结果是阻性电流基波增加，三次谐波是毫无反应的。

注：我国使用的测谐波的仪器效果都不好。

C.4 MOA制造厂提供的信息

制造厂应提供，直流 1 mA（或几 mA）电压值，0.75 倍直流 1 mA（或几 mA）电压下的漏电流值，及环境温度、湿度等。

提供交流参考电压值（在几 mA 参考电流时）；持续运行电压下 MOA 的全电流，阻性电流角，阻性电流基波峰值及环境温度、湿度等。

附　录　D
（规范性附录）
术语和定义

下列术语和定义适用于本文件。

D.1

瓷外套避雷器　porcelain-housed arrester

用瓷做外套材料，并带有附件及密封系统的避雷器。

D.2

复合外套避雷器　polymer-housed arrester

用聚合和合成材料做外套，并带有附件的避雷器。

注：具有一定封闭气体容积的设计是可能的。密封可用复合材料本身或独立的密封系统来实现。

D.3

气体绝缘金属封闭避雷器（GIS 避雷器）　gas-insulated metal enclosed surge arrester，GIS-arrester

气体绝缘金属封闭金属氧化物避雷器，内部没有任何串联或并联放电间隙，并充以不同于空气的气体。

注 1：气体压力通常超过 1 bar＝10^5 Pa。

注 2：该避雷器用于气体绝缘开关装置中。

D.4

分离型避雷器　arrester-separable type

分离式避雷器　separable arrester

装配在一个绝缘或屏蔽的外套内的避雷器，该外套提供系统绝缘。避雷器安装在一个封闭壳体中通过滑动接触或螺栓装置实现电气连接以保护配电设备及系统。所有分离式避雷器都是不带电插拔式避雷器。

注：分离式避雷器通常用在欧洲。

D.5

外壳不带电型避雷器　arrester-dead-front type

外壳不带电式避雷器　dead-front arrester

避雷器装在屏蔽外套内，该外套提供系统绝缘并屏蔽接地。该避雷器安装在一封闭壳体用于保护地下且有托架的配电设备及回路。

注 1：大部分外壳不带电型避雷器是带电插拔式避雷器。

注 2：外壳不带电型避雷器通常用在美国。

D.6

不带电插拔避雷器　dead-break arrester

只有在回路不带电时，才能和回路连接和断开的避雷器。

D.7

带电插拔避雷器　load-break arrester

能够在回路带电时连接和断开的避雷器。

D.8

液浸型避雷器　arrester-liquid-immersed type

液浸式避雷器

浸在绝缘液体中的避雷器。

D.9

避雷器均压环　grading ring of an arrester

一种金属部件，通常是圆环形，用以改善静电场下避雷器的电压分布。

D.10

非线性金属氧化物电阻片　non-linear metal-oxide resistor

避雷器的部件。由于其具有非线性伏安特性，在过电压时呈低电阻，从而限制避雷器端子间的过电压，而在正常工频电压下呈现高电阻。

D.11

无间隙金属氧化物避雷器　metal-oxide surge arrester without gaps

由非线性金属氧化物电阻片串联和/或并联组成且无并联或串联放电间隙的避雷器。

D.12

串联间隙　series gap

有意设置的空气间隙，间隙电极串联一个或多个金属氧化物电阻片，间隙电压为全部或部分避雷器端子间电压。

D.13

并联间隙　shunt gap

有意设置的空气间隙，间隙的电极在电气上并联一个或多个金属氧化物电阻片。

D.14

有间隙金属氧化物避雷器　metal-oxide surge arrester with gapped structures

由金属氧化物电阻片与放电间隙串联和/或并联组成的避雷器。

D.15

线路避雷器　line surge arresters;LSA

通常适用于电力线路以降低瞬态雷电冲击时绝缘子闪络危险的一种避雷器。

注：通常不用于保护绝缘子免受其他的暂态冲击，如操作冲击。必要时，也可以用于保护线路绝缘子之外的任何其他电器设备。

D.16

带外间隙线路避雷器　externally gapped line arresters;EGLA

一种设计有外部间隙和避雷器本体串联的线路避雷器，用以保护线路绝缘子免受由雷电引起的快波前过电压。它依靠外部串联间隙较高的放电电压，使避雷器在工频过电压和因操作和故障产生的缓波前过电压下不动作。

D.17

避雷器本体　arrester body;SVU

带有外套的非线性金属氧化物电阻片部分，它与外部间隙串联构成带间隙的完整线路避雷器EGLA。避雷器本体可以包含几个元件。

D.18

带外串联间隙避雷器续流　follow current

间隙击穿时，通过线路避雷器串联间隙由工频电压产生的电流。避雷器的外部串联间隙必须能够遮断由受污避雷器本体所产生的外部泄漏电流和通过非线性电阻片所产生的内部阻性电流。即带间隙的线路避雷器在污秽条件下的性能是由间隙在潮湿和污秽条件下的灭弧性能所决定。这要由续流遮断试验证明。

D.19

无间隙线路避雷器　non gapped line arresters;NGLA

由非线性金属氧化物电阻片串联和/或并联组成且无并联或串联放电间隙的线路避雷器。用来保护线路绝缘子免受雷电引起的快速波前过电压的损害，也可以保护线路绝缘子免遭操作过电压的损害。

注：无间隙线路避雷器通常装设有脱离器。

D.20

避雷器脱离器　arrester disconnector

避雷器故障时，使避雷器与系统断开的装置。用于防止系统持续故障，并给出可见标识。

注：脱离器脱离时切断流经避雷器的故障电流通常不是该装置的功能。

D.21

故障指示器　fault indicator

避雷器故障时提供指示的一种装置，但它不能将避雷器从系统脱离。

D.22

避雷器的额定电压　rated voltage of an arrester

U_r

施加到避雷器端子间的最大允许工频电压有效值，按照此电压所设计的避雷器，能在所规定的动作负载试验中确定的暂时过电压下正确地工作。

D.23

避雷器的持续运行电压　continuous operating voltage of an arrester

U_c

允许持久地施加在避雷器端子间的工频电压有效值。

D.24

避雷器持续电流　continuous current of an arrester

施加持续运行电压时流过避雷器的电流。

注1：持续电流由阻性和容性电流组成，随温度、杂散电容和外部污秽影响而变化。因此试品持续电流可不同于整只避雷器的持续电流。

注2：为了比较，持续电流可用有效值或峰值表示。

D.25

避雷器的额定频率　rated frequency of an arrester

避雷器设计使用的电力系统的频率。

D.26

避雷器的工频参考电压　reference voltage of an arrester

U_{ref}

避雷器通过工频参考电流时测出的避雷器的工频电压峰值除以$\sqrt{2}$。

注：多元件串联组成的避雷器的电压是每个元件工频参考电压之和。

D.27

避雷器的放电电流　discharge current of an arrester

避雷器动作时通过避雷器的冲击电流。

D.28

避雷器的标称放电电流　nominal discharge current of an arrester

I_n

用来划分避雷器等级的、具有8/20波形的雷电冲击电流峰值。

D.29

避雷器的残压　residual voltage of an arrester

U_{res}

放电电流通过避雷器时其端子间的最大电压峰值。

D.30

外间隙线路避雷器的残压　residual voltage of EGLA

放电电流通过时，避雷器端子间的电压峰值。

D.31

按 GB 11032—2010 试验的避雷器的保护特性　protective characteristics of an arrester tested in accordance with GB 11032—2010

由以下各项组合：

a) 陡波冲击电流下残压；

b) 雷电冲击电流下残压；

注1：避雷器的雷电冲击保护水平是在标称放电电流下的最大残压。

c) 操作冲击电流下残压。

注2：避雷器的操作冲击保护水平是在规定的操作冲击电流下的最大残压。

D.32

按 GB/T 28182 试验的避雷器的保护特性　protective characteristics of an arrester tested in accordance with GB/T 28182

由以下各项组成：

a) 陡波冲击电流残压和波前冲击放电电压；

b) 雷电冲击电流残压和 1.2/50 冲击放电电压；

c) 操作冲击电流残压和操作冲击放电电压。

D.33

按 GB/T 28182 试验的避雷器的冲击保护水平　impulse protective levels of an arrester tested in accordance with GB/T 28182

a) 快波前保护水平：陡波冲击电流残压或波前冲击放电电压的最大值；

b) 标准雷电冲击保护水平：标称放电电流残压或 1.2/50 雷电冲击放电电压的最大值；

c) 操作冲击保护水平：操作冲击电流残压或操作冲击放电电压最大值。

D.34

避雷器的工频电压耐受时间特性　power-frequency withstand voltage versus time characteristic of an arrester

在规定条件下，对避雷器施加不同的工频电压，避雷器不损坏，不发生热崩溃时所对应的最大持续时间的关系曲线。

D.35

绝缘配合　insulation co-ordination

考虑所采用的过电压保护措施后，决定设备上可能的作用电压，并根据设备的绝缘特性及可能影响绝缘特性的因素，从安全运行和技术经济合理性两方面确定设备的绝缘强度。

D.36

暂时过电压　temporary overvoltage;TOV

较长持续时间的工频过电压。

注：过电压可能是无阻尼或弱阻尼的。在某些情况下，其频率可能比工频低数倍或高数倍。

D.37

瞬态过电压　transient overvoltage

几毫秒或更短持续时间的过电压，通常是高阻尼振荡的或非振荡的。

注：暂时过电压可能紧随瞬态过电压出现，在这种情况下，认为这两种过电压是两个独立的过程。

瞬态过电压分为下列几种：

D.37.1

缓波前过电压　slow-front overvoltage;SFO

一种瞬态过电压,通常为单向的,到达峰值的时间为 20 μs<T_p<5 000 μs,而波尾持续时间 T_2<20 ms。

D.37.2

快波前过电压　fast-front overvoltage;FFO

一种瞬态过电压,通常为单向的,到达峰值时间为 0.1 μs<T_1<20 μs,波尾持续时间 T_2<300 μs。

D.37.3

陡波前过电压　very-fast-front overvoltage;VFFO

一种瞬态过电压,通常为单向的,到达峰值的时间 T_f<0.1 μs,有或者没有叠加振荡,振荡频率在 30 kHz<f<100 kHz 之间。

注:特快波前过电压 VFFO 也称为特快速瞬态过电压 VFTO(very-fast-transient overvoltage)。

D.38

自恢复绝缘　self-restoring insulation

在试验期间的破坏性放电后,经过短的时间,可完全恢复其绝缘特性的绝缘。

注:此类绝缘一般是外绝缘,但不是必须的。

D.39

闪络　flashover

在固体表面上的破坏性放电。

D.40

破坏性放电　disruptive discharge

绝缘在电负荷下破坏而发生的现象,包括电压突降和电流导通。

注 1:术语用于固体、液体、气体介质或其组合体的电击穿。

注 2:固体介质中破坏性放电造成电气强度永久性丧失,而在液体或气体介质中电气强度的丧失可能是暂时的。

D.41

雷电(或操作)冲击保护水平　lightning (or switching) impulse protective level

U_{pl}(LIPL) or U_{ps}(SIPL)

在特定条件下避雷器端子遭受雷电(或操作)冲击的最大峰值电压。

D.42

雷电冲击耐受电压　lightning impulse withstand voltage;LIWV

设备或绝缘结构的标准额定雷电冲击耐受电压。

D.43

操作冲击耐受电压　switching impulse withstand voltage;SIWV

设备或绝缘结构的标准额定操作冲击耐受电压。

D.44

标称系统电压　nominal voltage of a system

U_n

用于表示或识别系统的合适而近似的电压值。

D.45

系统最高电压　highest voltage of a system

U_s

在正常运行条件下,系统中任一点在任一时刻所出现的相间最高运行电压的有效值。

D.46

设备最高电压　highest voltage for equipment

U_m

根据设备绝缘以及与之相关的设备标准有关联的其他特性设计的相间最高电压的有效值。在正常运行条件下由有关技术委员会规定，该电压可以持续施加到设备上。

D.47

闪络率　flashover rate；FOR

架空线或者系统每年每 100 km 线路总闪络次数。

D.48

反击闪络率　back flashover rate；BFOR

架空线或者系统每年每 100 km 线路反击闪络次数。

D.49

屏蔽失效率　shielding failure rate；SFR

架空线每年每 100 km 线路屏蔽失效次数。

D.50

屏蔽失效闪络率　shielding failure flashover rate；SFFOR

架空线每年每 100 km 线路因屏蔽失效而导致闪络的次数。

D.51

操作闪络率　switching surge flashover rate；SSFOR

架空线每年每 100 km 线路由于操作过电压引起的闪络次数。

D.52

规定的长期负载　specified long-term load；SLL

在避雷器运行期间，允许持续施加在避雷器上的与轴向垂直的力。该负载不会对避雷器产生任何机械损伤。

D.53

规定的短期负载　specified short-term load；SSL

避雷器在运行期间，允许短期或突发事件（例如，短路电流负载，很高的风负载或者地震负载）时，施加的与轴向垂直的最大的力。该负载不会对避雷器产生任何机械损伤。

注：应该考虑比规定的短期负载更高的地震负载。

D.54

平均破坏负载　mean breaking load，MBL

由试验确定的对于瓷或者树脂外套的避雷器的平均破坏负载。

D.55

大电流冲击　high current impulse

具有 4/10 或 2/20 波形的冲击放电电流峰值，用于试验避雷器在直击雷时的稳定性。

D.56

避雷器元件　unit of an arrester

一个完全封装好的避雷器部件。可与其他元件串联和/或并联，构成更高额定电压和/或更高标称放电电流等级的避雷器。避雷器元件不一定是避雷器比例单元。

D.57

冲击　impulse

一种无明显振荡的单极性的电压或电流波，它迅速上升到最大值，然后通常缓慢地下降到零，即使带有反极性振荡，其幅值也很小。

注：定义冲击电流和冲击电压的参数是：极性、峰值、波前时间和波尾半峰值时间。

D.58

陡波冲击电流 steep current impulse

视在波前时间为 1 μs 的一种冲击电流。因设备调整的限制，实测值为 0.9 μs～1.1 μs。视在波尾半峰值时间不应大于 20 μs。

D.59

雷电冲击电流 lightning current impulse

一种 8/20 波形冲击电流。因设备调整的限制，视在波前时间的实测值为 7 μs～9 μs，视在波尾半峰值时间为 18 μs～22 μs。

注：在残压型式试验时，波尾半峰值时间不是重要的，可有任意偏差。

D.60

避雷器参考电流 reference current of an arrester

用于确定避雷器工频参考电压的工频电流阻性电流的峰值（如果电流是非对称的，取两个极性中较高的峰值）。

注 1：工频参考电流应足够大，使杂散电容对所测避雷器元件（包括设计的均压系统）的参考电压的影响可以忽略，该值由制造厂规定。

注 2：工频参考电流取决于避雷器的标称放电电流和/或线路放电等级。对单柱避雷器，参考电流值的典型范围为每平方厘米电阻片面积 0.05 mA～1.0 mA。

D.61

避雷器热崩溃 thermal runaway of an arrester

当避雷器承受的持续功率损耗超过外套和连接件的散热能力而引起电阻片的温度累积升高，最终导致避雷器损坏的状况。

D.62

避雷器热稳定性 thermal stability of an arrester

如果避雷器在动作负载试验引起温度上升后，在规定的环境条件下对电阻片元件施加规定的持续运行电压，电阻片的温度能随时间而降低，则称此避雷器是热稳定的。

D.63

型式试验 type tests

设计试验 design tests

完成一种新的避雷器设计开发时所做的试验，以确定代表性的性能，并证明符合有关标准。

注：做了这些试验，无需重做。除非设计改变而改变其性能时，只需重做有关项目试验。

D.64

例行试验 routine tests

按要求对每只避雷器或部件和材料进行的试验，以保证产品符合设计规范。

D.65

弯矩 bending moment

施加在避雷器外套上的水平力乘以避雷器外套安装基座（法兰的下平面）与施力点之间的垂直距离。

D.66

端子水平拉力 terminal line force

垂直于避雷器的纵轴，在避雷器中心线测量所得的力。

D.67

扭转负荷 torsional loading

没有施加在避雷器纵轴上，作用在垂直安装避雷器外套顶端的水平力。

D.68

避雷器的续流　follow current of an arrester

来自连接的电源，紧随放电电流流过避雷器的电流。

D.69

冲击放电伏秒曲线　impulse sparkover voltage-time curve

冲击放电电压与放电时间的关系曲线。

附 录 E
（资料性附录）
带间隙 SiC 避雷器的寿命终结和替换

E.1 简介

20 世纪 70 年代末以来，无间隙金属氧化物避雷器已经取代了带间隙碳化硅（SiC）避雷器。尽管如此，仍有许多带间隙 SiC 避雷器在运行。大多数碳化硅（SiC）避雷器已运行 25 年以上，正在迅速接近它们经济和物理寿命的终点。

E.2 SiC 避雷器的设计和运行

SiC 避雷器的内部设计远比现在的无间隙 ZnO 避雷器复杂，基本上有两种不同的间隙设计，被动或主动间隙。主动间隙通过电磁力将电弧移离放电点并尽可能拉长，以便在工频电流过零前起动熄灭电弧，可以吸收较高的能量。电磁力来源于与间隙串联的电感。主动间隙设计的避雷器通常用于超高压长距离输电线路和较低系统电压下的电容器组。被动间隙通常使用简单的平板电极设计。所有的 SiC 避雷器必须在工频电流的第一个过零点熄弧，否则，间隙可能再也无法熄弧，而且避雷器将会短路。

持续运行电压基本由间隙来承担，而 SiC 电阻片几乎不承受持续运行电压。SiC 避雷器内部如果一个小间隙放电，其他的间隙也会跟着放电。通常每个间隙的闪络电压只有几千伏，因此，为了确保间隙组中单个间隙电压分布均匀，以及沿多元件避雷器总高度的电压分布的一致性，应采取均压措施。均压元件通常是小的 SiC 电阻片和陶瓷电容器。

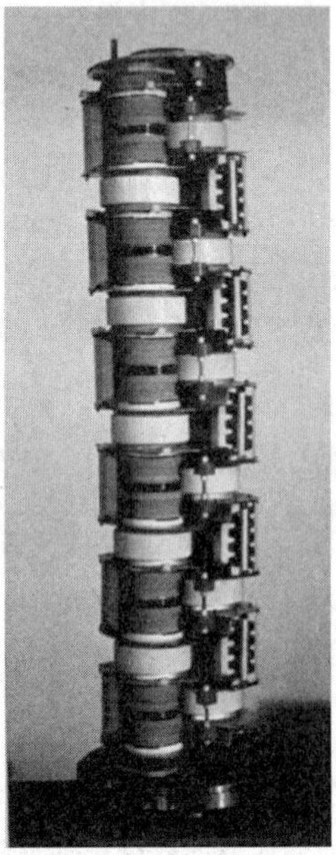

图 E.1 SiC 避雷器内部结构

为了降低避雷器高度，对于高压避雷器内部结构必须设计成 Z 字形，这样就导致了它的瓷套外径比 ZnO 避雷器大，尤其是对于超高压避雷器来说更是如此。图 F.1 为典型的带有主动间隙的 SiC 内部结构，内部结构放置于带有法兰的瓷外套中，采用特殊的密封圈密封。为了避免间隙电极的腐蚀，每个避雷器元件充装惰性气体密封，有些设计使用干燥的空气，但大多数是用干燥的氮气。

E.3 故障原因和老化现象

由于这些避雷器有较多的组件，存在许多潜在的可能故障和/或失效的原因。

E.3.1 密封问题

SiC 避雷器最普遍的故障原因是密封问题。不仅密封圈易损和随着使用时间老化，整个密封系统由于法兰缘故设计寿命不会超过 20 年～30 年。随着水分进入，避雷器会由于内部电晕和爬电而导致故障。

E.3.2 内部、外部压力的平衡和环境

即使密封垫圈工作良好，25 年后，仅仅通过扩散，内部气体也会泄漏。通过氧气和水分的扩散，水分进入会污染或者改变内部最初的气体成分，引起内部电晕和爬电，导致避雷器在 TOV 或甚至在运行电压下放电。因为间隙再也无法熄弧，进而引起避雷器故障。

为了方便测量泄漏，某些避雷器设计为微正压。如果最初内部充的气压不同于实际的外界空气压力，当内外压力相等时，可能会导致内部电晕，影响避雷器运行和/或减少设备保护裕度。对于高海拔运行的避雷器，设计和制造的避雷器内部压力比较小。

E.3.3 间隙电极的腐蚀

这是比较危险的情况，会导致避雷器放电电压升高或降低，因此，即使避雷器实际没有故障，也可能不会跟最初的保护裕度一样。

电极腐蚀有两个原因：第一，避雷器动作的次数可能会改变电极的性能。通常，间隙避雷器的冲击放电次数一般不会超过 50～100 次。第二，避雷器的密封系统的寿命为 20 年～25 年，此后潮气可能开始侵蚀电极，会影响所有已过预期寿命的 SiC 避雷器。

E.3.4 均压元件的老化

均压电阻和均压电容器的特性随时间变化，可能导致放电电压的变化。放电电压可能提高或降低，引起与电极腐蚀同样的危险。户外运行经验表明，相比于均压电阻，直接故障更可能发生在均压电容上。但是，两种类型的均压元件都发现有老化现象。设计这些避雷器时，对于均压元件的老化测试没有任何要求，这些均压元件都是处于运行电压(相当于今天的 U_c)的持续负荷之下。这些元件很少有通过现今用于氧化锌电阻片的 1 000 h 老化试验而不改变特性的。

E.3.5 系统条件的改变

系统条件的改变将会影响 SiC 避雷器的性能，系统条件的改变一般是电容器组的安装和/或线路的扩张。通常，SiC 避雷器对于电容器释放的能量吸收能力差。因此，间隙必须能够胜任仅在工频电流过零时才能做到的熄弧。间隙放电后，避雷器将会承受电容器放电的能量和续流。因为 SiC 避雷器不能吸收这些能量，它们对于电容器放电能量的吸收能力显著低于 ZnO 避雷器，这进一步限制了 SiC 避雷器吸收高能量的应用。系统的扩充和/或加强可能会增大系统的短路电流，超过避雷器原先的要求和能力。线路扩充将会提高线路操作释放的能量，而且要求比最初规定的更高的线路放电等级。

E.3.6 污秽水平的增高

一个小间隙引发整个避雷器放电的特性使得避雷器对污秽非常敏感，因为瓷套表面的火花放电能

够轻易地引发内部间隙的放电。因此,工业污染的增加和农田化肥的使用,使避雷器面临非常高的潜在故障危险。

E.4 监测避雷器状态的可能性

永久性监测不是一个合理的方法。一般来说,监测方案在经济上是不可行的。其花费能够轻易地超过更换一个新 ZnO 避雷器。另外,当避雷器已经运行超过 20 年的时候,应尽快进行替换。

如果已经决定对避雷器进行监测,推荐程序是抽取一部分进行检查,从试验结果作出决定。至少要做工频放电电压试验。对于密封问题,应该打开避雷器检查均压元件、间隙和放电痕迹等情况,然后做出更换计划。试验过的避雷器不能再使用。检查的花费应该与更换的成本作比较,并需要考虑旧避雷器的重要性和数量。

更换的考虑应包括制造、型号、制造年份、安装的重要程度和故障的结果。

E.5 提前计划更换的优点

提前计划更换有很多优点。

E.5.1 提高可靠性

由于 ZnO 避雷器的残压较低,所以安全裕度大,保护距离增加,不会出现间隙放电时陡的过电压脉冲。

E.5.2 成本优势

延长旧的变压器寿命,有些估计大概能延长 7 年的寿命。

计划更换比故障时对避雷器的紧急更换更节约成本。

E.5.3 增加安全要求

避雷器是系统保护的第一道防线,防止超出系统设计的耐受能力这样的低概率事件造成的危害,避雷器还将保护系统免受过电压的损害。如果吸收的能量超过避雷器的耐受能力,避雷器将会由于内部短路而故障。避雷器故障时的非爆炸式设计由相应 IEC 标准规定的压力释放试验或短路试验来进行验证。但是,旧标准中对于 SiC 避雷器的要求远远没有现行 IEC 标准严格,因此,旧的避雷器不能满足所有的短路电流值,特别对于长的元件可能会面临很高的危险。应当注意直到今天该试验还是非强制性的,只要不声称具有短路电流耐受能力,按 GB 11032—2010,避雷器仍可出售。对于 1970 年以前制造的避雷器,其中有些避雷器设计,特别对于较低的系统电压,没有压力释放装置保证内部短路时安全运行,这些避雷器很有可能在故障时爆炸。

避雷器设计应考虑以下方面:

——在避雷器严重故障时,不应对人员造成伤害;

——在避雷器严重故障时,不应对附近设备造成破坏。

E.6 更换问题

所有老式 SiC 避雷器不可能同时更换,因此以风险和计划停电最少的方式优化更换是很重要的。无论何时在较早的变电站有计划地进行停电维护,检查是否有旧类型的避雷器需要更换是恰当的。

E.6.1 优先更换的建立

下列条款作为优先更换的原则：

——没有压力释放装置的避雷器。

——关键安装处应该首先替换。由于老式 SiC 避雷器的故障，大部分在 SiC 避雷器时代建的核工厂已关闭。

——后加装电容器的系统/线路，因为附近的避雷器可能不符合实际的电容器放电要求。

——安装有非常老式避雷器的系统/线路，统计故障概率高。

——变化运行环境的系统/线路，像新工业污染或者更长的线路。

——安装有旧设备的系统/线路，因为金属氧化物避雷器能够延长设备如老式变压器的寿命。

E.6.2 选择更换金属氧化物避雷器

如果无间隙金属氧化物避雷器的规范中包含实际的系统电压，应按规范选择。对于特殊应用的避雷器，按以下规定选择：

——额定电压的选择：通常可以选择与 SiC 避雷器额定电压相同。唯一的例外可能是有高的 TOV 要求的不接地系统，应当选择稍微高一点额定电压。

——线路放电等级的选择：除非系统增加了并联电容器组或扩大，否则，没有必要改变线路放电等级。当系统条件改变时，推荐修订避雷器规范。

——机械性能的考虑：现在的金属氧化物避雷器外形比老式 SiC 避雷器更短、瓷套直径更小，因而安装尺寸较小。由于内部结构的复杂性，这些大直径的瓷外套可能在 145 kV 及以上系统使用。预先做好过渡安装板有利于利用已有的安装结构。

参 考 文 献

[1] G. N. ALEXANDROV. Methods of choosing insulation for distribution networks with the view to reliable operations in the presence of internal voltage surges. Energetika, No. 7, 1962.

[2] G. W. BROWN. "Designing EHV Lines to a Given Outage Rate—Simplified Techniques. IEEE Trans. On PA&S, Apr. 1978.

[3] C, F WAGNER, GD. MCCANN and C. M. LEAR. Shielding of substations. AIEE Trans, 1942.

[4] R. H. LEE. Lightning protection of buildings. IEEE Trans. On Industry and Applications, May/Jun, 1979.

[5] A. M. MOUSA. Shielding of HV and EHV substations. IEEE Trans on PA&S, 1976.

[6] A. R. HILEMAN, CL.. WAGNER, R. B. KISNER. Open breaker protection of EHV systems. IEEE Trans. On PAS, 1969.

[7] A. R. HILEMAN. Insulation co-ordination for power systems. Marcel Dekker.

[8] CIGRÉ technical brochure: Technical requirements for substation equipment exceeding 800 kV AC.

[9] China 2006, ACTECH006, Study on insulation co-ordination in 1 000 kV UHV AC transmission project.

[10] China 2006, ACTECH007, Study on overvoltage and insulation co-ordination for 1 000 kV AC Transmission System.

[11] IEC/CIGRÉ UHV symposium Beijing 18-21 July 2007, paper 2-5-1. Development of 1 100 kV AC GIS-arrester and the verification tests.

[12] IEC/CIGRÉ UHV symposium Beijing 18-21 July 2007, paper 2-5-1. MO surge arresters for systems above 550 kV—Experience and challenges for the future .

[13] A3-07(WG22)141 "Italian 1 000 kV project" by E. Colombo.

[14] BRUNKE J, LEGATE A, RAY J, YASUDA E. Elimination of closing resistors on EHV circuit breakers. IEEE Trans. Power Delivery Vol. 3, No. 1 January 1988, p 223.

[15] STENSTROM L, MOBEDJINA M. Limitation of switching overvoltages by use of transmission line arresters. Paper 30, CIGRÉ conference Zagreb 1998. 116 37/361/CD.

[16] MUSA Y. I, JAGTIANI A. S, STENSTROM L, JOHNNERFELT B, KHAN A, a. o.. Application of 800 kV SF_6 dead tank circuit breakers with transmission line arresters to control switching transient overvoltages. IEEE Trans. Power delivery, Vol. 17, Issue 4, Oct. 2002, p 957-962.

[17] SMITH, S. D. , DUGAN, R. C.. Low-voltage-side current-surge phenomena in single-phase distribution transformer systems. IEEE Transactions on Power Delivery, Vol. 3, No. 2, April 1988, pp. 637-647.

[18] BURGER U.. "Surge arresters with spark gaps" In "Surges in high voltage networks". Edited by K. Ragaller, PLENUM PRESS, New York, 1980, pp. 251-282.

[19] MATSUOKA M. , MATSUYAMA T. and IIDA Y.. Voltage nonlinearity of zinc oxide ceramics doped withalkali earth metal oxide. Japanese Journal of Applied PhySiCs, Vol. 8, 1969, pp. 1275-1276.

[20] KOBAYASHI M. , MUZINO M. , AIZAWA T. , HAYASHI M and MITANI K. Development of zinc oxide non-linear resistors and their applications to gapless surge arresters". IEEE Trans.

PAS, Vol. PAS-97, No. 4, 1978, pp. 1149-1158.

[21] SWEETANA A., GUPTA T., CARLSON W., GREKILA R., KUNKLE N. and OSTERHOUT J. . Gapless surge arresters for power systems applications Vol. 1: Development of 500 and 1 200 kV arresters. EPRI EL 3166, Vol. 1, Project 657-1, Final Report, September 1983.

[22] BLATTER G. and GREUTER F.. Carrier transport through grain boundaries in semiconductors. PhySiCal Review B, Vol. 33, No. 6, 1986, pp. 3952-3966.

[23] HILEMAN A. R., ROGUIN J., WECK K. H.. Metal oxide surge arresters in AC systems, Part V: Protection performance of metal oxide sure arresters. Electra, No. 133, 1991, pp. 132-144.

[24] HADDAD. A. "Surge arresters" in "Advances in high voltage engineering". Chapter 5: in Haddad. A. and Warne, D. (Eds.) IEE, 2004, pp. 191-255.

[25] ELOVAARA J., FOREMANN K., SCHEI A., VÖLCKER O.. Metal-oxide surge arresters in a. c. systems. Part 3: Temporary overvoltages and their stresses on metal-oxide surge arresters. ELECTRA 128, 1989, pp. 114-125.

[26] STENSTRÖM L.. Metal-oxide surge arresters in a. c. systems Part 6: Selection of metal-oxide surge arresters from the standards. ELECTRA 133, 1990, pp. 146-165.

[27] SCHEI A., EKSTRÖM A.. Stresses on metal-oxide surge arresters in HVAC and HVDC systems by temporary and transient overvoltages and related tests. CIGRÉ Report 1986, 33-13.

[28] IEEE working group 3. 4. 11. Modelling of metal oxide surge arresters. Transaction on Power Delivery, Vol. 7, No. 1, 1992, pp. 302-309.

[29] A. SCHEI, B. HANSEN, K. KARIJORD, Resistive leakage current measurements on metal oxide surge arresters in service—Measuring equipment and results from measurements in 145 kV and 300 kV stations. Report No. 140-01, CIGRÉ Symposium, Berlin, 1993.

[30] LUNDQUIST J, STENSTROM L, SCHEI A, HANSEN B. New method for measurement of the resistive leakage currents of metal oxide surge arresters in service. IEEE Trans. On Power delivery, Vol. 5, No. 4, 1990, pp. 1811-1819.

[31] SHIRAKAWA S, ENDO F, KITAJIMA H, KOBAYASHI S, KURITA K, GOTO K, SAKAI M. Maintenance of surge arrester by portable arrester leakage current detector. IEEE Trans. On Power Delivery, Vol. 3 No. 3, 1988, pp. 998-1003.

[32] DEEP G S and NOWACKI K. Measurement of resistive leakage current of metal—Oxide surge arresters. Fourth International Symposium on High Voltage Engineering, Paper 64. 07, Athens (Greece), 5-9 September 1983. 117 37/361/CD.

[33] NAIDU SR and SRIVASTAVA KD. The validity of circuits for measuring the resistive leakage current of zinc oxide arresters. 5th International Symposium on High Voltage Engineering, Paper 82. 12, Braunschweig (FRG), 24-28, August 1987.

[34] SPELLMAN C., HADDAD A.. A technique for on-line condition monitoring of ZnO surge arresters. 10 th International Symposium on High Voltage Engineering (ISH), Vol. 4, pp. 151-154, Montreal (Canada), 1997.

[35] Apparatus for detecting degradation of an arrester. European Patent Specification No. 0 228 153 B1.

[36] Maintenance devices for surge arresters. Meiden Review, No. 3, 1989.

[37] COFFEEN L. T., MCBRIDE J. E.. High voltage AC resistive current measurements using a computer based digital watts technique. IEEE Trans. On PWRD Vol. 6, No. 2, April 1991.

[38] KIRBY P. , ERVEN C. C. and NIGOL O. . Long term stability and energy discharge capacity of metal oxide valve elements. IEEE Trans. On Power Delivery, Vol. 3, No. 4, October 1988, pp. 1656-1665.

[39] KIRKBY P. . The long term stability of valve elements used in metal oxide surge arresters. CEA Report No. 199 T 425, July 1986.

[40] HINRICHSEN V and PEISER R. Simulation of the electrical performance and thermal behaviour of metal oxide surge arresters under AC stress. Sixth International Symposium on High Voltage Engineering, Paper 26. 04, Braunschweig (FGR), 1987.

[41] EDA K. . Estruction mechanism of ZnO varistors due to high currents. Journal of Applied PhySiCs, Vol. 56, No. 10, 1984, pp. 2948-2955.

[42] BENZAOUA F. , HADDAD A. , ROWLANDS A. R. , WATERS R. T. . A circuit model for polluted ZnO polymeric surge arresters. 10 th International Symposium on High Voltage Engineering (ISH), Vol. 3, Montreal (Canada), 1997, pp. 317-320.

[43] RICHTER B. , KRAUSE C. and MEPPELINK J. . Measurement of the U-I characteristic of MO-resistors at current impulses of different wave shapes and peak values. Fifth Int. Sym. On High voltage Eng. , Paper 82. 03, Braunschweig (Germany), 1987.

[44] HADDAD A. , NAYLOR P. , METWALLY I. , GERMAN D. M. , WATERS R. T. . An improved non-inductive impulse voltage measurement technique for ZnO surge arresters. IEEE Trans. On Power Delivery, Vol. 10, No. 2, 1995, pp. 778-784.

[45] TUA P. F. , ROSSINELLI M. and GREUTER F. . Transient response of electrically active grain boundaries in polycrystalline semiconductors. PhySiCa Scripta. , Vol. 38, No. 3, 1988, pp. 491-497.

[46] SCHMIDT W. , MEPPELINK J. , RICHTER B. , FESER K. , KEHL L. and QIU C. . Behaviour of MO-surge arrester blocks to fast transients. IEEE Trans. On Power Delivery, Vol. 4, No. 1, 1989, pp. 292-300. 118 37/361/CD.

[47] SARGENT RA, DUNLOP GL, DARVENIZA M. Effects of multiple impulse currents on the microstructure and electrical properties of metal oxide varistors. IEEE Trans. On Electrical Insulation, vol. 27, No. 3, 1992, pp. 586-592.

[48] ABDUL MALEK Z. , HADDAD A. , GERMAN D. M. , WATERS R. T. . Current sharing in multi-column surge arresters. 10 th International Symposium on High Voltage Engineering(ISH), Vol. 5, Montreal (Canada), 1997, pp. 145-148.

[49] V. HINRICHSEN. Latest designs and service experience with station-class polymer housed surge arresters. 2003 World Conference on Insulators, Arresters & Bushings, Marcella (Malaga), Spain, November 16-19, 2003, Proceedings pp. 85-96.

[50] W. SCHMIDT, B. RICHTER, G. SCHETT: Metal oxide surge arresters for gas-insulated substations (GIS)—Design requirements and applications. CIGRÉ Paris Session 1992, Report 33-203.

[51] R. GÖHLER, L. KLINGBEIL. Special requirements on gas-insulated, metal-oxide surge arresters. 2006 International Conference on Power System Technology, 22-26 October, 2006 Chongqing, China.

[52] K. HIDAKA, Y. YAMAGATA, Y. ISHIZAKI, S. SHIRAKAWA, S. ISHIBE. Development of 1 100 kV a. c. GIS25 arrester and the verification tests. IEC/CIGRÉ UHV Symposium, Beijing 2007-07-23, Report 2-5-2.

[53] W. R. HENNING, A. D. HERNANDEZ, W. W. LIEN. Fault current capability of dis-

tribution transformers with under-oil arresters. IEEE Transactions on Power Delivery, Vol. 4, Nr. 1 1989, 405-412..

[54] M. ISHII, S. YOKOYAMA, Y. IMAI, Y. HONGO, H. SUGIMOTO, Y. MOROOKA. Lightning protection of pole mounted transformer on Japanese MV lines. CIGRÉ Paris Session 2004, Report C4-305.

[55] M. REINHARD, V. HINRICHSEN, B. RICHTER, F. GREUTER (on behalf of CIGRÉ WG A3. 17). Energy handling capability of high-voltage metal-oxide surge arresters—Part 2: A results of a research test program. CIGRÉ Session 2008, 25-29. August 2008, Paris, Report A3-309.

[56] Cigre Technical Brochure 362 of 2008: Technical requirements for substation equipment exceeding 800 kV AC.

[57] Cigre Technical Brochure from WG A3. 22: Background of technical specifications for substation equipment exceeding 800 kV AC.

ICS 27.120.99
F 24

GB

中华人民共和国国家标准

GB/T 28548—2012

核电厂主回路水压试验技术导则

Guideline of nuclear power plant primary circuit hydraulic tests

2012-06-29 发布 2012-11-01 实施

中华人民共和国国家质量监督检验检疫总局
中国国家标准化管理委员会 发布

前　言

本标准按照 GB/T 1.1—2009 给出的规则起草。

本标准由中国电力企业联合会提出并归口。

本标准起草单位：苏州热工研究院有限公司、中广核工程有限公司、广东电网公司电力科学研究院、浙江省电力试验研究院、四川省电力工业调整试验所。

本标准主要起草人：李靖、刘勇、禹阳、孙景义、曹新明、徐齐胜、吴常苗、徐波、李恩、陈晓伟、孙泉荣、杨彦竹。

核电厂主回路水压试验技术导则

1 范围

本标准规定了压水堆核电厂主回路水压试验方法、技术要求和验收准则,确认主回路压力边界的完整性及设备制造质量和安装质量满足机组长期稳定运行及核安全规范的要求。

本标准适用于压水堆核电厂首次启动调试阶段的主回路水压试验。

2 规范性引用文件

下列文件对于本文件的应用是必不可少的。凡是注日期的引用文件,仅注日期的版本适用于本文件。凡是不注日期的引用文件,其最新版本(包括所有的修改单)适用于本文件。

GB/T 16702—1996 压水堆核电厂核岛机械设备设计规范

3 术语和定义

下列术语和定义适用于本文件。

3.1

超压保护装置 over-pressure protection device

主回路水压试验期间,监测主回路系统压力和对主回路系统提供保护的装置。

3.2

标准压力表 standard pressure gauge

用于测量主回路水压试验压力的标准压力表,测量范围一般在 0～40 MPa,精度不低于 0.2 级。

4 水压试验技术要求

4.1 试验压力

关于试验压力的要求,应根据相应技术规范确定,且应符合 GB/T 16702—1996 第 B5120 章节中的相关规定。

4.2 试验温度

试验温度原则上应不低于材料的脆性转变温度加 33 ℃的限值(T_{NDT}+33 ℃)。

4.3 密封性试验

主回路水压试验期间应至少实施两次密封性试验,在规定的密封性试验平台进行试验前,应在余热排出系统运行平台进行一次预试验。

4.4 允许的“温度-压力”变化范围

水压试验过程中,应根据相关技术规范的要求控制升压速率、降压速率和温度梯度。

4.5 保压时间

水压试验过程中的强度试验保压时间应不少于 10 min。

4.6 试验水质要求

水压试验期间，主回路水质应遵守相应的技术规范要求。

4.7 系统超压保护

系统的超压保护措施包括：

a) 稳压器安全阀组在水压试验期间未安装，应在原位置分别安装假阀体；

b) 在余热排出系统运行期间，主回路压力保护通过余热排出系统的安全阀组来实现；

c) 在余热排出系统退出升压至强度试验压力平台期间，主回路压力保护通过超压保护装置实现；

d) 在主回路水压试验期间，应采取措施防止二回路超压。

5 水压试验的准备

5.1 水压试验边界的确定

主回路水压试验的试验边界，通常包括但不限于：

a) 压力容器及其顶盖；

b) 热电偶套管的导向管(耐压管)；

c) 控制棒驱动机构的套管；

d) 主回路的主管道；

e) 蒸汽发生器的一次侧；

f) 主泵的泵壳；

g) 稳压器及其波动管线；

h) 稳压器安全阀管线；

i) 稳压器喷淋管线；

j) 与主回路相连系统的直到第二个隔离机构的管线。

5.2 试验文件准备

水压试验的文件准备，通常包括但不限于以下内容：

a) 水压试验程序；

b) 主回路泄漏检查程序；

c) 主回路水压试验质量安全计划；

d) 主回路水压试验事故预想及应对措施方案；

e) 主回路水压试验役前检查导则。

5.3 试验前具备的条件

5.3.1 电源要求

水压试验宜有两路独立的电源可用。

5.3.2 试验临时装置

水压试验期间应安装临时标准压力表、记录仪、通讯设备、堆芯模拟装置(如堆芯过滤器、模拟燃料组件等)、控制棒驱动机构过滤器、超压保护装置等。

6 水压试验的实施

6.1 充水排气

水压试验应从主回路充水排气开始。

6.2 升降温、升降压过程

主回路水压试验过程中,根据规范要求控制升降压速率和温度梯度。实施过程应包括但不限于以下步骤:

a) 进行主回路升温操作,包括启动主泵升温和调节水质。

b) 主回路水压试验边界范围内的温度、水质合格后,停运主泵,准备隔离余热排出系统。

c) 进行主回路升压操作。根据相关水压程序要求,进行各压力平台的升压操作:

 1) 余热排出系统隔离的压力平台,主回路初步检查、进行主回路密封性试验的预试验并隔离余热排出系统;

 2) 升压至主回路正常工作压力平台,应进行主回路密封性试验并进行全面检查;

 3) 升压至主回路设计压力平台,仪表隔离并进行全面检查;

 4) 升压至主回路强度试验压力平台,压力应稳定且保压不低于10 min。

d) 降压至主回路密封性试验压力平台,应对设备系统进行全面检查,可进行泄漏率测量。

e) 按水压试验程序要求继续降压降温。

7 验收准则

水压试验的验收应满足如下要求:

a) 设备、管道、焊缝在最高强度试验压力下的要求。

b) 在主回路密封性试验中,主回路泄漏率的要求。

ICS 27.120.99
F 24

中华人民共和国国家标准

GB/T 28549—2012

核电厂调试阶段核岛管道与主设备支吊装置验证要求

Verification requirement of supports in nuclear island during nuclear power plant commissioning

2012-06-29 发布

2012-11-01 实施

中华人民共和国国家质量监督检验检疫总局
中国国家标准化管理委员会
发布

前 言

本标准按照 GB/T 1.1—2009 给出的规则起草。

本标准由中国电力企业联合会提出并归口。

本标准起草单位:苏州热工研究院有限公司、中广核工程有限公司、广东电网公司电力科学研究院、浙江省电力试验研究院、四川省电力工业调整试验所。

本标准主要起草人:贾武同、刘勇、禹阳、刘庆鑫、罗宏建、李敦坤、钟农兵、陈晓伟、孙泉荣、杨彦竹。

核电厂调试阶段核岛管道与主设备支吊装置验证要求

1 范围

本标准规定了新建核电厂调试阶段核岛管道与主设备支吊装置调整和验证的基本要求。

本标准适用于压水堆核电厂核岛管道及反应堆冷却剂泵、稳压器和蒸汽发生器支吊装置在调试阶段的调整和验证。

2 规范性引用文件

下列文件对于本文件的应用是必不可少的。凡是注日期的引用文件，仅注日期的版本适用于本文件。凡是不注日期的引用文件，其最新版本(包括所有的修改单)适用于本文件。

DL/T 982—2005　核电厂汽水管道与支吊架维修调整导则

3 术语和定义

DL/T 982—2005 中界定的以及下列术语和定义适用于本文件。

3.1

冷态功能试验　cool functional test

反应堆核燃料装载前对一回路冷却剂系统在常温(60 ℃以下)工况下进行的各项功能试验。

3.2

热态功能试验　hot functional test

反应堆核燃料装载前对一回路冷却剂系统在热态温度(60 ℃以上至热停堆)工况下进行的各项功能试验。

3.3

临界前试验　pre-critical test

反应堆核燃料装载后首次临界之前对一回路冷却剂系统进行的热态功能试验。

4 总则

4.1　核岛管道支吊架应具有制造厂的质量合格证、使用和维护说明书。

4.2　在调试试验前，应对支吊架的安装情况进行外观检查，并按照设计文件、使用和维护说明书进行符合性检查。

4.3　对管道支吊架的全面检查和调试验证一般包括三个过程，即冷态时的状态检查、热态时的状态检查和调整后的热态复查和验证。冷态时的状态检查应在反应堆冷态功能试验的工况条件下进行，热态时的状态检查应在反应堆热态功能试验的工况条件下进行，调整后的热态复查和验证应在反应堆临界前试验的工况条件下进行。

4.4　检查试验中使用的测量器具和仪器应满足检查试验精度要求，并在检定规定的有效期内。

4.5　支吊架检查作业区应符合安全管理规定，应配备必要的安全防护设施，如安全护栏、警示牌、照明设施、脚手架、梯子等。在保温拆除的区域进行热态检查测量时，应采取特别保护措施，如戴氧气面罩和防烫手套、穿防火连体服等。

4.6 各项检查、调试和验证结果都必须详细记录，并归入试验报告。

5 验证要求

5.1 支吊架初始状态检查

支吊架初始状态检查基本要求如下：

a) 支吊架的型号、安装位置应与设计图纸一致。

b) 支吊架的初始状态(包括锁固装置等)应符合设计规定要求。

c) 支吊架的外观应无锈蚀与损坏。

5.2 支吊架冷态时状态检查

5.2.1 变力和恒力弹簧支吊架

变力和恒力弹簧支吊架的状态检查应符合以下要求：

a) 变力和恒力弹簧支吊架的载荷与位移范围应符合设计要求。

b) 解除锁固装置前，应检查并记录变力和恒力弹簧支吊架的位移指示销位置。

c) 一回路及其相关管线充水后，应对变力和恒力弹簧支吊架进行解锁。与泵相连接的变力和恒力弹簧支吊架，在泵启动前进行解锁。

d) 完成解锁后，变力和恒力弹簧支吊架的载荷指示应处在正常范围内，并应记录和标记变力弹簧支吊架的行程刻度位置及恒力弹簧支吊架的指示销初始位置。

e) 对于状态不正常的变力和恒力弹簧支吊架，应分析原因，并在热态功能试验前完成纠正。

5.2.2 阻尼器和减振器

阻尼器和减振器的状态检查应在一回路管道已经充水，变力和恒力弹簧支吊架锁固装置已经解除的条件下进行，且应符合以下要求：

a) 阻尼器的行程应符合设计文件规定。

b) 阻尼器的偏装位置应符合设计文件规定。

c) 阻尼器的球铰销轴与阻尼器轴线的垂直度及U形夹安装角度等应符合技术规范要求。

d) 应对阻尼器可调节螺纹段的安装尺寸及管夹顶端至阻尼器缸体端面的距离进行测量并作记录。

e) 对于状态不正常或安装尺寸超出允许值的阻尼器，应分析原因，并在热态功能试验前完成纠正。

f) 减振器应参照阻尼器进行状态检查。

5.2.3 管道限位与导向装置

管道限位与导向装置的状态检查应在一回路管线已经充水，变力和恒力弹簧支吊架锁固装置已经解除的条件下进行，且应符合以下要求：

a) 管道限位与导向装置组件不应有影响管道正常位移的缺陷。

b) 管道限位与导向装置间隙应符合设计文件规定。

c) 管道限位与导向装置的管部中心与根部中心的相对位置应符合设计文件的规定。

d) 应测量限位与导向装置双侧间隙值并作记录。

e) 对于状态不正常的管道限位与导向装置，应分析原因，并应在热态功能试验前完成纠正。

5.2.4 抗甩击装置

抗甩击装置的状态检查应在一回路管线已经充水，变力和恒力弹簧支吊架锁固装置已经解除的条件下进行，且应符合以下要求：

a) 抗甩击装置组件不应有影响管道正常位移的缺陷。

b) 抗甩击装置间隙应符合设计文件规定。

c) 应测量抗甩击装置工作面与管道之间的间隙并作记录。

d) 对于状态不正常的抗甩击装置，应分析原因，并应在热态功能试验前完成纠正。

5.3 支吊架热态时状态检查

5.3.1 一般要求

支吊架热态检查时应满足如下要求：

a) 在反应堆冷却剂升温期间不应存在影响管道正常热膨胀和支吊架正常热位移的任何障碍物。

b) 支吊架根部的砼温度不应超过设计技术文件规定且最大不应超过 70 ℃。阻尼器表面温度不应超过制造商技术文件规定且最大不应超过 80 ℃。

c) 设备与管道接口处的附加位移应与设计文件相一致。

d) 限位装置、导向装置和抗甩击装置的间隙应符合设计要求。热态试验期间，应对各部分间隙进行测量，根据冷态和热态实测数据确定调节垫片的厚度尺寸，待热态试验结束后，按要求加工和安装调节垫片。对于部分重要间隙，应在临界前试验期间进行残余间隙测量和验证。

e) 检查记录应作为原始文件，不应使用复制件代替。

5.3.2 测量工况要求

热态检查的测量工况应满足如下要求：

a) 反应堆厂房设备闸门的内侧舱门应关闭并采用部分螺栓紧固，外侧的辐射屏蔽门应关闭。反应堆厂房通风系统维持正常运转。

b) 在间隙测量开始时，反应堆冷却剂泵应连续运行 12 h 以上，并在测量期间维持运行。

c) 间隙测量在规定的反应堆冷却剂系统温度和压力下进行，所有热态测量应在已经连续保持恒温 120 h 以上的条件下完成。需要时可拆除局部保温进行测量，测量完成后应及时恢复保温。

d) 在记录间隙值之前，应先记录控制室显示的工况参数(温度、压力等)信息。

e) 完成最后一个间隙测量后，测量工况平台应继续维持 24 h，以确保能够对遗漏的或者有疑问的间隙进行补充测量和验证。

5.3.3 热态检查相关的功能件

热态时状态检查相关的功能件主要包括：

a) 主管道冷段反应堆坑贯穿管段限位装置；

b) 主管道热段反应堆坑贯穿管段限位装置；

c) 主管道热段限位装置；

d) 主管道过渡段限位装置；

e) 主管道过渡段吊篮限位装置；

f) 稳压器横向限位装置；

g) 稳压器波动管阻尼器；

h) 反应堆冷却剂泵垂直支撑;

i) 反应堆冷却剂泵阻尼器;

j) 蒸汽发生器上部水平限位装置;

k) 蒸汽发生器下部水平限位装置;

l) 蒸汽发生器垂直支撑;

m) 蒸汽发生器阻尼器等。

5.3.4 间隙测量和最小间隙监测

间隙测量和最小间隙监测应按照如下要求进行:

a) 应对使用的测量器具进行核对和记录以便各阶段测量使用同样测量器具。

b) 间隙测量结果对应于限位装置和主管道之间实际存在的最小间隙值。

c) 为了保证已经安装了调节垫片的限位装置与管道之间不发生接触,应监测确认最小间隙不小于规定的允许值。

d) 出现任何最小间隙小于允许值的情况,应去掉相应的垫片。

e) 在限位装置和管道之间发生任何接触时,反应堆冷却剂系统温度应降低到前一个温度平台。

f) 反应堆冷却剂系统设计者负责对试验中的接触事件提出纠正建议措施。

g) 确认在当前温度平台结果满意才能进入下一个温度平台。

5.3.5 设备位置测量

在热态试验期间,应进行位置测量验证的设备及其支撑装置包括:

a) 稳压器波动管阻尼器横向偏斜度和行程:

  1) 通过测量两个球铰之间的横向相对偏移量确定稳压器波动管阻尼器的横向偏斜度。

  2) 通过测量活塞杆的伸长量确定稳压器波动管阻尼器的行程。

  3) 在热态试验临开始前以同样方法测量每个稳压器波动管阻尼器的冷态数据。

  4) 在热态试验恒温平台(对应“热停堆”工况稳定 120 h 以上)测量每个稳压器波动管阻尼器的热态数据。

b) 反应堆冷却剂泵垂直支撑垂直度和阻尼器行程[1):

  1) 在对应“热停堆”工况条件下测量反应堆冷却剂泵垂直支撑垂直度和阻尼器行程。

  2) 通过测量垂直支撑上下铰支中心点在两个正交平面内的相对偏移量确定反应堆冷却剂泵垂直支撑的垂直度。

  3) 通过测量阻尼器活塞杆的伸长量确定反应堆冷却剂泵阻尼器的行程。

c) 蒸汽发生器垂直支撑垂直度和阻尼器行程:

  1) 在对应“热停堆”工况条件下测量蒸汽发生器垂直支撑垂直度和阻尼器行程。

  2) 通过测量垂直支撑上下铰支中心点在两个正交平面内的相对偏移量确定蒸汽发生器垂直支撑的垂直度。

  3) 通过测量阻尼器活塞杆的伸长量确定蒸汽发生器阻尼器的行程。

5.3.6 反应堆冷却系统降温至冷态的间隙测量

测量操作应在反应堆冷却系统降温至规定的温度范围内进行,降温后的冷态间隙测量相关功能件应包括:

a) 主管道热段限位装置;

---

1) 对于其他结构类型的反应堆冷却剂泵其位置测量可参照本条款执行。

b） 主管道过渡段限位装置；
c） 主管道过渡段吊篮限位装置；
d） 蒸汽发生器上部水平限位装置；
e） 蒸汽发生器下部水平限位装置。

5.4 调整后的热态复查

5.4.1 一般要求

支吊架调整后热态复查时应满足如下要求：

a） 调整后的热态复查测量工况要求应与热态时状态检查相同。
b） 热态复查使用的测量器具应与热态时状态检查相同。
c） 热态复查应在规定的温度平台监测限位装置与一回路设备之间的间隙，确认间隙不小于规定的允许值。
d） 为了验证限位装置相对于一回路设备的最终调整量，应在对应"热停堆"工况条件下测量限位装置与一回路设备之间的残余间隙。
e） 应确认所有的调节垫片已经安装完毕。
f） 应确认中心销/垫片和垫片/限位装置已经检查完毕。
g） 应确认反应堆冷却剂系统保温完整。

5.4.2 残余间隙测量和残余的最小间隙监测

a） 残余间隙测量要求应与热态时的状态检查进行的间隙测量要求相同，残余间隙标识应与热态间隙标识相一致。残余间隙测量相关功能件应包括：
   1） 主管道冷段反应堆坑贯穿管段限位装置；
   2） 主管道热段反应堆坑贯穿管段限位装置；
   3） 主管道热段限位装置；
   4） 主管道过渡段限位装置；
   5） 主管道过渡段吊篮限位装置；
   6） 蒸汽发生器下部水平限位装置。
b） 残余的最小间隙监测要求应与热态时的状态检查进行的最小间隙监测要求相同，残余的最小间隙标识应与热态间隙标识相一致。残余的最小间隙监测相关功能件应包括：
   1） 主管道热段限位装置；
   2） 主管道过渡段限位装置；
   3） 主管道过渡段吊篮限位装置；
   4） 蒸汽发生器下部水平限位装置；
   5） 蒸汽发生器上部支撑环限位装置；
   6） 蒸汽发生器上部支撑环与壳体之间间隙。

5.5 不符合项处理原则

对检查中不符合项的处理应满足以下几项要求：

a） 针对在冷态和热态检查中出现的不合格状态，应对支吊装置进行调整以满足设计要求。
b） 各个试验阶段出现的不符合项的调整处理均应按照反应堆冷却剂系统设计者的建议执行。
c） 当处理措施可能导致结果超出设计要求时，应事先得到设计责任者的批准。

6 调试报告撰写

6.1 试验描述

应描述试验开始与结束日期、试验负责人和参加者及其单位；试验阶段、试验工况、试验进展情况，特别是试验中出现的异常情况及其原因分析和解决措施等。

6.2 试验器具

各个试验阶段使用的检查和测量器具的类型和型号，应在试验数据表中记录清楚，并在试验报告中专门列出。

6.3 测点位置

除了有固定编号的限位装置间隙测量位置以外，应准确记录所有测点位置。对间隙区域面积较大的要在具体测点处做现场标记，并在试验报告中说明。

6.4 数据记录表

数据记录表应包括支吊架标识、图纸版本、管道标识、间隙标识、测量器具、标准限值、试验工况条件、日期时间、操作者签名等有效信息，各个试验阶段取得的数据记录表全部作为附件录入试验报告。

6.5 不符合项报告

各个试验阶段产生的不符合项报告全部作为附件录入试验报告，对重要内容应做出具体的分析说明。

6.6 经验反馈

针对试验过程中的良好经验或者错误教训进行总结反馈。经验反馈应以试验测量数据或者试验实际情况为依据。

6.7 结论

根据试验的总体情况提出明确的评价结论。

ICS 27.120.99
F 24

中华人民共和国国家标准

GB/T 28550—2012

核电厂调试阶段管道验证要求

Piping verification requirement during nuclear power plant commissioning

2012-06-29 发布 2012-11-01 实施

中华人民共和国国家质量监督检验检疫总局
中国国家标准化管理委员会 发布

前　言

本标准按照 GB/T 1.1—2009 给出的规则起草。

本标准是在调研并总结国内核电机组在调试阶段管道验证的实践经验的基础上，参考动力管道 ASME B31 以及核电站管道系统在预运行和初始启动期间的振动试验要求 ASME OM-S/G-2000 PART 3 中的有关内容而编制的。

本标准由中国电力企业联合会提出并归口。

本标准起草单位：苏州热工研究院有限公司、中广核工程有限公司、浙江省电力试验研究院、广东电网公司电力科学研究院、四川省电力工业调整试验所。

本标准主要起草人：杨东方、刘勇、禹阳、潘国清、陈天生、颜正行、韩爱民、陈晓伟、孙泉荣、杨彦竹。

核电厂调试阶段管道验证要求

1 范围

本标准规定了压水堆核电厂调试期间一回路核级管道验证方法和要求。

本标准适用于压水堆核电厂核岛预运行试验阶段的管道验证,非压水堆核电厂可参照执行。

2 规范性引用文件

下列文件对于本文件的应用是必不可少的。凡是注日期的引用文件,仅注日期的版本适用于本文件。凡是不注日期的引用文件,其最新版本(包括所有的修改单)适用于本文件。

GB/T 28548 核电厂主回路水压试验技术导则

GB/T 28549 核电厂调试阶段核岛管道与主设备支吊装置验证要求

DL/T 1103—2009 核电站管道振动测试与评估

3 术语和定义

下列术语和定义适用于本文件。

3.1

核级管道 nuclear pipe

与核安全相关的管道,包括核安全1级、核安全2级、核安全3级管道。

3.2

反应堆冷却剂主管道 reactor coolant main pipe

反应堆压力容器、蒸汽发生器和反应堆冷却剂泵之间的连接管道,是构成一回路压力边界的一部分,简称主管道,属核安全1级设备。

3.3

静态排气 gravity vent

对管道和设备进行充水,借助重力将空气排出的过程。

3.4

动态排气 dynamical vent

借助动力设备(泵),对管道和设备里的水进行循环,将空气排出的过程。

3.5

冷态功能试验 cool functional test

反应堆核燃料装载前对一回路冷却剂系统在常温工况下进行的各项功能试验。

3.6

热态功能试验 hot functional test

反应堆核燃料装载前对一回路冷却剂系统进行升温、升压到热停堆运行工况下所进行的各项功能试验。

4 试验用仪器仪表

4.1 试验设备

振动测试仪、塞尺、棉布。

4.2 试验设备要求

振动测试仪的精度应满足检查试验精度要求，并在检定规定的有效期内。测量范围和频率响应范围应符合 DL/T 1103—2009 附录 B 中有关规定的要求。

塞尺厚度为 0.02 mm～1.0 mm。

棉布单位面积的重量为 90 g/m^2，经纬线均为 3 根/mm～4 根/mm，面积为 0.1 m^2。

5 调试内容及方法

5.1 管道的冲洗

5.1.1 一般规定

一回路冲洗范围主要包括向反应堆压力容器排水及取水的管线。管道冲洗一般规定如下：

a) 冲洗用水的水质应符合附录 A 规定的要求。
b) 冲洗时应使用过滤和疏水设备，以确保去除水中的固体微粒和杂质。
c) 在冲洗时宜使用运行时所使用的泵。
d) 在冲洗之前应将节流孔板、流量孔板以及调节阀阀芯预先拆除，对于不宜拆除的调节阀阀芯，应把调节阀置于全开位置，冲洗合格后将它们恢复到原来状态。

5.1.2 冲洗要求

冲洗的具体要求如下：

a) 管线冲洗顺序应按照由高压—中压—低压的顺序依次进行。
b) 冲洗介质在管道中的流速应与正常运行流速相近。
c) 冲洗时应采取技术措施，防止泵超流量运行。
d) 排放管的截面积不应小于被冲洗管截面积的 60%，且在排水时不应使管道和设备产生负压。
e) 不同清洁度等级的设备和管道冲洗后的检查和验收要求应符合附录 B 及相关技术文件规定。
f) 当管道经水冲洗合格后暂不运行时，应采取技术措施，保持管道清洁。

5.2 管道系统的排气

5.2.1 一般规定

管道系统排气的一般规定如下：

a) 在启泵之前，应对管道和设备系统进行静态排气。
b) 一回路系统在常压下充满水后，宜进行动态排气，借助动力设备（泵）的运行，将其中的空气排除干净。
c) 在管道系统的动态排气中所用的动力设备（如主泵）的运行应符合核电站的技术规范和要求。

5.2.2 静态排气

压水堆 M310 静态排气的具体要求如下：

a) 静态排气可利用换料水箱的高水位差，对主回路管道系统充水、排气。
b) 反应堆冷却剂泵、反应堆压力容器和稳压器顶部的排气阀应全部打开。充水后发现有稳定水流后应将排气阀关闭。
c) 在充水过程中，当一回路的水位超过主泵蜗壳中心平面时，应投入主泵一号密封注入水。
d) 当管道系统压力低于表压 0.7 MPa 时，应关闭主泵一号密封水到化学容积系统的回水管线，防止高背压将密封水回水返回主系统。
e) 在管道系统充水期间，可启动上充泵进行动力充水，以保证上充管线、高压安全注入管线(特别是高位管线)的充分排气。
f) 严格控制充水速度，防止水位升速过快而引起一回路超压及水流自稳压器顶部过度溢出。

不同堆型和不同主泵，静态排气的要求类似，仅规定的压力值有所不同，应以系统设计说明书和主泵使用手册规定值为准。

5.2.3 动态排气

压水堆 M310 动态排气具体要求如下：

a) 主泵启动前一回路系统应升压至表压 2.3 MPa 以上，升压后应对管道系统做全面的检查。包括有无泄漏、异常等。
b) 按相关调试程序使主泵运转 20 s～30 s 后停运该环路的主泵，并将该回路压力降至表压 0.3 MPa 左右，以使高压下溶解在水中的空气释放出来。降压后应至少静置 20 min～30 min，再打开排气阀排气。
c) 若一回路残余气体含量不符合要求时，应将每台主泵作间隔 25 s 的相继启动，进行联合排气，直至残存气体达到规定的要求。
d) 在主泵启动过程中，应监测一回路压力的变化，当表压低于 1.7 MPa 时应立即停止主泵。

不同堆型和不同主泵，动态排气的要求类似，仅规定的压力值有所不同，应以系统设计说明书和主泵使用手册规定值为准。

5.3 管道的水压试验

管道的水压试验应满足 GB/T 28548 的要求。

5.4 管道支吊架的验证

在调试阶段，管道支吊架的验证按照 GB/T 28549 的规定进行。

5.5 管道的膨胀检查[1)]

在调试阶段应对一回路的核级管道及相关设备进行热膨胀检查，具体要求如下：

a) 在检查确认管道及支吊架符合设计要求后，应通过三向位移指示器或采用挂铅锤等其他方法测量三向位移。
b) 应检查管道保温层是否出现开裂、拉脱和起皱现象。
c) 应检查两相邻管道保温层之间是否发生碰撞。
d) 应检查管道保温是否对管道支吊架的正常功能产生不利的影响。
e) 热态功能试验升温时，分几个温度平台将一回路核级管道逐级升至额定温度，并在每个温度平台应及时检查管道膨胀是否受阻。同时，在两个相邻温度平台之间应检查 1～2 次。
f) 对一回路管道在热态功能试验前、反应堆热态试验期间管道介质参数达到额定稳态试验工况

1) 不同的堆型，管道位移的测量位置、测量方式、温度平台等有所不同，以有关的设计说明书为准。

且保持120 h以及当管道壁温降至环境温度时，应各检查并记录一次三向位移指示数值。

5.6 管道的振动监测

管道振动监测具体要求如下：

a) 在调试阶段对一回路核级管道及相关设备必要时应进行振动测试，其振动水平应控制在允许的范围之内。

b) 对于重要管道，应在可能发生管道振动的部位安装监测装置，宜每隔1 h监测一次管道的振动情况。

c) 管系发生较大振幅的低频振动(晃动)时，应分析原因。对于超出安全振动范围的管系应及时发出不符合项报告[2]，由有关部门采取减振措施，严禁未经计算就用强制约束办法来限制振动。

2) 随不同核电站的管理方式不同而有所不同。

附　录　A
（规范性附录）
冲洗水水质要求

冲洗水水质要求见表 A.1。

表 A.1　冲洗水水质要求

水中物质种类	介质等级			淡水
	A 级	B 级	C 级	
氯离子含量最大值/(mg/L)	0.15	1.0	25	100
氟离子含量最大值/(mg/L)	0.15	0.15	2.0	5
电导率/(μS/cm)	2.0	20	400	—
固体最大总量/(mg/L)	—	—	—	500
悬浮固体总量最大值/(mg/L)	0.1	—	—	—
SiO_2 最大含量/(mg/L)	0.1	0.1	—	—
pH 值	6.0～8.0	6.0～8.0	6.0～8.0	5.5～8.0
目视通明度	无混浊、无油、无沉淀物			

附　录　B
（规范性附录）
冲洗验收要求

冲洗验收要求见表B.1。

表B.1　冲洗验收要求

<table>
<tr><td colspan="2" rowspan="3">清洁度分类</td><td>A级</td><td>B级</td><td>C级</td></tr>
<tr><td colspan="2">不锈钢表面</td><td>—</td></tr>
<tr><td>—</td><td colspan="2">碳钢表面</td></tr>
<tr><td colspan="2">主要设备</td><td>与一回路流体接触的所有设备表面</td><td>与二回路流体和蒸汽接触的所有设备表面</td><td>除A和B之外的设备表面</td></tr>
<tr><td rowspan="3">过滤试验</td><td rowspan="3">目视检查。过滤器安装在冲洗管线的出口处并定期进行更换。冲洗允许最大的积垢按每个分类定义</td><td>可以允许在过滤器上有锈斑和尘埃的踪迹</td><td colspan="2">允许过滤器捕获较大的锈积物</td></tr>
<tr><td colspan="2">不允许在过滤器上或者最后的冲洗水中存在有机污染物的踪迹</td><td>不允许在过滤器上留有有机污染物</td></tr>
<tr><td>滤布上不得有大于1.0 mm的颗粒，但允许有长度不超过1.5 mm的极细毛状物</td><td colspan="2">棉布上不得有任何大于1.5 mm的颗粒，但允许有长度小于3.0 mm的极细毛状物</td></tr>
<tr><td>目视检查</td><td>该检查可以定出污染物的性质和数量并与每个分类的验收标准进行比较</td><td>完全没有腐蚀产物及任何外来物
允许存在由母材形成的分散的氧化物斑点，但斑点的累计面积小于总面积的0.10%</td><td>允许存在由母材形成的分散的氧化物斑点，但斑点的累计面积小于总面积的1%。
对不锈钢表面，允许有表面锈斑，但累计面积小于总面积的1%。
对碳钢表面，允许出现局部或整体的均匀的薄膜锈蚀</td><td>在碳钢表面允许存在牢固附着的轧制氧化皮以及冷水冲洗不掉的油漆标记。
在碳钢表面和不锈钢表面允许存在用鬃刷刷不掉的锈蚀膜</td></tr>
<tr><td colspan="5">注：A级——与一回路或注入到一回路中的流体接触的所有设备表面，此级为最高清洁度等级；
B级——与蒸汽发生器二次侧的水或蒸汽、设备冷却水系统的水、一回路的下泄流体（不再注入的）和废液（不锈钢表面）或未爆气的废气；
C级——其他与废液（非不锈钢设备表面）或处理的废气构成工作流体接触的设备表面。</td></tr>
</table>

ICS 27.120.99
F 24

中华人民共和国国家标准

GB/T 28551—2012

核电厂离心泵组调试技术导则

Technical guideline of centrifugal pump set commissioning for nuclear power plant

2012-06-29 发布　　2012-11-01 实施

中华人民共和国国家质量监督检验检疫总局
中国国家标准化管理委员会　发布

前　言

本标准按照 GB/T 1.1—2009 给出的规则起草。

本标准由中国电力企业联合会提出并归口。

本标准起草单位：苏州热工研究院有限公司、中广核工程有限公司、浙江省电力试验研究院、广东电网公司电力科学研究院、四川省电力工业调整试验所。

本标准主要起草人：邵刚、刘勇、禹阳、王函弘、刘志刚、魏强、李国华、贾武同、陈晓伟、孙泉荣、杨彦竹。

核电厂离心泵组调试技术导则

1 范围

本标准规定了核电厂常规岛离心泵组的调试基本技术要求。

本标准适用于核电厂常规岛离心泵组的启动调试试验。

2 规范性引用文件

下列文件对于本文件的应用是必不可少的。凡是注日期的引用文件，仅注日期的版本适用于本文件。凡是不注日期的引用文件，其最新版本(包括所有的修改单)适用于本文件。

GB/T 25738 核电厂电动机调试技术导则

JB/T 8097 泵的振动测量与评价方法

3 术语和定义

下列术语和定义适用于本文件。

3.1

泵组 pump assembly

使泵达到设计运行要求的部件的总和。包括泵、原动机、联轴器及其护罩、液力耦合器、轴封及所属的分离器及冷却器、泵润滑油(脂)系统，及其所属管道及安装在公用底座上的附件、控制系统，必要时还包括暖泵系统。

3.2

启动时间 starting time

电动机的电流从启动到额定电流的1.2倍所经历的时间。

3.3

升速时间 rising time

旋转机械转子从启动升速到稳定转速所经历的时间。

4 试验设备

试验设备应满足试验参数的测量要求，通常包括但不限于以下设备：

a) 万用表；

b) 电流、电压和功率测量设备；

c) 高阻表；

d) 高速数据记录仪；

e) 温度计或温度监测记录仪；

f) 压力表；

g) 过滤器压差监测设备；

h) 计时器；

i) 转速测量装置；
j) 振动测量设备；
k) 流量测量设备；
l) 力矩扳手。

5 调试内容及方法

5.1 初步检查

5.1.1 文件准备

5.1.1.1 制造厂的设备合格证书，设备运行维修资料应齐全、有效。
5.1.1.2 泵组调试文件(调试大纲、调试程序等)应已批准并生效。

5.1.2 安装结束后的系统检查

5.1.2.1 根据系统设计文件对泵组系统的安装情况进行外观检查，系统应完整。
5.1.2.2 按照设备说明书(图纸)检查泵体的进、出管道连接应正确。
5.1.2.3 泵组所在系统边界已完成隔离工作，并且隔离可靠。
5.1.2.4 泵出口安全泄放装置应工作可靠，泄放不会产生安全危害。

5.1.3 标识类检查

5.1.3.1 泵组铭牌参数应符合厂家提供的参数数据，泵体喷涂颜色正确。
5.1.3.2 根据系统设计文件检查相关设备、阀门应有明显标识，且标识正确。
5.1.3.3 设备旋转应有方向标识，介质流向标识有效。

5.1.4 设备检查

5.1.4.1 按照设备说明书(图纸)对设备进行符合性检查，检查结果应与说明书相符。
5.1.4.2 系统设备供货期间使用的临时堵板应拆除。
5.1.4.3 系统安全阀整定值应正确，铅封应完整。
5.1.4.4 检查泵体的固定螺栓应紧固，管道支架安装应正确。
5.1.4.5 检查泵体密封元件安装应正确，卡式密封的隔离垫片应移开。

5.1.5 油系统检查

5.1.5.1 向泵组油箱内加入润滑油前，其正式消防系统或临时消防设备应已到位并可用。
5.1.5.2 按照厂家资料、设备运行维修手册的要求，并根据现场需要，完成设备的加油、加脂工作。

5.2 单体试验

5.2.1 设备试验

5.2.1.1 系统阀门应经过检查，开关灵活，指示正确，阀芯严密，密封填料无泄漏。
5.2.1.2 泵出、入口的正式滤网或临时滤网应经过内部完整性和清洁性检查，并安装完毕。
5.2.1.3 油滤网宜经过内部完整性和清洁性检查，并安装完毕。
5.2.1.4 手盘泵对轮，泵轴转动应无卡涩。
5.2.1.5 对于非厂家整体供货的泵组，或现场进行过对轮连接，或在对轮上有过拆卸工作的，应检查确认原动机、液力耦合器、泵间对轮的对中状况。

5.2.1.6 电动机与液力耦合器、液力耦合器与泵、电动机与泵之间的联轴器不进行连接(如果泵组是厂家整体组装供货并按厂家要求不在现场拆装的,则不进行此工作),对联轴器采取保护措施,防止转动对人及设备的伤害。

5.2.1.7 原动机为电动机的,启动试验按照 GB/T 25738 及其他相关标准中规定的试验方法进行,各项试验结果应满足标准中的要求。

5.2.2 热工信号、逻辑验证试验

5.2.2.1 系统仪表应经过校验,安装齐全,可靠投入。

5.2.2.2 泵组静态保护逻辑试验应完成,项目齐全,动作正常。

5.2.2.3 为泵组调试用的临时仪表、设备、设施已具备投用条件。所用试验设备的测量范围应与所测量参数相符合,且具有相应的精度。

5.2.2.4 试验时应解除泵组间的联动逻辑,防止泵组间的联动逻辑引起试验泵组的误动作。

5.2.3 油系统试验

5.2.3.1 润滑系统冲洗或吹扫结束,应检查确认泵组润滑油油质合格。

5.2.3.2 润滑油泵运行应正常,电机电流及润滑油母管压力、流量应符合设计值,回油正常。

5.2.3.3 润滑油管道及部件接头应无泄漏。

5.2.4 冷却水(系统)、密封水(系统)试验

5.2.4.1 冷却水、密封水系统中的滤网应经过内部完整性和清洁性检查,并安装完毕。

5.2.4.2 泵入口管道、冷却水管道、密封水管道,宜经过重力冲洗,达到系统清洁无杂物。

5.2.4.3 系统、冷却水管道、密封水管道应无泄漏。

5.3 液力耦合器启动试验

5.3.1 前提条件检查

5.3.1.1 原动机与液力耦合器间联接应完成,对轮的保护罩应安装完毕。

5.3.1.2 检查确认液力耦合器与泵间对轮应处于非连接状态,应有保护,防止转动造成人员损伤。

5.3.1.3 应检查电机与液力耦合器间的联轴转动自由、无卡涩。

5.3.1.4 将液力耦合器的控制置于最低输出转速状态方可启动,设备制造厂有特殊说明的除外。

5.3.2 液力耦合器空载运行试验

5.3.2.1 记录启动过程中电机的启动电流。

5.3.2.2 启动后,应调节输出转速,直至输出轴达到额定转速。

5.3.2.3 对液力耦合器应在其空载调速范围内均匀取 10 个转速平台进行测量,这 10 个点通常是最大输出转速的 10%、20%、30%、…、80%、90%、100%,每个平台应达到温度稳定运行状态。

5.3.2.4 在各个测量转速平台下,应检查记录平台下稳定运行的运行电流、润滑油压力、润滑油温度、轴承温度、工作油压力、工作油温度、勺管位置、输出转速等参数,均应符合设计或厂家要求。

5.3.2.5 在各个测量转速平台下,应检查记录平台下稳定运行时液力耦合器的振动值。

5.3.3 液力耦合器振动测量

5.3.3.1 测点及方向、测量仪器的要求,应按照 JB/T 8097 的规定执行。

5.3.3.2 液力耦合器输出为额定转速下的振动级别应该达到合格的 B 级或以上。制造厂家有特别说明的,按照厂家说明执行。

5.4 泵组启动试验

5.4.1 前提条件检查

5.4.1.1 检查确认泵再循环管路上阀门应全部开启。

5.4.1.2 系统设备的充液、放气工作应完成。

5.4.1.3 可进行泵组的重力冲洗(特别是泵的入口管线的冲洗),水质达到目视无杂质。

5.4.1.4 泵就地事故按钮应经过试验证明有效。

5.4.1.5 应确认泵入口压力、流体温度满足设计要求。

5.4.2 泵组运行试验

5.4.2.1 泵组初次启动,应点动检查泵组的转向与标识一致。

5.4.2.2 泵组启动后应确认泵组的最小流量存在。

5.4.2.3 记录泵组的启动电流、泵组启动时间、升速时间。

5.4.2.4 应检查记录稳定运行工况下的运行参数,通常包括电动机参数、油系统参数、泵的各个参数等,各参数应符合设计或制造厂要求。

5.4.2.5 泵组试验运行过程中,应检查确认泵吸入口滤网的滤网差压。

5.4.2.6 必要时应记录泵的惰转时间。

5.4.3 泵组振动测量

5.4.3.1 测点及方向、测量仪器的要求,应按照JB/T 8097的相关规定执行。

5.4.3.2 泵组在试验过程中的振动级别应该达到合格的B级或以上。制造厂家有特别说明的,应按照厂家说明执行。

5.5 泵组额定负荷工况下试验

在系统启动、泵组达到设计额定负荷状况下,应测量并记录相应的压力、温度、流量、振动等参数,所有参数应符合设计或制造厂要求。

6 验收准则

泵组调试试验的试验数据应符合设计或制造厂要求。

对于采购合同中有具体规定的试验项目或验收标准的离心泵组,除按照合同条款中所规定的试验项目和验收标准进行调试试验之外,还应按照本标准的规定完成合同中未规定的其他调试试验项目和验收工作。

ICS 75.100
E 38

中华人民共和国国家标准

GB/T 28552—2012

变压器油、汽轮机油酸值测定法(BTB 法)

Determination of acid number in transformer oils and turbine oils by BTB method

2012-06-29 发布　　2012-11-01 实施

中华人民共和国国家质量监督检验检疫总局
中国国家标准化管理委员会　发布

前　言

本标准按照 GB/T 1.1—2009 给出的规则起草。

本标准由中国电力企业联合会提出。

本标准由全国电气化学标准化技术委员会(SAC/TC 322)归口。

本标准起草单位:西安热工研究院有限公司。

本标准主要起草人:肖秀媛、冯丽萍、孟玉婵、赵瑞菊。

变压器油、汽轮机油酸值测定法(BTB法)

1 范围

本标准规定了变压器油、汽轮机油酸值的测定方法。

本标准适用于变压器油、汽轮机油酸值的测定。磷酸酯抗燃油的酸值测定可参照使用本方法。

2 规范性引用文件

下列文件对于本文件的应用是必不可少的。凡是注日期的引用文件,仅注日期的版本适用于本文件。凡是不注日期的引用文件,其最新版本(包括所有的修改单)适用于本文件。

GB/T 601 化学试剂标准滴定溶液的制备

3 方法概要

本方法是采用沸腾乙醇抽出油样中的酸性组分,再用氢氧化钾乙醇标准溶液进行滴定。中和1 g油样中酸性组分所需的氢氧化钾的质量(mg)即为油样的酸值。

4 仪器

4.1 锥形烧瓶:200 mL~300 mL。

4.2 球形或直形回流冷凝器:长约300 mm。

4.3 微量滴定管:1 mL~2 mL,分度为0.02 mL。

4.4 恒温水浴:室温~90 ℃。

4.5 分析天平:精度0.000 1 g。

5 试剂

5.1 氢氧化钾乙醇标准溶液:按照标准GB/T 601配成0.03 mol/L~0.05 mol/L氢氧化钾乙醇标准溶液。

5.2 溴百里香草酚蓝(BTB)指示剂:取0.5 g溴百里香草酚蓝(称准至0.01 g)放入烧杯内,加入100 mL无水乙醇,然后用0.1 mol/L氢氧化钾乙醇溶液中和至pH为5.0。

5.3 无水乙醇:分析纯。

注:氢氧化钾乙醇标准溶液保存不宜超过三个月。当氢氧化钾乙醇标准溶液变黄或产生沉淀时,应对其清液进行标定方可使用。

6 试验步骤

6.1 用清洁干燥的锥形烧瓶称取油样8 g~10 g(称准至0.01 g)。若被测油样的酸值较大,可酌情减少油样的称样量。

6.2 量取无水乙醇50 mL倒入盛有油样的锥形烧瓶中，装上回流冷凝器，在80 ℃～85 ℃恒温水浴上加热，在不断摇动下回流5 min，取下锥形烧瓶加入0.2 mL的BTB指示剂，趁热用0.03 mol/L～0.05 mol/L氢氧化钾乙醇标准溶液滴定至溶液由黄色变为蓝绿色为止，记下消耗的氢氧化钾乙醇标准溶液的毫升数。在每次滴定时，从停止回流至滴定完毕所用的时间不得超过3 min。

注：BTB指示剂在碱性溶液中为蓝色，因油样颜色的影响，其终点颜色为蓝绿色。

6.3 取无水乙醇50 mL按6.2步骤进行空白试验。

7 结果计算

油样的酸值按式(1)计算：

$$X=\frac{(V_1-V_0)\times 56.1\times c}{m} \qquad \cdots\cdots(1)$$

式中：

X ——油样的酸值(以KOH计)，单位为毫克每克(mg/g)；

V_1 ——滴定油样所消耗的氢氧化钾乙醇标准溶液的体积，单位为毫升(mL)；

V_0 ——滴定空白所消耗的氢氧化钾乙醇标准溶液的体积，单位为毫升(mL)；

c ——氢氧化钾乙醇标准溶液的浓度，单位为摩尔每升(mol/L)；

56.1——氢氧化钾的相对分子质量，单位为克每摩尔(g/mol)；

m ——油样的质量，单位为克(g)。

8 精密度

8.1 重复性

两次平行测定结果的差值不得超过下列的允许值：

酸值/(mg/g)	允许差值/(mg/g)
<0.1	0.01
0.1～0.3	0.02
>0.3	0.03

8.2 再现性

由两个实验室提出的两个结果之差不应超过0.05 mg/g。

9 结果

取重复测定两个结果的算术平均值，作为油样的酸值。

附 录 A
（资料性附录）
氢氧化钾乙醇标准溶液的制备

A.1 试剂

A.1.1 邻苯二甲酸氢钾：基准试剂。

A.1.2 酚酞指示液：10 g/L。

A.1.3 乙醇(95%)：分析纯。

A.2 配制

称取 2.4 g～4.0 g 氢氧化钾，置于聚乙烯容器中，加少量水(约 5 mL)溶解，用乙醇(95%)稀释至 1 000 mL，密闭放置 24 h。用塑料管虹吸上层清液至另一聚乙烯容器中。

A.3 标定

准确称取 0.75 g 工作基准试剂邻苯二甲酸氢钾(经 105 ℃～110 ℃电烘箱中干燥至恒重)，溶于 50 mL 无二氧化碳的蒸馏水中，加 2 滴酚酞指示液(10 g/L)，用配制好的氢氧化钾乙醇溶液滴定至溶液呈粉红色。

氢氧化钾乙醇标准溶液的浓度[c(KOH)]，数值以摩尔每升(mol/L)表示，按式(A.1)计算：

$$[c(\mathrm{KOH})]=\frac{m\times 1\,000}{(V_1-V_2)M} \qquad \text{(A.1)}$$

式中：

m ——邻苯二甲酸氢钾的质量的准确数值，单位为克(g)；

V_1——氢氧化钾乙醇溶液的体积的数值，单位为毫升(mL)；

V_2——空白试验氢氧化钾乙醇溶液的体积的数值，单位为毫升(mL)；

M——邻苯二甲酸氢钾的摩尔质量的数值，单位为克每摩尔(g/mol)[$M(KHC_8H_4O_4)=204.22$]。

ICS 27.040
K 54

中华人民共和国国家标准

GB/T 28553—2012/IEC/TS 61370:2002

汽轮机　蒸汽纯度

Steam turbines—Steam purity

(IEC/TS 61370:2002,IDT)

2012-06-29 发布　　2012-11-01 实施

中华人民共和国国家质量监督检验检疫总局
中国国家标准化管理委员会　发布

前　言

本标准按照 GB/T 1.1—2009 给出的规则起草。

本标准使用翻译法等同采用 IEC/TS 61370:2002《汽轮机　蒸汽纯度》(英文版)。

本标准附录 A 为资料性附录。

本标准由中国电器工业协会提出。

本标准由全国汽轮机标准化技术委员会(SAC/TC 172)归口。

本标准起草单位:上海发电设备成套设计研究院、西安热工研究院有限公司。

本标准主要起草人:叶奋、于新颖、朱幼君、杨瑞福、刘晨、李锡成、郑红亮。

汽轮机　蒸汽纯度

1 范围

本标准规定了用于汽轮机的蒸汽化学特性以防止蒸汽通道发生腐蚀和积垢，将汽轮机腐蚀危险、效率降低或输出功率损失降到最低。

本标准适用于具有额定功率的凝汽式或背压式发电用汽轮机。但是，额定功率或蒸汽压力的适用范围受到经济因素(如监视装置和汽轮机设备的相对成本)的限制。本标准是为新机组而编制，但也适用于现有机组。

本标准介绍的限制值是为保护汽轮机专门设计的。用户也应了解其他设备(例如锅炉或蒸汽发生器)对蒸汽纯度的影响。

本标准适用于除地热源以外的任何汽源驱动的汽轮机。

在初始启动后，蒸汽可能需几个月后才能达到最佳的化学状态。部分参数(钠、阳离子电导率)会比其他参数(二氧化硅、铁、铜)较快地达到最佳状态。因此，蒸汽参数的正常目标值在投运期间可能难以达到，但会随着蒸汽质量的提高而逐步改善。

附录A列出了针对本标准的推荐导则以及进入汽轮机的蒸汽化学纯度的验证方法，以保证汽轮机的完整性和效率。介绍的限制值不是强制性的，可作为单独机组现场指导的基础。验证要通过选择合适的取样位置以及连续或间歇地测量参数来进行。

2 符号和缩略语

下列符号和缩略语适用于本文件：

AVT——全挥发处理

BWR——沸水堆

c. con——阳离子电导率

CT——碱处理

EPT——平衡磷酸盐处理

FAC——流量加速腐蚀

IWC——国际水会议

OT——氧化处理

PT——磷酸盐处理

PWR——压水堆

3 蒸汽纯度控制要求

3.1 腐蚀、效率损失或输出功率损失

为了确保汽轮机运行时高的效率、输出功率和利用率，要求高纯度的蒸汽。因为杂质能形成沉淀，从而导致效率损失、或输出功率损失、或产生腐蚀。腐蚀可造成旋转部件完全失效。膨胀蒸汽处于一种低浓度杂质与少量高浓度水分共存的状态，其水分的状态与汽轮机组件表面温度和压力相一致，但存在少许的差值。杂质含量的水平应该是可达到的、可测量的，并且符合效率高、输出功率高和利用率高的要求。

3.2 机组类型

3.2.1 再热机组和非再热机组

新蒸汽限制值适用于再热机组或非再热机组。但是,应了解在这两类机组中杂质的不同影响。在非再热的火电机组中,低压级的一次凝结水温度会比再热机组高。因此,相应的腐蚀危险会比再热机组更高。在再热机组中,某些种类的杂质可能会沉淀在再热器中,热端再热蒸汽的纯度可能比新蒸汽纯度稍好。

3.2.2 主要能源

表 A.1～表 A.3 未区分不同的主要能源(即化石燃料或核能)。对进入汽轮机的蒸汽是否处于饱和状态,PWR 机组和 BWR 机组是不同的。某些 BWR 系统运行在类似于给水处理中 OT 方式的强制氧化中和状态下。

3.3 运行方式

3.3.1 启动

表 A.1 和表 A.2 列出的限制值适用于正常稳定的负载条件。在启动时的有限时间内,这些限制值可放宽。这就使得汽轮机承受载荷时的杂质含量在合理范围内而不会造成启动时间延长。当机组采用两班制时,启动所需的时间较长。因此,合适的做法是对长启动时间所对应的每年累计时间设置限制值。是否采用这种限制,由用户在现场决定。

3.3.2 挥发性化学品处理

3.3.2.1 总则

采用这些处理方法时,只能使用挥发性化学品。通常将化学品注入凝结水或给水中。用氨或挥发性胺控制 pH 值。用联氨、有机除氧剂或氧化剂控制氧化还原电势。

挥发性化学品处理方法不能形成防止锅炉或汽轮机中酸性污染的 pH 缓冲液。因此,为保证相同的循环腐蚀防护,锅炉用水中阳离子电导率、氯化物含量和硫酸盐含量控制限制值至少要比固体碱处理方法中阳离子电导率、氯化物含量和硫酸盐含量低一个数量级。

挥发性化学品处理方法用于可能会导致蒸汽发生过程中锅炉局部蒸干,从而引起局部固体浓度无法控制的机组上。

3.3.2.2 全挥发处理(AVT)

AVT 的特点是凝结水/给水系统的还原。首先用机械方法通过抽真空除去氧气,再除去凝汽器和除氧器中的蒸汽;然后加入挥发性还原化学品或有机除氧剂,以除去微量氧气。

3.3.2.3 氧化处理(OT)

OT 的特点是凝结水/给水系统的氧化。氧化条件是将氧气浓度控制在大约 50 μg/kg～200 μg/kg 的范围内实现的。以纯氧、空气中的部分氧气或过氧化氢的形式注入系统。OT 方法在直流锅炉系统中最常用。通常要加入一种挥发性给水的 pH 值控制添加剂,但添加浓度比用 AVT 方法低,OT 在控制流量加速腐蚀(FAC)方面也有优势。

3.3.2.4 沸水堆(BWR)

在沸水堆机组中,蒸汽是中性的,并且由于辐射原因含有高浓度氧气。在某些沸水堆机组中,需要向蒸汽/水系统中注入氢气，以降低氧气浓度。

3.3.3 固体化学品处理

3.3.3.1 总则

固体化学品为基础的处理方法与AVT和OT方法的不同之处在于用固体碱（氢氧化钠或磷酸钠）控制锅炉用水的pH值。这些化学品能形成防止锅炉和汽轮机中酸性污染的pH缓冲液。其结果是，锅炉用水阳离子电导率、氯化物含量和硫酸盐含量的控制限度可略有放宽。

凝结水和给水的化学控制通常与采用AVT方法是相同的。

固体化学品为基础的处理方法不能用于蒸汽锅炉，否则可能造成局部蒸干和溶解固体物浓度不可控制；除极少数情况外，也不能用于直流锅炉系统中。

3.3.3.2 碱处理(CT)

在采用本处理方法时，只用氢氧化钠保持锅炉水的pH值。通常氢氧化钠浓度范围为大于1 mg/kg至小于10 mg/kg。

3.3.3.3 磷酸盐处理(PT)和平衡磷酸盐处理(EPT)

采用本处理方法时，用磷酸三钠或氢氧化钠和磷酸三钠的混合物来保持锅炉水的pH值。由于磷酸三钠随温度上升会发生析出，某些磷酸盐可能以固体形式存在于传热表面上。这是一种惰性固体，能起防止酸性污染的作用。在所有的铁基材质机组的循环中，如果给水的pH控制在较高值上，并且锅炉中采用EPT方法，则锅炉水的pH值一直保持高于给水是很重要的。

3.3.3.4 协调磷酸盐处理和配位磷酸盐处理

这两种处理方法都采用磷酸二钠和磷酸三钠的混合物控制pH值。由于二磷酸钠会腐蚀铁基炉管材料（例如碳钢和镍合金），这两种处理方法已经很少采用。

4 取样和分析

4.1 取样位置

表A.1列出了本标准的取样位置，即新蒸汽或减温水的取样位置。由于各种原因，采集新蒸汽的样品是不现实的，因此可采集饱和蒸汽和减温水（如果采用的话）的样品，并根据这些样品的品质和相应流量来推算过热蒸汽的纯度。

连续测量阳离子电导率是必要的。也有必要连续或以合适的手工取样频率来测量其他参数，以满足机组的要求。每个取样点除要采集供分析仪用的给水外，还要采集一个手工样品。

4.2 测量参数

4.2.1 阳离子电导率

建议以阳离子电导率作为在连续监测蒸汽时的关键参数。宜通过观察来保证阳离子电导率的数值低于建议的最大值，但要查出高于正常基准值的增量。这表明可能有杂质进入，要查明其原因。对于给水中使用有机添加剂或过量二氧化碳的机组，这种检查尤其重要，因为这两种情况会对阳离子电导率造成一定的负面影响。手工取样不能分析阳离子电导率，因为大气中的二氧化碳会对分析产生干扰。

4.2.2 钠

建议连续监测蒸汽/水回路中的钠含量。如果在机组其他部分进行的测量能够提供充分数据，证明已经达到蒸汽中钠含量的限制值,则不必对蒸汽进行更多监测。

4.2.3 二氧化硅

建议连续监测蒸汽/水回路中的二氧化硅含量。如果在机组其他部分进行的测量能够提供充分数据,证明已经达到蒸汽中二氧化硅含量的限制值,则不必对蒸汽进行更多监测。蒸汽中二氧化硅的挥发度随着运行压力的上升而增加,如图 1 所示。图 1 显示了锅炉水和饱和蒸汽中二氧化硅浓度与锅炉水 pH 值的关系。图 1 中的曲线取自 BS 2486,本标准不能保证其有效性。图 1 仅涉及蒸汽中的气相二氧化硅(溶解在蒸汽中的二氧化硅),且忽略由于锅炉水的机械夹带物而进入蒸汽中的二氧化硅,因此锅炉水中适宜的二氧化硅最大允许含量可能低于图 1 所示的含量。

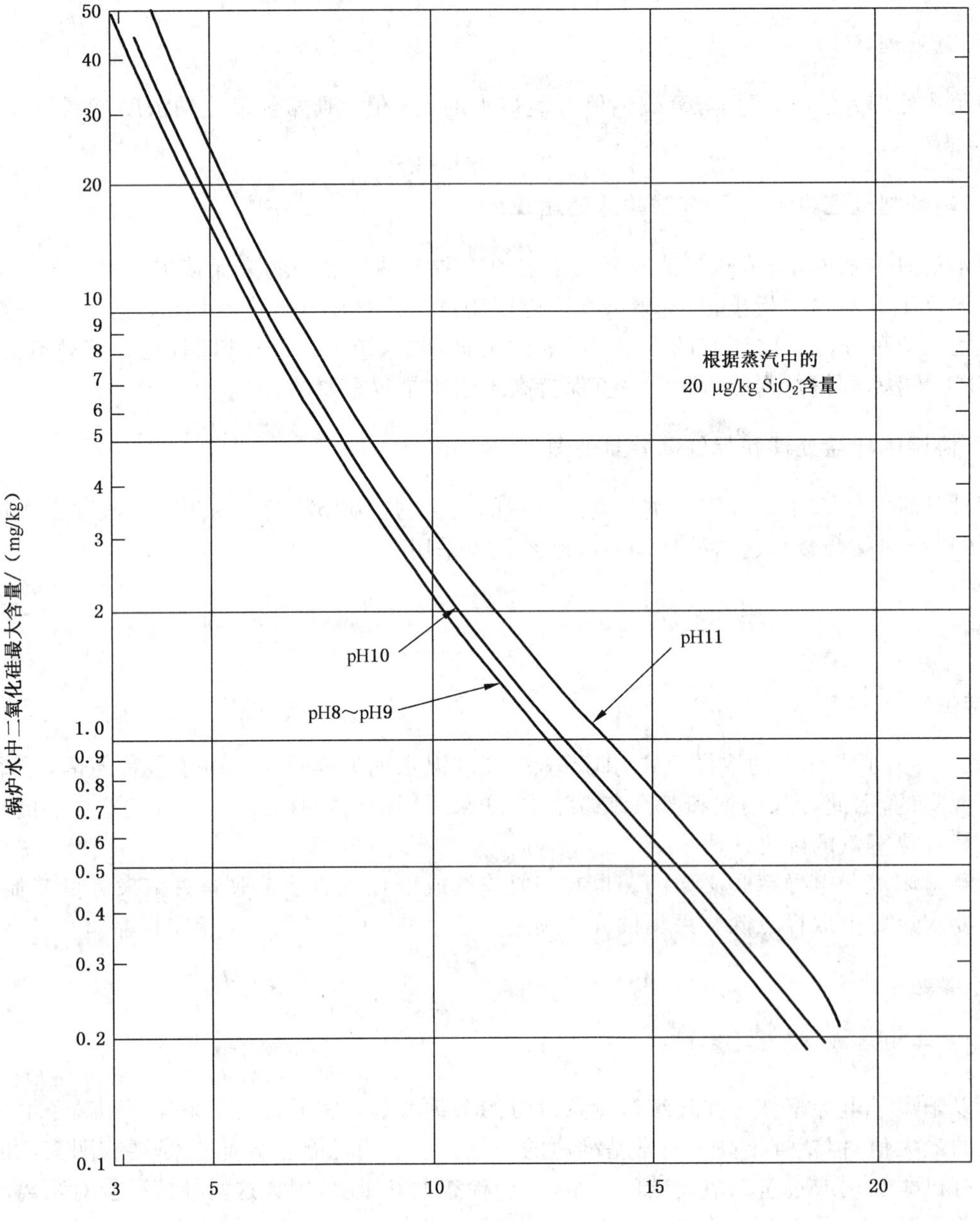

图 1 饱和蒸汽和锅炉水中二氧化硅含量

4.3 参数含义

4.3.1 阳离子电导率

这个参数也称为阳离子交换电导率或酸电导率。该电导率是用通过了一个强阳离子交换树脂塔的样品来测量的，以氢离子的形式表示。该塔用 H^+ 来代表阳离子(包括任何挥发性 pH 值调节剂)，以使所得到的溶液包含了阴离子污染所产生的酸。因此，阳离子电导率是表示存在氯化物和硫酸盐之类无机污染物以及醋酸盐和甲酸盐之类有机污染物的可靠指示剂。利用这一参数，就能够高灵敏度地连续指示过量 pH 值调节剂中这些重要污染物的存在。

机组中使用其他有机的添加剂时，凝结新蒸汽的阳离子电导率可能高于 0.2 μS/cm(25 ℃)。这种情况下，有机阴离子或硫酸盐和氯化物积聚到各自限制值以上时可能造成局部酸度大，重要的是要保证附加的电导率与此局部酸度无关。

在由二氧化碳造成阳离子电导率高的情况下，例如采用空冷凝汽器的机组，仅在能够证明不会发生局部的酸性 pH 条件时，才能放宽对阳离子电导率的要求。运行的二氧化碳含量必须与氨浓度相关。

4.3.2 钠

当蒸汽中钠含量高于规定值时，汽轮机中可能沉淀碱金属和/或碱金属盐。如果汽轮机表面附着高浓度碱溶液，则有产生应力腐蚀裂纹的危险。如果在汽轮机表面上有中性氯化钠沉淀时，则有发生点蚀的危险。点蚀是腐蚀疲劳或应力腐蚀裂纹的前兆。在锅炉水中使用钠基非挥发性调节添加剂，可能造成钠杂质进入蒸汽中。

4.3.3 二氧化硅

蒸汽中二氧化硅含量高于建议的最大值可能导致二氧化硅沉淀在汽轮机叶片上。这种沉淀物会造成汽轮机效率的降低。蒸汽中二氧化硅可能来源于加入软化装置的原水中的非活性二氧化硅。这种二氧化硅在常规分析时无法检出，且无法在通常的软化装置中完全除去。在锅炉温度下二氧化硅会分解为活性二氧化硅。如果原水中意外出现非连续量的非活性二氧化硅，则蒸汽中会首先显示出高的二氧化硅含量。

4.3.4 氯化物

氯化物是造成锅炉腐蚀损坏的一种杂质。锅炉水中的氯化物能形成腐蚀电池，使得阳极区域附近出现危险的低 pH 值。在汽轮机中，沉淀氯化物的存在能加重点蚀，并成为其他损坏因素的引发区域(尤其是腐蚀疲劳和应力腐蚀裂纹)。在采用水冷表面凝汽器的机组中，特别是采用海水、微咸水或河流入海口处的水作为冷却水的机组，即使凝汽器管发生微小泄漏，也会使大量氯化物进入蒸汽/水循环系统中。氯化物的另一个来源是再生剂，它是采用盐酸再生时从软化装置或凝结水精制装置中泄漏出来的。

溶解氧含量越高，氯化物造成的腐蚀危险性越大。

为说明阳离子电导率、氯化物和硫酸盐之间的关系(见 4.3.5)，阳离子电导率为 0.2 μS/cm(25 ℃)的溶液相当于大约 15 μg/kg 的纯氯离子或 20 μg/kg 的纯硫酸根离子。然而，绝不允许有大量的氯化物或硫酸盐进入，而使蒸汽的阳离子电导率达到 0.2 μS/cm(25 ℃)。在正常运行期间，阳离子电导率不得超过表 A.2 中列出的限制值。

4.3.5 硫酸盐

硫酸盐是另一种阴离子型杂质，能造成汽轮机的腐蚀故障，并腐蚀核电站汽水分离再热器的内部和下游部件。硫酸盐和阳离子电导率之间的关系在4.3.4中已作说明。硫酸盐的可能来源包括冷却水的泄漏、软化装置或凝结水精制装置再生剂以及阳离子交换树脂微粒的漏出。

4.3.6 铁和铜

蒸汽中含有大量氧化铁的主要危险是造成汽轮机初始级的固态粒子侵蚀和沉淀，随后会造成汽轮机进汽阀的堵塞。蒸汽样品中铁的含量是侵蚀危险的指标，虽然在所有运行条件下都难以获得代表性样品。在试运转期间、两班制以及老机组中，出现铁含量高的危险最大。

蒸汽中含有大量铜的主要不利影响是沉淀物累积造成的输出功率损失。该指标仅与铜合金的凝汽器管或给水加热器管有关。铜含量高最易造成高压锅炉系统损坏。当系统中含有铜合金表面或沉淀物从AVT转换为OT方式时，也存在铜沉淀在汽轮机中的危险。

4.3.7 其他添加剂

表A.1中列出的数值是采用联氨和氨为给水调节剂的数值。有时需要使用其他有机除氧剂或用于控制pH值的挥发性胺。这些添加剂的使用会对蒸汽纯度目标，尤其是4.3.1中的阳离子电导率产生不利影响。

硼酸有时被作为添加剂用于压水堆二回路系统中。在这种情况下，汽轮机蒸汽中的硼含量达到1 000 μg/kg是允许的，蒸汽发生器的水中硼含量达到10 mg/kg也是允许的。它对阳离子电导率的影响不太明显。

附 录 A
（资料性附录）
参数指导值

A.1 导则

表 A.1 和表 A.2 表明了正常操作条件下（即除启动和瞬变之外）进入汽轮机的蒸汽和水的建议纯度值。表 A.1 定义了关键参数，而表 A.2 包含了（根据不规则的关键参数值进行测量）诊断参数。表 A.1 列出了关键参数的“预期”值和“限制”值。“预期”值范围代表正常运行条件下通常可允许的数值。“限制”值是极限值，超过该数值后机组就存在长期或短期恶化的危险。实际值与期望值的偏差表明了进行诊断的必要性以及可能的补救措施。表格中的其他各栏列出了偏差以及修正偏差的期限。表 A.3 列出了偏差识别和修正的指导。

表 A.1 汽轮机蒸汽纯度极限值——关键参数

位置	参数 μg/kg	预期范围	限制值	1 周内采取措施的参数范围	24 h 内采取措施的参数范围	1 h 内采取措施的参数范围
新蒸汽	阳离子电导率（25 ℃）μS/cm	0.06～0.2	0.2[a,b]	0.2～0.5[c]	0.5～1.0	＞1.0
	钠含量	0～5[d]	5[d]	5～10	—	—
	二氧化硅含量	3～5	20	—	—	—
	铁含量[e]	2～5	20	—	—	—
	铜含量[f]	0～1	3	—	—	—
减温器喷水[g]	阳离子电导率（25 ℃）μS/cm	与新蒸汽同				
	钠含量					
	二氧化硅含量					
	铁含量[e]					
	铜含量[f]					

[a] 使用常规磷酸盐时，可采用 0.3 μS/cm（25 ℃）的阳离子电导率限制值，但前提是能够证明附加电导率主要由磷酸盐离子造成。

[b] 当使用有机除氧剂或挥发性 pH 值调节剂时，更高的阳离子电导率值是可接受的，前提是能够通过分析证明这个数值的上升不是污染物侵入所造成的（见 4.3.1）。

[c] 如果氯化物含量超过 20 μg/kg，则有必要在 24 h 之内采取措施。

[d] 该值取决于锅炉进料。在采用全挥发处理（AVT）时，通常可采用 5 μg/kg 的数值为限制值。在某些机组上，当采用钠化合物配料时，不超过 10 μg/kg 的数值也是合适的。

[e] 如果过去不存在过量铁输送的问题，则可不监视装置中铁含量。

[f] 仅在使用铜合金换热器管道（尤其是高压锅炉系统）的机组中进行监视。

[g] 仅用于监测饱和蒸汽来指示新鲜蒸汽纯度的情况。

表 A.2 汽轮机蒸汽纯度极限值——诊断参数

适用对象	参数	极限值 μg/kg
新蒸汽或减温喷水	氯化物	3
	硫化物	3

表 A.3 与指导值有偏差时的推荐措施

偏差参数	检查的诊断参数	原因	推荐措施
高阳离子电导率 (high c. con)	氯化物	凝结水泄漏	检查凝汽器
		治污设备失效	检查治污设备
		来自生水的有机杂质	检查治污设备
		增加的有机添加剂分解	检查剂量的比率
		凝结水精过滤机故障	检查凝结水精过滤机的运行
		阳离子交换树脂粒度细	检查凝结水精过滤机
		由于凝汽器中空气泄漏的二氧化碳	检查凝汽器的泄漏
高钠 (high sodium)		凝汽器泄漏	检查凝汽器
		增加的锅炉水剂量	检查剂量的比率
		增加的锅炉水排出损失	检查锅炉水中的起泡沫、高水位或汽水分离器缺陷的情况
		治污设备失效	检查治污设备
高二氧化硅 (high silica)		增加的锅炉水排出损失	检查锅炉的上述状态
		治污设备失效	检查治污设备
		生水的非活性二氧化硅含量的增加	检查生水量
		混合床凝结水精制装置故障	检查凝结水精制装置的运行
高铁 (high iron)		给水的高水位和由于排出损失或不纯的减温喷水形成的增加的腐蚀物迁移	检查尤其是低 pH 值时的调整
		采用了易释放氧化碳的材料	检查材料性能
高铜 (High copper)		给水的高水位和由于排出损失或不纯的减温喷水形成的增加的腐蚀物迁移	检查高氧或高 pH 值时的给水纯度

使用本标准(包括减温喷水的标准)应识别其适用对象。当使用减温器喷水时,喷射的水进入过热蒸汽中,以控制进入汽轮机的新蒸汽过热度。减温器喷水通常取自锅炉给水泵的排水。喷水来源中的异常杂质将对获得的蒸汽纯度产生不利影响。

为了防止过热,低压冷却喷水喷入低负载处的低压末级;低压冷却喷水通常取自凝结水泵的排水。如果这种水的纯度低,则存在污染低压末级的风险。如果已经知道或怀疑这种水的纯度低,操作者在可选择的情况下,使用纯度合适的另一种水源,例如备用给水箱的水和凝结水精制装置出口的水。如果需要这种水源的设施,则可能需要对机组进行改造。

列出的所有数值都将是制定某个机组蒸汽纯度特定目标的基础。

A.2 与指导值的偏差

当观察到与推荐值或正常用于机组的范围有偏差时，宜采用附加的诊断参数来研究其原因。表A.3列出了存在这样偏差时的推荐措施，以帮助将该参数修正到表A.1所规定的期限之内的合格值。表A.3所列项目并不是全部的原因。

参 考 文 献

[1] EPRI-TR-105'041 Cycle chemistry guidelines for fossil plants: all-volatile Treatment

[2] EPRI-TR-102'285 Cycle chemistry guidelines for fossil plants: oxygenated treatment

[3] EPRI-TR-103'665 Cycle chemistry guidelines for fossil plants: phosphate treatment for drum units

[4] VGB Richtlinie für Kesselspeisewasser, Kesselwasser und Dampferzeugern über, 68 bar zulässigem Betriebsüberdruck

[5] Chemical guidelines for water/steam cycle of fossil fired units

[6] JIS B 8223, Water conditioning for boiler feed water and boiler water

[7] JAN STODOLA. Ontario power generation, ten years of equilibrium phosphate treatment, Proceedings of International Water Conference, Pittsburg PA, USA, October 1996

[8] BS 2486 Recommendations of treatment of water for steam boilers and water heaters

ICS 25.010;29.020
J 09

中华人民共和国国家标准

GB/T 28554—2012

工业机械电气设备　内带供电单元的建设机械电磁兼容要求

Electrical equipment of industrial machines—Electromagnetic compatibility for the construction machinery with internal electrical power supply

2012-06-29 发布　　　　2012-11-01 实施

中华人民共和国国家质量监督检验检疫总局
中国国家标准化管理委员会　发布

前　言

本标准按照 GB/T 1.1—2009 给出的规则起草。

本标准使用重新起草法修改采用 EN 13309:2000《建设机械　内带供电单元设备的电磁兼容要求》。

本标准与 EN 13309[1]:2000 的技术差异及其原因如下：

——关于规范性引用文件，本标准做了具有技术性差异的调整，调整的情况主要反映在第 2 章"规范性引用文件"及对规范性引用文件的相关条款引用的章节，具体调整如下：

- 删除引用 ISO 7637-0:1990；
- 用等同采用国际标准的 GB/T 21437.1:2008 代替了 ISO 7637-1:1990(4.9.2,4.9.3)；
- 用等同采用国际标准的 GB/T 21437.2:2008 代替了 ISO 7637-2:1990(4.9.2,4.9.3)；
- 用 ISO 10605:2008 代替了 ISO/TR 1065:1994；

——关于 4.8.2 规定的试验级别，用 ISO 10605:2008 规定的Ⅰ类功能状态，试验严酷程度 L_{4i} 级(8 kV 接触放电或 15 kV 空气放电)代替了 EN 13309:2000 规定的试验级别Ⅰ(±4 kV)；

——删除附录 ZA，该附录说明 EN 13309:2000 与欧盟 EMC 指令的关系，国家标准无需保留；

——删除表 1；

——增加附录 G，规定静电放电、瞬态传导的功能失效模式严重程度分类和试验电压严酷程度等级。

本标准由中国机械工业联合会提出。

本标准由全国工业机械电气系统标准化技术委员会(SAC/TC 231)归口。

本标准起草单位：长沙中联重工科技发展股份有限公司、深圳市华测检测有限公司、北京机床研究所。

本标准主要起草人：曾杨、谢长宇、于晓颖、黄祖广、黄麟、张迁、陈华、朱平。

1） EN 13309 是欧盟 2004/108/EC 电磁兼容指令的协调标准，是该指令基本要求的支撑标准。

工业机械电气设备　内带供电单元的建设机械电磁兼容要求

1　范围

本标准规定评估建设机械电磁兼容性的试验方法和验收准则。

本标准适用于安装在建设机械上的电气和/或电子零部件和独立的技术单元，本标准不包括对于那些不涉及直接控制和/或改变规定的机械功能的部件的抗扰度。

以下电磁骚扰现象将被评估：

——宽带和窄带电磁干扰；

——电磁场抗扰度试验；

——电气/电子组件的宽带和窄带电磁干扰；

——电气/电子组件的电磁场抗扰度试验；

——静电放电；

——瞬态传导。

建设机械可能内置 DC 和/或 AC 电源系统。

设计成由“公用电网”供电的机械除外。

注：建设机械包括混凝土机械、工程起重机械、土方机械、筑路机械、桩工机械等。

2　规范性引用文件

下列文件对于本文件的应用是必不可少的。凡是注日期的引用文件，仅注日期的版本适用于本文件。凡是不注日期的引用文件，其最新版本(包括所有的修改单)适用于本文件。

GB/T 6113.101—2008　无线电骚扰和抗扰度测量设备和测量方法规范　第 1-1 部分：无线电骚扰和抗扰度测量设备　测量设备(IEC/CISPR 16-1-1:2006,IDT)

GB/T 6113.104—2008　无线电骚扰和抗扰度测量设备和测量方法规范　第 1-4 部分：无线电骚扰和抗扰度测量设备　辅助设备　辐射骚扰(IEC/CISPR 16-1-4:2005,IDT)

GB 14023—2011　车辆、船和内燃机　无线电骚扰特性　用于保护车外接收机的限值和测量方法(IEC/CISPR 12:2009,IDT)

GB/T 21437.1—2008　道路车辆　由传导和耦合引起的电骚扰　第 1 部分：定义和一般描述(ISO 7637-1:2002,IDT)

GB/T 21437.2—2008　道路车辆　由传导和耦合引起的电骚扰　第 2 部分：沿电源线的电瞬态传导(ISO 7637-2:2004,IDT)

ISO 7637-3:2007　道路车辆　由传导和耦合引起的电气骚扰　第 3 部分：除电源线外的导线通过容性和感性耦合的电瞬态发射(Road vehicles—Electrical disturbances from conduction and coupling—Part 3: Electrical transient transmission by capacitive and inductive coupling via lines other than supply lines)

ISO 10605:2008　道路车辆　静电放电产生的电骚扰试验方法(Road vehicles—Test methods for electrical disturbances from electrostatic discharge)

ISO 11451-1　道路车辆　窄带电磁场能量辐射的电气骚扰　车辆试验方法　第 1 部分：通则和定

义(Road vehicles —Vehicle test methods for electrical disturbances from narrowband radiated electromagnetic energy—Part 1：General principles and terminology)

ISO 11451-2　道路车辆　窄带电磁场能量辐射的电气骚扰　车辆试验方法　第 2 部分:车辆外部的辐射源(Road vehicles—Vehicle test methods for electrical disturbances from narrowband radiated electromagnetic energy—Part 2：Off-vehicle radiation sources)

ISO 11452-1　道路车辆　窄带电磁场能量辐射的电气骚扰　部件试验方法　第 1 部分:通则和定义(Road vehicles—Component test methods for electrical disturbances from narrowband radiated electromagnetic energy—Part 1：General principles and terminology)

ISO 11452-2　道路车辆　窄带电磁场能量辐射的电气骚扰　部件试验方法　第 2 部分:电波吸收室(Road vehicles—Component test methods for electrical disturbances from narrowband radiated electromagnetic energy—Part 2：Absorber-lined shielded enclosure)

ISO 11452-3　道路车辆　窄带电磁场能量辐射的电气骚扰　部件试验方法　第 3 部分:TEM 小室[Road vehicles—Component test methods for electrical disturbances from narrowband radiated electromagnetic energy—Part 3：Transverse electromagnetic mode (TEM) cell]

ISO 11452-4　道路车辆　窄带电磁场能量辐射的电气骚扰　部件试验方法　第 4 部分:大电流注入[Road vehicles—Component test methods for electrical disturbances from narrowband radiated electromagnetic energy—Part 4：Bulk current injection (BCI)]

ISO 11452-5　道路车辆　窄带电磁场能量辐射的电气骚扰　部件试验方法　第 5 部分:带状线(Road vehicles—Component test methods for electrical disturbances from narrowband radiated electromagnetic energy—Part 5：Stripline)

IEC/CISPR 25:2008　用于保护车载接收机的无线电骚扰特性的测量方法及限值(Vehicles,boats and internal combustion engines—Radio disturbance characteristics—Limits and methods of measurement for the protection of on-board receiver)

3　术语和定义

下列术语和定义适用于本文件。

3.1

电磁兼容性　electromagnetic compatibility

EMC

建设机械或其组成部分或独立的技术单元在其电磁环境中能正常工作且不对该环境中任何事物构成不能承受的电磁骚扰的能力。

注：改写 GB/T 4365—2003,定义 161-01-07。

3.2

电磁骚扰　electromagnetic disturbance

任何可能引起建设机械或其组成部分或独立的技术单元性能下降的电磁现象。

注 1：电磁骚扰可能是电磁噪声、干扰信号或传播媒质自身的变化。

注 2：改写 GB/T 4365—2003,定义 161-01-05。

3.3

电磁抗扰度　electromagnetic immunity

建设机械或其组成部分或独立的技术单元面临电磁骚扰不降低运行性能的能力。

注：改写 GB/T 4365—2003,定义 161-01-20。

3.4

电磁环境　electromagnetic environment

存在于给定场所的所有电磁现象的总和。

注：改写 GB/T 4365—2003，定义 161-01-01。

3.5

基准限值　reference limit

产品应符合的限值。

3.6

基准天线　reference antenna

(频率范围 30 MHz～80 MHz)为在 80 MHz 处为半波谐振偶极子的缩短平衡偶极子天线；(频率范围超过 80 MHz)为调谐到试验频率的平衡半波谐振偶极子天线。

3.7

宽带发射　broadband emmission

带宽大于某一特定测量设备或接收机带宽的发射。

3.8

窄带发射　narrowband emmision

带宽小于某一特定测量设备或接收机带宽的发射。

3.9

电气/电子系统　electrical/electronic system

作为建设机械组成部分的电气和/或电子元件或元件装置，包括任何电气连接件。

3.10

电气/电子组件(ESA)　electrical/electronic sub-assemsly

作为建设机械组成部分的电气/电子零部件或部件装置，包括执行特定功能的任何相关的电气连接和配线。

3.11

建设机械类型　construction machinery type

在下列基本方面没有差别的建设机械：

——结构形状；

——电气和/或电子系统零部件的一般布置和一般配线布置；

——建设机械设计包含的主要材料(例如，钢、铝或玻璃纤维覆盖层部件)。

3.12

ESA 类型　ESA type

在下列基本方面没有差别的 ESA：

——由 ESA 执行的功能；

——如适用，电气和/或电子零部件布置；

——壳体的主要材料。

3.13

静电放电　electrostaic discharge

ESD

具有不同静电电位的物体相互靠近或直接接触引起的电荷转移。

[GB/T 4365—2003，定义 161-01-02]

3.14

瞬态传导　conducted transiens

通过瞬态源和耗电设备间的导体在建设机械或部件或独立的技术单元的电源供电线内分布的瞬态电压或电流。

4　要求

4.1　基本要求

4.1.1　履行要求

当4.2～4.9的要求适用时，通过建设机械和电气/电子组件满足上述条款的要求，即履行了本标准的要求。本标准的用户可选择适合建设机械整机的条款，或选择适合电气/电子组件的条款。当用户选择了适合电气/电子组件的条款时，为满足本标准的要求，电气/电子组件应安装在符合有关规定的建设机械上，这些有关规定在确定电气/电子组件满足本标准适当条款的要求时已作了考虑。

当建设机械没有抗扰度或干扰试验所需要的这类设备时，则认为满足了本标准的要求，若是这样，就不需要试验(见第5章)。

4.1.2　试验样品

试验样品可根据3.11和/或3.12给出的定义选择。

因为单个试验样品的试验是用来判断同类建设机械全体的性能，发射和抗扰度的基准限值应有更多限制，发射限值应再减少20%，抗扰度限值应增加25%，以解决因建设机械制造偏差、ESA类型、试验因素不同引起发射和抗扰度的变化。

对于随后同类试验样品的试验，符合基准限值应认为满足本标准的要求。

对于静电放电和瞬态传导，基准限值对试验样品的所有试验有效。

4.1.3　抗扰度试验的附加要求

当试验样品经受了抗扰度要求，对于建设机械和任何附加装置或机械的操作员控制和任一自动控制应保持功能，以提供建设机械的持续控制。这也适用于当主控制失效时要运行的次级或停车系统。

4.2　建设机械辐射的宽带电磁发射规范

4.2.1　测量方法

电磁辐射应使用附录B描述的方法，以规定的两种可选择的天线距离测量。由标准的用户选择。

4.2.2　宽带基准限值

如果使用附录B描述的方法，建设机械距天线(10±0.2)m处进行测量，在30 MHz～75 MHz频段，发射基准限值应为34 dB(μV/m)(50 μV/m)，在75 MHz～400 MHz频段为34 dB(μV/m)～45 dB(μV/m)(50 μV/m～180 μV/m)，超过75 MHz，限值随着频率的对数(线性地)增加，如图A.1所示。在400 MHz～1 000 MHz频段，保持恒定的45 dB(μV/m)(180 μV/m)。

如使用附录B描述的方法，建设机械距天线(3±0.05)m处进行测量，在30 MHz～75 MHz频段，发射基准限值应为44 dB(μV/m)(160 μV/m)，在75 MHz～400 MHz频段，为44 dB(μV/m)～55 dB(μV/m)(160 μV/m～562 μV/m)，超过75 MHz限值随着频率的对数(线性地)增加，如图A.2所示。在400 MHz～1 000 MHz频段，保持恒定的55 dB(μV/m)(562 μV/m)。

试验中的样品，测量值应比基准限值至少低2.0 dB或20%，以dB(μV/m)或(μV/m)表示。

4.3 建设机械辐射的窄带电磁发射规范

4.3.1 测量方法

电磁发射应使用附录C描述的方法，以规定的两种可选择的天线距离测量。由标准的用户选择。

4.3.2 窄带基准限值

如果使用附录C描述的方法，建设机械距天线(10±0.2)m处进行测量，在30 MHz～75 MHz频段，发射基准限值应为24 dB(μV/m)(16 μV/m)，在75 MHz～400 MHz频段，为24 dB(μV/m)～35 dB (μV/m) (16 μV/m～56 μV/m)，超过75 MHz，限值随着频率的对数(线性地)增加，如图A.3所示。在400 MHz～1 000 MHz频段，保持恒定的35 d B(μV/m) (56 μV/m)。

如果使用附录C描述的方法，建设机械距天线(3±0.05)m处进行测量，在30 MHz～75 MHz频段，发射基准限值应为34 dB(μV/m)(50 μV/m)，在75 MHz～400 MHz频段，为34 dB(μV/m)～45 dB (μV/m) (50 μV/m～180 μV/m)，超过75 MHz，限值随着频率的对数(线性地)增加，如图A.4所示。在400 MHz～1 000 MHz频段，保持恒定的45 dB(μV/m) (180 μV/m)。

试验中的样品，测量值应比基准限值至少低2.0 dB或20%。以dB(μV/m)或(μV/m)表示。

4.4 建设机械对电磁辐射的抗扰度规范

4.4.1 试验方法

建设机械对电磁辐射的抗扰度试验应根据ISO 11451-1和ISO 11451-2，以水平和垂直极化的方式进行。基准点和工作模式应作为机械特性并记录在试验报告中。抗扰度试验应按ISO 11451-1的要点进行，不考虑系统驻波比且采用正向功率作为控制的情况除外，试验报告应指明采用的控制方法。试验方法用替代法和1 kHz正弦波80%调幅(AM)(见ISO 11451-1)，试验需要在20 MHz～1 000 MHz频段进行。

4.4.2 建设机械的抗扰度基准限值

涉及未调制信号均方根值的基准限值24 V/m适用。调制的试验信号的最大值应与未调制的试验信号的最大值一致。试验中的样品，抗扰度要求按照场强30 V/m执行(高出基准限值的25%)。应满足4.1.3的抗扰度试验的基本要求。

4.5 ESA辐射的宽带电磁发射规范

4.5.1 测量方法

电磁干扰应使用附录D描述的方法测量。

4.5.2 ESA宽带基准限制值

如果用附录D描述的方法进行测量，在30 MHz～75 MHz频段，发射基准限值应为64 dB(μV/m)～54 dB(μV/m)(1 600 μV/m～500 μV/m)，超过30 MHz，限值随着频率的对数(线性地)减少。在75 MHz～400 MHz频段，为54 dB(μV/m)～ 65 dB(μV/m) (500 μV/m～1 800 μV/m)，超过75 MHz，限值随着频率的对数(线性地)减少，如图A.5所示。400 MHz～1 000 MHz频段，保持恒定的65 dB(μV/m) (1 800 μV/m)。

试验中样品，测量值应比基准限值至少低2.0 dB或20%，以dB(μV/m)或μV/m表示 。

4.6 ESA 辐射的窄带电磁发射规范

4.6.1 测量方法

用附录 E 描述的方法试验。

4.6.2 ESA 窄带基准限制值

如果用附录 E 中的方法进行测量，在 30 MHz～75 MHz 频段，发射基准限值应为 54 dB(μV/m)～44 dB(μV/m)（500 μV/m～160 μV/m），超过 30 MHz，限值随着频率的对数（线性地）减少。在 75 MHz～400 MHz 频段，为 44 dB(μV/m)～55 dB(μV/m)（160 μV/m～562 μV/m），超过 75 MHz，限值随着频率的对数（线性地）减少，如图 A.6 所示。在 400 MHz～1 000 MHz 频段，保持恒定的 55 dB(μV/m)(562 μV/m)。

试验中的样品，测量值应比基准限值至少低 2.0 dB 或 20%，以 dB(μV/m)或 μV/m 表示。

4.7 ESA 对电磁辐射的抗扰度规范

4.7.1 测量方法

ESA 对电磁场的抗扰度试验，采用 ISO 11452-2、ISO 11452-3、ISO 11452-4 或 ISO 11452-5 的测量方法。试验方法用替代法和 1 kHz 的正弦波 80% 的调幅(AM)。选择的试验方法应覆盖频段 20 MHz～1 000 MHz，采用 1 kHz 正弦波 80%调幅(AM)(见 ISO 11452-1)。

如果用替代法做消声室试验的校准方法，则正向输入功率可以用做控制而不考虑系统的驻波率。在 ESA 试验方法中，替代法或闭环法可以用做场校准。试验报告应指明采用的控制方法。

4.7.2 ESA 抗扰度基准限值

如根据 ISO 11452-1、ISO 11452-2、ISO 11452-3、ISO 11452-4、ISO 11452-5 进行试验，则抗扰度基准限值应为：

——150 mm 带状线试验方法：48 V/m(ISO 11452-5)；

——横电磁波室(TEM 小室)试验方法：60 V/m(ISO 11452-3)；

——大电流注入(BCI) 试验方法：48 mA(ISO 11452-4)；

——辐射场(线性吸收小室)试验方法：24 V/m(ISO 11452-2)。

基准限值应适合未调制信号的均方根值。调制的试验信号的最大值应与未调制的试验信号的最大值一致。

A 类的功能状态(ISO 11452-1)应适用于所有的试验。对于试验样品，基准限值应增加 25%。应用在建设机械上的 ESA 不应出现任何不允许的功能性改变。不允许的功能性改变进一步解释见 4.1.3。

4.8 静电放电(ESD)

4.8.1 试验方法

建设机械或其部件上可能产生标准称之 ESD 的表面(例如通过操作员接触)，用 ISO 10605:2008 描述的方法测量。

4.8.2 基准限值

建议采用 ISO 10605:2008 规定的 I 类功能状态，试验严酷程度 L_{4i} 级：接触放电 8 kV，空气放电

15 kV（见附录 G）。

4.9 瞬态传导

4.9.1 通则

当远程 ESA 通过配线系统与建设机械相连时，由 ESA 产生的脉冲可能激励电路或影响建设机械上其他的 ESA 或零部件。因此，对于 ESA 适合建设机械的发射与敏感度的最小值是有要求的。应认为某一 ESA 的发射值要小于系统所有的 ESA 的敏感度。

4.9.2 试验方法

试验方法应采用 GB/T 21437.1—2008、GB/T 21437.2—2008、ISO 7637-3:2008 中描述的方法。

4.9.3 基准限值

应采用 GB/T 21437.2—2008、ISO 7637-3:2007 的 A 类功能状态试验等级Ⅲ。功能执行状态应在每个不同的检查脉冲试验前规定。12 V 和 24 V 车载系统的试验等级见附录 G。

对于每一个 ESA，适用时，说明书应对其与建设机械或其装置的正确安装和连接增加描述，以避免 ESA 和/或建设机械的故障。

5 例外

出于第 4 章描述的要求，下列例外有效：

——如果建设机械或电气/电子系统或 ESA 不包含工作频率超过 9kHz 的电子振荡器，则认为其符合本标准 4.3 和 4.6 的要求。

——如果建设机械的电气/电子系统或 ESA 不涉及建设机械的直接控制和建设机械功能状态限制，则无需进行 4.4 和 4.8 规定的抗扰度试验。

——如果 ESA 的功能不涉及建设机械的直接控制和功能状态限制，则无需进行 4.7 和 4.8 的抗扰度试验。

——如果建设机械不具有与外部电气/电子系统耦合的接口，则无需进行 4.9 的瞬态传导试验。

——各建设机械制造商应在操作手册中标识涉及 EMC 的预先警告，当安装和操作收音机、电话或其他符合相关 EMC 标准的发射装置时，若有，本条适用。有关收音机和话筒的特殊试验本标准不适用。

——只包含机电部件的系统被认为满足本标准抗扰度的要求。

6 试验报告

如果编制试验报告，报告中应包括下列信息：

——依照 3.11 或 3.12 描述试验样品（机型，或电气/电子组件或独立技术单元标识）。

——试验设备或试验场地的分类或描述。

——仪器描述或仪器满足的标准。

——依据 4.2.2，宽带电磁发射等级。

——依据 4.3.2，窄带电磁发射等级。

——依据 4.4.2 建设机械任何缺失的功能控制的标识。

——依据 4.5.2，宽带电磁干扰等级。

——依据 4.6.2,窄带电磁干扰等级。
——依据 4.7.2,由 ESA 显示的可能影响建设机械控制的任何缺失的功能控制的标识。
——不满足 4.8.2 要求的零部件的标识。
——不满足 4.9.2 要求的零部件的标识。

附　录　A
（规范性附录）
基准限值

带宽	频率为f/MHz时限值L/[dB(μV/m)]		
	30 MHz ～75 MHz	75 MHz～400 MHz	400 MHz ～1 000 MHz
120 kHz	$L=34$	$L=34+15.13\lg(f/75)$	$L=44$

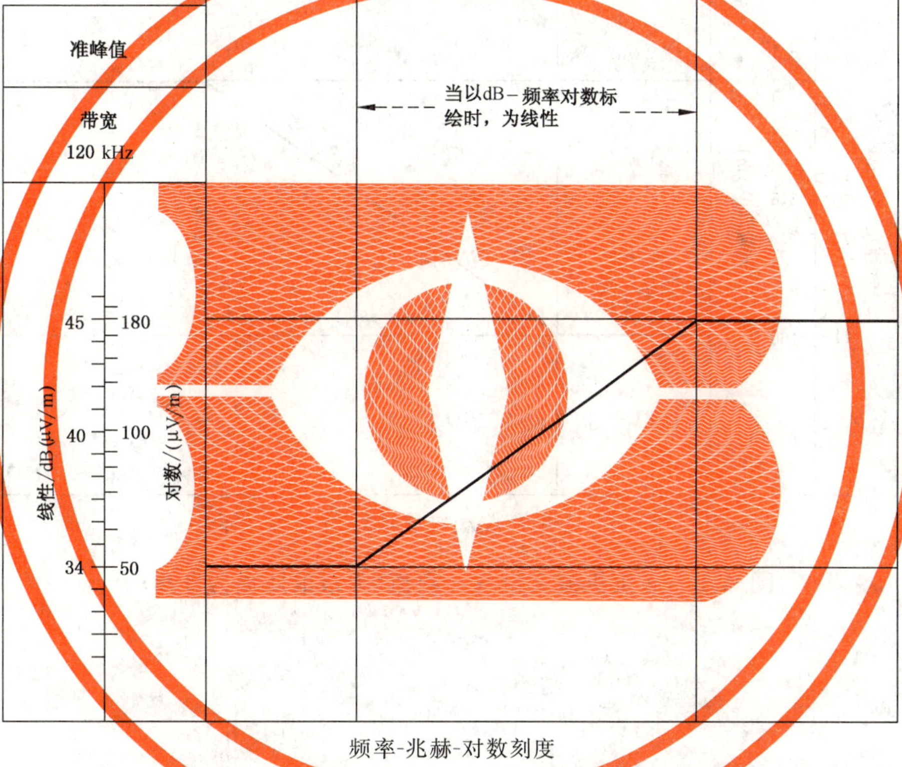

图 A.1　建设机械宽带基准限值(天线距离为 10 m)

带宽	频率为f/MHz时限值L/[dB(μV/m)]		
	30 MHz ～75 MHz	75 MHz～400 MHz	400 MHz ～1 000 MHz
120 kHz	L=44	L=44+15.131g(f/75)	L=55

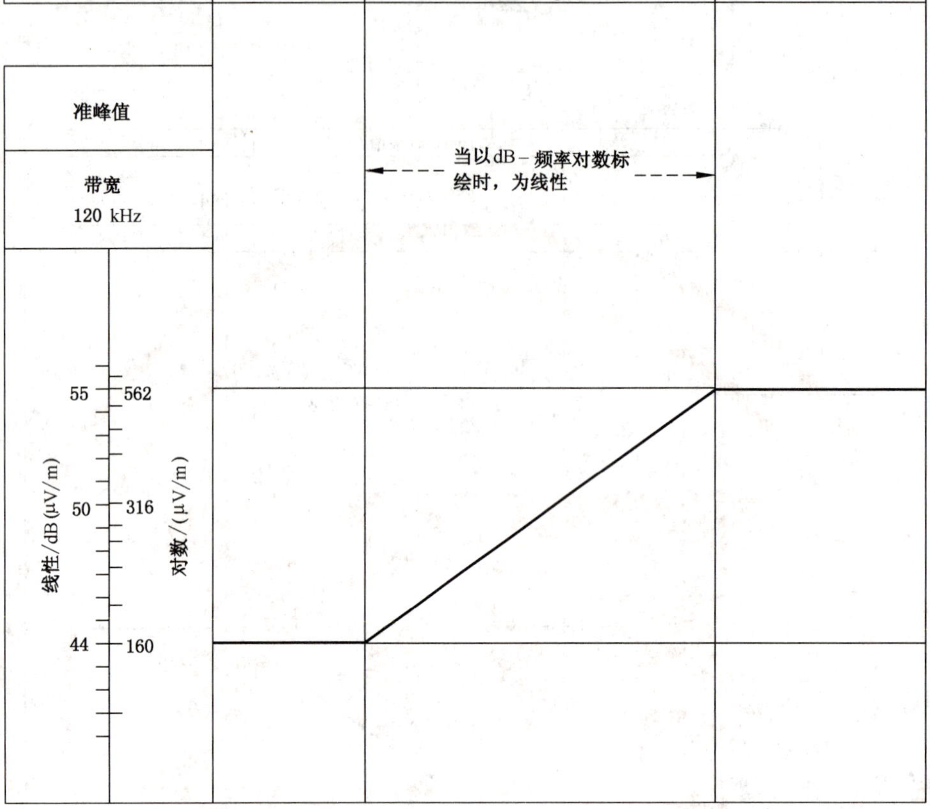

频率-兆赫-对数刻度

图 A.2 建设机械宽带基准限值(天线的距离为 3 m)

带宽	频率为f/MHz时限值L/[dB(μV/m)][a]		
	30 MHz ～75 MHz	75 MHz～400 MHz	400 MHz ～1 000 MHz
120 kHz	L=24	L=24+15.13lg(f/75)	L=35

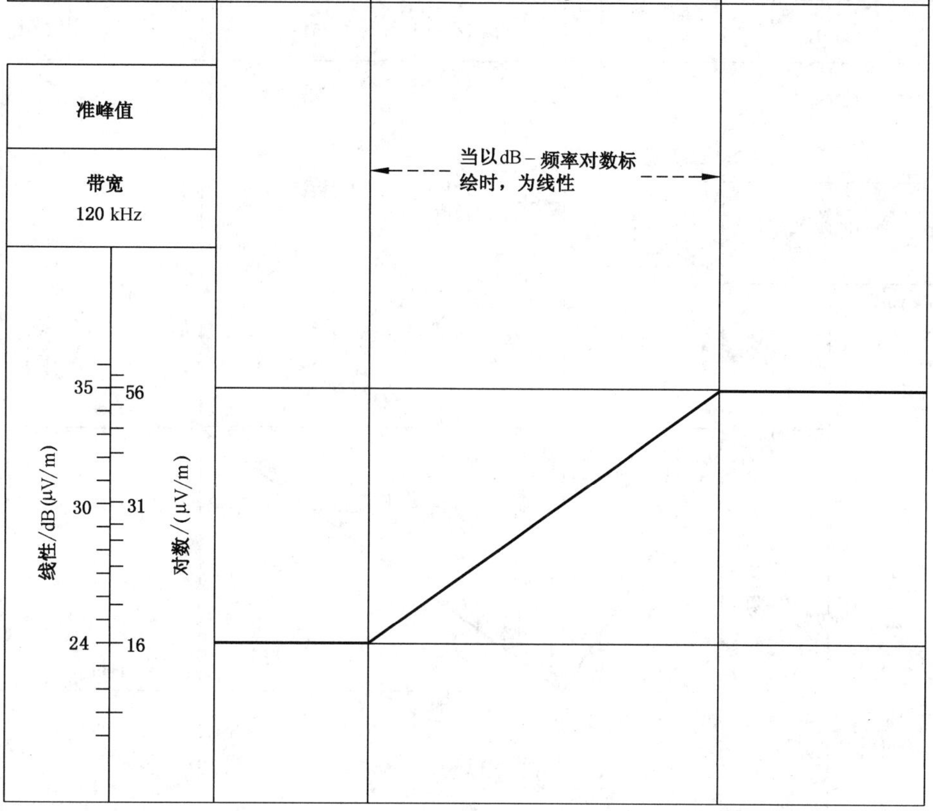

[a] 若测量结果超出上面的基准限值，应按照 IEC/CISPR 25:2008 图 1 中表示的符合辐射/传导骚扰所确定的方法对这些峰值进行分析和评估。

频率-兆赫-对数刻度

图 A.3　建设机械窄带基准限值(天线距离为 10 m)

带宽	频率为f/MHz时限值L/[dB(μV/m)]		
	30 MHz ~75 MHz	75 MHz~400 MHz	400 MHz ~1 000 MHz
120 kHz	$L=64-25.13$ $\lg(f/30)$	$L=54+15.131\text{g}(f/75)$	$L=65$

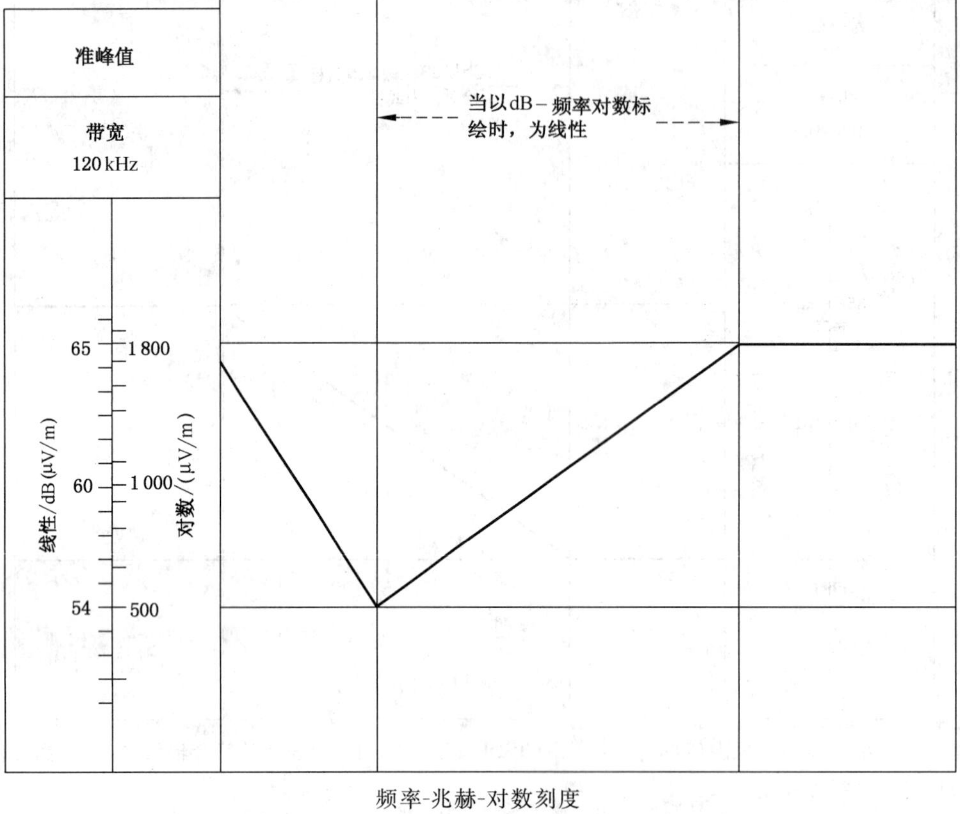

图 A.4　ESA 宽带基准限值

带宽	频率为f/MHz时限值L/[dB(μV/m)][a]		
	30 MHz ～75 MHz	75 MHz～400 MHz	400 MHz ～1 000 MHz
120 kHz	$L=34$	$L=34+15.13\lg(f/75)$	$L=45$

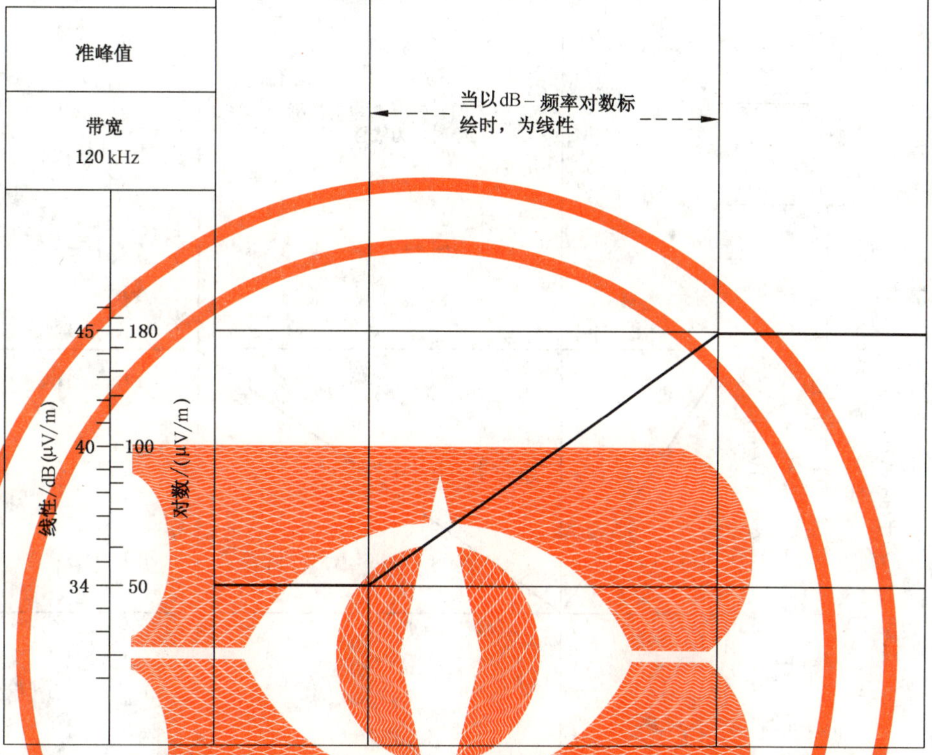

[a] 若测量结果超出上面的基准限值，应按照IEC/CISPR 25:2008 图1中表示符合辐射/传导骚扰所确定的方法对这些峰值进行分析和评估。

频率-兆赫-对数刻度

图 A.5 建设机械窄带基准限值(天线距离为 3 m)

带宽	频率为 f/MHz 时限值 L/[dB(μV/m)][a]		
	30 MHz ~75 MHz	75 MHz~400 MHz	400 MHz ~1 000 MHz
120 kHz	$L=54-25.13\lg(f/30)$	$L=44+15.13\lg(f/75)$	$L=55$

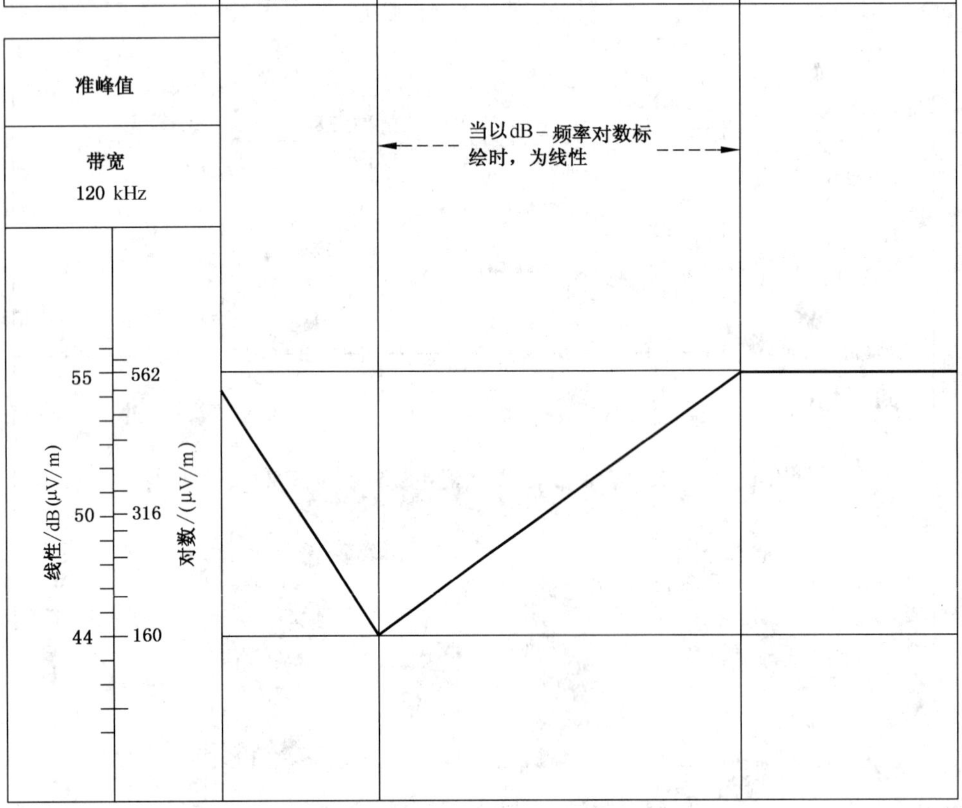

[a] 若测量结果超出上面的基准限值，应按照 IEC/CISPR 25:2008 图 1 中表示符合辐射/传导骚扰所确定的方法对这些峰值进行分析和评估。

频率-兆赫-对数刻度

图 A.6 ESA 窄带基准限值

附 录 B
（规范性附录）
建设机械辐射的宽带电磁发射测量方法

B.1 通则

B.1.1 适用范围

本附录所描述的试验方法应仅适用于建设机械整机。

B.1.2 测量仪器

测量设备应符合 GB/T 6113.101—2008 的要求。

准峰值检波器应用于本附录宽带电磁发射测量，如果用峰值检波器，依据脉冲率选择适当的修正参数(见 B.6 和 GB 14023—2011)。

B.1.3 测量方法

本试验用于测量宽带发射。

允许两种可选择的基准天线距离：

——距建设机械 3 m 或 10 m。

——任一种情况都应符合 B.3 的要求。

B.2 测量结果

对于 120 kHz 带宽测量结果应以 dB(μV/m) (μV/m)表示。如果测量仪器的实际带宽 B(以 kHz 表示)不同于 120 kHz，当读数是以 dB(μV/m)给出时，应通过加 20lg(120/B)换算；当以 μV/m 给出时，应通过乘以 120/B 换算。

B.3 测量地点

B.3.1 试验场地

试验场地应是一个以建设机械和天线间中点为圆心，最小半径为 30m 圆形场地内，没有电磁反射表面的开阔的、平坦的区域(见图 B.1)。

单位为米

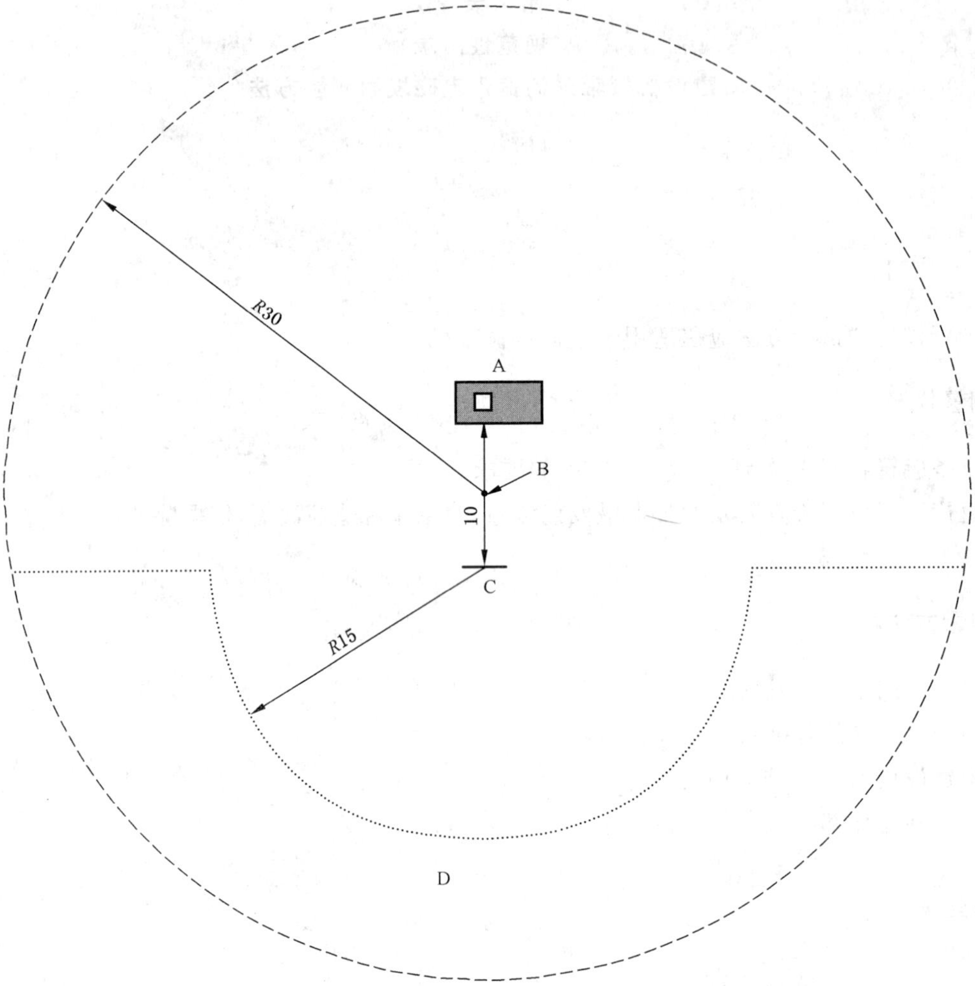

A——机械；

B——天线和机械之间空旷区域的中心；

C——天线；

D——测量装置允许的范围(房屋或车辆)。

注：空旷的水平区域，无电磁反射表面，引用 GB 14023—2011。

图 B.1 建设机械——试验区域

B.3.2 试验设备

测量设备，试验间装有测量设备的建设机械可安置在试验场内，但只限于如图 B.1 所示的允许范围内。只要可以证明试验结果不受影响，则允许其他测量天线位于距受试建设机械和接收天线至少 10 m 的试验区内。

B.3.3 封闭式试验设备

如果可以指出封闭式试验设备和户外场地之间的相互关系，则可以采用封闭式试验设备。除了建设机械到天线的距离和天线高度以外，封闭式试验设备不必满足 B.1 提出的尺寸要求。在试验前后都不需要对周围的发射进行 B.3.4 指出的检查。

B.3.4 周围环境

为确保没有对测量有本质影响的外部噪声或信号，应在主试验前、后测量。当进行测量时，如果周围存在建设机械，应该保证来自建设机械的发射不影响到周围环境测量，例如把建设机械从试验场移开、取下点火钥匙或断开电池连接。在这两项试验中，外部噪声或信号应至少比4.2.2中给出的干扰限值低10 dB(故意的窄带环境发射除外)。

B.4 试验期间建设机械状态

B.4.1 通则

在试验期间所有想要连续使用的宽带发射信号源都应是接通的。这可能是任何运行时间超过15 s的装置。如果建设机械是发动机驱动，则发动机应在正常工作温度下运行，变速器应处于空挡位置。应注意保证速度设置机构不影响电磁发射。在每一次的测量过程中，发动机应按表B.1操作：

表B.1 发动机操作方法选择

发动机类型	测量方法
	准峰值/峰值
火花点火	发动机速度
单缸	2 500 r/min±250 r/min
多缸	1 500 r/min±150 r/min
柴油机	标称速度×(1±10%)

B.4.2 试验场地外部环境

当建设机械上有降雨或其他降水或该降水停止后10 min之内不应进行试验。

B.5 天线的类型、地点和方位

B.5.1 天线类型

能被标准化为基准天线的任何天线均可使用。GB 14023—2011的附录A提供了校准天线的方法。

B.5.2 高度和测量距离

B.5.2.1 高度

B.5.2.1.1 10 m试验

天线的相位中心应高于建设机械所在平面(3.00±0.05)m。

B.5.2.1.2 3 m试验

天线的相位中心应高于建设机械所在平面(1.80±0.05)m。

B.5.2.1.3 天线位置

天线接收元件的任何部分距建设机械所在平面相距不得少于0.25 m。

B.5.2.2 试验距离

B.5.2.2.1 10 m试验

根据B.5.1描述的标准化过程中定义的天线的顶端或其它适当点到建设机械的外壳表面的水平距离应是(10.0±0.20)m。

B.5.2.2.2 3 m试验

以B.5.1描述的标准化过程中定义的天线的顶端或其它适当点与建设机械的外壳表面的水平距离应是(3.0±0.05)m。

B.5.2.2.3 天线位置

如果为无线电频率电磁屏蔽的目的而在封闭实验室进行试验，则天线的接收元件距离任何无线电吸收材料应不少于1 m，距离封闭试验室墙壁应不少于1.5 m。在接收天线与被测的建设机械之间不应有接收材料。

B.5.3 天线相对于建设机械的位置

天线应在建设机械的左手边和右手边连续摆放，平行于建设机械纵向对称面。

基准点的确定应作为建设机械特性并在试验报告中注明。(见图B.2的例子)

B.5.4 天线位置

在每一个测量点，都应对天线在水平和垂直极化读取数值(见图B.2)。

B.5.5 读数

依照B.5.3和B.5.4在每个频率点进行测量的4个读数值中最大值应作为在该测量频率点的特征值。

B.6 频率

测量应覆盖30 MHz～1 000 MHz频率范围。最小扫描时间符合GB 14023—2011的要求。

如果在试验期间限值超标，应进行调查以确保是机械的原因而不是背景辐射。

可用准峰值或峰值检波器测量。4.2给出了准峰值的限值。如果使用峰值检波器，对于1 MHz的带宽，加上38 dB，对于1 kHz的带宽，减去22 dB。

单位为米

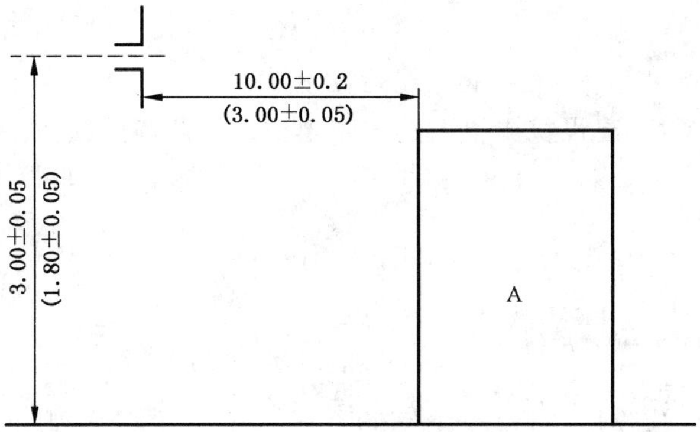

a） 测量辐射的垂直分量的偶极天线位置

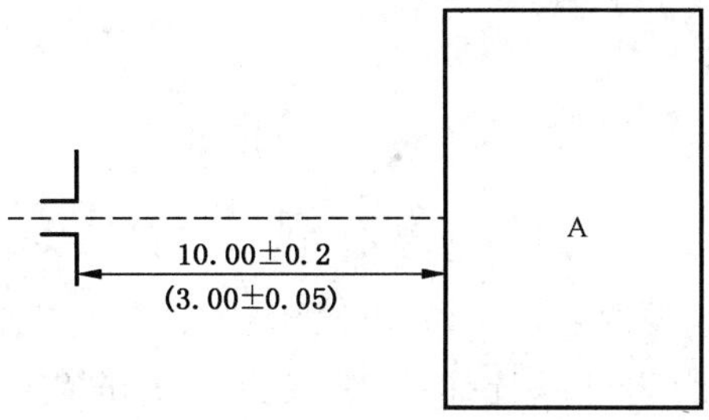

b） 测量辐射的水平分量的偶极天线位置

注：A——机械[a]。

[a] 确定机械特殊的参考点。

图 B.2 天线相对于建设机械的位置

附 录 C
（规范性附录）
建设机械辐射的窄带电磁发射测量方法

C.1 通则

C.1.1 适用范围

本附录描述的试验方法应仅用于建设机械整机。

C.1.2 测量仪器

测量设备应满足 GB/T 6113.101—2008 的要求。

用峰值或均值检波器测量窄带电磁发射。

C.1.3 试验方法

本试验用于测量窄带发射，这类发射来自微处理器系统或其他窄带源。

在试验过程中，有两种天线距离可以选择：距建设机械 3 m 或 10 m，两种情况都应满足 C.3 的要求。

C.2 测量结果

测量结果应以 dB(μV/m) 或(μV/m)表达。

C.3 测量地点

C.3.1 试验场地

试验场地应是开阔、没有电磁反射表面的平坦区域，以建设机械和天线间中点为圆心，最小半径 30 m 的圆形场地内(见图 B.1)。

C.3.2 测量设备

测量装置、试验间或装有测量装置的建设机械可以在试验场内，但只允许位于图 B.1 所示的范围内。只要可以证明试验结果不受影响，则其他测量天线允许在试验区域内，但距离接收天线和受试的建设机械至少 10 m。

C.3.3 封闭式试验设备

如果可以指出封闭式试验设备和户外场地的相互关系，则可以采用封闭式试验设备。除了建设机械到天线的距离和天线高度以外，封闭式试验设备可不满足 B.1 所提出的尺寸要求。在试验前、后都不需要对周围的发射进行 C.3.4 所提出的检查。

C.3.4 周围环境

为确保没有对测量有本质影响的外部噪声或信号，应在主试验前、后测量。如果进行测量时，周围存在建设机械，应该保证来自此建设机械的发射不会影响到周围环境测量，例如把建设机械从试验场地移开、取下点火钥匙或断开电池连接。在这两项试验中，外部噪声或信号应至少比4.3.2中给出的干扰限值低10 dB(故意的窄带环境发射除外)。

C.4 试验期间建设机械的状态

C.4.1 建设机械系统

建设机械静止，建设机械的电子系统在正常的工作模式下。

C.4.2 建设机械控制

点火或发动机运行控制应接通，但发动机不应运行。

C.4.3 试验场地外部环境

当建设机械上有降雨或其他降水或该降水停止后10 min内不应进行试验。

C.5 天线的类型、地点和方位

C.5.1 天线类型

能被标准化为基准天线的任何天线均可使用。GB 14023—2011的附录A提供了校准天线的方法。

C.5.2 测量的高度和距离

C.5.2.1 高度

C.5.2.1.1 10 m试验

天线的相位中心应高于建设机械所在平面(3.00±0.05)m。

C.5.2.1.2 3 m试验

天线的相位中心应高于建设机械所在平面(1.80±0.05)m。

C.5.2.1.3 天线位置

天线接收元件的任何部分距建设机械所在平面相距不得少于0.25 m。

C.5.2.2 测量距离

C.5.2.2.1 10 m试验

以C.5.1描述的标准化过程中定义的天线的顶端或其他适当点到建设机械的外壳表面的水平距离应是(10.0±0.20)m。

C.5.2.2.2 3 m试验

以C.5.1描述的标准化过程中定义的天线的顶端或其他适当点与建设机械的外壳表面的水平距离应是(3.0±0.05)m。

C.5.2.2.3 天线位置

如果为无线电频率电磁屏蔽的目的而在封闭实验室进行试验，则天线的接收元件距离任何无线电吸收材料应不少于1 m，距离封闭设备的墙壁应不少于1.5 m。在接收天线与受试建设机械之间不应有吸收材料。

C.5.3 天线相对于建设机械的位置

天线应在建设机械的左手边和右手边连续摆放，平行于建设机械纵向对称平面，与建设机械基准点成一直线（见B.5.3）。

C.5.4 天线位置

在每个测量点，都应对天线在水平和垂直极化读取数值（见图B.2）。

C.5.5 读数

依照C.5.3和C.5.4在每个频率点进行测量的四个读数的最大值应作为在该测量频率点的特征值。

C.6 频率

测量频率应覆盖30 MHz～1 000 MHz频率范围。最小扫描时间应符合GB 14023—2011的要求。

如果在试验期间限值超标，应进行调查以确保是机械的原因而不是背景辐射。

附 录 D
（规范性附录）
ESA 辐射的宽带电磁发射测量方法

D.1 通则

D.1.1 适用范围

本附录描述的试验方法适用于 ESA。

D.1.2 测量仪器

测量设备应符合 GB/T 6113.101—2008 的要求。

准峰值检波器应用于本附录宽带电磁发射测量，如果使用峰值检波器，依据脉冲率选择适当的修正参数（见 GB 14023—2011）。

D.1.3 测量方法

本试验用于测量 ESA 宽带电磁发射。

D.2 测量结果

对于 120 kHz 带宽测量结果应以 dB(μV/m)（μV/m）表示。如果测量仪器的实际带宽 B（用 kHz 表示）不同于 120 kHz，读数应通过乘以系数换算成 120 kHz 带宽。

D.3 测量地点

D.3.1 试验场所

试验场所应满足 GB/T 6113.104—2008 要求（见图 D.1）。

单位为米

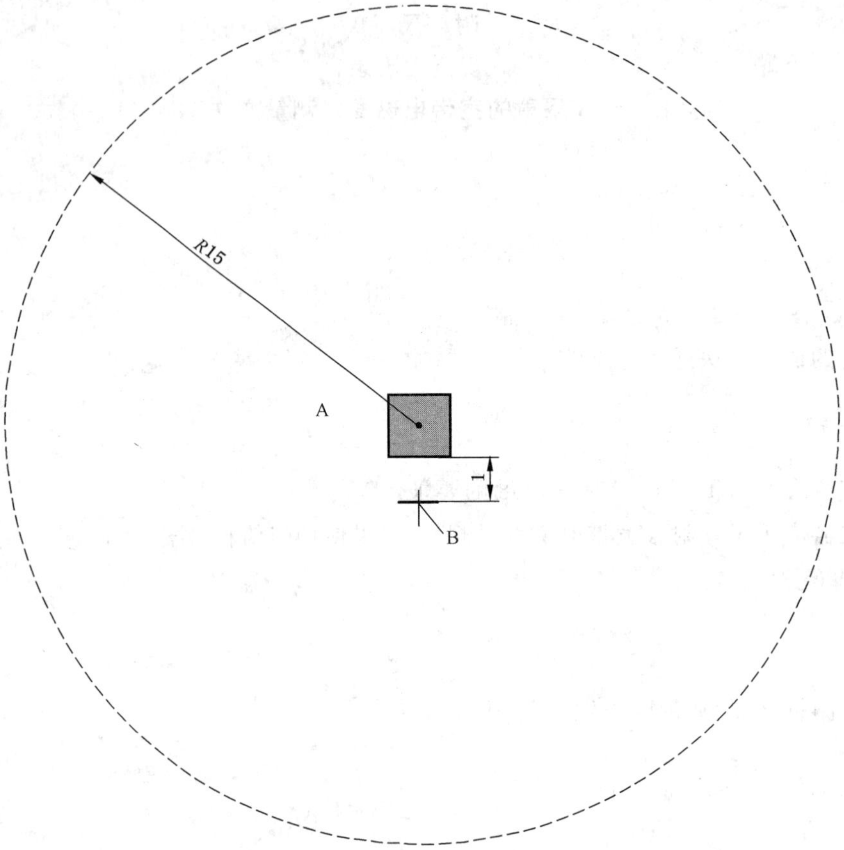

A——接地平面上的试验样品；

B——天线。

注：空旷的平坦区域，无电磁反射平面。引用 GB/T 6113.104—2008。

图 D.1　ESA 试验区域边界

D.3.2　测量设备

测量装置，试验间装有测量装置的建设机械应在图 D.1 的边界外。

D.3.3　封闭式试验设备

如果可以指出封闭式试验设备和户外场地的相互关系，则可以采用封闭式试验设备。除了受试的 ESA 到天线的距离和天线高度(见图 D.2 和 D.3)以外，封闭式试验设备不必满足图 D.1 的尺寸要求。

单位为毫米

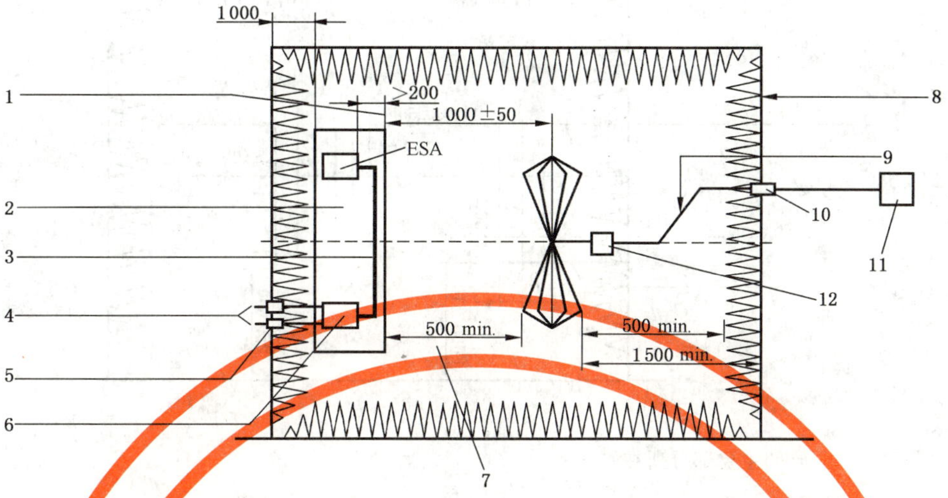

1——距天线轴或对数周期阵列最近的部件:(1 000±50)mm;

2——与墙连接的带接地平面的试验台;

3——试验线束长(1 500+75)mm,在接地平面之上 50^{+10}_{0} mm;

4——受试对象的供电;

5——馈入装置;

6——含 AN 的接线盒;

7——最近的辐射元件距接地平面边缘至少 500 mm;

8——屏蔽区;

9——双屏蔽同轴电缆;

10——馈入装置;

11——测量接收机;

12——靠近天线的天线匹配单元(需要的场合)。

图 D.2 ESA 宽带电磁发射——试验布置(普通平面视图)

单位为毫米

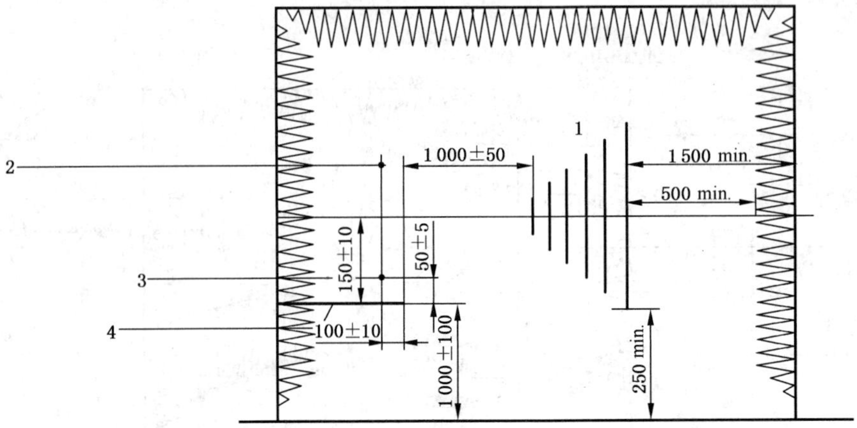

1——天线；

2——基准点和线束平放的主要部分所在平面；

3——基准点；

4——底板。

图 D.3　ESA 辐射的宽带电磁发射——试验台的纵向对称平面视图

D.3.4　周围环境

为确保没有对测量有本质影响的外部噪声或信号，应在主试验前、后测量。在这两项测量中，外部噪声或信号应至少比 4.5.2 给出的干扰限制值低 10 dB，故意的窄带环境发射除外。

D.4　试验期间 ESA 状态

D.4.1　工作模式

受试 ESA 应是正常工作模式。

D.4.2　试验环境

当 ESA 上有降雨或其他降水或该降水停止后 10 min 内不应进行试验。

D.4.3　ESA 安装

受试 ESA 及其配线[长(1 500±75)mm]应高于金属接地平面之上 50^{+10}_{0} mm，并用木头或其他等效的非导体支撑隔开。如果受试 ESA 的任何部分打算与金属车体有电气连接，则该部分应放置在接地平面上，并与接地平面进行电气连接。

接地平面应是厚度至少为 0.5 mm 的金属板。接地平面的最小尺寸由受试 ESA 的尺寸决定，但应考虑到 ESA 配线束和部件的分布。接地平面应与接地系统的保护导线连接。接地平面要应置于试验设备所在地板之上(1.0±0.1)m 的高度，并与试验设备平行。

受试 ESA 应按其要求布置和连接。电源线应沿靠近天线的接地平面边缘(100±10)mm 以内敷设。

受试 ESA 应按照制造商的安装规范连接到接地系统，不允许有附加的接地连接。

受试 ESA 与所有其他导体(例如屏蔽墙)之间最小距离应是 1.0 m(受试对象下面的接地平面/板除外)。

D.4.4 ESA 供电

受试 ESA 应由与接地平面有电气连接的 5 μH/50 Ω 人工网络供电。电源电压应保持在其标称电压的±10%范围内。任何纹波电压应小于在 AN 监测端口测得的标称系统工作的 1.5%。

D.4.5 多 ESA

如果受试 ESA 由多个单元组成，建设机械预定使用的配线束，用互连电缆应是理想的。如果这些不可行，则 ESA 与 AN 之间的最小长度为 1.5 m。

所有电缆树的端接应尽可能接近实际，最好接真实的负载和传动机构。如果受试 ESA 的正确工作需要外部机械，则其对于测得的发射所产生的影响应该进行校正。

D.5 天线的类型、地点和方位

D.5.1 天线类型

能被标准化为基准天线的任何线性极化天线均可使用。

D.5.2 测量的高度和距离

D.5.2.1 高度

天线的相位中心应高于接地平面(150±10)mm。

D.5.2.2 测量距离

从相位中心或天线的顶端到接地平面的水平距离应是(1.0±0.05)m。天线的任何部分与接地平面的距离不应小于 0.5 m。

天线应置于与接地平面垂直的平面平行，并与接地平面边缘重合，配线束主要部分沿该接地平面布置。

D.5.2.3 封闭式设备

如果为了无线电频率电磁屏蔽的目的而在封闭式实验室中进行实验，则天线的接收元件距离任何无线电吸收材料不少于 1 m，距离封闭式实验室的墙壁不少于 1.5 m。在天线与受试 ESA 之间不应有无线电吸收材料。

D.5.3 天线的方位与极化

在每个测量点，应读取天线水平和垂直极化两部分的读数。

D.5.4 读数

依照 D.5.3 在每个频率点测量的两个读数中的最大值应作为在该测量频率点的特征值。

D.6 频率

测量频率应覆盖 30 MHz～1 000 MHz 频率范围。最小扫描时间应符合 GB 14023—2011 的要求。如果在试验期间限值超标，应进行调查以确保是 ESA 的原因而不是背景辐射。

附 录 E
（规范性附录）
ESA 辐射的窄带电磁发射测量方法

E.1 通则

E.1.1 ESA 测量方法

本附录描述的试验方法适用于 ESA 试验。

E.1.2 测量仪器

测量设备应满足 GB/T 6113.101—2008 的要求。

根据本附录，应使用峰值检波器或均值检波器测量窄带电磁发射。

E.1.3 试验方法

本试验用于测量窄带电磁辐射。例如基于微处理器系统的窄带电磁发射。

E.2 测量结果

测量结果以 dB(μV/m) (μV/m)表达。

E.3 测量地点

E.3.1 试验场地说明

试验场地应满足 GB/T 6113.104—2008 的要求，见图 D.1。

E.3.2 测量设备

测量装置，试验间装有测量设备的建设机械应位于图 D.1 所示的边界外。

E.3.3 封闭式试验设备

如果可以指出封闭式试验设备和户外场地之间的相互关系，则可以采用封闭式试验设备。除了受试 ESA 到天线的距离和天线高度（见图 D.2 和 D.3）以外，封闭式试验设备不必满足图 D.1 的尺寸要求。

E.3.4 周围环境

为确保没有对测量有本质影响的外部噪声或信号，应在主试验前、后测量。在这两项测量中，外部噪声或信号应比 4.6.2 给出的干扰限制值至少低 10 dB，故意的窄带环境发射除外。

E.4 试验期间 ESA 状态

E.4.1 工作模式

受试 ESA 应在正常工作模式。

E.4.2 试验环境

当 ESA 上有降雨或其他降水或该降水停止后 10 min 内不应进行试验。

E.4.3 ESA 安装

受试 ESA 和其配线应高于金属接地平面之上 50^{+10}_{0} mm,并用木头或其他等效的非导体支撑隔开。如果受试 ESA 的任何部分打算与金属车体有电气连接,则该部分应放置在接地平面上,并与接地平面进行电气连接。

接地平面应至少是 0.5 mm 厚的金属板。接地平面的最小尺寸由受试 ESA 尺寸决定,但应考虑到 ESA 配线束和部件的分布。接地平面应与接地系统的保护导线连接。接地平面要放置在高于试验设备所在地板(1.0±0.1)m 的高度,并与之平行。

受试 ESA 应按其要求布置和连接。电源线应沿靠近天线,距接地平面边缘(100±10)mm 以内敷设。

受试 ESA 应按照制造商的安装规范连接到接地系统,不允许有附加的接地连接。

受试 ESA 与其他导体(例如屏蔽墙)之间最小距离应是 1.0 m(受试对象下面的接地平面/板除外)。

E.4.4 ESA 供电

受试 ESA 应由与接地平面有电气连接的 5 μH/50 Ω 人工网络供电。电源电压应保持在其标称电压的±10%范围内。任何纹波电压应小于在 AN 监测端口测得的标称系统工作的 1.5%。

E.4.5 多 ESA

如果受试 ESA 由多个单元组成,建设机械预定使用的配线束,用互连电缆应是理想的。如果这些不可行,则 ESA 与 AN 之间的最小距离为 1.5 m。

所有电缆树的端接应尽可能接近实际,最好接真实的负载和传动机构。如果受试 ESA 的正确工作需要外部机械,则其对于测得的发射所产生的影响应该进行校正。

E.5 天线的类型、地点和方位

E.5.1 天线类型

能被标准化为基准天线的任何线性极化天线均可使用。

E.5.2 测量的高度和距离

E.5.2.1 高度

天线的相位中心应高于接地平面(150±10)mm。

E.5.2.2 试验距离

从相位中心或天线的顶端到接地平面的水平距离应是(1.0±0.05)m。天线的任何部分与接地平面的距离不应小于 0.5 m。

天线应置于与接地平面垂直的平面平行,并与接地平面边缘重合,配线束主要部分沿该接地平面布置。

E.5.2.3 封闭式设备

如果为了无线电频率电磁屏蔽的目的而在封闭式设备中进行试验，则天线的接收元件距离任何无线电吸收材料不少于1 m，距离封闭式设备的墙壁不少于1.5 m。在天线与受试ESA之间不应有无线电吸收材料。

E.5.3 天线的方位与极化

在每一个测量点，应读取天线水平和垂直极化两部分读数。

E.5.4 读数

依照D.5.3在每个频率点测量的两个读数中的最大值应作为在该测量频率点的特征值。

E.6 频率

测量频率应覆盖30 MHz～1 000 MHz频率范围。最小扫描时间应符合GB 14023—2011的要求。如果在试验期间限值超标，应进行调查以确保是ESA的原因而不是背景辐射。

附 录 F
（资料性附录）
试验样品配置选择指南

F.1 通则

由于在建设机械中存在多种电气/电子变量，建设机械或 ESA 测试样品的选择应基于对建设机械及其使用环境可能产生影响的最重要的发射和抗扰度条件的评估。为减少用于试验的建设机械或 ESA 配置，本附录的信息将有助于本标准的用户选择最佳的试验配置。

F.2 考虑的准则

F.2.1 窄带发射

应考虑以下的因素：

是否有频率高于 9 kHz 的窄带发射源（振荡器）（频率高于 9 kHz 的例子为微处理器时钟和脉冲宽度调制信号）。

F.2.2 宽带发射

是否有宽带发射源（宽带噪声源的例子是刮水器电动机和火花隙）。

它们是否是连续运行的。

F.2.3 抗扰度

系统性能的降低是否影响以下方面：

——操作者对建设机械的直接控制；

——发动机速度控制；

——控制系统；

——刹车系统；

——建设机械部件的运动；

——任何可产生危险的建设机械功能；

——可能误导操作者或靠近设备人员的任何建设机械的功能。

系统是否包括有源半导体装置（有源的半导体装置例子是晶体管和微处理器）。

装置的电源开关是直接还是经过继电器接触器。

如果操作者不能感知系统性能的降低，制造商应标识或说明机械的限值，例如最大速率的变化。

附 录 G
（规范性附录）
功能失效模式严重程度分类和试验电压严酷程度等级

G.1 通则

本附录规定了建设机械电子设备的功能状态分类和试验电压严酷程度等级。附加信息见GB/T 21437.2—2008 和 ISO 10605:2008。

使用本附录的概念并严格运用，使制造商和用户之间达到协调，应能制定出描述特定设备的功能状态要求的文件。本附录可用于特定设备在规定骚扰信号的影响下达到预期性能的陈述（见 G.3 和 G.5.3）。

零部件或系统应在实际环境条件，如整车环境下测试，以保证敏感系统在技术上和经济上的最优化设计。

G.2 功能失效模式严重程度分类系统的基本要素

失效模式严重程度分类一般以下列 3 个要素描述：

——功能状态分类：设备暴露于电磁环境之中和之后的工作状态；

——试验脉冲和方法：用于受试设备选定的试验脉冲和试验方法（本标准规定的）；

——试验脉冲严酷程度：基本脉冲参数的严酷程度等级的规范。

G.3 功能状态分类

下列分类用于全部装置或系统的功能状态：

——A 类：装置或系统在暴露于骚扰期间和之后，能执行其预先设计的所有功能。

——B 类：装置或系统在暴露于骚扰期间，能执行其预先设计的所有功能；然而，有一项或多项指标超出规定的偏差。所有功能在骚扰停止之后，自动恢复到正常范围内。存储功能应保持 A 类水平。

——C 类：装置或系统在暴露于骚扰期间，不执行其预先设计的一项或多项功能，但在骚扰停止之后能自动恢复正常工作。

——D 类：装置或系统在暴露于骚扰期间，不执行其预先设计的一项或多项功能，直到骚扰停止之后并通过简单的“操作或使用”动作使装置或系统复位之后才能自动恢复正常工作。

——E 类：装置或系统在暴露于骚扰期间和之后，不执行其预先设计的一项或多项功能，且如果不修理或不替换装置或系统，则不能恢复其工作。

G.4 ESD 试验建议试验严酷等级

表 G.1～表 G.7 提供试验严酷等级的示例：

表 G.1 部件试验——直接接触放电严酷等级示例

试验严酷等级	类型 1	类型 2	类型 3
L_{4i}	±8 kV	±8 kV	±15 kV
L_{3i}	±6 kV	±8 kV	±8 kV
L_{2i}	±4 kV	±4 kV	±6 kV
L_{1i}	±2 kV	±2 kV	±4 kV

表 G.2 部件试验——直接空气放电严酷等级示例

试验严酷等级	类型 1	类型 2	类型 3
L_{4i}	±15 kV	±15 kV	±25 kV
L_{3i}	±8 kV	±8 kV	±15 kV
L_{2i}	±4 kV	±6 kV	±8 kV
L_{1i}	±2 kV	±4 kV	±6 kV

表 G.3 部件试验——间接接触放电严酷等级示例

试验严酷等级	类型 1	类型 2	类型 3
L_{4i}	±8 kV	±15 kV	±20 kV
L_{3i}	±6 kV	±8 kV	±15 kV
L_{2i}	±4 kV	±4 kV	±8 kV
L_{1i}	±2 kV	±2 kV	±4 kV

表 G.4 整车试验——接触放电严酷等级示例(测试点仅车内可触及)

试验严酷等级	类型 1	类型 2	类型 3
L_{4i}	±6 kV	±8 kV	±8 kV
L_{3i}	±4 kV	±4 kV	±6 kV
L_{2i}	±2 kV	±2 kV	±2 kV
L_{1i}	不适用	不适用	不适用

表 G.5 整车试验——空气放电严酷等级示例(测试点仅车内可触及)

试验严酷等级	类型 1	类型 2	类型 3
L_{4i}	±8 kV	±15 kV	±15 kV
L_{3i}	±6 kV	±8 kV	±8 kV
L_{2i}	±4 kV	±4 kV	±6 kV
L_{1i}	±2 kV	±2 kV	±4 kV

表 G.6 整车试验——接触放电严酷等级示例(测试点仅车外可触及)

试验严酷等级	类型 1	类型 2	类型 3
L_{4i}	±6 kV	±8 kV	±8 kV
L_{3i}	±4 kV	±6 kV	±6 kV
L_{2i}	±2 kV	±2 kV	±4 kV
L_{1i}	不适用	不适用	±2 kV

表 G.7 整车试验——空气放电严酷等级示例(测试点仅车外可触及)

试验严酷等级	类型 1	类型 2	类型 3
L_{4i}	±15 kV	±15 kV	±25 kV
L_{3i}	±8 kV	±8 kV	±15 kV
L_{2i}	±4 kV	±6 kV	±8 kV
L_{1i}	±2 kV	±4 kV	±6 kV

G.5 瞬态传导的试验脉冲

G.5.1 试验脉冲严酷程度等级

建议的最低和最高严酷程度等级由表 G.8 和表 G.9 给定。其他试验等级可由车辆制造商和用户协商确定。

表 G.8　12 V 系统建议使用的试验等级

试验脉冲[a]	选择的试验等级[b]						
	试验等级 U_s[c] V				最少脉冲数或试验时间[f]	短脉冲循环时间或脉冲重复时间	
	Ⅰ	Ⅱ	Ⅳ 最低	Ⅳ 最高		最小	最大
1	[g]	[g]	−75	−100	5 000 个脉冲	0.5 s	5 s
2a	[g]	[g]	+37	+50	5 000 个脉冲	0.2 s	5 s
2b	[g]	[g]	+10	+10	10 个脉冲	0.5 s	5 s
3a	[g]	[g]	−112	−150	1 h	90 ms	100 ms
3b	[g]	[g]	+75	+100	1 h	90 ms	100 ms
4	[g]	[g]	−6	−7	1 个脉冲	[d]	[d]
5[e]	[g]	[g]	+65	+87	1 个脉冲	[d]	[d]

[a] 试验脉冲如 GB/T 21437.2—2008,5.6 所述。

[b] 车辆制造商和设备供应商协议值。

[c] 幅度为 GB/T 21437.2—2008,5.6 中每一试验脉冲所确定的 U_s 值。

[d] 由于试验脉冲的最小数为 1,因此未给出脉冲循环时间。当施加多个脉冲时,脉冲之间应允许 1 min 的最小延迟时间。

[e] 见 GB/T 21437.2—2008,5.6.5c)。试验等级反映发动机在额定转速下抛负载的情况。如果使用集中抛负载保护,则施加如 GB/T 21437.2—2008 图 12 确定的试验脉冲 5b 及使用 GB/T 21437.2—2008 表 10 中的值。

[f] 耐久性试验的脉冲数量或试验时间。

[g] 因为该等级在建设机械中不能确保足够的抗扰性,所以剔除等级Ⅰ和等级Ⅱ。

表 G.9　24 V 系统建议使用的试验等级

试验脉冲[a]	选择的试验等级[b]						
	试验等级 U_s[c] V				最少脉冲数或试验时间[f]	短脉冲循环时间或脉冲重复时间	
	Ⅰ	Ⅱ	Ⅳ 最低	Ⅳ 最高		最小	最大
1	[g]	[g]	−450	−600	5 000 个脉冲	0.5 s	5 s
2a	[g]	[g]	+37	+50	5 000 个脉冲	0.2 s	5 s
2b	[g]	[g]	+20	+20	10 个脉冲	0.5 s	5 s
3a	[g]	[g]	−150	−200	1 h	90 ms	100 ms
3b	[g]	[g]	+150	+200	1 h	90 ms	100 ms
4	[g]	[g]	−12	−16	1 个脉冲	[d]	[d]
5[e]	[g]	[g]	+23	+173	1 个脉冲	[d]	[d]

[a] 试验脉冲如 GB/T 21437.2—2008,5.6 所述。

[b] 车辆制造商和设备供应商协议值。

[c] 幅度为 GB/T 21437.2—2008,5.6 中每一试验脉冲所确定的 U_s 值。

[d] 由于试验脉冲的最小数为 1,因此未给出脉冲循环时间。当施加多个脉冲时,脉冲之间应允许 1 min 的最小延迟时间。

[e] 见 GB/T 21437.2—2008,5.6.5c)。试验等级反映发动机在额定转速下抛负载的情况。如果使用集中抛负载保护,则施加如 GB/T 21437.2—2008 图 12 确定的试验脉冲 5b 及使用 GB/T 21437.2—2008 表 10 中的值。

[f] 耐久性试验的脉冲数量或试验时间。

[g] 因为该等级在建设机械中不能确保足够的抗扰性,所以剔除等级Ⅰ和等级Ⅱ。

G.5.2 功能状态按试验脉冲严酷程度判定

制造商和用户应规定装置的功能状态分类(G.3)和试验脉冲严酷程度等级(G.5.1),明确装置的特定应用。

在真实条件下,如果试验脉冲传不到特定装置,即在车辆中工作的装置可以忽略。

C类功能缺损,对于在特定脉冲发生(例如启动期间的闪光器)时不必工作的装置是可接受的。

D类功能缺损,对于未引起用户抱怨或不便的故障的装置是可接受的。

E类功能缺损,主要用于试验报告的目的,除非在特殊环境下,通常是不可接受的。

G.5.3 结果的表达

下列示例说明如何以失效模式严重度分类表明装置的特性。

示例1:

表G.10显示所有在可应用的试验脉冲下装置的特性,以及暴露到所有试验严重度分类之后的功能状态。

表G.10 例1——12 V和24 V系统

试验脉冲	各试验等级下的功能状态(见A.4)				备注
	Ⅰ	Ⅱ	Ⅲ	Ⅳ	
1	不适用				装置与电池正极连接
2a	不适用				装置与电池正极连接
2b	不适用				装置与电池正极连接
3a	C	—	A	C	—
3b	—	—	B	C	—
4,等等	—	—	C	D	启动期间装置不需要起作用,等等

注:对于逐渐增加试验脉冲严酷程度进行装置试验的过程,如果同一个装置用于所有试验,应注意避免上述试验脉冲可能引起的累加效应。

示例2:

该示例说明用户如何表明对特殊装置的最低要求。表G.11和表G.12组成可能工程和购买要求的产品规范。

表G.11 例2——12 V系统

试验脉冲	试验等级 V	与A.4相符的 运行状态	脉冲最小数或 最小试验时间	备注
1	−75	C	5 000个脉冲	耐久试验
2a	+50	A	5 000个脉冲	耐久试验
2b	+10	A	10个脉冲	功能试验
3a	−112	C	1 h	耐久试验
3b	+75	C	3 h	耐久试验
4	—	—	—	不适用
5	—	—	—	不适用

表 G.12　例 2—24 V 系统

试验脉冲	试验等级 V	与 A.4 相符的 运行状态	脉冲最小数或 最小试验时间	备注
1	－150～－450	A	5 000 个脉冲	耐久试验
2a	＋50	A	5 000 个脉冲	耐久试验
2b	＋20	A	10 个脉冲	功能试验
3a	－35～－150	C	1 h	耐久试验
3b	＋35～＋150	C	3 h	耐久试验
4	—	—	—	不适用
5	—	—	—	不适用

ICS 13.030.40
Z 01

中华人民共和国国家标准

GB/T 28555—2012

废电器电子产品回收处理设备技术要求 制冷器具与阴极射线管显示设备回收处理设备

Technical requirements of treatment facilities for waste electrical and electronic products—Treatment facilities for refrigeration equipment and cathode ray tube (CRT) monitors

2012-06-29 发布　　2012-11-01 实施

中华人民共和国国家质量监督检验检疫总局
中国国家标准化管理委员会　发布

前　言

本标准按照 GB/T 1.1—2009 给出的规则起草。

本标准由全国电工电子产品与系统的环境标准化技术委员会(SAC/TC 297)提出并归口。

本标准起草单位:中国环境科学研究院、中国标准化研究院、中国科学院生态环境研究中心。

本标准起草人:徐成、林翎、赵丽娜、杨建新、吕彬。

本标准为首次发布。

废电器电子产品回收处理设备技术要求 制冷器具与阴极射线管显示设备回收处理设备

1 范围

本标准规定了用于废制冷器具与阴极射线管显示设备(CRT)拆解、处理以及再生利用设备的技术要求。

本标准适用于以下废电器电子产品的回收处理设备:房间空气调节器、电冰箱等制冷器具,计算机CRT显示设备和电视机等含阴极射线管(CRT)设备。

其他废电器电子产品的回收处理设备可参照本标准。

2 规范性引用文件

下列文件对于本文件的应用是必不可少的。凡是注日期的引用文件,仅注日期的版本适用于本文件。凡是不注日期的引用文件,其最新版本(包括所有的修改单)适用于本文件。

GB 150 钢制压力容器

GB/T 2828.1 计数抽样检验程序 第1部分:按接收质量限(AQL)检索的逐批检验抽样计划(GB/T 2828.1—2003,ISO 2859-1:1999,IDT)

GB/T 5171 小功率电动机通用技术条件

GB 5226.1 机械安全 机械电气设备 第1部分:通用技术条件

GB 9969.1 工业产品使用说明书 总则

GB/T 13306 标牌

GB 18452 破碎设备 安全要求

GB 18484 危险废物焚烧污染控制标准

GB 18597 危险废物贮存污染控制标准

GB/T 20861 废弃产品回收利用术语

GBZ 1 工业企业设计卫生标准

GBZ 2.1 工作场所有害因素职业接触限值 第1部分:化学有害因素

GBZ 2.2 工作场所有害因素职业接触限值 第2部分:物理因素

JBJ 14 机械行业节能设计规范

3 术语和定义

GB/T 20861 界定的以及下列术语和定义适用于本文件。

3.1

废电器电子产品 waste electrical and electronic products

产品的拥有者不再使用且失去其原使用价值的电器电子产品[包括构成其产品的所有元(器)件、零(部)件和耗材等]。

3.2

有毒有害物质　hazardous substance

废弃电器电子产品中含有的对人、动植物和环境等产生危害的物质或元素，包括铅(Pb)、汞(Hg)、镉(Cd)、六价铬(Cr^{6+})、多溴联苯(PBB)、多溴联苯醚(PBDE)(十溴二苯醚除外)、多氯联苯(PCB)，含有消耗臭氧层的物质以及国家规定的其他有毒有害物质。

3.3

再生利用　recycling

对废电器电子产品进行处理，使之能够作为原材料重新利用的过程，但不包括能量的回收和利用。

3.4

回收利用　recovery

对废电器电子产品进行处理，使之能够满足其原来的使用要求或用于其他用途的过程，包括对能量的回收和利用。

3.5

拆解　disassembly

通过人工或机械的方式将废电器电子产品进行拆卸、解体，以便于处理的活动。

3.6

处理　treatment

对废电器电子产品进行除污、拆解、破碎及再生利用的活动。

3.7

处置　disposal

废电器电子产品经处理后，产生的无法进一步再生利用的残余物，采用焚烧、填埋或其他改变废弃物的物理、化学、生物特性的方法，达到减量化或者消除其危害性的活动，或者将废物最终置于符合环境保护规定要求的场所或者设施的活动。

4　通用技术要求

4.1　总则

4.1.1　废电器电子产品回收处理设备设计、制造应综合考虑技术性能、资源回收、污染控制与安全等方面的要求。

4.2　材料及零部件

4.2.1　废电器电子产品回收处理设备选用的材料及零部件应符合相关标准要求。

4.2.2　贮存危险废物的容器材料应符合 GB 18597 的规定。

4.3　外观与结构

4.3.1　设备铭牌应置于醒目处，标牌图案、文字应清晰、正确。

4.3.2　零部件之间的联接结构和型式应合理，便于分体检修和安装。零部件应装配牢固，在承受工作振动和冲击的情况下，应具有足够的强度、刚性和稳定性。

4.3.3　液压管路、电器线路布置和走向应合理整齐，不应与运动零件发生碰撞、干涉和摩擦。

4.3.4　同型号设备的零部件应具有互换性。

4.4　整体性能要求

4.4.1　设备运行中产生的粉尘经除尘设备处理后应符合 GBZ 1 和 GBZ 2.2 的规定。

4.4.2　应按照 JBJ 14 等相关国家节能标准要求选用设备及其配套部件。

5　废制冷器具回收处理设备技术要求

5.1　分类

主要包括压缩机分离设备、制冷剂回收设备、发泡剂回收设备、破碎设备与分选设备等。

5.2　压缩机分离设备

设备应保证将压缩机和器具其他部分完全分离，而且不会造成制冷剂和润滑油的泄漏。

5.3　CFC 制冷剂回收设备

5.3.1　制冷剂回收设备应能快速、高效地回收制冷系统中的 CFC 制冷剂。

5.3.2　对不同种类的制冷剂，需使用相适应的或复合型回收设备。

5.3.3　制冷剂回收设备应设置过压保护装置。

5.3.4　制冷剂回收设备应设置制冷剂与压缩机油分离装置，以保证回收的制冷剂的质量。分离后压缩机油属于危险废物，其贮存和处置应符合 GB 18597 和 GB 18484 的规定。制冷剂贮存设备应符合 GB 150 的规定。

5.3.5　制冷剂回收设备在 48.8 ℃时胶管总成内表面渗透率应低于 3.9 g/(cm^2 · a)。

5.4　CFC 发泡剂回收设备

5.4.1　CFC 发泡剂回收设备应能在密闭负压条件下回收发泡剂，避免其排放到大气中。

5.4.2　CFC 发泡剂回收设备应能充分破碎绝热层泡沫，并进行搅拌挤压，同时使其运行温度高于发泡剂沸点，并保持一定时间，以使包裹和吸附在绝热层泡沫中的发泡剂充分释放。

5.4.3　应在 CFC 发泡剂与空气混合气体储气罐前端设置除尘器，以防绝热层泡沫颗粒进入。

5.5　破碎设备

5.5.1　制冷器具回收利用的破碎设备主要包括压缩式或冲击式粉碎设备、剪切式粉碎设备、研磨式粉碎设备等。

5.5.2　破碎设备应具有剪切和撕碎等破碎功能、防缠绕功能、自动反转功能、自动排堵等功能。

5.5.3　破碎设备应设有防爆安全运行装置。破碎设备的安全应符合 GB 18452 的规定。

5.6　分选设备

5.6.1　分选设备主要包括磁力分选设备、重力分选设备、电力分选设备等。

5.6.2　磁力分选设备应具备磁场分布均匀、吸力强，整机能耗低，性能稳定、可靠的特征。磁力分选效率应大于 95%。

5.6.3　重力分选效率应大于 90%。

5.6.4　电力分选设备应设置电气防护设备，其分选效率应大于 90%。

6　废 CRT 显示设备回收处理设备技术要求

6.1　分类

废 CRT 回收处理设备应包括泄真空设备、屏锥分离设备、玻璃涂层回收处理设备等。

6.2 泄真空设备

6.2.1 可使用敲击电子枪、撬下阳极帽或采用电钻等工具在玻壳上钻眼等方法完成。
6.2.2 泄真空设备应安装安全防护装置，以避免玻璃爆裂对操作人员造成伤害。

6.3 屏锥分离设备

6.3.1 屏锥分离设备应能较完整的分离CRT屏玻璃与锥玻璃，并将其分别处理。
6.3.2 屏锥分离设备可分为干法和湿法两种工艺类型。

a) 干法分离设备应安装防护罩，以避免玻璃碎屑迸溅，若采用机械切割分离法，应配备粉尘收集处理装置和采取噪声控制措施。若采用电热丝切割分离设备，应设置绝缘保护装置；若采用激光分离设备或红外线分离设备，应设置操作人员视力保护装置。在分离设备的后端应设置吸除屏玻璃荧光粉装置。

b) 湿法分离设备应设置废液收集、处理设施和回用设施，使经处理的废液达到相关国家标准要求后回用或排放。

6.3.3 分离设备应保证屏玻璃和锥玻璃的分离效果，使混入屏玻璃中的锥玻璃不应高于锥玻璃总重量的10%。

6.4 玻璃涂层回收处理设备

6.4.1 分离后的锥玻璃应进行适当破碎以便于后续的涂层清洗和回收工艺。
6.4.2 玻璃涂层回收处理设备应能将荧光粉与屏玻璃分离，并将石墨涂层与锥玻璃分离，荧光粉和石墨应进行收集、处理。
6.4.3 玻璃涂层回收可分为干法和湿法两种工艺类型。

a) 干法回收设备应设置高效的负压除尘设备，应在排气口处安装粉尘收集、处理装置，并妥善收集荧光粉，以避免荧光粉及玻璃粉尘排放产生大气污染。

b) 湿法回收设备应设置废水收集、处理和回用装置，使经处理的废水达到相关国家标准要求后排放。含有荧光粉或石墨的污泥应进行无害化处理。

7 安全要求

7.1 电控设备应符合GB/T 5171、GB 5226.1中的相关规定，并应设有电流、电压保护和信号报警装置。
7.2 设备电气绝缘性应可靠，机体带电部件与外壳绝缘电阻值应不小于2 MΩ，电机外壳应接地。
7.3 废电器电子产品回收处理设备应具有机械和电气双重过载自动保护的功能。
7.4 密闭容器应有满量或紧急状态报警装置，同时在紧急状态下应有自动安全释放装置。

8 试验方法与检验规则

8.1 试验方法

8.1.1 生产试验样机必须进行生产试验，生产试验应达到如下要求：

a) 连续工作时间不应少于200 h。

b) 200 h内无机械性故障出现，并达到技术要求的规定。

8.1.2 电控系统的检验按GB 5226.1的规定进行。

8.2 检验规则

8.2.1 回收处理设备必须经检验合格后方能出厂，出厂时应附有产品质量合格的文件。

8.2.2 回收处理设备的检验分出厂检验和型式检验。

8.2.3 出厂检验项目为本标准要求的第4～6章。

8.2.4 型式检验项目为本标准要求的全部内容，有下列情况之一时，应进行型式检验：

a) 新产品定型鉴定时；
b) 当结构、工艺、材质等发生较大改变，可能影响产品的性能时；
c) 停产半年以上恢复生产时；
d) 正常生产每年一次；
e) 出厂检验结果与上次型式检验结果有较大差异时；
f) 质量技术监督部门提出型式检验的要求时。

8.2.5 型式检验的样品应从出厂检验合格的产品中抽取，抽样规则应按照 GB/T 2828.1 进行。检验结果中如有一项指标不符合本标准的要求，允许自同批产品中重新抽取双倍量样品复检一次，复检如仍不合格，则判该批产品为不合格品。

9 标志、标签及使用说明

9.1 标志、标签

每台设备应在明显部位固定铭牌，铭牌应符合 GB/T 13306 的规定，并标明下列内容：

a) 产品名称；
b) 产品型号；
c) 主要技术参数；
d) 整机质量；
e) 外形尺寸；
f) 出厂日期；
g) 出厂编号；
h) 商标或设备制造商名称。

9.2 使用说明书

每台主要设备应配备使用说明书，并应符合 GB 9969.1 的规定。

ICS 29.260.20
K 35

中华人民共和国国家标准

GB/T 28556—2012

煤矿通风机用隔爆兼本质安全型变频调速控制器

Flameproof and intrinsically safe controller with frequency converter for coalmine ventilation fan

2012-06-29 发布　　2012-11-01 实施

中华人民共和国国家质量监督检验检疫总局
中国国家标准化管理委员会　发布

前　言

本标准按照 GB/T 1.1—2009 给出的规则起草。

本标准的技术内容参考《煤矿安全规程》以及 GB 3836《爆炸性环境》系列标准制定。

本标准由中国电器工业协会提出。

本标准由全国防爆电气设备标准化技术委员会(SAC/TC 9)归口。

本标准由荣信电力电子股份有限公司负责起草,南阳防爆电气研究所、国家防爆电气产品质量监督检验中心、煤科总院抚顺分院、阳泉煤业集团有限公司、河南省济源市矿用电器有限责任公司参加起草。

本标准主要起草人:杨贵发、张凡勇。

本标准参与起草人:陈在学、张福喜、仲丽云、孙景富、赵长春、刘继勇、王善海。

煤矿通风机用隔爆兼本质安全型变频调速控制器

1 范围

本标准规定了Ⅰ类煤矿通风机用隔爆兼本质安全型变频调速控制器的术语和定义、型式和基本参数、技术要求、试验方法、检验规则以及标志、包装、运输、贮存等要求。

本标准适用于Ⅰ类煤矿通风机用隔爆兼本质安全型变频调速控制器(以下简称变频调速控制器)。

2 规范性引用文件

下列文件对于本文件的应用是必不可少的。凡是注日期的引用文件,仅注日期的版本适用于本文件。凡是不注日期的引用文件,其最新版本(包括所有的修改单)适用于本文件。

GB/T 1408.1—2006 绝缘材料电气强度试验方法 第1部分:工频下试验(IEC 60243-1:1998,IDT)

GB/T 2423.4—2008 电工电子产品环境试验 第2部分:试验方法 试验Db:交变湿热(12 h+12 h循环)(IEC 60068-2-30:2005,IDT)

GB/T 2900.35—2008 电工术语 爆炸性环境用设备(IEC 60050-426:2008,IDT)

GB 3836.1—2010 爆炸性环境 第1部分:设备 通用要求(IEC 60079-0:2007,MOD)

GB 3836.2—2010 爆炸性环境 第2部分:由隔爆外壳"d"保护的设备(IEC 60079-1:2007,MOD)

GB 3836.3—2010 爆炸性环境 第3部分:由增安型"e"保护的设备(IEC 60079-7:2006,MOD)

GB 3836.4—2010 爆炸性环境 第4部分:由本质安全型"i"保护的设备(IEC 60079-11:2006,MOD)

GB/T 3859.1—1993 半导体变流器 基本要求的规定(eqv IEC 60146-1-1:1991)

GB 4208—2008 外壳防护等级(IP代码)(IEC 60529:2001,IDT)

GB/T 6388—1986 运输包装收发货标志

GB/T 12668.2—2002 调速电气传动系统 第2部分:一般要求 低压交流变频电气传动系统额定值的规定(IEC 61800-2:1998,IDT)

GB 12668.3—2003 调速电气传动系统 第3部分:产品的电磁兼容性标准及其特定的试验方法(IEC 61800-3:1996,IDT)

GB/T14549—1993 电能质量 公用电网谐波

2010年3月国家安全生产监督管理总局令第29号煤矿安全规程

国家质量监督检验检疫总局2011年第10号公告 防爆电气产品生产许可实施细则

3 术语和定义

GB/T 2900.35—2008界定的以及下列术语和定义适用于本文件。

3.1

爆炸性气体环境　explosive gas atmosphere

在大气条件下，气体、蒸气或薄雾状的可燃物质与空气形成混合物，点燃后传至全部未燃混合物的环境。

3.2

通风机　ventilation fan

依靠输入的机械能，提高气体压力并排送气体的机械，它是一种从动的流体机械。

3.3

煤矿通风机用隔爆兼本质安全型变频调速控制器　flameproof and intrinsically safe controller with frequency converter for coalmine ventilation fan

根据煤矿井下瓦斯浓度大小的实时变化，用变频调速来控制通风机风量的双象限控制装置。

3.4

变流器　converters

由一个或多个开关器件和相关的元器件，与变压器、滤波器、换相辅助器件、控制器、保护和辅助部件(若有)组成的，用于改变电流一个或多个特性的电力变换用的工作单元。

3.5

变频器　frequency converter

用于改变电流频率的变流器。

3.6

整流　rectifier

用可控或不可控方式将交流变换成直流的变流器。

3.7

逆变器　inverter

将直流变换成交流的变流器。

3.8

脉宽调制(PWM)　pulse width modulation

使输出电压/电流脉冲幅值固定、改变脉冲持续时间的操作。

3.9

双象限运行　two quadrant operation

电机作为电动机，可有两个方向旋转的变流器运行方式，它包括在一象限和三象限运行(见图1)。

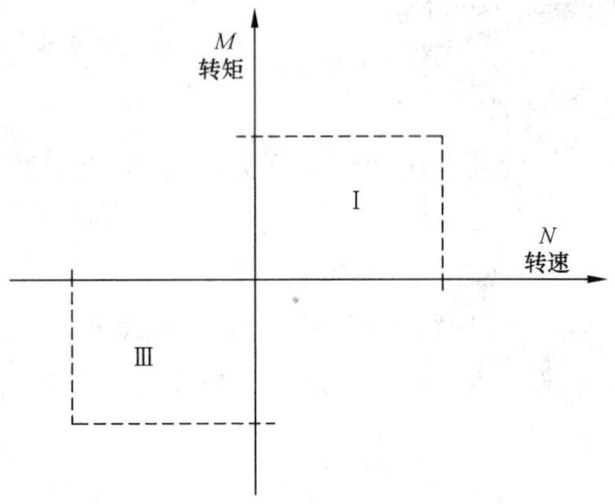

图1　运动象限

3.10

频率分辨率　frequency resolution

在输出频率范围内升频或降频时，识别增加或减小的最小频率值的能力。

3.11

电源额定电压　rated voltage of power

变频调速控制器阀侧交流端子处额定输入线电压的有效值，该值指定为变频调速控制器额定值的基础。

3.12

电源额定输入电流　rated power input current

额定条件下变频调速控制器阀侧最大电流的有效值，其中考虑了额定负载以及在规定范围内所有其他条件的最不利的组合，如电网电压和电网频率的偏差。

3.13

电源额定频率　rated power frequency

电源电压的频率（Hz）。

3.14

输出频率范围　frequency output range

变频调速控制器可控制输出的基波频率范围。

3.15

额定输出电压　rated power output voltage

变频调速控制器负载侧交流端子处基波电压的有效值。

注：这个变频调速控制器负载侧端子处的电压，未必就是电动机的基波电压。

3.16

额定输出电流　rated output current

在规定的工作条件下，能够连续供给而不会超过规定限值额总输出电流有效值。

3.17

自控通风运行模式　automatic ventilated model

变频调速控制器设定为自动运行模式，当掘进巷道全风压汇合风流处瓦斯浓度不超过设定值时，变频器调速控制器的运行模式。

注：自控通风状态下，变频调速控制器依据工作面瓦斯浓度自动调节通风机电机转速，从而改变通风机输出风量，起到节能通风的作用。

3.18

自控排放瓦斯运行模式　automatic gas elimination model

变频调速控制器设定为自动运行模式，当掘进巷道全风压汇合风流处瓦斯浓度超过设定值时，变频器调速控制器的运行模式。

注：自控排放瓦斯状态下，变频调速控制器依据全风压汇合风流处瓦斯浓度自动调节通风机电机转速，从而改变通风机输出风量，起到安全排放瓦斯的作用。

3.19

手动频率运行模式　manual frequency operation model

变频调速控制器设定为手动运行模式，按设定的输出频率值运行而不受瓦斯浓度控制的运行模式。

4　基本参数

4.1　电源参数

电源参数包括：

——电源额定电压；
——电源额定电流；
——电源额定频率。

注：应符合 GB/T 12668.2—2002 中第 5 章的规定。

4.2 输出参数

输出参数包括：
——输出电压；
——输出电流；
——额定功率；
——输出频率；
——载波频率。

注：应符合 GB/T 12668.2—2002 中第 5 章的规定。

5 技术要求

5.1 基本要求

5.1.1 变频调速控制器应符合 GB/T 12668.2—2002、GB/T 3859.1—1993、GB 3836.1—2010、GB 3836.2—2010 和 GB 3836.4—2010 规定。
5.1.2 变频调速控制器应符合本标准的规定，变频调速控制器的组成元件参见附录 A（包括隔爆外壳、变频单元、散热器、控制单元及所有电气元件），除应满足本标准规定外，还应符合各自相关标准的规定。
5.1.3 依据 GB 3836.1—2010 附录 D 规定，对变频调速控制器按照经国家授权的检验机构审批的图样和技术文件制造，同时应取得该机构颁发的“防爆合格证”后，方可投入生产。
5.1.4 防爆标志为 Exd[ib]I。

5.2 环境条件（正常工作条件）

环境条件包括：
——环境温度－20 ℃～＋40 ℃；
——海拔高度不超过 2 000 m；
——周围环境相对湿度≤95%（＋25 ℃时）；
——无破坏绝缘材料及金属的气体环境中；
——无淋水、积水的地方；
——无显著摇动与冲击震动的地方；
——与水平面的安装倾斜度不超过 15°；
——大气压力 80 kPa～110 kPa；
——安装类别：Ⅲ类；
——污染等级：3 级。

5.3 结构和防爆要求

5.3.1 外壳结构

5.3.1.1 外壳应具有足够的结构强度，承受 1 MPa 水压，加压时间为 10 s，无结构损坏或可能影响隔爆性能的永久性变形。

5.3.1.2 外壳应采用钢板制成。外壳应由隔爆型主腔和隔爆型接线腔组成，并应具有使用中便于移动和固定的拖架。

5.3.1.3 外壳隔爆结合面的结构要求应符合 GB 3836.2—2010 第 5 章、第 10 章规定。

5.3.1.4 外壳的接线腔应有足够的空间，以便于将外部导体经引入装置引至接线端子上。引入装置和接线端子应预留足够的备用数量，引入装置应符合 GB 3836.2—2010 的规定。

5.3.1.5 外壳观察窗的透明件结构及耐冲击要求应符合 GB 3836.2—2010 第 9 章和 GB 3836.1—2010 的规定。

5.3.1.6 变频调速控制器的内外保护接地端子应符合 GB 3836.1—2010 第 15 章的规定。保护接地端子应有防锈措施并装配完整，有清晰耐久的接地符号。

5.3.2 防爆措施

变频调速控制器采用隔爆型与本质安全型复合的防爆型式，其中，外壳及接线腔采用隔爆型，向甲烷浓度传感器供电的电源采用本质安全型，本质安全型电源置于隔爆外壳内。

5.3.3 防护等级

变频调速控制器外壳的防护等级不应低于 IP54。

5.3.4 警告标识

变频调速控制器外壳明显处应设有“严禁带电开盖”和“断电××分钟后开盖”字样的警告牌。

5.3.5 最高表面温度

变频调速控制器在允许的最不利条件下运行时，其外壳的最高表面温度不应超过 150 ℃。

5.3.6 本质安全要求

5.3.6.1 电气间隙和爬电距离

本质安全电路的电气间隙和爬电距离应符 GB 3836.4—2010 中表 5 规定。

5.3.6.2 电源变压器

5.3.6.2.1 变频调速控制器中的电源变压器应符合 GB 3836.4—2010 中第 8 章的规定。

5.3.6.2.2 变压器结构应符合 GB 3836.4—2010 中第 8 章的规定。

5.3.6.3 接线端子之间的距离

接线腔内本质安全电路接线端子与非本质安全电路接线端子的距离应不小于 50 mm。本质安全电路接线端子与接地端子及外壳之间的距离应不小于 6 mm。

5.3.6.4 本质安全电路配线

本质安全电路采用蓝色导线，并且蓝色导线应单独捆扎，非本质安全电路不能用蓝色导线；本质安全电路接线端子旁标注“ib”字样。

5.3.6.5 本质安全电路输出参数

本质安全电路输出参数包括：

——U_o：最高输出电压；

——I_o：最大输出电流；
——C_o：最大外部电容；
——L_o：最大外部电感。

5.3.7 电气间隙和爬电距离

5.3.7.1 电气间隙

5.3.7.1.1 主腔内的电气间隙

变频调速控制器按污染等级3级、额定电压或工作电压及材料组别所确定的最小电气间隙见表1。

表1 主腔内的爬电距离

额定电压或工作电压 (交流有效值或直流) V	爬电距离 mm			最小电气间隙 mm
	Ⅰ	Ⅱ	Ⅲ	
U_i≤15	1.6	1.6	1.6	1.6
15<U_i≤30	1.8	1.8	1.8	1.8
30<U_i≤60	2.1	2.6	3.4	2.1
60<U_i≤110	2.5	3.2	4	2.5
110<U_i≤175	3.2	4	5	3.2
175<U_i≤275	5	6.3	8	5
275<U_i≤420	8	10	12.5	6
420<U_i≤550	10	12.5	16	8
550<U_i≤750	12	16	20	10
750<U_i≤1 100	20	25	32	14
1 100<U_i≤2 200	32	36	40	30
2 200<U_i≤3 300	40	45	50	36
3 300<U_i≤4 200	50	56	63	44
4 200<U_i≤5 500	63	71	80	50
5 500<U_i≤6 600	80	90	100	60
6 600<U_i≤8 300	100	110	125	80
8 300<U_i≤11 000	125	140	160	100
注：Ⅰ类电气设备额定电压1 140的最小爬电距离和最小电气间隙可用线性内插法计算。				

5.3.7.1.2 接线腔内的电气间隙

变频调速控制器接线腔内的电气间隙应符合GB 3836.3—2010第4章的规定。

5.3.7.2 爬电距离

5.3.7.2.1 变频调速控制器主腔按污染等级3级、额定电压或工作电压及材料组别所确定的爬电距离应大于或等于表1的规定。

5.3.7.2.2 变频调速控制器接线腔内的爬电距离应符合 GB 3836.3—2010 第 4 章的规定。

5.4 电气性能要求

5.4.1 轻载特性

应符合 GB/T 12668.2—2002 中 7.4.2.1 的规定。为了证明变频调速控制器功能是正常的，要求选用适当的电动机做负载。

在轻载条件下，变频调速控制器应正常运行，测试控制系统的所有功能都应正常。

注：负载为被传动设备，或为了试验负载可以是被传动设备的模拟装置。

5.4.2 过载能力

应符合 GB/T 12668.2—2002 中 5.2.2 的规定。

5.4.3 温升

运行在额定负载下，变频调速控制器内部各关键部位及与外部导线连接的接线端子的温升，应符合 GB/T 3859.1—1993 的规定。但不得超过表 2 和表 3 的数值。温升试验进行到所有温度都稳定为止。

表 2 变频调速控制器内部关键部位的极限温升

测试部位	温升极限 K
腔体	65
IGBT 散热基面	40
整流桥散热片	40
腔内导线	50
控制变压器	50
注：表中的极限温升按环境温度 40 ℃考虑，对于环境温度低于 40 ℃的使用条件，温升极限可以在各部件允许温度的范围内相应调整。	

表 3 与外部导线连接接线端子的极限温升

序号	端子材料	极限温升 K
1	黄铜	60
2	裸黄铜	65
3	铜或黄铜镀锡	65
4	铜或黄铜镀银或镀镍	70
注 1：序号 4 接线端子温升极限 70 K，主要由外接聚氯乙烯(PVC)电缆或导线所决定，实际使用的连接导线不应明显不同于试验连接电缆或导线，否则会导致较高的温升。 注 2：不同于本标准试验规定得出的不同温升，可由产品标准规定，但不超过本表系列值 10 K。		

5.4.4 绝缘性能及工频耐压要求

变频调速控制器的绝缘性能和工频耐压试验应符合表 4 的规定。工频耐压试验历时 1 min,无击穿无闪络现象,漏电电流不大于 5 mA。

表 4 变频调速控制器的绝缘性能和工频耐压要求

测量部位	绝缘电阻 MΩ		工频耐压试验 V
	常态	湿热试验后	
660 V 输入、输出主回路接线柱之间及与地之间	>50	≥1.5	3 000
1 140 V 输入、输出主回路接线柱之间及与地之间	>50	≥2.5	4 200
60 V 以下输入、输出主回路接线柱之间及与地之间	>50	≥1.5	2 000
电源变压器输入与输出绕组之间	>50	≥1.5	$4U_n$ 或 2 500,取较大值
电源变压器全部绕组与铁芯或屏蔽层之间	>50	≥1.5	$2U_n$ 或 1 000,取较大值
本质安全电路端子与非本质安全电路端子之间	≥20	≥1	$2U_n$+1 000 或 1 500,取较大值
本质安全电路接线端子之间及对外壳之间	≥2	≥0.5	500

5.4.5 交变湿热

湿热试验符合 GB/T 2423.4—2008 和 GB/T 1408.1—2006 的要求。

变频调速控制器应能承受最严酷的交变湿热试验,试验后应进行工频耐压试验和绝缘电阻测试,应符合表 4 的规定,且隔爆面没有锈蚀现象。

5.4.6 稳态性能

应根据 GB/T 12668.2—2002 中 6.1.1～6.1.4 来规定传动变量,如输出转速、转矩的稳态性能。性能精度由制造商给出,并应符合 GB/T 12668.2—2002 中表 5 的规定。

5.4.7 转矩特性

5.4.7.1 恒转矩特性:在 0～50 Hz 频率范围内,具有恒转矩特性,输出转矩不低于额定转矩的 95%。

5.4.7.2 变转矩特性:在 0～50 Hz 频率范围内,具有平方率转矩特性。转速和转矩的关系应符合下式(1):

$$T = 9\ 550P/n \qquad (1)$$

式中:

T ——转矩,单位为牛米(N·m);

P ——额定功率,单位为千瓦(kW);

n ——转速,单位为转每分(r/min)。

5.4.8 输出频率稳定精度

变频调速控制器输出频率 50 Hz,在额定负载条件下,频率应稳定在(50±0.2)Hz。

5.4.9 压频比

在正常条件下,压频比应为常数,即:$\phi=V/F=C$(常数)。

5.4.10 电压波动

在额定工况条件下,加载至额定负载,变频调速控制器应能承受 85%U_e～110%U_e 范围的电压波动,且正常工作无故障保护。

5.4.11 电磁兼容性

应符合 GB/T 12668.3—2003 的规定,其要求值应符合表 5～表 8 的规定。

表 5 传播的电磁骚扰的极限值

频带 MHz	电场强度分量 μV/m
30≤f≤230	30
230<f≤1 000	37

表 6 传播的骚扰电压的极限值

频带 MHz	准峰值 μV	平均值 μV
0.15≤f<0.50	79	66
0.5≤f≤5.0	73	60
5.0<f<30	73	60

表 7 公用电网谐波电压(相电压)限值

电网标称电压 kV	电压总谐波畸变率 %	各次谐波电压含有率 %	
		奇次	偶次
0.38	5.0	4.0	2.0
6	4.0	3.2	1.6
10			
35	3.0	2.4	1.0
66			
110	2.0	1.6	0.8

表 8 注入公共连接点的谐波电流允许值

标准电压 kV		0.38	6	10	35	66	110
基准短路容量 MV·A		10	100	100	250	500	750
谐波次数及谐波电流允许值 A	2	78	43	26	15	16	12
	3	62	34	20	12	13	9.6
	4	39	21	13	7.7	8.1	6.0
	5	62	34	20	12	13	9.6
	6	26	14	8.5	5.1	5.4	4.0
	7	44	24	15	8.8	9.3	6.8
	8	19	11	6.4	3.8	4.1	3.0
	9	21	11	6.8	4.1	4.3	3.2
	10	16	8.5	5.1	3.1	3.3	2.4
	11	28	16	9.3	5.6	5.9	4.3
	12	13	7.1	4.3	2.6	2.7	2.0
	13	24	13	7.9	4.7	5.0	3.7
	14	11	6.1	3.7	2.2	2.3	1.7
	15	12	6.8	4.1	2.5	2.6	1.9
	16	9.7	5.3	3.2	1.9	2.0	1.5
	17	18	10	6.0	3.6	3.8	2.8
	18	8.6	4.7	2.8	1.7	1.8	1.3
	19	16	9.0	5.4	3.2	3.4	2.5
	20	7.8	4.3	2.6	1.5	1.6	1.2
	21	8.9	4.9	2.9	1.8	1.9	1.4
	22	7.1	3.9	2.3	1.4	1.5	1.1
	23	14	7.4	4.5	2.7	2.8	2.1
	24	6.5	3.6	2.1	1.3	1.4	1.0
	25	12	6.8	4.1	2.5	2.6	1.9

5.4.12 其他性能要求

其他性能要求由买方或买方和制造商一起确定。

5.5 主要功能要求

5.5.1 通风机控制功能

通风机控制功能见附录 B。

5.5.2 风电闭锁、瓦斯电闭锁、双风机双电源切换功能

风电闭锁、瓦斯电闭锁、双风机双电源切换功能应符合《煤矿安全规程》的规定，见附录C。

5.5.3 保护功能

5.5.3.1 过载保护：应符合GB/T 12668.2—2002的规定。

5.5.3.2 瞬时断电保护：变频调速控制器运行在额定负载下，中断输入电源，然后再送电，变频调速控制器不得损坏。

5.5.3.3 输出缺相保护：变频调速控制器输出端缺相，应不能工作，并应有故障显示。

5.5.3.4 输入电源电压过压保护：将变频调速控制器输入电压调高至110% U_e，变频调速控制器应能保护，有故障显示。

5.5.3.5 输入电源电压欠压保护：将变频调速控制器输入电压调低至85% U_e，变频调速控制器应能保护，有故障显示。

5.5.3.6 输出短路保护：变频调速控制器输出端短路，变频调速控制器应不能工作，有故障显示。

5.6 散热器要求

5.6.1 变频调速控制器需要散热的元器件

变频调速控制器需要散热的元器件包括：

——整流器；

——逆变器；

——使滤波电容充电的限流电阻旁路的可控硅(如果有)。

注：使滤波电容充电的限流电阻旁路可用接触器或可控硅。

5.6.2 发热量的计算

5.6.2.1 对整流器所用的二极管发热量应根据实际工作的最大电流按所选用二极管的参数确定整流器的发热量。

5.6.2.2 对逆变器所用IGBT的发热量应根据载波频率、所选IGBT的参数来确定逆变器的发热量。

5.6.3 散热方式

由于煤矿井下的特殊环境，可以选用高效热管自冷散热或风冷加热管散热。

5.6.4 对散热器要求

变频调速控制器的散热器应能保证变频调速控制器在额定负载条件下连续运行，每个部件温升不超过温升极限值(见表4)。

6 试验方法

6.1 外观及结构检查

6.1.1 外观检查

采用目测方法进行外观检查，包括铭牌、棱角、观察窗、活动部件灵活性等。

6.1.2 隔爆结构及参数

按 GB 3836.2—2010 及 GB 3836.1—2010 相关规定检查经防爆检验机构确定的隔爆结构及参数。

6.1.3 隔爆性能试验

按 GB 3836.2—2010 及 GB 3836.1—2010 相关规定项目进行试验，其中的型式试验由国家防爆检验机构进行。

6.1.4 本质安全结构及参数

按 GB 3836.4—2010 及 GB 3836.1—2010 相关规定检查经防爆检验机构确定的本质安全结构及参数。

6.1.5 本质安全试验

按 GB 3836.4—2010 及 GB 3836.1—2010 相关规定项目进行试验，其中的型式试验由国家防爆检验机构进行。

6.1.6 电源变压器试验

6.1.6.1 电源变压器型式试验

电源变压器型式试验应符合 GB 3836.4—2010 中的相关规定。每只电源变压器均应按照 GB 3836.4—2010 中的相关规定进行试验。

6.1.6.2 变压器的例行试验

在例行试验时，施加到可靠变压器的电压应符合表 9 的规定，U 是任何受试绕组的最高额定电压。施加电压的试验时间至少应为 60 s。或者，可以在 1.2 倍试验电压下进行试验，试验时间至少为 1 s。

表 9 可靠变压器的例行试验电压

施加部位	试验电压有效值		
	电源变压器	非电源变压器	初次级绕组均与本质安全电路相连的变压器
输入与输出绕组之间	$4U_e$ 或 2 500 V，取较大值	$2U_e$+1 000 V 或 1 500 V，取较大值	500 V
全部绕组与铁芯或屏蔽之间	$2U_e$ 或 1 000 V，取较大值	$2U_e$ 或 500 V，取较大值	500 V
向本质安全电路供电的每一绕组与其他输出绕组之间	$2U_e$+1 000 V 或 1 500 V，取较大值	$2U_e$ 或 500 V，取较大值	500 V
本质安全型电路绕组之间	$2U_e$ 或 500 V，取较大值	$2U_e$ 或 500 V，取较大值	500 V

施加电压在试验期间应保持恒定，试验期间电流不应超过预期的电路设计值，并且在任何时间应不超过 5 mA 有效值。

在试验期间，绕组之间的绝缘或任一绕组与铁芯或屏蔽之间的绝缘应不发生击穿。

6.1.7 防护等级试验

按 GB 4208—2008 的规定进行。

6.2 电气性能试验

6.2.1 绝缘电阻及工频耐压

绝缘试验的目的在于检验变频调速控制器的绝缘状况。为了防止不必要的破坏，在试验之前，可先用1 000 V级兆欧表测量受试部分的绝缘电阻。在环境温度(20±5)℃和相对湿度为90%的情况下，其数值应不小于1 MΩ。但所测绝缘电阻只作为耐压试验的参考，不做考核。

按GB/T 3859.1—1993中6.4.1规定的试验方法试验。

变频调速控制器的绝缘电阻和工频耐压试验结果应符合表4的规定。

6.2.2 交变湿热试验

变频调速控制器应按照GB/T 2423.4—2008的试验方法进行12周期(+40 ℃)的湿热试验。试验后，在2 h内进行工频耐压试验和绝缘电阻的测量，应符合表4的要求。

6.2.3 轻载试验

变频调速控制器在额定电压下输出频率为50 Hz时带相应功率的电机空载运行2 h，运行正常。

6.2.4 温升试验

在额定工况下，加载至额定负载，测量变频调速控制器内部各关键部位的温度。温升应符合表2、表3中的规定。

6.2.5 转矩特性试验

在额定电源条件下，变频调速控制器分别在10 Hz、20 Hz、30 Hz、40 Hz、50 Hz频率下运行，测量变频调速控制器的输入输出电压、电流、功率以及转速和转矩。试验内容如下：

——恒转矩特性试验：按恒转矩特性加载，测量变频调速控制器输出转矩在0～50 Hz频率范围内，具有恒转矩特性，输出转矩不低于额定转矩的95%。

——变转矩特性试验：在0～50 Hz频率范围内，具有平方率转矩特性。转速和转矩的关系符合式(1)。

6.2.6 速度稳定精度试验

可以和温升试验同时进行，额定负载时，测量电机转速，计算所得的速度稳定精度不大于5%。

6.2.7 压频比试验

输入额定电压，并且加载至额定负载在不同频率测量变频调速控制器的输出电压。50 Hz时输出电压应不低于95%输入电压。

6.2.8 电压波动试验

在额定负载下，输入电源电压为85%U_e～110%U_e范围时变频器调速控制器能正常运行。

6.2.9 电磁辐射

EMC电磁辐射骚扰试验和传导骚扰试验按GB 12668.3—2003的规定进行。

6.2.10 电能质量

公用电网谐波试验按GB/T 14549—1993的规定进行。

6.3 保护及控制功能试验

6.3.1 过载保护

正常条件下，当变频调速控制器输出频率为 50 Hz 时，将负载增大至 1.2 倍额定负载，5 m 内变频调速控制器应能自动停机，并有过载故障显示。

正常条件下，当变频调速控制器输出频率为 50 Hz 时，将负载增大至 1.5 倍额定负载，2 m 内变频调速控制器应能自动停机，并有过载故障显示。

6.3.2 瞬时断电保护

变频调速控制器正常运行时，人为中断输入电源，然后再送电，变频调速控制器不应损坏。

6.3.3 断相保护

变频调速控制器输出端断相，目测变频调速控制器是否能工作，有无故障显示。

6.3.4 加、减速时间连续可调试验

变频调速控制器从 0～50 Hz 的加速时间要求在 60 s 之内。

变频调速控制器从 50 Hz～0 的减速时间要求在 50 s～60 s 之间。

注： 由于变频调速控制器是两象限运行，如果减速时间小于 50 s，通风机的电机在减速时处于发电状态，会导致中间直流电压升高可能会出现过压保护故障。

用秒表测量变频调速控制器的加、减速时间，目测是否能连续可调，是否符合加减速时间要求。

6.3.5 过、欠压保护试验

将变频调速控制器输入电压调高至 110%U_e，目测变频调速控制器是否保护动作，有无故障显示。将变频调速控制器输入电压调低至 85%U_e，目测变频调速控制器是否保护动作，有无故障显示。

6.3.6 频率分辨率

变频调速控制器正常运行时，手动调节变频调速控制器的给定频率，变频调速控制器输出频率连续变化，频率变化不大于 0.1 Hz。

6.3.7 正、反相序功能

空载条件下，改变变频调速控制器的转向设置，验证变频调速控制器是否具有正、反相序功能。

6.3.8 风机通风功能试验

风机通风功能试验应符合附录 B 通风控制功能及以下的规定：

a) 可用信号发生器给定型号来模拟瓦斯浓度；

b) 用瓦斯浓度传感器，将传感器零点调偏模拟瓦斯浓度；

c) 试验结果符合 B.3.2.4 规定。

6.3.9 风电闭锁功能试验

风电闭锁功能试验应符合附录 C 中对风电闭锁、瓦斯电闭锁及双风机双电源切换功能的规定。

用万用表电阻挡测量风电闭锁节点，应符合表 10 的规定。

表 10 变频调速控制器风电闭锁节点状态

风电闭锁节点断开、闭合的条件	风电闭锁节点状态
变频调速控制器得电 1 min 内	断开
变频调速控制器得电 1 min 后	闭合
变频调速控制器输出频率低于 15 Hz	断开

6.3.10 瓦斯、电闭锁功能试验

瓦斯、电闭锁功能试验应符合附录 C 中对风电闭锁、瓦斯电闭锁及双风机双电源切换功能的规定。用万用表电阻挡测量风电闭锁节点，应符合表 C.1 的规定。

7 检验规则

7.1 检验规则

验证变频调速控制器是否符合本标准的检验分为：

a) 型式试验；

b) 出厂检验。

7.2 型式试验

型式试验是全面考核产品性能和质量，验证产品是否符合技术要求的一种检验。

7.2.1 下列情况应进行型式试验：

——试制新产品；

——当产品在结构、材料、工艺有较大改变且可能影响性能时；

——批量生产的产品，每隔一定时间进行一次抽试，具体期限由分类标准规定；

——停产半年，恢复生产时；

——国家质量监督部门或国家煤矿安全监察部门提出进行试验要求时。

型式试验项目见表 11。

表 11 出厂检验与型式试验项目

试　验	型式试验	出厂检验	试验方法
外观检查	√	√	施工图样
隔爆外壳水压试验	√	√	GB 3836.2—2010
隔爆腔耐压和内部不传爆试验	√		GB 3836.2—2010
隔爆面参数检查	√	√	GB 3836.2—2010
电源变压器耐压试验	√	√	GB 3836.2—2010
透明件冲击试验	√		GB 3836.2—2010
电缆和导线引入装置夹紧试验与密封试验	√		GB 3836.2—2010
连接件扭转试验	√		GB 3836.2—2010
橡胶密封件老化试验	√		GB 3836.1—2010

表 11（续）

试　验	型式试验	出厂检验	试验方法
交变湿热试验	√		6.2.2
本质安全电路结构与参数检验	√		GB 3836.4—2010
本质安全电路检测	√	√	GB 3836.4—2010
绝缘耐压试验	√		6.2.10
温升试验	√	√	6.2.4
轻载试验	√	√	6.2.3
过载试验	√	√	6.3.1
过、欠压保护试验	√	√	6.3.5
瞬时断电保护	√	√	6.3.2
输出断相保护	√		6.3.3
频率分辨率	√	√	6.3.6
正、反相序功能	√	√	6.3.7
转矩特性试验	√		6.2.5
电压波动试验	√		6.2.8
压频比试验	√	√	6.2.7
速度稳定精度试验	√	√	6.2.6
电能质量试验	√		6.2.10
EMC 电磁辐射骚扰试验	√		6.2.9
风电闭锁功能试验	√	√	6.3.9
瓦斯、电闭锁功能试验	√	√	6.3.10
风机通风功能试验	√	√	6.3.8

7.2.2　用作型式检验的变频调速控制器应是出厂检验合格的样品，检验样品不少于1台。其抽样规则按《防爆电气产品生产许可证实施细则》中5.4.1.1的规定执行。型式检验中对不构成威胁安全或严重降低性能指标的项目如有失误，只要制造商能提供充分证据，说明该失误并不是设计上的固有缺陷，而是由于个别样品所致，则允许按原试样品数量复试，只要复试合格，则仍可认为试验合格。

型式试验中如出现涉及安全和重大性能指标的项目不合格，则判定本批产品全部不合格。

7.3　出厂检验

为了考核产品的性能，保证产品符合有关标准和型式检验的相关要求，每台变频调速控制器应逐一进行出厂检验。

出厂检验的项目应按照表11中出厂检验的规定在每一台上逐一进行。出厂检验不通过的产品不允许出厂。

8 标志、包装、运输及贮存

8.1 标志

8.1.1 标志应符合 GB 3836.1—2010 第 29 章及 GB 3836.4—2010 第 12 章的规定。

8.1.2 变频调速控制器外壳的明显处应设置防爆标志牌 Exd[ib]Ⅰ。

8.1.3 变频调速控制器外壳的明显处应设置“严禁带电开盖”和断电后开盖的延时时间标识。

8.1.4 在产品的正面明显处应设置厚度不小于 1 mm 的铜质或不锈钢铭牌,铭牌的内容应包括:

a) 产品型号和名称;

b) 制造商名称;

c) 防爆标志 Exd[ib]Ⅰ;

d) 防爆合格证号;

e) 产品编号;

f) 生产日期;

g) 主要参数(含本质安全参数);

h) 产品标准编号;

i) 产品重量。

8.2 包装、运输、贮存

8.2.1 包装、运输、贮存应符合 GB/T 6388—1996 的规定。

8.2.2 变频调速控制器的包装,应能防止产品在运输过程中遭受损坏和雨水的侵蚀,并适合水路运输及装载的要求。

8.2.3 随同产品出厂的技术文件有:

——装箱清单;

——产品合格证;

——产品出厂检验报告;

——防爆合格证复印件;

——使用说明书(包括设备的接线图)。

8.2.4 在运输和贮存过程中,不得倒置、斜放。产品应放在没有雨雪侵入,空气流通,环境温度不高于 40 ℃、不低于−20 ℃,相对湿度不大于(90±3)%(+25 ℃),以及不含有破坏金属和绝缘的腐蚀性气体的仓库中。

附　录　A
（资料性附录）
变频调速控制器组成框图

煤矿通风机用隔爆兼本质安全型变频调速控制器由散热器、整流器、直流电路、逆变器、显示单元、控制系统、本质安全电源、信号检测单元、键盘(操作按钮)及隔爆外壳等组成。设备组成框图见图A.1，虚线框内是变频调速控制器的组成部件。本框图可供生产变频调速控制器厂家参考。

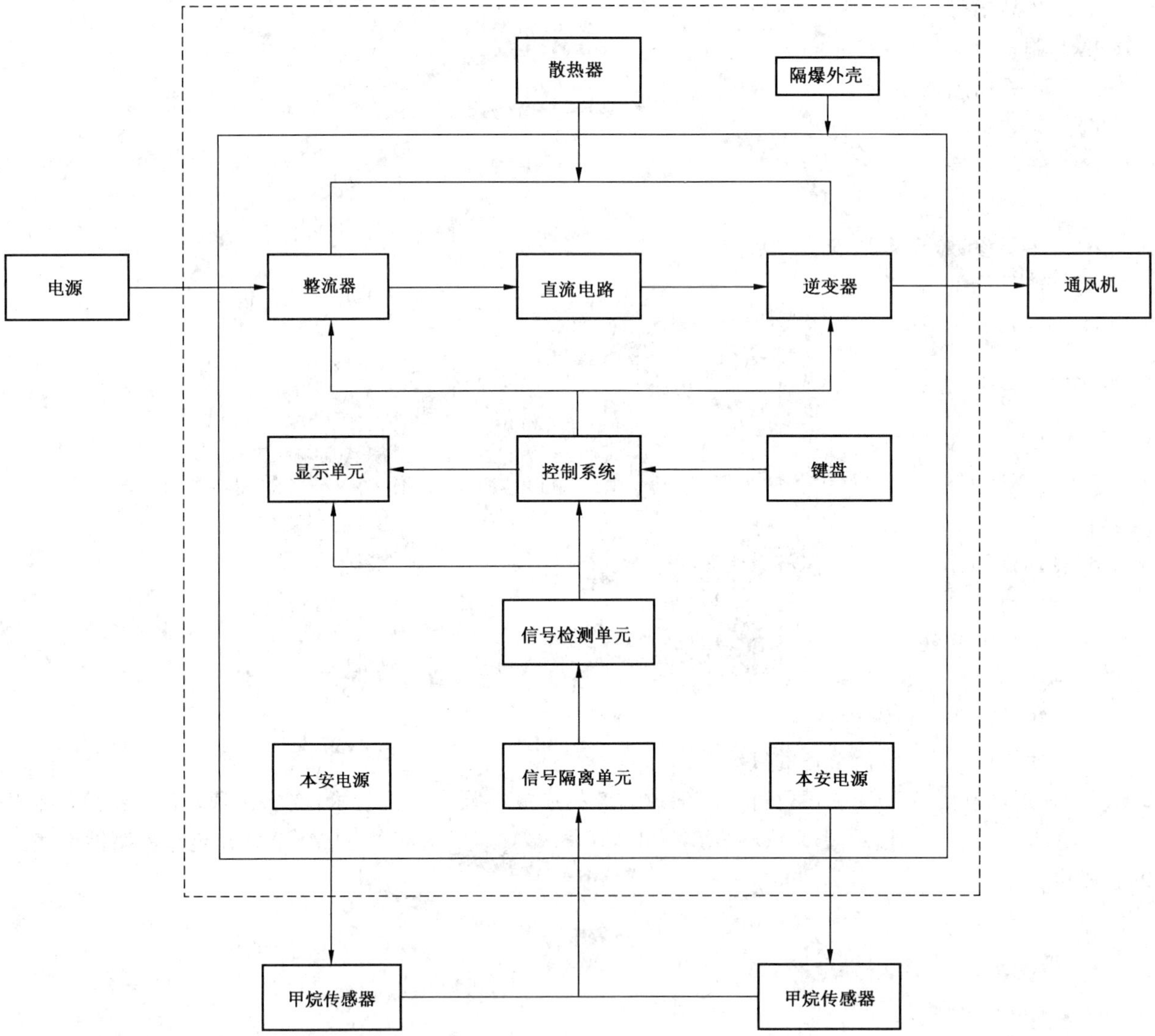

图 A.1　变频调速控制器组成框图

附　录　B
（规范性附录）
通风机控制功能

B.1　引言

本附录规定了“煤矿通风机用隔爆兼本质安全型变频调速控制器”的通风机控制功能。用于控制煤矿井下局部通风机的变频调速控制器应符合本附录规定。

B.2　变量定义

T_1：掘进巷道工作面瓦斯浓度实际值。

T_{1set}：掘进巷道工作面瓦斯浓度设定值。

T_2：掘进巷道回风流瓦斯浓度实际值。

T_{2set}：掘进巷道回风流瓦斯浓度设定值。

T_3：掘进巷道全风压汇合风流处瓦斯浓度实际值。

T_{3set}：掘进巷道全风压汇合风流处瓦斯浓度设定值。

F_{max}：变频调速控制器输出频率上限值(简称上限频率)。

F_{min}：变频调速控制器输出频率下限值(简称下限频率)。

F：变频调速控制器实际输出频率(简称输出频率)。

注：上述变量的设定应符合《煤矿安全规程》的规定。

B.3　通风机控制功能

B.3.1　变频调速控制器的运行模式

变频调速控制器的运行模式分为以下三种：

——自控通风模式；

——自控排放瓦斯模式；

——手控频率运行模式。

B.3.2　自控通风模式

B.3.2.1　自控通风的概念

变频调速控制器设定为自动运行模式，当掘进巷道全风压汇合风流处瓦斯浓度不超过设定值时，变频调速控制器的运行模式。

注：自控通风状态下，变频调速控制器依据工作面瓦斯浓度自动调节通风机电机转速，从而改变通风机输出风量，起到节能通风的作用。

B.3.2.2　自控通风的频率设定

下限频率 F_{min}、上限频率 F_{max} 设定应根据实际控制通风机的功率，满足工作面风量需求。

B.3.2.3 自控通风的瓦斯浓度设定

自控通风模式下应给出 T_{1set}、T_{2set}、T_{3set} 的设定范围，设定值应在符合《煤矿安全规程》规定的前提下，结合本矿井实际情况来设定。设定完后应能够记忆。

注 1：制造商出厂设定值也应符合《煤矿安全规程》的规定。

注 2：T_{1set}、T_{2set} 和 T_{3set} 值设定时可以考虑加密码，防止在井下随意改变设定值(由制造商和用户协商)。

B.3.2.4 自控通风功能

自控通风功能如下：

——T_1 设定范围；

——T_2 设定范围；

——T_3 设定范围；

——F_{max} 设定范围 20 Hz～50 Hz；

——F_{min} 设定范围 20 Hz～50 Hz。

注：F_{min} 设定值应小于等于 F_{max}。

——自控通风模式下变频调速控制器调速范围：在下限频率的设定值和上限频率的设定值之间调速运行。

——在 $T_3 < T_{3set}$ 的条件下，当 $T_1 < T_{1set}$ 且 $T_2 < T_{2set}$ 时，$F = F_{min} \pm 0.2$ Hz。

——在 $T_3 < T_{3set}$ 的条件下，当 $T_1 \geqslant T_{1set}$ 或 $T_2 \geqslant T_{2set}$ 时，F 从 F_{min} 升至 F_{max}。

B.3.2.5 自控通风和自控排放瓦斯运行模式自动转换功能

在自控通风模式下，当 $T_3 \geqslant T_{3set}$ 时，变频调速控制器自动转入自控排放瓦斯的运行模式。

B.3.3 自控排放瓦斯

B.3.3.1 自控排放瓦斯的概念

变频调速控制器设定为自动运行模式，当掘进巷道全风压汇合风流处瓦斯浓度超过设定值时，变频器调速控制器的运行模式。

注：自控排放瓦斯状态下，变频调速控制器依据全风压汇合风流处瓦斯浓度自动调节通风机电机转速，从而改变通风机输出风量，起到安全排放瓦斯的作用。

B.3.3.2 自控排放瓦斯最小运行频率

自控排放瓦斯模式下，变频调速控制器运行的最小频率为(10±0.5)Hz。

B.3.3.3 自控排放瓦斯功能

在自控排放瓦斯模式下应具备下列功能：

a) 在 $T_{3set} \leqslant 1.5\%$ 的条件下，符合下述要求：

——当 $T_{3set} \leqslant T_3 < 1.5\%$ 时，变频调速控制器的输出频率 F 从当前的频率降至(10±0.5)Hz。

——当 $1.5\% \leqslant T_3 < 1.8\%$ 时，变频调速控制器的输出频率 F 先降至(10±0.5)Hz，持续 3 m 若 T_3 浓度没有下降则 F 降至 0 停机。当 T_3 浓度低于设定值时，变频调速控制器会自动启动运行。

——当 $T_3 \geqslant 1.8\%$ 时，输出频率 F 先降至(10±0.5)Hz 并在 1m 内下降至 0 停机。当 T_3 浓度低于设定值时变频调速控制器会自动启动运行。

——由于 T_3 浓度超限变频调速控制器停机后，当 T_3 浓度低于设定值，设备自动启动运行，在

20 m后会自动转入自动通风状态。

b) 在 T_{3set}≥1.5%时，当 $T_3 \geq T_{3set}$ 时，变频调速控制器的输出频率 f 从当前的频率降至(10±0.5)Hz，即使 T_3 浓度继续增大，变频调速控制器始终运行在(10±0.5)Hz。

B.3.4 手动调节频率

B.3.4.1 变频调速控制器应具备手动调节频率功能。

B.3.4.2 在手动调节频率模式下，输出频率应和设定频率一致，误差不应超过±0.2 Hz。

B.3.4.3 在手动调节频率模式下，输出频率不受瓦斯浓度传感器 T_1、T_2、T_3 浓度的控制。

附 录 C
（规范性附录）
风电闭锁、瓦斯电闭锁及双风电双电源切换功能

C.1 引言

根据《煤矿安全规程》第3章通风安全监控的规定，安全监控设备应具备风电闭锁和瓦斯电闭锁功能。变频调速控制器根据瓦斯浓度控制通风机的转速，所以应具备风电闭锁和瓦斯电闭锁功能。

C.2 风电闭锁

C.2.1 风电闭锁指局部通风机停止运转或风筒风量低于规定值时，控制局扇的变频调速控制器应能够切断所控制区域的全部非本质安全型电气设备的电源并闭锁。

C.2.2 通风机用隔爆兼本质安全型变频调速控制器应具有风电闭锁功能，当变频调速控制器启动运行1 min后风电闭锁接点动作，变频调速控制器所控制区域的全部非本质安全型电气设备的电源开关可以送电。

C.2.3 通风机用隔爆兼本质安全型变频调速控制器输出频率低于(15±0.5)Hz时，变频调速控制器应能够切断所控制区域的全部非本质安全型电气设备的电源并闭锁。

C.2.4 风电闭锁接点应具有常开和常闭两组接点。

C.3 瓦斯电闭锁

C.3.1 瓦斯电闭锁指当掘进工作面瓦斯浓度超限时，控制局扇的变频调速控制器应能够切断所控制区域的全部非本质安全型电气设备的电源并闭锁。

C.3.2 变频调速控制器运行时，当 $T_1 \geqslant 1.5\%$ 或 $T_2 \geqslant 1.0\%$ 或 $T_3 \geqslant 1.5\%$ 时，变频调速控制器应能够切断所控制区域的全部非本质安全型电气设备的电源并闭锁。当 $T_1 \leqslant 1.0\%$、$T_2 \leqslant 0.9\%$、$T_3 \leqslant 1.0\%$ 三种情况同时降低到规定限度以下时，方可恢复供风巷道中动力电源。见表C.1。

表 C.1 瓦斯电闭锁功能

T_1、T_2、T_3 值	瓦斯电闭锁节点状态
$T_1 \geqslant 1.5\%$ 或 $T_2 \geqslant 1.0\%$ 或 $T_3 \geqslant 1.5\%$	断开
$T_1 \leqslant 1.0\%$ 且 $T_2 \leqslant 0.9\%$ 且 $T_3 \leqslant 1.0\%$	闭合

C.4 双风机双电源自动切换

C.4.1 变频调速控制器应符合《煤矿安全规程》双风机双电源要求，应能够和备用风机电源开关实现自动切换。切换的条件是当时瓦斯浓度不超限。

C.4.2 当主通风机用变频调速控制器控制，备用风机用普通电源开关控制时，变频调速控制器运行时

应控制备用风机电源开关不能启动；变频调速控制器停止运行或故障时应能自动启动备用通风机电源开关。

C.4.3 当主通风机和备用通风机都用变频调速控制器控制时，控制主风机的变频调速控制器和控制备用通风机的变频调速控制器之间应能实现自动切换。

C.4.4 双电源双变频调速控制器内部两台调速器之间能够实现自动切换。

ICS 27.100
F 20

中华人民共和国国家标准

GB/T 28557—2012

电力企业节能降耗主要指标的监管评价

Regulating evaluation of index on energy saving main parameter for electricity enterprise

2012-06-29 发布　　　　2012-11-01 实施

中华人民共和国国家质量监督检验检疫总局
中国国家标准化管理委员会　发布

前　言

本标准按照 GB/T 1.1—2009 给出的规则起草。

本标准由国家电力监管委员会提出。

本标准由全国电力监管标准化技术委员会(SAC/TC 296)归口。

本标准起草单位:国家电力监管委员会市场监管部、中国电力企业联合会科技开发服务中心。

本标准主要起草人:刘宝华、向海平、米建华、何洋、吴晔、薛随敬、尧国富、郝继红。

电力企业节能降耗主要指标的监管评价

1 范围

本标准规定了电力企业能源转换效率与自身能源损耗监管评价方法。

本标准适用于电力监管机构对电网和发电企业节能降耗主要指标的监管过程。

2 规范性引用文件

下列文件对于本文件的应用是必不可少的。凡是注日期的引用文件，仅注日期的版本适用于本文件。凡是不注日期的引用文件，其最新版本(包括所有的修改单)适用于本文件。

DL/T 686 电力网电能损耗计算导则

DL/T 904 火力发电厂技术经济指标计算方法

3 术语和定义

下列术语和定义适用于本文件。

3.1

发电标准煤耗 the standard coal consumption per unit production of power generation

发电机组每发出单位电能平均耗用的标准煤量，其中包括生产直接消耗的能源量，以及分摊到该产品的辅助生产系统和附属生产系统设施的能源量和体系内能源损失量等间接消耗的能源量。

3.2

发电厂(场)用电率 power consumption rate of power generation

报告期内发电机组用于发电生产的厂(场)用电量占发电量百分比。

3.3

供电标准煤耗 the standard coal consumption per unit production of power supply

发电机组向电网提供单位供电量所平均耗用的标准煤量。

供电标准煤耗按式(1)计算：

$$b_g = \frac{b_f}{1 - L_{fcy}} \quad \cdots\cdots(1)$$

式中：

b_g ——供电标准煤耗，单位为克标准煤每千瓦时[gce/(kW·h)]；

b_f ——发电标准煤耗，单位为克标准煤每千瓦时[gce/(kW·h)]；

L_{fcy} ——发电厂用电率，%。

3.4

电网综合线损率 the integrated line loss rate of the power grid

电网企业网络覆盖范围内，电力传送在网络各环节中所产生的电能损失率。计算条件按 DL/T 686 执行，电网综合线损率计算按公式(2)进行。

$$电网综合线损率 = [(供电量 - 售电量)/供电量] \times 100\% \quad \cdots\cdots(2)$$

式中：

供电量＝发电企业上网电量＋其他购电量＋电网输入电量－电网输出电量；

售电量——所有终端用户的抄表电量；

发电企业上网电量——电网企业管辖范围内所有发电厂结算点的上网结算电量；

其他购电量——在电网企业管辖范围内从其他主体购买的电量；

电网输入电量——从电网企业管辖范围以外电网输入的电量；

电网输出电量——从电网企业管辖范围向外部电网输出的电量。

4 供电标准煤耗和厂用电率监管

4.1 适用范围和计算方法

4.1.1 上网或并网运行一年以上的燃煤发电机组及所在发电企业均适用于本标准。

4.1.2 供电标准煤耗和厂用电率计算的边界条件和计算方法按 DL/T 904 执行。

4.2 供电标准煤耗监管

4.2.1 供电标准煤耗基础值

发电机组供电标准煤耗基础值按项目批准文件设计值、机组投产性能验收试验报告值或机组节能改造后考核试验值选取。

机组运行期间外部条件发生变化时，供电标准煤耗基础值＝机组运行外部条件未发生变化时基础值×基础值修正系数，基础值修正系数按附录 A(规范性附录)选取。

基础值的选取和基础值发生变化，需报指定的监管机构批准。

4.2.2 供电标准煤耗监管值

供电标准煤耗监管值＝机组实际供电标准煤耗×供电标准煤耗修正系数，供电标准煤耗修正系数按附录 B(规范性附录)选取。

4.2.3 供电标准煤耗监管标准

对于供电标准煤耗，按照发电机组基础变化指标 k_1 值、发电企业趋势变化指标 k_2 值实施监管，k_1 和 k_2 按公式(3)和公式(4)进行计算。k_1 值和 k_2 值统称为供电标准煤耗变化值。

$$\text{发电机组供电煤耗基础变化指标 } k_1=\frac{\text{机组供电煤耗监管值}}{\text{机组供电煤耗基础值}} \quad \cdots\cdots(3)$$

$$\text{发电企业供电煤耗趋势变化指标 } k_2=\frac{\text{当期机组供电煤耗}}{\text{上一报告期机组供电煤耗}} \quad \cdots\cdots(4)$$

当 $k_1 \leqslant 1$ 和 $k_2 \leqslant 1$ 时，满足监管要求；

当 $k_1>1$ 或 $k_2>1$ 时，均视为供电标准煤耗变化值超限，发电企业应专门编写企业或机组供电标准煤耗超限报告，说明超限的原因，同时对引起供电标准煤耗变化值超限的各因素进行理论分析并计算影响值。

4.3 发电企业厂用电率监管

4.3.1 发电机组厂用电率基础值

发电机组厂用电率基础值按项目批准文件设计值、机组投产性能验收试验报告值或机组节能改造后考核试验值选取。

基础值的选取和基础值发生变化，需报指定的监管机构批准。

4.3.2 厂用电率平均值

发电机组厂用电率平均值＝报告期内发电机组实际厂用电率平均值×发电机组厂用电率修正系数，发电机组厂用电率修正系数按附录C(规范性附录)选取。

4.3.3 发电企业厂用电率变化指标 k_3

机组厂用电率变化指标 k_3 按公式(5)计算。

$$\text{机组厂用电率变化指标}\ k_3=\frac{\text{报告期厂用电率平均值}}{\text{机组厂用电率基础值}} \qquad \cdots\cdots(5)$$

4.3.4 发电企业厂用电率监管标准

发电企业厂用电率按全厂厂用电率、机组厂用电率和机组厂用电率变化指标实施备案。

4.4 报告期的确定

发电企业的供电标准煤耗变化指标 k_1、k_2 值和厂用电率变化指标 k_3 按年度确定报告期。

4.5 报告范围

发电企业应将上年度本企业供电标准煤耗、供电标准煤耗变化指标 k_1、k_2 值和厂用电率变化指标 k_3 向相关电力监管机构报告。

4.6 监管发布

电力监管机构每年对监管范围内的发电企业报告的上年度供电标准煤耗予以公布，并提出监管意见。

5 电网综合线损率监管

5.1 报告期内电网综合线损率监管值

对于电网综合线损率，按照电网综合线损率变化指标 k 值实施监管，计算按公式(6)要求。

$$\text{电网综合线损率变化指标}\ k=\frac{\text{当期综合线损率}}{\text{上一报告期综合线损率}} \qquad \cdots\cdots(6)$$

当 $0.95\leqslant$ 综合线损率变化值 $k\leqslant 1$ 时，满足监管要求；

当 $k<0.95$ 时，电网企业须报告说明情况；

当 $k>1$ 时，电网企业应专门编写综合线损率超限报告，说明超限的原因，同时对引起综合线损率变化值超限的各因素进行理论分析并计算影响值。

5.2 电网企业的电网综合线损率变化值 k 值按年度确定报告期。

5.3 电网企业应将上年度本企业资产范围内电网综合线损率、综合线损率变化值 k 向相关的电力监管机构报告。

5.4 电力监管机构每年对本级监管范围内具有独立法人资格的电网企业报告的本年度和上年度电网综合线损率、本年度和上年度电网综合线损率变化值 k 值予以公布并提出监管意见。

6 其他类型电力企业能耗监管

6.1 其他类型电力企业监管指标：

a） 其他类型电力企业包括水电厂、风电场。

b） 其他类型电力企业能耗指标主要包括资源利用指标和自身能源消耗指标。

6.2 其他类型电力企业能耗监管主要指标为资源利用指标。

a） 水电企业的资源利用指标为水能利用率。水电企业每年向相关电力监管机构报告本企业年度发电量、水能利用率和水能利用率提高率，并提出当年水情分析报告和弃水量、弃水原因分析报告。水电企业在首次向电力监管机构报告时，还应报告本企业前三年度发电量和水能利用率。

b） 风电企业的资源利用情况包括设计高度年平均风速、平均利用小时和损失电量等情况。风电企业每年向相关电力监管机构报告设计高度年平均风速、平均利用小时和损失电量情况。

6.3 发电企业在报送主要能效指标时同期报送发电企业厂（场）用电率，以做备案。

a） 水电企业每年向相关电力监管机构报送水电厂厂用电率分析报告。

b） 风电企业每年向相关电力监管机构报送风电场场用电率分析报告。

附 录 A
（规范性附录）
供电标准煤耗基础值修正系数的选取

机组运行期间外部条件发生变化时，基础值可做如下修正：

a） 烟气脱硫修正系数

机组投产后进行烟气脱硫改造，修正系数按表 A.1 选取。

表 A.1 烟气脱硫修正系数

脱硫方式	湿法脱硫		干法脱硫		无脱硫
	厂内制备脱硫剂	厂内无制备脱硫剂	厂内制备脱硫剂	厂内无制备脱硫剂	
修正系数	1.015	1.01	1.005	1.003	1.0

b） 烟气脱硝修正系数

机组投产后进行烟气脱硝改造，修正系数为 1.005。

附 录 B
（规范性附录）
供电标准煤耗修正系数选取

B.1 机组负荷率对供电标准煤耗影响修正系数按表 B.1 选取。

表 B.1 机组负荷率对供电标准煤耗影响修正系数

序号	报告期机组负荷率	修正系数
1	85%及以上	1.0
2	85%以下	每降低 5%，修正系数为前值基础上乘以 0.99

B.2 机组启停调峰修正系数按表 B.2 选取。

表 B.2 机组启停调峰修正系数

报告期机组启停调峰次数	修正系数
≤18 次	1.0
>18 次	$1/[1+0.0003\times(N-18)]$
注：N 为报告期机组启停调峰次数，其中机组因调峰而停机和启动的全过程计为启停调峰一次。	

B.3 燃煤成分修正系数按表 B.3 选取。

表 B.3 燃煤成分修正系数

燃煤成分		修正系数
挥发分	>19%	1.0
	≤19%	$1/[1+0.002\times(19-100\text{Var})]$
灰分	≤30%	1.0
	>30%	$1/[1+0.001\times(100\text{Aar}-30)]$
注：Var、Aar 为燃煤收到基挥发分、灰分。		

附　录　C
（规范性附录）
发电机组生产厂用电率修正系数选取

C.1　负荷率修正系数

负荷率修正系数按表C.1选取。

表C.1　负荷率修正系数

序号	报告期机组负荷率	修正系数
1	80%及以上	1
2	70%～80%	1+(*A*−0.80)
3	70%以下	0.9
注：*A* 为报告期机组平均负荷率。		

C.2　烟气脱硫、脱硝修正系数

机组投产后进行烟气脱硫、脱硝改造，修正系数按表C.2进行修正。

表C.2　烟气脱硫、脱硝修正系数

序号	烟气脱硫、脱硝装置	修正系数
1	有烟气脱硫且投运率≥90%	1
2	无烟气脱硫	1.2
3	无烟气脱硝	1.0
4	有烟气脱硝	0.9

C.3　给水泵驱动修正系数

给水泵驱动修正系数按表C.3进行修正。

表C.3　汽动、电动联合设计给水泵组驱动修正系数

序号	给水泵驱动方式	修正系数
1	只有汽动给水泵运行	1
2	电动给水泵同时运行	0.75[a]
[a] 只针对电动给水泵参与机组低负荷运行期间对厂用电率进行的修正。		

C.4 单机运行修正系数

单机运行修正系数按表 C.4 进行修正。

表 C.4 单机运行修正系数

单机运行方式	修正系数
只有一台机组运行	0.97
注：多台机组电厂只有一台机组运行时按单机运行方式计算，全年部分时间单机运行时，与非单机时间按电量加权平均计算。	

附　录　D
（资料性附录）
主要等级燃煤发电机组能效平均值

主要等级燃煤发电机组能效平均值见表 D.1。

表 D.1　主要等级燃煤发电机组能效平均值

机组情况		供电标准煤耗/[gce/(kW·h)]
纯凝湿冷机组	超超临界 1 000 MW 级机组	300
	超超临界 600 MW 级机组	310
	超临界 600 MW～900 MW 级机组	315
	亚临界 600 MW 级机组	328
	亚临界 300 MW 级机组	335
	超高压 125 MW～200 MW 级机组	360
	高压 100 MW 级机组	385
纯凝空冷机组	超临界 600 MW～900 MW 级机组	330
	亚临界 600 MW 级机组	343
	亚临界 300 MW 级机组	350
	超高压 125 MW～200 MW 级机组	375
注：特定类别机组(早期国产和原苏联东欧设备)、坑口电站机组按低一档指标。		

ICS 27.100
K 54

中华人民共和国国家标准

GB/T 28558—2012

超临界及超超临界机组参数系列

Supercritical and ultra-supercritical generating set parameter series

2012-06-29 发布　　2012-11-01 实施

中华人民共和国国家质量监督检验检疫总局
中国国家标准化管理委员会　发布

前　言

本标准按照 GB/T 1.1—2009 给出的规则起草。

本标准由中国电器工业协会提出并归口。

本标准起草单位：上海发电设备成套设计研究院、机械工业北京电工技术经济研究所。

本标准主要起草人：沈邱农、叶奋、方晓燕、张殿军、徐雪元、田岩、阳虹、王化、李殿成、孙玉田。

引　言

我国虽然是拥有多种资源的国家，但从资源储量可采储量来看，在可预见的时期内能源结构仍以煤炭为主，全国煤炭产量的50%～60%将用于发电，以煤为一次能源的火电在这一时期内仍是电力生产的主要方式。大量煤炭燃烧产生的二氧化碳、二氧化硫和烟尘排放加重大气环境污染，对工农业生产的发展和人民生存环境造成严重威胁。

目前和未来燃煤发电技术的发展将围绕着降低能耗与减少对环境影响两个核心问题开展，解决好这两个问题对中国能源安全与电力可持续发展具有重要意义。

采用超临界和超超临界燃煤发电技术将是有效降低煤炭消耗和减少环境污染等的措施之一。与亚临界火电机组相比，超临界、超超临界机组具有高效、节能和环保的明显优势。制定本标准的目的是：使超临界、超超临界机组制造厂和用户了解典型机组的成套性、成熟性、运行的可靠性以及可能选择的方案。

超临界及超超临界机组参数系列

1 范围

本标准规定了超临界及超超临界机组的参数、术语和定义。

本标准适用于国内生产制造的额定功率为 350 MW、600 MW、660 MW 的超临界机组及额定功率为 600 MW、660 MW、1 000 MW 的超超临界机组参数系列。

本标准规定的超临界及超超临界机组为一次再热机组，机组参数表示方式为：新蒸汽压力/新蒸汽温度/再热蒸汽温度。

2 规范性引用文件

下列文件对于本文件的应用是必不可少的。凡是注日期的引用文件，仅注日期的版本适用于本文件。凡是不注日期的引用文件，其最新版本(包括所有的修改单)适用于本文件。

GB/T 754—2007　发电用汽轮机参数系列

GB/T 2900.46　电工名词术语　汽轮机及其附属装置

GB/T 2900.48—2008　电工名词术语　锅炉

3 术语和定义

GB/T 754—2007、GB/T 2900.46、GB/T 2900.48—2008 界定的以及下列术语和定义适用于本文件。

3.1

水的临界点　critical point of water

水的液相和汽相能够平衡共存的最高参数点，为固有物性常数。水的临界点温度为 t_c=374.15 ℃，临界点压力为 p_c=22.129 MPa。

3.2

超临界参数　supercritical parameter

蒸汽参数超过临界点压力和温度时称为超临界参数。

3.3

超超临界参数　ultra-supercritical parameter

蒸汽参数高于常规超临界参数 24.2 MPa/566 ℃/566 ℃时的汽轮机进汽参数。

3.4

额定功率　rated power

在额定的新蒸汽参数、再热蒸汽参数以及规定的背压、补给水率的条件下，不超过规定寿命时，发电机端子处的保证连续功率。该功率一般为铭牌功率。

注：此处背压应考虑冷却介质在全年最高温度下的冷端参数优化。

4 汽轮机、锅炉及发电机参数系列

4.1　汽轮机、锅炉参数系列见表 1。

表 1　汽轮机、锅炉参数系列

序号	类别	汽轮机参数	锅炉参数	功率 MW
1	超临界	24.2 MPa/566 ℃/566 ℃	25.4 MPa.g/571 ℃/569 ℃	350,600,660
2	超超临界	25 MPa/600 ℃/600 ℃	26.15 MPa.g/605 ℃/603 ℃	600,660,1 000
		26.25 MPa/600 ℃/600 ℃	27.46 MPa.g/605 ℃/603 ℃	

4.2　发电机参数系列见表 2。

表 2　发电机参数系列

序号	额定功率 MW	额定功率因数	额定电压 kV
1	350	0.85	20,24
2	600	0.9	20,22
3	660	0.9	20,22
4	1 000	0.9	27

5　运行中超临界和超超临界机组参数允许波动范围

运行中超临界和超超临界机组参数允许波动范围按 GB/T 754—2007 的 4.2 与 4.3 规定执行。

6　不同或特殊需求

有不同或特殊需求时由供需双方协议商定。

参 考 文 献

[1] GB/T 7064—2008 隐极同步发电机技术要求

ICS 27.040
K 54

中华人民共和国国家标准

GB/T 28559—2012

超临界及超超临界汽轮机　叶片

Supercritical and ultra-supercritical turbine—Blades

2012-06-29 发布　　2012-11-01 实施

中华人民共和国国家质量监督检验检疫总局
中国国家标准化管理委员会　发布

前　言

本标准按照 GB/T 1.1—2009 给出的规则起草。

本标准由中国电器工业协会提出并归口。

本标准起草单位：哈尔滨汽轮机厂有限责任公司、机械工业北京电工技术经济研究所、东方汽轮机有限公司、上海汽轮机厂有限责任公司、北京北重阿尔斯通有限责任公司、无锡透平叶片有限公司。

本标准主要起草人：倪永君、李庆、崔建国、卢琛钰、吴其林、王伟莉、李湘军、吕智强、段中旭。

超临界及超超临界汽轮机　叶片

1　范围

本标准规定了超临界及超超临界汽轮机静、动叶片的一般要求、叶片材料、锻件、静叶片及动叶片制造要求、检测、包装与标志等技术要求。

本标准适用于超临界及超超临界汽轮机静、动叶片。其他型式的汽轮机静、动叶片也可参照执行。

2　规范性引用文件

下列文件对于本文件的应用是必不可少的。凡是注日期的引用文件，仅注日期的版本适用于本文件。凡是不注日期的引用文件，其最新版本（包括所有的修改单）适用于本文件。

GB/T 2900.46　电工名词术语　汽轮机及其附属装置

GB/T 6402　钢锻件超声检测方法

GB/T 8732　汽轮机叶片用钢

JB/T 3073.4　汽轮机精锻动叶片　技术条件

JB/T 3073.5　汽轮机用铸造静叶片　技术条件

JB/T 9628　汽轮机叶片　磁粉探伤方法

3　术语和定义

GB/T 2900.46 界定的以及下列术语和定义适用于本文件。

3.1

叶片　blade

在通流部分中用以改变汽流参数实现能量转换的零件。一般由叶根和具有特定型面的叶身组成。

3.2

动叶（片）　rotor blade

转子上的叶片。

3.3

静叶（片）　stationary blade

隔板、汽缸等静止部件上的叶片。

3.4

导（向）叶（片）　guide blade

通流部分中主要起导向作用的静叶。

3.5

直叶片　straight blade

叶片沿叶高截面形状相同的叶片。

3.6

扭叶片　twisted blade

叶片沿叶高截面形状不同，截面面积减小，相邻两截面有相对扭转的叶片。

3.7

叶根 blade root

将叶片固定在轮盘(转子体)或汽缸(持环)上的具有一定尺寸和形状的叶片部分。

3.8

隔板 diaphragm

装有静叶片的两半圆板或整圆板。

3.9

围带 shroud

叶片的顶部具有或加装的带状金属。

3.10

攻角 attack angle

汽流进汽角和叶型几何进汽角之间的夹角(汽流进汽冲击在内弧上称为正攻角,汽流进汽冲击在背弧上称为负攻角)。

4 一般要求

4.1 气动设计

为降低叶片的二次流损失,建议采用弯叶片和后加载叶型。

为了降低叶片的尾迹损失,叶片出汽边厚度应尽可能小。

对于调峰机组,末级叶片的根部反动度要求大于25%。

为提高级效率,静叶片型线攻角的适应范围为±20°,动叶型线攻角的适应范围为+10°~-15°。

4.2 强度校核

4.2.1 叶片的强度校核由制造商规定。

4.2.2 对于工作在400 ℃以上的叶片,需校核叶片的蠕变强度和持久强度。蠕变强度的安全系数 K 为1.4,持久强度的安全系数 K 为1.7。

4.2.3 各项静强度的安全系数推荐如下(以材料的常温屈服强度 $\sigma_{0.2}$ 作为考核准则):

a) 叶片型线部分各截面的总应力(拉弯合成应力)安全系数 $K \geqslant 1.7$;

b) 叶片拉筋孔削弱截面的拉应力安全系数 $K \geqslant 2.5$;

c) 自带围带叶片的顶截面的拉应力安全系数 $K \geqslant 6$;

d) 拉筋的弯应力安全系数 $K \geqslant 1.7$;

e) 叉型叶根削弱面拉应力安全系数 $K \geqslant 3$,拉弯合成总应力安全系数 $K \geqslant 1.3$;

f) 其他形式的叶根拉应力安全系数 $K \geqslant 2.5$,弯应力安全系数 $K \geqslant 2.5$,拉弯合成总应力安全系数 $K \geqslant 1.7$;

g) 叶根销钉剪应力安全系数 $K \geqslant 2.7$,叶根和轮缘剪应力安全系数 $K \geqslant 3$,轮缘拉弯合成总应力安全系数 $K \geqslant 2$。

4.2.4 用有限元分析法得到的叶片局部峰值应力超过材料强度极限($\sigma_{0.2}$)时,应对部件进行低周疲劳寿命评估。低周疲劳寿命应大于15 000次。

5 汽轮机用叶片钢

5.1 叶片钢材料选择

根据各级叶片的工作温度及强度校核要求,按照GB/T 8732选择合适的叶片钢材料,并按GB/T 8732

要求进行原材料的生产、制造、检查和验收。如用户对叶片有特殊要求，可制定专门的采购技术规范。

静叶片可以根据工作条件选用适当的铸钢材料制造。

5.2 叶片钢防护措施

对于受到固体粒子侵蚀严重的叶片，如调节级喷嘴或中压第一级静叶，可采取防固体粒子侵蚀的工艺措施。

5.3 叶片的成型

叶片的成型方式根据设计、使用工况及加工需要，可以选择满足使用要求的铣削、锻造或铸造方法。

6 叶片锻件要求

6.1 投料

叶片锻件应按熔炼炉号投料，每个锻件均应在叶根处打上熔炼炉号或代号。

6.2 锻件状态

6.2.1 叶片锻件应采用抛磨和吹砂工艺，清除毛刺飞边、表面氧化皮和润滑剂残留物。

6.2.2 叶片锻件应经热处理，其热处理工艺制度按具体叶片选用材料的要求进行。

6.2.3 叶片锻件经热处理后若有变形，可进行冷、热校正，校正后应进行去应力退火，去应力退火温度应低于最后一次回火温度 30 ℃～50 ℃，缓慢冷却。

6.3 力学性能

经最终热处理后的叶片锻件，其常温力学性能应符合具体叶片选用材料的要求。

6.4 高倍、低倍组织

经最终热处理后的叶片锻件，其高倍组织性能应符合具体叶片选用材料的要求，当有特殊要求时按技术协议要求检查低倍流线。

6.5 无损检验

经最终热处理后的锻件，应 100%进行无损检验，叶片锻件根部应按 GB/T 6402 进行超声波探伤检验，其表面应按 JB/T 9628 进行磁粉探伤。

6.6 形状与尺寸

6.6.1 叶片锻件的几何形状与尺寸抽检批次为每班次首件、中间件及末件，用专用检测框架和专用检测样板对叶片锻件各个典型截面进行检测。如用户有特殊要求，则需要用三坐标进行抽测检查。

6.6.2 锻件叶身最大厚度偏差应符合表 1 规定。

表 1 锻件叶身最大厚度偏差

单位为毫米

汽道高度 h	≤150	>150～600	>600～900	>900～1 200	>1 200
偏差	±1	$^{+2}_{-1}$	$^{+3}_{-1}$	$^{+4}_{-1}$	$^{+5}_{-2}$

6.6.3 交接基准三中心孔定位，中心孔大小和尺寸按技术协议要求，必要时在叶片锻件上划线来控制

叶片锻件的纵向基准位置。

6.7 表面质量

6.7.1 叶片锻件表面不允许有裂纹、折叠、分层，如果有表面缺陷，应对这些缺陷打磨清除，打磨凹坑应圆滑转接，打磨的深度不应超过机加工余量的1/2，宽度应不小于深度的8倍。

6.7.2 叶片锻件表面压痕、碰伤、疤痕、机械损伤等缺陷其深度不得超过机械加工余量的1/2。

7 静叶片制造表面的要求与偏差

7.1.1 汽道部分型线的粗糙度

汽道部分型线的粗糙度要求分别为：

a) 汽道的粗糙度为 $Ra1.6\ \mu m$；

b) 切面的粗糙度为 $Ra6.3\ \mu m$；

c) 两端面的粗糙度为 $Ra12.5\ \mu m$。

7.1.2 焊接坡口与焊缝的粗糙度

所有焊接坡口与焊缝的粗糙度为 $Ra12.5\ \mu m$。

7.1.3 隔板内外环的粗糙度

隔板内外环的粗糙度为 $Ra12.5\ \mu m$。

7.2 汽道部分的偏差

7.2.1 汽道高度偏差以汽道高度分挡划定，应符合表2规定。

表2 汽道高度偏差

单位为毫米

汽道高度 h	≤30	>30～120	>120～400	>400～700	>700～1 000	>1 000
偏差	±0.2	±0.3	±0.5	±0.6	±0.8	±1.0

7.2.2 汽道喉部宽度偏差以叶片百分比分挡划定，平均偏差为名义喉宽的±3%，其中15%叶片允许为名义喉宽的±10%。

7.2.3 汽道节圆直径偏差应符合表3规定。

表3 汽道节圆直径偏差

单位为毫米

汽道节圆直径 Φ	≤1 000	>1 000～1 500	>1 500～3 000	>3 000
汽道节圆直径偏差	±1.0	±1.5	±2.0	±3.0

7.2.4 汽道各截面型线与检验样板之间的间隙见附录A。

7.3 厚度偏差

7.3.1 直叶片叶型最大厚度偏差±0.15 mm。

7.3.2 扭叶片叶型最大厚度偏差值应符合表4规定。

表 4 扭叶片叶型最大厚度偏差值

单位为毫米

型面根部宽度 B_1	≤50	>50～80	>80～150	>150～300	>300
偏差	±0.2	±0.3	±0.45	±0.6	±0.9

7.3.3 出汽边的厚度偏差由设计规定。

7.4 其他

7.4.1 总出口面积偏差为±3%。

7.4.2 轴向错位偏差为±0.38 mm。

7.4.3 未规定的偏差要求由设计规定。

7.4.4 静叶片结构型式参见附录 B。

8 动叶片制造表面的要求与偏差

8.1 粗糙度

8.1.1 汽道部分的粗糙度

汽道部分的粗糙度要求分别为：

a) 叶片汽道的粗糙度，铣制叶片 *Ra* 值不大于 0.8 μm，精锻叶片 *Ra* 值不大于 1.6 μm（汽道高度 *h* 大于 350 mm 时，表面粗糙度 *Ra* 值不大于 1.6 μm）；

b) 装配内平面及内弧面表面粗糙度 *Ra* 值不大于 3.2 μm，装配背平面及背弧面表面粗糙度 *Ra* 值不大于 6.3 μm；

c) 型面与叶根圆弧过渡处表面粗糙度 *Ra* 值不大于 0.8 μm，型面与围带圆弧过渡处表面粗糙度 *Ra* 值不大于 1.6 μm，汽道两端平面部分粗糙度 *Ra* 值不大于 3.2 μm；

d) 进出汽边圆弧表面粗糙度 *Ra* 值不大于 1.6 μm；

e) 拉筋孔及倒圆角表面粗糙度 *Ra* 值不大于 1.6 μm。

8.1.2 连接件的粗糙度

连接件的粗糙度要求分别为：

a) 围带表面粗糙度 *Ra* 值不大于 3.2 μm，与叶片贴合面的围带面，其表面粗糙度 *Ra* 值不大于1.6 μm；

b) 松拉筋表面粗糙度 *Ra* 值不大于 1.6 μm；

c) 铆钉头及过渡处表面粗糙度 *Ra* 值不大于 3.2 μm。

8.2 汽道部分的偏差

8.2.1 汽道高度偏差以汽道高度分挡划定，应符合表 5 规定。

表 5 汽道高度偏差

单位为毫米

汽道高度 *h*		≤150	>150～250	>250～500	>500～700	>700～1 000	>1 000
高度偏差	有围带	±0.10	±0.15	±0.30	±0.45	±0.55	±0.70
	无围带	±0.10	±0.20	±0.35	±0.50	±0.60	±0.75

8.2.2 汽道喉部宽度偏差以叶片百分比分挡划定，平均偏差为名义喉宽的±3%，其中 15%叶片允许

为名义喉宽的±4%。

8.2.3　汽道部分各截面型线与检验样板之间的间隙见附录C。

8.3　厚度偏差

8.3.1　直叶片叶型最大厚度偏差±0.10 mm。

8.3.2　扭叶片叶型最大厚度偏差值应符合表6规定。

表6　扭叶片叶型最大厚度偏差值

单位为毫米

型面根部宽度 B_1	≤50	>50～80	>80～150	>150～300	>300
偏差	+0.20 −0.10	+0.25 −0.15	+0.35 −0.25	+0.45 −0.35	+0.70 −0.50

8.3.3　出汽边的厚度偏差由设计规定。

8.4　数控铣削加工型面的叶片

型面偏差检查采用包络线方法，包络线偏差应符合表7规定。

表7　包络线偏差

单位为毫米

			最大厚度偏差	截面偏差带	出汽边厚度偏差带
等截面叶片			+0.20 −0.20	+0.20 −0.20	+0.10 −0.05
变截面叶片	根部宽度 B	30<B≤50	+0.20 −0.20	+0.30 −0.30	+0.10 −0.05
		50<B≤80	+0.30 −0.20	+0.45 −0.30	+0.15 −0.05
		80<B≤150	+0.35 −0.25	+0.50 −0.35	+0.15 −0.05
		>150	+0.40 −0.30	+0.60 −0.40	+0.20 −0.10

8.5　型线对叶根轴向、切向的位置度

8.5.1　直叶片：在0～0.30 mm内选取。

8.5.2　扭叶片型线对叶根轴向、切向位置度应符合表8规定。

表8　扭叶片型线对叶根轴向、切向位置度

单位为毫米

汽道高度	≤150	>150～400	>400～600	>600～1 000	>1 000
位置度	0.35	0.45	0.55	0.65	0.70

8.6　其他

8.6.1　总出口面积偏差为±3%。

8.6.2　拉筋孔的偏差±0.10，拉筋孔的位置度为ϕ0.30 mm。

8.6.3　叶片铆钉头的偏差应保证铆钉头与围带孔的配合间隙不大于0.4 mm。铆钉头高度偏差±0.10 mm，铆钉头对叶根型线装配中心的对称度在0.2 mm～0.4 mm内选取。

8.6.4　叶片称重，汽道高度高于150 mm的叶片，均需称重排序，高于300 mm的叶片均需称重量矩

排序。

8.6.5 动叶片测频要求:

汽道高度大于300 mm的叶片或叶片最低阶频率小于300 Hz的叶片,装前均需测叶片单只静频,装于同一叶轮的单只叶片频率分散度不大于6%。

对整圈连接叶片的调频只需调开其三重点共振,三重点共振避开转速范围为2 820 r/min～3 090 r/min。

8.6.6 动叶片结构型式参见附录D。

9 试验方法及检验规则

按照JB/T 3073.4和JB/T 3073.5进行。

10 标记、包装和质量证明书

10.1 参照JB/T 3073.4和JB/T 3073.5。

10.2 经检查合格的静叶片成品应作如下标志:

a) 检查合格标志;

b) 熔炼炉号和热处理炉号;

c) 制造厂标记。

10.3 每批交付静叶片毛坯应附有质量证明书,其内容为:

a) 图号和订货号;

b) 材料牌号和化学成分、力学性能;

c) 冶金质量,无损检测结果;

d) 交货数量;

e) 质量检验部门负责人的签章。

附 录 A
（规范性附录）
静叶片主要结构面与检验样板的型线间隙

A.1 直叶片装配内径向面与检验样板的型线间隙

直叶片装配内径向面与检验样板的型线间隙应符合表 A.1 规定。

表 A.1 直叶片装配内径向面与检验样板的型线间隙

单位为毫米

叶片宽度 B	进汽部分	中间部分	出汽部分
<30	≤0.075	≤0.12	≤0.03
30～50	≤0.105	≤0.15	≤0.045
>50	≤0.12	≤0.18	≤0.06

A.2 直叶片装配背径向面与检验样板的型线间隙

直叶片装配背径向面与检验样板的型线间隙应符合表 A.2 规定。

表 A.2 直叶片装配背径向面与检验样板的型线间隙

单位为毫米

叶片宽度 B	进汽部分	中间部分	出汽部分
<30	≤0.075	≤0.08	≤0.03
30～50	≤0.105	≤0.15	≤0.045
>50	≤0.12	≤0.18	≤0.06

A.3 直叶片汽道内弧与检验样板的型线间隙

直叶片汽道内弧与检验样板的型线间隙应符合表 A.3 规定。

表 A.3 直叶片汽道内弧与检验样板的型线间隙

单位为毫米

叶片宽度 B	进汽部分	中间部分	出汽部分
<30	≤0.15	≤0.225	≤0.075
30～50	≤0.18	≤0.255	≤0.105
>50	≤0.21	≤0.285	≤0.135

A.4 直叶片汽道背弧与检验样板的型线间隙

直叶片汽道背弧与检验样板的型线间隙应符合表 A.4 规定。

表 A.4 直叶片汽道背弧与检验样板的型线间隙

单位为毫米

叶片宽度 B	进汽部分	中间部分	出汽部分
<30	≤0.225	≤0.30	≤0.075
30～50	≤0.155	≤0.45	≤0.12
>50	≤0.30	≤0.60	≤0.12

A.5 扭叶片内弧与检验样板的型线间隙

扭叶片内弧与检验样板的型线间隙应符合表 A.5 规定。

表 A.5 扭叶片内弧与检验样板的型线间隙

单位为毫米

型面根部宽度 B_1	型面部分		
	进汽部分	中间部分	出汽部分
≤50	≤0.225	≤0.375	≤0.15
>50～80	≤0.30	≤0.525	≤0.225
>80～150	≤0.675	≤0.90	≤0.375
>150～300	≤0.90	≤1.20	≤0.45
>300	≤1.125	≤1.50	≤0.75
注：当叶片汽道高度大于或等于 450 mm 时，允许汽道高度 2/3 以上两个截面的型线间隙不大于规定值的 150%。			

A.6 扭叶片内弧根部连接处与样板的型线间隙

扭叶片内弧根部连接处与样板的型线间隙应符合表 A.6 规定。

表 A.6 扭叶片内弧根部连接处与样板的型线间隙

单位为毫米

型面根部宽度 B_1	型面部分		
	进汽部分	中间部分	出汽部分
≤50	≤0.375	≤0.525	≤0.30
>50～80	≤0.45	≤0.675	≤0.375
>80～150	≤0.825	≤1.05	≤0.525
>150～300	≤0.975	≤1.35	≤0.75
>300	≤1.20	≤1.65	≤1.05

A.7 扭叶片背弧与样板的型线间隙

扭叶片背弧与样板的型线间隙应符合表 A.7 规定。

表 A.7 扭叶片背弧与样板的型线间隙

单位为毫米

型面根部宽度 B_1	型面部分		
	进汽部分	中间部分	出汽部分
≤50	≤0.375	≤0.45	≤0.225
>50～80	≤0.375	≤0.75	≤0.225
>80～150	≤0.90	≤1.20	≤0.45
>150～300	≤1.20	≤1.80	≤0.60
>300	≤1.275	≤2.25	≤0.75
注1：当叶片汽道高度大于或等于450 mm时，允许汽道高度2/3以上两个截面的型线间隙不大于规定值的150%。 注2：叶片内背弧型线与样板的最大型线间隙不得在内背弧相对应部分同时出现。			

A.8 扭叶片背弧根部连接处与样板的型线间隙

扭叶片背弧根部连接处与样板的型线间隙应符合表A.8规定。

表 A.8 扭叶片背弧根部连接处与样板的型线间隙

单位为毫米

型面根部宽度 B_1	型面部分		
	进汽部分	中间部分	出汽部分
≤50	≤0.45	≤0.525	≤0.30
>50～80	≤0.525	≤0.90	≤0.375
>80～150	≤1.05	≤1.35	≤0.60
>150～300	≤1.35	≤1.575	≤0.75
>300	≤1.50	≤1.725	≤0.90

附 录 B
（资料性附录）
静叶片结构型式

B.1 型面

叶片型面的结构型式可分为：

a) 直叶片；
b) 弯叶片；
c) 扭叶片；
d) 弯扭叶片。

B.2 隔板结构

隔板结构的型式可分为：

a) 激光割孔焊接结构；
b) 带冠焊接结构；
c) 带冠装配结构；
d) 直接焊接结构；
e) 电子束焊接结构。

B.3 汽封及汽封槽结构

汽封及汽封槽结构的型式可分为：

a) T形汽封；
b) 围带汽封。

附　录　C
（规范性附录）
动叶片主要结构面与检验样板的型线间隙

C.1　直叶片装配内径向面与检验样板的型线间隙

直叶片装配内径向面与检验样板的型线间隙应符合表 C.1 规定。

表 C.1　直叶片装配内径向面与检验样板的型线间隙　　单位为毫米

叶片宽度 B	进汽部分	中间部分	出汽部分
<30	≤0.05	≤0.08	≤0.02
30～50	≤0.07	≤0.10	≤0.03
>50	≤0.08	≤0.12	≤0.04

C.2　直叶片装配背径向面与检验样板的型线间隙

直叶片装配背径向面与检验样板的型线间隙应符合表 C.2 规定。

表 C.2　直叶片装配背径向面与检验样板的型线间隙　　单位为毫米

叶片宽度 B	进汽部分	中间部分	出汽部分
<30	≤0.05	≤0.08	≤0.02
30～50	≤0.07	≤0.10	≤0.03
>50	≤0.08	≤0.12	≤0.04

C.3　直叶片汽道内弧与样板的型线间隙

直叶片汽道内弧与样板的型线间隙应符合表 C.3 规定。

表 C.3　直叶片汽道内弧与样板的型线间隙　　单位为毫米

叶片宽度 B	进汽部分	中间部分	出汽部分
<30	≤0.10	≤0.15	≤0.05
30～50	≤0.12	≤0.17	≤0.07
>50	≤0.14	≤0.19	≤0.09

C.4　直叶片汽道背弧与样板的型线间隙

直叶片汽道背弧与样板的型线间隙应符合表 C.4 规定。

表 C.4　直叶片汽道背弧与样板的型线间隙

单位为毫米

叶片宽度 B	进汽部分	中间部分	出汽部分
<30	≤0.15	≤0.20	≤0.05
30～50	≤0.17	≤0.30	≤0.05
>50	≤0.20	≤0.40	≤0.08

C.5　扭叶片内弧与样板的型线间隙

扭叶片内弧与样板的型线间隙应符合表 C.5 规定。

表 C.5　扭叶片内弧与样板的型线间隙

单位为毫米

型面根部宽度 B_1	型　面　部　分		
	进汽部分	中间部分	出汽部分
≤50	≤0.15	≤0.25	≤0.10
>50～80	≤0.20	≤0.35	≤0.15
>80～150	≤0.45	≤0.60	≤0.25
>150～300	≤0.60	≤0.80	≤0.30
>300	≤0.75	≤1.00	≤0.50
注：当叶片汽道高度大于或等于 450 mm 时，允许汽道高度 2/3 以上两个截面的型线间隙不大于规定值的 150%。			

C.6　扭叶片内弧根部连接处与样板的型线间隙

扭叶片内弧根部连接处与样板的型线间隙应符合表 C.6 规定。

表 C.6　扭叶片内弧根部连接处与样板的型线间隙

单位为毫米

型面根部宽度 B_1	型　面　部　分		
	进汽部分	中间部分	出汽部分
≤50	≤0.25	≤0.35	≤0.20
>50～80	≤0.30	≤0.45	≤0.25
>80～150	≤0.55	≤0.70	≤0.35
>150～300	≤0.65	≤0.90	≤0.50
>300	≤0.80	≤1.10	≤0.70

C.7　扭叶片背弧与样板的型线间隙

扭叶片背弧与样板的型线间隙应符合表 C.7 规定。

表 C.7 扭叶片背弧与样板的型线间隙

单位为毫米

型面根部宽度 B_1	型面部分		
	进汽部分	中间部分	出汽部分
≤50	≤0.25	≤0.30	≤0.15
>50～80	≤0.25	≤0.50	≤0.15
>80～150	≤0.60	≤0.80	≤0.30
>150～300	≤0.80	≤1.00	≤0.40
>300	≤0.85	≤1.20	≤0.50

注1：当叶片汽道高度大于或等于 450 mm 时，允许汽道高度 2/3 以上两个截面的型线间隙不大于规定值的 150%。

注2：叶片内背弧型线与样板的最大型线间隙不得在内背弧相对应部分同时出现。

C.8 扭叶片背弧根部连接处与样板的型线间隙

扭叶片背弧根部连接处与样板的型线间隙应符合表 C.8 规定。

表 C.8 扭叶片背弧根部连接处与样板的型线间隙

单位为毫米

型面根部宽度 B_1	型面部分		
	进汽部分	中间部分	出汽部分
≤50	≤0.30	≤0.35	≤0.20
>50～80	≤0.35	≤0.60	≤0.25
>80～150	≤0.70	≤0.90	≤0.40
>150～300	≤0.90	≤1.05	≤0.50
>300	≤1.00	≤1.15	≤0.60

附　录　D
（资料性附录）
动叶片结构型式

D.1　型面

叶片型面的结构型式可分为：

a）　直叶片；

b）　扭叶片；

c）　弯扭叶片。

D.2　叶根结构

叶片的叶根结构型式可分为：

a）　菌形叶根；

b）　枞树形叶根；

c）　叉形叶根；

d）　T 形叶根。

D.3　连接件结构型式

围带的结构型式可分为铆接围带、自带围带等。

拉筋的结构型式可分为松拉筋、凸台拉筋等。

参 考 文 献

[1] GB/T 222 钢的成品化学成分允许偏差
[2] GB/T 223(所有部分) 钢铁及合金化学分析方法
[3] GB/T 228.1 金属材料 拉伸试验 第1部分:室温试验方法
[4] GB/T 229 金属材料 夏比摆锤冲击试验方法
[5] GB/T 231(所有部分) 金属材料 布氏硬度试验

ICS 47.020.60
U 60

中华人民共和国国家标准

GB/T 28560—2012/IEC 60092-507:2008

船舶电气设备　小船

Electrical installations in ships—Small vessels

(IEC 60092-507:2008,IDT)

2012-06-29 发布　　2012-11-01 实施

中华人民共和国国家质量监督检验检疫总局
中国国家标准化管理委员会　发布

前　言

本标准按照 GB/T 1.1—2009 给出的规则起草。

本标准使用翻译法等同采用 IEC 60092-507:2008《船舶电气设备　第 507 篇　小船》。

与本标准中规范性引用的国际文件有一致性对应关系的我国文件如下：

——GB/T 4208—2008　外壳防护等级(IP 代码)(IEC 60529:2001,IDT)

——GB/T 10250　船舶电气与电子设备的电磁兼容性(GB/T 10250—2007,IEC 60533:1999,IDT)

——GB/T 10963.1　电气附件　家用和类似场所用过流保护断路器　第 1 部分:用于交流的断路器(GB/T 10963.1—2005,idt,IEC 60898-1:2002)

——GB/T 11918　工业用插头、插座和耦合器　第 1 部分:通用要求(GB/T 11918—2001,idt,IEC 60309-1:1999)

——GB/T 11919　工业用插头、插座和耦合器　第 2 部分:带插销和插套的电器附件的尺寸互换性要求(GB/T 11919—2001,idt,IEC 60309-2:1999)

——GB/T 17729　小艇　电气装置　防止点燃周围可燃性气体的保护(GB/T 17729—1999,idt,ISO 8846:1990)

——GB/T 18380.11～18380.13　电缆和光缆在火焰条件下的燃烧试验　第 1 部分:单根绝缘电线电缆火焰垂直蔓延试验(GB/T 18380.11～18380.13—2008,IEC 60332-1-1～IEC 60332-1-3:2004,IDT)

——GB/T 18380.32　电缆和光缆在火焰条件下的燃烧试验　第 22 部分:垂直安装的成束电线电缆火焰垂直蔓延试验(GB/T 18380.32—2008,IEC 60332-3-22:2000,IDT)

——GB/T 18821　小艇　液化石油气(LPG)系统(GB/T 18821—2002,ISO 10239:2000,IDT)

——GB/T 19917—2005　小艇　艇主手册(GB/T 19917—2005,ISO 10240:2002,IDT)

——GB/T 20637　船舶电气装置　船用电力电缆　一般结构和试验要求(GB/T 20637—2006,IEC 60092-350:2001,IDT)

——GB/T 20703　船舶电气装置　加热和烹调电器(GB/T 20703—2006,IEC 60092-307:1980,IDT)

——GB/T 20847.1　小艇　防火　第 1 部分:艇体长度不大于 15 m 的艇(GB/T 20847.1—2007,ISO 9094-1:2003,IDT)

——GB/T 21065　船舶电气装置　安装和完工试验(GB/T 21065—2007,IEC 60092-401:1980,IDT)

——GB/T 22189—2008　船舶电气设备　专辑　液货船(IEC 60092-502:1999,IDT)

——GB/T 22191　船舶电气设备　设备　灯具和附件(GB/T 22191—2008,IEC 60092-306:1980,IDT)

——GB/T 22193　船舶电气设备　设备　半导体变流器(GB/T 22193—2008,IEC 60092-304:1995,IDT)

——GB/T 22194　船舶电气设备　设备　电力和照明变压器(GB/T 22194—2008,IEC 60092-303:1980,IDT)

——GB/T 22195　船舶电气设备　设备　低压开关设备和控制设备组合装置(GB/T 22195—2008,IEC 60092-302:1997,IDT)

请注意本文件的某些内容可能涉及专利。本文件的发布机构不承担识别这些专利的责任。

本标准由中国船舶工业集团公司提出。

本标准由全国海洋船标准化技术委员会(SAC/TC 12)归口。

本标准起草单位:中国船舶工业综合技术经济研究院、大连海大船舶导航国家工程研究中心有限责任公司。

本标准主要起草人:申宏斌、孙娇燕、严苹、庞福文、李森。

船舶电气设备　小船

1　范围

本标准规定了小船电气系统的设计、建造、安装和试验要求。

本标准适用于内河和海上航行的船长不大于 50 m 或总登记吨不超过 500 GRT 的小船。

本标准不适用于仅用蓄电池为发动机启动和航行灯供电的小船，该蓄电池是由船内或船外驱动发动机的交流发电机充电。

注 1：对于电压超过 250 V 的单相交流系统、电压超过 500 V 的三相交流系统、电压超过 50 V 的直流系统以及对于大于 500 GRT 或船长大于 50 m 的小船，见 IEC 60092 系列的其他标准。

注 2：请注意小船航行灯管理特殊要求的规则。

注 3：请注意，在一些国家要遵守欧盟指令有关 EMC(89/336/EEC)、低压(73/23/EEC)和通用产品安全(92/59/EEC)的要求。另外，欧盟指令 97/70 适用于长度为 24 m 以及以上的渔船，欧盟指令 98/18/EC 适用于客船。也请注意有关娱乐艇的指示文件 94/25/EC 和 2003/44/EF。对于高速船，请注意高速船安全规则(HSC 规则)。

本标准适用于下列单独或组合的直流和交流电气系统：

a)　额定电压不超过 50 V 直流系统；

注：例如，对于许多小船是主电气系统。一艘小船可以配备一个交流系统作为主电气系统，也可以配备一个直流系统，用蓄电池组为导航和通信设备供电。

b)　额定电压不超过 250 V 单相交流系统；

注：此系统可以是小船的主供电系统或当连接岸电时仅是一个充电系统。交流超低压、安全超低压和其他电路也可以包括部分单相交流系统电路。小船也可以配备上述 a)中要求的直流系统。

c)　额定电压不超过 1 000 V 的三相交流系统。

注：三相系统可能是小船电气设备的主电源系统。小船也可以配备单相交流子系统和直流子系统。

2　规范性引用文件

下列文件对于本文件的应用是必不可少的。凡是注日期的引用文件，仅注日期的版本适用于本文件。凡是不注日期的引用文件，其最新版本(包括所有的修改单)适用于本文件。

GB/T 6994—2006　船舶电气设备　定义和一般规定(IEC 60092-101:1994,IDT)

IEC 60079(所有部分)　含爆炸气体大气环境电气设备(Explosive atmospheres)

IEC 60092-201:1994　船舶电气设备　第 201 部分:系统设计　总则(Electrical installations in ships—Part 201:System design—General)

IEC 60092-202:1994　船舶电气设备　第 202 部分:系统设计　防护(Electrical installations in ships—Part 202:System design—Protection)

IEC 60092-301:1980　船舶电气设备　第 301 部分:设备　发电机和电动机(Electrical installations in ships—Part 301:equipment—Generators and motors)

IEC 60092-302　船舶电气设备　设备　低压开关设备和控制组合装置(Electrical installations in ships—Part 302:Low-voltage switchgear and controlgear assemblies)

IEC 60092-303　船舶电气设备　设备　电力和照明变压器(Electrical installations in ships—Part 303:Equipment—Transformers for power and lighting)

IEC 60092-304 船舶电气设备 设备 半导体变流器(Electrical installations in ships—Part 304: Semiconductor convertors)

IEC 60092-306 船舶电气设备 设备 灯具和附件(Electrical installations in ships—Part 306: Equipment—Luminaires and accessories)

IEC 60092-307 船舶电气装置 加热和烹调电器(Electrical installations in ships—Part 307: Equipment—Heating and cooking appliances)

IEC 60092-350 船舶电气装置 船用电力电缆 一般结构和试验要求(Electrical installations in ships—Part 350:Shipboard power cables—General construction and test requirements)

IEC 60092-352:2005 船舶电气设备 第352部分:电缆的选择和安装(Electrical installations in ships—Part 352:Choice and installations of electric cables)

IEC 60092-401 船舶电气装置 安装和完工试验(Electrical installations in ships—Part 401:Installation and test of completed installation)

IEC 60092-502 船舶电气设备 专辑 液货船(Electrical installations in ships—Part 502:Tankers—Special features)

IEC 60092-504:2001 船舶电气设备 第504部分:特性 控制和仪表(Electrical installations in ships—Part 504:Special features—Control and instrumentation)

IEC 60309-1 工业用插头、插座和耦合器 第1部分:通用要求(Plugs, socket-outlets and couplers for industrial purposes—Part 1:General requirements)

IEC 60309-2 工业用插头、插座和耦合器 第2部分:带插销和插套的电器附件的尺寸互换性要求(Plugs, socket-outlets and couplers for industrial purposes—Part 2:Dimensional interchangeability requirements for pin and contact-tube accessories)

IEC 60332-1(所有部分) 电缆和光缆在火焰条件下的燃烧试验 第1部分:单根绝缘电线电缆火焰垂直蔓延试验(Tests on electric and optical fibre cables under fire conditions—Part 1:Test for vertical flame propagation for a single insulated wire or cable)

IEC 60332-3-22 电缆和光缆在火焰条件下的燃烧试验 第22部分:垂直安装的成束电线电缆火焰垂直蔓延试验(Tests on electric cables under fire conditions—Part 3-22: Test for vertical flame spread of vertically mounted bunched wires or cables—Category A)

IEC 60529 外壳防护等级(IP代码)(Degrees of protection provided by enclosures(IP Code))

IEC 60533 船舶电气与电子设备的电磁兼容性(Electrical and electronic installations in ships—Electromagnetic compatibility)

IEC 60536 按照电压保护划分电气和电子设备等级(Classification of electrical and electronic equipment with regard to protection against)

IEC 60898-1 电气附件 家用和类似场所用过流保护断路器 第1部分:用于交流的断路器(Electrical accessories—Circuit-breakers for overcurrent protection for household and similar installations—Part 1:Circuit-breakers for a. c. operation)

IEC 60945 海上导航和无线电通信设备及系统 一般要求 测试方法和要求的测试结果(Maritime navigation and radiocommunication equipment and systems—General requirements—Methods of testing and required test results)

IEC 60947-7-1 低压开关和控制装置 第7-1部分:辅助器件 铜导体的接线端子排(Low-voltage swithgear and controlgear and controlgear—Part 7-1:Ancillary equipment-Terminal blocks for copper conductors)

ISO 8846 小艇 电气装置 防止点燃周围可燃性气体的保护(Small craft—Electrical devices—Protection against ignition of surrounding flammable gases)

ISO 9094-1 小艇 防火 第1部分:艇体长度不大于15 m的艇(Small craft—Fire protection—Part 1:Craft with a hull length of up to and including 15 m)

ISO 9094-2 小艇 防火 第2部分:艇体长度大于15 m的艇(Small craft—Fire protection—Part 2:Craf with a hull length of over 15 m)

ISO 10239 小艇 液化石油气(LPG)系统(Small craft—Liquefied petroleum gas(LPG)systems)

国际海上人命安全公约(SOLAS):1974,修正案(1983)(International Convention for the Safety of Life at Sea(SOLAS):1974 Amendment(1983))

3 术语和定义

GB/T 6994界定的以及下列术语和定义适用于本文件。

3.1 一般要求

3.1.1

安全电压 safety voltage

用安全隔离变压器或隔离线圈的转换器隔离的电路中,导体之间或导体与地之间的交流电压均方根值不超过50 V。

与高压电路隔离的电路中,导体之间或导体与地之间不超过50 V的直流电压。

注1:在某些条件下,例如潮湿环境或恶劣海况中,或直接接触带电部件,考虑降低此50 V限值。

注2:不管是满载还是空载都不可超过电压限值,但在本定义中,假设变压器或变流器是在其额定供电电压下工作的。

[GB/T 6994—2006,3.19]

3.1.2

重要用电设备 essential services

对船舶航行、驾驶或操纵,或人身安全,或船舶特殊性能(例如特殊用途)非常重要的设备。

[GB/T 6994—2006,3.4]

3.1.3

接地 earthed

与船体的电气连接,用以确保在任何情况下发生突然放电时不发生危险。

注1:一个导体直接接到船体的接地线路中,而没有串接任何熔断器、开关、断路器、电阻器或阻抗器时,则认为此导体是“直接接地”。

注2:在美国用“grounded”代替“earthed”。

[GB/T 6994—2006,3.9]

3.1.4

发动机负极 engine negative terminal

与蓄电池系统的负极端电缆连接的发动机接线端。

3.2 直流配电系统

3.2.1

直流双线系统 two-wire d.c. system

仅由负载接于其间的两根导线组成的直流系统。

[IEC 60092-201:1994,2.2.1]

3.3 交流配电系统

3.3.1

单相双线交流系统　single-phase two-wire a. c. system

仅由负载接于其间的两根导线组成的交流单相系统。

[IEC 60092-201:1994,2.3.1]

3.3.2

单相三线交流系统　single-phase three-wire a. c. system

由两根导线和一根中线组成的,其中两外侧导线或其中中线与任一外侧导线供电的,且此中线仅承载差额电流的单相交流系统。

[IEC 60092-201:1994,2.3.2]

3.3.3

三相三线系统　three-phase three-wire system

由与三相电源连接的三根线所组成的系统。

[IEC 60092-201:1994,2.3.3]

3.3.4

三相四线系统　three-phase four-wire system

由四根导线所组成的其中三根导线连接于三相电源,第四根导线连接于电源中性点的系统。

[IEC 60092-201:1994,2.3.4]

3.4 保护

3.4.1

最终电路　final circuit

最后一级过流保护装置之后延伸的部分布线系统。

[GB/T 6994—2006,3.17 修正定义]

3.4.2

过电流保护装置　overcurrent protection device

在预定时间当电流超过一个预定值时断开电路的装置,例如熔断器或断路器。

3.4.3

熔断器　fuse

由单一熔丝或由特殊设计和按比例组成的装置,将它接入电路后,当电流超过限定值足够的时间,它将开路。熔断器包括构成的全部零件。

3.4.4

断路器　circuit-breaker

在正常电路下能够有接通、承载和切断电路的机械开关装置,也能够在特殊时间搭接、接通和在异常情况下,切断电路,例如短路。

3.4.5

漏电流装置　residual (differential) current device (RCD)

接地故障电路断路器　ground-fault circuit interrupter (GFCI)

设计用于在正常使用条件下接通和切断电流的机械开关,并在特殊条件下,当剩余电流达到给定值时断开触点。

3.4.6

低压开关装置和控制装置　low-voltage switchgear and controlgear

连同控制、测量、信号、保护和调节装置等，一个或多个低压开关的组合装置，通常设置在配电板内。

注：装置包括断路器、熔断器、开关、仪表和显示器。

3.4.7

防护导体　protective conductor

提供用于安全连接到小船的主接地的导体，例如，非金属船体小船上的电子设备，靠近其暴露的和外部的导电连接的防电击穿的防护。

注：在这种情况下，金属船体的小船，暴露和非暴露的导电部件可以通过永久的可靠的金属跨接到船体，金属接合点的阻抗可以忽略。

[IEV 195-02-09，修正案]

3.4.8

跨接　bond

非载流导体部件之间的连接，用以保证电气连接的连续性或者是使邻接段例如电缆的铠装或铅包、舱壁等部件之间的电位相等，例如：无线电收信室内电缆与舱壁之间。

[GB/T 6994—2006，3.7]

3.4.9

中性导体　neutral conductor

连接到中点能有助于电力配电的导体。

[IEV 195-02-06]

3.4.10

护套　sheath

均匀的、连续的金属或非金属管状保护层，通常是挤压成形的。

[IEV 151-12-41，修正案]

3.5　装置

3.5.1

电缆槽　cable trunking

将绝缘导线、电缆、软线完全包围起来和为适应其他电气设备而设的由一可拆卸的盖和一底座组成的密闭型包封系统。

[IEV 442-02-34，修正案]

3.5.2

可达性(用于装置)　accessible (as applied to equipment)

一个物体或设备可以被人偶然触及，或者靠近到安全距离以内的特性。适用于没有合适防护或绝缘的物体。

[GB/T 6994—2006，3.5]

3.5.3

防脱扁形接线端子　captive-spade terminal

当螺纹终端扣件松动时，对螺丝钉或柱头螺栓连接也能维持的导体端子元件。

3.5.4

合格安全型设备　certified safe type equipment

按 IEC 60079 系列标准设计和构造的设备。

3.5.5

岸电插座插口　shore-power socket inlet

为了电能转换进行的电连接，装配在小船上设计的一种遮挡型式的插头装备，可以连接到岸电电缆末端的小船上的插座连接器。

3.5.6

变压器　transformer

在输入和输出以及防护导体之间起绝缘分离作用的变压器。

3.5.7

发电机　generator

在小船上产生直流或交流电能，向电气系统供电的设备。

注：发电机以最简单的型式，可以是一个被发动机驱动的带有整流器的、为小船的超低压系统充电的交流发电机。它也可能是太阳能板、风力或水力的发电机或者是燃料电池。

[IEV 411-32-01，修正案]

3.5.8　蓄电池　battery

3.5.8.1

透气型蓄电池　vented cell

允许电解和蒸发反应产生的气体从蓄电池散至大气并且能够增加电解液的蓄电池。

3.5.8.2

密封型蓄电池　sealed cell

不超出制造商的限定，封闭并且不释放或获得气体或液体物质的蓄电池（蓄电池可以装备在防止产生危险的内部高压安全设备使用）。

3.5.8.3

阀控型蓄电池　valve regulated battery

是一种封闭的蓄电池，其具有一装置（阀），当内部压力超过某一预先设定值时，此装置允许其内气体逸散。电解液通常不可更换。

4　一般要求

4.1　工作能力

导体、开关装置和附件应适用于期望的环境和工作条件，能够承受预期的负载和电动机启动时的瞬态电流，不会引起危险、脱扣或过热。

4.2　环境空气和冷却水温度

电子设备应设计成在表1（见GB/T 6994—2006表4）规定的不同温度参数条件下能正常工作。

表 1　设计参数——温度

参数		单位数值	设备种类
相关标准	章条号		
高气温		℃	
IEC 60092-201:1994	3.3	45	电缆
IEC 60092-301:1980	3.1(表 A.1)	50	发电机和电动机
IEC 60092-352:2005	3.3.4	45	电缆
IEC 60092-502:1994	A.2.1.3，A.3.1.3，A.3.2.3.3	50	合格安全型设备(用于液货船)
IEC 60092-504:1994	3.2	55	控制装置和测量仪表
低气温		℃	
		5	一般设备
		−25	敞开甲板
高水温		℃	
IEC 60092-301:1980	3.1(表 A.1)	30	发电机和电动机

4.3　小船倾斜

小船从正常状态倾斜至表 2(GB/T 6994—2006 表 6)的规定值的时，电气装置应能连续、满意地工作。

注：仅适用于帆船，应考虑在任一航向上 45°最大横倾角。

表 2　角度偏离和运动

静态条件	围绕纵轴的倾斜(横倾)	
	一般状态[a,b]	±15°
	应急状态	±22°30′
	围绕横轴的倾斜(纵倾)	
	应急状态[a]	±10°
动态条件	围绕纵轴转动(横摇)[c]	±22°30′
	围绕横轴转动(纵摇)[c]	±7°30′

[a] 船的倾斜角度可以在上述内任意角度的组合。

[b] 对运载散装液化气体船和危险化学品船，参照 1983 年对 SOLAS(1974)的修正案卷Ⅱ和Ⅲ。

[c] 这些运动可能同时发生。

4.4　电压和频率变化

在配电系统正常运行中可能出现的正常电压和频率变化以及谐波畸变情况下，电气设备应能工作。

4.4.1 直流系统

所有直流设备应在蓄电池端子的标称电压偏差为＋10％情况下工作。

在蓄电池端子的最低电压下，小船重要用电设备应保持运行。

注：当蓄电池充电器/蓄电池组用作直流电源时，蓄电池充电、快速充电和放电期间应进行测量，以保持电压在规定限值内。

4.4.2 交流系统

在下列范围内系统应正常工作：

a） 频率：±5％；

b） 电压：＋6％～－10％；

c） 单次谐波畸变：＜3％；

d） 总谐波畸变：＜5％。

表3规定了小船供电系统的标称电压和频率推荐值允许的最大电压。

表3 小船供电系统的交流电压和频率

应　用	推荐的标称电压 V	推荐的标称频率 Hz	最大电压 V
1 固定的和永久连接的电力，烹调和加热设备	单相 120/230 三相 400/440	单相/三相 50 或 60	单相 250 三相 1000
带接地的给设备供电的电源插座	单相 120/230		单相 250
2 固定的照明设备及不用于1和3项所述目的而是用于带加强绝缘或双绝缘或由软线或电缆连接且有保护导体的电器的电源插座	单相 120/230	单相 50 或 60	单相 250
3 用于需要有额外预防电击措施之处的电源插座 a）用线不用隔离变压器供电；	单相 24	单相 50 或 60	单相 55
b）在使用一安全隔离变压器只给一个用电设备供电之处。这种系统的两根导线都应与地绝缘	120/230	50 或 60	250
注：允许使用 IEC 60092-201 中所给额定电压。			

4.5 电源

小船的电源可以由发电机和/或主蓄电池组提供，应有足够的容量保证重要用电设备的供电。

4.5.1 蓄电池供电的直流系统

4.5.1.1 用电启动内燃机作为唯一推进手段的小船应配置两个或两组蓄电池，每一个或一组都有足够的能力启动发动机。

4.5.1.2 一个蓄电池或一组蓄电池用于启动发动机，其他用于保障小船的用电。蓄电池或蓄电池组可以选择为哪些设备供电，并在紧急情况下，两个蓄电池组可以并行工作，以协助发动机启动。如果需要，也可以配有特殊快速充电配置,让一个发电机为两个或更多的蓄电池重新充电。

4.5.1.3 通过在每个蓄电池或蓄电池组正极导体开关,每个主蓄电池组应能够与直流系统隔离,通常情况下,通过每一蓄电池或蓄电池组的正极开关实现。隔离开关功能可以与上述供电功能结合。蓄电池选择开关或控制应安装在容易接近的地方,尽可能靠近蓄电池或蓄电池组。

4.5.1.4 隔离开关不应安装在蓄电池舱或蓄电池柜内,如果使用遥控隔离开关,还应允许安全手动操作。

4.5.1.5 下列系统仍可以连接在隔离开关和蓄电池之间:

a) 带保护式存储器的电子设备,例如舱底泵和警报器等保护装置,如果单独用断路器或熔断器作保护,同样应放置在靠近蓄电池端的位置;

b) 发动机/油柜舱的通风排气,如果分别由熔断器或断路器单独保护,应放置在接近蓄电池端的位置;

c) 船舶处于无人值班状态需要使用的充电设备(例如太阳能板,风力发电机),如果由断路器或熔断器单独保护,应放置在接近蓄电池端的位置。

4.5.1.6 蓄电池的选择/隔离开关的最小连续额定电流应至少经得起主断路器的额定和起动马达电路间歇性负载的最大电流值,或馈电导体的额定电流,以较小值为准。发动机启动电动机电路可以安装一个单独的蓄电池断路开关。

4.5.2 直流发电机

4.5.2.1 使用蓄电池组为船上电气设备和重要用电设备供电的,可使用安装到推进设备上且带内置式整流器和调节器的交流发电机。

4.5.2.2 发电机(发电机组)应能够为所有负荷供电,并能同时在10 h内为主充电蓄电池充电到80%容量的能力。

4.5.2.3 风力直流发电机、拖曳式叶轮驱动发电机和光伏系统,应安装调整装置,以便它们所连接的蓄电池电压不超过电池的电液泡电压。

4.5.3 交流系统

4.5.3.1 可由以下一个或一个组合电源为系统的设计负荷提供所需的电源:

a) 每艘船由一个或多个岸电电缆,以及相关的电源插口、接线和组件,提供系统设计负荷所需的电源;

b) 来自小船直流系统的逆变器供应交流电源;

c) 船上交流发电机(发电机组)所需的系统负荷供电;

d) 如果同时使用岸电(一组电缆)和船上发电机(发电机组),船上的电路应安排使负载连接的每个电源与其他电源隔离。

4.5.3.2 单个电路不应同时与一个以上的电源接通。两个或更多的三相发电机,完全同步时,应视为一个电源。每个岸电插座、发电机或逆变器应视为单独的交流电源。从一个电源电路到另一个电路的转换应在开始前关闭所有其他电源电路的载流导体,以防止导体之间的击穿电弧,通过机械或机电互锁的方法加以保证。在改变电源的同时,应切断所有的载流导体。

4.5.4 交流发电机

4.5.4.1 一台交流发电机可由原动机驱动、推进机械或是轴带发电机驱动。

4.5.4.2 应作为交流系统的主电源,并由单台发电机组成,应提供一种启动发电机的替换方法。

4.5.4.3 包括轴带发电机和/或静态转换器/逆变器的发电机应符合IEC 60092-301和IEC 60092-304的有关规定。

4.5.4.4 来自发电机的馈线导线应当足以承受发电机的热容量，并应有满足 IEC 60092-202 要求的带过电流保护装置的发电机予以保护。

注：一个例外可能为自限性（自调节）发电机，其最大过载电流不超过额定输出电流的 120%，这些并不需要额外的外部过流保护。

4.5.4.5 负载产生的谐波畸变或高负荷充电不应影响供电的连续性。

4.5.4.6 原动机、传输系统和发电机的设计在额定电压和速度运行时，应能在发电机端承受最严重的短路状态而无损害影响。

4.5.4.7 如果要求同步并联运行几台发电机，则应满足 IEC 60092 系列其他标准的有关条文规定。

4.5.5 测量仪表

所有指示仪表的正常满负荷值应在仪表刻度上用红色标示，当使用数字仪表时应安装适当的标志。

4.5.5.1 蓄电池用仪表

主蓄电池组应至少提供电压表（可在各组蓄电池之间可转换）和电流表。另外，所有蓄电池状态检测装置应安装监控器和显示器，以显示蓄电池（蓄电池组）的状态。

4.5.5.2 直流发电机用仪表

4.5.5.2.1 非并联运行的输出功率为 2 kW 或以上的发电机，应至少配备电压表和电流表。

4.5.5.2.2 并联运行的发电机中的每台发电机应配备电压表（或所有发电机配备电压表和可将其连接到每一台发电机的转换开关）和电流表，此外每个母线分段应配备电压表。

4.5.5.2.3 对于装有均压线的复励发电机，电流表应连接到与该发电机串励绕组相连接的极性相反的极上。

4.5.5.3 交流发电机用仪表

4.5.5.3.1 非并联运行的发电机，除小于 2 kW 的单相发电机外，至少应配备电压表、频率计以及每相的电流表（或带有选择开关能使其测量各相电流的电流表）。大于 15 kVA 的发电机应提供频率计。

4.5.5.3.2 并联运行的发电机应配备功率计，每相一只电流表（或带有选择开关能恢复测量各相电流的电流表）。功率计的逆功率的能力应大于发电机全负载功率等级的 15%。为了并联运行，应配备两只电压表，两个频率计和包含一只同步显示器和指示灯的一台同步装置或相应装置。电压表和频率计应连接到母线，而另一只电压表和频率计则可通过选择开关测量任一台发电机的电压和频率。

注：当运行的发电机与中性接地的仪表并联，确保由谐波引起的均电流不能超过有害值。来自发电机制造商的参考资料可以做指导。

4.6 设备

4.6.1 变压器

4.6.1.1 电力和照明用变压器以及稳态变流器、起动变压器、静态均衡器、饱和电抗器和磁放大器均应符合 IEC 60092-303 的规定，包括额定功率小于 1 kVA 的单相变压器和小于 5 kVA 的三相变压器在内。

4.6.1.2 变压器应安装在通风良好的地方。其连接可以采取适当的措施，防止诸如机械损伤、冷凝和腐蚀等。

4.6.1.3 不应使用含有多氯化联（二）苯（PCB）液体的变压器。

4.6.2 变流器/逆变器

4.6.2.1 变流器/逆变器的安装应保证其周围的空气循环不受阻碍，以使其冷却入口的空气温度不超过环境温度。

4.6.2.2　采用自然空气冷却应设计成具有足够的通风口，或具有足够的冷却表面以发散热量，以使全封闭的设备能在设计温度限值内运行。

4.6.2.3　变流器/逆变器不应装在诸如发动机排风管等热源附近。

4.6.2.4　变流器/逆变器的结构应制造成不用拆散整个机器就能拆除部件。

4.7　电气设备和外壳

4.7.1　一般要求

通风系统应保持设备在设计的工作最高环境温度以下运行。电气设备外壳应有足够的机械强度和刚度，并在小船正常运行时该设备不会受船体构造变形、振动或运动的影响。开关设备和控制设备应符合 IEC 60092-302 要求。

4.7.2　设备和外壳的防护等级

应采取外壳保护，防止电气设备的带电部分被意外接触。接触电气系统带电部件应使用手工工具或有至少 IP2X 的保护。电气设备不同位置的最低防护等级要求见表 4。

表 4　符合 IEC 60529 要求的防护等级

安装地点举例	发电机	电动机	变压器	配电板和控制装置	仪表	开关	照明装置	附具
舵机舱（花钢板以上）和控制室	IP22	IP22	IP22	IP22	IP22	IP22	IP22	IP44
蓄电池室							IP44+(EX)	
一般贮藏室、供给室		IP22				IP44	IP44	IP44
封闭的驾驶室、居住舱室		IP22	IP22	IP22	IP22	IP22	IP22	IP22
潮湿处所，通风管道和机舱（花钢板以上）	IP44	IP44	IP44	IP44	IP44	IP55	IP44	IP55
机舱（花钢板以下）[a]		IPX8			IPX8	IPX8	IPX8	
露天甲板		IP56		IP56	IP56	IP56	IP56	IP56

[a] 除上面所示之外，在机舱铺板以下不应安装电气设备。

4.7.3　防滴水

必要时，防护等级低于 IPX2 的电气设备应配备遮蓬或其他适用的设施，以防止水滴到电路部件和绝缘上。

4.7.4　电缆入口

4.7.4.1　尽可能将电缆入口置于设备和外壳的底部，并且其 IP 防护等级与设备相同。

4.7.4.2　若电缆入口位于外壳的侧面或顶部，则不应改变装置外壳的 IP 防护等级。

4.7.5　标识

所有电子装置和外壳应有以下标记：

——制造商；
——型号或名称；
——额定电压和电流或额定电压和功率；
——线制和频率，如果需要；
——安全类型，如果需要。

4.7.6 直流和交流的隔离

无论从单独的配电盘，或从分区配电板到各设备，交流和直流都应隔离，同时装备直流和交流电气系统的小船应具有直流和交流部分共用配电装置。

4.7.7 汇流排

4.7.7.1 汇流排及其连接件应以铜质材料制造且应设计成可耐受短路电流产生的机械应力。汇流排最高温升为45 ℃。
4.7.7.2 裸露汇流排应符合表5所示的最小电气间隙和爬电距离。

表5 裸露汇流排的最小电气间隙和爬电距离

额定绝缘电压/V	最小电气间隙/mm	最小爬电距离/mm
≤250	15	20
>250～<690	20	25
>690～<1 000	25	35

4.7.8 开关和控制器

每一个开关或控制器应有指示其用途的标牌，除非开关有明显用途，其误操作将不会造成危险。开关装置的设计和布置应使其处于关断位置时，不应因意外触动而接通电路。

4.7.9 最终电路

4.7.9.1 最终电路可以从单独的配电板或配电盘，或开关屏的配电部分得到供电。
4.7.9.2 在每一最终电路都应设置例如断路器或熔断器等保护装置，在配线系统终端导体产生的热量损坏导线绝缘之前中断电路线缆中的任何过载电流。选择、布置和工作特性应达到下列要求：

a) 通过各种保护装置选择运行，在故障条件下，使正常电路可最大程度的连续供电。
b) 通过电路或设备的电气特性和保护装置的脱扣特性配合，实现预期的过电流对电气设备和电路损坏的保护。每个熔断器和断路器的近旁应有其标记，标示预期的额定电流，以适合于保护的电路。用户手册应包括详细的电气原理图和电路，每条船的电气系统的每个熔断器和断路器与每一个熔断器和断路器保护的额定电流相一致。

4.8 插头和插座

4.8.1 交流系统

4.8.1.1 若使用接地系统，接地型的插头和插座应设置一个供保护导体用的端子。
4.8.1.2 若提供不同电压的插座，插座和插头的设计应使错误连接无法进行。

4.8.2 直流系统

小船上直流系统采用的插座和匹配的插头应不同于交流系统，且不可互换。

4.8.3 特殊位置的安装

4.8.3.1 在受雨淋、喷溅或泼洒影响的位置(开敞甲板)安装的插座最低应符合 IP 56 要求,或在不使用时罩上符合 IP 56 的外壳。当插头连接插座时应符合 IP 56 的要求。

4.8.3.2 插座安装的位置受溢流或瞬间被水淹没的影响,应采用最低符合 IP 67 要求的外壳,插头插入时也应符合 IP 67 的要求。

4.8.3.3 厨房的插座安装位置应使炊具电线可以插入,而不用在厨房炉灶或水槽上方横越或跨越通道。

4.9 蓄电池安装

4.9.1 一般要求

4.9.1.1 蓄电池安装应牢固,以防发生移动和倾斜,在小船使用期间应防止蓄电池跌落。当倾斜不超过 45°倾角时,电解液不应从蓄电池的排气口泄漏。在帆船航行时,为防止发生倾覆导致电池脱落,应充分固定电池。铅酸蓄电池和碱性蓄电池不应放置在同一舱室或箱柜内,也不应彼此接近。

4.9.1.2 安装在机舱的蓄电池,除阀控型外,应安装耐电解质作用的滴液托盘或容器。不应将蓄电池直接安装在燃油柜或燃油过滤器上方或下方。在超过蓄电池顶部 300 mm 的范围内,安装了燃油系统的任何其他的金属件应进行电气绝缘。

4.9.2 通风

4.9.2.1 放置铅酸蓄电池或碱性蓄电池的机舱应有良好通风,使氢气和氧气不能积累。

4.9.2.2 安装了蓄电池的单独封闭舱室或专用容器,应提供通风系统或其他相似方法,准许蓄电池充电过程中释放的气体能从中排放。

4.9.2.3 进入电池舱或箱柜内的空气入口应低于蓄电池的液位,而出口应在舱或箱柜内的最高点,且应采用不超过 45°的弯管直接通到大气中。

4.9.2.4 在使用机械通风之处,最小通风速率 q(以 L/h 表示) 按公式(1)计算:

$$q = 110 \times I \times n \tag{1}$$

式中:

I ——电流的数值,单位为安培(A),从表 6 中选择;

n ——串联的蓄电池数量,单位为块。

表 6 计算最小通风的参考电流

蓄电池类型	透气型湿式铅酸蓄电池[a]		阀控型铅酸蓄电池		透气型镍镉蓄电池	
最大充电电压(每块蓄电池)/V	2.23	2.4	2.27	2.4	1.4	1.55
电流 I 每 100 Ah 的正常容量/A	0.5	2.0	0.1	0.8	0.5	5
注:防护由铅酸和镍镉蓄电池所产生的静电、喷射的可燃气体和电解质引起危害的,可参考与防护相关的国家或国际标准。						
[a] Sb<3%的低维护。						

4.9.2.5 如果不能自然通风或通风量不足,则应设机械抽风。

4.9.2.6 采用机械通风的地方,充电系统(几个充电系统)应与机械通风装置互锁,如果通风故障,可以关掉开关。如果提供警告装置,在发生故障时应能操作。

4.9.2.7 可能会产生火花的开关和熔断器或其他设备不得放置在电池舱或容器内。

4.9.2.8 电缆进入电池舱的入口应是气密的。

4.10 蓄电池充电

4.10.1 过充电和逆充电电流保护

充电器应有防止过充电和过电压的保护，且应具有充电显示器。应采取充电蓄电池逆电流保护。

4.10.2 风力发电机和光伏设备

应对系统中的风力发电机或光伏电池使用的充电调节器进行专门设计。可以用有输出限压器的蓄电池充电装置，对蓄电池设置合适的电压。

4.11 内部通信电路

若通信电路的电源直接来自电力或照明电路，且超过了安全电压，则所有设备应符合最终电路的要求。

4.12 防爆电气设备

在爆炸气体环境中拟使用的电气设备，或在可能聚集可燃气体、可燃蒸汽或爆炸埃尘的地方，诸如汽油机、燃油柜或汽油系统各部件间的管接头或其他连接器在之处，以及在装有液化石油气（LPG）罐和/或压力舱室或小间内安装的电气设备，应符合 IEC 60079 系列标准和/或 ISO 8846、ISO 10239、ISO 9094-1 和 ISO 9094-2。

注：为暴露于外部大气的、舱室体积的每立方米空间有 0.34 m^2 的开阔面积的开放舱室的小船制定的要求。

4.13 连接另一种金属结构的电气安装件和电缆

如果电气安装件连接到另一种金属的结构上，例如铝，则应采取适当措施防止电化学蚀。

4.14 航行灯电源

4.14.1 所有航海的小船应遵守《1972 年国际海上避碰规则公约》。航行灯的构造和安装满足相关部门的要求。

4.14.2 如果需要，每个航行灯应分别连接到专用的配电板，放置在小船上容易接近的位置。在该位置应有将航行灯换接到替代电源的设施。

4.15 照明设备

4.15.1 照明设备应符合 IEC 60092-306 的相关要求。

4.15.2 可能受到机械损伤的照明设备应设有防止损伤的保护或具有特别坚固的结构。照明设备的结构和安装应适宜于其所在部位和环境。

4.16 电加热器和电炊具

电加热和烹调电器应符合 IEC 60092-307 的相关要求。

4.17 磁罗经

导体和电气设备与磁罗经应有足够的距离，或采取屏蔽措施，以使在最大负载下接通或断开电路时，外部干扰磁场可以忽略不计，引起的罗经偏差不应大于 30′。

5 配电系统

5.1 直流配电系统

直流配电系统应为：

a) 双线绝缘直流系统；

b) 或负极接地的双线直流系统。

5.2 标准交流配电系统

5.2.1 交流配电系统类型

系统应为下列任一形式，或下列形式组合：

a) 单相系统或最终电路：

1) 单相双线绝缘；

2) 单相双线中性点接地；

3) 单相双线中点接地照明及插座；

4) 单相三线中点接地，但与船体不形成回路。

b) 三相系统：

1) 三相三线绝缘三相(IT)；

2) 四线中性点接地(TN-C 型)，但与船体不形成回路；

3) 五线中性点接地(TN-S 型)，但与船体不形成回路。

5.2.2 TN 型交流系统中性线接地

5.2.2.1 交流系统的中性线应只在电源处接地，例如，船上发电机。当船连接到岸电时，除非隔离变压器被安装在小船上时，隔离变压器次极中性接地，否则，通过岸电电缆仅应岸电电源侧中性线接地。

5.2.2.2 中性接地系统的设计应使潜在的接地故障电流不会超过系统任何部分的设计能力，否则电流足以启动任何保护功能。例如中性点直接连接到地，接地回路阻抗应足够低，允许至少 3 倍的熔断器额定电流通过熔断器保护电路或任何电路使用的用于保护电路断路器跳闸电流的 1.5 倍。

5.2.3 交流系统非载流部件的接地

5.2.3.1 任何电气系统非载流部件的接地和跨接的目的，是减少对人员电击的危险和减少受接地电流影响对设备的危害。这些可能引发带电导体、感应电压和电流的绝缘故障。

5.2.3.2 对钢质船，金属横截面面积比较大的接地回路，允许使用简单接地及跨接连接(TT 和 IT 系统)，其中非载流部件可以直接跨接到船体。对非金属船，需要提供保护导体(可以是与中性导体(TN-S 型)分开的或不隔离的(TN-C 型))。

5.2.3.3 用电机械或设备的外露金属件应接地，除非该机械或设备是：

——安全电压供电；

——电源电压不超过 230 V，由隔离变压器仅为一个用电设备供电；

——按照双重绝缘的原则制造(见 6.5)。

5.2.4 交流系统中保护导体

5.2.4.1 交流保护导体应与金属船体最后连接，或者如果是非金属船体连接到船外部主接地板上(见 10.1.2)。在较大的装置上，主接地导体汇流条用来连接所有保护导体，最后应连接到适宜的位置。

5.2.4.2 保护导体的最后连接应在预计有积水的位置上方。

5.3 接地线

5.3.1 直流和交流系统中接地跨接应给予等电压和低阻抗接地故障回路，以确保保护装置正确操作。多余的电流永久和可靠的金属连接到金属船的船体，阻抗可以忽略不计的金属接头不需要由单独的接地导线连接。

5.3.2 每个接地导线应由铜或其他防腐蚀材料制成，应牢固地安装和进行必要的保护以防止损坏，并防止电化学腐蚀。

5.3.3 绝缘的跨接导体，直流和交流装置的绝缘体颜色应为绿黄色条纹。这种颜色组合不应用于载流导线。

5.4 三相交流系统中负载的平衡

最终电路中的用电装置应分组连接到三相中，在正常状态下，各分配电板和区配电板以及主配电板处每一相的负载应尽可能平衡。

5.5 岸电连接装置

5.5.1 一般要求

5.5.1.1 如果小船需要连接岸电交流电源时，在船上应安装合适的岸电接入箱，以便连接来自岸电供电插座的软电缆。当提供的岸电转换到船上的交流系统时，船上的交流中性点应安排在岸边连接接地线[即使船上装有一个隔离变压器，岸电连接时船的交流中性点应与船的地线分离(见 5.2.2)]。

5.5.1.2 应设有检查外来电源相对于船上电源系统的极性或相序(三相交流系统用)的措施。

5.5.2 船侧岸电连接件

5.5.2.1 在任何时候，小船应仅连接到一个单一岸电插座。A.1 提供了列入该船舶的用户手册里(ISO 10240)连接说明建议的详情，岸电供应场所提供的详细信息应符合 IEC 60364-7-709 的要求。

5.5.2.2 岸电软电缆应提供符合以下连接措施：

a) 符合 IEC 60309-1 或 IEC 60309-2 的插头连接到岸电插座；

b) 符合 IEC 60065 的 245 型软电缆或等效电缆，它应永久性的连接到船舶或连接到符合 IEC 60309-2 要求船上遮盖式插头型插座。

注：见 A.2 中所给示例。

5.5.3 船载交流电力系统的转换开关

对于由船载交流发电机供电的船舶，互锁转换开关应防止岸电和船电并联连接。转换开关应是适当隔离类型，并应包括所有相位和中性点。船侧的转换开关应提供一个显示器，以显示岸电通电的状态。

5.5.4 信息和连接说明

5.5.4.1 信息和说明应提供船上供电系统的全部信息，船舶的系统的额定电压和频率以及输出连接过程的完整信息。对三相连接也要给出三相交流系统的相序的信息。

5.5.4.2 船侧设备上的指示应当包括 A.1.2 中的最低要求。

6 电压大于 50 V 的交流系统的触电防护

6.1 直接接触的防护

6.1.1 应使用符合 4.7.2 要求的外壳，防止意外接触到带电部件。

6.1.2 所有外露非载流导电部件应通过保护导线直接连到钢质船体或保护地。

6.2 最终电路或装置供电的自动断开

一旦在带电部件和暴露的非带电导体部件之间出现故障，保护设备(熔断器、断路器或漏电流装置)应自动断开供电电路或装置。

注：剩余电流保护装置将提供对人员进行防护的充分等级，在大多数情况下的意外接触的危险性增加。在具有相对小的单相交流电气装置的从岸电间歇性为船舶供电，通常安装单相 RCD 保护船舶的所有交流系统。并非每一个码头或泊船锚地有漏电流装置保护岸上的标准电源插座。剩余电流装置应该有一个额定剩余操作电流不超过 30 mA 和在 150 mA 的漏电时操作时间不超过 40 ms。

6.3 中性接地系统

6.3.1 中性接地系统的电源直接接地，并且设备所有外露导电部分应通过保护导体的 TN 型系统连接到该船舶的电源系统接地的中性点。

6.3.2 在中性接地系统，特别是在狭窄的空间或特别潮湿的地方，由于可能存在传导性的特别风险，最终电路的保护性要求应为：

a) 过电流保护装置；

b) 在人员接触带电导电部件风险增加的地方的最终电路剩余电流保护装置的灵敏度最大 30 mA。

6.4 非中性接地系统(IT 型系统)

6.4.1 在需要连续供电时，IT 型系统是允许的，也可采用 TN 型系统。在 IT 系统中，无论是与地隔离或有意通过足够高的阻抗接地，船舶的相线是与地和星点绝缘的。

6.4.2 在 IT 型系统，允许一个带电部件和外露导电部分之间发生单一故障而没有自动断开，前提是要配备接地监控器或永久绝缘控制器。第二个故障将导致自动断电。对人员接触电压超过交流 50 V 所持续的时间不应引起足以造成有害风险。

注：在 IT 型系统对重要用电设备需要做出特殊安排。

6.4.3 在 IT 型系统中，由于狭窄的空间或特别潮湿的地方，可能存在传导性风险，应有特别的保护：

a) 过电流保护装置；

b) 在人员接触带电导电部件风险增加的地方，最终电路剩余电流保护装置的灵敏度最大为 30 mA。

6.5 Ⅱ级设备的使用

IEC 60536 中规定的使用Ⅱ级设备保护或用等效绝缘保护，目的是防止因基本绝缘的一个故障而在电气设备可接近的部件上出现危险的电压。

7 过电流和故障电流的防护

7.1 一般要求

7.1.1 每个电路应使用熔断器或断路器防止超载和短路。

7.1.2 选用的熔断器和断路器应符合相关 IEC 标准。

7.1.3 除另有规定外，连接到配电板或开关板的最终电路应用熔断器或断路器保护。除非在干燥的船舱，不超过安全电压的电路可由单极开关控制，最终电路不超过安全电压时可由单极开关控制，否则都使用多极开关。

7.1.4 电源电路的每个熔断器或断路器，应按照被保护的电路中最小受保护导体来设计。

7.2 保护设备的性能

每一保护设备应按以下一种方式设计：

a) 额定电流或电流设置不小于电路的设计电流；

b) 额定电流或电流设置不超过电路中导线的最低的电流承载能力；

c) 过载电流引起的操作不超过 1.45 倍的电路中导线的最低的电流承载能力；

d) 阻断和使用的能力，应与在设备安装点的可能的短路或接地故障电流保持一致。如果短路阻断和设计能力小于防护设备，应使用符合 IEC 60092-202—1994 中 6.1.3 和 6.2 要求的熔断器或断路器。

7.3 直流系统

作为最低要求，熔断器或断路器应安装在每个由蓄电池供电电路的正极，位置在蓄电池终端 200 mm 之内。如果达不到，对从蓄电池终端到电路保护熔断器或断路器的整个长度，蓄电池的每一导线应包含在一个保护盖内，例如电缆管道，分管道或线槽。下面的构成情况除外：

a) 如果以铠装或护套防止磨损和接触导电表面，从蓄电池到发动机启动电动机可用主电源电力馈线电缆；

b) 如果以铠装或护套防止磨损和接触导电表面，从蓄电池到仪表板或开关板、配电盘或熔断器套件可用主电源电力馈线电缆。

注：从蓄电池引出导线不需要进行短路和超载防护，应安装使用下面所列电缆，以防止短路和接地故障：

1) 没有金属护套、铠装、编织/屏蔽的单芯电缆；

2) 覆盖人造绝缘材料的单芯绝缘电缆。贯穿在绝缘材料里；

3) 设置在绝缘上和绝缘贯穿的非绝缘导线；

4) 在绝缘导管里的单芯非绝缘电缆，每一导管一根电缆。

7.4 交流系统

7.4.1 防护设备

7.4.1.1 应按 IEC 60898-1 的要求选择保护设备。电路的设计应能确保串联的保护装置之间的协调。

7.4.1.2 过电流和故障电流保护设备不应中断保护导线。

7.4.1.3 在负荷充分平衡的三相电路中，对单相被保护电路，应限制故障电流保护。当用熔断器保护三相电动机电路时，应考虑单相保护。

7.4.2 最终电路

对于配有开关板或配电板以及发动机的控制电路、其他启动和点火电路等最终电路，应在每一线路接入保护设备以防过载和短路。过电流保护装置的额定值应不小于被安装设备的短路电流计算值。

7.5 发电机

7.5.1 直流系统的小型发电机

若自限交流发电机和蓄电池充电器不超过 2 kW,其输出电路导线的正极不需接入熔断器或断路器。

7.5.2 熔断器的使用

7.5.2.1 若超过 50 kW 的直流发电机或 50 kVA 的交流发电机,不需熔断器和开关或接触器一起用于过载及短路防护。

7.5.2.2 与熔断器连接的接触器脱扣应有短时的时间延迟,最大延迟为 500 ms。

7.5.3 发电机断路器

7.5.3.1 超过 50 kW 以上的直流发电机或 50 kVA 以上交流发电机在输出端应装有断路器,且应有下列保护功能:

a) 热过载保护(例如:15 s);

b) 短路保护(例如:500 ms);

c) 时间延迟欠电压脱扣器(例如:500 ms)。

7.5.3.2 并行操作发电机应配备逆功率保护。发电机断路器的跳闸应有延时(例如:5 s~15 s)。

7.6 变压器

每个变压器的初级应提供单独的过载及短路保护设备,过载及短路保护设备的额定电流应不超过变压器初级的 125%。次级故障引起的保护应在系统设计中规定。

7.7 电动机保护

电动机应提供过载及短路保护。若有必要,可增加以下保护:

a) 转子堵转;

b) 缺相或相间不平衡;

c) 热保护;

d) 欠压。

8 不同时(需求)系数

8.1 除最终电路以外的其他电路

8.1.1 给两个或多个最终电路供电的电路,其额定参数应按照总的连接负载采用 8.2 和 8.4 中规定的不同时(需求)系数。

8.1.2 若在区配电板或分配电板上设有备用电路,则在采用同时系数之前,在总的连接负载中应加上未来的负载增量。这个增量应假设每条备用电路的负载不小于每条相应额定参数的实际电路的平均负载进行计算。

8.2 不同时(需求)系数的应用

在计算导线截面积和配电装置额定参数时,在已知或者根据预知具体部分的需用状况条件下可以应用不同时(需求)系数。

8.3 最终电路

最终电路电缆的额定参数应与它们所连接的负载相符。

8.4 电动机电路

不同时系数应根据情况而确定。正常全负载应根据铭牌额定参数确定并与4.2规定的环境温度要求相一致。

9 电缆

9.1 电缆选择

9.1.1 直流系统电缆

直流系统用电缆应符合IEC 60092-350的要求。

9.1.2 交流系统电缆

9.1.2.1 交流系统用电缆应具有如下最小额定电压:

a) 120 V/230 V系统为1 000 V;

b) 440 V三相系统为1 000 V。

9.1.2.2 电缆应符合IEC 60092-350要求并按IEC 60092-401要求安装。

9.1.3 导线

船内安装的电缆所使用的导线应符合IEC 60092-350要求。在铝质船上,导线应至少符合2类逆变器,以避免起到接地电极的作用。

9.1.4 防护层

9.1.4.1 环境条件

安装在甲板暴露于大气中、在潮湿和多水的地方(例如:浴室)、冷藏舱、机舱和冷凝水或有害蒸汽(包括油蒸气)可能存在的地方的电缆应具有防水护套。

注:聚氯乙烯(PVC)、聚乙烯(CSP)和氯丁橡胶(PCP)的护套被认为是防水的,虽然不适用永久浸泡在液体中。然而,这种护套应避免与聚氨酯发泡保温绝缘材料有可能的接触和化学反应。

9.1.4.2 机械强度

在安装和工作时,选择保护层应适当考虑能承受必要的机械强度。如果防护层强度不够,电缆应安装在电缆管道、分管道或线槽内或有其他机械保护措施。

9.1.4.3 阻燃能力

所有的电缆应符合IEC 60332-1中阻燃的最低限制要求。当电缆成束安装且横截面积不小于50 mm^2时,还应符合IEC 60332-3-22的要求。

9.2 导线横截面的确定

9.2.1 一般要求

修正后的每根电缆的额定电流应不低于电缆可能传输的最高电流。修正后的额定电流应使用连续工作的相关校正因子进行计算。应根据电缆提供的负载的要求和电路、机械等多样性的因素计算最大电流。

9.2.2 直流系统

当由蓄电池提供直流电时,安装过程中下降的电压不得超过额定电压的10%。按照设备制造商规定的最低限度控制电压降,航行设备、通讯设备、锚机和发动机起动电路直流导线横截面即确定了。

注:发电机和蓄电池之间直流导线的截面对蓄电池充电至关重要。充电过程中造成此导线电压降不应超过额定电压的1%。

9.2.3 交流系统

对于交流系统,应根据主开关板或应急开关板的汇流条到任意安装点的电压降确定导线横截面积,在正常最大电流工作情况下,不应超过额定电压的6%。

注:本条规定的电压降值适用于正常稳定的条件。在短持续时间的特殊情况下,例如电动机启动。若装置中其他设备可以承受较高的电压降的影响,允许更大的电压降。

9.2.4 交流系统防护导线

9.2.4.1 多芯电缆

对于合并在固定多芯电缆中保护导线的横截面积应:

a) 如果主导线的横截面积不大于16 mm^2,则保护导线的横截面积应等于主导线的横截面积,但至少为1.5 mm^2;

b) 如果主导线横截面积大于16 mm^2,则保护导线的横截面积不少于主导线横截面积的50%,且至少为16 mm^2。

9.2.4.2 单芯电缆

对于用单芯电缆做保护导线的横截面积应:

a) 横截面积等于载流导线横截面积,如果载流导线横截面积不大于16 mm^2;

b) 横截面积不少于载流导线横截面积的50%,如果载流导线横截面积超过16 mm^2,且至少为16 mm^2。

9.2.5 连续工作的额定电流

9.2.5.1 表7中列出了不同绝缘材料的单芯电缆连续工作时的推荐额定电流。这些额定电流适用于所有正常的护套材料,既适用于屏蔽电缆,也适用于非屏蔽电缆。

注:所有的数值是对环境温度为45 ℃,且假设导线温度达到了并连续保持在绝缘的最高额定温度下,而且是四根电缆组成为一束,置于大气中的情况下的计算结果。

9.2.5.2 对于双芯、三芯和四芯电缆,表7中推荐的额定电流应采用下列修正系数:

a) 双芯电缆为0.85;

b) 三芯和四芯电缆为0.70。

表 7 推荐单芯电缆连续工作的额定电流(环境温度 45 ℃)

导线的标称截面积 S	电缆绝缘			
	普通用途聚氯乙烯	耐热聚氯乙烯	乙烯丙烯橡胶和交联聚乙烯	硅橡胶和矿物绝缘
	导线的最大允许工作温度			
	60 ℃	75 ℃	85 ℃	95 ℃
mm^2	A	A	A	A
1	8	13	16	20
1.5	12	17	20	24
2.5	17	24	28	32
4	22	32	38	42
6	29	41	48	55
10	40	57	67	75
16	54	76	90	100
25	71	100	120	135
35	87	125	145	165
50	105	150	180	200
70	135	190	225	255
95	165	230	275	310
120	190	270	320	360
150	220	310	365	410
185	250	350	415	470
240	290	415	490	
300	335	475	530	

注：对每一个标称截面积 $S(mm^2)$，使用公式(2)计算额定电流 I(A)：

$$I = a \times S^{0.625} \qquad (2)$$

式中：a 是与导线的最高允许工作温度相关一个系数，如下表所列：

导线的最高允许温度			60 ℃	75 ℃	80 ℃	85 ℃	95 ℃
a 值	标称截面积	$S \geqslant 2.5\ mm^2$	9.5	13.5	15	16	18
		$S < 2.5\ mm^2$	8	13	15	16	20

9.2.6 不同环境温度的修正系数

9.2.6.1 表 7 中所列的额定电流系基于 45 ℃的环境温度，此温度被视为环境温度的标准值，通常适用于各类船舶和任何气候条件下的航行。

9.2.6.2 若电缆周围的环境温度高于 45 ℃，则应使用表 8 所列修正系数降低表 7 的额定电流。

表 8　各种环境温度的修正系数

导线最高温度/℃	修正系数 环境温度/℃										
	35	40	45	50	55	60	65	70	75	80	85
60	1.29	1.15	1.00	0.82	—	—	—	—	—	—	—
65	1.22	1.12	1.00	0.87	0.71	—	—	—	—	—	—
70	1.18	1.10	1.00	0.89	0.77	0.63	—	—	—	—	—
75	1.15	1.08	1.00	0.91	0.82	0.71	0.58	—	—	—	—
80	1.13	1.07	1.00	0.93	0.85	0.76	0.65	0.53	—	—	—
85	1.12	1.06	1.00	0.94	0.87	0.79	0.71	0.61	0.50	—	—
90	1.10	1.05	1.00	0.94	0.88	0.82	0.74	0.67	0.58	0.47	—
95	1.10	1.05	1.00	0.95	0.89	0.84	0.77	0.71	0.63	0.55	0.45

9.2.7　成束电缆的修正系数

9.2.7.1　可以使用表 7 中所给电流额定值，无需进一步修正，电缆数量达到六根以上时需要捆绑成束。

9.2.7.2　对于敷设在电缆架上，电缆导管、管道或线槽内的六根以上的成束电缆，如果这些电缆会同时以满载额定容量工作，且彼此紧靠在一起使其周围又没有空气流通，则应采用 0.85 的修正系数。

9.2.8　不连续工作的修正系数

如果一根电缆拟用来为运行周期不超过 1 h 的电动机或设备供电，则可以使用表 9 中所给的相关定额修正系数增加表 7 所给的电流定额。

表 9　半小时和一小时工作的修正系数

标称截面积/mm^2	半小时工作	一小时工作
1～10	1.06	1.06
16	1.09	1.06
25	1.19	1.08
35	1.34	1.14
50	1.55	1.25

9.2.9　电缆的并联

导线截面小于 10 mm^2 的电缆不应并联。

注 1：若并联的电缆具有相同的阻抗、截面积和导线额定温度，则并联连接电缆的载流容量是所有并联导线电流定额之和。

注 2：见 IEC 60092-352:2005 中第 28 章关于交流线路单芯电缆的专门预防措施的建议。

9.2.10　电路的隔离

9.2.10.1　除下列情况外，要求单独进行短路/过流保护的所有电路应使用分开的电缆：

a) 若主电路和辅助的控制电路被一个公用隔离开关控制时，从主电路分出的控制电路(例如电动机的控制电路)，可与主电路使用同一根电缆；

b) 电压不超过 3.1 中规定的安全超低电压非重要电路。

9.2.10.2 如果将具有不同最高额定温度的绝缘材料的电缆成束敷设在同一共用的电缆夹、填料函、导管或线槽中，则这些电缆的规格应确保没有一根电缆的温度高于其定额温度。

10 电缆和电线的敷设和端头

10.1 跨接地线

10.1.1 电气设备外壳

10.1.1.1 电气和电子设备的金属外壳应通过保护导线连接到船上的地，或连接到一个钢质船体，或可按照双重绝缘原则构造封闭电气设备的外壳。

10.1.1.2 每个接地电极应当由铜或其他耐腐蚀材料制成，并应安装牢固，避免损坏和电腐蚀。

10.1.1.3 每个接地电极的标称横截面面积应不低于连接到封闭的电气设备的载流导线的截面积的 1/2，但最低为 2.5 mm^2。

10.1.1.4 毗邻带电的电气设备且易受影响的非载流传导部件，应直接或经辅助跨接导线连接到地，即可直接也可通过补充跨接导体，以保护电气设备导线或其外壳或直接连接到钢质船体。

10.1.1.5 接地或接地端接线柱、螺母和垫圈使用的金属应耐腐蚀与导线和接线端兼容。电路内的螺栓、螺母或垫圈不应用铝和非钢产品。一个接地接线柱上固定的导线不应超过四根。

10.1.2 非金属船防护导线的接地

连接到保护导线的接地板应由铜或与海水兼容的其他导电材料制成，并应有不少于 0.25 mm^2 的接触面积。它应固定在为此保留的船体外面区域和轻载水线以下，以便在各种条件下接地电极的根部沉浸于水里。

10.1.3 金属船体上从发动机接地端的控制系统的绝缘

对于金属船体，尤其是铝合金，内燃机控制系统应当从发动机接地端绝缘。

10.2 电缆敷设和端头

10.2.1 螺丝钳或无螺纹端子应符合 IEC 60947-7-1 的要求。其他端子应为环形或防脱扁形接线端子，而不是单独依靠螺钉或螺母固定于螺丝或螺栓。防脱扁形接线端子应是自锁的类型。

10.2.2 电缆接线座和接线夹的尺寸和设计应保证通过最大电流时，电缆绝缘的温度不会超过其额定工作温度。

10.2.3 导线和接线端子的固定设施应能耐受短路电路的热效应和动力效应。

10.2.4 每根导线的两端接线应牢靠，其接线方法应使导线的所有股都正确连接。

10.2.5 同一电缆插座或夹钳限制数量不应超过制造商推荐的配件最大数量。

10.2.6 除了保护导线系统里的这些外露部分，端头柄外露应防止使用的绝缘屏蔽或绝缘套管产生意外短路。

10.2.7 电缆和母线接头应有防止因振动而松动的保护。

10.2.8 连接到螺栓或螺钉的所有导线应固定在合适的端子上，例如没有连接到螺栓或螺钉的裸线。

10.2.9 未焊接的压接端子和连接器应使用专门设计的压接工具附件。

10.2.10 除了电子设备机壳内的接线外，焊接不应是唯一的机械连接方法。

10.2.11 不应使用含有酸或其他腐蚀性物质的助焊剂。

10.2.12 对于机械连接，蓄电池接线端不应使用依靠弹簧连接于端子。

10.3 电缆和导线敷设

电缆和导线的安装应有防止可预见危险和损伤的保护。

10.3.1 电缆敷设

10.3.1.1 电缆敷设应尽可能的短和平直，且受到有效支撑和固定，不损伤其护套。电缆敷设应避开火险区域和有机械损伤危险的区域。电缆贯穿甲板和舱壁不应损伤其防火有效性、水密性或气密性。

10.3.1.2 电缆应远离会损坏绝缘的排气管和其他热源。该导线距离水冷式排气组件的最小电气间隙为 50 mm 和距离干式排气组件为 250 mm。

10.3.1.3 电缆连接应符合表 4 所给定的保护等级要求。

10.3.1.4 电缆应敷设在高于舱底水线和其他可能积聚水的地方，或至少高出舱底水线 25 mm 能开关自动舱底泵的地方。如果导线必须敷设在舱底区域，导线、密封和连接器至少应符合 IEC 60529 中 IP 67 的要求，敷设位置不应低于舱底水线以下。

10.3.1.5 用于填料函和衬套的材料应耐腐蚀，且不应损伤电缆或小船结构。

10.3.1.6 弯曲半径应符合 IEC 60092-352 的要求。

10.3.2 电缆和导线的支撑与保护

10.3.2.1 不应接入没有护套的导线，且其整个长度应由电缆桥架、电缆管道、分管道或线槽支撑，最大支撑间隔为 300 mm。其他护套导线最大支撑间隔应为 450 mm。

10.3.2.2 单独安装的每根电缆或导线横截面不少于 1 mm^2 导线支撑长度应不超过 300 mm。每根多芯护套导线的最小横截面不小于 0.75 mm^2，护套支撑的延长距离不超过 800 mm。

10.3.2.3 连接到蓄电池分断开关的护套导线和蓄电池导线最大支撑间隔应为 300 mm，从端子到第一支撑点不应超过 1 m。

10.3.2.4 可能会暴露导致物理损坏的导线应使用护套、或安装电缆导管、管道、分道管、线槽或其他同等的手段。导线穿过舱壁或结构件应受到保护，以免损坏绝缘层。

10.3.2.5 除了便携式器具的电缆和使用电缆管道、导管、线槽或其他等同的方法固定电缆和导线外，应使用回形夹、马鞍夹的方法，并用适当阻燃材料的捆扎带固定电缆和导线。这些固定件的接触面积应足够大，并在固定时不应损坏电缆或导线的外护层。

10.4 直流和交流电缆与电线分离

同一配线系统的直流电路不应包含交流电路的，除非使用下列方法分开：

a) 对于多芯电缆或芯线，直流电路的芯线与交流电路的芯线被具有电路最大芯线等效电流承载能力的接地金属屏蔽分开；

b) 对于系统电压和安装在电缆管道或线槽系统的分隔区域电缆是绝缘的；

c) 安装在托盘或梯子上的电缆，用物理分离的方法进行隔离；

d) 物理隔离的管道、导管、线槽或通道系统用于直流和交流系统；

e) 直流和交流导线直接固定在表面上，至少分开 100 mm。

10.5 导线识别

10.5.1 一般要求

10.5.1.1 除由制造商提供的组成发动机整体的导线和跨接导体外，作为电气系统部分的每根导线均应有1个方法来识别其在系统中的功能。

10.5.1.2 单相交流系统的导线绝缘颜色应符合 IEC 60446 的要求：

——带电导线：黑色或褐色；

——中性导线：白色或浅蓝色；

——保护导线：绿色和黄色。

注1：彩色条纹或号码可加到导线绝缘外套上，便于系统中的识别。

注2：除非交流导线和识别信息能明确分开，载有交流和直流系统的船舶应避免在直流系统中使用棕色、白色或浅蓝色的绝缘颜色。

10.5.2 跨接导线

所有的跨接导线应采用黄绿色条纹绝缘层识别，或可以是非绝缘的。带有黄绿色条纹绝缘导线，不宜应用于载流导线。

10.5.3 直流系统绝缘层导线颜色

10.5.3.1 所有直流负极导线应用黑色或黄色的绝缘层标识。如果船舶还配备了交流电气系统，相导线可以使用黑色导线绝缘，直流系统直流负极导线应使用黄色绝缘层导线。黑色或黄色的绝缘层导线不宜应用于直流正极导线。

10.5.3.2 所有直流正极导线应用红色绝缘层导线。

10.5.3.3 保护导线应用绿色和黄色的绝缘层导线。

10.5.3.4 如果在船舶电气系统的接线图中能够清楚标识，直流正极导线其他颜色的识别方法是允许的。

10.6 避雷保护

船上应安装避雷保护，并要符合下述要求。

10.6.1 导体

避雷导体应由铜制成(铜条或铜铰线)，截面积应不小于 70 mm^2。它应固定到1个直径不小于 12 mm，至少比桅杆顶高出 300 mm 的铜杆，导体的下端应接地。

10.6.2 安装

避雷导体应安装在船的外部，尽可能走直线，应避免急弯。应使用螺栓、铆接或焊接的方法连接。

10.6.3 接地

如果船体是金属的，则避雷导体的接地端应接到船体的金属板上。如果船体是非金属的，则避雷导体的接地端应连接到一块由铜或其他与海水相容的导电材料制成的接地板上，接地板的表面积不小于 0.25 m^2，固定到船体外侧位于空载水线下的特定位置，使之在各种倾斜条件下都浸在水中。避雷导体的接地板应与电力系统接地用接地板或连接地系统分开。

11 试验

11.1 一般要求

在电气安装完工后和小船交付营运之前，应对整个电气装置进行试验。该试验的目的在于表明电气装置在安装完工时的整体状况；然而，满意的试验结果并不能确保电气装置在各方面都令人满意。

11.2 接地

进行测试以验证所有接地导体和接地导线都连接到设备的壳体和船体或接地板上，电源插座的接地触点都与地相连。对地的最大阻值为 1.0 Ω。

11.3 绝缘电阻

宜使用电压大于 500 V 的直读式欧姆表测量绝缘电阻。额定电压小于 250 V 的系统的试验电压应为额定电压的两倍。测试时应记录绝缘电阻的数值以及当时的环境温度和相对湿度。

注：对电子设备施加试验电压时确保其不会因试验电压而受到损坏。

11.3.1 主配电板、仪表板和分配电板

在主配电板、仪表板和分配电板使用之前，应当测量每根母线与地之间以及每根绝缘母线与连接到其他各极的母线之间的绝缘电阻，其值不应少于 1 MΩ。记录该绝缘电阻以及测试时的环境温度和相对温度。

进行该项试验时，应断开所有的断路器和开关，指示灯、接地故障指示灯、电压表等均应拆除，电压线圈应断开。

11.3.2 照明和动力电路

对所有的布线应进行各绝缘极与地之间的绝缘电阻测试，且在可行之处进行各极之间的绝缘电阻测试。绝缘电阻应不小于 1 MΩ。试验时的环境温度和相对温度应与绝缘电阻一起记录。

11.3.3 发电机和电动机

发电机和电动机应在正常负载下运转后立即在工作温度下测量其绝缘电阻。如果机器上有温度传感器，则应在测试过程中将其接地。所测得的结果不仅取决于绝缘材料的特性及其使用的方法，也取决于环境温度和相对湿度，在测试时应将其全部记录下来。

11.3.4 变压器

应在工作温度下测量变压器的绝缘电阻。最小值应为 1 MΩ。测得的结果不仅取决于其绝缘材料的特性及其使用的方法，也取决于测试时的环境温度和相对湿度。

11.4 开关设备和控制设备

开关板、控制板和配电盘应按可行的额定负载加载，以便出现错误接线或不正确的定额值时不发生过热。开关、断路器和控制器应加载进行操作，以测试其适用性并验证其在过流、欠压和反向电流或逆功率等保护装置在电气和机械方面是符合要求的。

11.5 电压降

在用电装置上进行电压降试验，验证结果应满足 9.2.2 和 9.2.3 的规定。

11.6 内部通信线路

11.6.1 工作电压为 50 V 及以上的电路，两导体之间以及每一导体与地之间的绝缘电阻应大于 1 MΩ。

11.6.2 工作电压低于 50 V 的电路，绝缘电阻应大于 0.3 MΩ。

注：在测试绝缘电阻时，如有必要，可以断开连接至电路的任何一个或所有电器。

11.7 照明、加热和厨房设备

电气设备和电路应在工作条件下进行试验以确保其功能是适用和令人满意的。

12 长度超过 24 m 的船

超过 24 m 的船,除应符合前面所描述的适用条款外,还应符合下述要求。

12.1 重要用电设备

除第 3 章中的定义外,基本要求的例子可以包括但不限于下列内容:

a) 发动机启动设备;

b) 消防系统;

c) 舱底泵;

d) 舱底水检测器;

e) 火灾探测及报警系统;

f) 航行灯、VHF 和航行设备;

g) 通风机。

12.2 蓄电池容量

蓄电池应有充足的容量,至少满足下述原动机启动次数的额定供电量,每次启动最少持续 10 s:

a) 每个可逆推进发动机 12 次启动;

b) 每个不可逆发动机连接到可变螺距螺旋桨启动 6 次或在无负荷的条件使其他设备发动机启动;

c) 每个发电机原动机、应急消防泵及类似设备启动 3 次。

如果启动蓄电池还用于向其他负载供电,应增加相应容量。

为了使具有正负极两线系统与地绝缘,在每个蓄电池组的两线电路中应安装双刀开关。

12.3 接地

跨接措施应尽可能与船上安装的无线电、雷达和通讯电路隔离,以使可能的干扰最小。

12.3.1 中性接地系统(TN 型系统)

不应因为单一接地故障而断开未备份的重要用电设备的电源。

12.3.2 非接地系统(IT 型系统)

绝缘监测设备须安装接地故障警告,并指示故障位置。

12.4 电路隔离

当电气设备作为重要用电设备的情况下,至少要有两个电源的要求是强制性的,例如操舵装置,则每个供电和任何相关的控制电缆应沿着不同的路线,在纵向和横向进行分离布设。

12.5 蓄电池充电器保护

用于满足 SOLAS 要求的备用蓄电池充电的设施,在不超过安全充电速率和考虑设备预期使用要求的条件下,应使完全放电后的蓄电池能在 10 h 内充电完成 80%。

12.6 过流和故障电流防护——特殊应用

向安全设备供电的电路，例如无线电、导航和助航设备，应使用断路器或熔断器单独进行短路防护。这些电路应明确标识。

12.7 航行灯电源

12.7.1 如果在甲板上观察不到航行灯的工作，则航行灯应配有自动显示器，在航行灯失效时发出声光报警。如果采用光信号，应与航行灯串联，若光信号失效，应提供1种方法，防止航行灯熄灭。

12.7.2 每个航行灯的绝缘相或绝缘极应配有1个开关或熔断器，或者代之以配电板上安装1个断路器进行保护。

12.8 无线电和航行设备

对于海上航行的船，应具有1条从主开关板和独立的应急电源供电的专线，例如，一次电源或蓄电池，用于向无线电和航行设备供电。

12.9 导航、控制、测量仪表和通信系统

对每个系统应进行全面试验以确定其适用性并验证其运行是否满足规范要求。对船上无线电装置和重要系统应给予特别关注，例如报警系统和火灾检测系统的试验。

12.10 电动和电动液压舵机

电动和电动液压舵机电机运行的显示手段应安装在驾驶室和适当的主机控制位置。应为电动舵机和电动液压舵机电路和电机提供短路保护和过载报警。针对过电流，包括启动电流(如果有)，应不少于电机或电路保护的2倍满负荷电流，并应允许适当的起动电流通过。所要求的报警应是声光报警。

12.11 电磁兼容

所有商船和观光娱乐船的电气装置应符合IEC 60533和IEC 60945的要求。

附　录　A
（资料性附录）
岸电供电要求

A.1　岸电供电连接

A.1.1　一般要求

岸侧供电配置应符合 IEC 60364-7-709 的规定。

A.1.2　船东用户手册中的使用说明（ISO 10240）

如果安装在船上的交流电气系统从岸上供电，船东手册应包括系统运行和维修的使用说明，并包括识别导线的接线图表和以下内容：

a）不应修改船舶电气系统或相关图纸。安装、替换和维修应由船舶主管电气技师完成。系统检查至少每两年一次。

b）如果反向极性显示器工作，不应使用电气系统。船上电气系统工作前应更正极性错误。

注：安装配有极化系统所需的极性显示器。

c）当不使用系统时断开岸电连接。

d）连接软电缆是一条没有损坏痕迹的电缆，应没有接头或增加其长度其他手段。两端的插头应保持干净和干燥。

e）湿气和盐雾进入船侧插座入口可能导致危害。连接电源前要仔细检查和清理电源插座。

f）任何情况下尽可能使用双层绝缘便携式器具。

A.1.3　岸电与船连接的信息和使用说明

建议码头运营商为每一位希望船舶与岸电供应点连接的船舶驾驶者提供一份最新使用注意事项说明，并在每一个岸电供应点安置最新的明确清晰、防风雨的使用注意事项说明（见 5.5）。

使用注意事项说明应当使用所在国的语言和英语。

毗邻岸电电源供应点安装的信息标志上至少应包括以下内容：

连接到码头岸电的使用说明

本码头（或类似的位置）提供了直接的、有接地的与岸电连接的电源。

一般要求：

a）除船上已安装了隔离变压器，隔离了岸电与船舶电气系统，否则有增加电腐蚀（电解）损坏船舶的风险；

b）本码头的电源电压为（V* 和 Hz* [通常为单相 230 V 50 Hz 和三相 400 V 50 Hz]，供电插座符合 IEC 60309-2；

* 由码头运营商完成。

c）应采取措施，以防止连接或断开时连接软电缆或连接器落入水中；

d）只有船上的连接软电缆可以连接到任何岸电电源插座；

e）一个插座只应连接一艘船舶；

f）连接电缆应为完好无损的整条电缆，无接头和连接器，且应处于良好状态；

g) 船上的电器插座里湿气、灰尘和盐分可能构成严重危害。检查船舶的插座,在码头岸电连接软电缆插入之前,进行清洁、干燥;

h) 非技术人员试图进行修理或替换是很危险的。如果遇到任何困难,请与码头运营商联系。

在抵达后:

a) 停泊后,关掉船上使用的所有的用电设备;

b) 检查软电缆及其连接器,以确保其没有损坏,并处于良好状态;

c) 先将船舶的插头连接软电缆,然后与岸电连接;

d) 确保放好的电缆不会被损坏,并确保其他人不会有被绊倒的危险。

在离开之前:

a) 关掉船上使用的所有用电设备;

b) 软电缆先从岸上的插座断开,然后再从船上插头处断开;

c) 盖好船上插头的盖子,以防止进水;

d) 盘绕好连接软电缆,确保插头的清洁、干燥,将电缆存放在不会被损坏的干燥的地方。

A.2 给船舶供电的一般配置示例

A.2.1 与一个单相主电源直接连接

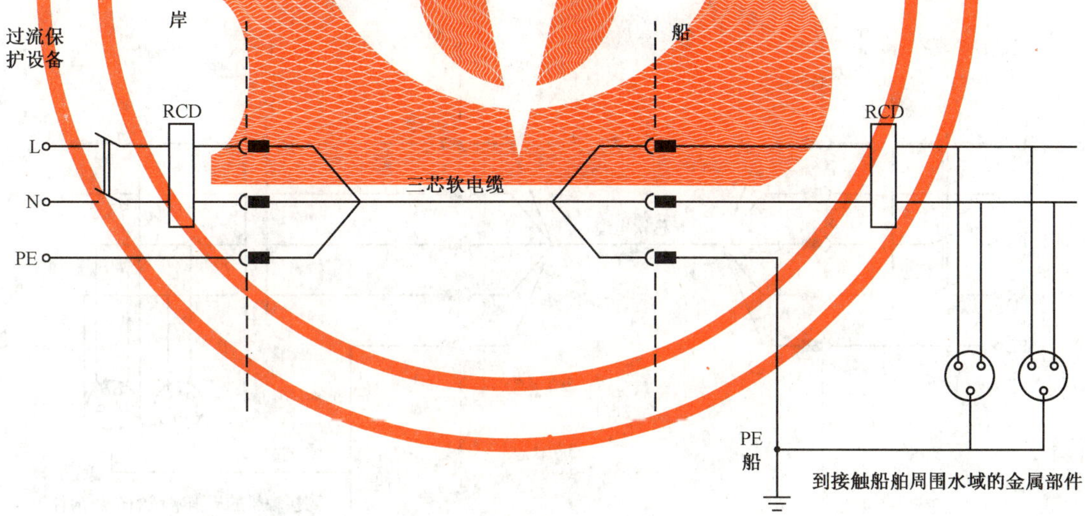

注:存在岸侧保护导体内由电偶电流产生的电腐蚀风险。

图 A.1 与一个单相主电源的直接连接

A.2.2 与船上有隔离变压器的单相主电源直接连接

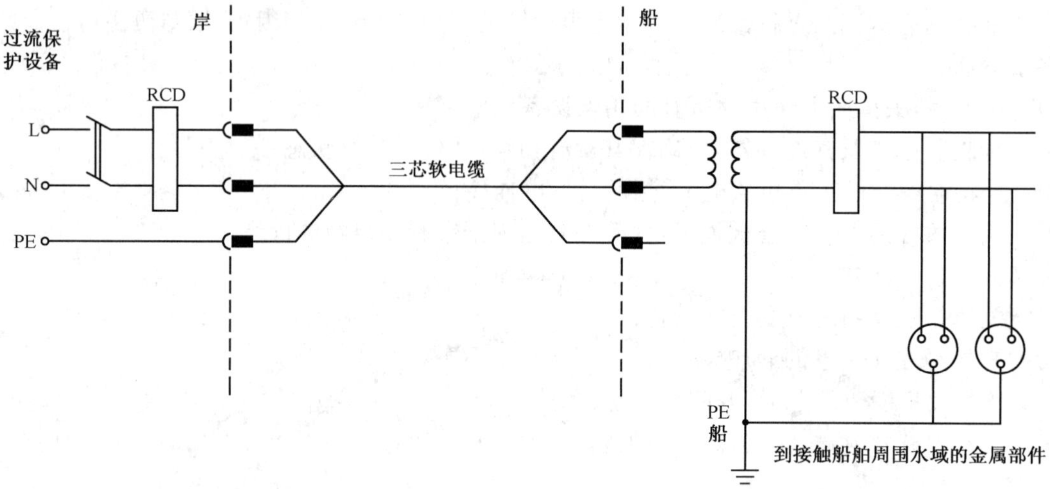

注：为了防止船体和岸侧金属部件之间产生电偶电流，船上 PE 导线和岸电 PE 导线之间不要连线。

图 A.2 与船舶上有隔离变压器的单相主电源供电的直接连接

A.2.3 与一个三相电源直接连接

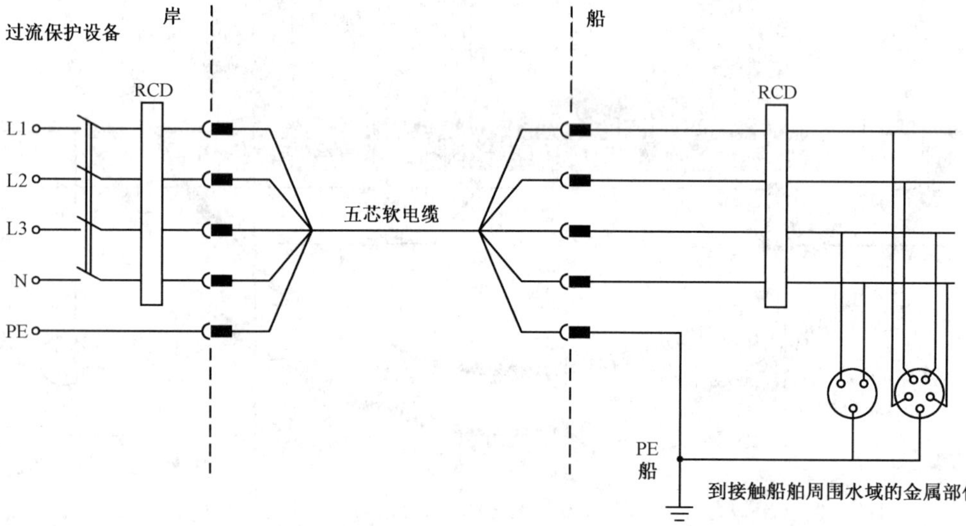

注：存在岸侧保护导体内由电偶电流产生的电腐蚀风险。

图 A.3 与一个三相电源直接连接

A.2.4 船舶有隔离变压器的三相主电源直接连接

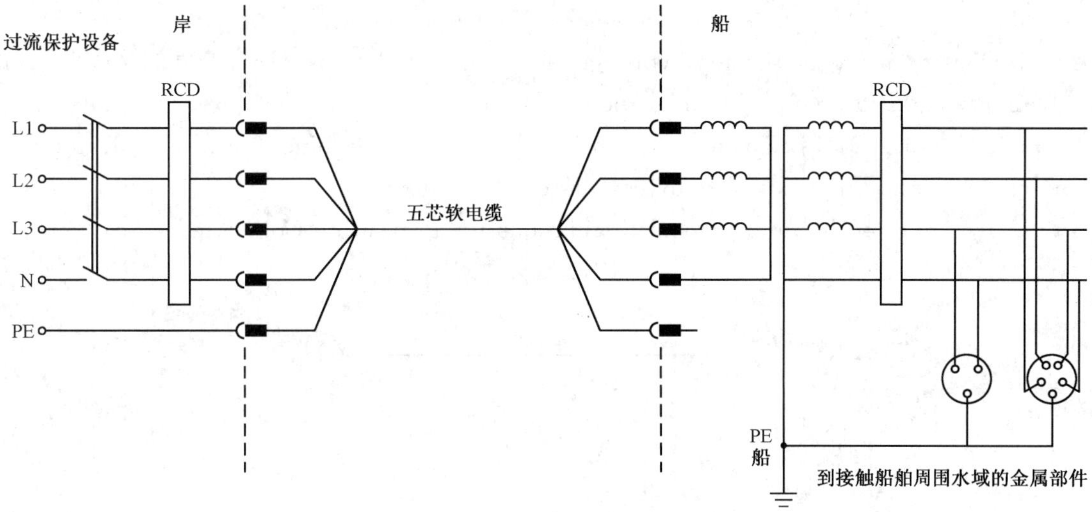

注：为了防止船体和岸侧金属部件之间产生电偶电流，船上 PE 导线和岸电 PE 导线之间不要连线。

图 A.4 船舶有隔离变压器的三相主电源直接连接

A.2.5 通过岸上隔离变压器与单相供电电源连接

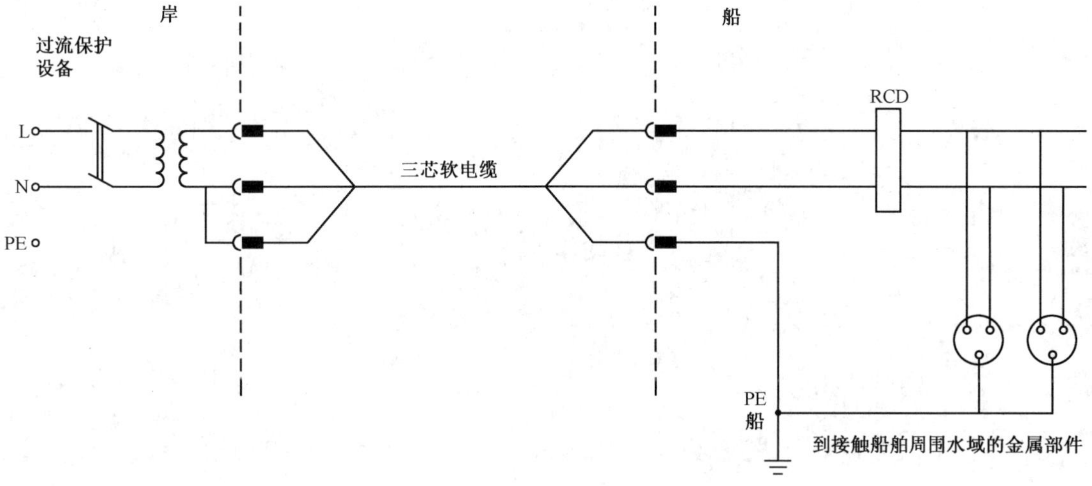

注 1：为了防止船体和岸侧金属部件之间产生电偶电流，船上 PE 导线和岸电 PE 导线之间不要连线。

注 2：每个隔离变压器的次级绕组只能连接一个电源插座。

注 3：与水接触的船上的金属部件跨接到船上的 PE 导线。

图 A.5 通过岸上隔离变压器与单相供电电源连接

参 考 文 献

[1] ISO 10240:2004 Small craft—Owner's manual

[2] IEC 60364-7-709:2007 Low-volltage electrical installations—Part 7-709:Requirements for special installations or locations—Marinas and similar locations

[3] IEC 60446:2007 Basic and safety principles for man-machine interface, marking and identification—Identification of conductors by colours or alphanumerics

[4] Convention on the International Regulations for Preventing Collisions at Sea, 1972 (COLREGs)

ICS 47.020.60
U 62

中华人民共和国国家标准

GB/T 28561—2012/IEC 60092-504:2001

船舶电气设备　专辑　控制和测量仪表

Electrical installations in ships—Special features—Control and instrumentation

(IEC 60092-504:2001,IDT)

2012-06-29 发布　　2012-11-01 实施

中华人民共和国国家质量监督检验检疫总局
中国国家标准化管理委员会　发布

前　言

本标准按照 GB/T 1.1—2009 给出的规则起草。

本标准使用翻译法等同采用 IEC 60092-504:2001《船舶电气设备　第 504 部分:专辑　控制和测量仪表》(英文版)。

与本标准中规范性引用的国际文件有一致性对应关系的我国文件如下:

GB/T 2423.1—2008　电工电子产品环境试验　第 2 部分:试验方法　试验 A:低温(IEC 60068-2-1:2007,IDT)

GB/T 2423.2—2008　电工电子产品环境试验　第 2 部分:试验方法　试验 B:高温(IEC 60068-2-2:2007,IDT)

GB/T 2423.4—2008　电工电子产品环境试验　第 2 部分:试验方法　试验 Db:变湿热试验方法(12 h+12 h 循环)(IEC 60068-2-30:2005,IDT)

GB/T 2423.10—2008　电工电子产品环境试验　第 2 部分:试验方法 试验 Fc:振动(正弦)(IEC 60068-2-6:1995,IDT)

GB/T 2423.18—2000　电工电子产品环境试验　第 2 部分:试验　试验 Kb:盐雾、交变(氯化钠溶液)(IEC 60068-2-52:1996,IDT)

GB/T 4205—2003　人机界面(MMI)——操作规则(IEC 60447:1993,IDT)

GB 4208—2008　外壳防护等级(IP 代码)(IEC 60529:2001,IDT)

GB/T 6994—2006　船舶电气设备　定义和一般规定(IEC 60092-101:2002,IDT)

GB/T 7357—2010　船舶电气设备　系统设计　保护(IEC 60092-202:1996,IDT)

GB/T 9332—2008　船舶电气装置　控制和仪表回路用 150/250 V(300 V)电缆(IEC 60092-376:2003,IDT)

GB/T 10250—2007　船舶电气与电子设备的电磁兼容性(IEC 60533:1999,IDT)

GB/T 17626.2—2006　电磁兼容　试验和测量技术　静电放电抗扰度试验(IEC 61000-4-2:2001,IDT)

GB/T 17626.3—2006　电磁兼容　试验和测量技术　射频电磁场辐射抗扰度试验(IEC 61000-4-3:2002,IDT)

GB/T 17626.4—2008　电磁兼容　试验和测量技术　电快速瞬变脉冲群抗扰度试验(IEC 61000-4-4:2004,IDT)

GB/T 17626.5—2008　电磁兼容　试验和测量技术　浪涌(冲击)抗扰度试验(IEC 61000-4-5:2005,IDT)

GB/T 17626.6—2008　电磁兼容　试验和测量技术　射频场感应的传导骚扰抗扰度(IEC 61000-4-6:2006,IDT)

GB/T 17626.11—2008　电磁兼容　试验和测量技术　电压暂降、短时中断和电压变化的抗扰度试验(IEC 61000-4-11:2004,IDT)

GB/T 21065—2007　船舶电气装置　安装和完工试验(IEC 60092-401:1980,IDT)

GB/T 22189—2008　船舶电气设备　专辑　液货船(IEC 60092-502:1999,IDT)

GB/T 22190—2008　船舶电气设备　专辑　电力推进系统(IEC 60092-501:1984,IDT)

GB/T 22195—2008　船舶电气设备　设备　低压开关设备和控制设备组合装置(IEC 60092-302:1997,IDT)

GB/T 22196—2008 船舶电气设备 系统设计 电动和电动液压操舵装置(IEC 60092-204:1987,IDT)

国际标准中引用的 IEC 60092-375 已作废,被 IEC/TR 60092-370:2009 取代,请使用者注意。

本标准由中国船舶工业集团公司提出。

本标准由全国海洋船标准化技术委员会(SAC/TC 12)归口。

本标准起草单位:中国船舶工业综合技术经济研究院、大连海大船舶导航国家工程研究中心有限责任公司。

本标准主要起草人:康元、王静、庞福文、赵春旭。

船舶电气设备　专辑　控制和测量仪表

1　范围

本标准规定了船舶控制、监测、报警和保护系统使用的电气、电子和可编程设备的要求。

本标准适用于船舶控制、监测、报警和保护系统及相关电气、电子和可编程设备的设计、生产和检验。

2　规范性引用文件

下列文件对于本文件的应用是必不可少的。凡是注日期的引用文件，仅注日期的版本适用于本文件。凡是不注日期的引用文件，其最新版本(包括所有的修改单)适用于本文件。

IEC 60050(所有部分)　国际电工词汇(IEV)(International Electrotechnical Vocabulary)

IEC 60068-2-1　环境试验　第 2 部分：试验　试验 A：低温(Environmental testing—Part 2-1：Tests—Tests A：Cold)

IEC 60068-2-2　环境试验　第 2 部分：试验　试验 B：高温(Environmental testing—Part 2-2：Tests—Tests B：Dry heat)

IEC 60068-2-6　环境试验　第 2 部分：试验　试验 Fc 和导则：振动(正弦)(Environmental testing—Part 2-6：Tests—Tests Fc：Vibration (sinusoidal))

IEC 60068-2-30　环境试验　第 2 部分：试验　试验 Db 和导则：湿热，循环(12+12 小时循环)(Environmental testing—Part 2-30：Tests—Tests Db and guidance：Damp heat，cyclic (12+12-hour cycle))

IEC 60068-2-52　环境试验　第 2 部分：试验　试验 Kb：盐雾、交变(氯化钠溶液)(Environmental testing—Part 2-52：Tests—Tests Kb：Salt mist，cyclic (sodium chloride solution))

IEC 60092(所有部分)　船舶电气设备(Electrical installations in ships)

IEC 60092-101　船舶电气设备　第 101 部分：定义和一般规定(Electrical installations in ships—Part 101：Definitions and general requirements)

IEC 60092-201　船舶电气设备　第 201 部分：系统设计　总则(Electrical installations in ships—Part 201：System design—General)

IEC 60092-202　船舶电气设备　第 202 部分：系统设计　保护(Electrical installations in ships—Part 202：System design—Protection)

IEC 60092-204　船舶电气设备　第 204 部分：系统设计　电动和电动液压操舵装置(Electrical installations in ships—Part 204：System design—Electric and electrohydraulic steering gear)

IEC 60092-302　船舶电气设备　第 302 部分：低压开关设备和控制设备组合装置(Electrical installations in ships—Part 302：Low voltage switchgear and controlgear assemblies)

IEC/TR 60092-370　船舶电气设备　第 370 部分：包含射频电缆的通信和数据传输电缆选用指南(Electrical installations in ships—Part 370：Guidance on the selection of cables for telecommunication and data transfer including radio-frequency cables)

IEC 60092-375　船舶电气设备　船用通信电缆和射频电缆　通用仪器仪表、控制和通信电缆(Electrical installations in ships—Shipboard telecommunication cables and radio-frequency cables—General instrumentation，control and communication cables)

IEC 60092-376　船舶电气设备　第376部分:船舶控制电路用多芯电缆(Electrical installations in ships—Part 376:Shipboard multicore cables for control circuits)

IEC 60092-401　船舶电气设备　第401部分:安装和完工试验(Electrical installations in ships—Part 401:Installation and test of completed installation)

IEC 60092-501　船舶电气设备　第501部分:专辑　电力推进装置(Electrical installations in ships—Part 501:Special features—Electric propulsion plant)

IEC 60092-502　船舶电气设备　第502部分:油船　专辑(Electrical installations in ships—Part 502:Tankers—Special features)

IEC 60447　人机界面(MMI)　操作规则(Man-machine interface (MMI)—Actuating principles)

IEC 60529　外壳防护等级(IP代码)(Degrees of protection provided by enclosures (IP Code))

IEC 60533　船舶电气和电子设备　电磁兼容(Electrical and electronic installations in ships—Electromagnetic compatibility)

IEC 60945　海上导航和无线电通信设备及系统　通用要求　试验方法和要求的试验结果(Maritime navigation and radiocommunication equipment and systems—General requirements—Methods of testing and required test results)

IEC 61000-4-2　电磁兼容(EMC)　第4-2部分:试验和测量技术　静电放电抗扰度试验　基本EMC出版物(Electromagnetic compatibility (EMC)—Part 4-2: Testing and measurement techniques—Electrostatic discharge immunity test)

IEC 61000-4-3　电磁兼容(EMC)　第4-3部分:试验和测量技术　射频、无线电、电磁场辐射抗扰度试验(Electromagnetic compatibility (EMC)—Part 4-3:Testing and measurement techniques—Radiated,radio-frequency,electromagnetic field immunity test)

IEC 61000-4-4　电磁兼容(EMC)　第4-4部分:试验和测量技术　电快速瞬变/脉冲群抗扰度试验　基本EMC出版物(Electromagnetic compatibility (EMC)—Part 4-4: Testing and measurement techniques—Electrical fast transient/burst immunity test)

IEC 61000-4-5　电磁兼容(EMC)　第4-5部分:试验和测量技术　浪涌抗扰度试验(Electromagnetic compatibility (EMC)—Part 4-5:Testing and measurement techniques—Surge immunity test)

IEC 61000-4-6　电磁兼容(EMC)　第4-6部分:试验和测量技术　射频场感应的抗传导骚扰(Electromagnetic compatibility (EMC)—Part 4-6:Testing and measurement techniques—Immunity to conducted disturbances,induced by radio-frequency fields)

IEC 61000-4-11　电磁兼容(EMC)　第4-11部分:试验和测量技术　电压暂降、短时中断和电压变化的抗扰度试验(Electromagnetic compatibility (EMC)—Part 4-11:Testing and measurement techniques—Voltage dips,short interruptions and voltage variations immunity tests)

CISPR 16-1　无线电骚扰和抗扰度测量设备和测量方法规范　第1部分:无线电骚扰和抗扰度测量设备(Specification for radio disturbance and immunity measuring apparatus and methods—Part 1: Radio disturbance and immunity measuring apparatus)

CISPR 16-2　无线电骚扰和抗扰度测量设备和测量方法规范　第2部分:无线电骚扰和抗扰度测量方法(Specification for radio disturbance and immunity measuring apparatus and methods—Part 2: Methods of measurement of disturbances and immunity)

IMO A.830(19)1995决议　报警和指示器规则[1)]

IMO 867E:1996决议　报警和指示器规则(1995)

1)　见IMO 867E:1996《报警和指示规则》1995

SOLAS公约　国际海上人命安全公约

注：本标准文本中还引用了其他资料性 IMO 文件。

3　术语和定义

下列术语和定义适用于本文件。

本标准的定义专用于控制、监测、报警和保护设备，对于通用和特殊术语的定义见 IEC 60050 和其他规范性文件。

3.1

精确度　accuracy

表征测量值与真实值之间接近程度的品质特征。

3.2

报警功能　alarm functions

在某些需要引起相关人员注意的时候，通过视觉或听觉的方式向他们发出警报的功能。

3.3

可用性　availability

假设在所需的外部资源均齐备的情况下，项目在指定的时间及条件下执行所需功能的能力。

3.4

集中控制　centralized control

被控制系统的全部操作由一个集中控制台来进行的控制。

3.5

基于计算机的系统　computer-based system

由为自动地完成规定功能所必需的一个或多个可编程电子装置及其连接线、外围设备和软件所组成的系统。

注：下列各型可编程装置可构成计算机系统的一部分：主机架、小型计算机、微型计算机、可编程逻辑控制器。

3.6

控制功能　control functions

旨在控制设备或系统行为的功能。

3.7

控制台(控制站)　control position (control station)

操作者借以控制机械、设备、程序或机械与设备组件的性能的一组控制装置。

注：控制通常能让操作人员利用适当的监测系统来核实是否已达到所需工况。

3.8

可信性　dependability

一个系统在固定的操作和环境条件下，实现自身固有功能的可依赖程度。

3.9

重要设备　essential services

对于船舶航行、驾驶和船舶及人身的安全非常重要的设备。

3.10

故障安全　fail-to-safe

当系统的某一部分发生故障或误动作时，其输出会自动地调整至预定安全状态的原则。

注：安全状态根据其应用场合预先确定，优先考虑对于船舶的安全，且通常可考虑对诸如推进装置或操纵装置的主要部件和辅机的危险性为最小的状态作为安全状态。

3.11

功能　function

由系统执行的一些基本操作结合了其他基本操作(系统功能),能使系统来完成任务。

3.12

指示功能　indication functions

通过视觉和/或听觉的方式告知相关人员设备或系统状态的功能。

3.13

完好性　integrity

系统在具备所有规定条件的情况下,在指定时间内正常地完成所需功能的能力。

3.14

机械控制室　machinery control room

具有对主要设备和必要辅机设备进行集中控制、测量和监测的设备以及适当通信手段的舱室或处所。

3.15

维修性　maintainability

在规定条件下,通过固定的规程和资源进行维修、保养或恢复其所需功能的能力。

3.16

监测功能　monitoring functions

从设备和系统中收集用于显示和记录数据的功能。

3.17

保护功能　protection functions

在发生故障时,保护设备或系统免受损害的功能。

3.18

可靠性　reliability

项目在规定的条件和时间内完成所需功能的能力。

3.19

安全功能　safety functions

保护人员不受伤害和危险的功能。

3.20

软件　software

程序、过程以及与计算机系统操作有关的相关文件,包括应用(用户)程序、中间件和操作系统(固件)程序。

3.21

系统　system

可以完成特定功能或功能组的部件的有序集合。

3.22

可用性　usability

系统由特定用户在特定环境下,能有效、正常地达到特定目标的使用程度。

4　一般要求

4.1　可信性

4.1.1　系统应适合用户、任务和应用程序。

4.1.2　系统的完整性应支持相应的功能,并考虑诸如可用性、可靠性和维修性等因素。

4.2 安全

系统应设计成在正常运行和故障条件下，对人或环境的伤害危险降低到主管机关可以接受的水平。功能应按故障安全原则设计。

4.3 隔离

4.3.1 系统应设计成当一个组件或分系统的故障不会影响到其他的系统、分系统或组件，并且只要可行，应能被检测到。

4.3.2 保护(安全)功能应独立于控制和监测(报警)功能。只要可行，控制和监测(报警)功能也应相互独立。

4.3.3 备用系统或其他冗余装置应功能独立。

4.4 性能

4.4.1 系统应在操作时和故障情况下(必要时)保持规定的性能。

4.4.2 重复性和精确度应满足建议的使用要求，并应在预计寿命周期和正常使用中保持其规定值。

4.4.3 系统应在整个操作范围内始终保持稳定。

4.5 可用性

4.5.1 系统应在所有预设操作条件下，均易于使用并应支持高效操作。

4.5.2 对误操作应采取足够的防护措施。

4.6 集成性

4.6.1 当系统的操作或故障直接影响安全时，系统应相互独立，或不应与除提供互补功能的其他系统集成在一起。

4.6.2 当系统的操作或故障间接影响安全时，集成系统的完好性应满足主管机关的要求。

4.7 开发活动

4.7.1 对开发过程中开展的从最初设计到最终实现，以及使用后的修改活动，应采用系统的方法进行计划和组织，并实施正确管理。负责执行这些活动的人应有相应能力。

4.7.2 应对活动、范围、责任和能力形成记录。

5 环境型式试验参数

设备或系统的型式试验、试验程序和严酷程度按表1规定。

注：所有船舶电气和电子设备进行试验时，符合 IMO A.813(19)[2)]的电磁兼容性标准要求。

表1 型式试验、试验程序和严酷程度

序号	试验项目[a]	试验程序依据	严酷程度	其他信息
1	外观检查			检查设备： ——是否符合图样和设计数据； ——是否符合适用的 IEC 标准； ——质量和制造工艺

2) IMO A.813 决议(19)1995，船舶电气和电子设备电磁兼容性一般要求。

表 1（续）

<table>
<tr><th>序号</th><th>试验项目[a]</th><th>试验程序依据</th><th colspan="3">严 酷 程 度</th><th>其他信息</th></tr>
<tr><td>2</td><td>设备规格功能试验</td><td></td><td colspan="3"></td><td>标准大气条件为：
——温度：25 ℃±10 ℃；
——湿度：60%±30%；
——气压：90 kPa±10 kPa</td></tr>
<tr><td rowspan="3">3</td><td rowspan="3">耐压试验</td><td rowspan="3"></td><td colspan="2">额定绝缘电压 U_n/V</td><td>交流试验电压/V</td><td rowspan="3">试验频率：50 Hz 或 60 Hz；
单独回路应相互间进行试验；
互连的回路应对地进行试验；
触头部件应跨接在它们的断开点上进行试验；
有可能受损的电子部件印刷电路，可以在试验过程中拆除</td></tr>
<tr><td colspan="2">$U_n \leqslant 65$
$66 < U_n \leqslant 250$
$251 < U_n \leqslant 500$
$501 < U_n \leqslant 690$</td><td>$2 \times U_n + 500$
1 500
2 000
2 500</td></tr>
<tr><td colspan="3">试验电压的施加时间：1 min</td></tr>
<tr><td rowspan="14">4a</td><td rowspan="14">电源变化</td><td rowspan="14">IEC 61000-4-11</td><td colspan="3">交流电源</td><td rowspan="14">每组均应试验</td></tr>
<tr><td>组合编号</td><td>电压变化（稳态）/%</td><td>频率变化（稳态）/%</td></tr>
<tr><td>1</td><td>6</td><td>5</td></tr>
<tr><td>2</td><td>6</td><td>−5</td></tr>
<tr><td>3</td><td>−10</td><td>−5</td></tr>
<tr><td>4</td><td>−10</td><td>5</td></tr>
<tr><td></td><td>电压瞬态变化（恢复时间 1.5 s）</td><td>频率瞬态变化（恢复时间 5 s）</td></tr>
<tr><td>5</td><td>20</td><td>10</td></tr>
<tr><td>6</td><td>−20</td><td>−10</td></tr>
<tr><td colspan="3">直流电源</td></tr>
<tr><td>电压连续波动</td><td colspan="2">10%</td></tr>
<tr><td>电压周期变化</td><td colspan="2">5%</td></tr>
<tr><td>电压纹波</td><td colspan="2">10%</td></tr>
<tr><td colspan="3">蓄电池电源：
——与充电蓄电池连接的设备为−25%～30%，或由蓄电池充/和放电特性决定，包括来自充装置的纹波电压；
——不与充电设备连接的蓄电池−25%～20%</td></tr>
<tr><td>4b</td><td>电源故障</td><td>IEC 61000-4-11</td><td colspan="3">在 5 min 内切断电源三次，断开时间 30 s</td><td>检查下列内容：
——在失去和恢复供电时设备规定的功能；
——在可编程电子系统中（如有）所保存的程序或数据不致损坏</td></tr>
</table>

表 1（续）

<table>
<tr><th>序号</th><th>试验项目[a]</th><th>试验程序依据</th><th colspan="4">严 酷 程 度</th><th>其他信息</th></tr>
<tr><td rowspan="4">5</td><td rowspan="4">绝缘电阻[b]</td><td rowspan="4"></td><td rowspan="2">额定
电压
V</td><td rowspan="2">试验
电压
V</td><td colspan="2">最小绝缘电阻</td><td rowspan="4">所有电路与地之间；适宜时，在供电接线端；
应在高压试验、湿热试验、低温试验和盐雾试验前后测量绝缘电阻</td></tr>
<tr><td>试验前
MΩ</td><td>试验后
MΩ</td></tr>
<tr><td>$U_n \leqslant 65$</td><td>$2 \times U_n$，
最小 24</td><td>10</td><td>1</td></tr>
<tr><td>$U_n > 65$</td><td>500</td><td>100</td><td>10</td></tr>
<tr><td>6</td><td>温度渐变
低温[c]</td><td>IEC 60068-2-1
非散热设备
试验 Ab、
IEC 60068-2-1
散热设备试验 Ad</td><td colspan="2">5 ℃±3 ℃，
2 h</td><td colspan="2">−25 ℃±3 ℃，
2 h</td><td>——测量初始绝缘电阻(见试验项目 5)；
——除需在运行中进行的试验外，设备在该条件下不运行；
——在最后 1 h 的试验温度下进行运行试验；
——在恢复后测量绝缘电阻和进行运行试验</td></tr>
<tr><td rowspan="2">7</td><td rowspan="2">温度渐变
高温[d]</td><td>IEC 60068-2-2
非散热设备
试验 Bb</td><td colspan="2">55 ℃±2 ℃，
16 h</td><td colspan="2">70 ℃±2 ℃，
2 h</td><td>设备在该条件下运行；
在最后 1 h 的试验温度下进行运行试验；
恢复后进行运行试验</td></tr>
<tr><td>IEC 60068-2-2
散热设备
试验 Bd</td><td colspan="2">55 ℃±2 ℃，
16 h</td><td colspan="2">70 ℃±2 ℃，
16 h</td><td>设备在该条件下接通冷却系统运行；
在最后 1 h 的试验温度下进行运行试验；
恢复后进行运行试验</td></tr>
<tr><td>8</td><td>交变湿热
(12h+12h)[j]</td><td>IEC 60068-2-30
试验 Db</td><td colspan="4">温度：55 ℃；
湿度：95%；
持续时间：2 个周期(12 h+12 h)</td><td>测量试验开始前的绝缘电阻；
设备在整个第 1 个周期和第 2 个周期除进行功能试验以外的时间运行；
在第 1 个周期开始的 2 h 和第 2 个周期最后 2 h，在试验温度下进行功能试验；
在标准大气条件下恢复；
测量绝缘电阻并进行性能试验</td></tr>
<tr><td>9</td><td>盐雾[e]</td><td>IEC 60068-2-52
试验 Kb</td><td colspan="4">四个喷雾周期，每次喷雾后保持 7 d</td><td>测量试验开始前的绝缘电阻，并进行功能试验；
试验期间设备处于正常位置；
试验期间设备不运行；
在每个喷雾周期的第七天进行运行试验；
恢复期的 4 h～6 h 测量绝缘电阻，并进行性能试验</td></tr>
</table>

表 1（续）

<table>
<tr><th>序号</th><th>试验项目[a]</th><th>试验程序依据</th><th colspan="2">严 酷 程 度</th><th>其他信息</th></tr>
<tr><td rowspan="3">10</td><td rowspan="3">振动(正弦)</td><td rowspan="3">IEC 60068-2-6
试验 Fc</td><td>一般应用：
2^{+3}_{-0} Hz～13.2 Hz，
振幅±1 mm；
13.2 Hz～100 Hz，
加速度±0.7g。
耐受：
——在记录到的每一个放大因数 $Q \geqslant 2$ 的频率处；
——若没有 $Q \geqslant 2$ 的共振频率，则在 30 Hz</td><td>对于安装在往复运动机械上的设备、安装在舵机舱或类似区域的设备
2^{+3}_{-0} Hz～25 Hz，
振幅±1.6 mm；
25 Hz～100 Hz，
加速度±4g。
耐受：
——在记录到的每一个放大因数 $Q \geqslant 2$ 的频率处；
——若没有 $Q \geqslant 2$ 的共振频率，则在 30 Hz</td><td rowspan="2">振动试验期间设备处于运行状态；
试验在相互正交的三个轴向上进行；
建议放大因数 Q 不宜超过 5；
在很近的频率范围内检查出几个共振频率点的情况下，而选择扫描试验时，持续时间为 120 min</td></tr>
<tr><td colspan="2">90 min</td></tr>
<tr><td colspan="2">40 Hz～2 000 Hz，加速度±10 g；90 min</td><td>仅在极端条件下，如柴油机排气管上的设备</td></tr>
<tr><td>11a</td><td>静态倾斜[a,i]</td><td></td><td colspan="2">22.5°</td><td>每一个方向；
设备处于运行状态</td></tr>
<tr><td>11b</td><td>动态倾斜</td><td></td><td colspan="2">22.5°，0.1 Hz</td><td>每一个方向；
设备处于运行状态；
试验持续时间不小于 15 min</td></tr>
<tr><td>12</td><td>外壳防护</td><td>IEC 60529</td><td colspan="2">根据设备安装位置</td><td>最低要求见 IEC 60092-201 表 5</td></tr>
<tr><td>13</td><td>静电放电抗扰度</td><td>IEC 61000-4-2</td><td colspan="2">接触放电试验电压：6 kV；
空气放电试验电压：8 kV；
单一放电间隔时间：1 s；
每极性放电次数：10 次；
按标准中等级 3 的严酷程度</td><td>用于模拟人接触时可能发生的放电；
本试验限定在一般情况下操作者可能接触的点和面；
性能标准 B：见注[f]</td></tr>
<tr><td>14</td><td>射频电磁场辐射抗扰度</td><td>IEC 61000-4-3</td><td colspan="2">频率范围：80 kHz～2 GHz；
调制幅度：1 000 Hz 进行 80% 的幅度调制；
磁场强度：10 V/m；
频率扫描速度：不大于 1.5×10^{-3} 十倍频程/s(或不大于基频步长 1%/3 s)；
按标准中等级 3 的严酷程度</td><td>电磁辐射来自别的发射设备；
当设备试验需要调制频率为 1 000 Hz 时，应选择的调制频率为 400 Hz；
性能标准 A：见注[g]</td></tr>
</table>

表 1（续）

序号	试验项目[a]	试验程序依据	严酷程度	其他信息
15	低频传导	IEC 60533	交流： 频率范围：至电源标称频率的第 200 次谐波； 试验电压(有效值)：至第 15 次谐波为 10%；至第 100 次谐波降为 1%；第 100 次谐波至第 200 次谐波维持 1% 的水平；施加在电源线的功率最高 2 W。 直流： 频率范围：50 Hz～10 kHz； 试验电压(有效值)：供电电压正弦有效值的 10%；施加在电源线的功率最高 2 W	用于模拟电子负载与谐波叠加对电源系统的影响； 试验方法符合 IEC 60945 的规定 性能标准 A：见注[g]
16	射频场感应的传导骚扰抗扰度	IEC 61000-4-6	频率范围：150 kHz～80 MHz； 幅度：3 V(有效值)[h]； 幅度调制：1 000 Hz 进行 80% 的幅度调制； 频率扫描速率：不大于 1.5×10^{-3} 十倍频程/s(或不大于基频步长 1%/3 s)； 按标准中等级 2 的严酷程度	模拟经设备连线进入设备内的射频电磁场； 对于设备试验需要 1 000 Hz 调制频率的情况，应选择 400 Hz 的调制频率； 性能标准 A：见注[g]
17	电快速瞬变脉冲群抗扰度	IEC 61000-4-4	单个脉冲上升时间：5 ns(10%～90%)； 脉冲持续时间(50%的值)：50 ns； 电源端口、保护接地电压峰值：2 kV； 控制端口和信号端口电压峰值：1 kV； 脉冲群周期：300 ms； 脉冲群持续时间：15 ms； 每极性试验持续时间：5 min； 按标准中等级 2 的严酷程度	电弧在操作电触点时发生，通过参试设备的外部电线也同样对电源生产影响； 性能标准 B：见注[f]
18	浪涌(冲击)抗扰度	IEC 61000-4-5	波前时间：1.2 μs(10%～90%)； 半峰值时间：50 μs(50%)； 线地浪涌电压峰值：1 kV； 线线浪涌电压峰值：1 kV； 重复率：大于每分钟 1 次； 浪涌数：每极性 5 次； 应用：连续； 按标准中等级 2 的严酷程度	用于模拟大功率负载开关在接通、断开时产生的干扰； 试验过程符合标准图 10 中电源线与信号线在同一路径； 性能标准 B：见注[f]

表 1（续）

序号	试验项目[a]	试验程序依据	严酷程度		其他信息
19	电磁辐射骚扰	CISPR 16-1、CISPR 16-2	对于安装在驾驶室和甲板区域的设备：		试验过程符合标准要求，天线与设备的间距为 3 m
			频率范围/MHz	限值/(dBμV/m)	
			0.15～0.3	80～50	
			＞0.3～30	50～34	
			＞30～156	54	
			＞156～165	24	
			＞165～2 000	54	
			对于安装在一般动力装置区域的设备：		
			频率范围/MHz	限值/(dBμV/m)	
			0.15～0.168	80～75	
			＞0.168～30	75～50	
			＞30～100	60～54	
			＞100～156	54	
			＞156～165	24	
			＞165 ～2 000	54	
20	电磁传导骚扰	CISPR 16-1、CISPR 16-2	对于安装在驾驶室和甲板区域的设备：		
			频率范围/kHz	限值/(dBμV)	
			10～150	96～50	
			＞150～350	60～50	
			＞350～30 000	50	
			对于安装在一般动力装置区域的设备：		
			频率范围/kHz	限值/(dBμV)	
			10～150	120～69	
			＞150～500	79	
			＞500～30 000	73	
21	(电缆)阻燃	IEC 60092-101	使用火焰：5 次； 每次 15 s； 火焰的间隔时间：15 s		试样被烧毁或破损部分的长度不超过 60 mm

[a] 无可移动部件的设备，不要求做静态倾斜试验；

[b] 绝缘电阻测试在湿热试验、低温试验和盐雾试验前后进行；

[c] 对于安装在无大气保护或寒冷处所的设备，试验在－25 ℃条件下进行；

[d] 干热要承受 70 ℃高热，例如对于安装在控制台、机械外壳的设备；

[e] 对安装在露天甲板受气候影响区域的设备，应进行盐雾试验；

[f] 性能判据 B：试验时，被测设备(EUT)性能或功能暂时降低或丧失；试验后，能自行恢复到制造商所规定的性能和功能要求，但不允许改变实际操作状态或存贮数据。恢复时间应符合持续安全运行的要求，并适当考虑需要保持的重要设备；

[g] 性能判据 A：在试验时和试验后，被测设备(EUT)的性能不应低于制造商所规定的技术要求，功能不应丧失；

[h] 对于安装在船桥和甲板区域的设备测试等级应增加到 10 V(有效值)，时隙频率与 IEC 60945 的 2 MHz、3 MHz、4 MHz、6.2 MHz、8.2 MHz、12.6 MHz、16.5 MHz、18.8 MHz、22 MHz、25 MHz 一致；

[i] 对于运载液化气和化学品的船舶，当船舶进水导致横倾不超过 30°时，也应保持应急电力供应；

[j] 该试验应对安装于无空调处所的设备实施。

6 设计

6.1 环境和电源条件

设备应设计成在预期环境和电源条件下可以正常操作，对 IEC 60092-101:2002 附录 B 规定的限值应给予注意。

6.2 电路设计

电路应设计成便于试验、检查、维护和修理。应适于用更换组件或插件的方法来进行修理。在某些情况下，为了检验设备运行是否良好，可能需要提供模拟电路或类拟措施。

6.3 相互影响

系统应布置成当其发生故障时不会影响其他系统所提供的功能。

6.4 电气分组

6.4.1 电路应设计成与船舶主电源系统的任一点均无直接连接，例如对于电源，应采用隔离变压器。除非它具有接地作用，否则机壳不应作为任一电路的组成部分。

6.4.2 建议扩展的系统应予以分组，各组电源在电气上应予以隔离或单独予以保护。

6.4.3 控制电路应与信号和指示电路分开，以使指示电路的故障不会影响设备或仪表的运行。

6.5 信号电平

6.5.1 信号电平应保持足够高，以克服接触腐蚀和噪声干扰的影响。

6.5.2 传感器和放大器的安装位置应尽可能地彼此靠近。

6.5.3 应特别注意屏蔽和信号基准系统的接地。

6.5.4 为避免对控制和测量仪表电缆的可能干扰，应采取合适的敷设方法，例如：

——屏蔽和(或)双绞线；

——使用平衡输入放大器；

——信号电缆与其他电缆之间有距离间隔。

6.6 电源

6.6.1 电源独立

若需要，冗余电源应独立和有选择地向系统供电。

6.6.2 容量

后备电源的容量应足够确保系统达到安全条件之前的正常运行。

6.6.3 保护

每个电路应分别加以保护，以防短路和过载。

7 结构和材料

7.1 整定

若需要，设备应易于整定。设定点应易于识别，并应采取适当的措施防止整定值被改变，例如受到环境的影响。

7.2 可接近性

7.2.1 应确保易于更换零部件的维修和保养。

7.2.2 应尽可能使设备免于电压、温度或其他此类因素导致的不安全工作条件。

7.3 更换

每个可更换组件的更换应简便，且其结构应易于更换操作并安全。

7.4 非互换性

所有可更换零件的布置应使它们不被错误地连接或不被错误地更换。若不可行，则可更换的零件以及与它们有关的插头或类似零件应清晰地予以标识。

7.5 冷却

7.5.1 仪器宜不依赖强制冷却介质。

7.5.2 必要时，应考虑防止冷却表面上堆积灰尘。

7.5.3 重要设备若需要强制冷却，应为冷却介质提供备用电源。冷却系统发生故障时应有报警。

7.5.4 应采取其他适当的方法防止由于温度上升造成的设备损坏。

注：机械处所机柜采取强制通风的特殊预防措施是防止因污垢沉积造成绝缘击穿。

7.6 连接器机械负载

7.6.1 如采用插头和插座连接，除为保证满意的接触压力所需的机械负载外，在拔出和更换部件时，连接器不应带有机械负载。

7.6.2 插接板、印刷电路板和其他多插点连接器应装有锁紧装置，以防止由于诸如冲击或振动等机械负载而脱出。

7.7 机柜的机械特性

机柜机械结构应简单。所有螺母、螺栓连接应锁紧。

7.8 缓冲器和减振器

如使用缓冲器或减振器，则机柜应有足够的净空以允许充分自由移动。缓冲或减振器应避免串联安装。连接引线的布置应不影响冲击和振动的隔离。

7.9 内部布线

7.9.1 用于内部布线的电缆和绝缘导线至少应为阻燃型。在布线邻近处装有液压油或其他油类设备时，其绝缘应耐油或适当地与油隔离。

7.9.2 应采取特别预防措施，避免由于振动造成电缆和绝缘导线的机械损伤。

7.10 电缆连接

包括传感器在内的控制设备接线端的结构应有足够的可用空间，以使电缆能正常地连接，每根导线都有专用的接线端。所有接线端均应清晰地予以标识，且提供适当的用于连接电缆屏蔽的措施。

8 安装和人体工学

8.1 一般要求

8.1.1 布置

8.1.1.1 控制站的布置应符合人体工学的要求，以便准确和安全地操作。

8.1.1.2 复杂的布置应特别考虑区域或组别的标识，例如在显示组和控制组之间留有足够的间距。

注：驾驶室区域的设备符合 IEC 有关导航和通信设备的标准要求(IEC 60945)。

8.1.2 一致性

8.1.2.1 显示仪表和控制设备应按逻辑顺序布置。

8.1.2.2 操作动向与其产生的实际动向应尽可能相互一致。

8.1.3 标识

每个操作控制板、分控制板、指示仪表、控制手柄、报警器、信号灯、记录仪等，均应能借助其自身说明和含义明确的标签予以清楚、系统的标识。

8.1.4 标签

标签应相对于控制设备和检测仪表永久性地固定，并应由耐用材料制成，其上的字符应清晰、持久。

8.1.5 显示颜色

区别各运行工况的不同颜色应易于区分和识别。

注：可参考 IMO A.830(19)决议《报警和指示器规则》，1995。

8.1.6 照明

仪表和控制设备的照明应在预定操作的所有环境光线条件下，均可清楚地读数和进行操作，且不产生不适的阴影或眩光。若周围的照明使指示器的灯光难以辩别时，应配置合适的遮光罩。若设备安装在驾驶室区域，应采取避免任何光源发出的光线干扰导航的措施。安装在外部的设备(例如驾驶室翼桥)应在白天和夜晚操作时均有正常的照明。

8.1.7 防液体泄漏

8.1.7.1 除非已采取有效措施能在泄漏时保护电气控制设备，否则电气设备不应与使用液压介质的设备或水管、油管或蒸汽管路安装在同一控制板或控制柜内。

8.1.7.2 液压介质、水、油或蒸汽管路应避免靠近控制板。

8.1.8 防凝露

应采取切实可行的措施防止在外壳产生凝露。

8.1.9 外部电缆和布线

8.1.9.1 外部电缆和布线应符合 IEC 60092 系列相关标准的规定。

注：见 IEC/TR 60092-370、IEC 60092-376。

8.1.9.2 规格低于上述标准的电缆和互连电线的机械强度和绝缘特性应予以特殊考虑。

8.2 传感器

8.2.1 传感器位置

所有传感器应位于使输出可真实测量参数的位置。传感器应安装在正常检修和维护时使其损坏危险最低的地方。

8.2.2 温度传感器

温度传感器应安装在适宜的材料槽内。为进行试验,应将接线引出。

8.2.3 压力传感器

暴露在工作介质中受冲击和振动大的压力传感器应采取减振保护措施。

8.2.4 附件

传感器的外壳及接线盒应与其预定安装位置相适应,且与其相连的电缆类型应适配。

8.2.5 检测和校准

设备应为正常操作状态下不能检测的传感器提供检测和校准。

8.3 信息显示

信息应以清晰、一致和明确的方式显示。

8.4 控制

8.4.1 遥控

8.4.1.1 连续信息

用户在遥控站应能连续接收指令发出后的反馈信息。

8.4.1.2 独立控制

若可以从多个位置实施控制,则任何一个位置控制设备的失效应不影响其他位置的控制能力。

8.4.1.3 专用控制

若一个过程可以从几个位置实施控制,则在任何时候应只有一个控制对该过程有效。

8.4.1.4 控制转移

实际控制在没有得到接受命令位置的确认之前不应转移,除非该命令位置位于视觉和听觉可直接涉及的位置。转移控制权应发出音响预警。

8.4.1.5 主令位置

主令位置根据操作或安全的因素或根据主管机关的要求指定,该位置应在不需得到确认的情况下实施控制。

8.4.1.6 安全

控制从一个位置向另外一个位置转移期间,应防止进程参数出现显著变化。

8.4.1.7 状态指示

在每一个可替换的命令位置,应指示当前正处于哪个位置的控制中。

8.4.1.8 互锁装置

控制系统组件应包括安全互锁装置,以防用户误操作可能导致的对重要设备的破坏或损失。

8.4.2 人机界面

人机界面的设计应符合 IEC 60447 的规定。

8.5 报警系统

警报系统中用于指示的听觉和视觉信号应符合 IMO 867E 决议《报警和指示器规则》(1995)的有关要求。

9 专用设备

9.1 防火控制装置

9.1.1 概述

本条规定了船上为消防安全目的而安装的电气防火控制装置的要求。

注:《SOLAS 公约》Ⅱ-2 章的某些条文不包括在本条中。

9.1.2 一般要求

9.1.2.1 应用

防火控制装置包括:

——自动火灾探测和火灾报警系统,例如:用于无人值守的机械处所、起居处所等;

——灭火控制设备,例如:通风机和燃油泵的遥控停机装置和消防泵遥控启动装置等。

9.1.2.2 设计和试验

防火设备和系统的设计应符合要求并经过检验,必要时,应分别符合第 5 章和第 6 章规定。

9.1.2.3 指示

所使用的音响和视觉信号应符合 IMO 867E 决议《报警和指示器规则》(1995)的有关要求。

9.1.3 固定式火灾探测和火灾报警系统

9.1.3.1 探测器

9.1.3.1.1 探测器应根据热、烟或燃烧、火焰或这些因素的组合而动作。只要灵敏度不低于上述要求,可以考虑采用根据其他因素而动作并显示早期火灾的探测器。火焰探测器应只可用于除烟雾或热探测器之外的情况。

9.1.3.1.2 9.1.3.4.5 规定的烟雾探测器应经过烟雾浓度超过每米 12.5%减光率时动作、烟雾浓度低于每米 2%减光率之前不动作的验证。安装在其他处所的烟雾探测器应在主管机关认为满意的灵敏度限值范围内动作,并考虑避免探测器不灵敏或过度灵敏。

9.1.3.1.3　温度探测器应经过温度以每分钟低于 1 ℃的速率升高、超过 78 ℃时动作、在温度不超过 54 ℃之前不动作的验证。当温度以更高速率上升时，温度探测器应在主管机关认为满意的温度限值范围内动作，并考虑避免探测器不灵敏或过度灵敏。

9.1.3.1.4　经主管机关同意在环境温度偏高的干燥舱室或类似处所，温度热探测器动作的允许温度可以较该类处所天花板最高温度高 30 ℃。

9.1.3.1.5　当火灾探测器有调整其灵敏度的装置时，其设置应使整定点固定且易于识别。

9.1.3.1.6　所有类型的探测器应能进行检测，以校准其动作，并能不需更换部件而恢复至正常的监测状态。

9.1.3.2　电源

9.1.3.2.1　带手动报警按钮的固定式探火和失火报警系统应能在任何情况下立即动作。供火灾探测和火灾报警系统电气设备使用的电源应不少于两套，其中一套应为符合主管机关要求的应急电源。

9.1.3.2.2　若装有非《SOLAS 公约》要求的固定式火灾探测和火灾报警系统，则应由两路电源供电，其中一路应为与主电源相独立的辅助电源。若该辅助电源是蓄电池，则应具有无需再充电而向火灾报警和火灾探测系统至少供电足够 6 h 的能力。在此期间系统电压应不低于额定电压的 88%。

蓄电池充电期间的电压不应超过其额定电压的 12%。

供电应由专用的独立馈线提供。该馈线应接至位于或邻近探测系统控制面板的自动转换开关。

9.1.3.3　系统要求

9.1.3.3.1　系统运行所必需的电源和电路应设计成具有失电自监测功能，并至少包括下列情况：

——因断线引起的探测回路故障；

——由于短路引起的故障；

——隔离系统的绝缘故障。

当出现故障时，应触发控制面板的视觉和音响故障信号，并应与火警信号有明显区别。

9.1.3.3.2　应具备对每个探测回路进行检测的手段。应安装用于指示探测器或回路已断开的指示器。

9.1.3.3.3　同时启动探测器时，不应影响该系统的运行。

9.1.3.3.4　必要时，在诸如机舱处所应设有用于调整探测器响应灵敏度的手段，以满足该处所的要求。

9.1.3.3.5　检测器和手动操作按钮应分为若干分区。任一探测器启动或手动操作按钮报警时，都应在控制面板和指示装置上发出视觉和音响火警信号。指示装置应指示已动作的探测器或手动操作按钮所在的分区。该信号应保持到在控制面板上被确认为止。应只有当探测器在其整定点之内时，才有可能使已动作分区完全复位。若在控制面板上不能确定哪个探测器已启动，则应为每个探测器配备一个可视化的指示器。该信号应保持直至其被确认。探测器的指示应设在经常被锁住的舱室之外，除非该指示在特定的控制面板上。

注 1：分区：成组火灾探测器和手动操作报警按钮所报告的指示器。

注 2：回路：连接各组探测器并连接到控制面板的电路。

9.1.3.3.6　应在每一个指示器装置或其附近位置清晰地表示出该装置所保护的处所以及分区的位置。

9.1.3.3.7　当由于诸如焊接、装卸货物等操作而容易使探测器有可能动作的处所，可以使这些探测器暂时不动作，并将这种情况在指示器上显示。不动作的持续时间应尽可能按该处所被占用的时间经考虑后确定。预定时间过后，探测器应自动投入工作，除非它们事先已经复位。

9.1.3.3.8　若在 2 min 内这些信号未被引起注意，则应向所有船员舱室、服务处所、控制站及《SOLAS 公约》规定的 A 类机械处所自动发出音响报警。该音响报警系统不作为探测系统的组成部分。

9.1.3.3.9　若探火系统不能远程识别每一个探测器时，除在分区内可包含一个围蔽的楼梯外，起居处所和控制站的各分区均不允许超过一层甲板。为了避免延误识别火源，各分区所包含的围蔽空间数量应受主管机关规定的限制。在任何情况下，均不允许一个分区内超过50个围蔽处所。若检测系统配有远程和个体识别的火警探测器，则该分区可包含若干甲板并为任意数量的围蔽空间服务。

对于一个分区不应超过一层甲板和不应保护多于50处围蔽处所的要求，系统可通过远程和独立识别火灾探测器根据列入各分区的分离设备来划分回路和限制每一个分区来符合上述要求。

9.1.3.3.10 在客船上，若火警探测系统没有远程和独立识别每个探测器的能力，则一个分区探测器不应同时服务于船舶两舷处所，也不应服务于一层以上的甲板；并且不应包含一个以上的主竖区，除非主管机关对船舶防火措施感到满意，但同样不因此而降低要求，只是在这种情况下，可能会允许一个分区的探测器为船舶两舷处所及一层以上的甲板服务。在配有可独立识别火灾探测器的客船，一个分区可以为船舶两舷处所的多层甲板服务，但也不应跨越一个主竖区。

9.1.3.3.11 9.1.3.3.10中规定的客船上分区不应服务于船舶两舷处所和超过一层甲板的要求，可通过一个具有远程且单独识别火灾探测器的系统实现，该系统中的回路可通过独立的装置划分为不同的分区，通过这样的划分，每个分区仅包含船舶的一舷。

9.1.3.3.12 9.1.3.3.10中规定的客船上分区不应包含一个以上的主竖区的要求，可通过一个具有远程且单独识别火灾探测器的系统实现，该系统中的回路限于主竖区内。

9.1.3.3.13 服务于控制站、服务处所或起居处所的火灾探测器分区，不应将《SOLAS公约》规定的A类机械处所包括在内。

9.1.3.3.14 对于远程和独立识别火警探测器的火警探测系统，满足9.1.3.3.13规定要求的一个回路可包含控制站、服务处所和起居处所，但不包括A类机械处所。

9.1.3.3.15 火警探测系统对一个区域的识别能力应符合如下布置要求：

——一个回路不能因多于一处的火灾而被破坏；

——所有的布置能在发生故障(电气的、电子的、信息的)时，使系统的初始配置恢复；

——最先启动的火警不会阻止其他探测器发出的进一步火灾报警。

9.1.3.3.16 9.1.3.3.15要求一个系统应布置成当一个回路发生超过一处火灾时不会被损坏，一个回路布置成数据总线不允许一个探测器覆盖多个空间。

9.1.3.3.17 9.1.3.3.15要求一个系统应布置成当回路发生任何故障时确保不会使整个回路失效，当故障发生时仅使回路中的一部分失效，一个回路不超过一个系统的一个分区，并且没有远程识别每个探测器的手段。

9.1.3.3.18 除允许在控制板关闭防火门和完成类似功能外，火灾探测系统不应用于其他任何目的。

9.1.3.3.19 在安装和试验后应定期地检测探测系统的功能，其方法是用某种设备产生按探测器设计应做出反应的适当温度的热空气或烟雾或具有适当密度范围或颗粒大小的悬浮微粒，或其他与早期火灾有关的现象。

注：请注意对基于计算机的系统，可能需要额外的规定(见第10章)。

9.1.3.4 安装要求

9.1.3.4.1 控制板应设在驾驶室或主消防控制站。

9.1.3.4.2 除船舶处于非运营状态时外，至少有一台指示器应设置在航行中或在港的任何时候都易于值班船员接近之处。若控制板设在主消防控制站内，则一台显示器应设在驾驶室内。

9.1.3.4.3 探测器应安装于使其获得最佳性能处。应安装足够数量和多种类型的探测器，以便迅速发现、定位火灾并报警。探测器应避免安装在靠近横梁和通风管道的部位，或气流可能影响探测器性能的其他部位，以及有可能产生冲击或物理损坏的部位。安装在处所顶部的探测器与舱壁之间的距离应不小于0.5 m。

按电离原理工作的烟雾探测器，应按符合保护人员的有关要求进行安装。

9.1.3.4.4 手动操作报警按钮应安装在所有起居处所、服务处所和控制站。在每一个出口均应安装一个手动操作报警按钮。在每层甲板的走廊内安装的手动操作报警按钮应易于随时接近，且走廊内任何一点距手动操作报警按钮的距离应不大于 20 m。

9.1.3.4.5 烟雾探测器应安装在所有楼梯、走廊以及起居处所的逃生通道。应考虑在通风排气管道安装专用的烟雾探测器。

9.1.3.4.6 若要求在 9.1.3.4.5 规定以外的其他处所安装固定式火灾探测和火灾报警系统，则在每个这样的处所内应至少安装一个符合 9.1.3.1.1 规定的探测器。

9.1.3.4.7 探测器的最大间距应符合表 2 要求。

表 2 探测器最大间距

探测器类型	每个探测器的最大地板面积/m^2	两个探测器中心间的最大距离/m	距舱壁的最大距离/m
感温式	37	9	4.5
感烟式	74	11	5.5
注：根据证实的探测器特性试验数据，主管机关可以规定或允许其他间距。			

9.1.3.4.8 应避免将系统的电气线路敷设在厨房、《SOLAS 公约》规定的 A 类机械处所以及具有高度失火危险的其他围蔽处所，除非在这些处所安装规定所需的火灾检测或火灾报警装置，或与适当的电源连接。

9.1.3.5 操作指南和备件

应提供用于检测和维护的适当的操作指南和备件。

9.1.4 灭火遥控装置

9.1.4.1 遥控停止电路分隔

9.1.4.1.1 用于货舱、机舱和起居处所的风机电动机不应连接到同一遥控停止电路。

9.1.4.1.2 用于重要设备及其备用装置的遥控停止电路应在电气上隔离。

9.1.4.2 遥控停止电路复位

手动启动后遥控停止电路应持续工作至手动复位为止。当复位后电动机有自动重新启动的可能时，应在遥控停止部位予以指示。

9.1.4.3 消防泵运行指示

当为消防泵提供遥控启动方式时，应提供运行指示。

9.2 机械报警装置

9.2.1 概述

本条规定了在船舶机械系统异常情况下发出警告的机械报警装置的要求。

9.2.2 一般要求

报警装置应具有下列目的：

——引起人员注意到异常情况；

——帮助确定异常情况的性质和位置；

——使人员采取有效的纠正措施，并在可能的情况下采取预防行动；
——对报警的应答和指示已恢复正常状态。

9.2.3 报警要求

9.2.3.1 警报复示板

若需要报警复示板，则应同时提供视觉和音响信号。这些信号可以与机械报警装置相连的全部报警器或一组报警器所共有。

9.2.3.2 标记

在集中控制站应清楚地指示出每一发生故障报警的性质，如“润滑油压力低”。在远距离分组报警板上，显示可能仅限于一般性故障状态。

9.2.3.3 应答

9.2.3.3.1 报警应维持到其被接收为止，并且各报警的视觉指示应一直保持到故障被消除为止，届时报警系统应自动复位到正常运行状态。

9.2.3.3.2 报警工况的应答应通过视觉信号的变化予以指示，例如，从闪光变为稳定光，且应答应只能从相关的机械处所或与该机械处所联用的集中控制站进行。在报警复示板上音响报警的消失并不自动产生对集中控制站原有报警的应答。

9.2.3.4 禁止

报警通道的禁止应清楚地加以指示。对重要设备的报警通道应加以监测或有复份，任何故障均不应导致报警被禁止而无指示。

9.2.4 显示信息

9.2.4.1 分组布置

在同一控制分组内的所有视觉报警指示应有相同的颜色含义，并按逻辑组布置。

9.2.4.2 易读性

应能从报警应答位置清楚地看到警报文字、图示或符号。

9.2.4.3 通用音响报警

若音响报警信号还用于其他目的，例如电报或电话，则该音响信号应符合 IMO 867E 决议《报警和指示器规则》(1995)的规定，附有指示其相关系统的发光呼叫板。

9.2.4.4 分别报警

当前报警不应妨碍另外故障的指示。

9.2.4.5 最初故障指示

在复杂机械装置的报警系统中，应考虑指示最初故障的措施。

9.2.5 电源布置

9.2.5.1 备用供电电源

应考虑为报警装置配备备用电源。

9.2.5.2 **电源故障报警**

在报警装置电源出现故障时，应发出视觉和音响报警信号。

9.2.6 **设计**

9.2.6.1 **功能分离**

报警装置应与控制系统及其传感器尽可能分开。

9.2.6.2 **监测设备**

报警系统安装可与带有被测变量模拟读出设备、数据记录设备、报警数据打印机等的监测设备集成在一起。

9.2.6.3 **延时**

9.2.6.3.1 如有必要，报警通道应有适当的延时。

9.2.6.3.2 被保护的压力系统中的压力波动、传感器触头颤动或源自其他系统的电磁干扰等瞬变现象，不应引起报警装置动作。所有液位报警器应具有与船舶运动频率相关的延时。

9.2.6.4 **闭合电路**

应采用常闭合电路以防因传感器回路断开而无报警指示。或者，当监测传感器电路故障时，也可采用常开电路。

9.2.6.5 **接地故障**

报警传感器电路的接地故障应产生报警动作，或以替代方式指示，或以其他方式不妨碍报警指示。

9.2.6.6 **相互故障独立**

任何一个报警通道的故障，特别是外部输入和输出电路的故障，应尽可能不影响其他通道的正常工作。

9.2.6.7 **独立音响报警**

包括灯或灯座短路等报警指示灯的故障，应不影响音响报警器的工作。

9.2.6.8 **系统完整性**

应尽可能提供用于检查功能或电气报警电路(包括视觉和听觉设备)正常的检测设备。

9.3 **电源自动控制设备**

9.3.1 **概述**

本条规定了为保护电源而配置的发电机组自动控制装置的要求。

9.3.2 **一般要求**

发电机组自动控制系统包括：

——机组自动启动；

——自动连接到不带电母线；

——自动并联和分配负载；
——机组自动停机；
——自动卸除非重要设备；
——自动分析功率储备。

9.3.3 自动启动

9.3.3.1 发出启动命令

可以发出的特定自动启动命令，例如：
——失电(停电)；
——长时间电压下降；
——长时间频率下降；
——运行机组预期频率降低或预计停机；
——过载(机械的或电气的或两者并存)；
——功率需要增加；
——需要启动大功率用电设备，例如侧推电机；
——运行机组故障；
——废气锅炉压力下降；
——手动遥控。

9.3.3.2 信号延迟

为了避免无意的启动，在可接受的瞬态工况下(例如大功率电机启动电流产生的信号)不应导致机组的自动启动。

9.3.3.3 启动指令的转移

若装有自动启动装置的机组超过一台，则应考虑配置在启动失败时能自动将启动指令转移给下一台或数台机组的顺序启动装置，或配置手动转换开关。

9.3.3.4 启动条件

应确保在任何时候启动时，空气、燃料、冷却水等方面均具备适宜启动和运行的条件。

9.3.3.5 备车指示

在控制面板上应设置备车指示，同时为了保护人员的安全还应在机旁设置。

9.3.3.6 启动联锁

为了防止在保养和维修中的无意启动，每台机组均应设置启动联锁。应设有警告该机组不能自动启动的指示。

9.3.3.7 启动指示和限制

9.3.3.7.1 机组的自动启动和运行应有指示。

9.3.3.7.2 应限制在启动失败情况下的启动次数和持续时间。

9.3.3.7.3 机组启动失败后应发出视觉和音响报警信号。

9.3.4 自动连接不带电母线

9.3.4.1 停电时的连接

当发电机开关合闸接到母线上时,应保证发电机的电压足够高。为了使最初的负载不超过发电机的容量,应考虑对负载的再接入或接入顺序或两者都进行限制。

9.3.4.2 不同时合闸

应避免两个或两个以上发电机断路器同时自动合闸。

9.3.4.3 误合闸

应防止在启动指令传感元件(如欠压继电器)误操作失灵时,发电机断路器自动合闸。

9.3.4.4 短路

短路后,应防止备用发电机断路器合闸到故障母线区段。应设置手动复位装置。短路后发电机断路器的合闸不应多于一次。

9.3.4.5 运行机组解列

若因非直接原因引起运行发电机跳闸出现长时间电压或频率降低,导致备用发电机组已经启动,则应考虑当备用机组准备好后,故障机组应立即解列。

9.3.5 自动负载管理

9.3.5.1 必要条件

9.3.5.1.1 为实现自动并联,应确保能有效自动同步且使断路器自动合闸。

注:注意由于重载冲击可能引发频率快速波动。若预计可能发生这种情况,考虑采取快速合闸断路器或同步电抗器,或类似措施。

9.3.5.1.2 应为并联运行发电机提供逆功率跳闸装置。任何具有自动负载共享功能系统产生的错误都不会导致主电源故障。

9.3.6 自动停机

9.3.6.1 停机

当出现可能造成机组损坏的故障(例如超速或滑油系统压力降低),机组应自动解列和停机。

9.3.6.2 预警

为防止不必要的停机,应考虑设置附加的视觉和音响报警信号,以便在达到危险状态之前就采取手动预防措施。

9.3.6.3 低负载解列

在具有因负载减少而使发电机组自动解列功能的系统中,应延时解列。

9.3.6.4 机组冷却

必要或需要时,可编制停机程序,以允许机组从大负载突变到空载时的热机效应变得平缓。

9.3.6.5 停机指示

机组因故障而自动停机时,应发出视觉和音响报警信号。

9.3.6.6 防止重新启动

应防止因故障自动停机的机组自动重新启动。

9.3.6.7 电源

9.3.6.7.1 具有自动停机功能系统的电源应采用独立电源。

9.3.6.7.2 应考虑在电源发生故障时提供视觉和音响报警指示。为了保持主电源必须设辅助电源,例如电子调节器的电源,应至少设置两套独立的辅助电力系统。

9.3.6.7.3 发电机保护装置应设在与其他发电机分开的配电柜内。

9.3.7 自动卸除非重要设备

9.3.7.1 卸除的原因

为了保证对重要设备供电,在下列情况下应考虑设置自动卸除非重要设备的装置:

——通常用一台发电机组对负载供电,但若因为附加负载的自动投入(无论是手动或自动)而存在着总负载超过发电机组额定容量的可能性时;

——当发电机并联运行,而运行的发电机中有一台发生故障的情况下,总负载超过余下发电机的总容量时。

9.3.7.2 设计条件

在设计发电机过载情况下卸除非重要设备的保护装置时,应适当考虑负载的功率因数已偏离额定值、发动机的效率降低等事项。为了在这种情况下保证供电,除配置发电机电流继电器外,还应考虑配置诸如低频继电器。

9.4 电动辅机自动启动装置

9.4.1 概述

本条规定了滑油泵、冷却水泵等电动辅机自动启动装置的要求。

9.4.2 一般要求

用于电动辅机自动启动装置的所有设备应符合 IEC 60092-202 和 IEC 60092-302 的要求。

9.4.3 自动启动顺序

9.4.3.1 防过载

如有必要,用于电动机自动重新启动的控制设备应配备自动顺序启动装置,以防止停电后在电力恢复的瞬时及过程中发电设备产生过载。

9.4.3.2 启动延迟

若设有顺序启动装置,则应确保对船舶或其推进机械极其重要的辅机(例如操舵装置电动机和滑油泵等)具有尽可能短的启动延迟。

9.4.3.3 联锁系统

若电动机的额定值需要一台以上的发电机组在该电动机自动启动之前投入电力系统，则应设置联锁系统。

9.4.4 备用辅机启动装置

9.4.4.1 启动指令

应由被控介质或电气系统或者两者同时发出备用机械的启动指令。例如备用滑油泵电动机的启动指令应视系统设计，取决于滑油压力、流量或重力油柜油位，而不仅取决于自运行的滑油泵电动机的控制装置。

9.4.4.2 备用指示

应在集中控制位置和机旁控制位置(若有)同时指示电动辅机备用位置和其选择的电源备用状态。

9.4.4.3 启动指示

备用辅机自动启动应发出视觉和音响报警信号。

9.4.5 控制电压

带有安装在船舶机械设备上的诸如压力传感器或类似传感元件的控制回路，其直流和交流电压应不超过 250 V。

9.4.6 手动控制

一台电动机控制装置或运行电动机或备用电动机自动转换装置的故障，不应使一台以上的电动机无法手动控制。

9.5 机械控制装置

9.5.1 概述

本条规定了推进和与船舶安全至关重要机械的控制要求。

注：对操舵装置的控制和测量仪表的要求在 IEC 60092-204 中规定，对电力推进装置的控制和测量仪表的要求在 IEC 60092-501 中规定。

9.5.2 一般要求

对船舶推进、控制和安全至关重要的主机和辅机应独立，或设计成当一个系统发生某种故障时，不应使其他的系统性能降低。

9.5.3 控制转换

机械及其联用设备的控制应在任一时刻只能从一个控制站进行控制，且在控制站之间的转换应设置成只能在正进行控制的控制站接受时才有效。该系统应设有联锁或其他适当的装置，以确保控制的有效转换(见 9.5.5.1)。

注：当控制站均设在附近的可以直接声音听到和视觉看到的联系位置时，主管机关可免除本条要求。

9.5.4 驾驶室遥控推进机械

9.5.4.1 应用

如从驾驶室遥控推进机械，则应具有以下特性。

9.5.4.2 参数控制

包含船舶操纵的状态、速度、推进方向、螺旋桨螺距(适用时)应在所有航行状态下,完全能从驾驶室实施控制。

9.5.4.3 控制装置

9.5.4.3.1 每个独立的推进装置应由单独的控制器控制。包括必要的自动性能在内的所有相关设备,以及必要时防止推进机械超载的措施。
8.5.4.3.2 若多个推进器设计成同时运行,则它们也可以由一个控制装置控制。

9.5.4.4 应急停车

应在驾驶室设置一个推进主机应急停车装置,它应与驾驶室控制系统独立。

注:若推进原动力还对电气装置提供动力,可能需要采用离合器的方式将动力从推进器移出。

9.5.4.5 指令指示

驾驶室对推进装置的指令应在主机控制室指示,若有条件,同时在推进装置操纵台指示。

注:推进装置的机旁控制站可视同于推进装置操纵台。

9.5.4.6 控制转换

9.5.4.6.1 在任何时刻应只能从一个位置对推进机械进行遥控;允许在这些位置建立控制站的相互联系。
9.5.4.6.2 在驾驶室和机械处所之间的控制转换应只能在主机处所或主机控制站。
9.5.4.6.3 从一个控制站向另一个控制站转换控制不应明显改变控制参数,例如速度、推进方向或螺距。
9.5.4.6.4 控制转移不应在接收站确认接受前开始。

9.5.4.7 机旁控制

9.5.4.7.1 当遥控系统的任何部分出现故障时,应能对推进主机以及对船舶安全运行重要的所有机械进行本地控制。
9.5.4.7.2 同样,应能对船舶安全运行重要的辅机进行本地控制或就近控制。

9.5.4.8 故障报警

遥控系统的故障应发出视觉和音响报警。如不可行,则预先设定的推进装置速度和推进方向如适用的话应予以保持,直至机旁控制运行。

9.5.4.9 启动限制

若遥控系统是为自动启动推进装置而设计的,则应限制连续自动启动的次数,并且应设有阻止低于预设启动空气压力启动的装置,以确保有来自机舱控制室或本地的足够的启动空气压力。

9.5.5 机械遥控指示

9.5.5.1 控制位置指示

在每个操作处所均应设置表明该处所控制机械的指示。

9.5.5.2 运行指示

若提供遥控操作，则应在每个操作位置设有运行指示或其他等效装置。

9.5.5.3 运行参数指示

应在驾驶室、主机控制室和操纵台设置指示器，指示下列参数：

——对于固定螺距螺旋桨：螺旋桨的转速和方向；

——对于可调螺距螺旋桨：螺旋桨的转速和螺距。

9.5.6 手动越控

一般情况下，自动启动、操作和控制系统应提供替代自动控制的手动越控装置。该系统任何部分发生的故障不应妨碍使用手动越控。

9.6 机械保护（安全）系统

9.6.1 概述

本条规定了有关操作机械预设参数限值被超出时应做出相应动作的设备要求。

注：基于计算机安全系统的机械保护可能需要额外的和其他的规定（见第10章）。

9.6.2 一般要求

9.6.2.1 工作原理

保护（安全）系统是为了确保在机械或锅炉运行中出现具有直接危险的故障时，应立即启动自动保护，即对装置相关部分停机或卸载，并发出视觉和音响报警。

注：对于要求自动保护（安全）的项目举例如下：

a) 往复式内燃机：

——发动机和/或减速齿轮的润滑作用低于临界值；

——超速。

b) 汽轮机和燃气轮机：

——涡轮和/或减速齿轮的润滑作用低于临界值；

——超速。

c) 蒸汽发生装置：

——水位过低；

——水位过高；

——助燃空气故障；

——熄火。

9.6.2.2 推进系统

在会导致严重损坏、完全破坏或爆炸的情况下推进系统应停机。

9.6.2.3 故障模式

保护（安全）系统应尽实际可能地设计成在该系统内出现单一故障时发出视觉和音响报警，且不会导致推进动力的完全丧失。

9.6.2.4 越控措施

9.6.2.4.1 所有主推进装置应配备越控措施，这些措施应能防止误操作。至少应提供视觉方式用于指示越控已被激活,建议用视觉和音响警报来提醒操作者。

9.6.2.4.2 保护系统不建议也不应提供自动复位或越控设备。在特殊情况和必须使用的情况下,应尽量限制这种设备的数量。

9.6.2.5 电源

在保护系统正常电源失效的情况下,应自动地由备用电源(例如蓄电池)供电。保护系统正常电源失效时,应发出视觉和音响报警予以指示。备用电源应能对保护系统供电不少于 30 min。

注:根据应用,可能需要更大的容量或达到安全状态,或满足主管机关的要求。

9.6.2.6 启动和停机

当机械正常启动和停机程序的固有后果会导致其偏离整定点过大时,应考虑切断保护电路,以防产生无意的保护。其布置应使得只有在机械有意停机运转的情况下,才能切断该保护。

9.7 艏门、内门、舷门和艉门

9.7.1 应用

本条要求适用于客滚船。

9.7.2 遥控

若准备实施遥控,则应符合 8.4 的要求。

9.7.3 指示系统

9.7.3.1 应分别为下列每扇门提供指示:

——门完全关闭;

——门完全关牢(全部锁定装置处于关闭位置)。

9.7.3.2 每扇门应分别指示。这些指示应提供给驾驶室和控制板。

9.7.4 模式选择

驾驶室控制面板上应设置"港口/航行"模式选择功能,若门没有完全关闭或没有完全关牢时,在航行模式下,这种设置会启动视觉和音响报警。

注:主管机关可以接受手动转换开关。

9.7.5 故障安全

指示器和报警系统应按故障安全原则设计。即当系统内发生故障时,它不应出现一个错误的指示,例如在有门未完全关闭或关牢时,显示所有门完全关闭或完全关牢。

注:系统的某一部分可能会由于多种原因而失效,优先考虑最可能发生的故障。

9.7.6 试验

驾驶室控制板应提供对指示(例如灯光)和听觉报警的测试措施。

9.7.7 独立

警报和指示系统应与门的控制系统相互独立。提供给这些系统的电源应分别保护,并应提供备份或可靠的电源,例如不间断电源(UPS)。任何供电故障应在驾驶室中发出音响警报。

9.7.8 显示

指示应在所有预期的光线条件下持续有效并连续不断地显示。

9.7.9 传感器

应保护指示系统的传感器免受水、结冰和机械的损坏。

9.7.10 电视监视

电视监视系统应提供从驾驶室监视门的泄漏而导致的客滚船货舱浸水。对于艏门,无论是内门的空间还是艏门和内门之间都应被监测。应特别考虑用照明和颜色对比差来监视对象。也应考虑注意监视特殊舱及客滚船货舱。

9.7.11 漏水检测

9.7.11.1 漏水警报系统应通过对门的探测,监测任何可能导致特殊舱或客滚船货舱的漏水。
9.7.11.2 对于艏门,应通过对内门的泄漏进行监测。
9.7.11.3 音响警报应首先向驾驶室和机械控制室发出。

9.7.12 排水报警

9.7.12.1 应在艏门和坡道区域之间,以及坡道和内门之间的适当区域设置排水系统。
9.7.12.2 若这些地方的水位超过了车辆甲板 0.5 m,除应符合 9.7.11 的要求外,还应向驾驶室发出一个单独的视觉和音响报警。

9.7.13 控制位置

所有关闭和关牢设备的远程控制应设置在高于艏门和内门通往车辆甲板的干舷甲板以上的位置。

9.8 动力操作的水密门

9.8.1 指示

所有动力操作的滑动式水密门应在驾驶室和手动操作位置的舱壁甲板上设有指示,以显示所有远程操作位置的每扇门是打开还是关闭。

9.8.2 报警

9.8.2.1 为每个滑动式门提供的音响警报应与该区域的任何其他警报有区别。
9.8.2.2 当门是用远程控制电源关闭时,在门开始移动前,应发出至少 5 s 但不超过 10 s 的音响警报。警报声响应持续发出,直至门完全关闭。

注:在乘客区域和环境噪声高的区域,主管机关可能要求在门上设有间断的视觉信号来补充音响警报。

9.8.3 关闭率

滑动式门应在电源控制下具有基本一致的关闭率。当船处于正浮状态时,从门开始运动到其完全达到关闭位置的关闭时间,在任何情况下都不应少于 20 s,或超过 40 s。

9.8.4 电源

9.8.4.1 滑动式门所需的电源应直接从应急配电板或位于舱壁甲板以上的专用配电板提供。

9.8.4.2 与之相关的控制、显示和报警电路应按上文所述提供电源。

9.8.4.3 此外，若主电源或应急电源发生故障时，应由临时应急电源来提供。

9.8.4.4 临时应急电源应有至少操作门三次的能力，即在横倾 15°的不利情况下，可执行关闭、开启、关闭。

9.8.5 专用电路

9.8.5.1 每个电动滑动式门应配备自己能够开启和关闭门的电动机及相关电路。

9.8.5.2 这些电路中的单一故障不应该妨碍对门的手动操作。

9.8.6 设备的位置

电气设备和水密门组件应尽实际可能设置在舱壁甲板以上和危险区域及处所以外(见 IEC 60092-502)。

9.8.7 外壳

9.8.7.1 当电气部件的外壳必须位于舱壁甲板以下时，应提供以下适宜的防渗水保护措施：

a) 电动机、相关电路和控制元件的保护至少符合 IPX7；

b) 门的位置指示和相关电路元件的保护至少符合 IPX8；

c) 门运动的报警信号装置的保护至少符合 IPX6。

9.8.7.2 受 IPX8 保护的外壳水压试验压力应按组件所处位置可能发生 36 h 浸水期间的压力进行。

注：用于电器部件外壳配置的其他措施，以主管机关满意的同等保护为准。

9.8.8 泄漏

应尽实际可能布置成当水渗到舱壁甲板之下的电力设备中时不会导致门开启。

9.8.9 独立电路

应保护电源、控制、显示和报警电路，防止当某一个门的电路发生故障时，不会导致其他门的电路故障发生。

9.8.10 报警电路故障

一个门报警或指示电路的短路及其他故障不应导致对该门操作电力的丧失。

9.8.11 控制电路故障

滑动式门动力操作系统或控制系统的任何单个电气故障不应导致已关闭的门开启。

9.8.12 电源监测

应尽可能地在 9.8.5 所需的每个电机的电路点附近持续监测电源。任何此类电源的丧失应激活驾驶室集中操作控制台的音响和视觉报警。

9.8.13 模式选择

驾驶室集中控制台应设有一个具有两种控制模式的“主模式”开关：“机旁控制”模式应允许任何门在本地开启和本地关闭后不使用自动关闭；“门关闭”模式即自动关闭所有打开的门。在“门关闭”模式下应允许在本地开启门，并应在自动重新关闭后，解除门的机旁控制机制。“主模式”开关通常应处于“机旁控制”模式。“门关闭”模式应仅在紧急情况下使用或用于测试。应特别考虑“主模式”开关的可靠性。

9.8.14　驾驶室指示

应在驾驶室集中控制台用图表显示每扇门的位置，用视觉指示来显示每扇门是否打开或关闭。指示应有效，并在所有预期的光线条件下持续显示。应用红灯指示门完全开启，应用绿灯指示门完全关闭。当远程关闭门时，应用闪烁的红灯指示门处于关闭过程中。指示电路应独立于每扇门的控制电路。

9.8.15　远程开启

不应从集中控制台来远程开启门。

9.9　客船公共广播系统

注：参考 IMO MSC/Circ. 808，1997[3)]《客船公共广播系统性能标准建议》。

9.9.1　可听度

公共广播系统的播音应在所有处所的环境噪声下能清楚地听到。

9.9.2　越控

9.9.2.1　应提供越控功能，可以中断系统中任何其他位置上的广播和将扬声器关闭或将音量有效降低。

9.9.2.2　该功能应采取保护措施，防止未经授权的使用，例如，采用关键字或密码操作。

9.9.2.3　使用该功能应在驾驶室，并在其他控制站出现紧急情况下才可使用；这些紧急控制站设置的位置和数量应满足主管机关的要求。

9.9.3　操作

应可以同时向所有的或数量有限的扬声器进行消息广播，例如，通过简单的操作来实现对船员和工作处所的广播。

9.9.4　紧急广播

9.9.4.1　应至少在两个位置提供执行紧急广播的设施。

9.9.4.2　其中一个位置应具有中断功能，能够通过简单的操作且不需要在其他位置采取行动就能进行广播的能力。

9.9.5　音量调节

系统应提供简便的调节音量措施。

9.9.6　最低声级

系统应产生的最低声级为：

a)　在舱室内处所 75 dB(A)，并至少在语音干扰声级 20 dB 以上；

b)　在舱室外处所 80 dB(A)，并至少在语音干扰声级 15 dB 以上。

9.9.7　干扰

系统应能预防反馈或其他干扰。

---

3)　IMO MSC/Circ. 808：1997《客船公共广播系统性能标准建议》，包括布线。

9.9.8 容错

系统应采用多路放大器和分布式布置,以便不因单一故障而使整个系统失效。

9.9.9 保护

每个扬声器应单独保护以防短路。

9.9.10 防火区

每个防火区的所有区域应至少有两个在其长度范围内完全分离的专用回路,并有两个分离和独立的扩音器。

9.9.11 隔离

9.9.11.1 公共处所、通道、楼梯以及控制站的扩音器应由多级放大器馈送。
9.9.11.2 电缆线路应分离或应使用耐火电缆。

9.9.12 电源

系统应由主电源、应急电源以及临时电源供电。

9.9.13 布线

9.9.13.1 电缆和布线应尽实际可能避免在厨房、洗衣房、A 类机械处所及外壳和其他高火灾风险区域布线。
9.9.13.2 在可行情况下,所有这些电缆应以防止因相邻处所舱壁火灾而造成损害的方式安装。
9.9.13.3 电缆和电线应至少采用阻燃型。

10 基于计算机的系统

10.1 一般要求

10.1.1 范围

本章规定了基于计算机系统的特殊要求,附加要求包含在本标准的其他章中。

10.1.2 性能

基于计算机的系统应在安全、稳定和可重复方式的所有工作条件(包括紧急情况下)提供系统功能。其响应时间应在正常和异常的操作条件下适合所有功能。

10.2 系统安全

10.2.1 操作安全

基于计算机的系统应能安全运行,并考虑下列事项:
——对人的危害;
——环境冲击;
——对设备的损坏;
——可用性;
——非计算机设备和系统等的可操作性。

10.2.2 故障安全

10.2.2.1 若基于计算机的系统发生故障,则这一过程应自动恢复到适当安全级别的预设条件。故障应引发音响和视觉报警。

10.2.2.2 在最初启动或重新启动失败后,基于计算机的系统应恢复到一个预先设定的安全级别状态。

10.2.3 重要设备

当重要设备是基于计算机系统时,应配备多种辅助措施来维持该设备。

注:对于一些设备,可以接受人工干预。

10.3 系统配置

10.3.1 安全性

基于计算机的系统应提供有效的物理和/或逻辑安全措施,以防止未经授权访问对功能或配置、程序或数据的更改。

10.3.2 功能配置

基于计算机的系统应根据用户、任务和环境配置过程功能。

10.3.3 模块化

硬件和软件应采用模块化、层次化的设计,以尽量减少系统故障生产的后果,并确保易于测试和维护。

10.3.4 设备选择

计算机设备的选型应适合于运行过程的安全。硬件应采取能承受第6章规定条件的适配设计。

10.4 系统集成

10.4.1 有效操作

集成系统的操作至少应与单一设备或系统操作同样有效。

10.4.2 集成系统故障

集成系统一个组成部分的故障,除与故障部分直接相关的功能外,不应影响其他部分的功能。

10.4.3 多功能显示和控制

多功能显示和控制应有冗余并可互换。控制站的装置数量应足以确保对任何一个装置进行操作时所有功能得到满足,并考虑到任何要求的持续可用功能。

10.5 电源

10.5.1 监测

应监测和指示电源状态,并在重要设备发生异常情况时应启动报警。

10.5.2 数据保护

应保护系统中的程序和数据,防止因电源波动造成损失。

10.5.3 过程状态

若发生停电故障,应提供保护功能防止系统处于不确定和临界状态。

10.6 数据通信链路

注:包括局域网、基站网络和其他共享通信媒介的方式。

10.6.1 节点故障

一个节点的故障不应对数据通信链路的其余部分产生影响。

10.6.2 初始化

数据通信链路应在电源开启时自动初始化。停电后的连线应无需人工干预即可恢复正常运行。

10.6.3 数据延迟

数据通信链路的特性应确保所有的信息传输有充足的时间并避免过载。

注:可以通过分离驾驶室或其他类似装置的非重要功能使用主进程网络以避免过载。若符合本要求,语音通信和视频信号可共享网络。

10.6.4 故障检测

数据通信链路应具有自检功能,检测链路本身和与链接节点的数据通信故障。检测到的故障应主动报警。

10.6.5 网络管理

对于网络,自检功能可作为主要功能由一个专门的网络管理装置实现,或由连接到网络的适当设备作为辅助功能实现。作为基本功能,相关数据应在接收节点上接受错误和范围检查。

10.6.6 冗余

为了确保数据在传输或接收错误数据情况下的完整性,可以使用两个或两个以上的基本功能相同的数据通信链路,这种链路应是冗余的,且链接的状态应一直受到监测。

10.6.7 路由

当需要冗余数据通信链路时,应尽可能的使用路由进行相同的分离,使两个网络损坏的风险降至最低。

10.6.8 自动切换

当需要冗余数据通信链路时,应在链路之间实现自动切换。

10.6.9 相互独立

互联的数据通信链路应相互独立。任何通用部件的故障应不会导致不可接受的性能降低。

10.7 用户界面

10.7.1 一般要求

10.7.1.1 操作

用户界面应确保系统安全和下列有效的操作:

——提供必要的资料；
——允许适当的用户操作；
——避免不必要的强调；
——适应用户工作负载的能力。

注：考虑操作人员干预、存取控制、安全协议和人机工程学。

10.7.1.2 配置

系统应配置成可同时进行监测和控制。

10.7.2 输入设备

10.7.2.1 误操作

诸如键盘、跟踪球、鼠标、触摸屏等输入设备应设计和布置成防止误操作。

10.7.2.2 规定功能

输入设备应有明确规定的功能，在所有条件下都能可靠使用和安全操作。应提供对规定命令的识别确认。

10.7.2.3 专用功能

专用功能键应提供频繁经常使用的命令，且命令应可立即执行。

10.7.2.4 复合功能

若将复合功能指定给一个键，则应能识别被选择的指定功能。

10.7.2.5 重要设备

重要功能的输入设备应一经请求即可使用。

10.7.2.6 显示视图

输入设备的定位应使操作者能清楚地看到显示的有关视图。

10.7.2.7 布置

输入设备应按逻辑顺序和功能分组布置。

10.7.2.8 行动确认

用户应有明确的确认。

10.7.3 输出设备

10.7.3.1 定位

诸如显示器、模拟面板等输出设备的定位应使用户在拟定的操作位置一目了然。

10.7.3.2 图像

信息图像应在所有可预见的光照条件下均清晰易读。

10.7.3.3 人机对话

10.7.3.3.1 用户指导

人机对话应在整个任务过程中指导用户。

10.7.3.3.2 警告

当使用可以变更控制条件、改变内存中的数据或程序等的特定功能时，应提供内容清除的警告。

10.7.3.3.3 自述

所有菜单和显示应有自述。

10.7.3.3.4 基本信息更新

基本信息的更新不应阻止人机对话。

10.8 报警、控制和安全功能

10.8.1 概述

报警控制和安全系统应配置成其功能相互独立。

10.8.2 报警功能

10.8.2.1 表示

视觉和音响警报应在系统各种操作模式下都比其他信息具有优先权。它们应明显区别于其他信息。

10.8.2.2 确认

警报应只能在警报位置得到确认。未确认的警报应易于区别。

10.8.2.3 基本功能

基本功能的报警信息应比屏幕上显示的任何其他信息都具有优先权。

10.8.2.4 优先顺序

警报应按照发生的顺序显示，并应予以跟踪。

10.8.2.5 颜色识别

若报警信息显示在彩色显示器上，则应确保即使在万一出现原色失效的情况时，也能明显区别处于报警状态的显示。

10.8.3 控制功能

10.8.3.1 基本功能

基本功能的控制在任何时候应仅在一个控制站可用。此外，控制命令的冲突应通过联锁装置和(或)警告予以阻止。

10.8.3.2 控制站

处于控制中的控制站指示应提供给每个控制站。

10.8.3.3 控制转移

从一个控制站向另一个控制站的控制转移应使服务顺利并且无中断。

10.8.4 安全功能

基于计算机系统的关键功能应对确保过程特性安全或除系统发生故障时人工干预的操作反应时间外自动进行干预。

10.9 软件

10.9.1 概述

10.9.1.1 应用过程

10.9.1.1.1 系统过程应遵循软件生命周期的所有阶段。
10.9.1.1.2 软件生命周期包括规范、质量策划、开发、验证、实现、确认、验收、安装以及随后的修改。
10.9.1.1.3 程序内容和数据的修改,以及版本的变更都应予以记录。

10.9.1.2 文件过程

符合10.9.1.1的活动应予以记录和执行,并且这些活动的执行应可追踪。

10.9.2 配置

10.9.2.1 支持功能

基本功能能够在没有计算、模拟或决策支持模块支持的情况下得到维持,应用程序软件应在模块发生故障时不会造成任何基本功能丧失。

10.9.2.2 基本软件

操作系统或其他类似支持多重功能的应用软件(如中间设备或固件的软件)应能够:
——在分配好优先级的情况下运行若干模块;
——对单独模块执行故障探测;
——辨识故障模块,能够在相同或更高级别的优先级上进行模块的维护操作。

10.9.2.3 任务优先权

操作系统规定,单独应用程序软件模块分配的任务不能执行多于一个功能的操作。任务应分配与功能服务相应的优先权。

10.9.2.4 隔离

输入/输出设备、通信链路、内存等硬件按最低故障配置,相关的软件应分为不同计算机的任务,以确保相同程度的独立性。

10.10 试验

10.10.1 概述

所有试验均应形成文档。该文档应包含测试方法说明、要求的测试结果和实际测试结果,包括由其他供应商完成的嵌入或互联系统的测试结果。

10.10.2 硬件

硬件应按照第5章的要求进行测试。

10.10.3 软件

10.10.3.1 模块测试

软件模块应在安装到相应硬件之前进行测试。

10.10.3.2 预安装测试

应用软件应在安装到船上之前进行完整测试。

10.10.4 系统测试

10.10.4.1 完整系统

应在包含实际硬件组件、软件模块和应用程序软件的系统上使用经认可的测试程序进行测试。

10.10.4.2 功能测试

系统测试和目视检查应能证实系统可以完全符合功能规范。

10.10.4.3 故障模拟

应尽可能真实地模拟出失效。警告和安全限值应通过超过规定限值的参数来检测。

10.10.4.4 操作条件

应证实系统功能在正常和异常情况下的操作条件。

10.10.4.5 集成系统

应对集成系统进行试验，以确认其已实现正确的功能。

10.10.4.6 实船试验

系泊和航行试验应通过所有系统互联来检查执行预期功能的能力。

10.11 文件编制

10.11.1 概述

10.11.1.1 清晰

所有的文档均应以清楚和准确地提供相关信息。

10.11.1.2 符号和缩写的使用

使用符号和缩写时应给出解释，或者引自适合的国际标准或规则。

10.11.2 硬件

应提供下列文件：

a） 系统框图、单个零件布置示图、输入和输出设备及相互关系；

b） 线路接线图；

c） 输入和输出设备详细资料；

d） 电源详细资料。

10.11.3 系统功能描述

10.11.3.1 应提供文档以证实符合本标准的相关要求，例如：

——系统规范；

——设备正常和异常操作下的系统性能；

——正常和异常操作模式的指示；

——传输控制；

——冗余或恢复模式；

——测试设备；

——故障检测和故障识别措施（自动和人工）；

——数据安全；

——访问限制；

——需要用户注意的特殊事项。

10.11.3.2 另外，文档应提供有关的程序：

——启动；

——功能恢复；

——维护和定期检测；

——数据备份；

——软件重装和系统重载；

——故障定位及修复。

10.11.4 软件

10.11.4.1 安全计划

应提供软件生命周期的活动计划，涉及的相关规程、责任和系统说明文档、包括配置管理程序。

10.11.4.2 描述

软件应被完全地描述，如：

——安装在每个硬件装置上的基础软件的描述；

——安装在网络节点上的通信软件的描述；

——应用软件的描述（非程序清单）；

——系统设置和处理设备配置的工具。

10.11.4.3 应用程序软件

应用程序软件说明应包括：

——为保持功能进行操作所必需的系统模块信息（包括附属的其他系统）；

——达到充分理解每个模块详细功能；

——为保持每个功能所需的软件模块之间的关系；

——软件模块间的数据、控制流；

——软件配置，包括优先级方案；
——冗余系统的切换机制。

10.11.4.4 范围和限制

应提供设备有关报警和安全相关功能预操作范围和限制值的清单。

10.11.5 用户界面

10.11.5.1 文档设计

控制站的设计和布置应有详细的图样、尺度、图片等，使每个用户对输入或输出设备的工作原理有充分的了解。

10.11.5.2 基于屏幕的对话

应产生基于屏幕的计算机对话的详细信息，包括：
——说明分配给每个输入设备的功能；
——专用屏幕视图的详细信息，例如图表、彩色照片等；
——菜单操作说明。

10.11.6 试验程序

试验程序应按10.10进行。

11 周期性无人值班机械处所或减少值班人员的附加要求

11.1 概述

本章规定了船舶周期性无人值班机械处所的附加要求。

注：为了减少值班人员，下列条款的适用性由主管机关决定。

11.2 一般要求

布置应保证船舶在包括所有操纵航行工况下，具有与有人值班机械处所船舶相同的安全性。

11.3 防火措施

11.3.1 火灾风险

在下列位置，应配备用于探火及在火灾初期阶段发出报警的设施：
——在锅炉供气管和排气管(烟道)中；
——在推进机械的扫气道中，主管机关认为不必要者除外。

11.3.2 油雾监测

2 250 kW及以上或气缸内径超过300 mm的内燃机应配备曲轴箱油雾探测器或发动机轴承温度监测器或等效装置。

11.3.3 火灾探测及报警

在机械处所应安装符合9.1要求的火灾探测和报警系统。

11.3.4 位置探测器

11.3.4.1 火灾探测系统的设计和探测器的位置,应能在机械正常运行工况下,以及在环境温度可能范围内所需通风变化的情况下,迅速发现这些处所任何部位发生的火灾。

11.3.4.2 除了在高度受限处所和使用特别合适者外,应不允许只使用测温探测器的火灾探测系统。

11.3.4.3 火灾探测系统应能向足够的处所发出与非指示火灾的任何其他系统报警在视觉和音响两方面都不同的报警,以确保在驾驶室和负责的轮机长能察觉该报警。当驾驶室是无人值班时,该警报声应在责任船员值班处听到。

11.3.4.4 安装完工后,应在发动机各种运行和通风工况下试验该系统。

11.4 防浸水

11.4.1 舱底污水阱监测

11.4.1.1 监测周期性无人值班机械处所的舱底污水阱探测器,应在正常纵倾和横倾角度下,可探测到液体的积聚。

11.4.1.2 在每个机械处所的适当位置至少安装两个水平高度探测器,且当这些传感器跳闸时应分别发出报警指示。

11.4.1.3 监测装置的布置应能指示发生故障的舱室。

11.4.2 自动舱底泵

11.4.2.1 若舱底泵能自动启动,则应设置用于指示液体流量大于泵的能力或泵运行频率高于预期正常情况的装置。

11.4.2.2 若设有自动控制的舱底泵,则应特别注意防止油污染的要求。

11.5 推进机械的控制

应设有从驾驶室对推进机械遥控的装置(见9.5)。

11.6 报警系统

11.6.1 机械故障指示

机械报警应符合9.2的要求,并应指示需注意的故障。

11.6.2 音响和视觉警报器

系统应在机械处所和机械控制室内提供视觉和音响报警。每个单独的报警应在适当位置以视觉方式指示。

11.6.3 公共舱室

系统应通过选择开关与轮机员公共舱室和每一轮机员住舱相连接,且确保至少与其中一个舱室相连。

11.6.4 驾驶室

系统应对要求值班船员采取行动或加以注意的情况(特别是在推进机械自动减速或停车)在驾驶室发出视觉和音响报警。

11.6.5 故障报警条件

若可行,系统的任何故障均应启动报警。

11.6.6 轮机员呼叫

若报警在限定时间内未引起本地注意,则应发出轮机员集合呼叫。

11.6.7 电源

11.6.7.1 备用电源

报警系统应连续供电,且在失去正常供电的情况下,应自动切换至备用电源。

注:电源切换可能引用瞬时断电,不强制要求使用不间断电源。

11.6.7.2 故障报警

报警系统正常供电发生故障时,应发出视觉和音响报警信号。

11.7 保护(安全)系统

11.7.1 自动停机

应设置安全系统,以确保在机械或锅炉运行中发生直接危及人员生命的重大故障时,应自动停止该装置的故障部分,并发出视觉和音响报警。

11.7.2 系统设计

机械保护(安全)系统应按 9.6 的要求设计。

11.8 机械、锅炉及电气装置的特殊要求

11.8.1 电源

主电源应符合 9.3 的要求。

11.8.2 卸载

若通常可由一台发电机供电,则应安排适当的分组卸载措施,以确保对推进和操舵及对船舶安全所要求的各种设备的供电完整性。当处于运行中的发电机失效的情况下,应有相应设施自动启动备用发电机,并与主配电板连接,备用发电机应有足够容量,以维持推进和操舵,并能自动再启动必需的辅机(包括必需的启动顺序),确保船舶安全。

注:对小于 1 600 总吨的船舶,主管机关若认为不可行,可免本要求。

11.8.3 电源保持

若电源通常是由多台发电机同时并联运行提供,则应采取措施(如卸载)以确保其中一台发电机故障的情况下,其余发电机组仍能不超负载运行,以维持推进和操舵,确保船舶安全。

11.8.4 自动转换

若推进所必需的其他辅机需要备用机械,则应按 9.4 的要求设置自动转换装置。

11.8.5 自动控制和报警系统

11.8.5.1 主要推进

控制系统应能通过必需的自动装置来确保主推进机械及其辅机运行所需的各项服务。

11.8.5.2 自动转换

自动转换到备用机械时应发出视觉和音响报警。

11.8.5.3 基本参数监测

对所有重要的压力、温度、液位和其他基本参数应提供符合11.6要求的报警系统。

11.8.5.4 集中报警系统

集中控制位置应设置必需的报警面板和指示任何报警的仪器仪表。

11.8.6 启动空气

11.8.6.1 若采用内燃机作为主推进装置,则应备有将启动空气压力保持在所要求水平的设施。

11.8.6.2 在驾驶室和机械处所应设有用于指示启动空气压力不足的视觉和音响报警,且应整定在允许主发动机再次启动操作的水平上。

12 调试和试验

12.1 安装完工试验

12.1.1 应通过试验来证明投入运行前的电气控制、监测和报警系统已正确安装并处于良好的工作状态,然后才投入使用。试验应尽可能按实际情况进行,并避免采用模拟的方式。

12.1.2 安装完成后,整个控制设备应按照规定的试验程序进行试验。

12.2 运行试验

12.2.1 首先应进行运行试验,以调整和记录每个系统的运行能力,包括有关执行机构、传感器、指示和记录仪表、控制器、报警器以及其他控制装置的运行性能。试验还应包括手动或自动以及本地或遥控等方式的操作和相互转换。记录应形成符合要求的证明文件。

12.2.2 应尽可能在码头和海上试航期间对整个控制系统的满意操作进行试验。

12.2.3 见IEC 60092-401。

13 文件编制

13.1 设备使用说明书

13.1.1 制造商应为每台控制装置提供有关工作原理、技术条件、安装说明、所需的启动或投入运行的程序、故障检测程序、维护维修说明以及必要的检测设备和可更换零部件清单。

13.1.2 应预告准备好提供整个系统足够信息的说明书。

13.2 电路图

13.2.1 对每一独立控制设备,应在所属设备上或临近处,使用耐久材料标识出电路图或在控制系统手册中表示。

13.2.2 基于计算机的系统要求见10.11。

13.2.3 应通过适当的文件详细说明所有整定点。

ICS 29.160.30
K 22

中华人民共和国国家标准

GB/T 28562—2012

YVF 系列变频调速高压三相异步电动机技术条件（机座号 355～630）

Specification for YVF series variable frequency high voltage three-phase induction motors (Frame size 355～630)

2012-06-29 发布 2012-11-01 实施

中华人民共和国国家质量监督检验检疫总局
中国国家标准化管理委员会 发布

前　言

本标准按照 GB/T 1.1—2009 给出的规则起草。

请注意本文的某些内容可能涉及专利。本文件的发布机构不承担识别这些专利的责任。

本标准由中国电器工业协会提出。

本标准由全国旋转电机标准化技术委员会(SAC/TC 26)归口。

本标准负责起草单位:上海电器科学研究所(集团)有限公司、上海电机系统节能工程技术研究中心有限公司、江西特种电机股份有限公司、佳木斯电机股份有限公司、南阳防爆集团股份有限公司、江苏清江电机制造有限公司、江苏锡安达防爆股份有限公司、长沙电机厂有限责任公司、江苏航天动力机电有限公司、广东江晟特种电机制造有限公司、西安泰富西玛电机有限公司、浙江金龙电机股份有限公司、山东华力电机集团股份有限公司、卧龙电气集团股份有限公司、安徽明腾机电设备有限公司、浙江西玛电机有限公司。

本标准参加起草单位:安徽皖南电机股份有限公司、重庆赛力盟电机有限责任公司、六安江淮电机有限公司、上海曼科电机制造有限公司、无锡雪浪电力冷却器厂、中国电科二十一所。

本标准主要起草人:李光耀、陈伟华、陈琳、马志宏、赵勇、靳芝、马砚芳、陆进生、白祖辉、王明珠、杜秋明、张帮宁、叶叶、王庆东、邓汉辉、梅浩东、杨仙方。

YVF 系列变频调速高压三相异步电动机
技术条件
(机座号 355～630)

1 范围

本标准规定了 YVF 系列变频调速高压三相异步电动机的型式、基本参数与尺寸、技术要求、检验规则、试验方法,以及标志、包装及保用期的要求。

本标准适用于由变频器供电的、变频调速运行的高压笼型三相异步电动机,机座号 355～630(以下简称电动机),电动机适用于拖动一般用途的恒转矩和二次方转矩特性的负载。

2 规范性引用文件

下列文件对于本文件的应用是必不可少的。凡是注日期的引用文件,仅注日期的版本适用于本文件。凡是不注日期的引用文件,其最新版本(包括所有的修改单)适用于本文件。

GB/T 191—2008 包装储运图示标志

GB 755—2008 旋转电机 定额和性能

GB/T 997—2008 旋转电机结构型式、安装型式及接线盒位置的分类(IM 代码)

GB/T 1993—1993 旋转电机冷却方法

GB/T 4772.2—1999 旋转电机尺寸和输出功率等级 第 2 部分:机座号 355～1 000 和凸缘号 1 180～2 360

GB/T 4942.1—2006 旋转电机整体结构的防护等级(IP 代码)分级

GB 10068—2008 轴中心高为 56 mm 及以上电机的机械振动 振动的测量、评定及限值

GB/T 10069.1—2006 旋转电机噪声测定方法及限值 第 1 部分:旋转电机噪声测定方法

GB 14711—2006 中小型旋转电机安全要求

GB/T 22670—2008 变频器供电三相笼型感应电动机试验方法

GB/T 22715—2008 交流电机定子成型线圈耐冲击电压水平

JB/T 8992—1999 交、直流电机用背包式空-水冷却装置

3 型式、基本参数与尺寸

3.1 电动机型号由产品代号、规格代号、特殊环境代号三部分依次排列组成。

示例:YVF-3551-4-W

- W —— 特殊环境代号,表示户外(户内省略)
- 3551-4 —— 规格代号,表示中心高 355 mm,1 号铁芯长,4 极
- YVF —— 产品代号,表示变频调速笼型转子异步电动机

3.2 按 GB/T 4942.1—2006 的规定,电动机的外壳防护等级为 IP23 或 IP44 、IP54。

3.3 按 GB/T 1993—1993 的规定,电动机的冷却方法为 IC01、IC06、IC17、IC37、IC611、IC616、IC666、IC81W 、IC86W。

3.4 按GB/T 997-2008的规定,电动机的结构及安装型式为IM B3。

3.5 电动机的定额是以连续工作制(S1)为基准的连续定额。

3.6 在基准频率50 Hz时,电动机的同步转速分别为1 500 r/min、1 000 r/min、750 r/min。

3.7 电动机的机座号与同步转速及标称功率、额定转矩的对应关系,当采用冷却方法为IC01、IC06、IC17、IC37、IC81W、IC86W时,按表1的规定。

注:额定转矩值按基准频率下的标称功率和同步转速折算。

表1 机座号与同步转速及标称功率、额定转矩的对应关系

机座号		同步转速/(r/min)						恒转矩变频范围 Hz
		1 500		1 000		750		
中心高 mm	铁芯长 序号	标称功率 kW	额定转矩 N·m	标称功率 kW	额定转矩 N·m	标称功率 kW	额定转矩 N·m	
355	1	200	1 273	—	—	—	—	5~50 (当采用冷却方式IC01、IC81W时,允许最低频率按协议)
	2	220	1 401	—	—	—	—	
	3	250	1 592	200	1 910	—	—	
	4	280	1 783	220	2 101	—	—	
400	1	315	2 006	—	—	—	—	
	2	355	2 260	250	2 388	200	2 547	
	3	400	2 547	280	2 674	220	2 801	
	4	450	2 865	315	3 008	250	3 183	
450	1	500	3 183	355	3 390	—	—	
	2	560	3 565	400	3 820	280	3 565	
	3	630	4 011	450	4 298	315	4 011	
	4	710	4 520	500	4 775	355	4 520	
	5	800	5 093	560	5 348	400	5 093	
500	1	900	5 730	630	6 017	450	5 730	
	2	1 000	6 367	710	6 781	500	6 367	
	3	1 120	7 131	800	7 640	560	7 131	
	4	1 250	7 958	900	8 595	630	8 022	
560	1	1 400	8 913	1 000	9 550	710	9 041	
	2	1 600	10 187	1 120	10 696	800	10 187	
	3	1 800	11 460	1 250	11 938	900	11 460	
630	1	2 000	12 733	1 400	13 370	1 000	12 733	
	2	2 240	14 261	1 600	15 280	1 120	14 261	
	3	2 500	15 917	1 800	17 190	1 250	15 917	
	4	2 800	17 827	2 000	19 100	1 400	17 827	

3.8 电动机的机座号与同步转速及标称功率、额定转矩的对应关系,当采用冷却方法为IC611、IC616、IC666时,按表2的规定。

注:额定转矩值按基准频率下的标称功率和同步转速折算。

表 2 机座号与同步转速及标称功率、额定转矩的对应关系

机座号		同步转速/(r/min)						恒转矩变频范围 Hz
		1 500		1 000		750		
中心高 mm	铁芯长 序号	标称功率 kW	额定转矩 N·m	标称功率 kW	额定转矩 N·m	标称功率 kW	额定转矩 N·m	
355	1	200	1 273	—	—	—	—	5～50 (当采用冷却方式IC611、IC616 时，允许最低频率按协议)
	2	220	1 401	—	—	—	—	
400	1	250	1 592	—	—	—	—	
	2	280	1 783	200	1 910	—	—	
	3	315	2 006	220	2 101	—	—	
	4	355	2 260	250	2 388	200	2 547	
	5	400	2 547	280	2 674	220	2 801	
450	1	450	2 865	315	3 008	—	—	
	2	500	3 183	355	3 390	250	3 183	
	3	560	3 565	400	3 820	280	35 65	
	4	630	4 011	450	4 298	315	4 011	
	5	710	4 520	500	4 775	355	4 520	
500	1	800	5 093	560	5 348	400	5 093	
	2	900	5 730	630	6 017	450	5 730	
	3	1 000	6 367	710	6 781	500	6 367	
	4	1 120	7 131	800	7 640	560	7 131	
560	1	1 250	7 958	900	8 595	630	8 022	
	2	1 400	8 913	1 000	9 550	710	9 041	
	3	1 600	10 187	1 120	10 696	800	10 187	
630	1	1 800	11 460	1 250	11 938	900	11 460	
	2	2 000	12 733	1 400	13 370	1 000	12 733	
	3	2 240	14 261	1 600	15 280	1 120	14 261	
	4	2 500	15 917	1 800	17 190	1 250	15 917	

3.9 电动机的基准频率为 50 Hz，额定电压为 6 000 V。

3.10 电动机尺寸及公差

3.10.1 电动机的安装尺寸及公差：当冷却方式为 IC81W、IC86W 时，应符合图 1 和表 3 的规定，外形尺寸应不大于图 1 和表 3 的规定；当冷却方式为 IC611 时，应符合图 2 和表 4 的规定，外形尺寸应不大于图 2 和表 4 的规定；当为其他冷却方式时，应符合图 3 和表 5 的规定，外形尺寸应不大于图 3 和表 5 的规定。

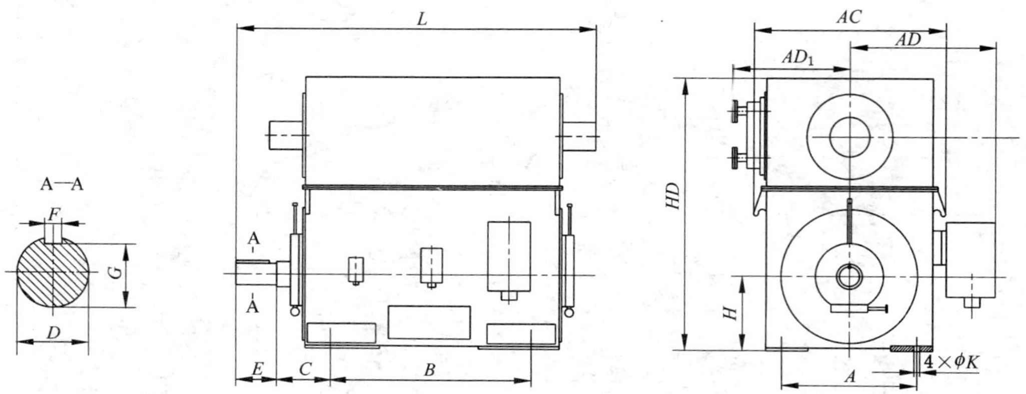

图 1 全封闭空-水冷却电动机外形图

表 3 全封闭空-水冷却电动机安装尺寸及公差

单位为毫米

<table>
<tr><th rowspan="3">机座号</th><th rowspan="3">极数</th><th colspan="18">安装尺寸及公差</th><th colspan="5">外形尺寸(限值)</th></tr>
<tr><th colspan="2">A</th><th colspan="2">B</th><th colspan="2">C</th><th colspan="2">D</th><th colspan="2">E</th><th colspan="2">F</th><th colspan="2">G</th><th colspan="2">H</th><th colspan="2">K</th><th rowspan="2">AC</th><th rowspan="2">AD</th><th rowspan="2">AD₁</th><th rowspan="2">HD</th><th rowspan="2">L</th></tr>
<tr><th>基本尺寸</th><th>极限偏差</th><th>基本尺寸</th><th>极限偏差</th><th>基本尺寸</th><th>极限偏差</th><th>基本尺寸</th><th>极限偏差</th><th>基本尺寸</th><th>极限偏差</th><th>基本尺寸</th><th>极限偏差</th><th>基本尺寸</th><th>极限偏差</th><th>基本尺寸</th><th>极限偏差</th><th>基本尺寸</th><th>极限偏差</th></tr>
<tr><td>355</td><td>4～6</td><td>630</td><td>±1.40</td><td>900</td><td>±1.40</td><td>315</td><td rowspan="4">±4.0</td><td>100</td><td rowspan="3">+0.035
+0.013</td><td rowspan="3">210</td><td rowspan="4">±0.57</td><td rowspan="2">28</td><td rowspan="2">0
−0.052</td><td>90</td><td rowspan="4">0
−0.2</td><td>355</td><td rowspan="4">0
−1.0</td><td>28</td><td>+0.52
0</td><td>1 100</td><td>800</td><td>570</td><td>1 550</td><td>2 160</td></tr>
<tr><td>400</td><td>4～8</td><td>710</td><td rowspan="3">±1.75</td><td>1 000</td><td rowspan="3">±1.75</td><td>335</td><td>110</td><td>100</td><td>400</td><td rowspan="3">35</td><td rowspan="3">+0.62
0</td><td>1 150</td><td>850</td><td>620</td><td>1 600</td><td>2 250</td></tr>
<tr><td rowspan="2">450</td><td>4</td><td rowspan="2">800</td><td rowspan="2">1 120</td><td rowspan="2">355</td><td>120</td><td rowspan="2">32</td><td rowspan="2">0
−0.062</td><td>109</td><td rowspan="2">450</td><td rowspan="2">1 300</td><td rowspan="2">900</td><td rowspan="2">670</td><td rowspan="2">1 700</td><td rowspan="2">2 450</td></tr>
<tr><td>6～8</td><td>130</td><td>+0.040
+0.015</td><td>250</td><td>119</td></tr>
</table>

表 3（续）

单位为毫米

机座号	极数	安装尺寸及公差																		外形尺寸(限值)				
		A		*B*		*C*		*D*		*E*		*F*		*G*		*H*		*K*		*AC*	*AD*	AD_1	*HD*	*L*
		基本尺寸	极限偏差	基本尺寸	极限偏差	基本尺寸	极限偏差	基本尺寸	极限偏差	基本尺寸	极限偏差	基本尺寸	极限偏差	基本尺寸	极限偏差	基本尺寸	极限偏差	基本尺寸	极限偏差					
500	4	900	±2.10	1 250	±2.10	475	±4.0	130	$^{+0.040}_{+0.015}$	250	±0.57	32	$^{0}_{-0.062}$	119	$^{0}_{-0.2}$	500	$^{0}_{-1.0}$	42	$^{+0.62}_{0}$	1 420	965	730	1 800	2 820
	6～8							140				36		128	$^{0}_{-0.3}$									
560	4	1 000		1 400		500		150						138		560				1 600	1 100	800	1 950	3 230
	6～8							160		300	±0.65	40		147										
630	4	1 120		1 600		530		170						157		630		48		1 800	1 200	900	2 100	3 450
	6～8							180				45		165										

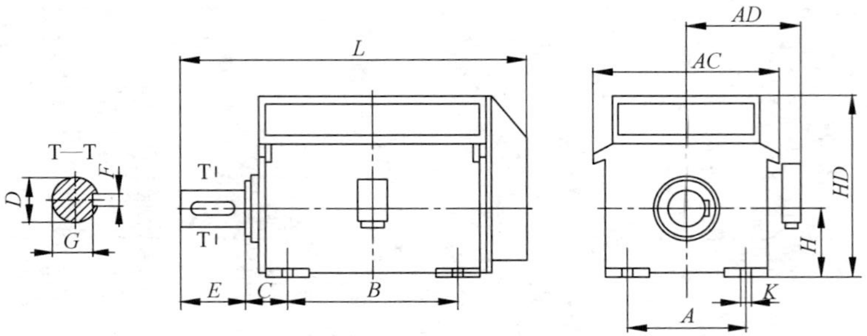

图 2 全封闭空-空冷却(IC611)电动机外形图

表 4 全封闭空-空冷却(IC611)电动机安装尺寸及公差

单位为毫米

机座号	极数	安装尺寸及公差																		外形尺寸(限值)			
		A		B		C		D		E		F		G		H		K		AC	AD	HD	L
		基本尺寸	极限偏差	基本尺寸	极限偏差	基本尺寸	极限偏差	基本尺寸	极限偏差	基本尺寸	极限偏差	基本尺寸	极限偏差	基本尺寸	极限偏差	基本尺寸	极限偏差	基本尺寸	极限偏差				
355	4	630	±1.40	900	±1.40	315	±4.0	100	+0.035 +0.013	210	±0.57	28	0 −0.052	90	0 −0.2	355	0 −1.0	28	+0.52 0	1 120	1 00	1 500	2 200
400	4～8	710	±1.75	1 000	±1.75	335		110						100		400		35	+0.62 0	1 260	1 050	1 700	2 400
450	4	800		1 120		355		120				32	0 −0.062	109		450				1 450	1 100	1 900	2 600
	6～8							130	+0.040 +0.015	250				119									

表 4（续）

单位为毫米

机座号	极数	安装尺寸及公差																		外形尺寸(限值)			
		A		B		C		D		E		F		G		H		K		AC	AD	HD	L
		基本尺寸	极限偏差	基本尺寸	极限偏差	基本尺寸	极限偏差	基本尺寸	极限偏差	基本尺寸	极限偏差	基本尺寸	极限偏差	基本尺寸	极限偏差	基本尺寸	极限偏差	基本尺寸	极限偏差				
500	4	900		1 250		475		130				32		119	0 −0.2	500				1 600	1 150	2 200	2 900
	6～8							140		250	±0.57			128									
560	4	1 000	±2.10	1 400	±2.10	500	±4.0	150	+0.040 +0.015			36	0 −0.062	138		560	0 −1.0	42	+0.62 0	1 800	1 250	2 400	3 200
	6～8							160				40		147	0 −0.3								
630	4	1 120		1 600		530		170		300	±0.65			157		630		48		2 000	1 300	2 700	3 500
	6～8							180				45		165									

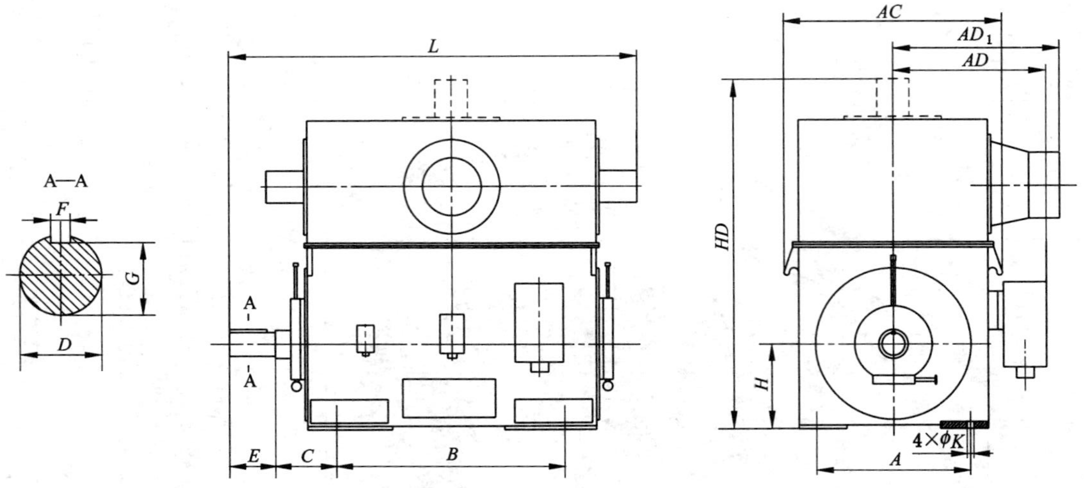

图 3 空-空冷却电动机外形图

表 5 空-空冷却电动机安装尺寸及公差

单位为毫米

机座号	极数	安装尺寸及公差																		外形尺寸(限值)				
		A		B		C		D		E		F		G		H		K		AC	AD	AD_1	HD	L
		基本尺寸	极限偏差	基本尺寸	极限偏差	基本尺寸	极限偏差	基本尺寸	极限偏差	基本尺寸	极限偏差	基本尺寸	极限偏差	基本尺寸	极限偏差	基本尺寸	极限偏差	基本尺寸	极限偏差					
355	4～6	630	±1.40	900	±1.40	315	±4.0	100	+0.035 +0.013	210	±0.57	28	0 −0.052	90	0 −0.2	355	0 −1.0	28	+0.52 0	1 100	800	900	1 980	2 160
400	4～8	710	±1.75	1 000	±1.75	335		110						100		400		35	+0.62 0	1 150	850	1 000	2 100	2 250
450	4	800		1 120		355		120				32	0 −0.062	109		450				1 300	900	1 050	2 200	2 450
	6～8							130	+0.040 +0.015	250				119										

表 5（续）

单位为毫米

机座号	极数	安装尺寸及公差 A 基本尺寸	A 极限偏差	B 基本尺寸	B 极限偏差	C 基本尺寸	C 极限偏差	D 基本尺寸	D 极限偏差	E 基本尺寸	E 极限偏差	F 基本尺寸	F 极限偏差	G 基本尺寸	G 极限偏差	H 基本尺寸	H 极限偏差	K 基本尺寸	K 极限偏差	外形尺寸（限值） AC	AD	AD_1	HD	L
500	4	900	±2.10	1 250	±2.10	475	±4.0	130	$^{+0.040}_{+0.015}$	250	±0.57	32	$^{0}_{-0.062}$	119	$^{0}_{-0.2}$	500	$^{0}_{-1.0}$	42	$^{+0.62}_{0}$	1 420	965	1 120	2 300	2 820
	6～8							140				36		128	$^{0}_{-0.3}$									
560	4	1 000		1 400		500		150						138		560				1 600	1 100	1 200	2 500	3 230
	6～8							160		300	±0.65	40		147										
630	4	1 120		1 600		530		170						157		630				1 800	1 200	1 300	2 800	3 450
	6～8							180				45		165				48						

3.10.2 电动机轴伸键的尺寸及公差应符合表6的规定。

表6 轴伸键的尺寸及公差

单位为毫米

<table>
<tr><th>轴伸直径</th><th colspan="2">键宽</th><th colspan="2">键高</th></tr>
<tr><td>80</td><td>22</td><td rowspan="4">0
−0.033</td><td rowspan="2">14</td><td rowspan="6">0
−0.110</td></tr>
<tr><td>90</td><td>25</td></tr>
<tr><td>100</td><td rowspan="2">28</td><td rowspan="2">16</td></tr>
<tr><td>110</td></tr>
<tr><td>120</td><td rowspan="2">32</td><td rowspan="7">0
−0.039</td><td rowspan="2">18</td></tr>
<tr><td>130</td></tr>
<tr><td>140</td><td rowspan="2">36</td><td rowspan="2">20</td><td rowspan="5">0
−0.130</td></tr>
<tr><td>150</td></tr>
<tr><td>160</td><td rowspan="2">40</td><td rowspan="2">22</td></tr>
<tr><td>170</td></tr>
<tr><td>180</td><td>45</td><td>25</td></tr>
</table>

4 技术要求

4.1 在下列海拔、环境空气温度和相对湿度条件下，电动机应能额定运行：

a) 海拔不超过1 000 m。

b) 最高环境空气温度不超过40℃。

注：如电动机指定在海拔超过1 000 m或最高环境空气温度高于或低于40℃的条件下使用，按GB 755—2008的规定。

c) 最低环境空气温度为−15℃，或按协议。

4.2 电动机在规定的频率范围内，应能保证恒转矩运行。

4.3 当电动机在基准频率、额定电压和输出标称功率时，在正弦波电源供电下的效率和功率因数的保证值：当采用冷却方法为IC01、IC06、IC17、IC37、IC81W 、IC86W时，应符合表7的规定；当采用冷却方法为IC611、IC616、IC666时，应符合表8的规定。

表7 当冷却方法为IC01、IC06、IC17、IC37、IC81W和IC86W时效率和功率因数的保证值

功率 kW	同步转速/(r/min)					
	1 500	1 000	750	1 500	1 000	750
	效率 %			功率因数 cosϕ		
200	92.3	92.0	91.9	0.85	0.82	0.78
220	92.5	92.2	92.1	0.85	0.82	0.78
250	92.7	92.6	92.3	0.85	0.82	0.79
280	92.8	92.8	92.5	0.86	0.83	0.79

表 7（续）

功率 kW	同步转速/(r/min)					
	1 500	1 000	750	1 500	1 000	750
	效率 %			功率因数 cosϕ		
315	92.8	93.0	92.7	0.86	0.83	0.80
355	93.1	93.2	92.8	0.86	0.83	0.80
400	93.3	93.3	93.0	0.86	0.83	0.80
450	93.6	93.7	93.2	0.86	0.84	0.81
500	93.7	93.9	93.7	0.87	0.85	0.81
560	93.9	94.1	93.8	0.87	0.85	0.82
630	94.2	94.2	93.9	0.87	0.85	0.82
710	94.5	94.5	94.1	0.87	0.85	0.82
800	94.6	94.6	94.2	0.87	0.85	0.84
900	94.7	94.7	94.3	0.87	0.85	0.84
1 000	94.8	94.8	94.4	0.87	0.85	0.84
1 120	94.9	94.9	94.6	0.88	0.86	0.84
1 250	95.1	95.1	94.7	0.88	0.86	0.84
1 400	95.2	95.2	94.8	0.88	0.86	0.84
1 600	95.3	95.3	94.9	0.89	0.86	0.84
1 800	95.4	95.4	—	0.89	0.86	—
2 000	95.6	95.6	—	0.89	0.86	—
2 240	95.7	—	—	0.89	—	—
2 500	95.8	—	—	0.89	—	—
2 800	95.9	—	—	0.89	—	—

表 8　当冷却方法为 IC611、IC616 和 IC666 时效率和功率因数的保证值

功率 kW	同步转速/(r/min)					
	1 500	1 000	750	1 500	1 000	750
	效率 %			功率因数 cosϕ		
200	92.1	91.8	91.9	0.85	0.82	0.78
220	92.2	92.0	92.1	0.85	0.82	0.78
250	92.4	92.3	92.3	0.85	0.82	0.78
280	92.5	92.6	92.5	0.85	0.82	0.78
315	92.6	92.8	92.7	0.85	0.82	0.79
355	92.8	93.0	92.8	0.86	0.82	0.79

表 8（续）

功率 kW	同步转速/(r/min)					
	1 500	1 000	750	1 500	1 000	750
	效率 %			功率因数 cosϕ		
400	93.0	93.1	93.0	0.86	0.82	0.79
450	93.3	93.5	93.2	0.86	0.83	0.79
500	93.4	93.7	93.6	0.86	0.83	0.80
560	93.6	93.8	93.8	0.86	0.83	0.80
630	93.8	93.9	93.9	0.86	0.83	0.80
710	94.1	94.3	94.1	0.86	0.84	0.80
800	94.3	94.4	94.2	0.86	0.84	0.82
900	94.4	94.5	94.3	0.86	0.84	0.82
1 000	94.5	94.6	94.4	0.87	0.84	0.82
1 120	94.7	94.7	94.6	0.87	0.85	0.84
1 250	94.8	94.9	94.7	0.87	0.85	0.84
1 400	94.9	95.0	94.8	0.87	0.85	0.84
1 600	95.0	95.1	—	0.88	0.86	0.84
1 800	95.1	95.2	—	0.88	0.86	—
2 000	95.3	—	—	0.88	0.86	—
2 240	95.4	—	—	0.88	—	—
2 500	95.5	—	—	0.88	—	—

4.4　在基准频率和额定电压下，电动机启动过程中最小转矩对额定转矩之比的保证值为 0.35 倍。

4.5　在基准频率和额定电压下，电动机最大转矩对额定转矩之比的保证值应为 1.8 倍。

4.6　在基准频率和额定电压下，电动机堵转电流对标称电流之比的保证值应为 9 倍。

4.7　电动机电气性能保证值的容差应符合表 9 的规定。

表 9　电气性能保证值的容差

电气性能名称	容　差
最小转矩	保证值的－15％
最大转矩	保证值的－10％
堵转电流	保证值的＋20％

4.8　电动机采用能承受高频电脉冲的 155(F)级绝缘。当海拔和环境空气温度符合 4.1 规定时，电动机定子绕组的温升(电阻法)按 80 K 考核，温升数值修约间隔为 1；轴承的允许温度(温度计法或埋置检温计法)，不超过 95 ℃或按协议。

4.9　电动机采用滚动轴承结构，在轴电压峰值大于 300 mV 时，轴承须有防止轴电流的可靠绝缘结构。

4.10　电动机在热状态和逐渐增加转矩的情况下，应能承受历时 15 s 超过额定转矩 60％的过转矩而不发生转速突变或停转，此时电压和频率维持在额定值。

4.11 电动机在空载情况下，应能承受提高转速至最高工作转速的1.2倍，历时2 min的超速试验而不发生有害变形。

4.12 电动机定子绕组的绝缘电阻在热状态时或热试验后，应不低于6 MΩ。

4.13 电动机的定子绕组应能承受历时1 min的耐电压试验而不发生击穿，试验电压的频率为50 Hz，并尽可能为正弦波形，电压的有效值为两倍的额定电压加1 000 V。

同一台电动机不应重复进行本项试验。如用户提出要求，允许在安装之后运行之前，再进行一次额外试验，其试验电压应不超过上述规定的80%，如有必要，在试验前应将电动机烘干。

4.14 电动机的定子线圈应能承受对地和匝间耐冲击电压试验而不发生击穿。进行耐冲击电压试验时，其线圈试验冲击电压峰值和试验方法按GB/T 22715—2008的规定。

4.15 当三相电源平衡时，电动机的三相空载电流中任何一相与三相平均值的偏差应不大于平均值的10%。

4.16 电动机在采用变频器供电条件下，空载时测得的振动强度限值按表10的规定。

表10 振动强度限值(方均根值)

安装方式	位移 μm	速度 mm/s	加速度 m/s^2
自由悬置	45	2.8	4.4
刚性安装	37	2.3	3.6

4.17 电动机在采用变频器供电条件下，空载时测得的A计权声功率级的噪声数值，应不超过表11的规定。

表11 A计权声功率级的噪声数值

额定功率 kW	同步转速/(r/min)		
	1 500	1 000	750
	声功率级 dB(A)		
≤220	111	107	104
>220~550	113	110	107
>550~1 100	116	113	109
>1 100~2 200	118	115	112
>2 200	120	—	

4.18 电动机有一个圆柱形轴伸。

4.19 电动机轴伸上不允许承受外加的轴向力和联轴器重量以外的径向力。

4.20 电动机不允许在运行中反接电源逆转或制动，是否允许在停机后逆转由制造厂决定。

4.21 电动机应制成3个出线端，并同时设置接线标志图。从轴伸端视之，电动机的接线盒位于机座右侧，或按协议。

4.22 电动机的转向，当出线端标志的字母顺序与三相电源的电压相序相同时，从轴伸端视之，电动机应为顺时针方向旋转，或按协议。

4.23 电动机可装防潮加热器，加热器应使机壳内部的空气温度高于周围环境温度，并应考虑加热器的加热温度应不损坏其本身和任何与其相邻部件的绝缘。加热器应能在电动机的停转期间连续工作。

4.24 对带空-水冷却器的电动机，其空-水冷却器应经过水压试验，水压试验要求按 JB/T 8992—1999 的规定，并需要装设泄漏挡板，防止滴水进入电动机绕组。空-水冷却器应有可以拆卸的水箱或盖板，便于定期检查或清理。

4.25 电动机应在接线盒和机座上各装有一个接地端子，并用相应的符号或图形标志。接地端子的设计应保证与接地导线具有良好的联接和足够的接触面积。

4.26 电动机上所有标志应保证清晰、耐用，在使用期内不易磨灭和脱落。

4.27 电动机的安全性能应符合 GB 14711—2006 的要求。

5 检验规则

5.1 每台电动机须经检验合格后才能出厂，并应附有产品合格证。

5.2 每台电动机应经过检查试验，检查试验项目包括：

a) 机械检查；

b) 定子绕组对机壳及绕组相互间绝缘电阻的测定(检查试验时可测量冷态绝缘电阻，但应保证热状态时绝缘电阻不低于 4.11 的规定)；

c) 定子绕组在实际冷状态下直流电阻的测定；

d) 耐电压试验；

e) 耐冲击电压试验(单个线圈的随机抽样试验)；

f) 空载电流和损耗的测定；

注：在型式试验时需量取空载特性曲线。

g) 堵转电流、转矩和功率的测定；

注：在型式试验时需量取堵转特性曲线。

h) 振动的测定；

i) 噪声的测定；

j) 旋转方向的检查。

5.3 凡遇下列情况之一者，电动机应进行型式试验。

a) 经鉴定定型后制造厂第一次试制或小批生产时；

b) 当设计或工艺上的变更足以引起某些特性和参数发生变化时；

c) 当检查试验结果和以前进行的型式试验结果发生不可容许的偏差时；

d) 成批生产电动机的定期抽试，每两年至少一次。

5.4 电动机的型式试验项目包括：

a) 检查试验的全部项目；

b) 热试验；

c) 负载特性的测定；

d) 短时过转矩试验；

e) 最大转矩的测定；

f) 最小转矩的测定；

g) 超速试验；

h) 轴电压的测定。

5.5 电动机的机械检查项目包括：

a) 转动检查：电动机转动时，应平稳轻快，无停滞现象。

b) 外观检查:检查电动机的装配是否完整正确,电动机表面油漆应干燥完整、均匀、无污损、碰坏、裂痕等现象。

c) 安装尺寸,外形尺寸及键的尺寸检查:安装尺寸及外形尺寸应符合 3.10.1 的规定,键的尺寸应符合 3.10.2 的规定。

6 试验方法

6.1 5.2[其中的 e)、h)、i)除外]所规定的各项试验,其试验方法按 GB/T 22670—2008 的规定进行。5.2 的 e)可依单个线圈按 GB/T 22715—2008 的规定进行。

6.2 5.5 的 c)安装尺寸及公差的检查按 GB/T 4772.2—1999 的规定进行。

6.3 5.2 的 h)电动机振动的测定:在变频器供电下,启动冷却风机,分别在 5 Hz(或按协议)、50 Hz 两点频率处,测取电动机空载时的最大振动速度有效值,试验方法按 GB 10068—2008 的规定进行。

6.4 5.2 的 i) 电动机噪声的测定:在变频器供电下,启动冷却风机,分别在 5 Hz(或按协议)、50 Hz 两点频率处,测取电动机空载时的最大噪声,即为电动机噪声值,试验方法按 GB/T 10069.1—2006 的规定进行。

6.5 5.4 的 b)热试验

6.5.1 50 Hz 时电动机的热试验:先启动冷却风机,变频器频率调至 50 Hz,电动机在额定转矩下运行,待其温升稳定后,立即停机(但风机应继续运行),测取定子绕组电阻,并记录轴承温度,其温升计算方法按 GB/T 22670—2008 的规定进行。

6.5.2 5 Hz(或按协议规定的最低频率)时电动机的热试验:在 6.5.1 的试验后,立即重新启动电动机,将变频器频率调至 5 Hz(或按协议规定的最低频率),电动机在额定转矩下运行,待其温升稳定后,立即停机(但风机应继续运行),测取定子绕组电阻,其温升计算方法按 GB/T 22670—2008 的规定进行。

6.6 5.4 的 c) 电动机的负载特性测定:在 6.5.2 的试验后,重新启动电动机,将变频器频率分别调至 5 Hz(或按协议书规定的最低频率)、15 Hz、30 Hz(或在最低频率与基准频率 50 Hz 之间取两个频率点)、50 Hz 的频率下测取电动机的额定转矩、110%额定转矩、80%额定转矩,然后给出电动机的负载特性曲线图(见图 4)。在测试过程中,电动机应平稳运转,无明显转矩脉动现象。

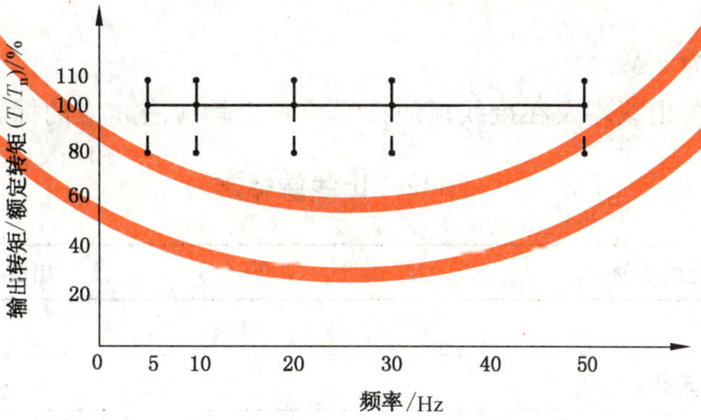

图 4 负载特性曲线

6.7 5.4 的 d)、e)、f)、g)、h)各项试验,其试验方法按 GB/T 22670—2008 的规定进行。

6.8 电动机外壳防护等级的试验,可在产品结构定型或当结构和工艺有较大变动时进行,外壳防护等级的试验方法按 GB/T 4942.1—2006 的规定进行。

7 标志、包装及保用期

7.1 铭牌及其数据应保证在电动机使用期内不易脱落、磨火。

7.1.1 铭牌应固定在电动机机座的明显位置上,应标明项目如下:

a) 制造厂名或标记;
b) 电动机名称;
c) 电动机型号;
d) 外壳防护等级(允许另作铭牌);
e) 基准频率,单位为 Hz;
f) 标称功率,单位为 kW;
g) 标称电流,单位为 A;
h) 额定电压,单位为 V;
i) 额定转矩,单位为 N·m;
j) 转速范围,单位为 r/min;
k) 恒转矩频率范围,单位为 Hz;
l) 热分级;
m) 接线方法;
n) 功率因数;
o) 定额类型;
p) 冷却方法;
q) 制造厂出品年月和出品编号;
r) 重量,单位为 kg;
s) 标准编号。

7.1.2 防潮加热器应另置铭牌,标明的项目如下:

a) 额定电压,单位为 V;
b) 相数;
c) 额定功率,单位为 kW。

7.1.3 电动机定子绕组各出线端及在接线板的接线位置上均应有相应的标志,其标志按表 12 的规定。

表 12 出线端标志

定子绕组名称	出线端标志
第一相	U
第二相	V
第三相	W

7.1.4 电动机的轴伸平键须绑扎在轴伸上,轴伸及平键表面应加防锈及保护措施。

7.1.5 电动机的使用说明书、电气数据、外形图及产品合格证书应随同每台电动机供给用户。

7.1.6 电动机的包装应能避免运输中的受潮与损伤。

7.1.7 包装箱外壁的文字和标志应清楚整齐,内容如下:

a) 发货站及制造厂名称;
b) 收货站及收货单位名称;

c) 电动机型号及出品编号；

d) 电动机的净重及连同箱子的毛重；

e) 箱子尺寸；

f) 在箱外适当位置应标有“小心轻放”、“怕雨”等字样，其图形应符合 GB/T 191—2008 的规定。

7.1.8 在用户按照使用维护说明书的规定正确地使用与存放电动机的情况下，制造厂应保证电动机在使用的一年内，但自制造厂起运的日期不超过两年的时间内能良好地运行。如在此规定时间内，电动机因制造质量不良而发生损坏或不能正常工作时，制造厂应无偿地为用户修理、更换零件或电动机。

ICS 29.200;31.080.20
K 46

中华人民共和国国家标准

GB/T 28563—2012

±800 kV 特高压直流输电用晶闸管阀电气试验

Electrical testing of thyristor valves for ±800 kV ultra high voltage direct current (UHVDC) power transmission

(IEC 60700-1:2008, Thyristor valves for high voltage direct current (HVDC) power transmission—Part 1: Electrical testing, MOD)

2012-06-29 发布　　2012-11-01 实施

中华人民共和国国家质量监督检验检疫总局
中国国家标准化管理委员会　发布

前　言

本标准按照 GB/T 1.1—2009 给出的规则起草。

本标准使用重新起草法修改采用 IEC 60700-1:2008《高压直流输电用晶闸管阀　第 1 部分:电气试验》。

本标准与 IEC 60700-1:2008 的技术性差异如下:

——按 GB/T 1.1—2009 的要求,对标准的语言表述和格式进行了修改;

——删除了 IEC 60700-1:2008 的前言,增加了本标准的前言;

——规范性引用文件中增加了 GB/T 13498—2007《高压直流输电术语》(见第 2 章);

——术语和定义中增加了“高(压)端 12 脉波换流桥”和“低(压)端 12 脉波换流桥”(见 3.2.8 和 3.2.9);

——表 2 中增加了注:阀基,即阀支架,指阀的部件,安装阀组件、机械或悬吊支撑阀的带电部分并将其对地电气绝缘(见第 5 章);

——增加了阀基、多重阀的陡波前冲击试验项目(见 6.3.6 和 7.3.5);

——增加了“阀的湿态直流电压试验”、“阀的湿态操作冲击试验”(见 8.3.2 和 8.3.6);

——删除了 IEC 60700-1:2008 中 9.3.5 的“注”(见 9.3.6);

——增加了“保护性触发连续运行试验”项目(见 9.3.7);

——增加了“阀损耗验证”试验(见 9.3.8);

——删除了 IEC 60700-1:2008 中 11.3 和 11.3.2 所述“倒数第二个的”内容(见 11.3.1 和 11.3.3)。

本标准由中国电器工业协会提出。

本标准由全国电力电子学标准化技术委员会(SAC/TC 60)归口。

本标准起草单位:西安高压电器研究院有限责任公司、国家电网公司特高压建设部、南方电网技术研究中心、北京网联直流工程技术有限公司、许继集团有限公司柔性输电公司、西安西电电力整流器有限责任公司、中国电力科学研究院、西安电力电子技术研究所、西安西开高压电气股份有限公司。

本标准主要起草人:周会高、丁一工、黄莹、马为民、张建、许钒、贾涛、朱静、田恩文、杜凯、杨晓辉、蔚红旗、高冲、刘宁、马曾锐、李宾宾。

±800 kV 特高压直流输电用晶闸管阀电气试验

1 范围

本标准适用于±800 kV 高压直流输电用电网换相换流器的且在阀两端直接连接有金属氧化物避雷器的晶闸管阀。本标准只限于电气型式试验和产品试验。

本标准规定的试验以空气绝缘水冷却阀为基础。其他类型的阀也可参照本标准的要求和验收标准。

2 规范性引用文件

下列文件对于本文件的应用是必不可少的。凡是注日期的引用文件，仅注日期的版本适用于本文件。凡是不注日期的引用文件，其最新版本(包括所有的修改单)适用于本文件。

GB 311.1　高压输变电设备的绝缘配合(GB 311.1—1997，neq IEC 60071-1:1993)

GB/T 7354—2003　局部放电测量(IEC 60270:2000，IDT)

GB 11032　交流无间隙金属氧化物避雷器(GB 11032—2010，IEC 60099-4:2006，MOD)

GB/T 13498—2007　高压直流输电术语(IEC 60633:1998，IDT)

GB/T 16927.1　高压试验技术　第1部分：一般定义及试验要求(GB/T 16927.1—2011，eqv IEC 60060-1:1989)

GB/T 20989—2007　高压直流换流站损耗的确定(IEC 61803:1999，IDT)

GB/T 27025　检测和校准实验室能力的通用要求(GB/T 27025—2008，ISO/IEC 17025:2005，IDT)

3 术语和定义

GB/T 13498 界定的以及下列术语和定义适用于本文件。

3.1 绝缘配合

3.1.1

试验耐受电压　test withstand voltage

一个未被损坏、完整新阀的标准波形试验电压；在规定的条件下，当经受此试验电压规定持续时间或规定的施加次数，不出现任何击穿放电，并符合特定试验所有其他验收标准。

3.1.2

陡波前冲击　steep front impulse

陡波前电压冲击达到峰值的时间比标准雷电冲击短，但比 GB 311.1 中所定义的快速波前电压长。对于这个标准，试验用的陡波前冲击电压由图1定义。

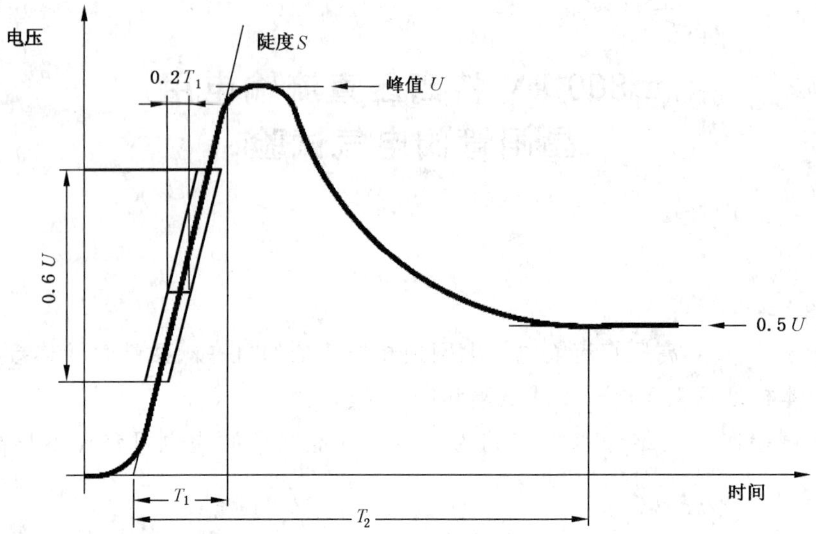

U ——规定的陡波前冲击试验电压的峰值(kV)；

S ——规定的陡波前冲击试验电压的陡度(kV/μs)；

T_1——视在波前时间(μs)，$T_1=U/S$。

必须满足下列条件：

a) 记录的试验电压的峰值应为$U\pm3\%$。此偏差与GB/T 16927.1中标准雷电冲击相同；

b) 在电压偏移不小于$0.6U$的范围内，记录的试验电压上升部分应当完全包括在与陡波S平行，时间位移$0.2T_1$的两条线之内；

c) 在T_2时刻的试验电压应当不低于$0.5U$。T_2是从起始点至电压降低到系统研究中获得的波形峰值一半的时间。然而，应当保证能充分地检测出晶闸管非正常的du/dt切换。

图1 陡波前冲击试验电压

3.1.3

内绝缘与外绝缘 internal and external insulation

处于阀组件和绝缘材料之外，但包含在阀或多重阀单元的轮廓之内的空气，被认为是阀内绝缘系统的一部分。外绝缘是指阀或多重阀单元的外表面与周围环境间的空气。

3.1.4

阀保护性触发 valve protective firing

在预定的电压下触发晶闸管，防止其过电压的保护方法。

3.2 阀结构

3.2.1

阀支架 valve support

GB/T 13498—2007的6.10适用。

3.2.2

阀结构 valve structure

GB/T 13498—2007的6.11适用。

3.2.3

冗余晶闸管级 redundant thyristor levels

晶闸管阀中可以被短接的，仍能满足阀规定型式试验的晶闸管级串。

3.2.4

阀基电子单元　valve base electronics

处于地电位,是换流器控制系统与晶闸管阀之间接口的电子单元。

3.2.5

晶闸管级　thyristor level

晶闸管阀的一部分,包含晶闸管,或者并联连接的晶闸管,和与它们直接的附件,如果有,也包括电抗器。

3.2.6

阀组件　valve section

GB/T 13498—2007 的 6.8 适用。

3.2.7

多重阀单元　multiple valve unit;MVU

采用共用的机械支撑结构,由一个以上的阀组成的单一物理结构。

3.2.8

高(压)端 12 脉波换流桥　HV 12-pulse converter bridge

在双 12 脉波换流器组成的阀中,由两个 6 脉波换流桥串联组成的 12 脉波换流器且一端与高压直流极母线相联。

3.2.9

低(压)端 12 脉波换流桥　LV 12-pulse converter bridge

在双 12 脉波换流器组成的阀中,由两个 6 脉波换流桥串联组成的 12 脉波换流器且一端与直流中性母线相联。

3.3 型式试验

为检验阀设计是否符合规范要求的试验,在本标准中,型式试验被分为下面两个主要类型:绝缘试验和运行试验。

3.3.1

绝缘试验　dielectric tests

检验阀高电压特性而进行的试验。

3.3.2

运行试验　operational tests

检验阀的导通、关断和有关电流特性而进行的试验。

3.4 产品试验

检验制造正确性,从而保证阀的特性与规定的相符而进行的试验。

3.4.1

例行试验　routine tests

在所有的阀、阀组件或其他部件上进行的产品试验。

3.4.2

抽样试验　sample tests

从一批中随机抽取少量的阀、阀组件或其他部件进行的产品试验。

4 综合要求

4.1 型式试验执行的导则

4.1.1 替代证明

阀的每一种设计都应以本标准规定的型式试验为依据。若阀确实与以前试验过的类似，供货方可提交以前的型式试验报告替代进行型式试验供购买方考虑。同时应提出一个独立的报告详述设计的差异并论述参照型式试验如何能满足建议设计的试品。

4.1.2 试品

试品如下所述：

a) 某些型式试验可在整个阀或阀组件上进行(第5章)。在阀组件上进行的那些型式试验，试验的阀组件总数不少于一个完整阀中组件的数量。

b) 同一个组件应进行所有的型式试验，另有规定的除外。

c) 在型式试验开始之前，阀、阀组件和/或它们的元件，都应证明通过了产品试验，确保制造是正确的。

4.1.3 试验顺序

规定的型式试验可按任意顺序进行。

注： 如果在绝缘型式试验程序之后进行局部放电测量，可增加其可信度。

4.1.4 试验方法

试验应按 GB/T 16927.1 中相应标准进行(若适用时)。

4.1.5 试验环境温度

试验应在试验设备正常的环境温度下进行，另有规定的除外。

4.1.6 试验频率

交流绝缘试验在 50 Hz 下进行。运行试验对频率的特别要求在相关条款中给出。

4.1.7 试验报告

型式试验完成后，供货方应当按照第16章提供型式试验报告。

4.2 大气修正

在相关条款规定，按 GB/T 16927.1 规定的试验电压应进行大气修正。进行修正的参考条件如下：

a) 气压：

- 如果晶闸管阀试品的绝缘配合参照 GB 311.1 中的额定耐受电压的标准值，则海拔高度超过 1 000 m 时应进行大气修正。如果设备安装地点的海拔高度不大于 1 000 m，则不需要对大气压力进行高海拔修正($b_0=101.3$ kPa)。如果设备安装地点的海拔高度大于1 000 m，除了参考大气压 b_0($b_{1\,000\,\text{m}}$)由海拔为 1 000 m 处的大气代替，应参见 GB/T 16927.1 的标准程序进行高海拔修正。
- 如果晶闸管阀试品的绝缘配合未参照 GB 311.1 中的额定耐受电压的标准值，则按 GB/T 16927.1 采用标准参考大气压 b_0($b_0=101.3$ kPa)进行。

b) 温度：设计的阀厅空气最高温度(℃)。

c) 湿度：设计的阀厅最低绝对湿度(g/m^3)。

由供货方规定所用的值。

4.3 冗余的处理

4.3.1 绝缘试验

对于在阀端子间的所有绝缘试验，除了可能的阀非周期触发试验(见8.4)外，应短路冗余的晶闸管级。晶闸管级短路的位置，应由购买方和供货方协商确定。

注：根据设计，短路的晶闸管级的分配可能受到限值。例如，在一个阀组件中，短路的晶闸管的数量有上限。

4.3.2 运行试验

对于运行试验，冗余的晶闸管级不应被短路。使用的试验电压应用比例因子 k_n 调整，见式(1)。

$$k_n = \frac{N_{tut}}{N_t - N_r} \qquad \cdots\cdots(1)$$

式中：

N_{tut}——试品中串联晶闸管级的数量；

N_t ——阀中串联晶闸管级的总数；

N_r ——阀中冗余的串联晶闸管级的总数。

4.4 型式试验成功的判据

4.4.1 总则

工业经验发现，即使再仔细地设计阀，也不可能避免运行中晶闸管级部件偶然的随机故障，或者不能预测故障率与应力的关系，或者不能对其进行精确定量。对阀或阀组件实施型式试验时，在短期内，施加的多重应力一般相当于阀在其全部寿命期间可能会承受到的少数几次最坏的应力。考虑到上述情况，只要这种故障极少，且不表示任何典型的设计缺陷，因此下面所列的型式试验成功的判据是允许型式试验时有少量的晶闸管级故障。

4.4.2 晶闸管级适用的判据

适用的判据包括：

a) 第5章所列出的某项型式试验，有一个以上的晶闸管级发生短路(或更多，一个完整阀中，串联晶闸管级更换大于1%时)，则认为该阀未通过型式试验。

b) 若下面的某项型式试验中，有一个晶闸管级(或更多，若仍在1%限制之内)发生短路，应当修复故障级继续进行型式试验。

c) 若在所有型式试验期间，短路的晶闸管级数量累计大于一个完整阀串联晶闸管级的3%，则认为该阀未通过型式试验。

d) 当在阀组件上进行型式试验时，由于被试阀组件的数量不少于整个阀的组件数[见4.1.2a)]，上述判据仍旧适用。

e) 每项型式试验后，都应检查阀或阀组件，以判断是否有晶闸管级发生短路。在进一步试验前，型式试验中或型式试验后发生故障的晶闸管或辅助元件可以更换。

f) 完成试验程序后，阀或阀组件要经历一系列的检查试验，至少要包括以下几项：

——检查晶闸管级正向和反向耐受电压；

——检查门控电路；
——检查监测电路；
——用施加高于及低于保护定值的暂态电压，检查晶闸管级的保护电路；
——检查均压电路。

g) 检查试验期间发生的晶闸管级短路应作为上面定义的验收判据的一部分计算。除了短路的级之外，在型式试验程序和后来的检查试验中发生的，未导致晶闸管级短路后果的故障晶闸管级总数，也不得超过一个完整阀串联晶闸管级的3%。若这样的级总数超过了3%，在购买方与供货方达成一致的情况下，对故障的性质及其成因进行复查并采取措施。

h) 当用百分比准则来决定允许的短路晶闸管级最大数目和允许的未导致短路的故障晶闸管级最大数目，通常是取整数，按表1取下一个最大的整数。

表1 型式试验中允许损坏的晶闸管级数量

阀全部晶闸管级数量与冗余的级数之差(N_t-N_r)	在任何单项型式试验中允许出现的短路晶闸管级数	在全部型式试验中允许出现晶闸管级短路的总数	在全部型式试验中其他的未导致短路的故障晶闸管级数
33及以下	1	1	1
34～67	1	2	2
68～100	1	3	3
其他			

全部型式试验结束时，短路的和其他故障的晶闸管级分布基本上是随机的，不呈现能说明设计缺陷的任何规律。

4.4.3 整体阀的适用判据

阀的多个晶闸管级互联的公共电气设备不允许击穿或外部闪络，构成阀结构的绝缘材料部分，冷却水管、光导或脉冲传输及分配系统的其他绝缘部分中不允许有破坏性放电。

元件、导体表面和相应载流结点和联接件的温度，以及相邻物体表面的温度在任何时候均应保持在设计允许的范围内。

5 型式试验

表2列出了第6章至第13章给出的型式试验。

表2 型式试验

试验类型	章条款	试品
阀基的直流电压试验	6.3.2	阀基
阀基的交流电压试验	6.3.3	阀基
阀基的操作冲击试验	6.3.4	阀基
阀基的雷电冲击试验	6.3.5	阀基
阀基的陡波前冲击试验	6.3.6	阀基
多重阀对地直流电压试验	7.3.1	多重阀单元

表 2（续）

试验类型	章条款	试品
多重阀的交流电压试验	7.3.2	多重阀单元
多重阀的操作冲击试验	7.3.3	多重阀单元
多重阀的雷电冲击试验	7.3.4	多重阀单元
多重阀的陡波前冲击试验	7.3.5	多重阀单元
阀的直流电压试验	8.3.1	阀
阀的湿态直流电压试验	8.3.2	阀
阀的交流电压试验	8.3.3	阀
阀的操作冲击试验	8.3.5	阀
阀的湿态操作冲击试验	8.3.6	阀
阀的雷电冲击试验	8.3.7	阀
阀的陡波前冲击试验	8.3.8	阀
阀的非周期性触发试验	8.4	阀
最大连续运行负荷试验	9.3.2	阀或阀组件
最高暂态运行负荷试验($\alpha=90°$)	9.3.3	阀或阀组件
最低交流电压试验	9.3.4	阀或阀组件
暂态欠电压试验	9.3.5	阀或阀组件
断续直流电流试验	9.3.6	阀或阀组件
保护性触发连续运行试验	9.3.7	阀或阀组件
阀损耗验证	9.3.8	阀或阀组件
恢复期暂态正向电压试验	10	阀或阀组件
单波故障电流再加正向电压试验	11.3.2	阀或阀组件
多波故障电流不再加正向电压试验	11.3.3	阀或阀组件
阀电磁兼容试验	12	阀或阀组件
特殊性能和故障容许试验	13	阀或阀组件
注：阀基，即阀支架，指阀的部件，安装阀组件、机械或悬吊支撑阀的带电部分并将其对地电气绝缘。		

6 阀基的绝缘试验

6.1 试验目的

主要目的是：

a） 验证阀基、冷却水管、光纤的绝缘和其他同阀基相关的绝缘部件的耐受电压能力。如果存在阀基外的对地绝缘，则需要进行附加的试验。

b） 验证局部放电的起始电压和熄灭电压高于阀基上出现的最高运行电压。

注：根据应用情况，经过购买方和供货方协商，可以取消阀基的某些试验。

6.2 试品

用于试验的阀基可以是一个有代表性的单独试品，包括阀邻近的部分的代表，或者可构成用于单阀或多阀单元试验装置的部分。它应装配所有的辅助部件，并且适当地表示相邻地电位表面。为了试验的目的，冷却剂应处于代表最严酷运行条件的状态。

6.3 试验要求

6.3.1 总则

下面给出的所有试验水平都应按4.2中规定进行大气修正。

6.3.2 阀基的直流电压试验

阀的两个主端子应连接在一起，直流电压施加在已连接的两个端子与地之间。起始电压应不大于1 min试验电压的50%，电压应在大约10 s的时间内上升至规定的1 min试验电压，保持1 min恒定，然后降低至规定的3 h试验电压，保持3 h恒定，最后降电压至零。在规定的3 h试验的最后1 h，局部放电量超过300 pC的脉冲数目应按附录A中的规定予以记录。

整个记录期间，平均每分钟300 pC以上的脉冲数目应不超过15个。其中：

——平均每分钟500 pC以上的脉冲数目应不超过7个；

——平均每分钟1 000 pC以上的脉冲数目应不超过3个；

——平均每分钟2 000 pC以上的脉冲数目应不超过1个。

注1：如果发现局部放电的幅值或速率有上升的趋势，可以由购买方与供货方共同协商延长试验的时间。

试验应在相反极性的电压下重复进行。

注2：在重复反极性电压试验前，试品应短接接地数小时。同样的程序在整个直流电压试验后应进行。

阀基的直流试验电压U_{tds}应按式(2)确定。

$$U_{tds}=\pm U_{dms}\times k_1\times k_t \qquad (2)$$

式中：

U_{dms}——出现在阀基上的稳态运行电压直流分量的最大值；

k_1——试验安全系数：1 min试验，$k_1=1.6$；3 h试验，$k_1=1.3$；

k_t——大气修正系数：1 min试验，k_t按照4.2取值；3 h试验，$k_t=1.0$。

6.3.3 阀基的交流电压试验

进行试验时，阀的两个主端子应连接在一起，交流试验电压施加在阀已连接在一起的两个端子与地之间。起始电压应不大于1 min试验电压的50%，电压应在大约10 s的时间内上升至规定的1 min试验电压，保持1 min恒定，然后降低至规定的30 min试验电压，保持30 min恒定，最后降电压至零。在规定的30 min试验期间的最后1 min，应监测和记录局部放电的水平。如果局部放电水平不大于200 pC，此设计可以完全接受。如果大于200 pC，则应对试验结果进行评估(见附录A第A.4章)。

阀基交流试验电压U_{tas}的方均根值，应按式(3)确定：

$$U_{tas}=\frac{U_{ms}}{\sqrt{2}}\times k_2\times k_t\times k_r \qquad (3)$$

式中：

U_{ms}——稳态运行期间，施加在阀基的最大重复运行电压的峰值，包括换相过冲量；

U_{tas1}——1 min试验电压；

U_{tas2}——30 min试验电压；

k_2 ——试验的安全系数：1 min 试验，k_2＝1.3；30 min 试验，k_2＝1.15；

k_t ——大气修正系数：1 min 试验，k_t 按照 4.2 取值；30 min 试验，k_t＝1.0；

k_r ——瞬时过电压系数：1 min 试验，k_r 由系统研究确定；30 min 试验，k_r＝1.0。

6.3.4 阀基的操作冲击试验

在阀的两个主端子对公共地之间施加 3 次正极性和 3 次负极性操作冲击电压。

应采用符合 GB/T 16927.1 的标准操作冲击电压波形。

试验电压应按照高压直流(HVDC)换流站的绝缘配合选取。

6.3.5 阀基的雷电冲击试验

在阀的两个主端子对公共地之间施加 3 次正极性和 3 次负极性雷电冲击电压。

应采用符合 GB/T 16927.1 的标准雷电冲击电压波形。

试验电压应按照高压直流(HVDC)换流站的绝缘配合选取。

6.3.6 阀基的陡波前冲击试验

在阀的两个主端子对公共地之间施加 3 次正极性和 3 次负极性陡波前冲击电压。

应采用符合 3.1.2 所定义的陡波前冲击电压波形。

注 1：为获得较高陡度，可采用线性上升波前截断的冲击波形。

试验电压应按照高压直流(HVDC)换流站的绝缘配合选取。

注 2：如果采用了未经实际运行经验验证的新型绝缘材料，或如果用户认为有必要通过陡波前冲击试验验证阀基性能，则应考虑增加陡波前冲击试验。

7 多重阀单元(MVU)的绝缘试验

7.1 试验目的

主要目的是：

a) 验证多重阀的外绝缘的耐受电压能力，考虑其周围的环境，尤其是在极电位上连接的阀；

b) 验证多重阀单元结构中各个单阀之间的耐受电压能力；

c) 验证局部放电水平在规定的限值内。

7.2 试品

阀和多重阀单元有多种可能的设计结构。选取试品应尽可能准确地反映阀运行的布置和试验所考核的要求。试品应装配完整，除非能够证明一些部件可以模拟或忽略，而不会对试验结果造成实质的影响。

注：特殊情况下，经购买方与供货方协商后，可以考虑采用模拟负载的方式，等效未完整安装部分的电气特性。但应通过试验获得与试品完整装配状态下的相同的电位分布性能。

基于多重阀的结构和试验目的，某些单阀可能必须被短路。例如，对于最普通的四个相同的、垂直堆放的阀(四重阀)结构，应当将位于导致最严酷条件的单阀短路。

如果多重阀的低压端未与直流中性电位连接时，则在试验过程中应注意适当地端接多重阀单元低压端子，从而正确模拟出现在此端子上的电压。应使用地电位面，其间距由与其他阀和地电位表面的接近程度决定。

7.3 试验要求

7.3.1 多重阀对地直流电压试验

直流试验电压应施加在多重阀单元最高电位的直流端子与地之间。

起始电压应不大于1 min试验电压的50%,电压应在大约10 s的时间内上升至规定的1 min试验电压,保持1 min恒定,然后降低至规定的3 h试验电压,保持3 h恒定,最后降电压至零。

在规定的3 h试验的最后1 h,超过300 pC的局部放电脉冲数目应按附录A中的规定予以记录。

整个记录期间,平均每分钟300 pC以上的脉冲数目应不超过15个。其中:

——平均每分钟500 pC以上的脉冲数目应不超过7个;

——平均每分钟1 000 pC以上的脉冲数目应不超过3个;

——平均每分钟2 000 pC以上的脉冲数目应不超过1个。

注1:如果发现局部放电的幅值或速率有上升的趋势,可以由购买方与供货方共同协商延长试验的时间。

试验应在相反极性的电压下重复进行。

注2:在重复反极性电压试验前,试品应短接接地数小时。同样的程序在整个直流电压试验后应进行。

MVU的直流试验电压U_{tdm}应按式(4)确定。

$$U_{tdm} = \pm U_{dmm} \times k_3 \times k_t \qquad \cdots\cdots(4)$$

式中:

U_{dmm}——出现在多重阀的高压端子对地之间的稳态运行电压直流分量的最大值;

k_3 ——试验安全系数:1 min试验,$k_3=1.6$;3 h试验,$k_3=1.3$;

k_t ——大气修正系数:1 min试验,k_t按照4.2取值;3 h试验,$k_t=1.0$。

7.3.2 多重阀的交流电压试验

如果多重阀的任何两个端子间承受交流或交直流复合电压,但其耐受能力未被其他试验充分验证,则有必要对多重阀的这些端子间进行交流电压试验。

进行试验时,试验电压应施加在待考核的多重阀端子间。应根据试验回路的布置安排接地点。

起始电压应不大于1 min试验电压的50%,电压应在大约10 s的时间内上升至规定的1 min试验电压,保持1 min恒定,然后降低至规定的30 min试验电压,保持30 min恒定,最后降电压至零。

在规定的30 min试验期间的最后1 min,应监测和记录局部放电的水平。如果局部放电水平不大于200 pC,此设计可以完全接受。如果大于200 pC,则应对试验结果进行评估(见附录A第A.4章)。

多重阀的交流试验电压U_{tam}的方均根值应按式(5)确定:

$$U_{tam} = \frac{U_{mm}}{\sqrt{2}} \times k_4 \times k_r \times k_t \qquad \cdots\cdots(5)$$

式中:

U_{mm}——稳态运行期间,多重阀端子之间出现的最大重复运行电压的峰值,包括换相过冲量;

k_4 ——试验的安全系数:1 min试验,$k_4=1.3$;30 min试验,$k_4=1.15$;

k_r ——暂时过电压系数:1 min试验,k_r由系统研究确定;30 min试验,$k_r=1.0$;

k_t ——大气修正系数:1 min试验,k_t按照4.2取值;30 min试验,$k_t=1.0$。

7.3.3 多重阀的操作冲击试验

应采用符合GB/T 16927.1的标准操作冲击电压波形。

多重阀的操作冲击试验电压应施加在多重阀的高压端子和地之间。

试验由施加3次正极性和3次负极性的规定幅值的操作冲击电压组成。

多重阀的操作冲击试验电压 U_{tsm} 应按式(6)确定：

$$U_{tsm} = \pm SIPL_m \times k_5 \times k_t \quad \cdots\cdots(6)$$

式中：

$SIPL_m$ ——考虑到多重阀的高压端子与地之间接避雷器时，由绝缘配合所决定的操作冲击保护水平；

k_5 ——试验安全系数，$k_5=1.15$；

k_t ——大气修正系数，k_t 按照 4.2 取值。

如果上述试验不能充分地验证多重阀的所有端子间的操作冲击耐受能力，则应考虑进行附加的试验来检查其绝缘。

注：根据购买方和供货方的协议，如果能够证明已达到下述要求，则多重阀的操作冲击试验不需要：

a) 对其他阀和地的外部空气距离足以耐受规定的操作冲击耐受水平；和

b) 其他试验已经充分证明了多重阀任何两个端子间的操作冲击耐受能力。

7.3.4 多重阀的雷电冲击试验

应采用符合 GB/T 16927.1 的标准雷电冲击电压波形。

多重阀的雷电冲击试验电压应施加在多重阀的高压端子与地之间。

试验由施加 3 次正极性和 3 次负极性的规定幅值的雷电冲击电压组成。

多重阀的雷电冲击试验电压 U_{tlm} 应按式(7)确定：

$$U_{tlm} = \pm LIPL_m \times k_6 \times k_t \quad \cdots\cdots(7)$$

式中：

$LIPL_m$ ——考虑到多重阀的高压端子与地之间接避雷器时，由绝缘配合所决定的雷电冲击保护水平；

k_6 ——试验安全系数，$k_6=1.15$；

k_t ——大气修正系数，k_t 按 4.2 取值。

如果上述试验不能充分地验证多重阀的所有端子间的雷电冲击耐受能力，则应考虑进行附加的试验来检查其绝缘。

注 1：根据购买方和供货方的协议，如果能够证明已达到下述要求，则多重阀的雷电冲击试验不需要：

a) 对其他阀和地的外部空气距离足以耐受规定的雷电冲击耐受水平；和

b) 其他试验已经充分证明了多重阀任何两个端子间的雷电冲击耐受能力。

注 2：在某些情况下，应考虑进行独立的陡波前冲击电压试验来补充阀的陡波前冲击试验(见 8.3.8)。

7.3.5 多重阀(MVU)的陡波前冲击试验

本试验包括在多重阀单元(MVU)的高压端和低压端之间施加 3 次正极性和 3 次负极性陡波前冲击电压。

应采用符合 3.1.2 定义的陡波前冲击电压波形。

注 1：为获得较高陡度，可采用线性上升波前截断的冲击波形。

试验电压的选择应符合换流站绝缘配合的研究结果，电压峰值应达到多重阀单元(MVU)的陡波前冲击耐受水平。

注 2：如果用户认为有必要通过陡波前冲击试验验证多重阀性能，可以与供货方协商增加该项试验。

8 阀端子间的绝缘试验

8.1 试验目的

试验的目的是验证阀设计对各种类型过电压(直流、交流、操作冲击、雷电冲击和陡波前冲击过电压)的相关的电压特性。这些试验应证明：

——阀能够耐受规定的过电压；

——每一个内部过电压保护回路均有效；

——在规定的试验条件下，局部放电水平在规定的限值内；

——内部的直流均压回路具有足够的额定功率；

——阀的电子回路不受干扰影响且功能正确；

——阀能够在规定的过电压条件下触发而避免损坏。

需要注意，本条款所描述的试验是基于为试验高压交流系统和元件开发的标准波形和标准试验方法。此途径为工业化提供了很有利的条件，因为它可以将很多现有的高压试验技术移植到高压直流(HVDC)阀试验上。另一方面，必须承认特殊的高压直流应用，可导致波形不同于标准的波形，在此情况下，有必要改进试验，以实际地反映预期的条件。

8.2 试品

试品应是与全部辅助部件一起组装的整个阀，阀避雷器除外。阀可以构成多重阀单元的一部分。对于所有的冲击试验，除非另有规定，阀的电子回路都应带电。对于交流和直流电压试验，阀的电子回路不需带电。

冷却剂除了流速可以降低外，应处于能够代表运行时的状态。如果结构外的任何元件对于试验期间正确的表现作用是必要的，那么在试验中就要包括或模拟它。应当采用的接地电位面，其间距应由与其他临近阀和地电位面的接近程度决定。

用于阀的绝缘试验的试品，其试验电压通常不允许使用大气修正系数，以免在晶闸管或其他内部元件上造成过应力。由于这个原因，任何阀端子之间的绝缘试验都未引入大气修正系数。供货方要充分论证大气条件对阀内部耐受电压的影响是完全允许的。可分别进行逐项试验，以验证具有该能力。

8.3 试验要求

8.3.1 阀的直流电压试验

直流试验电压源应连接在阀的一个主端子与地之间，阀的其他主要端子接地。

起始电压应不大于 1 min 试验电压的 50%，电压应在大约 10 s 的时间内上升至规定的 1 min 试验电压，保持 1 min 恒定，然后降低至规定的 3 h 试验电压，保持 3 h 恒定，最后降电压至零。

在规定的 3 h 试验的最后 1 h，超过 300 pC 的局部放电脉冲数目应按附录 A 中的规定予以记录。

整个记录期间，平均每分钟 300 pC 以上的脉冲数目应不超过 15 个。其中：

——平均每分钟 500 pC 以上的脉冲数目应不超过 7 个；

——平均每分钟 1 000 pC 以上的脉冲数目应不超过 3 个；

——平均每分钟 2 000 pC 以上的脉冲数目应不超过 1 个。

注 1：如果发现局部放电的幅值或速率有上升的趋势，可以由购买方与供货方共同协商延长试验的时间。

试验应在相反极性的电压下重复进行。

注 2：在重复反极性电压试验前，试品应短接接地数小时。同样的程序在整个直流电压试验后应进行。

阀的直流试验电压 U_{tdv} 应按式(8)确定：

$$U_{tdv} = \pm U_{dn} \times k_7 \qquad (8)$$

式中：

U_{dn}——6 脉波桥的额定电压；

k_7 ——试验安全系数：1 min 试验，$k_7=1.6$；3 h 试验，$k_7=0.8$。

8.3.2 阀的湿态直流电压试验

应模拟在阀结构顶部的一个组件发生冷却水泄漏的情况下重复进行。

泄漏量至少应为 15 L/h,在施加直流试验电压时和在此之前至少 1 h 内泄漏量应保持恒定,液体的电导率应比引发电导率报警定值至少高 5%。

合闸电压应不大于最大试验电压的 50%,电压上升到规定的试验电压(同 8.3.1 中的 1 min 试验电压值)保持恒定并维持 1 min,然后降低到规定的试验电压(同 8.3.1 中的 3 h 试验电压值),保持恒定并维持 5 min 后降到零。

然后,试验应在相反极性的电压下重复进行。每个极性电压试验结束后要将主端子短路并接地数小时。

8.3.3 阀的交流电压试验

试验时,试验电压应施压在阀的两个端子上。接地连接点应根据试验回路的布置确定。起始电压应不大于 15 s 试验电压的 50%,电压应在大约 10 s 的时间内上升至规定的 15 s 试验电压,保持 15 s 恒定,然后降低至规定的 30 min 试验电压,保持 30 min 恒定,最后降电压至零。

在规定的 30 min 试验期间的最后 1 min,应监测和记录局部放电的水平。局部放电水平不应超过 200 pC(见附录 A)。

阀的 15 s 试验电压 U_{tav1} 应按式(9)和式(10)确定:

$$U_{tav1r}=\sqrt{2}U_{vomax}\times k_r\times k_c\times k_8 \qquad (9)$$

$$U_{tav1d}=\sqrt{2}U_{vomax}\times k_r\times k_8 \qquad (10)$$

式中:

U_{tav1r}——15 s 反向试验电压的峰值;

U_{tav1d}——15 s 正向试验电压的峰值;

U_{vomax}——变压器阀侧最大稳态空载线电压;

k_r ——暂时过电压系数,由系统研究确定;

k_c ——反向换相过冲系数,用于计算甩负荷过电压峰值($\alpha=90°$)的恢复,包括由晶闸管反向恢复电荷引起的增加,k_c 应考虑并联阀避雷器的限制作用;

k_8 ——试验的安全系数,$k_8=1.10$。

注:由于 U_{tav1r} 的值大于或等于 U_{tav1d} 的值,15 s 的试验可以采用方均根值等于 $U_{tav1r}/\sqrt{2}$ 的对称交流试验电压或者满足两项要求的交直流叠加的组合试验电压完成。

30 min 试验电压 U_{tav2} 的方均根值应按式(11)确定:

$$U_{tav2}=\frac{U_{ppv}}{2\sqrt{2}}\times k_9 \qquad (11)$$

式中:

U_{ppv}——跨接在阀上的稳态运行电压峰对峰最大值,包括换相过冲;

k_9 ——试验安全系数,$k_9=1.15$。

当 U_{tav2} 超过阀运行电压的最大方均根值 15%时,可采用下面的替代试验程序:

施加试验电压 U_{tav1},保持 15 s,然后施加 U_{tav2},保持 10 min。

在 10 min 试验期间的最后 1 min,局放值应不超过 200 pC。

在 10 min 试验的结束,降低试验电压至 U_{tav3},见式(12),并保持这个水平 30 min。

$$U_{tav3}=k_9\times U_{vrms} \qquad (12)$$

式中:

U_{vrms}——在最严酷持续运行条件下阀电压的最大方均根值。

8.3.4 阀的冲击试验(一般的)

包括以下内容：

a) 本部分允许考虑应用成本最低原则从两个阀冲击试验方案中选择一种。

在第一个方案中，对含有晶闸管的阀进行雷电和操作冲击试验的试验安全系数是1.1，陡波前冲击试验安全系数是1.15，当晶闸管被绝缘部件代替，试验安全系数分别加到1.15和1.2。

在第二个方案中，对含有晶闸管的阀进行雷电和操作冲击试验的试验安全系数是1.15，陡波前冲击试验安全系数是1.2。

详细的说明在附录B中给出。

b) 如果阀采用了保护性触发，施加的正向冲击试验电压仅为预期值。需要证明任何这样的保护触发回路动作是预期的。

c) 除非另有规定，阀的电子回路应带电。

d) 应证明阀两端的电压在冲击起始部分满足下面的关系式：

$$-0.01\times V_{DSM}\times(N_t-N_r)\leqslant \text{阀电压}\leqslant+0.01\times V_{DSM}\times(N_t-N_r)$$

式中：

V_{DSM}——额定的晶闸管正向浪涌电压非重复峰值；

N_t ——阀中串联的晶闸管级的总数；

N_r ——阀中冗余的串联晶闸管级的总数。

e) 在冲击试验期间，监测阀在电磁干扰下行为是否正确(见第12章)。为了实现这一点，阀基电子回路的那些必须与试验阀正确交换信息的部分一定要包括在内。

f) 对于阀的雷电冲击试验、陡波前冲击试验，还应满足：试验时晶闸管元件的结温应为所规定的短时过负荷运行方式的最高运行温度。

8.3.5 阀的操作冲击试验

应采用符合GB/T 16927.1的标准操作冲击电压波形。

试验由施加3次正极性和3次负极性规定幅值的操作冲击电压组成，且阀的电子回路在开始时就应带电。

正极性试验应在阀的电子回路开始时不带电的情况下重复进行。

在正向试验期间，若阀发生正向过电压保护，必须施加3次附加的协商的幅值正向操作冲击，不应导致阀触发。对于这些附加试验，阀电子单元应带电。

阀的操作冲击试验耐受电压U_{tsv}应按式(13)确定：

$$U_{tsv}=\pm SIPL_v\times k_{10} \qquad \cdots\cdots(13)$$

式中：

$SIPL_v$ ——阀避雷器的操作冲击保护水平；

k_{10} ——试验安全系数[见8.3.4a)]。

8.3.6 阀的湿态操作冲击试验

应模拟在阀结构顶部的一个组件发生冷却水泄漏的情况下，重复进行。

试验电压与试验次数同8.3.5。

泄漏量至少应为15 L/h，在施加操作冲击试验电压时和在此之前至少1 h内泄漏量应保持恒定，液体的电导率应比引发电导率报警定值至少高5%。

8.3.7 阀的雷电冲击试验

应采用符合GB/T 16927.1的标准雷电冲击电压波形。

试验由施加3次正极性和3次负极性规定幅值的雷电冲击电压组成。

如果在正向试验期间，阀发生正向过电压保护触发，则应在阀不触发的、协议的幅值和波前时间下进行3次附加的协商的正向雷电冲击试验。

阀的雷电冲击试验耐受电压 U_{tlv} 应按式(14)确定：

$$U_{tlv} = \pm LIPL_{v} \times k_{11} \quad \cdots\cdots(14)$$

式中：

$LSIPL_{v}$ ——阀避雷器的雷电冲击保护水平；

k_{11} ——试验安全系数[见8.3.4a)]。

8.3.8 阀的陡波前冲击试验

对于陡波前冲击试验，应采用符合3.1.2中规定的电压波形。应根据系统研究确定最严酷情况下陡波前冲击试验电压视在陡度 S 和峰值。视在陡度应根据研究结果按最大的 du/dt（单位为 kV/μs），在全部电压偏移的60%范围内计算平均值。

注1：为获得较高陡度，可采用线性上升波前截断的冲击波形。

计算试验电压时，根据系统研究得出的视在陡度和幅值均应乘以相关的试验安全系数，也就是说，视在波前时间应保持不变。

注2：如果运行中可能出现波前时间短于0.1 μs的过电压，购买方和供货方可以协商采用适当的极快速波前电压试验代替上述陡波前冲击试验。

试验应包括施加3次正极性和3次负极性规定幅值的陡波前冲击电压。

如果在正向试验电压期间，阀发生正向过电压或正向过高的 du/dt 保护性的触发，则必须在阀不触发的、协商的幅值和波前时间下进行3次附加的正向冲击试验。

阀的陡波前冲击试验耐受电压 U_{tsfv} 应按式(15)确定：

$$U_{tsfv} = \pm STIPL_{v} \times k_{12} \quad \cdots\cdots(15)$$

式中：

$STIPL_{v}$ ——由系统研究的配合电流所确定的阀避雷器的陡波前冲击保护水平；

k_{12} ——试验安全系数[见8.3.4a)]。

8.4 阀的非周期性触发试验

8.4.1 试验目的

试验的主要目的是检查晶闸管和关联电路，在规定的高电压情况下投入时，有关的电流和电压强度是适当的。本试验通常可作为阀操作冲击试验的一部分进行(见8.3.5)。

8.4.2 试品

试品同8.2的要求。对于避雷器方法[8.4.3b)]，试验可以用阀组件代替完整的阀进行。在这种情况下，供货方应说明阀组件试验与完整阀试验间的等价性。

如果用12.3.2中所述的方法1验证多重阀单元中相邻阀之间耦合的抗电磁干扰性，那么除了试验的阀外，在这个试验中还应当包括的一个辅助阀(或其有效的部分)。这个辅助阀是验证有关抗耦合电磁干扰的试品。电磁干扰试验的试品应根据运行的布置安排其几何位置。电磁干扰试验试品在阀非周期触发的触发时刻应具有正向偏置。电磁干扰试验试品的电子回路应带电。试验应当包括与电磁干扰试验试品正确进行信息交换所必须的阀基电子单元的那些部分。

注：电磁干扰试验试品使用规定的几何布置和正向电压的幅值应一致，并以多重阀的设计为基础。

8.4.3 试验要求

试验由施加3次正极性操作冲击电压及阀在冲击电压峰值处触发导通组成。

冲击发生器阻抗的选取，不仅应再现回路杂散电容放电引起的导通电流，而且应能再现由系统研究确定的避雷器电流交换的最大值。

两种可用的试验方法如下：

a) 并联电容器法

此方法中，电容器应与试验阀并联，所形成的放电电流至少应同预计值前10 μs一样严酷。如果系统研究表明导通电流是振荡的，并且晶闸管的电流有关断危险，加长时间就变得重要了。

b) 避雷器法

此方法中，试验阀的端子间应接一个避雷器，从一个等于换相电感的电感后施加试验电压。阀端子之间应接一个电容，其值等于运行中预计的阀端对端杂散电容最大值。当避雷器通过的电流和其上的电压达到预先规定的水平，阀就应被触发导通。

触发时阀的电压为以下几个中最低的一个：

——阀避雷器的操作冲击保护水平；

——阀的保护性触发水平；

——阀的禁止触发水平(见注3)。

如果阀被低于阀避雷器操作冲击保护水平的保护触发导通，则试验要以有冗余的晶闸管级重新进行。如果阀仍旧被低于操作冲击保护水平的保护触发导通，就要将冲击水平降至略低于保护触发起始值和用正常触发电路触发该阀，再重复试验。

注1：电压试验的安全系数至少应等于阀避雷器的最大允许偏差和最小允许偏差之差(典型值约为5%)已包括在本试验中。因此，没有施加额外的试验安全系数。

注2：由于冲击发生器的实际尺寸的限制，方法b)仅适用于低额定电压的阀。因此，当系统研究表明需要10 μs以上时间准确再现导通电流，就要用方法a)进行阀非周期触发试验，并用方法b)在阀组件上的额外的试验作为补充。

注3：在某些设计中，阀高电压下的触发会被接在阀端的电压测量装置或并联的阀避雷器中的电流测量装置抑制。在这种情况下，非周期触发试验的细节就要由购买方和供货方协商，考虑所用的抑制电路特性。

9 周期性触发和关断试验

9.1 试验目的

周期性触发和关断试验的主要目的有：

a) 检查一个阀中晶闸管级和相关的电路，在最严酷的重复作用条件下导通与关断时，对于电流、电压和温度的作用是否合适；

b) 验证阀在最高温度下，最低重复电压时，符合最小延迟角和关断角性能的正确性。

9.2 试品

试验可以在完整的阀或阀组件上进行。如何选择主要取决于阀的设计和试验所使用的设备。本标准中规定的试验对包含5个或更多串联连接晶闸管级的阀组件有效。如果准备进行少于5个晶闸管级的试验，应确定附加的试验安全系数。在任何情况下，串联连接的晶闸管级数不应少于3。

进行试验的阀或阀组件应安装所有的辅助部件。若有要求，应包括按比例归算的阀避雷器。避雷器应与试验中串联晶闸管级数成比例，可保证至少和运行的避雷器的最大特性一致的保护水平。

冷却剂应反映实际运行工况。特别是流量和温度，应设置成试验所考虑的最不利的值。

9.3 试验要求

9.3.1 总则

应采用合适的试验电路进行试验，它能够给出与相应运行条件等效的负荷，比如背靠背连接的两个6脉波桥或适当的合成试验回路。

需再现的等价运行条件在9.3.2～9.3.8中进行了规定。9.3.2、9.3.3和9.3.4定义了在最大持续运行晶闸管结温。如果较高的触发或恢复电压，并在较低的延迟或关断角，可能不符合最大持续运行晶闸管结温的负荷条件，则这些条件也应予以再现。例如冬季过负荷运行的情况，以及在轻负荷时利用换流器限制流向交流系统的过剩无功功率的情况。当为再现这样条件所进行试验时，试验电流和冷却剂的温度应调整到可反映最严酷情况下的反映实际运行热条件。

为了再现运行条件的电压电流作用，正确反映阀相关的总杂散电容和电路中电感对换相电感的作用是非常重要的。在一个解锁的6脉波桥式电路中，每个阀承受的并联阻抗是单个关断阀的1.5倍。如果使用的试验电路不是6脉波桥，那么正确反映此电路的特征就非常重要。

当对阀的组件进行试验时，试验的比例系数(k_n)应按照4.3.2确定。

试验电压和试验电路电阻及电感应由实际值乘以系数 k_n 确定，而试验电路电容应由实际值除以系数 k_n 确定。

为了正确地再现热效应，周期性触发和关断试验应在工作频率下进行。如果不能做到这一点，实际工作频率和试验频率不同，那么就要调整试验条件以近似补偿同频率有关损耗的差值，并应证实设备的正确作用。由于频率敏感性而产生各种损耗机理的导则，可在GB/T 20989中查到。

试验期间，要监测关键的发热元件及其相邻的安装表面温升，以验证达到的最高温度在设计允许限值内(见4.4.3)。需要确定监测组件的数量和位置，而且晶闸管外壳温度、阻尼电阻器表面温度和阀饱和电抗器表面温度，每种测点不得少于3个。如果某种类型少于3个采样点，则该类型的所有点都需要监测。

9.3.2 最大连续运行负荷试验

9.3.2.1 概述

试验电流应是基于最高环境温度下的最大持续直流电流。冷却剂温度不低于晶闸管实际运行中最高稳态结温对应的冷却剂温度。

试验电流应包括试验安全系数1.05。

对应6脉波桥换流器的空载线电压的试验电压 U_{tpv1}，应按式(16)确定：

$$U_{tpv1} = U_{vomax} \times k_n \times k_{13} \qquad \cdots\cdots(16)$$

式中：

U_{vomax}——变压器阀侧的最高稳态空载线电压；

k_n ——符合4.3.2的试验比例系数；

k_{13} ——试验安全系数，等于1.05。

三个最大运行负载试验条件应满足9.3.2.2～9.3.2.4的详细要求。这些条件可以单独满足也可以是它们的组合。

注：根据购买方和供货方之间的协议，可以考虑单独施加电压和电流负荷，只要能证明满足试验要求。

9.3.2.2 最高连续触发电压试验

在延迟相角 α 时运行阀或阀组件的触发电压不低于式(17)和式(18)中的最大值。

$$u_{fr} = U_{tpv1} \times \sqrt{2} \times \sin\alpha \qquad \cdots\cdots(17)$$

$$u_{fi}=U_{tpv1}\times\sqrt{2}\times\sin(\gamma+\mu) \qquad (18)$$

式中：

α ——整流器运行产生最高 u_{fr} 时的稳态延迟角，与运行在最大持续运行的晶闸管结温相符；

$\gamma+\mu$ ——在逆变运行产生 u_{fr} 值最高时的稳态关断角和重叠角之和，与运行在最大持续运行的晶闸管结温相符。

试验的持续时间应在出口处的温度稳定后不少于 30 min。

9.3.2.3 最高连续恢复电压试验

阀或阀组件以延迟角 α 运行，在电流零点时，预期的恢复阶跃电压 u_r 不低于式(19)、式(20)最大者。

$$u_{rr}=U_{tpv1}\times\sqrt{2}\times\sin(\alpha+\mu) \qquad (19)$$

$$u_{ri}=U_{tpv1}\times\sqrt{2}\times\sin\gamma \qquad (20)$$

式中：

$\alpha+\mu$ ——在整流运行产生 u_{rr} 值最高时的稳态延迟角和重叠角之和，与运行在最大持续运行的晶闸管结温相符；

γ ——在逆变运行产生 u_{ri} 值最高时的稳态关断角，与运行在最大持续运行的晶闸管结温相符。

试验的持续时间应在出口处的温度稳定后不少于 30 min。

9.3.2.4 热运行试验

为模拟持续运行中晶闸管和阻尼电路的最大综合损耗，阀或阀组以延迟角 α 运行，以使一周期内测量的阀电压波形中的阶跃电压的平方和(不包含换相过冲)[见式(21)]不低于：

$$\sum\Delta u^2=(1.75+1.5\ m^2)\times2\times U_{tpv1}^2[\sin^2\alpha+\sin^2(\alpha\times\mu)] \qquad (21)$$

式中：

m ——电磁耦合系数(见 GB/T 20989—2007 中的 5.1.4)；

α 和 μ ——相应于整流和逆变稳态运行条件下，使 $U_{tpv1}^2[\sin^2\alpha+\sin^2(\alpha+\mu)]$ 最大的值，与运行在最大持续运行的晶闸管结温相符。

如果采用了双 6 脉波背靠背试验回路，则进行 9.3.2.2 和 9.3.2.3 试验时，本试验要求的条件将自动满足。但是，应考虑到与 12 脉波运行的区别。

试验的持续时间应在出口处冷却剂的温度稳定后不少于 1 h。

9.3.3 最高暂态运行负荷试验($\alpha=90°$)

对应于 6 脉波换流器中的空载线电压的试验电压 U_{tpv2} 应按式(22)确定：

$$U_{tpv2}=U_{vomax}\times k_n\times k_r\times k_{14} \qquad (22)$$

式中：

U_{vomax} ——变压器阀侧稳态的最高空载线电压；

k_n ——按照 4.3.2 的试验比例系数；

k_r ——暂时过电压系数，其值由系统研究决定；

k_{14} ——试验安全系数，等于 1.05。

试验前，阀或阀组件应达到 9.3.2.2 的条件下的热平衡状态。在规定时间内，延迟相角 $\alpha=90°$，运行阀或阀组件，该运行条件下阀或阀组件的触发电压和预期恢复电压不低于 $U_{tpv2}\times\sqrt{2}$。阀电压波形阶跃电压平方和不应低于 9.3.2.4 中给出的表达式，计算时应按照本节规定的 $\alpha=90°$ 和 U_{tpv1} 值。在 $\alpha=90°$ 运行期间，电流至少等于由系统研究确定 $\alpha=90°$ 运行时最大值乘以试验安全系数 1.05。在

$\alpha=90°$规定的时间后，返回到 9.3.2.2 的相应条件，再至少运行 15 min。

在 $\alpha=90°$时的运行持续时间至少应为两倍的该延迟相角运行的正常允许时间。

根据暂态过电压控制策略，不同持续时间的试验，可要求不同的试验 k_r 值。

9.3.4 最低交流电压试验

9.3.4.1 概述

试验电流和冷却剂的温度应按 9.3.2 选取。

对应于 6 脉波换流器中的空载线电压的试验电压 U_{tpv3} 应按式(23)确定：

$$U_{tpv3}=U_{vomin}\times\frac{N_{tut}}{N_t}\times k_{15} \qquad (23)$$

式中：

U_{vomin}——变压器阀侧稳态的最低空载线电压；

N_{tut} ——试验中串联晶闸管级的数量；

N_t ——包括冗余的晶闸管级在内，一个完整阀串联晶闸管级的总数；

k_{15} ——试验安全系数，等于 0.95。

9.3.4.2 最小延迟角试验

阀或阀组件在整流器延迟角 α 下运行，使得阀(组件)的触发电压 u_{fr}[见式(24)]不高于：

$$u_{fr}=U_{tpv3}\times\sqrt{2}\times\sin\alpha \qquad (24)$$

式中：

α——稳态运行下的整流器最小延迟角，与运行在最大持续运行的晶闸管结温相符。

试验的持续时间应在出口处冷却剂的温度稳定后不少于 15 min。

如果换流器的控制策略允许 α 在低于最小稳态值条件下暂态运行，则在该减少的值下运行也应给予验证。暂态 α 运行的持续时间至少为此延迟角下正常允许运行时间的 2 倍。

应证明阀(组件)在稳态和暂态 α 值时均能正常触发。

9.3.4.3 最小关断相角试验

阀或阀组件以逆变器关断角 γ 运行，在电流过零时预期阶跃恢复电压 u_{ri}[见式(25)]不高于：

$$u_{ri}=U_{tpv3}\times\sqrt{2}\times\sin\gamma \qquad (25)$$

且从电流零点到正向上升的电压零点的时间 t_{off} 不大于式(26)中的 t_{off} 值：

$$t_{off}=\frac{\gamma}{360\times f} \qquad (26)$$

式中：

γ——最小稳态关断角，同时运行在最大持续运行的晶闸管结温；

f——运行频率。

试验的持续时间应在出口处冷却剂的温度稳定后不少于 15 min。

如果换流器的控制策略允许 γ 在低于最小稳态值条件下暂态运行，则在该减少的值下运行也应给予验证。运行在暂态最小 γ 的持续时间至少为此关断角下正常允许运行时间的 2 倍。

应验证在稳态或暂态 γ 值时都不会发生换相失败。

9.3.5 暂态欠电压试验

本试验的目的是为了验证阀设计的正确性。这些阀的触发能量取自阀两端间的电压。

试验前，除试验电流可以降低外，阀或阀组件应运行在 9.3.4.2(稳态最小 α)相应的条件下。阀或阀组件在暂态 α 值下运行规定的时间，施加的试验电压 U_{tpv4} 应按式(27)确定：

$$U_{tpv4}=U_{voN}\times\frac{N_{tut}}{N_t}\times k_u\times k_{16} \qquad (27)$$

式中：

U_{voN}——变压器阀侧的空载线电压的额定值；

N_{tut}——受试的串联晶闸管级的数量；

N_t——包括冗余的晶闸管级在内，一个完整阀串联晶闸管级的总数；

k_u——换流器保持可控状态下的暂时欠电压系数(基波频率)；

k_{16}——试验安全系数，等于 0.95。

在暂态过电压下的运行时间应不小于交流系统的后备保护动作时间，包括交流系统中的自动重合闸产生的无电流时间。

规定的时间后，应返回到 9.3.4.2 相应的条件。

应验证阀或阀组件在整个暂态欠电压期间保持可控。

根据暂时欠电压的水平和采用的试验方法，也许在试验期间不能正常运行。如果发生这种情况，应证明这是试验期间异常电压情况下固有的结果，而不是阀(组件)响应触发控制信号失败的结果。

9.3.6 断续直流电流试验

试验应在阀冷却剂的最高温度下进行。应再现下面两种运行条件下断续直流电流运行产生的负荷：

a) 在 $\alpha=90°$，最高交流电压运行且 $k_r=1.0$(见 9.3.3)；

b) 整流器最小 α 下以最低交流电压运行(见 9.3.4.2)。

试验的持续时间至少应为规定条件下断续直流电流运行的正常允许时间的两倍。

试验应验证晶闸管能够按照设计在每周期内以必须的触发次数安全导通。作为有效的验证，阀或阀组件的性能应采用可调节的断续直流电流来调整，断续电流的无电流期间的持续时间可以从零到与晶闸管的关断时间相比较长的时间。

9.3.7 保护性触发连续运行试验

试验中应将一个晶闸管级正常触发功能闭锁，使该晶闸管级的保护触发连续动作，试验参数与 9.3.2.2 中参数一致，试验时间不少于 1 h。

9.3.8 阀损耗验证

阀损耗应该符合 GB/T 20989 中规定，损耗量可根据试验和已获得的试验结果进行综合计算来验证。

10 恢复期暂态正向电压试验

10.1 试验目的

恢复期暂态正向电压试验的主要目的是，检查在最高温度下，阀能够承受电流关断期间立即施加的暂态正向电压。该试验应该证明阀或能够承受暂态正向电压，或能够安全导通。

第二个目的是为了验证在运行于最高稳态结温下，恢复期后施加暂态正向电压时，阀的保护触发水平和 du/dt 耐受能力与设计一致。

10.2 试品

见9.2。

10.3 试验要求

除需要一台连接在逆变器阀或阀组件两端的冲击发生器外，试验要求与第9章的周期性触发和关断试验相同。冲击发生器的触发应与正常运行波形同步，在电流关断时刻，立即施加正向冲击电压到试验的阀或阀组件。

应选取产生最大连续运行晶闸管结温的试验电流和冷却剂温度。对于试验的阀(组件)运行条件应符合9.3.4.3对于稳态最小γ规定的那些条件。

冲击发生器应进行设置，预期正向峰值电压U_{tvtd}见式(28)。

$$U_{\text{tvtd}} = U_{SIPL\text{v}} \times k_{\text{n}} \quad \cdots\cdots(28)$$

式中：

$U_{SIPL\text{v}}$——阀避雷器的操作冲击保护水平，或者如果该保护水平比较低，则是保证的对操作冲击波形的保护性触发不动作的电压水平；

k_{n} ——符合4.3.2的比例系数。

试验应以三种不同的冲击波形进行：

类型1：上升时间为(100±30)μs；

类型2：上升时间为(10±3)μs；

类型3：上升时间为(1.2±0.36)μs。

从电压峰值到冲击的一半值时的时间不是关键，但是，在因为冲击而阀没有开通的情况下，对施加的任何波形它都不应小于10 μs。

注1：设备对不同波形冲击的敏感性是设计决定的。只要能够证明试验目的已经达到，根据购买方和制造方之间的协议，可以考虑试验仅限于单个冲击波形。

在电流零点到反向恢复期结束的各个时段，应单独施加每个类型的冲击不少于5次。恢复期结束后，每个类型冲击应施加3次附加冲击。

注2：当晶闸管完全恢复关断电压和du/dt耐受能力时，应认为恢复期已经结束。在某些设计中可以用一个时间窗口的结束来标记，在时间窗口期间保护电路增加了灵敏度。有关时间应由制造方来规定。

阀或阀组件应能承受冲击或者能安全开通。

如果阀具有恢复期暂态正向电压保护的功能，则应证明该保护按预期动作。

在恢复期结束后施加的任何冲击，阀都不应触发，除非可以证明触发是由于在关断恢复期间(见上注)，保护触发电路的一个合理动作。若在恢复期结束后，施加规定的波形发生了保护触发，那么应该做3次经修正的正向冲击幅值和波前时间的附加试验，使阀不触发。需要证明经修正的幅值和波前的时间与保护触发策略一致。

11 阀故障电流试验

11.1 试验目的

故障电流试验的主要目的是验证阀承受短路电流引起的最大电流、电压和温度作用的设计是合适的。

试验验证阀具有以下能力：

——抑制最大幅值的单波故障电流，并承受在最高温度时施加反向和正向电压，包括因甩负荷引起的过电压；

——在与单波试验相似的条件下，直到断路器跳闸，能够承受多波故障电流，但无重新施加的正向电压。本试验覆盖了罕见的情况，即在第一波结束后移相或交流系统的暂态阻止了阀闭锁故障所需要的条件。

11.2 试品

见9.2。

11.3 试验要求

11.3.1 总则

应采用能够尽可能再现规定的最严酷故障电流条件的试验回路进行试验。

对于单波故障电流试验，主要要求是，在单波故障电流后在第一个正半周期的峰值时刻再施加电压，再现最恶劣的正向电压和晶闸管结温的联合作用。

对于多波故障电流试验，主要要求是在多波故障电流后，反向恢复时，再现最恶劣的反向电压与晶闸管结温的联合作用。

单波故障电流试验的第二个要求是，验证晶闸管有充分的关断时间，能够承受紧随故障电流在电压正向过零点重加的正向电压。从电流零点到电压正向过零点之间的时间间隔，取决于试验电路的阻尼系数和试验电源频率。可以使这些等于运行值或者调整产生一个对于关断间隔有代表性的值。若不能够这样进行，供货方应用其他方法验证，在单波故障电流后晶闸管的关断时间足够短。

在多波故障电流试验期间，为了再现正确的暂态反向电压，正确地表示阀相关的总杂散电容和回路中换向电抗是非常重要的。适当地表示6脉波桥中其他阀的有效并联阻抗，考虑假设短路的位置和过电流时采用的控制策略也是非常重要的。在故障电流最后一个波后，阀或阀组件不需承受任何恢复电压。

如果对阀组件进行试验，按照9.3.1中的规定，试验电压和试验回路的元件参数值应根据被试的串联连接的晶闸管级的数量进行归算。

注：11.3.2和11.3.3中规定的故障电流试验是基于一个整流阀端短路产生的最大故障电流值的最严酷的条件。如果晶闸管的电压和结温的最严酷组合与在整流阀端短路产生的最大故障电流不一致，则试验条件应进行相应的调整。

11.3.2 单波故障电流再加正向电压试验

试验前，阀或阀组件应运行在能够产生最大连续运行的晶闸管结温下。

阀或阀组件应承受规定的峰值和导通时间的单波故障电流，和接着施加的正向电压。重加的正向电压的第一个半周的峰值U_{tfvd}应按式(29)确定：

$$U_{tfvd}=U_{vomax}\times\sqrt{2}\times k_n\times k_r\times k_{17} \qquad (29)$$

式中：

U_{vomax}——变压器阀侧的最高稳态空载线电压；

k_n ——按照4.3.2的试验比例系数；

k_r ——暂态过电压系数，根据系统研究确定；

k_{17} ——试验安全系数，等于1.05。

故障电流的峰值和持续时间，应取决于系统研究，同时考虑以下因素：

a) 交流系统最大的短路故障水平；

b) 与上述故障水平同时出现的最小稳态交流系统的频率；

c) 折算到阀侧的换流器变压器电抗的最小允许值；

d) 下述组合的最苛刻情况：
- 折算至阀侧的最高稳态运行电压下，故障开始时的最低延迟相角；
- 最小暂态延迟角下，故障开始时折算至阀侧的最低运行电压；

e) 交流系统和换流变压器折算至阀侧的最小阻尼系数；

f) 整流器阀端的短路。

计算出来的故障电流峰值不应减去直流电流的一半($I_d/2$)，除非供货方能够证明此减少对提出的控制策略是正确的。

k_r 的值应与计算故障电流的交流系统的条件一致。直流甩负荷应是换流器站因故障而损失额定直流功率的一部分。

若试验电路的参数不能获得规定的故障电流幅值和导通时间，那么可以采用一个严酷度等效的电流波形。需要证明，等效的波形在峰值电压作用时刻产生的晶闸管结温，至少与正确的电流波形产生的值一样大。

11.3.3 多波故障电流不再加正向电压试验

试验前，阀或阀组件应运行在能够产生最大连续运行的晶闸管结温下。

阀或阀组件经受一次规定峰值和导通时间的规定波数的故障电流。阀或阀组件应经受故障电流波间的反向电压，但应通过连续触发晶闸管防止其经受正向闭锁电压。

在故障电流波的电流零点后的反向恢复电压的预期值 u_{tfvr} 应按式(30)确定：

$$u_{tfvr}=U_{vomax}\times\sqrt{2}\sin\Psi\times k_n\times k_r\times k_{18} \qquad (30)$$

式中：

U_{vomax}——变压器阀侧的最高稳态空载线电压；

Ψ——用电角度表示的一个工作周期波形的一部分，它是故障电流波的电流零点超前电压正向过零点的那一部分；

k_n——按照4.3.2的试验比例系数；

k_r——暂时过电压系数，由系统研究确定；

k_{18}——试验安全系数，等于1.05。

故障电流波的数量由用于切断换流器中的短路电流的主断路器动作时间决定。动作时间应包括故障检测和信号延迟时间，以及断路器灭弧时间。

除了第一个波后所有波的初始延迟相角应等于零度以外，故障电流波的峰值和持续时间应按与11.3.2中规定的方式同样确定。

k_r 的值应按11.3.2中的规定确定。

12 阀电磁兼容试验

12.1 试验目的

主要目的是为了验证阀抵抗从阀内部产生及外部强加的瞬时电压和电流引起的电磁干扰(电磁扰动)的能力。阀中的敏感元件主要是用于晶闸管级触发、保护和检测的电子电路。

通常，阀的抗电磁干扰能力可以通过其他型式试验时监测阀来检查。当然，阀冲击试验(8.3.3～8.3.6)和阀的非周期性触发试验(8.4)是最重要的。

该试验应证明：

——不会发生晶闸管误触发或导通顺序混乱；

——阀上安装的电子保护电路按照预定动作；

——不会发生晶闸管级故障的错误指示，阀基电子单元也不会因为阀监测电路收到错误信息而将错误的信号送到换流器控制和保护系统。

注：本标准中，验证阀抗电磁干扰能力试验仅适用于晶闸管阀和连接阀与地的信号传输系统部分。本标准不包括位于地电位的设备抗电磁干扰的能力以及阀作为其他设备的电磁干扰源的阀特性。

12.2 试品

通常，试品是用于其他试验的阀或者阀组件。

当验证抗多重阀(MVU)中邻近阀间耦合引起的电磁干扰时，可按照12.3定义的两种方法进行。在这种情况下，按照所采用的方法，试品应为独立的阀或阀组件。

12.3 试验要求

12.3.1 总则

当验证抵抗多重阀中邻近阀间耦合引起的电磁干扰能力时，此试验要求取决于采用两种推荐方法的任一种。

12.3.2 方法1

方法1是作为试验方案的一部分，直接模拟电磁干扰源。这样的试验方法要求有两个及以上的阀以检查它们之间的相互影响。电磁干扰源的几何分布要考虑试验的阀，应尽可能接近实际运行布置(或在电磁干扰上更加严重)。

方法1，在8.4.2给出了更详细的要求。

12.3.3 方法2

方法2是从理论考虑或由实际测量决定在最严酷运行条件下的电磁场强度。接下来，这些电磁场由产生正确的(或最严酷的)在各自频率的电磁辐射试验电路模拟。然后将阀组件置于试验干扰源产生的电磁场内。

方法2的基本前提是决定阀关键位置上的力场的强度与方向。一般这可以在单个阀触发试验期间，用探测线圈测量获得；或者，这个场可以通过三维场模拟预测，然后用一个独立的场线圈产生至少与预定值相同严酷的场强、频谱和方向，对阀组件进行试验。

试品阀组件应满足下述要求：

——阀组件的端子间应施加运行电压(成正比例的)，且在场强线圈通电时应正偏；

——试品阀组件的电子设备应带电；

——应包括用于阀组件之间进行正确信息交换那些部分的阀基电子设备。

12.3.4 验收判据

方法1和方法2的验收判据在12.1中定义。

13 特殊性能和故障容许试验

13.1 试验目的

13.1.1 概述

这些试验是为了验证阀特殊设计和性能。特殊性能可包括但不限于以下两种。

13.1.2 可控制、保护和监视阀的电路

一般来说，这些特殊性能可通过其他试验来验证。

13.1.3 阀中具有故障容许特性

故障容许能力可定义为直流输电(HVDC)晶闸管阀有故障的部件、二次系统或过负荷部件执行其预计的功能能力，直到顺序关闭而不会导致其他部件的任何不可接受的故障或由故障引起危害的扩大。特殊性能要求在设计中保证具有故障容许能力。故障容许能力应包括以下例子，但不限于这些：

a) 晶闸管短路：即使晶闸管级中短路的晶闸管会串联其他的元件，在一些设计中可能存在门脉冲变压器和电流连接(用晶闸管并联的)过负荷或改变箝位负荷的危险。

b) 由于丢失正常触发脉冲，一个晶闸管级连续保护性触发：连续保护性触发可导致受影响的晶闸管级中阻尼电阻和其他组件的过负荷。

c) 阻尼电容、阻尼电阻或者接地电容的绝缘失效：在晶闸管级并联组件中任何绝缘失效都会导致过负荷电流流过该组件，从而导致危险情况。

d) 阀冷却剂少量泄漏：假如阀是液态冷却方式，少量液体泄漏可能不容易察觉。泄漏的冷却剂可能污染敏感元件而导致故障，并使绝缘失效的可能性提高。

购买方应评估供货方提供的设计报告，确定某些失败的可能性和可能的后果。在型式试验中验证阀故障容许能力严酷方面的方法应给予适当考虑。这些试验应根据具体情况由购买方和供货方共同协商。

13.2 试品

试验可以在完整的阀、阀组件或者任何相关的部件上进行。

13.3 试验要求

选择试验程序和接受判据应考虑阀的实际设计。应该证明有关的元件或回路能够按预期运行。

14 产品试验

14.1 总则

本章包括组装部件的试验，这些部件包括阀、阀组件或它们的保护、控制和检测辅助电路部分。本章不包括阀、阀基和阀结构中使用的独立部件的试验。

14.2 试验目的

产品试验的目的是为了通过验证下述几种情况，来证明制造的正确性：

——阀中所用的所有部件和电子设备已按照设计正确安装；

——阀设备预期的功能和预期参数在规定的验收范围内；

——阀组件和晶闸管级(适当的)具有足够的电压耐受能力；

——保证产品的一致和统一。

14.3 试品

为工程所制造的所有阀组件或其部件都应经过例行的产品试验。

14.4 试验要求

可不必对不同的供货方要求同样的产品试验。产品试验要考虑阀及其部件特殊设计的性能，延伸到在组装前进行试验的部件，以及特殊的制造规程和涉及的工艺。本条款仅给出产品试验的目的。

任何情况下，供货方应提交购买方认可的满足产品试验目标的试验程序的详细描述。

14.5 中列出了例行试验的最低要求。列出的试验顺序既不代表其重要性的排序也不代表试验进行的顺序。

注：除例行试验外，有些情况必须进行全部组装产品的抽样试验，例如当生产过程作了调整。这样的附加试验的种类或范围需要逐项协商。

14.5 例行试验的目的

14.5.1 外观检查

按照产品的最新批准后的版本，检查所有材料和部件是完好的及安装正确。

14.5.2 接线检查

检查所有主要的载流接线已正确连接。

14.5.3 均压回路检查

检查均压回路的参数，施加从直流到冲击波形的电压，从而确认电压在串联的晶闸管上的分配是正确的。

14.5.4 电压耐受检查

检验阀部件能耐受对阀规定的最高电压。应包括操作冲击和工频试验电压。

14.5.5 局部放电试验

为了检验生产正确，购买方和供货方应协商哪个部件和分组件是设计的关键，需要进行适当的局部放电试验。

14.5.6 辅助回路检查

检查每个晶闸管级上的辅助回路(例如监测和保护回路)和整个阀(阀组件)的那些公共部分功能的正确性。

14.5.7 触发检查

检查每个晶闸管级中晶闸管对于触发信号正确的响应及导通。

14.5.8 压力试验

检查没有出现冷却剂泄漏(仅适用于液体冷却的阀)。

15 确定损耗的方法

高压晶闸管阀的损耗确定程序在 GB/T 20989 中规定。

16 型式试验结果的表述

试验报告应符合 GB/T 27025 中的要求，还应包括下列信息：

——实验室的名称和地址以及进行试验的地点；

——购买方的名称和地址；

——试品的明确标识，包括型号及额定值、序列编号和其他任何决定识别试验对象的信息；

——试验日期；

——试验回路的描述和用于进行试验的试验程序；

——引用的标准以及如果有偏差的话，和标准中规定程序偏差的清楚描述；

——测量设备的描述和测量不确定度的规定；

——以表格、图、示波图以及适当的照片形式出现的试验结果；

——设备和元件故障的描述。

附 录 A
（规范性附录）
局部放电测量

A.1 局部放电的测量

在交流或直流电压试验期间，最高电位的阀和地之间以及阀端子间的阀基绝缘的质量应通过局部放电测量来检验。高压直流（HVDC）阀现有的运行经验表明其他技术如无线电干扰电压（RIV）测量对该目的无法起到指导作用。

局部放电测量应按照 GB/T 7354 进行。

A.2 交流试验期间的局部放电

对于交流电压，局部放电测量的灵敏度取决于试品的电容和背景噪声的幅值。大多数阀端子间的电容比其他设备端子间的杂散电容要大（主要是因为存在阻尼电容器）。晶闸管阀的典型值在几百纳法而其他设备在几十皮法范围内。因此，可能需要特殊的测量技术来满足试验要求。

对于大型空气绝缘的仪器，普遍认可的局部放电测量试验回路不会把来自所有非自恢复性绝缘的沿面和击穿放电的局部放电分离到周围空气中（回路可以接受电晕）。而对于完整的阀给定一个局部放电的绝对限值不会单独给出可靠的试验结果。对于空气绝缘的阀，只要考虑到对周围空气中的放电，达到 200 pC 的局部放电通常没有意义，但是，该数值超过了有机绝缘中的放电的安全限值。

正因为这一原因，对完整阀和阀基进行的交流绝缘试验并没有使所有的元件（例如，阻尼电阻、饱和电抗器等）承受负荷，推荐对制造方确认的所有关键元件或分装件进行局部放电测量。完整阀或阀基的绝缘试验期间局部放电测量的目的是为了验证独立元件之间没有不良的相互作用，以及空气中没有高水平的局部放电。除了下面第 A.4 章中的说明外，只要阀是空气绝缘的且关键元件的局部放电量在由元件试验验证的各自规定的限值内，则在交流试验期间，完整阀或阀基的局部放电量的最大值应为 200 pC。

A.3 直流试验期间的局部放电

GB/T 7354—2003 的 9.5.2 的陈述如下：“还没有可接受的确定直流电压试验局放值的一般方法”。

稳态直流条件下的绝缘强度是由绝缘材料的电阻率而不是介电常数决定的。由于电阻率的数值很高，系统的时间常数很大，因此，直流条件下的局部放电趋于由低重复率（几秒到几分钟）、相对较高幅值（几百到几千 pC）的脉冲来表征。

本标准中，直流电压试验期间的绝缘质量通过单位时间内超过规定数值的局部放电次数的计数来检查。这就意味着通常用于交流电压的试验回路和测量仪器也可以用于直流电压，但是，应加装多电平脉冲的计数装置。本标准中给出的直流电压试验水平和持续时间以及局部放电可接受的限值是基于下述因素：

——包括正常运行和故障期间的预期的运行负荷；

——以前的运行和试验经验；

——考虑到晶闸管阀包含很多不同的绝缘材料，其时间常数跨越了可能值的整个范围；

——考虑到较高的试验安全系数时，较短的持续时间的试验并不能代表那些具有短时间常数的阀的过负荷；

——考虑到使用正极性时的局部放电幅值和单位时间内的次数通常高于使用负极性时的数值；

——考虑到初始施加反极性后可能出现比稳态直流电压负荷期间更多的局部放电。选择负极性后的与局部放电时间有关的局放值应减少。

A.4 交流和直流电压负荷的复合

高压直流(HVDC)换流器中的设备经常承受的运行电压波形即包含了交流分量和直流分量。

由于实际的困难和缺乏复合电压下局部放电测量的经验，因此，本标准中规定了独立的交流和直流电压试验。该方法的结果是：为了尽量重现正确的峰值电压负荷，即在运行时主要承受直流分量负荷并仅带有小的交流分量负荷的那些元件，在长期持续的交流电压试验中将承受比运行中遇到的更高的峰峰电压幅值的负荷。因为交流电压负荷时的局部放电主要受到峰峰电压幅值的影响，因此，对运行负荷主要是直流的场合，规定的试验是不实际的。

产生这样结果的两种情况为：

a) 跨接阀基，当支架连接到另一个母线而不是直流侧中性母线或较低电位的 6 脉波桥交流侧连接线的电压时；

b) 跨接多重阀(MVU)的任意两个端子，在其之间同一相有两个或多个阀串联。

对于上述两种情况，在长时间的持续交流电压试验期间记录到的局部放电值超过 200 pC，不代表是设计的不充分。正因为如此，如果记录到的局部放电超过 200 pC，则试验结果应由业主和制造方进行评估，得到可能对运行设备的寿命产生显著影响的数值。

附 录 B
（规范性附录）
试验的安全系数

B.1 概述

晶闸管阀的设计应能够耐受它们在规定的高压直流（HVDC）运行条件下可能遇到的负荷。为了验证阀的设计，应进行绝缘和功能的型式试验。包括试验安全系数的型式试验的数值保证了该试验能够保守地再现恶劣工况下的运行负荷。

试验和试验数值可能主要有经济方面的障碍，尤其是在没有补偿阀特性的优点时规定的不必要的试验或不实际的试验数值。确立本标准中使用的安全系数是为了反映实际的和真实的要求并保证经济的阀设计满足预期的应用。

试验安全系数考虑了试验期间的测量不确定度以及适用时的保护裕度。保护裕度提供了考虑到预测最大运行负荷时的不确定度和因老化引起的随着时间设备能力的降低。

如果型式试验按 GB/T 16927.1 进行，对于测量误差的测量不确定度最大为 3%，对于试验数值的偏差还需要 3%。

预测最大运行负荷的不确定度取决于很多因素和假定条件，而因老化引起的劣化是由材料和应用决定的。对于这些参数不存在普遍适用的量值系数，但是，根据实践确定的、由可接受的运行经验支持的数值为判定提供了依据。

根据高压设备标准的实践、高压直流阀试验的现有实践以及运行经验并考虑到特殊的晶闸管阀的特征已经形成了可用的试验安全系数的合适数值。这些将在 B.2 和 B.3 中讨论。

B.2 绝缘试验的试验安全系数

B.2.1 冲击试验

B.2.1.1 基本方法

本标准中使用的冲击试验安全系数基于下述假定条件：

——金属氧化物避雷器作为冲击过电压的一次保护装置，并直接接在每个阀的端子间以使得冲击的分离效应最小；

——试验期间所有的冗余晶闸管均短接。

阀冗余的判据是：一个新阀，其所有的冗余晶闸管短接后，仍然能够满足规定的型式试验性能。规定的性能是考虑到允许的运行方式和进行分析研究确定的。

和其他传统的电力设备一样，阀的成本受到型式试验和相关的试验数值的影响。对于冲击试验，晶闸管阀的成本几乎直接正比于要求的冲击耐受试验水平。其次，相关的运行功率损耗也几乎直接正比于冲击试验水平。认识到优化的试验水平的成本和损耗之间的益处，本标准的 8.3.4 允许阀端子间的冲击试验有下述替代方法：

a) 对于雷电和操作冲击试验施加的试验安全系数为 1.10，陡波前冲击试验，试验安全系数为 1.15。另外，所有的晶闸管用绝缘块取代后，重复进行的冲击和雷电试验，试验安全系数为 1.15；陡波前冲击试验安全系数为 1.20。

b) 雷电和操作冲击试验安全系数 1.15，对于陡波前冲击试验，试验安全系数 1.20。

替代方法 b)反映了到如今主要的工业惯例，且与本部分早先版本比较有效地提高了晶闸管和相关的晶闸管级装置的试验安全裕度。替代方法 a)通过限制晶闸管承受的最大电压提供了一种经济的设计，而保留了 b)的与晶闸管并联的所有绝缘的全部试验安全裕度。

两种冲击试验替代方法采用的试验安全系数得到了阀成功运行的性能表现和计算支持，计算表明所用的试验安全系数在现有的工业知识和经验基础上给出了足够的安全裕度。

冲击试验替代方法的选择由业主负责且基于特定应用成本方面的考虑。下面的 B.2.1.2 和 B.2.1.3 给出了背景资料。

B.2.1.2 以前的实践和经验

冗余的晶闸管级在最多 3%未被短接的情况下，雷电和操作冲击试验规定的试验安全系数为 1.15。因此，阀中有 3%冗余的晶闸管时的有效试验安全系数为 1.117。

通过回顾阀运行中的性能记录以及冲击试验用的试验安全系数说明：对于在世界范围内安装的大多数工程，在冗余部分短接的情况下阀试验时的试验安全系数为 1.15。这与上面 B.2.1.1 中的替代方法 b)一致。这些工程的运行经验丰富。

回顾还说明提供绝大多数工程中的试验或者是在最大到 3%的冗余部分完整无损的情况下，采用试验安全系数为 1.15 进行的，或者降低试验安全系数，典型值为 1.10。其中一种情况，采用了 1.10 的试验安全系数并有 3%的完整无损的冗余(对于晶闸管有效的试验安全系数为 1.067)。这些工程的运行性能记录也非常好。

截至目前根据运行经验和其他研究，晶闸管的绝缘特性在运行中并没有表现出有明显的老化趋势。另一方面，工业界已经认识到在通常情况下传统的绝缘材料的确会老化。因为晶闸管阀和晶闸管一样包含有传统的绝缘材料，在确定试验安全系数时应考虑到这些材料的老化效应。为此，当可以对晶闸管使用替代的试验安全系数 1.10 时，标准应要求除了晶闸管外对所有阀元件进行雷电和操作冲击试验，试验安全系数 1.15，陡波冲击试验为 1.2 的试验安全系数。这就是上述的 B.2.1.1 中的替代方法 a)的基础。

B.2.1.3 冲击试验替代的试验安全系数的评估

作为独立的检查，为充分涵盖对测量不确定度的已知加权系数和试验安全系数的保护裕度分量的准确计算，应评估所选择的试验安全系数。

试验安全系数的合理性可以通过下述方法评估：

a) 与测量不确定度和保护裕度相关的所有因素应认为在统计上是独立的；

b) 从概率的观点出发，假定所有的因素在相同的方向偏离且同时出现其最大值是不合理的；

c) 假定起作用的因素可以用平方和的平方根(RSS)方法组合，则应进行检查以保证满足式(B.1)。

$$k_s \geqslant 1+\sqrt{\sum k_n^2} \qquad \text{(B.1)}$$

式中：

k_s ——试验安全系数；

n ——系数的个数；

k_n ——每一个 n-系数的标幺值(小于 1.0)。

雷电和操作冲击试验考虑的因素以及它们相关的数值如下：

——试验电压测量误差(GB/T 16927.1 中为 0.03)；

——试验电压的偏差(GB/T 16927.1 中为 0.03)；

——避雷器特性的测量偏差(GB/T 16927.1 中为 0.03)；

——避雷器的允许老化(GB 11032 中为 0.05)；

——研究的不确定度——估计的最严酷情况(0.03)；

——估计允许的非标波形(0.03)；

——允许的绝缘老化(0.10 代替 0)。

利用 c)中的 RSS 关系式，假定传统绝缘材料的老化系数为 0.1，按式(B.2)，则：

$$1+\sqrt{\sum k_{n}^{2}}=1.13 \quad \cdots\cdots(B.2)$$

如果规定的试验安全系数为 1.15，则允许的因素中所有不允许的因素及误差出现的偶然性总和等于[见式(B.3)]：

$$\sqrt{0.15^{2}-0.13^{2}}=0.075 \quad \cdots\cdots(B.3)$$

如果绝缘和晶闸管的一样，没有出现明显的老化，按式 B.4，则：

$$1+\sqrt{k_{n}^{2}}=1.084 \quad \cdots\cdots(B.4)$$

如果规定的试验安全系数为 1.10，则允许的因素中所有不允许的因素及误差出现的偶然性总和等于[见式(B.5)]：

$$\sqrt{0.10^{2}-0.084^{2}}=0.055 \quad \cdots\cdots(B.5)$$

在所做的假定的基础上，选择 B.2.1.1 中的替代方法 b)对晶闸管和其他材料均提供的固有偶然性裕度为 7.5%，且没有假定对于晶闸管和传统绝缘材料涉及的不同的老化机理。

选择 B.2.1.1 中的替代方法 a)对晶闸管外的所有其他材料提供的固有偶然性裕度为 7.5%，以及在假定晶闸管的老化可以忽略的情况下 5.5%的允许偶然性。

按照替代方法 a)进行设计和试验的每个晶闸管阀的总成本和运行损耗大约比按照替代方法 b)的低 4.5%。

B.2.2 交流和直流暂时和长期电压试验

阀的型式试验中不能证明阀的绝缘材料的耐久性。这更适合于作为独立的设计和开发试验的一部分进行。但是，交流和直流电压型式试验的确验证了阀承受暂时和长期过电压的能力。试验水平和持续时间在很大程度上反映了为传统绝缘材料所确立的交流和直流试验机理和经验。绝缘质量总体表象是局部放电性能(见附录 A)。因此，本标准要求在交流和直流电压试验期间通过测量局部放电检查绝缘质量。

B.3 运行试验的试验安全系数

运行试验安全系数适用于出现在稳态运行以及规定的过载或故障条件期间的电压和电流负荷的组合。考虑的试验电压和电流是在最严酷的运行条件下获得的数值。通常，试验安全系数仅需要考虑测量不确定度(见式 B.6)。

$$k_{s}=1+\sqrt{0.03^{2}+0.03^{2}}=1.042 \quad 圆整到\ 1.05 \quad \cdots\cdots(B.6)$$

对于最小的交流电压试验，相应的试验安全系数见式 B.7。

$$k_{s}=1-\sqrt{0.03^{2}+0.03^{2}}=0.957 \quad 圆整到\ 0.95 \quad \cdots\cdots(B.7)$$

对于故障电流试验，不需要特殊的电流试验安全系数($k_{s}=1.0$)。

该判定基于：

a) 该试验是在故障电流幅值至少与在通过计算或系统研究确定的最严酷工况下的严酷度等效，同时采用了 11.3.2 中给出的最严酷工况时的系数，且没有进行统计平均；

b) 在故障电流后需要施加闭锁电压时的试验安全系数为 1.05。

ICS 31.240
K 05

中华人民共和国国家标准

GB/T 28564—2012

电工电子设备机柜　模数化设计要求

Cabinets for electrotechnical and electronic equipment—Modular design requirements

2012-06-29 发布　　　　2012-11-01 实施

中华人民共和国国家质量监督检验检疫总局
中国国家标准化管理委员会　发布

前　言

本标准按照 GB/T 1.1—2009 给出的规则起草。

请注意本文件的某些内容可能涉及专利。本文件的发布机构不承担识别这些专利的责任。

本标准由全国电工电子设备结构综合标准化技术委员会(SAC/TC 34)提出并归口。

本标准起草单位:东莞市迪迈工业装备有限公司、万控集团有限公司、江苏天翔电气有限公司、中煤电气有限公司、北京四方继保自动化股份有限公司、中兴通讯股份有限公司、华为技术有限公司、国网电力科学研究院、国电南京自动化股份有限公司、慈溪奇国电器有限公司、江苏天港箱柜有限公司、许继电气股份有限公司、张家港市天越电气有限公司、天津市正本电气有限公司、武汉通源电气结构有限公司、许昌智能电网装备试验研究院、天津电气传动设计研究所。

本标准主要起草人:曾伟、木信德、杨博、钟杰、徐华云、张开国、田蘅、王蔚、陈爱军、张实、张钰、吴蓓、江国庆、高忠曦、黄平、赵建明、申随章、宋宗翔、刘文、蔡维。

电工电子设备机柜　模数化设计要求

1　范围

本标准规定了电工电子设备机柜模数化设计的总则、SI单位制下的模数、英寸单位制下的典型尺寸、机柜的模数化设计的参照点(原点)、在一个机柜上应用两个模数尺寸体系、机柜模数化设计尺寸的使用和机柜的模数化设计的公差。

本标准适用于电工电子设备机柜(以下简称“机柜”)的模数化设计。

2　规范性引用文件

下列文件对于本文件的应用是必不可少的。凡是注日期的引用文件,仅注日期的版本适用于本文件。凡是不注日期的引用文件,其最新版本(包括所有的修改单)适用于本文件。

GB/T 3047.1—1995　高度进制为20 mm的面板、架和柜的基本尺寸系列

GB/T 8582—2008　电工电子设备机械结构术语

GB/T 19290.1—2003　发展中的电子设备构体机械结构模数序列　第1部分:总规范

GB/T 19290.2—2003　发展中的电子设备构体机械结构模数序列　第2部分:分规范 25 mm设备构体的接口协调尺寸

GB/T 19290.3—2008　发展中的电子设备构体机械结构模数序列　第2-1部分:分规范 25 mm设备构体的接口协调尺寸　详细规范　机柜和机架的尺寸

GB/T 19290.4—2009　发展中的电子设备构体机械结构模数序列　第2-2部分:分规范 25 mm设备构体的接口协调尺寸　详细规范　插箱、机箱、背板、面板和插件的尺寸

GB/T 19520.1—2007　电子设备机械结构　482.6 mm(19 in)系列机械结构尺寸　第1部分:面板和机架

GB/T 19520.2—2007　电子设备机械结构　482.6 mm(19 in)系列机械结构尺寸　第2部分:机柜和机架结构的格距

3　术语和定义

GB/T 8582—2008界定的术语和定义适用于本文件。

4　总则

4.1　机柜是电工电子设备机械结构产品属性的表现形态之一,其模数化设计要求源于电工电子设备机械结构的相关标准,而电工电子设备机械结构的模数化设计则源于GB/T 19290.1—2003、GB/T 19290.2—2003、GB/T 19290.3—2008、GB/T 19520.1—2007、GB/T 19520.2—2007和GB/T 3047.1—1995。本标准是将这些基础标准中模数化设计要求综合于对机柜产品属性这一对象的进一步描述。

注:所谓机柜产品属性,即机柜可以作为商品由制造商提供给用户。

4.2　规定机柜的模数化设计,即按照一个模数体系设计,是为了提供相关的工程应用(例如插箱、插件、印制板、电器元件、电子元器件、仪器、设备、房间、建筑物等)机械接口、安装的尺寸兼容性和互换性。

注:模数化设计与模块化设计同义。

4.3 使用两个互不兼容的尺寸体系，即两个不同尺寸体系的机柜或设备构体，例如英寸与米，或者同一单位制下两个模数的倍数格距，例如 2.0 mm 倍数格距或 2.5 mm 倍数格距，会出现障碍。针对这一困惑，解决的方法有：

——只采用一种尺寸体系尺寸，并使用 SI 单位；

——采用一种英制尺寸体系，当外部与机柜尺寸协调时，使用 SI 单位制，而内部可以构建另一个尺寸体系，例如英寸。

使用 SI 单位制，但倍数格距不同，会产生两个安装格距的尺寸体系。当这两个尺寸体系存在于同一设计设备构体时，也会出现障碍。该两个尺寸体系间的接口使用存在的解决方法有：

——只采用一种尺寸体系尺寸；

——在一个尺寸体系中构建另一个尺寸体系。

4.4 不推荐使用本标准规定以外的基本格距和英寸单位制下的其他尺寸。

4.5 本标准不包括插箱、机箱、背板、面板和插件的模数化设计要求，也不包括相应的接口协调尺寸的要求。

4.6 机柜的制造商和产品用户可以本标准规定的设计要求作为机柜产品供货与验收的依据。

5 SI 单位制(米制)下的模数

5.1 基本格距 p

应采用 0.5 mm，它不可再进一步分割。

5.2 倍数格距 M_p

2.5 mm 和 25 mm，或 2.0 mm 和 20 mm。

5.3 安装格距 mp_i

安装格距 mp_i 和基本格距 p 的关系是：

$$mp_i = F \times p$$

其中：F 为系数。

5.4 倍数格距为 2.0 mm 和 20 mm 时，安装格距的协调尺寸

基本格距为 0.5 mm、倍数格距为 2.0 mm 和 20 mm 时，安装格距的协调尺寸见表 1。

表 1

协调尺寸 C_i/mm $C_i = F \times p$			系数 F
基本格距 p=0.5 mm	倍数格距		
	p=2.0 mm	p=20 mm	
60	240	2 400	120
55.0	220	2 200	110
50.0	200	2 000	100

表 1（续）

协调尺寸 C_i/mm $C_i=F\times p$			系数 F
基本格距 p=0.5 mm	倍数格距		
	p=2.0 mm	p=20 mm	
45.0	180	1 800	90
40.0	160	1 600	80
36.0	—	—	72
32.0	—	—	64
30.0	120	1 200	60
25.0	100	1 000	50
24.0	—	—	48
20.0	80.0	800	40
16.0	—	—	32
15.0	60.0	600	30
12.5	50.0	500	25
12.0	—	—	24
10.0	40.0	400	20
8.0	—	—	16
7.5	30.0	300	15
6.0	24.0	240	12
5.0	20.0	200	10
4.0	16.0	160	8
3.0	12.0	120	6
2.5	10.0	100	5
2.0	8.0	80	4
1.5	6.0	60	3
1.0	4.0	40	2
0.5	2.0	20	1

5.5 倍数格距为 2.5 mm 和 25 mm 时，安装格距的协调尺寸

基本格距为 0.5 mm、倍数格距为 2.5 mm 和 25 mm 时，安装格距的协调尺寸见表 2。

表 2

协调尺寸 C_i/mm $C_i=F\times p$			系数 F
基本格距 p=0.5 mm	倍数格距		
	p=2.5 mm	p=25 mm	
48.0	240	2 400	96
44.0	220	2 200	88
40.0	200	2 000	80
36.0	180	1 800	72
32.0	160	1 600	64
30.0	150	1 500	60
25.0	125	—	50
24.0	120	1 200	48
20.0	100	1 000	40
16.0	80	800	32
15.0	75.0	—	30
12.5	—	—	25
12.0	60.0	600	24
10.0	50.0	500	20
8.0	40	400	16
7.5	—	—	15
6.0	30	300	12
5.0	25.0	250	10
4.0	20.0	200	8
3.0	15.0	150	6
2.5	12.5	125	5
2.0	10.0	100	4
1.5	7.5	75	3
1.0	5.0	50	2
0.5	2.5	25	1

6 英寸单位制下的典型尺寸

6.1 总则

英寸单位制下的某些典型尺寸已被广泛应用，它们已经被形成为标准，更详细的尺寸及公差见 GB/T 19520.1—2007 等标准。

6.2 安装面板的典型尺寸

6.2.1 英寸单位制下安装面板的典型尺寸

安装面板宽度的典型尺寸为 19 in,即 482.6 mm。

安装面板高度的典型尺寸为以符号 U 表示数值为 1.75 in,即 44.45 mm 的垂直增量。

6.2.2 公制单位下(25 mm)安装面板的典型尺寸

公制单位制下安装面板的典型尺寸见 GB/T 19290.4—2009。

6.3 机柜的典型尺寸

6.3.1 机柜高度尺寸

机柜高度增量 H 选用 7.87 in,即圆整后 200 mm 的高度增量,此时 2×200 mm 相当于 9 U。常用的尺寸有:800 mm,1 000 mm,1 200 mm,1 400 mm,1 600 mm,1 800 mm。

注:高度尺寸可以延伸到 2 000 mm 和 2 200 mm。

6.3.2 机柜宽度尺寸

机柜宽度 W 按 W 小于 p 选用,p 按 100 mm 为宽度增量。常用的尺寸有:(550 mm),600 mm,700 mm,800 mm,900 mm。

注 1:优先采用不带括号的尺寸。

注 2:宽度 $W<p$,格距 p 是机柜安装成一排时,基准线之间的理论距离。

6.3.3 机柜深度尺寸

机柜深度 D 选用 7.87 in,即圆整后 200 mm 为深度增量。常用的尺寸有:400 mm,(450 mm),600 mm,(650 mm),800 mm,(900 mm)。

注:优先采用不带括号的尺寸。

6.4 与 SI 单位制下模数的关系

英寸单位制下安装面板的典型尺寸为标准尺寸,而机柜尺寸也可以在大于典型尺寸的前提下与 SI 单位制下的尺寸协调。即在满足英寸单位制下的典型尺寸要求时,机柜可以选用表 1 或表 2 所给定的模数关系。

7 机柜的模数化设计的参照点(原点)

7.1 总则

机柜模数化设计包括了三维尺寸、二维尺寸和线性尺寸。机柜模数化设计的参照点是指机柜模数化空间范围的起点。为了达到尺寸协调的目的,任意两个机柜的模数化空间应该相吻合,同样任意两个机柜体系的模数化空间也应该相吻合。

模数化设计参照点不同的机柜,即使其使用同一个模数,其模数化空间的尺寸也不一定协调。

注:有的机柜模数化设计只给定满足尺寸协调的模数化设计的空间,而其他空间则不一定满足尺寸协调的原则。

7.2 机柜的模数化设计参照点的起点

无论线性尺寸、二维和三维尺寸，机柜模数化设计尺寸的起点应该是其原点。二维或三维模数化设计时，不同尺寸方向的模数化设计起点可以不同，推荐使用相同的起点，并且这个起点就是原点。

7.3 机柜的模数化设计空间的范围

机柜的模数化设计的空间可以包括机柜的全部，也可以仅包括机柜的一些部分。

应该细致地指出机柜的模数化设计空间包括的部分和不包括的部分。同样，当正在设计中的机柜需要与已有的机柜尺寸协调时，应特别注意被协调的机柜与协调机柜之间的模数化空间的关系。

电工设备机柜的模数化设计空间一般不包括外覆的所有板和部件，例如门板（包括其上突出的零部件）、侧覆板，顶覆板，以及吊环、底托、脚轮等。

电子设备机柜的模数化设计空间可以包括一些零件，例如脚轮等。

8 在一个机柜上应用两个模数尺寸体系

8.1 在一个机柜内设计有两个模数化空间，以及一个系统中不同的机柜设计有不同的模数化空间是可以存在的，但一般不推荐这种设计方法。

8.2 英寸单位制下的典型尺寸构架在SI单位机柜中的设计不认为是两种模数在一个机柜内应用，即英寸单位制下的典型尺寸是非模数化设计的。

9 机柜的模数化设计的公差

9.1 总则

模数化设计的公差要结合设计需要、公差配合的相应标准、通用制造设备产生的制造公差，以及装配工艺所产生的公差等诸多影响机柜最终公差的因素确定。

传统上模具设计依据图样给定的公差决定模具的公差，即模具的公差往往小于图样设计的公差。

部分数字化的通用设备给定的制造的公差直接决定零件的公差，例如数控冲床设备。在这种情况下可以不标注设计公差，并且不应标注小于设备给定的制造设备的公差。

对于加工数据需要人工输入的数字化通用设备，例如数控折弯设备，是在图样标称尺寸上给定公差，还是在设计尺寸上直接给定，要依据经验而定，在容许公差大于或等于 0.1 mm 以上时，推荐使用后者。

模数化设计的公差不同于其他机械类的产品的公差还在于其要求制造的一致性，例如用于机柜框架的立柱型材，其一致性（如长度方向和分别沿其两个端点延伸的同一尺寸误差）的重要性往往大于其容许公差值的大小。

9.2 累积公差

机柜的模数化设计的公差是基于尺寸协调而给定的，它不能作为累计公差使用。

9.3 给用户提供的信息

只要满足实际上的尺寸协调和机械互换，制造上可不向用户提供制造公差的内容。

10 机柜模数化设计尺寸的使用

10.1 由于现场安装和并柜的需要，模数化设计尺寸可用于机柜的标称尺寸，但一般不用于机柜的外形尺寸。

10.2 制造商应根据机柜产品的具体情况给出外形尺寸，而模数化设计尺寸一般只用于协调尺寸的设计。

ICS 29.130.10
K 43

中华人民共和国国家标准

GB/T 28565—2012

高压交流串联电容器用旁路开关

High-voltage alternating-current series capacitor by-pass switches

(IEC 62271-109:2008,High-voltage switchgear and controlgear—Part 109:Alternating-current series capacitor by-pass switches,MOD)

2012-06-29 发布　　2012-11-01 实施

中华人民共和国国家质量监督检验检疫总局
中国国家标准化管理委员会　发布

前　言

本标准按照 GB/T 1.1—2009 给出的规则起草。

本标准使用重新起草法修改采用 IEC 62271-109:2008《高压开关设备和控制设备　第 109 部分:交流串联电容器用旁路开关》。

本标准与 IEC 62271-109:2008 的主要差异如下:

——适用范围:根据我国情况,改为适用于频率 50 Hz、电压 66 kV 及以上系统中的交流串联电容器用旁路开关,去掉了频率 60 Hz 的有关内容。考虑可以在 60 Hz 试验回路上进行旁路关合和投入电流型式试验,所以保留了 60 Hz 下进行上述试验的相关内容。

——额定电压:根据中国情况,增加了 1 100 kV 的相关内容。

——额定旁路关合电流 I_{BP}:根据工程需要,增加了 160 kA,峰值。

——额定旁路投入电流 I_{INS}:根据工程需要,改为应等于或大于电容器组的额定电流。

——并联合闸脱扣器动作电压范围:根据中国情况,改为在合闸装置额定电源电压的 65%(直流)或 85%(交流)~110%之间。

——并联分闸脱扣器动作电压范围:根据中国情况,改为在分闸装置额定电源电压的 85%~110%之间。

——多个脱扣器:根据工程需要,要求额定对地电压 72.5 kV 及以上的旁路开关提供两个并联合闸脱扣器。

——脱扣器的最低动作电源电压:根据中国情况,改为不应低于额定电源电压的 30%。

——同期性要求:根据中国情况,增加了对极间同期性的要求。规定如果对极间同期操作没有规定特别的要求,合闸时触头接触瞬间的最大差异不应超过额定频率的四分之一周波,分闸时触头分离瞬间的最大差异不应超过额定频率的六分之一周波。

——出厂机械操作试验:根据中国情况,要求在完整的旁路开关上进行,包括 50 次分-合操作循环。

——现场操作试验:根据中国情况,要求按出厂机械操作试验。

本标准中各章、条的编排顺序与 IEC 62271-109:2008《高压开关设备和控制设备　第 109 部分:交流串联电容器用旁路开关》基本一致。

本标准由中国电器工业协会提出。

本标准由全国高压开关设备标准化技术委员会(SAC/TC 65)归口。

本标准起草单位:中国电力科学研究院、西安高压电器研究院有限责任公司、河南平高电气股份有限公司、新东北电气(沈阳)高压开关有限公司、西安西开高压电气股份有限公司、东北电网有限公司、北京国电华北电力工程有限公司、华东电力试验研究院、陕西电力科学研究院、ABB 中国有限公司、西门子(杭州)高压开关有限公司、苏州 AREVA 高压电器有限公司、日升集团有限公司。

本标准主要起草人:李志兵、田恩文、袁大陆、张颜珠、顾霓鸿、石泽京、刘平、吴钊、吕广潜、阎关星、沈春明、张姝、莫康、赵东旭、庞亚东、高凯、李品德、王其恺、刘前进、张交锁、刘宁、陈姝焱、石维坚、陈曙。

高压交流串联电容器用旁路开关

1 概述

1.1 范围

本标准规定了高压交流串联电容器用旁路开关的各项技术要求,包括额定值、设计与结构、试验要求、安装、运行和维护规则等。

本标准适用于设计安装在户外且运行在频率 50 Hz、电压 66 kV 及以上系统中的交流串联电容器用旁路开关。

本标准仅适用于三相系统中的旁路开关。

本标准也适用于旁路开关的操动机构及其辅助设备。

1.2 规范性引用文件

下列文件对于本文件的应用是必不可少的。凡是注日期的引用文件,仅注日期的版本适用于本文件。凡是不注日期的引用文件,其最新版本(包括所有的修改单)适用于本文件。

GB 1984—2003 高压交流断路器(IEC 62271-100:2001,MOD)

GB/T 2900.20—1994 电工术语 高压开关设备(neq IEC 60050:1984)

GB/T 4473 高压交流断路器的合成试验(GB/T 4473—2008,IEC 62271-101:2006,MOD)

GB/T 6115.1—2008 电力系统用串联电容器 第1部分:总则(IEC 60143-1:2004,MOD)

GB/T 6115.2—2002 电力系统用串联电容器 第2部分:串联电容器组用保护设备(IEC 60143-2:1994,IDT)

GB/T 11022—2011 高压开关设备和控制设备标准的共用技术要求(IEC 62271-1:2007,MOD)

GB/T 12022 工业六氟化硫(GB/T 12022—2006,IEC 376,IEC 376A,IEC 376B,MOD)

GB/T 16927.1 高电压试验技术 第1部分:一般定义及试验要求(GB/T 16927.1—2011,IEC 60060-1:2010,MOD)

BIPM、IEC、IFCC、ISO、IUPAC、IUPAP、OIML:1995 测量不确定度表示指南

2 正常和特殊使用条件

应符合 GB/T 11022—2011 第 2 章的规定。

3 术语和定义

GB/T 2900.20—1994、GB 1984—2003、GB/T 6115.1—2008、GB/T 6115.2—2002 和 GB/T 11022—2011 界定的以及下列术语和定义适用于本文件。

3.1

通用术语 general terms

3.1.101

开关设备和控制设备 switchgear and controlgear

[GB 1984—2003 的 3.1.101]

3.1.102

户外开关设备和控制设备　**outdoor switchgear and controlgear**

[GB 1984—2003 的 3.1.103]

3.1.103

短路电流　**short-circuit current**

[GB/T 2900.20—1994 的 2.9]

3.1.104

周围空气温度　**ambient air temperature**

[GB 1984—2003 的 3.1.110]

3.1.105

(旁路开关部件的)温升　**temperature rise(of a part of a by-pass switch)**

[GB/T 2900.20—1994 的 6.67]

3.1.106

(系统中的)过电压　**overvoltage(in a system)**

[GB 1984—2003 的 3.1.114]

3.1.107

单元试验　**unit test**

[GB 1984—2003 的 3.1.117]

3.1.108

外绝缘　**external insulation**

[GB 1984—2003 的 3.1.121]

3.1.109

内绝缘　**internal insulation**

[GB 1984—2003 的 3.1.122]

3.1.110

自恢复绝缘　**self-restoring insulation**

[GB 1984—2003 的 3.1.123]

3.1.111

非自恢复绝缘　**non-self restoring insulation**

[GB 1984—2003 的 3.1.124]

3.1.112

破坏性放电　**disruptive discharge**

[GB 1984—2003 的 3.1.125]

3.1.113

重击穿性能　**restrike performance**

由规定的型式试验所证实的,投入电流试验方式过程中预期的重击穿概率。

注:在旁路开关的整个使用寿命中某一具体的概率值可能不适用。

3.1.114

(交流机械开关装置的)复燃　**re-ignition(of an a.c. mechanical switching device)**

[GB 1984—2003 的 3.7.148]

3.1.115

(交流机械开关装置的)重击穿　**restrike(of an a.c. mechanical switching device)**

[GB 1984—2003 的 3.7.149]

3.1.116

非保持破坏性放电(NSDD)　non-sustained disruptive discharge(NSDD)

与电流开断有关的破坏性放电,这种放电并不导致工频电流的继续,或在投入时不导致串联电容器组电流的出现。

注:伴随NSDD的振荡与旁路开关邻近或自身的杂散电容和电感有关。NSDD也和邻近设备的对地耦合电容有关。

3.2

总装　assemblies

没有特别的定义。

3.3

总装的部件　parts of assemblies

没有特别的定义。

3.4

开关装置　switching devices

3.4.101

开关装置　switching device

[GB 1984—2003的3.4.101]

3.4.102

机械开关装置　mechanical switching device

[GB 1984—2003的3.4.102]

3.4.103

旁路开关　by-pass switch

与串联电容器及其过电压保护器并联,用来在规定时间内或连续地分流规定水平线路电流的三相开关装置。旁路开关可以是三极或单极操作。

注1:除旁路电容器外,该装置通常还具有将电容器投入载有规定水平电流的回路的能力。

注2:旁路开关通常与一个快速旁路装置(如火花间隙)一起使用(对于不使用快速旁路装置的特殊使用,见附录E)。

使用快速旁路装置与旁路开关并联的串联电容器设计示例如下:

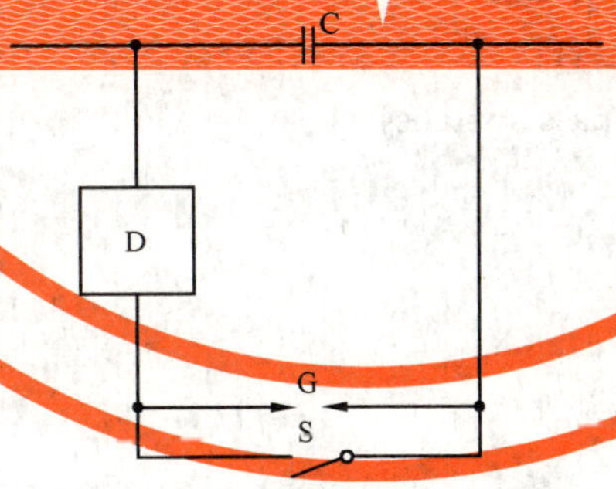

单间隙

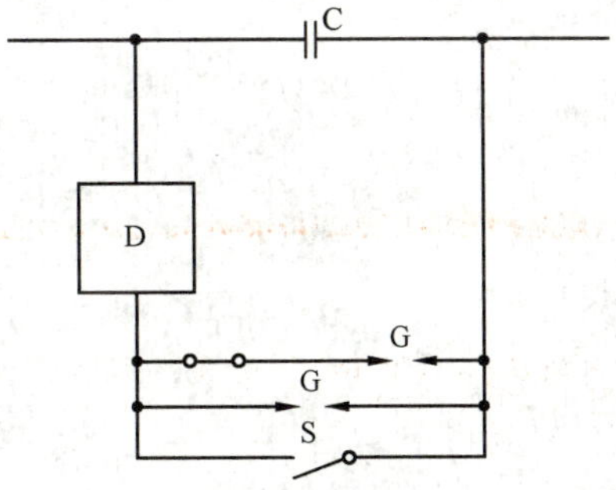

双间隙

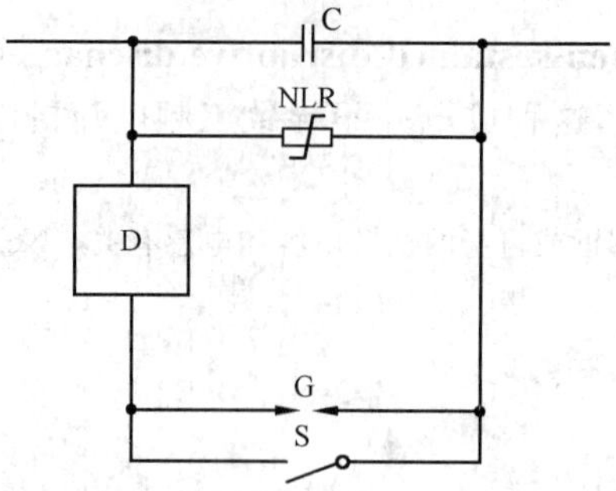

带旁路间隙的非线性电阻器

图例：

C ——串联电容器；

D ——阻尼装置；

G ——火花间隙；

S ——旁路开关；

NLR——非线性电阻。

3.4.104

M1 级旁路开关 by-pass switch class M1

一种不属于 3.4.105 定义的 M2 级旁路开关范畴内的、具有基本的机械寿命(机械型式试验为 2 000 次操作循环)的旁路开关。

3.4.105

M2 级旁路开关 by-pass switch class M2

用于特殊使用要求的、频繁操作的和设计要求非常有限的维护且通过特定的型式试验(具有延长机械寿命的旁路开关，机械型式试验为 10 000 次操作循环)验证的旁路开关。这种类型的旁路开关通常用于电容器阻抗控制频繁的多分段的电容器。

3.5

旁路开关的部件 parts of by-pass switches

3.5.101

极 pole

[GB 1984—2003 的 3.5.101]

3.5.102

主回路 main circuit

[GB 1984—2003 的 3.5.102]

3.5.103

控制回路 control circuit

[GB 1984—2003 的 3.5.103]

3.5.104

辅助回路 auxiliary circuit

[GB 1984—2003 的 3.5.104]

3.5.105

触头 contact

[GB/T 2900.20—1994 的 4.1]

3.5.106
触片 contact piece
[GB 1984—2003 的 3.5.106]

3.5.107
主触头 main contact
[GB/T 2900.20—1994 的 4.4]

3.5.108
弧触头 arcing contact
[GB 1984—2003 的 3.5.108]

3.5.109
控制触头 control contact
[GB/T 2900.20—1994 的 4.6]

3.5.110
辅助触头 auxiliary contact
[GB/T 2900.20—1994 的 4.7]

3.5.111
辅助开关 auxiliary switch
[GB/T 2900.20—1994 的 4.28]

3.5.112
"a"触头 关合触头 "a"contact make contact
[GB/T 2900.20—1994 的 4.8]

3.5.113
"b"触头 开断触头 "b"contact break contact
[GB/T 2900.20—1994 的 4.9]

3.5.114
滑动触头 sliding contact
[GB 1984—2003 的 3.5.114]

3.5.115
滚动触头 rolling contact
[GB/T 2900.20—1994 的 4.12]

3.5.116
脱扣器 release
[GB/T 2900.20—1994 的 4.29]

3.5.117
灭弧装置 arc control device
[GB 1984—2003 的 3.5.117]

3.5.118
位置指示装置 position indicating device
[GB/T 2900.20—1994 的 4.40]

3.5.119
(螺栓的或等效的)连接 connection(bolted or equivalent)
[GB 1984—2003 的 3.5.119]

3.5.120

端子 terminal

[GB 1984—2003 的 3.5.120]

3.5.121

旁路(或投入)单元 by-pass(or insertion) unit

旁路开关的部件，本身就可以作为旁路开关，与一个或多个相同的且同时操作的旁路或投入单元串联组成完整的旁路开关。

注 1：旁路单元和投入单元通常是组合在一起的但也可以相互独立。每一单元可以有数个触头。

注 2：控制单元间电压分布的方法各单元可以各不相同。

3.5.122

(旁路开关的)组件 module(of a by-pass switch)

组件通常由旁路或投入单元、支柱绝缘子(用于瓷柱式旁路开关)、套管(用于落地罐式旁路开关)和机械部件组成，与其他相同的组件通过机械和电气连接组成旁路开关的一极。

3.5.123

外壳 enclosure

[GB 1984—2003 的 3.5.123]

3.5.124

操动机构 operating mechanism

通过动力传动链带动主回路触头运动的旁路开关部件。

3.5.125

动力传动链 power kinematic chain

从(并包括)操动机构到(并包括)动触头的机械连接系统。

3.5.126

替代的操动机构 alternative operating mechanism

当改变原始操动机构的动力传动链或使用完全不同的操动机构产生相同的机械特性时便获得了替代的操动机构。

注 1：机械特性的定义见 6.101.1.1，机械特性的使用及相关要求见附录 G。

注 2：替代的操动机构可以采用与原始的操动机构不同的操作原理(例如替代的操动机构可以是弹簧的，而原始的操动机构是液压的)。

注 3：二次设备的改变并不能形成替代的操动机构。

3.6

操作 operation

3.6.101

操作 operation

[GB/T 2900.20—1994 的 5.1]

3.6.102

操作循环 operating cycle

[GB/T 2900.20—1994 的 5.5]

3.6.103

操作顺序 operating sequence

[GB/T 2900.20—1994 的 5.6]

3.6.104

合闸操作　closing operation

[GB/T 2900.20—1994 的 5.3]

3.6.105

分闸操作　opening operation

[GB/T 2900.20—1994 的 5.2]

3.6.106

自动重分闸　auto-reopening

旁路开关的一种操作顺序，在合闸后预定的时间自动分闸。

3.6.107

正向分闸操作　positive opening operation

[GB 1984—2003 的 3.6.107]

3.6.108

正向驱动操作　positively driven operation

[GB 1984—2003 的 3.6.108]

3.6.109

动力操作　dependent power operation

[GB/T 2900.20—1994 的 5.10]

3.6.110

储能操作　stored energy operation

[GB 1984—2003 的 3.6.111]

3.6.111

不依赖人力的操作　independent manual operation

[GB/T 2900.20—1994 的 5.12]

3.6.112

合闸位置　closed position

[GB/T 2900.20—1994 的 5.32]

3.6.113

分闸位置　open position

[GB/T 2900.20—1994 的 5.33]

3.6.114

并联脱扣器　shunt release

[GB/T 2900.20—1994 的 4.38]

3.6.115

防跳跃装置　anti-pumping device

在分-合闸操作后，只要启动分闸的装置保持在供分闸的位置就能防止重分闸的装置。

3.6.116

联锁装置　interlocking device

[GB 1984—2003 的 3.6.129]

3.6.117

具有防止分闸闭锁的旁路开关　by-pass switch with lock-out preventing opening

当导致合闸的条件仍然保持时，如果发出分闸指令，没有一个动触头能够投入电容器的旁路开关。

3.7

特性参量　characteristic quantities

3.7.1

概述

图1～图3图解了本条款中的某些定义。

时间参量，见3.7.120～3.7.130的定义，以毫秒或周波数表示。当用周波数表示时，应在括号内说明频率值。

3.7.101

额定值　rated value

通常为制造厂对元件、装置或设备在规定的操作条件下所规定的参数值。

3.7.102

（回路的并对开关装置或熔断器而言的）预期电流　prospective current(of a circuit and with respect to a switching device or a fuse)

[GB/T 2900.20—1994的6.6]

3.7.103

预期峰值电流　prospective peak current

电流出现后的瞬态过程中预期电流的第一个半波的峰值。

注：本定义假定用理想旁路开关关合电流，即旁路开关各极端子间的阻抗瞬时并同时从无穷大变到零。一极与另一极的电流峰值可以不同，它取决于旁路之前电容器两端的瞬态电压。

3.7.104

峰值电流　peak current

电流出现后瞬态过程中第一个半波的峰值。

3.7.105

瞬态旁路电流　transient by-pass current

电容器组放电电流和工频电流的叠加。

3.7.106

瞬态旁路电流峰值　peak value of transient by-pass current

旁路操作时，电流出现后的瞬态过程中，旁路开关一极中瞬态旁路电流的峰值。该值是电容器组放电电流分量和工频电流分量叠加而成的最大瞬时值。在系统故障时，工频电流应当等于可变电阻器的最大配合电流，或者，对于不使用可变电阻器的配置模式，应等于特定地点的实际最大工频故障电流。

注1：一极与另一极以及一次操作和另一次操作的电流峰值可以不同，它取决于旁路之前电容器两端的瞬态电压。

注2：除非另有说明，对于三相回路，瞬态旁路电流峰值是指各相中的最大值。

注3：特定地点的最大工频故障电流或可变电阻器的最大配合电流通常远小于旁路开关的额定峰值耐受电流。

3.7.107

旁路投入电流　by-pass insertion current

分闸之前流过旁路开关的稳态电流有效值（均方根值）。

3.7.108

投入能力　insertion capacity

在规定的使用和性能条件下，旁路开关在规定的电压下能够投入的预期电流值。

3.7.109

旁路能力　by-pass capacity

在规定的使用和性能条件下，旁路开关在规定的电压下能够旁路的预期电流值。

3.7.110

短路关合能力　short-circuit making capacity

[GB 1984—2003 的 3.7.119]

3.7.111

短时耐受电流　short-time withstand current

[GB 1984—2003 的 3.7.121]

3.7.112

峰值耐受电流　peak withstand current

[GB 1984—2003 的 3.7.122]

3.7.113

外施电压　applied voltage

[GB/T 2900.20—1994 的 6.13]

3.7.114

恢复电压　recovery voltage

[GB/T 2900.20—1994 的 6.30]

3.7.115

工频恢复电压　power frequency recovery voltage

[GB/T 2900.20—1994 的 6.32]

3.7.116

电弧电压峰值　peak arc voltage

[GB 1984—2003 的 3.7.128]

3.7.117

间距　clearance

[GB 1984—2003 的 3.7.129]

3.7.118

极间距离　clearance between poles

[GB 1984—2003 的 3.7.130]

3.7.119

对地距离　clearance to earth

[GB 1984—2003 的 3.7.131]

3.7.120

触头开距　clearance between open contacts

[GB 1984—2003 的 3.7.132]

3.7.121

分闸时间　opening time

按下述脱扣方法并把构成旁路开关一部分的任何时延装置调整到它的最小整定值来定义的旁路开关的分闸时间。

对于用任何形式辅助电源脱扣的旁路开关，分闸时间是指处于合闸位置的旁路开关，从分闸脱扣器带电时刻到所有各极弧触头分离时刻的时间间隔。

注 1：对于每极装有多个投入单元的旁路开关，所有各极弧触头分离时刻是指最后一极的第一个单元弧触头分离的时刻。

注 2：分闸时间包括旁路开关分闸所必需的并与旁路开关构成一个整体的任何辅助设备的动作时间。

3.7.122

(多极开关装置的)燃弧时间　arcing time(of a multipole switching device)

[GB 1984—2003 的 3.7.134]

3.7.123

投入时间　insertion time

旁路开关分闸时间起始时刻到燃弧时间终了时刻的时间间隔。

3.7.124

合闸时间　closing time

处于分闸位置的旁路开关,从合闸回路带电时刻到所有极的触头都接触时刻的时间间隔。

注:合闸时间包括旁路开关合闸所必需的并与旁路开关构成一个整体的任何辅助设备的动作时间。

3.7.125

旁路时间　by-pass time

处于分闸位置的旁路开关,从合闸回路带电时刻到第一极中电流出现时刻的时间间隔。

注 1:旁路时间包括旁路开关合闸所必需的并与旁路开关构成一个整体的任何辅助设备的动作时间。

注 2:旁路时间可能随预击穿时间的变化而不同。

3.7.126

预击穿时间　pre-arcing time

旁路操作期间,第一极出现电流时刻,对于三相条件,到所有极触头接触时刻的时间间隔;对于单相条件,到起弧极的触头接触时刻的时间间隔。

注:预击穿时间取决于在规定的旁路操作过程中外施电压的瞬时值,因此可能有显著的变化。

3.7.127

分-合时间　open-close time

在分合操作中,所有极弧触头分离时刻到第一极触头接触时刻的时间间隔。

注:除非另有说明,在分闸操作时,当所有极的触头都分离的时刻,假设旁路开关的合闸脱扣器已经带电,这时将得到最短分-合时间。

3.7.128

(自动重合闸过程中的)无电流时间　dead time(during auto-reclosing)

投入操作中所有各极的电弧熄灭时刻到随后的旁路操作中任一极首先重新出现电流时刻的时间间隔。

注:无电流时间可能随预击穿时间的变化而不同。

3.7.129

旁路投入时间　by-pass-insertion time

旁路操作时第一极触头出现电流时刻到随后的投入操作时最后一极燃弧时间终了时刻的时间间隔。

注 1:旁路投入时间可能随着预击穿和燃弧时间的变化而不同。

注 2:旁路投入时间必须符合系统的要求。

3.7.130

脱扣指令最短持续时间　minimum trip duration

为保证完成旁路开关的分闸,辅助电源施加到分闸脱扣器上的最短时间。

3.7.131

合闸指令最短持续时间　minimum close duration

为保证完成旁路开关的合闸,辅助电源施加到合闸装置上的最短时间。

3.7.132

绝缘水平 insulation level

由一些表示绝缘耐受电压的数值确定的旁路开关的一种特性。该电压可以是对地耐压和/或断口间耐压。

3.7.133

工频耐受电压 power frequency withstand voltage

在规定的条件和规定的时间下进行试验时,旁路开关所能耐受的正弦工频电压有效值。

3.7.134

冲击耐受电压 impulse withstand voltage

在规定的试验条件下,旁路开关的绝缘所能耐受的标准冲击电压波的峰值。

注:取决于电压的波形,该术语可以表征为"操作冲击耐受电压"或"雷电冲击耐受电压"。

3.7.135

操作用的最低功能压力 minimum functional pressure for operation

在+20 ℃和101.3 kPa的标准大气条件下,可以用相对的或绝对的术语来表示,在该压力或高于该压力时,旁路开关的额定特性才能得到保证。在该压力时,操动机构必须补充压力。

注:该压力通常设计成闭锁压力(见GB/T 11022—2011的3.6.5.6)。

3.7.136

旁路、投入和绝缘用的最低功能压力 minimum functional pressure for by-passing, insertion and insulation

在+20 ℃和101.3 kPa的标准大气条件下,用于旁路、投入和绝缘的压力,可以用相对的或绝对的术语来表示,在该压力和高于该压力时,旁路开关的额定特性才能保证。在该压力时,旁路、投入和/或绝缘用的流体必须补充。

注1:见GB/T 11022—2011的3.6.5.5。

注2:对于密封压力系统的旁路开关(也称为终身密封的旁路开关),是指考虑到预期运行寿命末的压力降低,能够保证旁路开关额定特性的压力。

3.8

与串联电容器组相关的定义 definitions related to series capacitor banks

3.8.1

电容器 capacitor

当不必区分电容器单元和与段相关的电容器组的不同含义时使用电容器一词。

3.8.2

(串联电容器的)过电压保护器 overvoltage protector (of a series capacitor)

一种能将电容器两端的电压限制到允许值的快速动作装置,否则由于回路故障或其他异常电力系统条件将使这种电压超过允许值。

3.8.3

(电容器的)额定电容 rated capacitance (of a capacitor)

C_N

设计电容器时所采用的电容值。

3.8.4

(电容器的)额定电流 rated current (of a capacitor)

I_N

设计电容器时所采用的交流电流的有效值。

3.8.5

（电容器的）额定电抗　rated reactance(of a capacitor)

X_N

在额定频率和 20 ℃绝缘介质温度下串联电容器每相的电抗值。

3.8.6

（电容器的）额定电压　rated voltage(of a capacitor)

U_N

由电容器额定电抗和额定电流导出的端子间电压的有效值，$U_N = X_N \times I_N$。

3.8.7

极限电压　limiting voltage

U_{LIM}

在过电压保护器动作前和动作过程中出现在电容器端子间的最大工频电压峰值除以$\sqrt{2}$。

3.8.8

串联电容器组（或组）　series capacitor bank(or bank)

具有相关保护和绝缘支持结构的三相成套电容器装置。

注：组可以包括一个或多个组件。

3.8.9

（串联电容器的）段　segment(of a series capacitor)

电容器组的每相可以分成一个或多个串联连接的部分，而每个部分都由该部分的电容器单元、过电压保护器、保护功能单元和旁路开关所组成，每个这样的完整部分称之为段。

注：段通常不用隔离开关分开，多个段可以在同一个绝缘平台上。

3.8.10

组保护　bank protection

对于一个电容器组或其中一部分的所有保护设备的统称。

3.8.11

旁路电流　by-pass current

流过与电容器并联的旁路开关的稳态电流的有效值。

3.8.12

旁路故障电流　by-pass fault current

由于线路故障引起的流过与电容器并联的旁路开关的电流。

3.8.13

旁路间隙（保护间隙）　by-pass gap(protective gap)

在规定时间内承载被保护部分的负载电流或故障电流，以防止电容器（K 型）过电压，或非线性电阻器（M 型）过负荷的间隙或间隙系统（见 GB/T 6115.2—2002 的图 2）。

3.8.14

旁路联锁装置　by-pass interlocking device

使旁路开关的三个极同时处于分闸或合闸位置的装置。

3.8.15

限流阻尼设备　current-limiting damping equipment

用来限制旁路间隙或旁路开关操作时产生的电容器放电电流的幅值和频率，并对放电提供足够的阻尼的电抗器或带并联电阻器的电抗器。

3.8.16

投入　insertion

打开串联电容器的旁路开关将与输电线路串联的串联电容器接入。

3.8.17

投入电流　insertion current

旁路开关分闸后流过串联电容器电流的有效值。该电流可以用持续的或过负荷的电流幅值来规定。

3.8.18

投入电压　insertion voltage

由打开旁路开关转移旁路电流时出现在串联电容器两端的电压峰值。

3.8.19

主间隙　main gap

旁路间隙的一部分，用来在规定时间内承载故障电流，它由两个或多个大功率电极组成。

3.8.20

级(电容器可操作的级)　module(capacitor switching step)

级是由每相一个(也可能几个)电容器段组成，带有联锁操作的单极旁路开关的三相功能单元。

3.8.21

非线性电阻器(可变电阻器)　non-linear resistor(varistor)

由电阻值随电压呈非线性关系的电阻组成的电容器过电压保护器(通常是金属氧化物可变电阻器)。

3.8.22

保护水平　protective level

U_{PL}

在系统故障时，出现在过电压保护器两端的工频电压峰值的最大值($U_{PL}=U_{LIM}\times\sqrt{2}$)。

注：保护水平可以用段两端的实际峰值电压或电容器两端的额定峰值电压的标幺值表示。

3.8.23

重投入　reinsertion

负荷电流从旁路支路恢复到串联电容器。

3.8.24

重投入电流　reinsertion current

在旁路开关打开后流过串联电容器组的瞬态电流、工频电流或两者。

3.8.25

重投入电压　reinsertion voltage

在旁路开关打开后出现在串联电容器组两端的瞬态电压、工频电压或两者。

3.8.26

暂态过电压　temporary overvoltage

高于串联电容器额定电压的暂态工频电压。

3.8.27

可变电阻器的配合电流　varistor coordinating current

与保护水平 U_{PL} 相关的可变电阻器的最大电流幅值。

3.8.28

电容器组的放电电流　capacitor bank discharge current

$I_{DISCHARGE}$

流过电容器组的放电电流，最大峰值出现在电容器组充电到保护水平 U_{PL} 时。

4 额定值

4.1 概述

用来确定旁路开关及其操动机构和辅助设备额定值的特性如下：

对于所有旁路开关都应给出的额定特性：

a） 额定对地及断口间电压；

b） 额定对地及断口间绝缘水平；

c） 额定频率；

d） 额定电流；

e） 额定短时耐受电流；

f） 额定峰值耐受电流；

g） 额定短路持续时间；

h） 合闸和分闸装置以及辅助和控制回路的额定电源电压；

i） 合闸和分闸装置以及辅助和控制回路的额定电源频率；

j） 适用时，操作、投入、旁路和绝缘用的压缩气源和/或液源的额定压力；

k） 额定旁路关合电流；

l） 额定旁路投入电流；

m） 额定重投入电压；

n） 额定操作顺序；

o） 额定时间参量。

旁路开关的额定特性与额定操作顺序有关。

4.2 额定电压(U_r)

4.2.1 概述

GB/T 11022—2011 的 4.2 适用，并作如下补充。

4.2.101 额定对地电压(U_{re})

GB/T 11022—2011 的 4.2 适用。

4.2.102 额定断口间电压(U_{rp})

施加在旁路开关断口间的电压应当由串联电容器（组或段）的电抗$\left(X_N=\dfrac{1}{\omega C_N}\right)$与其额定电流 I_N 的乘积决定。规定的旁路开关额定电压（相间）应当等于或大于由外施电压（乘以$\sqrt{3}$）计算出来的电压，并调整到 GB/T 11022—2011 的 4.2 中给出的下一个较高的标准值。

注：当规定旁路开关断口间的额定电压时应当考虑长时间（几分钟）的过负荷。

4.3 额定绝缘水平

4.3.1 概述

GB/T 11022—2011 的 4.3 适用，并作如下补充。

4.3.101 额定对地绝缘水平

额定对地耐受电压的标准值在 GB/T 11022—2011 的表 1 和表 2 中给出。

4.3.102 额定断口间绝缘水平

对应于额定断口间电压，额定断口间耐受电压的标准值在 GB/T 11022—2011 的表 1 和表 2 中给出。额定绝缘水平应当依据 GB/T 6115.1—2008 的 6.1.3 决定。

注：安装在支撑平台上的绝缘子和串联电容器设备的绝缘水平是相对支撑平台的。安装地海拔超过 1 000 m 的装置可能要求更高的绝缘水平。支撑平台上的绝缘子和设备的绝缘水平应当基于过电压保护器的保护水平用式(1)来选择。该式适用于利用该段保护水平的整个段的端子间的绝缘，也适用于在段的一部分具有合适的保护水平的段内部的绝缘。

$$U_{iPf} \geqslant 1.2U_{PL}/\sqrt{2} \qquad \cdots\cdots (1)$$

式中：

U_{iPf}——工频耐受电压(有效值)；

U_{PL}——保护水平。

4.4 额定频率(f_r)

额定频率的标准值为 50 Hz。

4.5 额定电流(I_r)和温升

GB/T 11022—2011 的 4.5 适用。

4.6 额定短时耐受电流(I_k)

GB/T 11022—2011 的 4.6 适用。

4.7 额定峰值耐受电流(I_p)

GB/T 11022—2011 的 4.7 适用。

4.8 额定短路持续时间(t_k)

GB/T 11022—2011 的 4.8 适用。

4.9 合闸和分闸装置以及辅助和控制回路的额定电源电压(U_a)

GB/T 11022—2011 的 4.9 通常适用。GB/T 11022—2011 的 4.9.3 和 5.8.2 给出的并联分闸脱扣器的允差适用于并联合闸脱扣器。

4.10 合闸和分闸装置以及辅助和控制回路的额定电源频率

GB/T 11022—2011 的 4.10 适用。

4.11 绝缘、操作和/或旁路和投入用的压缩气源的额定压力

GB/T 11022—2011 的 4.11 适用。

4.101 额定操作顺序

旁路开关的额定特性与额定操作顺序有关。

C—t—OC—t'—OC

除非另有规定，否则：

t=0.3 s 用于快速自动重分闸的旁路开关(旁路投入时间)。

t'=3 min。

注1：除了 t'=3 min，t'=15 s 和 t'=1 min 也可用于快速自动重分闸的旁路开关。

注2：依据系统的要求也可以规定其他的操作顺序。一个例子是 C—t—OC—t—OC—t'—OC。

这里：C 表示一次合闸操作；OC 表示一次分闸操作后立即(即无任何故意的时延)进行合闸操作；t 和 t' 是连续操作之间的时间间隔；t 和 t' 应以分钟或秒表示。

如果旁路投入时间是可调的，应规定调整的极限。

注3：取代 t=0.3 s 的其他值，t=0.2 s 也可用于快速自动重分闸的旁路开关。

4.102 额定旁路关合电流(I_{BP})

额定旁路关合电流是指线路故障情况下，当电容器组预充电到过电压保护器的极限电压(U_{PL})，且电流的频率与电容器组的实际电容及其限流阻尼装置的电感相对应时，旁路开关应当能够关合的电流的峰值。应当考虑旁路关合电流中电容器组放电电流的有效阻尼。

该电流是电容器组放电电流分量和工频电流分量的代数和(见 3.7.106)。通常工频电流分量应当等于可变电阻器的最大配合电流。

注：额定旁路关合电流应当由系统研究决定，它是旁路开关出现电流时刻到触头接触时刻的时间间隔(预击穿时间)内电容器组放电电流峰值和工频电流分量峰值的代数和。

当要求的旁路关合电流峰值等于或小于相应型式试验中采用的电流峰值时认为旁路开关的关合性能得到了验证。该原则仅在旁路关合电流频率 f_{BP} 等于或小于型式试验中采用数值的 130%时才有效。

具体的额定值一般无法规定，因为它们是仅针对某个工程的特定参数。附录 D 给出了旁路开关额定值的举例。尽管如此，额定旁路关合电流及其频率应当优先选取以下数值：

I_{BP}：63 kA、100 kA、125 kA 和 160 kA，峰值。

f_{BP}：500 Hz 和 1 000 Hz。

4.103 额定旁路投入电流(I_{INS})

额定旁路投入电流是在额定重投入电压下，旁路开关能够从旁路支路转移到主串联电容器支路的工频电流有效值。具体的额定值一般无法规定，因为它们仅是针对某个工程的特定参数。附录 D 给出了旁路开关额定值的举例。

注：额定旁路投入电流应从 R10 系列中选取且应等于或大于电容器组的额定电流。

4.104 额定重投入电压(U_{INS})

额定重投入电压是指在转移额定旁路投入电流过程中旁路开关应当能够承受且不出现重击穿的瞬态恢复电压峰值。

通常，考虑紧急过负荷和系统振荡所造成的瞬态投入电压上升到过电压保护器的保护水平的情况，瞬态重投入电压应等于 U_{PL}。

运行中可以得到几个瞬态重投入电压波形。重投入电压的波形应当由系统研究决定。出于标准化目的，为了能涵盖绝大多数实际工况，本标准推荐了一个到达第一个峰值的优选时间为 5.6 ms 的“1-cos”波形。若要求其他波形，则应在向制造厂询问时指明。

具体的额定值无法指定，因为它们仅是针对某个工程的特定参数。附录 D 给出了旁路开关额定值的举例。附录 F 给出了关于重投入过程中瞬态恢复电压的更多资料。

注1：因为瞬态重投入电压取决于串联电容器设计参数(电容器组的容抗、额定电流、过电压保护器的保护水平、紧急过负荷电流和系统振荡电流)，所以没有给出具体的推荐值，更多资料见附录 F。

注2：为了用一个单一的试验方式覆盖 50 Hz 和 60 Hz 的大多数应用，规定瞬态恢复电压到达峰值的时间为 5.6 ms。

4.105 额定时间参量

参照图1、图2和图3。

应对下列时间参量规定额定值：

——分闸时间(空载)；

——最长合闸时间(空载)；

——最长分-合时间(空载)。

额定时间参量基于：

——合闸和分闸装置以及辅助和控制回路的额定电源电压(见4.9)；

——合闸和分闸装置以及辅助和控制回路的额定电源频率(见4.10)；

——适用时，操作、绝缘和/或旁路和投入用压缩气源的额定压力(见4.11)；

——操作用液压源的额定压力；

——周围空气温度为20 ℃±5 ℃。

注1：由于燃弧时间和预击穿时间的分散性，规定旁路关合时间或旁路投入时间的额定值通常是不现实的。

注2：应当给出在最低电源电压、绝缘和/或旁路和投入用压缩气源的最高操作压力(如果适用)(见4.11)，以及在操作用压缩气源和或液源的最低压力下的最长合闸时间(空载)和最长分-合时间(空载)。

4.106 机械操作的次数

考虑到制造厂规定的维护程序，旁路开关应能完成下述次数的操作(按照型式试验中表4及6.101.2.3中的规定)：

标准旁路开关(基本的机械寿命)M1级：2 000次操作循环；

特殊使用要求的旁路开关(延长的机械寿命)M2级：10 000次操作循环。

5 设计与结构

5.1 旁路开关中液体的要求

GB/T 11022—2011的5.1适用。

5.2 旁路开关中气体的要求

GB/T 11022—2011的5.2适用。

5.3 旁路开关的接地

GB/T 11022—2011的5.3适用。

5.4 辅助设备

GB/T 11022—2011的5.4适用，并作如下补充：

——用并联分闸和合闸脱扣器的场合，当施加永久的合闸或分闸指令时，应采取适当的措施避免脱扣器损坏。例如，这些措施可以是使用串联控制触头的布置，使得当旁路开关处于合闸位置时，合闸脱扣器的控制触头(“b”触头或开断触头)处于分闸位置，分闸脱扣器的控制触头(“a”触头或关合触头)处于合闸位置；当旁路开关处于分闸位置时，分闸脱扣器的控制触头是分开的，合闸脱扣器的控制触头是闭合的。

注：也可能采用不同于触头的其他装置。

——对于并联合闸脱扣器，上述第一个破折号所述的并联合闸脱扣器(“b”触头)的保护措施的动作不应早于旁路开关的合闸指令最短持续时间(3.7.131),也不应迟于旁路开关的额定合闸时间。

注:如果并联合闸脱扣器的电流是由控制触头开断的,合闸指令必须长于额定合闸时间。

——对于并联分闸脱扣器,上述第一个破折号所述的并联分闸脱扣器("a"触头)的保护措施的动作不应早于旁路开关要求的脱扣指令最短持续时间(3.7.130),也不应迟于旁路开关主触头分离后20 ms。

——对于具有短的分-合闸时间要求的场合,上述第一个破折号所述的并联合闸脱扣器("b"触头)的保护措施的合闸不应早于旁路开关"a"触头的分闸。

——辅助开关用作位置指示器时,应指示旁路开关处于休止、分闸或合闸的终了位置,信号还应保持。

——连接件应能承受由旁路开关产生的应力,尤其是由于操作时的机械力而产生的应力。

——所有辅助设备,包括接线,应进行充分的防雨和防潮保护。

——使用特殊的控制设备元件时,应在辅助和控制回路的电源电压、开断和/或绝缘以及操作用的介质的规定范围内操作,并能开合旁路开关制造厂规定的负载。

——辅助设备的特殊元件,诸如液体指示器、压力指示器、释放阀、充排设备、加热器和联锁触点,应能在辅助和控制回路电源电压的规定范围内,开断和/或绝缘以及操作用的介质的使用范围内工作。

——加热器在额定电压下的能量消耗应在制造厂规定值的±10%公差范围内。

——防跳跃装置作为控制回路的一部分时,如果安装的不止一个,它们应在每一个回路中动作。

——极间不同期的控制回路作为旁路开关的一部分时,应对分闸或合闸的极位置进行监控。一个极的合闸应引起其他极闭合。每个旁路开关应当具有相似的分闸联锁装置。

5.5 动力操作

GB/T 11022—2011 的 5.5 适用,并作如下补充:

用外部能源进行动力分闸的旁路开关也应能在分闸操作后立即合闸。

5.6 储能操作

GB/T 11022—2011 的 5.6 适用,并对其第一段做如下补充:

储能操作的旁路开关应能在分闸操作后立即合闸。

5.7 不依赖人力的操作

GB/T 11022—2011 的 5.7 不适用于旁路开关。

5.8 脱扣器操作

5.8.1 概述

GB/T 11022—2011 的 5.8 通常不适用,并由下述内容取代。

5.8.2 并联合闸脱扣器

并联合闸脱扣器在合闸装置额定电源电压的65%(直流)或85%(交流)~110%之间(见4.9),交流时在合闸装置的额定电源频率下(见4.10),在直到开关装置的额定旁路关合电流的所有操作条件下都应该正确地动作。

5.8.3 并联分闸脱扣器

并联分闸脱扣器在分闸装置额定电源电压的85%～110%之间(见4.9),交流时在分闸装置的额定电源频率下(见4.10)应该正确地动作。

5.8.4 并联脱扣器的电容器操作

GB/T 11022—2011的5.8.3适用。

5.8.5 欠压脱扣器

GB/T 11022—2011的5.8.4对旁路开关不适用。

5.8.101 多个脱扣器

旁路开关安装有同样功能的多个脱扣器时,一个脱扣器的缺陷不应干扰其他脱扣器的功能。相同功能使用的脱扣器应在物理上独立,即磁场隔离。

对于额定对地电压72.5 kV及以上的旁路开关,应提供两个并联合闸脱扣器。

5.8.102 脱扣器的动作限值

GB 1984—2003的5.8.103适用。

5.8.103 脱扣器的功耗

GB 1984—2003的5.8.104适用。

5.9 低压力和高压力闭锁装置

GB 1984—2003的5.9适用。

5.10 铭牌

GB/T 11022—2011的5.10适用,并作如下补充:

旁路开关和其操动机构的铭牌应按表1的内容标注。

操动机构的线圈应有一个参考标识,以便能从制造厂获得全部数据。

脱扣器应带有适当的数据。

在正常工作和安装位置铭牌应是可见的。

表1 铭牌参数

项目	缩写	单位	旁路开关	操动机构	条件(仅当需要时才标注):
1	2	3	4	5	6
制造厂			X	X	
型号或系列号			X	X	
额定对地电压	U_{re}	kV	X		
额定断口间电压	U_{rp}	kV	X		
额定对地雷电冲击耐受电压	U_{pe}	kV	X		
额定断口间雷电冲击耐受电压	U_{pp}	kV	X		

表 1（续）

项目	缩写	单位	旁路开关	操动机构	条件(仅当需要时才标注)：
1	2	3	4	5	6
额定对地操作冲击耐受电压	U_{se}	kV	Y		额定对地电压 363 kV 及以上时
额定断口间操作冲击耐受电压	U_{sp}	kV	Y		额定断口间电压 363 kV 及以上时
额定频率	f_r	Hz	Y		对 50 Hz 不适用时
额定电流	I_r	A	X		
额定短路持续时间	t_k	s	Y		不同于 1 s 时
额定短时耐受电流	I_k	kA	X		
额定峰值耐受电流	I_p	kA	X		
额定旁路关合电流	I_{BP}	kA	X		
额定旁路关合电流频率	f_{BP}	Hz	X		
额定旁路投入电流	I_{INS}	A	X		
额定重投入电压	U_{INS}	kV	X		
操作用的额定压力	P_{rm}	MPa		(X)	
旁路和投入用的额定压力	P_{re}	MPa	(X)		
合闸和分闸装置的额定电源电压	U_{op}	V		(X)	
合闸和分闸装置的额定电源频率		Hz		(X)	
辅助回路的额定电源电压	U_a	V		(X)	
辅助回路的额定电源频率		Hz		(X)	
质量(包括油旁路开关的油)	M	kg	Y	Y	超过 300 kg 时
用于旁路和投入的流体的质量	m	kg	Y		气体或油旁路开关时
额定操作顺序			X		
制造年份			X		
温度等级			Y	Y	不同于户外－25 ℃时
分级			Y		不同于 M1 级时
标有发布日期的相关标准			X	X	

注 1：栏 2 中的缩写可以代替栏 1 中的术语。采用栏 1 中的术语时可不出现“额定”。

注 2：X 表示这些值的标注是强制性的；空格表示此值为零。

注 3：(X)表示这些值的标注是可选的。

注 4：Y 表示按照栏 6 中的条件标注的值。

5.11 联锁装置

GB/T 11022—2011 的 5.11 适用，也可见本标准的 5.4。

5.12 位置指示

GB/T 11022—2011 的 5.12 适用。

5.13 外壳的防护等级

GB/T 11022—2011 的 5.13 适用。

5.14 爬电距离

GB/T 11022—2011 的 5.14 适用。

5.15 气体和真空的密封

GB/T 11022—2011 的 5.15 适用。

5.16 液体的密封

GB/T 11022—2011 的 5.16 适用。

5.17 易燃性

GB/T 11022—2011 的 5.17 适用。

5.18 电磁兼容性(EMC)

GB/T 11022—2011 的 5.18 适用。

5.19 X 射线辐射

GB/T 11022—2011 的 5.19 仅适用于真空断路器用作旁路开关时。

5.20 腐蚀

GB/T 11022—2011 的 5.20 适用。

5.101 同期性要求

如果对极间同期操作没有规定特别的要求，合闸时触头接触瞬间的最大差异不应超过额定频率的四分之一周波，分闸时触头分离瞬间的最大差异不应超过额定频率的六分之一周波。

如果一极由多个串联的旁路单元组成，则这些串联的旁路单元之间触头分离和触头接触时刻的最大差异不应超过额定频率的八分之一周波。

注：分极式旁路开关，如各极的动作条件相同，则本要求适用。单极重分闸操作后各极的动作条件可能会不同。

5.102 操作的一般要求

旁路开关及其操动机构应能在 GB/T 11022—2011 第 2 章确定的温度级别的整个环境温度范围内按 GB/T 11022—2011 的 5.5～5.9 和本标准 5.103 的相关规定完成其额定操作顺序(见 4.101)。

此要求不适用于辅助的人力操动装置。若装有这种装置，则仅供不带电回路的维护和紧急操作之用。

装有加热器的旁路开关应该设计成：加热器在最短两个小时内不工作时，旁路开关在温度级别确定的最低周围空气温度下能够进行合闸操作。

5.103 操作用流体的压力限值

制造厂应规定操作用流体的最高和最低压力，旁路开关在此压力下应能按其额定值使用，并应据此整定合适的低压力和高压力闭锁装置（见 5.9）。制造厂应规定操作、旁路和投入用的最低功能压力（见 3.7.135 和 3.7.136）。

制造厂可规定旁路开关能够进行下述每一种操作的压力限值：

a） 关合其额定旁路关合电流，即一个“合（C）”操作；

b） 重投其额定旁路投入电流后立即关合其额定旁路关合电流，即一个“分合（OC）”操作循环；

c） 对于快速自动重分闸的旁路开关：关合其额定旁路关合电流后，经过额定操作顺序（见 4.101）的时间间隔 t，重投其额定旁路投入电流后，紧接着再次关合其额定旁路关合电流，即一个“合—t—分合（C—t—OC）”操作顺序。

旁路开关应具有足够容量的能量储存，以便在规定的相应最低压力下进行适当的操作时获得满意的性能。

5.104 排逸孔

GB 1984—2003 的 5.104 适用。

6 型式试验

6.1 总则

6.1.1 概述

GB/T 11022—2011 的第 6 章适用，并作如下补充：

旁路开关的型式试验项目列于表 2 中。

对所有的型式试验，应当由 6.102.2 和 GB/T 11022—2011 的 6.1.2 中规定数量的试品完成。

对于型式试验，试验参量的公差在附录 A 中给出。

原则上，各项型式试验应该在新的、干净的旁路开关上进行。对于采用 SF6 的旁路开关，气体的质量至少应达到 GB/T 12022 的接受水平。

制造厂的责任仅限于所声明的额定值，而不是型式试验中获得的值。

通过示波器或等效设备（例如暂态记录仪），包括相关设备来确定额定参数（例如旁路电流、外施电压和瞬态恢复电压）量值的每项测量的不确定度应在±5%（等于包含因子为 2.0）范围内。

注：包含因子的含义见 BIPM、IEC、IFCC、ISO、IUPAC、IUPAP、OIML：1995，测量不确定度表示指南。

6.1.2 试验的分组

GB/T 11022—2011 的 6.1.2 适用。

6.1.3 确认试品用的资料

GB/T 11022—2011 的 6.1.3 适用。

6.1.4 型式试验报告包含的资料

GB/T 11022—2011 的 6.1.4 适用，并作如下补充：

旁路关合电流和投入电流试验的型式试验报告和记录，更详细的说明在附录 B 中给出。

表 2　型式试验

强制的型式试验项目	条款号
绝缘试验	6.2
主回路电阻的测量	6.4
温升试验	6.5
短时耐受电流和峰值耐受电流试验	6.6
密封试验	6.8
辅助和控制回路的附加试验	6.10
周围空气温度下的机械操作试验	6.101.2
旁路关合电流试验	6.104
投入电流试验	6.105
适用时，强制的型式试验项目	**条款号**
无线电干扰电压试验	6.3
防护等级验证	6.7
EMC 试验	6.9
真空灭弧室的 X 射线试验	6.11
特殊使用要求下旁路开关延长的机械寿命试验 *	6.101.2.4
低温和高温试验	6.101.3
端子静负载试验	6.101.6
严重冰冻条件下的操作验证试验 *	6.101.5
注：对带 * 标记的试验，允许使用一台附加的试品。	

6.1.101　无效试验

无效试验发生时有必要进行比标准要求更多次的试验。无效试验是一个或多个标准要求的试验参数不满足的试验。这包括，例如电流、电压和时间参数以及相位要求（如果规定）和合成试验附加特征，如辅助开关设备的正确动作和正确的接入时间。

与标准的偏离将导致试验偏松或偏严，表 3 考虑了四种不同的情况。

试验方式中的无效部分可以在不修整旁路开关的情况下重复进行。然而，如果旁路开关在该附加的试验时失败，或由制造厂决定，旁路开关可以修整后重复完整的试验方式。在上述情况下，试验报告中应包含无效试验的记录。

表 3　无效试验

试验条件相对标准	旁路开关	
	通过	失败
偏严	试验有效，结果可接受	采用正确的参数重复试验； 不需要修改旁路开关设计
偏松	采用正确的参数重复试验； 不需要修改旁路开关设计	旁路开关试验失败，需要修改旁路开关设计，目的是改善性能； 试验在修改后的旁路开关上重新开始

6.2 绝缘试验

6.2.1 试验时的周围大气条件

GB/T 11022—2011 的 6.2.2 适用。

6.2.2 湿试程序

GB/T 11022—2011 的 6.2.3 适用，并增加下面的补充：
对于落地罐式旁路开关，如果套管已按相关的标准试验过，则湿试程序下的试验可以免去。

6.2.3 绝缘试验时旁路开关的状态

GB/T 11022—2011 的 6.2.4 适用。

6.2.4 通过试验的判据

GB/T 11022—2011 的 6.2.5 适用。

6.2.5 试验电压的施加和试验条件

GB/T 11022—2011 的 6.2.6 适用。

6.2.6 U_{re}≤252 kV 或 U_{rp}≤252 kV 的旁路开关的试验

6.2.6.1 概述

GB/T 11022—2011 的 6.2.7 适用。这些试验系列仅需要对满足上述判据的绝缘部分实施。

6.2.6.2 工频电压试验

GB/T 11022—2011 的 6.2.7.2 适用，并增加下面的补充：
对于落地罐式旁路开关，如果套管已按相关的标准试验过，则湿试程序下的试验可以免去。

6.2.6.3 雷电冲击电压试验

GB/T 11022—2011 的 6.2.7.3 适用。

6.2.7 U_{re}>252 kV 或 U_{rp}>252 kV 的旁路开关的试验

6.2.7.1 概述

GB/T 11022—2011 的 6.2.8 适用。这些试验系列仅需要对满足上述判据的绝缘部分实施。

6.2.7.2 工频电压试验

GB/T 11022—2011 的 6.2.8.2 适用，并作如下补充：
按照替代方法的试验程序比按照优选方法的试验程序更严酷。

6.2.7.3 操作冲击电压试验

GB/T 11022—2011 的 6.2.8.3 适用，并作如下补充：
干试验应仅使用正极性电压进行。
旁路开关处于合闸位置时，对于 GB/T 11022—2011 的表 9 规定的每个试验条件应施加额定对地耐受电压。

旁路开关处于分闸位置时，对于 GB/T 11022—2011 的表 9 规定的每个试验条件应施加旁路开关的额定断口耐受电压。

6.2.7.4 雷电冲击电压试验

GB/T 11022—2011 的 6.2.8.4 适用，并作如下补充：

旁路开关处于合闸位置时，对于 GB/T 11022—2011 的表 9 规定的每个试验条件应施加额定对地耐受电压。

旁路开关处于分闸位置时，对于 GB/T 11022—2011 的表 9 规定的每个试验条件应施加旁路开关的额定断口耐受电压。

6.2.8 人工污秽试验

GB/T 11022—2011 的 6.2.9 适用。

6.2.9 局部放电试验

GB 1984—2003 的 6.2.10 适用。

6.2.10 辅助和控制回路的试验

GB/T 11022—2011 的 6.2.11 适用。

6.2.11 作为状态检查的电压试验

GB/T 11022—2011 的 6.2.12 不适用，用下述方法取代：

机械或环境试验后（见 6.101.1.4），旁路开关断口绝缘不能通过目视检查得到足够可靠的验证，断口间工频干耐压试验依据 GB/T 11022—2011 的 6.2.12 应作为状态检查试验进行。对于如落地罐式或 GIS 型旁路开关，对地绝缘可能受损，合闸位置时的对地工频干耐压试验依据 GB/T 11022—2011 的 6.2.12 应作为状态检查试验进行。

旁路和投入试验后，或机械或环境试验后，进行作为状态检查的电压试验时，下述条件适用：

对于电流路径不对称的旁路开关，连接线应倒换。应对每一种连接线布置进行一次完整的试验。

这些试验系列仅需要对满足下列判据的绝缘部分进行：

——对 $U_{re} \leqslant 72.5$ kV 或 $U_{rp} \leqslant 72.5$ kV 的旁路开关。

应进行一分钟工频电压试验。试验电压应为 GB/T 11022—2011 表 1 栏(2)中数值的 80%。

——对 72.5 kV$<U_{re} \leqslant$252 kV 或 72.5 kV$<U_{rp} \leqslant$252 kV 的旁路开关。

应进行冲击电压试验。冲击电压的峰值应为 GB/T 11022—2011 表 1 栏(4)中相应最大数值的 60%。

——对 U_{re}=363 kV 或 U_{rp}=363 kV 的旁路开关。

应进行冲击电压试验。冲击电压的峰值应为 GB/T 11022—2011 表 2 中给出的额定操作冲击耐受电压的 80%。额定操作冲击耐受电压既可以从该表栏(4)中也可以从该表栏(6)中选取，状态检查的参考值应从同一栏中选取。

——对 550 kV$\leqslant U_{re} \leqslant$1 100 kV 或 550 kV$\leqslant U_{rp} \leqslant$1 100 kV 的旁路开关。

应进行冲击电压试验。冲击电压的峰值应为 GB/T 11022—2011 表 2 中给出的额定操作冲击耐受电压的 90%。额定操作冲击耐受电压既可以从该表栏(4)中也可以从该表栏(6)中选取，状态检查的参考值应从同一栏中选取。

进行冲击电压试验时，在旁路开关断口间和对地（如果要求）每一极性应施加 5 次冲击。如果未出现破坏性放电，则认为旁路开关通过了试验。

对于冲击电压试验，也可以使用大容量试验室的合成试验设备。冲击电压的波形应是标准操作冲击的波形，或者是按照出线端短路试验 T10 规定的 TRV 的波形(见 GB 1984—2003)。对于采用 T10 波形的试验，时间 t_3 允许的偏差为－10％和＋200％。

注 1：因为断口间的绝缘水平与对地绝缘水平不同，一般断口间及对地的绝缘不能同时验证，可能需要附加的状态检查试验。

注 2：对瓷柱式旁路开关，相对地绝缘一般不受旁路和投入操作的影响，通常不要求相对地耐受电压的状态检查试验。对落地罐式旁路开关，旁路和投入操作可能会损害相对地的绝缘，如果要求，应当实施相对地耐受电压的状态检查试验。

注 3：比较试验已经证明：不论旁路开关是新的还是烧蚀过的状态，分别用标准操作冲击或出线端短路试验 T10 规定的 TRV 的波形进行试验，对旁路开关性能的考核几乎没有差别。

注 4：采用 T10 规定的 TRV 进行冲击电压试验时，如果符合下述原则，则与标准操作冲击等效：

——TRV 的阻尼应使得 TRV 振荡的第二个峰值不高于第一个峰值的 80％；

——峰值后大约 2.5 ms 处，恢复电压的实际值应在峰值的 50％范围内。

6.3 无线电干扰电压(r. i. v.)试验

GB/T 11022—2011 的 6.3 适用，并作如下补充：

试验可以仅在处于合闸状态的旁路开关的一极上进行。试验期间旁路开关应装有可能影响无线电干扰电压性能的所有附件，例如均压电容器、电晕环、高压连接件等。

注：如果旁路开关作为串联电容器平台整体的一部分，而该平台已完成了无线电干扰电压试验，则认为已经涵盖了旁路开关的无线电干扰电压试验。

6.4 主回路电阻的测量

GB/T 11022—2011 的 6.4 适用。

6.5 温升试验

6.5.1 受试旁路开关的状态

GB/T 11022—2011 的 6.5.1 适用。

6.5.2 设备的布置

GB/T 11022—2011 的 6.5.2 适用。

6.5.3 温度和温升的测量

GB/T 11022—2011 的 6.5.3 适用。

6.5.4 周围空气温度

GB/T 11022—2011 的 6.5.4 适用。

6.5.5 辅助和控制设备的温升试验

GB/T 11022—2011 的 6.5.5 适用。

6.5.6 温升试验的解释

GB/T 11022—2011 的 6.5.6 适用。

6.6 短时耐受电流和峰值耐受电流试验

6.6.1 概述

GB/T 11022—2011 的 6.6 适用。

6.6.2 旁路开关以及试验回路的布置

GB/T 11022—2011 的 6.6.2 适用。

6.6.3 试验电流和持续时间

GB/T 11022—2011 的 6.6.3 适用。

6.6.4 旁路开关在试验中的性能

GB/T 11022—2011 的 6.6.4 适用。

6.6.5 试验后旁路开关的状态

GB/T 11022—2011 的 6.6.5 适用。

6.7 防护等级的验证

6.7.1 IP 代码的验证

GB/T 11022—2011 的 6.7.1 适用于正常使用条件下旁路开关可触及的所有部分。

6.7.2 IK 代码的验证

GB/T 11022—2011 的 6.7.2 适用。

6.8 密封试验

GB/T 11022—2011 的 6.8 适用。

对于真空旁路开关，真空绝缘的密封检验应通过 GB/T 11022—2011 的 6.2.12 进行的工频耐压试验或等效试验来进行。

6.9 电磁兼容性(EMC)试验

6.9.1 概述

GB/T 11022—2011 的 6.9 适用，并作如下补充。

6.9.2 直流输入电源回路振荡波抗扰性试验

GB/T 11022—2011 的 6.9.2 适用，并作如下补充：

如果控制单元没有使用电子元件，如果依据 6.101.2 进行的周围空气温度下的机械操作试验是在装有全部控制单元的完整的旁路开关上进行的，依据 GB/T 11022—2011 的 6.9.2 进行的直流输入电源回路振荡波抗扰性试验被认为已经满足，额外的试验可以省略。当在完整的旁路开关上试验不可行时，依据 6.101.1.2 进行的单元试验可以接受。

使用电子元件时，依据 GB/T 11022—2011 的 6.9.2 在独立元件上进行的试验已经足够。

注：该条款适用于完整的电路板(例如控制模块)和包含至少一个电子元件的设备(例如电子时间继电器)。

6.10 辅助和控制回路的附加试验

6.10.1 概述

GB/T 11022—2011 的 6.10.1 适用。

6.10.2 功能试验

GB/T 11022—2011 的 6.10.2 适用，并作如下补充：

如果依据 6.101.2 进行的周围空气温度下的机械操作试验是在装有全部控制单元的完整的旁路开关上进行的，则依据 GB/T 11022—2011 的 6.10.2 进行的功能试验被认为已经满足，额外的试验可以省略。当在完整的旁路开关上试验不可行时，依据 6.101.1.2 进行的单元试验可以接受。

6.10.3 接地金属部件接地连续性试验

GB/T 11022—2011 的 6.10.3 适用。

6.10.4 辅助触头动作特性检验

GB/T 11022—2011 的 6.10.4 适用。

6.10.5 环境试验

GB/T 11022—2011 的 6.10.5 适用，并作如下补充：

如果依据 6.101.2 进行的周围空气温度下的机械操作试验，依据 6.101.3 进行的低温和高温试验，如果适用，依据 6.101.4 进行的湿度试验是在装有全部控制单元的完整的旁路开关上进行的，或湿度试验是单独在控制设备上进行的，则依据 GB/T 11022—2011 的 6.10.5 进行的环境试验被认为已经满足，额外的试验可以省略。当在完整的旁路开关上试验不可行时，依据 6.101.1.2 进行的单元试验可以接受。

注：不包含地震试验。如果要求地震试验，则应该按照制造商和用户之间的协议进行。

6.11 真空灭弧室的 X 射线试验

GB/T 11022—2011 的 6.11 适用。

6.101 机械和环境试验

6.101.1 机械和环境试验的各项规定

6.101.1.1 机械特性

型式试验前应建立旁路开关的机械特性，例如通过记录空载行程曲线，也可以通过使用特性参数来完成，例如特定行程的瞬时速度等。机械特性可做为表征旁路开关机械性能的参考，而且可以用来确认在机械、旁路和投入型式试验中使用的不同样品的机械性能相近。获取参考机械特性的试验称为参考空载试验，由此得出的曲线或其他参数作为参考机械特性。参考空载试验可以取自作为一项独立型式试验一部分的任何适当的空载试验。

应记录下述动作特性：

——分闸和合闸操作的机械特性；

——合闸时间；

——分闸时间。

参考机械行程特性应在操动机构、合闸和分闸装置以及辅助和控制回路的额定电源电压、操作用的额定功能压力以及为了试验方便，在旁路和投入用的最低功能压力下，进行单分和单合操作组成的(用额定操作顺序为 C—t—OC 的)空载试验来得到。

参考空载试验中记录的分闸时间和合闸时间应作为参考分闸时间和参考合闸时间。当在与获取参考机械特性相同的条件下操作时，与这些参考时间的允许偏差应符合制造厂规定。

附录 G 给出了机械特性使用方面的要求及解释。

6.101.1.2 单元试验

GB 1984—2003 的 6.101.1.2 适用。

6.101.1.3 试验前后应记录的旁路开关的特性和整定值

GB 1984—2003 的 6.101.1.3 适用。

6.101.1.4 旁路开关在试验中和试验后的状态

GB 1984—2003 的 6.101.1.4 适用。

6.101.1.5 辅助和控制设备在试验中和试验后的状态

GB 1984—2003 的 6.101.1.5 适用。

6.101.2 周围空气温度下的机械操作试验

6.101.2.1 概述

机械操作试验应在试验地点的周围空气温度下进行。周围空气温度应记录在试验报告中。应包括作为操动机构组成部件的辅助设备。

机械操作试验应由 2 000 次操作循环组成。

试验中允许按照制造厂的说明书进行润滑，但不允许进行机械调整或其他类型的维修。

注：旁路开关设计可能装有若干不同的辅助设备(并联脱扣器和电动机)，以适应 4.9 和 4.10 中规定的不同额定控制电压和频率的要求。如果它们的设计相似，并且相应的空载机械特性在 6.101.1.1 给定的允许偏差范围内，则不要求进行试验。

6.101.2.2 试验前旁路开关的状态

被试旁路开关应安装在其自身的支架上，且其操动机构应按照规定的方式进行操作。根据旁路开关的类型，按照下列规定进行试验：

由一台操动机构操作和/或所有极安装在一个共用基架上的三极旁路开关，应当作为一个整体进行试验。

试验应按 GB 1984—2003 中 6.101.1.3 的项 j)在旁路和投入用的额定充入压力下进行。

每极或者甚至每个柱分别由单独的操动机构操作的三极旁路开关，最好以一台完整的三极旁路开关进行试验。但是，为了方便，或者由于试验小室尺寸的限制，可以用旁路开关的一个极试验，只要在整个试验范围内它同用完整的三极旁路开关的试验等价或者不会更有利，例如在下列几个方面：

——参考的机械行程特性；

——合闸和分闸机构的功率和强度；

——结构的刚度。

6.101.2.3 M1 级旁路开关试验的说明

旁路开关应按照表 4 进行试验。

表 4　操作顺序的次数

操作顺序	电源电压和操作压力	操作顺序的次数
O—t_a—C—t_a	最低 额定 最高	500 500 500
C—t—OC—t_a—O—t_a	额定	250
注：O 表示分闸；C 表示合闸；OC 表示一个分闸操作后紧接着(没有任何人为延时)进行一个合闸操作；t_a表示两次操作之间的时间间隔，以使旁路开关恢复到初始状态和/或防止某些部件过热(这个时间可以根据操作的类型而不同)；t 表示如无其他规定，对于快速自动重分闸旁路开关为 0.3 s。		

6.101.2.4　特殊使用要求下(多段串联的电容器组)M2 级旁路开关的延长的机械寿命试验

GB 1984—2003 的 6.101.2.4 适用。

6.101.2.5　机械操作试验的判据

GB 1984—2003 的 6.101.2.5 适用。

6.101.3　低温和高温试验

6.101.3.1　概述

两类试验不需要连续进行，试验的顺序是任意的。对于－10 ℃级的户外旁路开关不要求低温试验。

对于共用一台操动机构的单箱壳型旁路开关或多箱壳型旁路开关应该进行三极试验。对于每极独立的多箱壳型旁路开关，允许用一个完整的极进行试验。

由于受试验设备的限制，如果在试验的布置上，旁路开关处于不比正常的机械操作更为有利的条件(见 6.101.2.2)，多箱壳型旁路开关可以采用下列一个或几个替代方案进行试验：

a)　降低相对地绝缘高度；

b)　缩小极间距离；

c)　减少组件数。

如果需要可以将热源投入使用。

除非旁路开关的设计要求为供给旁路开关操作用的液体或气体源提供热源，否则旁路开关应处于试验时的空气温度。

试验过程中不允许对旁路开关进行检修、更换零部件、润滑或重新调整。

注 1：为了确定材料的温度特性、老化等，可能需要比下列条款所规定的更长时间的试验。

作为本标准规定的试验方法的一种替代办法，是由制造厂提供旁路开关良好的现场运行的经验资料，来证明已有的某旁路开关系列符合本条款的性能要求。这些运行经验包括：至少在一个地点其周围空气温度经常等于或高于所规定的最高周围空气温度 40 ℃的运行经验，及至少在一个地点其周围空气温度为旁路开关级别(见 GB/T 11022—2011 的第 2 章)所规定的最低温度的运行经验。

如果 6.101.1.4 和 6.101.1.5 规定的条件得到满足，则认为旁路开关通过了试验。而且 6.101.3.3 和 6.101.3.4 的条件应该得到满足，记录的泄漏率也不应超过 GB/T 11022—2011 的表 13 给出的限值。试验报告应该记录试验条件、旁路开关试验前、试验过程中和试验后的状态。记录量应通过合适的方式来呈现，得到的示波图应该展示。为了减少试验报告中示波图的数量，允许展示每种规定试验条件下每个相关类型操作的一个典型示波图。

真空旁路开关的高温和低温试验过程中不包括密封试验，密封的完整性应通过高温和低温试验后的工频耐压试验(或等效试验)来验证。然而，如果真空旁路开关用于充有绝缘气体，例如 SF6 的箱壳中，则高温和低温试验过程中应该对箱壳进行密封试验。

注 2：旁路开关设计可能装有若干不同的辅助设备(并联脱扣器和电动机)，以适应 4.9 和 4.10 中规定的不同额定控制电压和频率的要求。如果它们的设计相似，并且相应的空载机械特性在 6.101.1.1 给定的允许偏差范围内，则不要求进行试验。

6.101.3.2 周围空气温度的测量

试验地点的周围空气温度的测量应该在旁路开关高度一半及距旁路开关 1 m 处进行。

旁路开关高度上的最大温度偏差应不超过 5 K。

6.101.3.3 低温试验

试验顺序图和规定试验点的确定见图 4a)。

如果低温试验是紧接着高温试验后进行的，则低温试验可以在高温试验完成项 u)后继续进行，这时项 a)和项 b)可以省略。

a) 被试旁路开关应按照制造厂的说明书进行调整。

b) 在周围空气温度 20 ℃±5 ℃(T_A)下，按照 6.101.1.3 的规定记录旁路开关的特性和整定值。应按照 6.8 进行密封试验(如果适用)。

c) 旁路开关处于分闸位置，根据旁路开关的级别(GB/T 11022—2011 中 2.2.1、2.2.2 和 2.3.4 给出的)将空气温度降低到相应的最低周围空气温度(T_L)。空气温度稳定在 T_L后，旁路开关应保持在分闸位置 24 h。

d) 在温度 T_L下，旁路开关保持分闸位置 24 h 期间，应进行密封试验(如果适用)。如果使旁路开关恢复到周围空气温度 T_A，并处于热稳定状态，其泄漏率能恢复到原始值，增大的泄漏率是允许的。但这种暂时增大的泄漏率不得超过 GB/T 11022—2011 的表 13 中的允许暂时泄漏率。

注 1：如果气体被用于操作、旁路和投入和/或绝缘，密封试验是适用的。真空旁路开关不要求密封试验。然而，如果真空旁路开关用于充有绝缘气体，例如 SF6 的箱壳中，则应对箱壳进行密封试验。

e) 保持在温度 T_L24 h 后，旁路开关应在额定电源电压及操作压力下进行合闸和分闸，记录合闸和分闸时间，以确定旁路开关的低温操作特性。如果可行，还要记录触头的运动速度。

f) 在 t_X期间，切断所有供热设备，包括防止凝露的加热元件，以检验旁路开关的低温性能及其报警和闭锁系统。在此期间，允许报警，但不允许闭锁。在时间间隔 t_X末，在额定电源电压和操作压力下给出合闸指令，旁路开关应合闸。应记录合闸时间(如果可行，还应测量机械行程特性)以便估算旁路能力。

   制造厂应规定在没有二次电源对加热设备供电的条件下，旁路开关依旧能够操作的时间值 t_X(不短于 2 h)。如果没有上述规定，优选值为 2 h。

注 2：如果一个点可以安装行程传感器，则机械特性测试就是可行的。

g) 旁路开关应置于合闸位置 24 h。

h) 在温度 T_L下，旁路开关处于合闸位置的 24 h 期间，应进行密封试验(如果适用)。如果旁路开关恢复到周围空气温度 T_A，并处于热稳定状态时，其泄漏率能恢复到原始值，增大的泄漏率是允许的。但这种暂时增大的泄漏率不得超过 GB/T 11022—2011 表 13 中的允许暂时泄漏率。

i) 在 24 h 终了时，在温度 T_L下，旁路开关应在额定电源电压及操作压力下进行 50 次分闸和 50 次合闸操作。对于每个循环或顺序允许至少有 3 min 的时间间隔。应记录第一次分闸和合闸操作，以确定其低温操作特性。如果可行的话，应记录触头的速度。在第一次分闸操作

(O)和第一次合闸(C)操作后，应进行三个“分合”操作循环(无人为延时)。其余的操作应按“分—t_a—合—t_a”操作顺序进行(t_a按表4确定)。

j) 完成50次分闸和50次合闸操作后，空气温度应以每小时大约10 K的变化率提高到周围空气温度T_A。

在温度变化的过渡期间，旁路开关应在额定操作电压和操作压力下交替进行“分—t_a—合—t_a—分”和“合—t_a—分—t_a—合”操作顺序。交替的操作顺序间的时间间隔为30 min，以使旁路开关在操作顺序之间的30 min期间处于分闸位置和合闸位置。

k) 旁路开关在周围空气温度T_A达到热稳定状态后，应按照项a)和项b)重新检查旁路开关的整定值、动作特性和密封性，以便同初始特性进行比较。

在进行从项b)到项j)的完整的低温试验过程中，其累积的泄漏应不致达到闭锁压力(达到报警压力是允许的)。

6.101.3.4 高温试验

试验顺序图和规定试验点的确定见图4b)。

如果高温试验是紧接着低温试验后进行，则高温试验可以在低温试验项j)完成后继续进行，这时项l)和项m)可以省略。

l) 被试旁路开关应按照制造厂的说明书进行调整。

m) 在周围空气温度20 ℃±5 ℃(T_A)下，按照6.101.1.3的规定记录旁路开关的特性及其整定值。如果适用，应按照6.8进行密封试验。

n) 旁路开关处于分闸位置，将空气温度升高到适当的，符合GB/T 11022—2011的2.2.1、2.2.2和2.3.4给出的周围空气温度的上限，即最高周围空气温度(T_H)。周围空气温度稳定在T_H后，旁路开关保持分闸位置24 h。

注1：太阳辐射的影响没有考虑。

o) 在温度T_H下，旁路开关处于分闸位置的24 h期间，应进行密封试验(如果适用)。如果使旁路开关恢复到周围空气温度T_A，并处于热稳定状态时，泄漏率能恢复到原始值，则增大的泄漏率是允许的。但这种暂时增大的泄漏率不得超过GB/T 11022—2011的表13中的允许暂时泄漏率。

注2：如果气体被用于操作、旁路和投入和/或绝缘，密封试验是适用的。真空旁路开关不要求密封试验。然而，如果真空旁路开关用于充有绝缘气体，例如SF6的箱壳中，则应对箱壳进行密封试验。

p) 保持温度T_H 24 h后，旁路开关应在额定操作电压及操作压力下进行合闸和分闸，记录下合闸和分闸时间，以确定其高温操作特性。如果可行，还应记录触头的运动速度。

注3：如果一个点可以安装行程传感器，则机械特性测试就是可行的。

q) 在温度T_H下旁路开关合闸，并处于合闸位置24 h。

r) 在温度T_H下，旁路开关处于合闸位置的24 h期间，应进行密封试验(如果适用)。如果使旁路开关恢复到周围空气温度T_A，并处于热稳定状态时，其泄漏率能恢复到原始值，则增大的泄漏率是允许的。但这种暂时增大的泄漏率不得超过GB/T 11022—2011表13中的允许暂时泄漏率。

s) 24 h终了时，在温度T_H下，旁路开关应在额定电源电压和操作压力下进行50次分闸和50次合闸操作，对于每个循环或试验顺序允许至少有3 min时间间隔，应记录第一次分闸和合闸操作，以确定其高温操作特性。如果可行，还应记录触头的运动速度。

在第一次分闸(O)和第一次合闸(C)操作后，应进行三个“分合”操作循环(没有人为延时)。

其余的操作按“分—t_a—合—t_a—分”操作顺序进行(t_a按表4确定)。

t) 完成50次分闸和50次合闸操作后，空气温度应以大约每小时10 K的变化率降低到周围空气

温度 T_A。

在温度变化的过渡期间，旁路开关应在额定操作电压和操作压力下交替地进行"分—t_a—合—t_a—分"和"合—t_a—分—t_a—合"操作顺序。交替的操作顺序间的时间间隔为 30 min，以使旁路开关在操作顺序之间的 30 min 期间处于合闸位置和分闸位置。

u) 旁路开关在周围空气温度 T_A 下达到热稳定状态后，应按照项 l)和项 m)重新检查旁路开关的整定值、操作特性和密封性，以便同初始特性进行比较。

在进行从项 l)到项 u)完整的高温试验顺序过程中，其累积的泄漏应不致达到闭锁压力(但是，达到报警压力是允许的)。

6.101.4 湿度试验

湿度试验对旁路开关不适用。

6.101.5 验证严重冰冻条件下的操作试验

GB/T 1984—2003 的 6.101.5 适用。

6.101.6 端子静负载试验

6.101.6.1 概述

如果制造厂可以通过计算证明旁路开关能够耐受该负载，则试验不需要进行。

端子静负载试验是为了验证在冰、风及连接导体同时作用下旁路开关能正确地操作。

旁路开关上的覆冰和风压应符合 GB/T 11022—2011 的 2.2.2 的规定。

表 5 中给出了由于软的和管状连接导体产生的作用力的一些例子(不包括作用在旁路开关本体上的风和冰负载及动态负载)，可作为指导。

连接导体产生的拉力假定作用在旁路开关端子的最外端。

冰、风和连接导线同时作用时，端子合成负载 F_{sr1}、F_{sr2}、F_{sr3} 和 F_{sr4}(见图 5)分别被定义为额定端子静负载。

表 5 端子静负载试验的静态水平和垂直力示例

额定电压范围 U_r/kV	额定电流范围 I_r/A	静态水平力 F_{th}		静态垂直力(垂直轴向上和向下)F_{tv}/N
		纵向 F_{thA}/N	横向 F_{thB}/N	
72.5	800～1 250	500	400	500
	1 600～2 500	750	500	750
126	1 250～2 000	1 000	750	750
	2 500～4 000	1 250	750	1 000
252～363	1 600～4 000	1 500	1 000	1 250
550～800	2 000～4 000	2 000	1 500	1 500
1 100	3 150～8 000	4 000	4 000	2 500

6.101.6.2 试验

试验应在试验室的周围空气温度下进行。

试验至少应在旁路开关的一个完整极上进行。如果制造厂能够证明一个极中各柱之间无相互作用，则仅试验一个柱已足够。对于相对一个极的垂直中心线是对称的旁路开关，则仅需以额定端子静负载对一个端子进行试验。对于不对称的旁路开关，应对每一个端子进行试验。

可以采用如下两种试验方法：

a) 试验采用由垂直、水平和横向(图 5 中定义)三个分量组成的合成力 F_{sr1}、F_{sr2}、F_{sr3} 和 F_{sr4} 进行，应进行下列试验：

——试验 1：采用 $F_{sr1}=F_{thA}+F_{thB1}+F_{tvC2}+F_{wh}$

——试验 2：采用 $F_{sr2}=F_{thA}+F_{thB1}+F_{tvC1}+F_{wh}$

——试验 3：采用 $F_{sr3}=F_{thA}+F_{thB2}+F_{tvC2}+F_{wh}$

——试验 4：采用 $F_{sr4}=F_{thA}+F_{thB2}+F_{tvC1}+F_{wh}$

为了试验方便，试验顺序随意。如果旁路开关结构相对于其开断单元纵轴是对称的，则试验 2 和试验 4 或试验 1 和试验 3 可以省略。

b) 作为一种替代，试验也可采用如下力分开进行：

——以水平力 F_{shA} 施加于端子的纵轴(图 6 中的方向 A_1 和 A_2)；

——以水平力 F_{shB} 相继施加于与端子纵轴成 90°的两个方向上(图 6 中的方向 B_1 和 B_2)；

——以垂直力 F_{sv} 相继施加于两个方向上(图 6 中的方向 C_1 和 C_2)。

三极旁路开关使用一个公共基础框架时，应该对中间极进行试验。

为了避免施加一个专门的力来代表作用在旁路开关承压中心的风力，这个风负载可以施加在端子上(见图 5)，其值可按较长的杠杆臂的比例缩小(旁路开关最低部分的弯矩应该相同)。

每个独立的端子负载试验前后应进行两个操作循环(分合操作)，为此旁路开关可能需要充压。出于安全原因，可以采用任何适当的压力值。

如果旁路开关施加机械负载时动作正常，则试验被认为是满足要求的。如果试验后的触头行程、分闸和合闸时间相对试验前记录值无显著变化，则认为这点得到了满足，6.101.1.1 和附录 G 给出的规则应该得到应用。

注：因为端子静负载试验时旁路开关中的压力可以与 6.101.1 中的试验规定值不同，端子静负载试验过程中记录的机械参数和参考机械特性的直接比较是不可行的，然而可以用适当的方法应用 6.101.1 和附录 G 中给出的规则。

试验后不应观察到泄漏或密封破坏。

6.102 旁路关合和投入试验的各项规定

下列条款适用于所有的旁路关合和投入试验。

如果适用，在进行试验之前，制造厂应声明下列值：

——保证额定操作顺序时操动机构的最低条件(例如液压操动机构的操作用的最低功能压力)；

——保证额定操作顺序时开断装置的最低条件(例如气体旁路开关的旁路和投入用的最低功能压力)。

6.102.1 概述

旁路开关应能旁路直到并包括额定旁路关合电流在内的所有电流，另外旁路开关应能投入直到并包括额定旁路投入电流在内的所有电流。

这一点可以通过本标准规定的旁路开关特有的旁路关合电流和投入电流试验来验证。

旁路开关的旁路关合电流和投入电流试验一般应在整极单相回路中进行，也可见 6.102.4.1。

旁路开关的旁路关合电流试验一般由单个电源(预先充电的电容器组)完成，而投入电流试验则可能需要多个电源，其中电流的全部或大部分从一个电源获得，而恢复电压可以全部地或部分地由另一个电源提供(合成试验)。

对金属封闭旁路开关的试验，对地绝缘没有承受旁路或投入操作期间出现的相对地的全电压。在要求的试验方式之后，可能有必要验证其对地绝缘能够耐受该全电压，同时也应当考虑气体的损耗。

注：对三极共箱的旁路开关，其试验程序应当依照 GB 1984—2003 中针对容性电流开合试验的建议来修改。

如果受试验设备的限制，旁路开关的总体性能不能按上述方法验证时，根据旁路开关的类型可采用单一的或组合的直接试验法、合成试验法或单元试验。

6.102.2 试品的数量

GB/T 11022—2011 的 6.1.2 适用，并作如下补充：

为了验证旁路开关的旁路关合和投入性能，试验方式应在一台试品上进行，而且试验方式之间不允许检修。

6.102.3 受试旁路开关的布置

6.102.3.1 概述

受试旁路开关应安装在自己的支架或与之等效的支架上。作为封闭单元的一个组成部分的旁路开关，应完整装配在自己的支持结构件和外壳内，即装有隔离装置和构成单元部件的排逸孔，以及如果可行的话，还要有主连接和母线。

为了便于稳定地控制合闸和分闸操作，如果触头速度没有影响，合闸和/或分闸脱扣器可在其最高电源电压下操作。

如果触头速度随着电源电压变化，则操动机构应按规定的操作方式进行操作，特别地，如果它是电动或弹簧操作的，合闸线圈或并联合闸脱扣器和并联分闸脱扣器分别应在最低电源电压（合闸线圈和并联合闸脱扣器的电源电压，交流时为额定电压的 85%，直流时则为额定电压的 65%。分闸脱扣器的电源电压为额定电压的 85%）下保证成功地操作。

对于气动或液压操动机构，应该在操作用的最低功能压力下进行下列适用的操作程序。这个试验程序是基于旁路关合和投入试验方式中所存在的单合和单分操作。

a) 在进行旁路关合电流和投入电流试验前，应从 3.7.135 规定的操作用的最低功能压力开始记录所进行的空载额定操作顺序期间的所有压力；
b) 应把记录到的压力值与制造厂声明的保证单合和单分成功操作的最低值比较；
c) 如果要求，试验应在上述 a）和 b）获得的最低功能压力下进行操作，试验方式中相应的操作压力应是两者中的较低值，该压力值应记录在试验报告中。

与压力闭锁相关的闭锁装置，如果与试验意图相矛盾，则在试验过程中应不起作用。

应表明旁路开关在上述条件和 6.102.6 规定的空载条件下能够满意地操作。如果有要求，旁路、投入和/或绝缘用的压缩气体（如果有）的压力应整定到 3.7.136 中所规定的最低功能值。

旁路开关应根据其类型按照 6.102.3.2 和 6.102.3.3 的规定进行试验。

6.102.3.2 共箱壳型

对旁路开关一般不适用，见 6.102.1 的注。

6.102.3.3 多箱壳型

由三个独立的单极开合装置组成的三极旁路开关，一般按照 6.102.4.1 进行单相试验。制造厂应提供试验证据表明符合 5.101。

对不具有完全独立的开合装置的三极旁路开关也应进行单相试验，然而试验过程中施加的机械和电气条件应同整台三极旁路开关的条件等价或更不利：

——旁路关合电流操作时的机械行程特性(计算方法见 6.102.4 和 6.102.7);
——投入电流操作时的机械行程特性(计算方法见 6.102.4 和 6.102.7);
——灭弧介质的利用率;
——合闸和分闸装置的功率与强度;
——结构的刚度。

如果这些条件不能完全满足,可由制造厂和用户协商得出一个合适的试验程序。

6.102.4 关于试验方法的一般考虑

6.102.4.1 三极旁路开关单极的单相试验

按照本方法,三极旁路开关的单极在单相回路中进行试验,施加与完整的三极旁路开关在三相试验中相同的电流和相同的电压,该电压与完整的三极旁路开关在相应的条件下三相旁路关合电流试验和投入电流试验中施加在最高电压的极上的工频电压相同。

三极操作的旁路开关可在一台装配完整的三极旁路开关的单极上进行试验。

6.102.4.2 单元试验

某些旁路开关是由装配完全相同的旁路和投入单元串联组成,使用并联阻抗通常可以改善每一极的各单元之间的电压分布。

这种型式的设计可以使旁路开关的旁路关合和投入性能通过一个或多个单元上进行的试验来验证。6.101.1.1、6.102.3 和 6.102.4.1 的要求也适用于单元试验。因此,至少一个装配完整的极适合于在一个或多个单元上进行验证试验,试验结果仅与这种特定设计的极有关。

应该区分以下几种情况:

a) 旁路开关的极由单独操作的单元(或单元装配)组成,且灭弧介质没有相互连通。
   在这种情况下,可以进行单元试验。但是,应该考虑到各单元中电流的电动力和各单元中电弧的相互影响(见图 11)。这可以用等效形状的导体代替第二单元来实现。
b) 旁路开关的极由单独操作的单元(或单元装配)组成,但其灭弧介质是相互连通的。
   在这种情况下,可进行单元试验但应涵盖电动力的影响[也可参见上述的项 a)]。
c) 旁路开关的极是由不是单独操作的单元(或单元装配)组成。
   在这种情况下,仅对投入电流试验方式可进行单元试验。此外,还应考虑到电动力的影响[亦可参见上述的项 a)]。

旁路关合电流试验方式通常应做整极试验。不过,由于受试验站的限制,如果能证明触头的行程特性不影响 6.101.1.1 中的规定,则可以进行单元试验。

注:用户和制造厂应对验证方法取得一致意见。

单个单元试验和整极试验时的空载机械特性应相同。

进行单元试验的基础是所有单元完全相同,且各试验类型的静态电压分布是已知的。

6.102.4.2.1 单元的同一性

旁路开关的单元在形状、尺寸及操作条件方面必须是相同的,仅允许控制单元间电压分布的装置可以不同,特别是应满足下列条件:

a) 触头的操作。
   一极的各个触头在投入电流试验中的分闸或旁路关合电流试验中的合闸应该是这样:首先动作单元的触头的分闸或合闸与最后动作单元的触头的分闸或合闸之间的时间间隔不应超出额定频率的 1/8 周波。应采用额定操作压力和电压来确定这个时间间隔。

b) 灭弧介质的供应。

对于从单元以外的来源向单元供应灭弧介质的旁路开关应与其他单元无关，且供应管道的布置应保证同时且以相同的方式对所有单元供应介质。

6.102.4.2.2 电压分布

通过对一极中各单元间电压分布的分析来确定试验电压。

受大地影响，一极中各单元之间的电压分布应按相关试验条件来确定。

当各单元是非对称布置时，电压分布还应按倒接线来确定。

电压分布既可以通过测量也可以通过计算来确定。计算时使用的数值应有对旁路开关的杂散电容的测量的支持。这种计算和验证计算中所用的假定条件的支持测量是制造厂的责任。

电压分布的计算和测量仅在工频下进行。

应考虑到电阻和电容器的制造偏差，制造厂应规定这些偏差值。

注：在确定电压分布时没有考虑污秽的影响，在某些情况下污秽可能影响该电压分布。

6.102.4.2.3 单元试验的要求

当进行单个单元试验时，试验电压应按 6.102.4.2.2 确定的旁路开关整极中作用电压最高的单元上的电压。

当试验一组单元时，该组中作用电压最高的单元上出现的电压应等于整极中作用电压最高的单元上的电压，两者均应按 6.102.4.2.2 确定。

6.102.4.3 多部试验

多部试验对旁路开关不适用。

6.102.5 合成试验

合成试验方法可用于投入电流试验。GB/T 4473 中所描述的用于开合容性电流试验的合成试验的技术和方法可以作为参考。

6.102.6 试验前的空载操作

在旁路关合电流和投入电流试验开始前，应按照空载操作顺序(C，OC 和 C—t—OC)进行空载操作，并应记录操作特性的细节，例如合闸时间和分闸时间。

另外，应证明旁路开关或试品的机械性能与 6.101.1.1 中要求的参考的机械特性一致。对于本试验，6.101.1.1 中规定的操作条件适用。

旁路或投入用的流体压力应按照 3.7.136 整定到其最低功能值。

对于电动或弹簧操作的旁路开关，对合闸线圈或并联合闸脱扣器，在交流下施加 100％及 85％额定电源电压，在直流下施加 100％及 65％额定电源电压；对并联分闸脱扣器则施加 100％及 85％额定电源电压下进行操作。

对于气动或液压操动机构，应在下列条件下进行操作：

a) 操作用的流体压力应整定在 3.7.135 定义的最低功能值且以 85％的额定电源电压加于并联分闸脱扣器，以 85％(交流)或 65％(直流)额定电源电压加于并联合闸脱扣器。

b) 操作用的流体压力整定在 4.11 定义的额定值且以额定电源电压加于并联脱扣器。

6.102.7 替代的操动机构

如果能够证明替代的操动机构(见 3.5.126)的使用不影响公共部分的特性，特别是旁路开关的合闸和分闸特性，旁路关合电流和投入电流试验方式下的型式试验不必重复进行。

注 1：本条款认为，使用特定操动机构依照本标准进行了全部型式试验的旁路开关称为完全试验的旁路开关，其他仅操动机构(见 3.5.124 定义)不同的旁路开关被称为配替代的操动机构的旁路开关。

应进行的试验限定如下：

a) 每个旁路开关(完全试验的旁路开关和配替代的操动机构的旁路开关)应该在空载试验(单分和单合操作)中记录机械特性，并依据 6.101.1.1(附录 G 给出的机械特性使用方面的要求及注释)进行比较。

b) 每个旁路开关(完全试验的旁路开关和配替代的操动机构的旁路开关)应该进行一次旁路关合电流操作。试验结果应该按照上面 a)规定的方法进行评价。

如果要求 a)或 b)或两者没有满足，则新机构不能被认为是替代的操动机构。

注 2：如果上述要求全部得到满足，则完全试验的旁路开关的参考机械特性也适用于配替代的操动机构的旁路开关。

6.102.8 试验中旁路开关的性能

在旁路和投入试验过程中，旁路开关不应：

——表现出损坏的迹象；

——表现出与相邻的试验设备之间有害的相互作用；

——表现出可能危及操作者的性能。

对于设计在旁路和投入试验过程中具有开断介质对大气排放的旁路开关，如果符合下述条件，则认为旁路开关已满足了上述要求：

——对于油旁路开关，不应有火焰的外喷，产生的气体以及带油的气体应得到控制和导向，以远离所有的带电导体以及可能有人员出现的地方；

——对于其他类型的旁路开关，如气吹开关，可能会有外喷的火焰、气体和/或金属粒子。如果这种喷射比较显著，可能要求在带电体附近并与其离开一段制造厂规定的安全间距处放置金属屏后进行试验。该金属屏应对地绝缘且通过能够指示对地泄漏电流的适当装置接地。试验过程中，对旁路开关的接地构件(或装有的金属屏)不应指示出有明显的泄漏电流。

注 1：如果无其他可用装置，接地件等应通过一个直径 0.1 mm、长度为 5 cm 的铜丝构成的熔丝接地。如果试验后该熔丝完好无损，则认为没有出现明显的泄漏电流。

如果出现的故障不是持续的或不是由于设计上的缺陷，而是由于装配错误造成的，则该故障可以纠正，旁路开关应当重复进行所有的试验方式。在这些情况下，试验报告应包含无效试验的附注。

对于真空灭弧室组成的旁路开关，投入操作后的恢复电压阶段可能出现 NSDD 现象。然而这并不能作为受试旁路开关性能下降的一种征兆，所以 NSDD 次数在说明受试设备开断性能时并无重要意义。NSDD 次数应记录在试验报告中，以便和重击穿相区分。

注 2：目的并非要求安装特殊的测量回路检测 NSDD，它们只应该当在示波图上看到时记录。

6.102.9 试验后旁路开关的状态

6.102.9.1 概述

在所有试验方式完成之后，应对旁路开关进行检查，机械部件和绝缘件应基本上和试验前的状态相同。外观检查通常足以验证绝缘性能，若有怀疑按照 6.2.11 的状态检查试验就足以验证其绝缘性能。

对于具有终身密封单元的旁路开关，状态检查试验是强制性的，6.102.9.2 中规定的情况例外。

6.102.9.2 旁路电流关合试验和投入电流试验方式后的状态

旁路开关在完成了 6.104 和 6.105 所规定的旁路关合电流和投入电流试验方式后，应能在直至其额定旁路关合电流和投入电流的任何旁路关合电流和投入电流下满意地操作。

另外，旁路开关应能承载其额定电流，而且其温升不超过 GB/T 11022—2011 的表 3 中规定的温升允许值。

除了终身密封的旁路和投入单元，目视检查通常足以检验旁路开关承载额定电流，旁路和投入任意电流直到它的额定旁路关合电流和投入电流的能力。

内部绝缘材料不应有击穿、闪络的证据或痕迹，但灭弧装置中暴露于电弧的零部件允许有适度的烧损。

载流回路中元件的劣化不应降低正常载流回路的完整性。

如果在投入电流试验中出现一次重击穿，且投入电流试验时的恢复电压峰值低于规定的绝缘状态检查试验的电压峰值，则应在外观检查之前按照 6.2.11 进行绝缘状态检查试验。紧接着的外观检查用来验证重击穿仅出现在弧触头之间。内部绝缘材料不应有击穿、闪络的证据或永久痕迹。只要没有降低旁路关合和投入能力，则灭弧装置中暴露于电弧中的部件的烧损是允许的。此外，应检查主触头(如果它们不同于弧触头)之间的绝缘间隙，不应有任何重击穿的痕迹。

如果在投入电流试验中未发生重击穿，则外观检查已经足够，不需要按照 6.2.11 进行绝缘状态检查试验。

对旁路单元终身密封的旁路开关，无论其在试验过程中发生重击穿与否，只要其在投入电流试验时瞬态恢复电压峰值低于规定的绝缘状态检查试验的电压峰值，应按照 6.2.11 进行状态检查试验。

6.102.9.3 试验方式后的修整

在试验中和在旁路关合电流试验与投入电流试验方式之间，旁路开关不允许修整。

如果地方安全法规要求降压进入试验小室，则允许旁路开关在进入试验小室之前降低充气压力，只要这部分气体在旁路开关重新充气时被再次利用。

注：因为真空泵的限制，用过的气体不能完全重新使用。因此必须充气时可用新气来充满，新气不能超过总气量的 10%。

6.103 试验顺序

旁路开关的旁路关合电流试验和投入电流试验方式应以下述顺序进行：

a) 一半的关合操作次数在操作和/或用于旁路、投入和绝缘用的最低功能压力下。
   这些关合操作包括：在额定旁路关合电流下的 2 次关合操作和在电容器组放电电流下的 10 次关合操作。

b) 一半的投入操作次数在用于操作和/或旁路、投入和绝缘用的最低功能压力下。

c) 一半的关合操作次数在用于操作和/或旁路、投入和绝缘用的额定功能压力下。
   这些关合操作包括：在额定旁路关合电流下的 2 次关合操作和在电容器组放电电流下的 10 次关合操作。

d) 一半的投入操作次数在用于操作和/或旁路、投入和绝缘用的额定功能压力下。

在各试验方式之间不允许检修。

如果旁路开关具有不对称的电流路径，应将接线端子倒接进行所要求的一半操作次数的试验。

接线端子的倒接应在要求的最低功能压力试验系列和额定功能压力试验系列之间(在上述的试验系列 b)和 c)之间)进行。

注 1：a)、c)、b)、d)的试验顺序也是可以接受的，该程序要求更多的气体处理和端子倒接，应征得制造厂的同意。

注 2：所有试验均在操作和/或旁路、投入和绝缘的最低功能压力下进行也是可以接受的，应征得制造厂的同意。

6.104 旁路关合电流试验

6.104.1 总则

该试验方式对额定频率 50 Hz 和 60 Hz 系统有效。

6.104.2 电源回路特性

试验回路推荐使用振荡回路(LC 回路,见图 12 和图 13),试验回路应满足以下要求:

a) 该试验回路的特点应当是:在关合操作之前的瞬时试验电压应等于过电压保护器的峰值极限电压(U_{PL})。试验电压可用直流。

b) 振荡回路元件(串联电抗和预充电的电容器组)的选择应满足在额定旁路关合电流频率 f_{BP} 下能得到所要求的旁路电流(第一个峰值 I_{BP})。

注 1:当要求的峰值旁路关合电流等于或小于试验中的实际值时,认为旁路关合性能得到了验证。该等效原则仅在旁路关合电流频率 f_{BP} 等于或小于型式试验中的实际数值的 130%时有效。

c) 旁路电流(正弦指数衰减电流)的阻尼系数,可通过给振荡回路中投入一个附加电阻器的办法来调节至运行条件下的值。阻尼系数定义为旁路关合电流中的电容器组放电电流同一极性的第二峰值与第一峰值的比值。

试验中的阻尼系数应在试验报告中给出。

为了在一个特定的串联电容器安装方式下保证试验有效,试验中的阻尼系数应当等于或高于现场的实际值。

注 2:当上述注 1 及 4.102 中的条件满足时,没有有意阻尼的试验自动覆盖使用阻尼电阻器的应用场合。通常不规定具体的阻尼额定值,因为它们仅针对特定工程参数。附录 D 给出了旁路开关额定值的举例。

注 3:如果预击穿期间内的电弧能量等于或高于适用的试验参数下要求的预击穿能量,阻尼系数的不足可通过提高旁路关合试验电流的方法来补偿。

6.104.3 试验电压

旁路关合试验前施加在断口间的瞬时试验电压应是过电压保护器的极限电压峰值(U_{PL};${}^{+5}_{\ 0}\%$)。

6.104.4 试验电流

对 4 次关合操作,试验电流的第一个峰值应当是在额定旁路关合电流频率 f_{BP} 下的额定旁路关合电流。旁路关合电流的公差应当在额定旁路关合电流 I_{BP} 的(${}^{+5}_{\ 0}\%$)以内。应当考虑关合电流分量的有效阻尼。

注 1:如果因为实验室试验条件的限制,在额定旁路关合电流频率下的额定峰值旁路关合电流不能够得到,则在试验时允许使用不同的旁路关合电流频率。在这种情况下,旁路关合电流频率应尽可能地接近其额定值。与额定值的偏差将影响适用范围(见 4.102)。

对剩余的 20 次关合操作,在额定旁路关合电流频率 f_{BP} 下,当电容器组已预充电到过电压保护器的峰值极限电压(U_{PL})(${}^{+5}_{\ 0}\%$)时,试验电流的第一个峰值将被限制到电容器组放电电流 $I_{DISCHARGE}$(没有考虑工频故障电流分量),也应当考虑电容器组放电电流的有效阻尼。

注 2:如果因为实验室试验条件的限制,在额定旁路关合电流频率下的电容器组放电电流不能够得到,则在试验时允许使用不同的旁路关合电流频率。在这种情况下,旁路关合电流频率应尽可能地接近其额定值。与额定值的偏差将影响适用范围(见 4.102)。

注 3:如果因为实验室试验条件的限制,在额定旁路关合电流频率下的额定旁路关合电流和/或电容器组放电电流不能够得到,则允许在试验电流高于上述提到的公差值下进行各试验系列。该试验程序应征得制造厂的同意。

6.104.5 关合操作次数

旁路关合电流试验方式包括:在额定旁路关合电流下的 4 次关合操作加上在电容器组放电电流分

量下的20次关合操作(20 C)。

旁路开关的状态应符合6.102.3.1。

注:作为一种替代的方法,完整的试验方式可以仅限为在额定旁路放电频率下的额定旁路关合电流(放电电流分量与工频故障电流分量相加)下进行20次关合操作。该替代方法应征得制造厂的同意。

6.105 投入电流试验方式

6.105.1 概述

除非另外说明,投入电流试验方式中允许复燃但不允许重击穿(要求低的预期重击穿概率)。

注1:重击穿概率和型式试验中的性能有关。

注2:重击穿或复燃后出现的现象不能代表运行条件,因为试验回路不能完全再现事后的电压和电流条件。

注3:因为试验中使用电容器组储存的能量通常远低于运行中串联电容器组储存的能量,具有低的重击穿概率对于限制旁路单元内部元件可能发生的损坏非常重要。

在运行中可以得到几种瞬态重投入电压波形。重投入电压的波形由系统研究决定。出于标准化考虑,为了涵盖大部分实际工况,本标准推荐优先选用到达第一个峰值时间为6.7 ms的“1-cos”波形。若要求其他波形,则应在向制造厂询问时指明。瞬态恢复电压到达第一个峰值时间的公差应为±5%。

注4:对于专用于60 Hz系统的旁路开关,瞬态恢复电压到达峰值的时间应采用5.6 ms。

复燃与重击穿的分界应设在瞬态恢复电压到达峰值时间的一半处。

注5:为了限制重击穿过程中大量的能量释放,该能量可能影响旁路开关的内部元件及在串联电容器平台上的其他设备,重燃与重击穿的分界被设在瞬态恢复电压到达峰值时间的一半处。

提供工频试验电流的试验支路的频率范围是49 Hz～61 Hz。

注6:试验时若电流源频率在49 Hz～61 Hz范围内,则认为在50 Hz及60 Hz两个系统中的投入能力得到了验证。

6.105.2 电源回路特性

试验回路使用振荡回路(双频LC回路,见图14和图15)。并建议其中一个振荡支路提供工频电流,另一个支路提供瞬态恢复电压。也可以使用GB/T 4473中给出的用于容性电流开合试验的其他一些合成试验回路。合成和直接试验回路的其他例子见图16、图17、图18和图19。这些试验回路应满足以下要求:

a) 试验回路电流支路的特点是:在刚分断之前的瞬时电流峰值应为额定投入电流的峰值。电流支路产生的电流波形应尽可能地接近正弦波(对于推荐的合成试验回路,将是一个正弦指数衰减电流)。如果电流有效值与其基波分量有效值之比不超过1.2,则认为满足该条件。

另外,被开断电流在每个工频半波中过零不得多于一次。

b) 除非另有规定,试验回路电压支路的特点是:旁路开关断口间产生的瞬态恢复电压应是“1-cos”波形。除非另有规定,该电压波形到达峰值的时间应为5.6 ms。出现在“1-cos”波形起始部分的电压跳跃应尽可能小,任何时候都不能超过瞬态恢复电压峰值的5%。

6.105.3 试验电压

施加在旁路开关断口间的瞬态恢复电压峰值应当是过电压保护器的保护水平(U_{PL};${}^{+5}_{\ 0}\%$)。

6.105.4 试验电流

试验电流应当是额定旁路投入电流(±20%)。

6.105.5 操作次数

投入电流试验方式包括由两组24次分闸操作组成的试验方式(2×24 O)组成。

分闸操作应按照以下方式实施：

——用于在一个极性上找出最短燃弧时间的O操作(步长:6°)；

——其余的O操作,使在一个极性的最短燃弧时间下完成总共6次O操作；

——用于在另外一个极性上找出最短燃弧时间的O操作(步长:6°)；

——其余的O操作,使在另外一个极性的最短燃弧时间下完成总共6次O操作；

——其余的试验应达到总计24次O操作,均匀分布在两个极性上(步长:30°)；

——如果电流路径不对称则倒接做第二组试验；

——用于在一个极性上找出最短燃弧时间的O操作(步长:6°)；

——其余的O操作,使在一个极性的最短燃弧时间下完成总共6次O操作；

——用于在另外一个极性上找出最短燃弧时间的O操作(步长:6°)；

——其余的O操作,使在另外一个极性的最短燃弧时间下完成总共6次O操作；

——其余的试验应达到总计24次O操作,均匀分布在两个极性上(步长:30°)。

注1：为满足该要求,在实施要求的最短燃弧时间试验之前,应当做找最短燃弧时间的试验。这些试验应当包含在每个试验方式的总计24个O里。

注2：按照该上述试验程序时,以30°步长分布在两个极上的开断次数不相等也是可以接受的。

对于分闸操作,通过改变触头分离的时刻,依次大约6°来确定最短燃弧时间。采用该方法,必须进行几次试验,以验证最短燃弧时间。

注3：为了获得更稳定的旁路开关分闸时间,征得制造厂的同意后,这些试验可以施加甚至高于操动机构电源电压上限的电压。

如果没有得到预期的最短燃弧时间,而是一个最长燃弧时间,本次试验仍然有效,而且应计在要求的总次数中。在这种情况下,有必要：

——提前脱扣脉冲整定值6°,重复该试验。新的整定值可用作最短燃弧时间的其他试验。如果在这次新的整定值下,还没有得到预期的最短燃弧时间,而是另一个最长燃弧时间,则将脱扣脉冲整定值再提前6°并重复该试验步骤直到获得最短燃弧时间。

——对应于每一个导致最长燃弧时间的上述操作,应少做一次分闸操作以保证总的试验次数。

注4：额定投入电流较大时,可能会出现两个最短燃弧时间,一个在热复燃区域(典型值为电流过零前大约1 ms),另一个在电复燃区域(典型值为电流过零前0.5 ms以内)。为了得到一致的试验程序,最短燃弧时间的搜寻应当从尽可能接近电流过零点的触头分离点开始。

即使超过规定的总的操作次数,仍应达到上文提到的最短燃弧时间下的操作次数。

后一个电流零点开断后出现的复燃应被视为长燃弧时间时的投入操作。

旁路开关的状态应符合6.102.3.1。对于电流路径不对称的旁路开关,端子的接线应在上述的第二个试验方式时倒换。

6.106 通过试验的判据

如果满足下述条件,旁路开关就成功地通过了试验；

a) 在前述的旁路关合电流和投入电流试验方式中,旁路开关的性能满足6.102.8给出的条件。

b) 在投入电流试验方式中未出现重击穿,或者,如果在两组试验方式中的一组中只出现1次重击穿,则该组试验应在未经检修的同一台试品上全部重复进行。追加的试验系列中不应出现重击穿,也不应发生外部闪络和相对地闪络。

c) 试验系列后旁路开关的状态应符合6.102.9.2给出的条件。如果在投入试验方式中未出现重击穿,外观检查就已足够。

7 出厂试验

7.1 概述

GB/T 11022—2011的第7章适用,并作如下补充。

7.2 主回路的绝缘试验

GB/T 11022—2011 的 7.2 适用，并作如下补充：

如果旁路开关由相同的旁路单元串联组成，在分闸状态时加于每个单元上的试验电压应当是旁路开关完全打开且一端接地时，由实际工频电压分布得出的总耐受电压中占较高份额的单元上的电压。

参见 GB/T 11022—2011 中图 2 所示，三极操作的旁路开关，试验电压应按表 6 施加。单极操作的旁路开关，要求的试验限制为两种，一种试验在旁路开关处于合闸位置时，另一种试验在旁路开关处于分闸位置时。两种位置下要求的试验水平可以不同。

表 6 主回路绝缘试验电压的施加

试验条件序号	旁路开关状态	电压施加于	接地于
1	合闸状态	AaCc	BbF
2	合闸状态	Bb	AaCcF
3	分闸状态	ABC	abcF
注：如果极间绝缘是在大气压下的空气，则序号 1 和序号 2 的试验条件可以合并，试验电压加在连接在一起的主回路的各部分和底座之间。			

7.3 辅助和控制回路的绝缘试验

GB/T 11022—2011 的 7.3 适用。

7.4 主回路电阻的测量

GB/T 11022—2011 的 7.4 适用。

7.5 密封性试验

GB/T 11022—2011 的 7.5 适用。

7.6 设计和外观检查

GB/T 11022—2011 的 7.6 适用，并作如下补充：

应检查旁路开关以验证其与订货技术要求的符合性。

适用时，可对下列项目进行检查：

——铭牌上的语言和数据；

——辅助设备的确认；

——油漆的颜色和质量以及金属表面的防腐蚀保护；

——连接到主回路的电容和电阻的值。

7.101 机械操作试验

机械操作试验应包括：

a) 在操动机构以及辅助和控制回路的最高电源电压和操作用的最高压力下(适用时)：

——5 次合闸操作；

——5 次分闸操作。

b) 在操动机构以及辅助和控制回路的最低电源电压和操作用的最低压力下(适用时)：

——5 次合闸操作；

——5 次分闸操作。

c) 在操动机构以及辅助和控制回路的额定电源电压和额定操作压力下(适用时)：

——主触头分闸时通过辅助开关给合闸机构带电时进行 40 次分-合操作循环。

机械操作试验应在完整的旁路开关上进行。

对所有要求的操作顺序,对合分闸操作都应进行下述记录：

——动作时间测量；

——适用时,操作过程中流体消耗量的测量,例如压力差。

应有证据证明机械性能与型式试验使用的样品的机械性能一致。例如,在出厂试验结束后还应按照 6.101.1.1 所描述的方法进行一次空载操作,以记录空载触头行程曲线。此时所记录的从触头分离时刻到触头运动终了或从触头行程开始到触头接触瞬间的曲线应在 6.101.1.1 确定的机械行程特性的包络线内。

如果在现场进行测量,制造厂应规定出优选的测量程序。若采用其他测量程序,可能导致测量结果不同且不可能对触头瞬时行程进行比较。

在旁路开关触头系统上或在与驱动装置到触头系统间直接连接的方便位置安装一个行程传感器或类似装置,可以直接记录到机械行程特性,并得到具有代表性的触头运动轨迹。优选的机械行程特性应是如图 7 所示的连续曲线。如果在现场进行测量,也可用其他方法记录操作期间的行程的记录点。

在这种情况下,记录点的数量应足够多以便能求出触头接触和触头分离的时间和触头速度以及整个行程时间。

在完成要求的操作顺序后,应进行下列试验和检查(适用时)：

——检查连接；

——控制和/或辅助开关应正确指示旁路开关的分、合闸位置；

——所有辅助设备在操动机构以及辅助和控制回路的电源电压和/或操作用压力的限值时应正确动作。

此外,适用时,还应进行下列试验和检查：

——加热器(如有的话)电阻和控制线圈电阻的测量；

——按订货技术要求,检查控制、加热器和辅助设备的回路的接线,并检查辅助触头的数量；

——控制柜(电气、机械、气动和液压系统)的检查；

——储能时间(s)；

——压力释放阀的功能操作；

——电气、机械、气动或液压的联锁和信号装置的动作；

——防跳跃装置的动作；

——在电源电压要求的允许偏差范围内设备的一般性能；

——旁路开关接地端子的检查。

8 旁路开关的选用导则

本章对旁路开关不适用。更多的资料见 GB/T 6115.1—2008 和 GB/T 6115.2—2002 及本标准的附录 F。

9 与询问单、标书和订单一起提供的资料

9.101 与询问单和订单一起提供的资料

当询问或订购旁路开关时,询问者应提供下列信息：

a) 电力系统的信息，即对地及断口间的额定电压和最高电压及频率、相数等；
b) 运行条件，包括最低和最高周围空气温度、高于1 000 m时的海拔、以及可能存在或出现的任何特殊条件，例如过度地暴露在水蒸气、湿气、烟雾、爆炸性气体、过量灰尘或含盐的空气中；
c) 旁路开关的特性；
应提供下列资料：

资料的类型	条款号
1) 极数	
2) 环境条件(温度、风速、覆冰等)	2
3) 额定对地和断口间电压	4.2
4) 额定对地和断口间绝缘水平，在与给定的额定电压对应的几个不同的绝缘水平中选择，或者如果是非标的，要求的绝缘水平	4.3
5) 额定频率	4.4
6) 额定电流	4.5
7) 额定短时耐受电流	4.6
8) 额定峰值耐受电流	4.7
9) 额定短路持续时间	4.8
10) 额定操作顺序	4.101
11) 额定旁路关合电流	4.102
12) 额定旁路关合电流的频率	4.102
13) 电容器组放电电流	3.8.28
14) 额定旁路关合电流的阻尼系数	4.102
15) 额定旁路投入电流	4.103
16) 额定重投入电压	4.104
17) 最长合闸时间	4.105
18) 最长分-合时间	4.105
19) 过电压保护器的保护水平	4.104
20) 投入试验中电压到达峰值的最短时间	4.104
21) 补偿系数	附录F
22) 系统振荡幅度	附录F
23) 特殊要求下规定的型式试验(例如，人工污秽试验和无线电干扰电压试验等)	6.2.8和6.3
24) 机械操作的次数(M1或M2级)	4.106
25) 适用时，超出标准的型式试验、出厂试验和交接试验的试验；	

d) 旁路开关的操动机构和辅助设备的特性，特别是：
1) 备用辅助开关的数量和型式；
2) 额定电源电压和额定电源频率；
3) 如果多于两个，合闸脱扣器的数量；
4) 如果多于一个，分闸脱扣器的数量；
e) 有关压缩气体使用的要求和压力容器的设计与试验要求。

注：询问者应提供上述未包括的可能影响投标和订货的特殊条件的资料。

9.102 与标书一起提供的资料

当询问者查询旁路开关的技术细节时，制造厂应提供下列资料(适用的部分)，并应附有说明和图纸：

a） 额定值和特征参数。

资料的类型	条款号
1） 极数	
2） 级别：环境条件（温度、风速，覆冰 ）	2
3） 额定对地和断口间电压	4.2
4） 额定对地和断口间绝缘水平	4.3
5） 额定频率	4.4
6） 额定电流	4.5
7） 额定短时耐受电流	4.6
8） 额定峰值耐受电流	4.7
9） 额定短路持续时间	4.8
10） 额定操作顺序	4.101
11） 额定旁路关合电流	4.102
12） 额定旁路关合电流的频率	4.102
13） 电容器组放电电流	3.8.28
14） 旁路关合电流的阻尼系数	4.102
15） 额定旁路投入电流	4.103
16） 过电压保护器的最大极限电压峰值	4.104
17） 投入试验中电压到达峰值的最短时间	4.104
18） 额定最长合闸时间和额定最大分-合时间	4.105
19） 特殊要求下规定的型式试验（例如，人工污秽试验和无线电干扰试验等）	6.2.8 和 6.3
20） M1 级或 M2 级的机械寿命	4.106

b） 型式试验。

根据要求提供的证书或报告。

c） 结构特点。

如果适用于旁路开关的设计，应提供下列详细资料：

1） 不带绝缘、旁路、投入和操作用的流体时完整旁路开关的质量；

2） 绝缘用的流体的质量/体积，其质量和工作范围，包括最低功能值；

3） 旁路和投入用的流体[不同于 2）和/或 4）中述及的流体]的质量/体积，其质量和工作范围，包括最低功能值；

4） 操作用的流体[不同于 2）和/或 3）中述及的流体]的质量/体积，其质量和工作范围，包括最低功能值；

5） 密封性的规定；

6） 在运输和储存过程中，为防止内部元件劣化，每一极中需要充入的流体的质量/体积；

7） 每一极中串联的单元数量；

8） 最小空气间隙：

——极间；

——对地；

——对于向外喷射游离气体和火焰的旁路开关，旁路操作时的安全界限；

9） 在所要求的周围空气温度下，为保持旁路开关的额定特性而采取的任何特别措施（例如，加热或冷却）。

d) 旁路开关的操动机构和辅助设备。

1) 操动机构的型式；

2) 合闸机构的额定电源电压和/或压力，不同或超出 9.102 的 c)4)时的压力限值；

3) 额定电源电压下旁路开关合闸要求的电流；

4) 旁路开关合闸时的能量消耗，例如，压力下降的测量；

5) 并联分闸脱扣器的额定电源电压；

6) 在额定电源电压下并联分闸脱扣器要求的电流；

7) 备用辅助开关的数量和型式；

8) 在额定电源电压下其他辅助设备要求的电流；

9) 高低压闭锁装置的整定值；

10) 合闸脱扣器的数量；

11) 多于一个时，分闸脱扣器的数量。

e) 外形尺寸和其他资料。

制造厂应提供有关旁路开关外形尺寸的资料和基础设计必需的细则。

应提供旁路开关维护及连接的一般资料。

10 运输、储存、安装、运行和维护规则

10.1 概述

GB/T 11022—2011 的第 10 章适用，并作如下补充。

10.2 运输、储存和安装的条件

GB/T 11022—2011 的 10.2 适用。

10.3 安装

10.3.1 概述

GB/T 11022—2011 的 10.3.2～10.3.5 适用，并作如下补充。

10.3.101 交接试验导则

GB/T 1984—2003 的 10.2.101 适用。

10.3.102 交接检查和试验程序

10.3.102.1 安装后的检查

GB/T 1984—2003 的 10.2.102.1 适用。

10.3.102.1.1 一般检查

GB/T 1984—2003 的 10.2.102.1.1 适用。

10.3.102.1.2 电路检查

GB/T 1984—2003 的 10.2.102.1.2 适用。

10.3.102.1.3 绝缘和/或灭弧流体的检查

GB/T 1984—2003 的 10.2.102.1.3 适用。

10.3.102.1.4 现场充入的或增补的操作流体的检查

GB/T 1984—2003 的 10.2.102.1.4 适用。

10.3.102.1.5 现场操作

按 7.101 进行机械操作试验。

10.3.102.2 机械试验和测量

10.3.102.2.1 绝缘和/或旁路和投入用流体压力特性的测量(适用时)

10.3.102.2.1.1 概述

GB/T 1984—2003 的 10.2.102.2.1.1 适用。

10.3.102.2.1.2 应进行的测量

a) 适用时,在压力上升阶段:
——合闸闭锁的复位值;
——分闸闭锁的复位值;
——自动重分闸闭锁的复位值;
——低压力报警解除值。

b) 适用时,在压力下降阶段:
——低压力报警值;
——自动重分闸闭锁的动作值;
——分闸闭锁的动作值;
——合闸闭锁的动作值。

10.3.102.2.2 操作流体的压力特性的测量(适用时)

10.3.102.2.2.1 概述

GB/T 1984—2003 的 10.2.102.2.2.1 适用。

10.3.102.2.2.2 应进行的测量

a) 泵装置(泵、压缩机、控制阀等)运行时的压力上升阶段:
——合闸闭锁的复位值;
——分闸闭锁的复位值;
——自动重分闸闭锁的复位值(适用时);
——低压力报警解除值;
——泵装置的停止压力;
——安全阀打开压力(适用时)。

注:这些测量可以和操动机构的恢复时间的测量合并进行(见 10.3.102.2.5.2)。

b) 泵装置停止时的压力下降阶段:

——安全阀的关闭(适用时)；
——泵装置的启动；
——低压力报警；
——自动重分闸闭锁(适用时)；
——分闸闭锁；
——合闸闭锁。

对于液压控制，应在试验前指明储压筒的预充压力以及周围空气温度。

10.3.102.2.3 操作过程中压力损耗的测量(适用时)

关掉泵装置，且各个储压筒处于泵装置的启动压力，应确定下述每一个操作或顺序时的压力损耗值：

——分；
——合；
——分-合。

应记录每个操作或操作顺序后的稳态压力。

10.3.102.2.4 额定操作顺序的验证

GB/T 1984—2003 的 10.2.102.2.4 适用。

10.3.102.2.5 时间参量的测量

10.3.102.2.5.1 旁路开关的特征时间参量

a) 合闸和分闸时间，时间的分散性

在辅助和控制回路电源电压(在辅助电源典型负载条件下，在设备端子处测量的)和最大压力(停止泵装置时)下应该进行的测量：

——每一极的合闸时间，极间的时间分散性，和可能时每一极的旁路单元或各单元组之间的时间分散性；
——每一极的分闸时间，极间的时间分散性，和可能时每一极的旁路单元或各单元组之间的时间分散性；
——对于具有额定操作顺序 C－t－OC－t'－OC 的旁路开关，上述测量应该针对单独的分闸和合闸操作及独立分合闸操作循环进行。

在多个合闸和分闸脱扣线圈的情况下，应对所有的线圈进行试验并记录每一个的时间。

应记录动作前和动作中的电源电压。

b) 控制和辅助触头的动作

旁路开关分闸和合闸时，应确定与主触头操作相关的每一种(旁路和投入)控制和辅助触头的动作时间。

10.3.102.2.5.2 操动机构的储能时间

a) 流体操动机构

应该测量泵装置(泵、压缩机、控制阀等)的动作时间：

——最低和最高压力之间(泵装置的启动和停止)；
——在下列操作或操作顺序过程中，每次从最低压力(投入泵装置时)开始：
——合；

——分；
——分-合。

b) 弹簧操动机构

在现场电源电压下，应测量在分闸操作后电动机的储能时间。

10.3.102.2.6 机械行程特性的记录

按照7.101记录机械行程特性，通过和6.101.1.1中的参考空载试验得到的参考机械行程特性比较来确认其性能良好。

10.3.102.2.7 某些特定操作的检查

10.3.102.2.7.1 在操作用的最低功能压力时的自动重分闸操作(适用时)

当泵装置不工作时，把控制压力降低到自动重分闸的闭锁值，进行自动重分闸操作(在现场条件下，可能需要用一个独立的时序装置来启动重分闸操作)。试验应在设备的电源电压下进行。应记录操作前和操作中的电源电压。应记录最终的压力并应保证对合闸操作的最低功能压力留有足够的裕度，作为对压力开关分散性和瞬态压力的保护。

如有怀疑时，可从低于自动重分闸(短路的触头)操作用的最低功能压力的压力值开始，按照不同于上述方法的替代方法进行试验，接着应该验证合闸操作仍然是可行的。

10.3.102.2.7.2 在操作用的最低功能压力时的合闸操作(适用时)

GB/T 1984—2003的10.2.102.2.7.2适用。

10.3.102.2.7.3 在操作用的最低功能压力时的分闸操作(适用时)

GB/T 1984—2003的10.2.102.2.7.3适用。

10.3.102.2.7.4 故障关合操作的模拟和防跳跃装置的检查

应测量旁路开关进行OC操作循环且辅助触头闭合使合闸回路带电，旁路开关保持在分闸位置的时间。

由于合闸命令的过早施加，该试验也可以对防跳跃装置的动作和由于机械的、液压的和气动的原因而引起的任何误动作进行检查。

为了能检查防跳跃装置的有效动作，分闸命令应保持1 s～2 s。

注：采用现场的控制设施，也可以进行简化的防跳跃试验。在这种情况下，施加并保持分闸命令，继而再施加合闸命令。

10.3.102.2.7.5 存在合闸命令期间施加分闸命令时旁路开关的性能

应该验证旁路开关在预先施加并维持有合闸命令后，再出现分闸命令时能够满足技术条件的要求。

10.3.102.2.7.6 对两个脱扣器同时施加合闸命令(适用时)

有可能出现两个脱扣器(正常的和紧急的)同时(或事实上同时)带电的情况。

特别是，如果脱扣器不在同一个水平时动作，应保证旁路开关的动作不受任何机械的、液压的或气动的干扰。

10.3.102.2.7.7 极间不同期的防护(适用时)

GB/T 1984—2003的10.2.102.2.7.7适用。

10.3.102.3 电气试验和测量

10.3.102.3.1 绝缘试验

GB/T 1984—2003 的 10.2.102.3.1 适用。

10.3.102.3.2 主回路电阻的测量

GB/T 1984—2003 的 10.2.102.3.2 适用。

10.4 运行

GB/T 11022—2011 的 10.4 适用。

10.5 维护

10.5.1 概述

GB/T 11022—2011 的 10.5 适用，并作如下补充：

制造厂应给出在旁路关合电流和投入电流操作后关于旁路开关维护的资料。

这些资料应当包括旁路开关检修后的操作次数。

GB/T 11022—2011 的 10.5.2～10.5.4 适用，本标准 10.3.102.1.3 中要求的检查适用。

10.5.101 电阻和电容（如果适用）

检查电阻器和电容器时，制造厂应给出数值的允许偏差。

11 安全性

GB/T 11022—2011 的第 11 章适用，并作如下补充：

任何已知的化学危害和环境危害应在旁路开关手册/使用说明中明确。

12 产品对环境的影响

GB/T 11022—2011 的第 12 章适用。

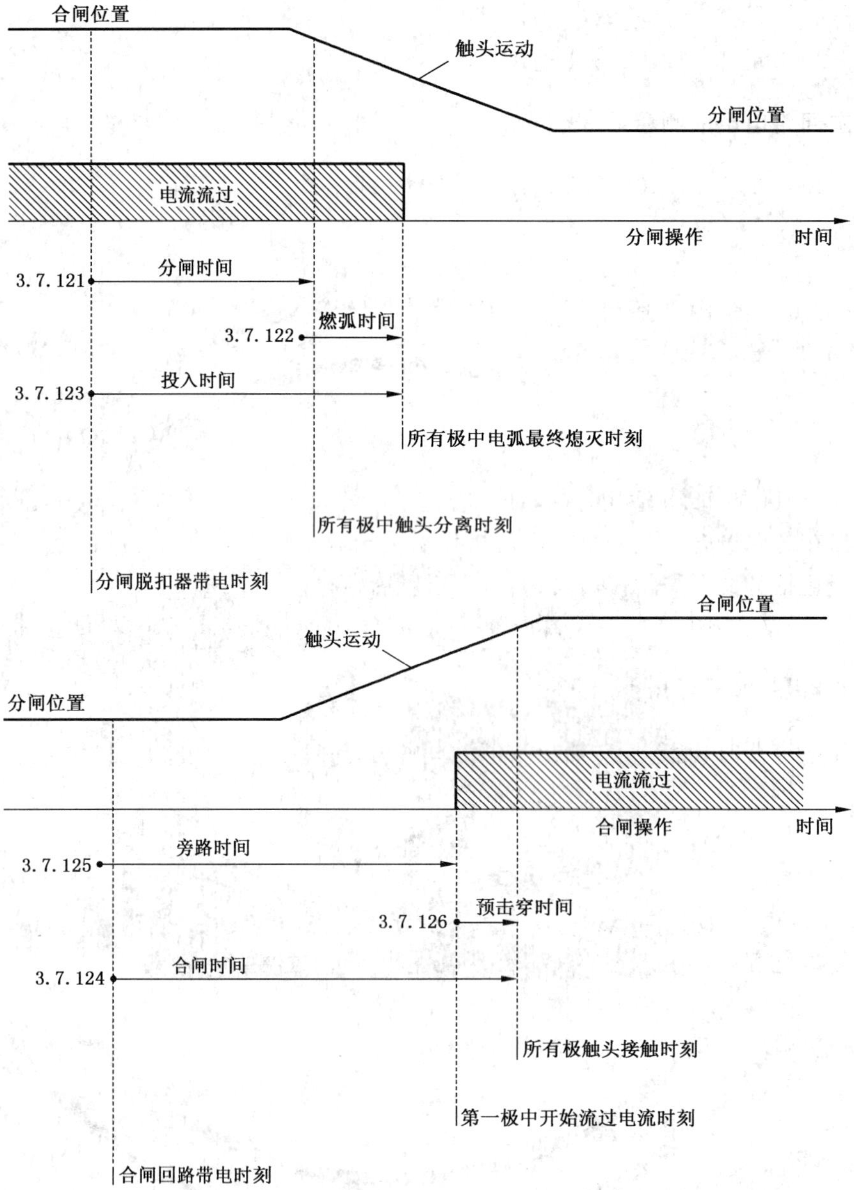

注1：实际上，三极的触头运动间存在时间分散性。为了清楚起见，对于所有的三极，这些图中的触头运动都用一条单线表示。

注2：实际上，三极中电流的起始时刻和终了时刻存在时间分散性。为了清楚起见，对于所有的三极，这些图中的电流起始和终了都用一条单线表示。

图1 旁路开关：分闸和合闸操作

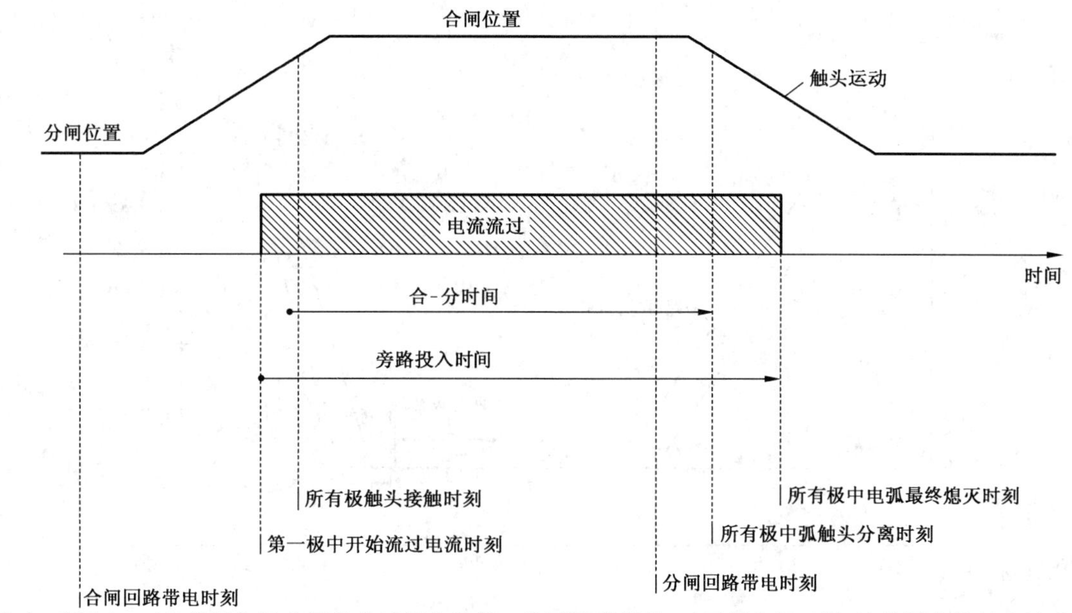

注 1：实际上，三极的触头运动间存在时间分散性。为了清楚起见，对于所有的三极，这些图中的触头运动都用一条单线表示。

注 2：实际上，三极中电流的起始时刻和终了时刻存在时间分散性。为了清楚起见，对于所有的三极，这些图中的电流起始和终了都用一条单线表示。

图 2　旁路开关：合-分循环

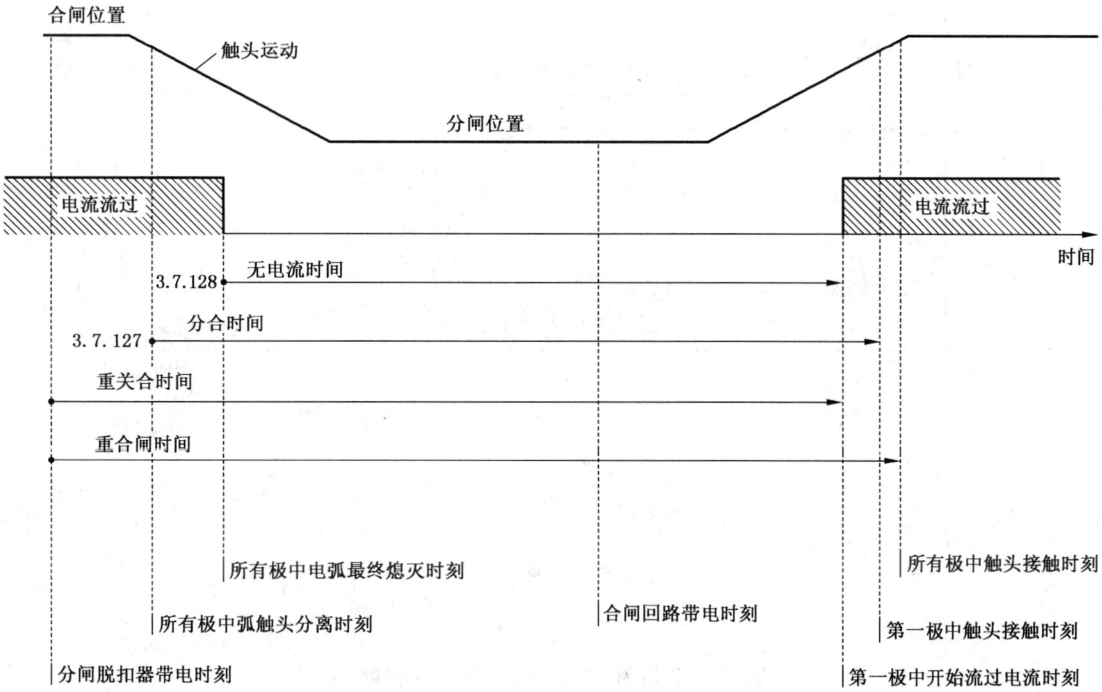

注 1：实际上，三极的触头运动间存在时间分散性。为了清楚起见，对于所有的三极，这些图中的触头运动都用一条单线表示。

注 2：实际上，三极中电流的起始时刻和终了时刻存在时间分散性。为了清楚起见，对于所有的三极，这些图中的电流起始和终了都用一条单线表示。

图 3　旁路开关：分-合循环

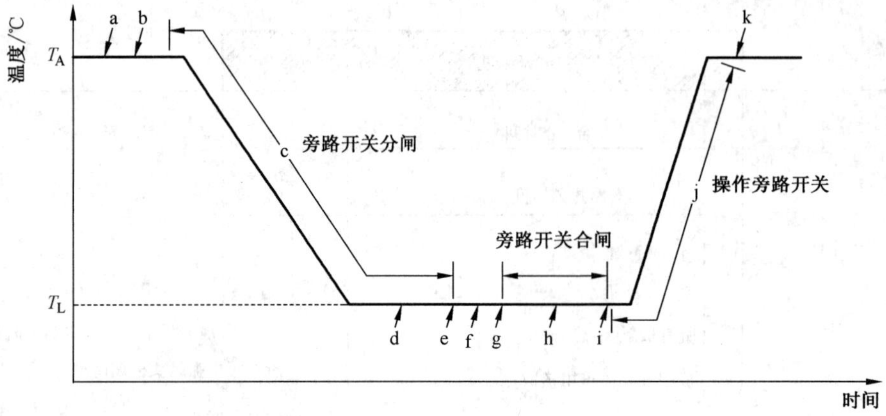

a） 低温试验

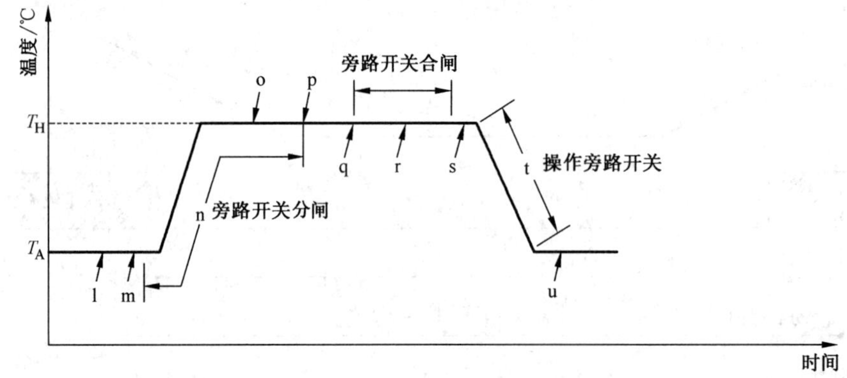

b） 高温试验

注：字母 a～u 表示 6.101.3.3 和 6.101.3.4 中规定试验的应用点。

图 4 低温和高温试验的试验顺序

具有不止一个旁路和投入单元的旁路开关

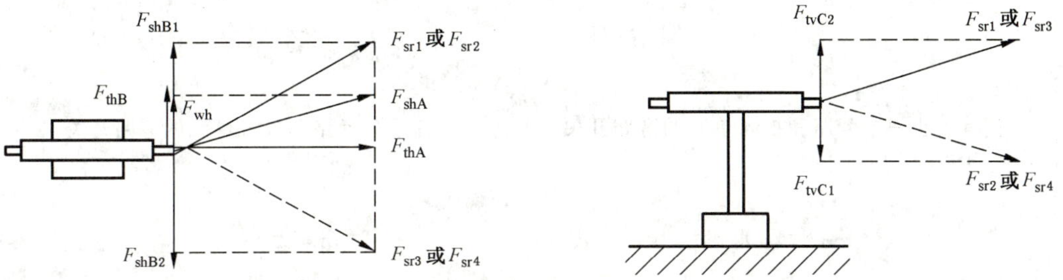

$F_{shB1}=F_{thB1}+F_{wh}$

$F_{shB2}=F_{thB2}+F_{wh}$

$F_{tv}=F_{sv}$（见6.101.6.2）

具有一个旁路和投入单元的旁路开关

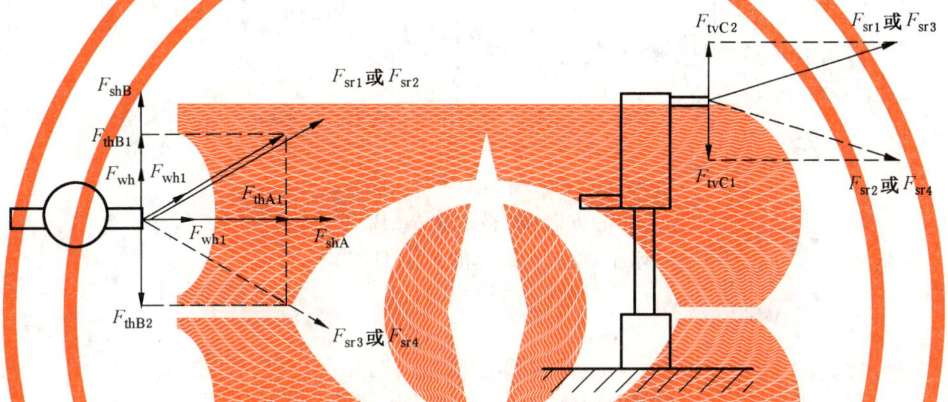

对于 6.101.6.2 的试验 a)：F_{wh} 作用在 F_{thA} 和 F_{thB} 的合力方向。

对于 6.101.6.2 的试验 b)：F_{wh} 作用在 F_{thA} 和 F_{thB} 的方向。

图例：

F_{thA} ——连接导体引起的水平拉力（A 向）；

F_{thB} ——连接导体引起的水平拉力（B 向）；

F_{tv} ——连接导体引起的垂直拉力（C 向）；

F_{wh} ——覆冰的旁路开关上风引起的水平拉力；

F_{shA}、F_{shB} ——F_{thA}、F_{thB} 和 F_{wh} 引起的水平力；

F_{sr1}、F_{sr2}、F_{sr3}、F_{sr4}——额定端子静负载力（合力）。

注 1：关于 A、B、C 的方向，参见图 6。

注 2：索引字母 s 表示试验值。

	水平的	垂直的	标注
因连接导体的重量、风和冰产生的力	F_{thA}、F_{thB}	F_{tv}	按照表 5
因旁路开关上风和冰产生的力[a]	F_{wh}	0	由制造厂计算
[a] 风引起的旁路开关上的水平力，可以从压力中心向端子移动且与较长的杠杆臂成比例地降低数值（旁路开关最低部分的弯矩应相同）。			

图 5　端子静负载力

具有不止一个旁路和投入单元的旁路开关　　　　具有一个旁路和投入单元的旁路开关

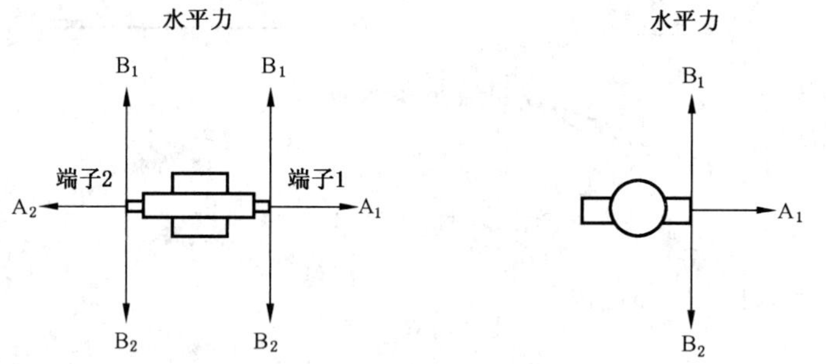

力的方向:端子 1 为 A_1、B_1、B_2。

力的方向:端子 2 为 A_2、B_1、B_2。

水平试验力:F_{shA} 和 F_{shB}(见图 5)。

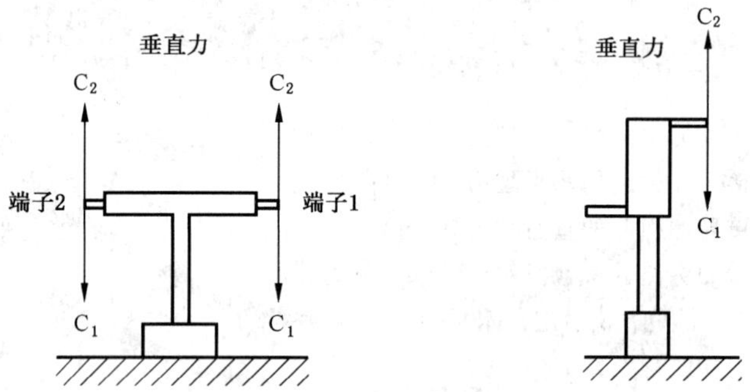

力的方向:端子 1 为 C_1、C_2。

力的方向:端子 2 为 C_1、C_2。

垂直试验力:(两个方向)F_{sv}(见图 5)。

注:对于极单元垂直中心线对称的旁路开关,仅一个端子需要试验。

图 6　端子静负载试验的方向

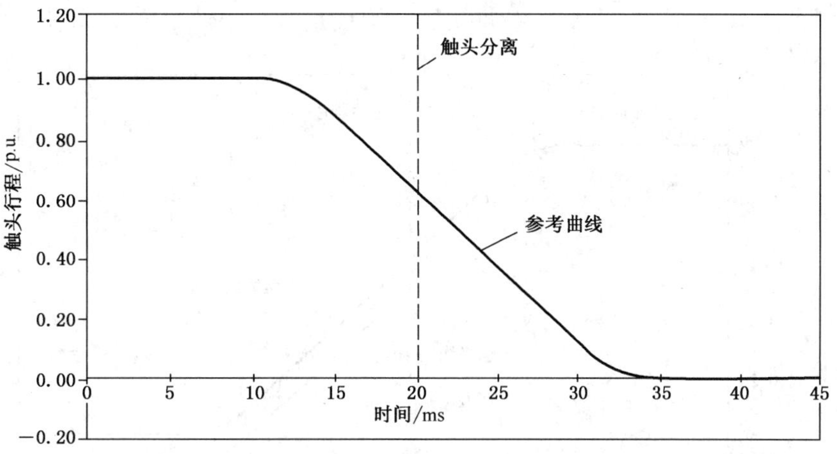

图 7　参考的机械行程特性(理想曲线)

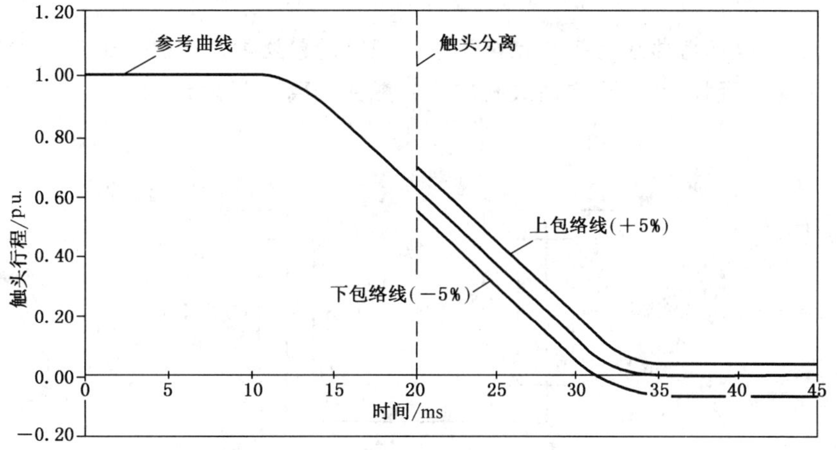

图 8　具有以参考曲线为中心的规定的包络线(−5%,+5%)的参考机械行程特性(理想曲线),本例中触头分离时刻为 $t=20$ ms

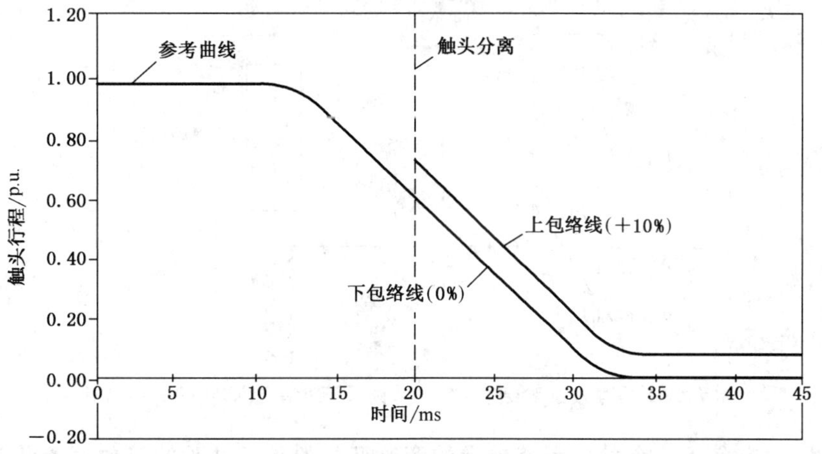

图 9　具有以参考曲线为基准完全上移的规定的包络线(0%,+10%)的参考机械行程特性(理想曲线),本例中触头分离时刻为 $t=20$ ms

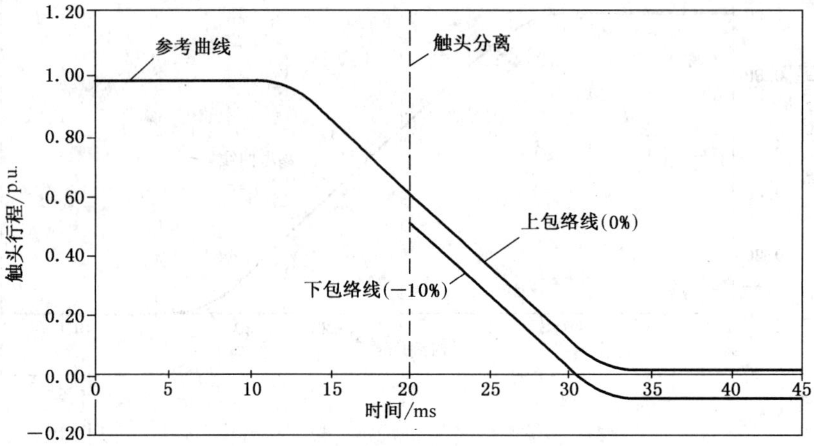

图 10　具有以参考曲线为基准完全下移的规定的包络线(−10%,0%)的参考机械行程特性(理想曲线),本例中触头分离时刻为 t=20 ms

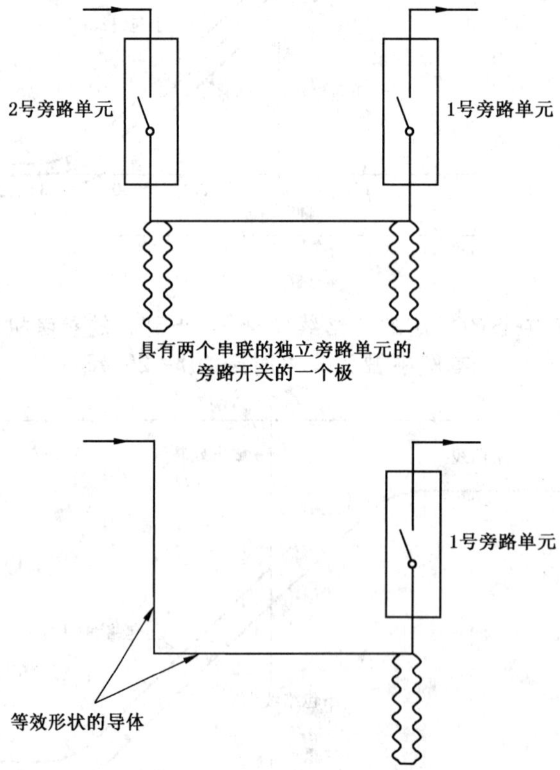

单元试验的等效试验装置:第二旁路单元由等效形状的导体替代

图 11　多于一个独立旁路单元的旁路开关的单元试验的等效试验装置

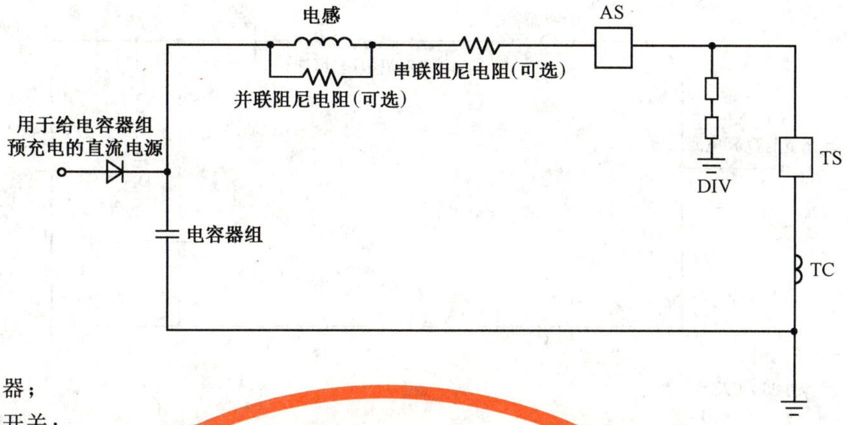

图例：

DIV ——分压器；

AS ——辅助开关；

TS ——被试旁路开关；

TC ——电流测量装置。

图 12 用于旁路关合电流试验方式的典型试验回路

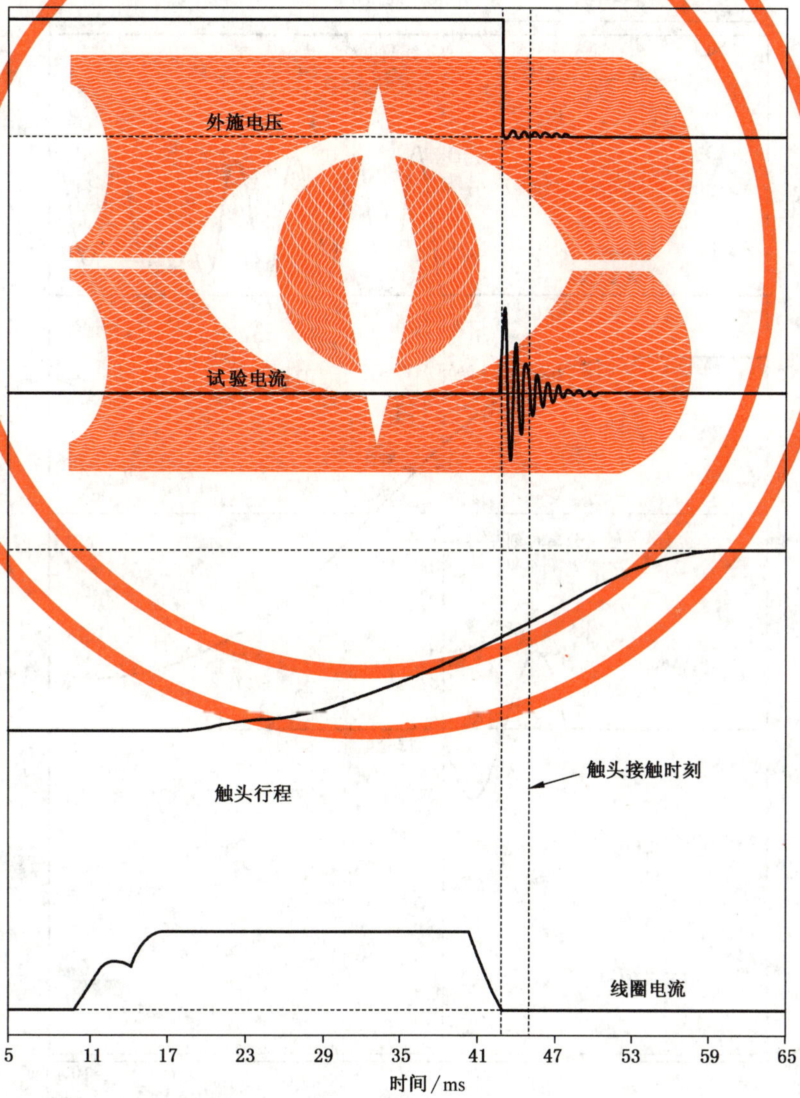

图 13 使用旁路关合电流试验方式典型试验回路得到的示波图

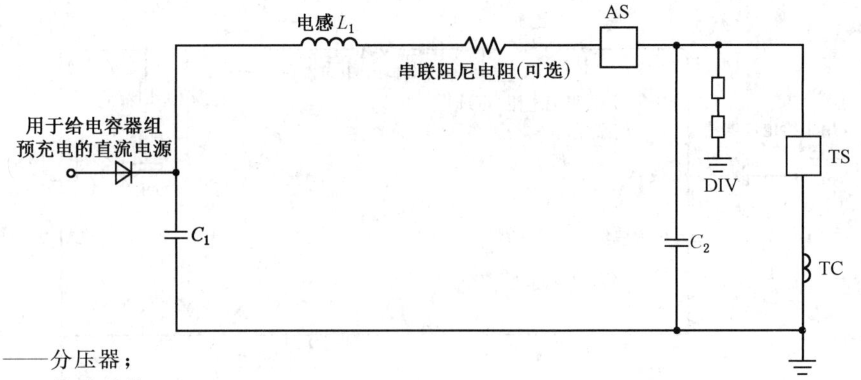

图例：

DIV——分压器；

AS——辅助开关；

TS——被试旁路开关；

TC——电流测量装置；

C_1 和 L_1——按额定频率设定(电流源元件)；

C_1、C_2 和 L_1——按能够获得要求的瞬态恢复电压峰值时间设定(电压源元件)。

图 14 用于投入电流试验方式的典型 LC 试验回路

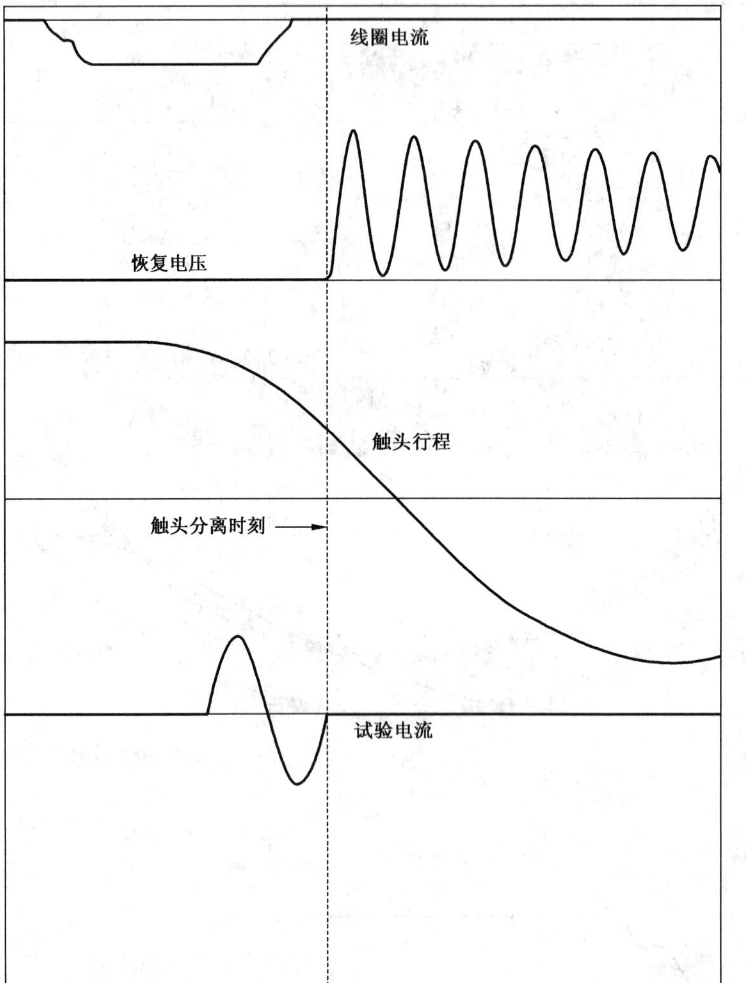

图 15 使用投入电流试验方式典型的 LC 试验回路所得到的示波图

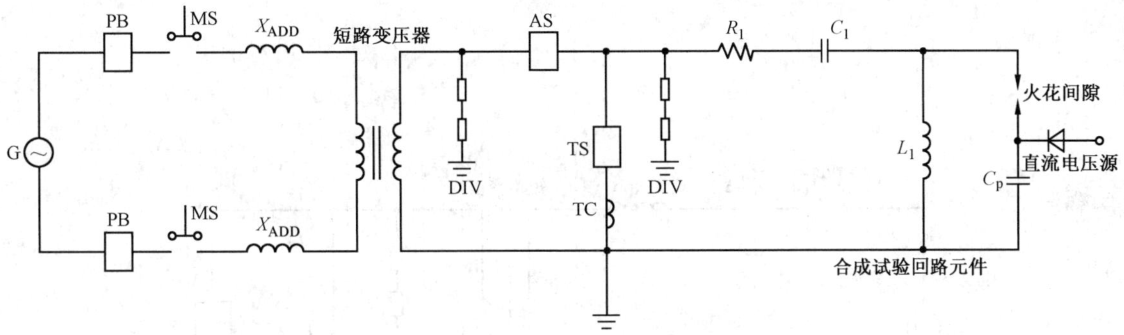

图例：

G——提供工频电流的短路发电机；

PB——保护断路器；

MS——合闸开关；

X_{ADD}——用于将试验电流调节到要求的投入电流的附加电抗器；

DIV——分压器；

AS——辅助开关；

TS——被试旁路开关；

TC——电流测量装置；

R_1、C_1、L_1 和 C_p——电压源的元件(合成回路)。

图 16 用于投入电流试验方式的典型试验回路(主要用于较大的额定投入电流)

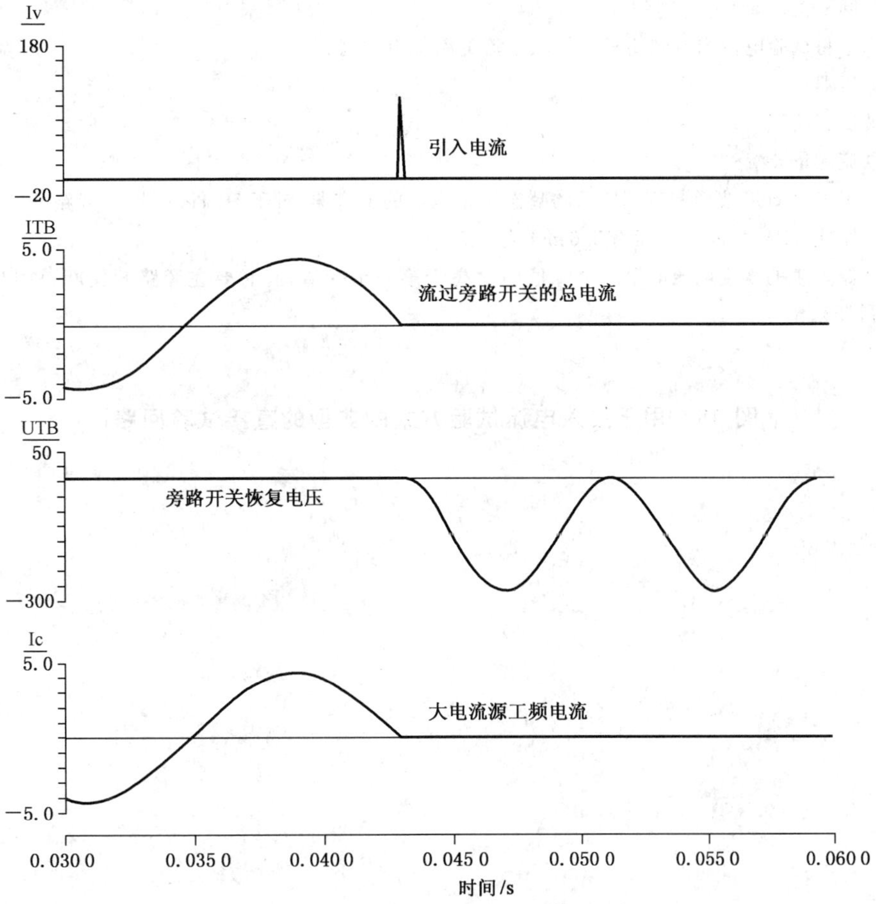

图 17 使用图 16 所示的用于投入电流试验方式的典型试验回路所得到的示波图

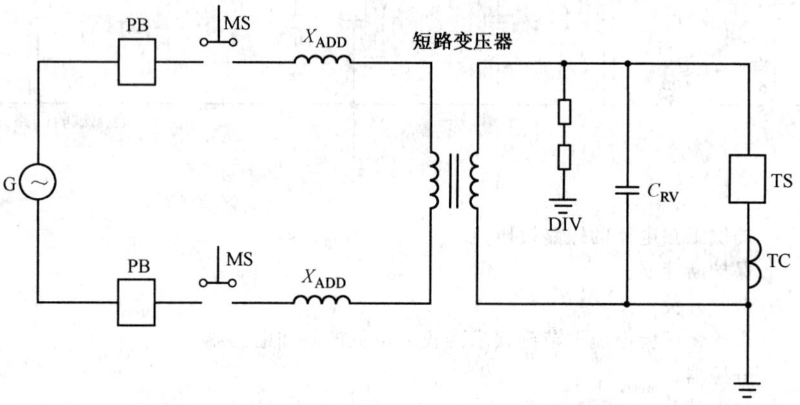

图例：

G ——提供工频电流的短路发电机；

PB ——保护断路器；

MS ——合闸开关；

X_{ADD} ——用于将试验电流调节到要求的投入电流的附加电抗器；

DIV ——分压器；

TS ——被试旁路开关；

TC ——电流测量装置；

C_{RV} ——用于将"1-cos"波形调节到要求的瞬态恢复电压的电容器，对于 50 Hz 专用的旁路开关，选择的 C_{RV} 的值应保证 TRV 的峰值时间为 5.6 ms 或 6.7 ms。

注：因为该回路产生的恢复电压的第二个峰值明显高于第一个峰值，有必要在旁路开关断口间加装限压装置(如 ZnO 避雷器)。

图 18　用于投入电流试验方式的典型的直接试验回路

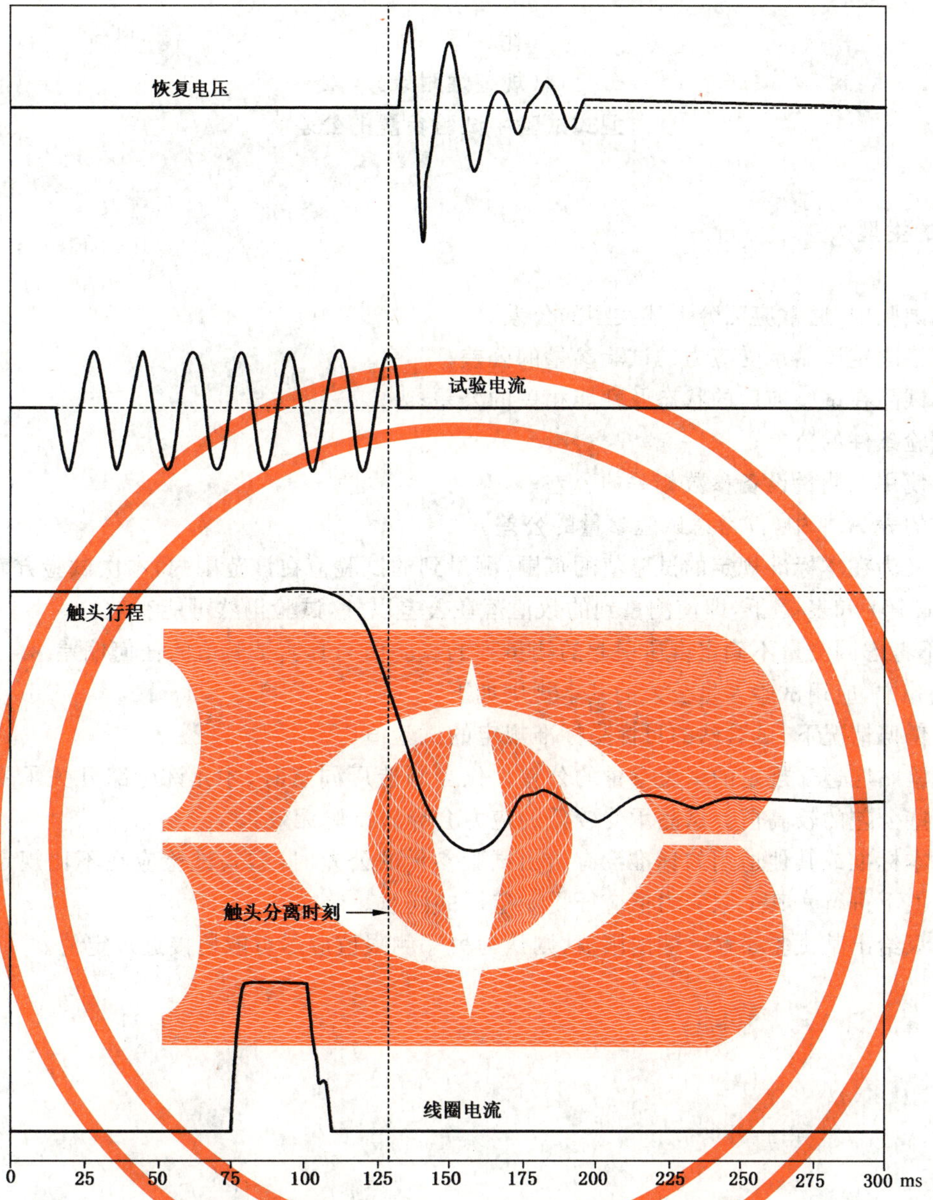

图 19　使用典型的直接试验回路进行投入电流试验方式所得到的示波图

附 录 A
（规范性附录）
型式试验中试验参量的公差

A.1 公差的类型

在型式试验中，通常应区分下述类型的公差：

——直接决定试品承受应力的试验参量的公差；

——与试品在试验前后的状态及性能相关的公差；

——试验条件的公差；

——与使用的测量设备参数相关的公差。

在后面的表 A.1 中，仅考虑试验参量的公差。

公差定义为在本标准规定的试验值的范围，测量到的试验值在该范围内，本次试验方有效。在某些情况（见 6.1.101 和表 3）下，即使测量到的数值落在公差以外，试验仍然可能有效。

在此，不考虑因测量不确定度所引起的测量到的试验值与真实试验值的任何偏差。

型式试验中，应用试验参量公差的基本规则如下：

a） 在任何情况下，试验站的目标是标准规定的试验值。

b） 试验站应遵守规定的试验参量的公差。仅当制造厂同意时，才允许旁路开关承受的应力超过这些公差的较高值。试品承受较低的应力会导致试验无效。

c） 当本标准或其他适用的标准没有给出试验参量的公差时，型式试验应在不比规定值欠严酷的数值下进行。其上限应力值应征得制造厂的同意。

d） 若只给出某试验参量一侧的限值，则认为另一侧限值应尽可能地接近规定值。

表 A.1 型式试验时试验参量的公差

条款号	试验名称	试验参量	规定的试验值	试验公差/试验值的限值	引用标准
6.2	绝缘试验				
6.2.6.2 和 6.2.7.2	工频电压试验	试验电压(有效值)	额定短时工频耐受电压	±1%	GB/T 11022 GB/T 16927.1
		频率	50 Hz	45 Hz～65 Hz	GB/T 16927.1
		波形	峰值/有效值=$\sqrt{2}$	±5%	
6.2.6.3 和 6.2.7.4	雷电冲击电压试验	峰值	额定雷电冲击耐受电压	±3%	
		波前时间	1.2 μs	±30%	
		半峰值时间	50 μs	±20%	
6.2.7.3	操作冲击电压试验	峰值	额定操作冲击耐受电压	±3%	
		峰值时间	250 μs	±20%	
		半峰值时间	2 500 μs	±60%	
6.2.11	用标准操作冲击电压进行状态检查的电压试验	操作冲击电压的峰值	见 6.2.11	±3%	
		峰值时间	250 μs	±20%	
		半峰值时间	2 500 μs	±60%	
	用 T10 的 TRV 回路进行状态检查的电压试验	操作冲击电压的峰值	见 6.2.11	±3%	
		峰值时间	T10 的标准值(GB 1984—2003 的表 12 和表 13)	−10%～+200%	
6.3	无线电干扰电压试验	试验电压	见 GB/T 11022—2011 的 6.3	±1%	
6.4	主回路电阻测量	直流试验电流 I_{DC}	—	50 A≤I_{DC}≤额定电流	GB/T 11022
6.5	温升试验	周围空气速度(风速)	—	≤0.5 m/s	
		试验电流频率	额定频率	−5%～+2%	
		试验电流	额定电流	+2%～0%;这些限值仅在试验期间的最后两个小时保持	
		周围空气温度 T	—	10 ℃<T<40 ℃	

表 A.1（续）

条款号	试验名称	试验参量	规定的试验值	试验公差/试验值的限值	引用标准
6.6	短时耐受电流和峰值耐受电流试验	试验频率	额定频率	±10%	GB/T 1102
		峰值电流(在一个边相)	额定峰值耐受电流	0%～+5%	
		三相试验电流交流分量的平均值	额定短时耐受电流	±5%	
		任一相试验电流交流分量/平均值	1	±10%	
		短路电流持续时间	额定短路持续时间	见 I^2t 的公差	
		I^2t 的值	额定 I^2t 的值	0%～+10%	
6.101.3	高低温试验	在试品高度方向周围空气温度的偏差	—	≤5 K	—
		试验前记录特性时的周围空气温度	20℃	±5 K	
		试验过程中周围空气温度的最大值和最小值	根据旁路开关的温度级别(见 GB/T 11022)	±3 K	
		每个循环的最高温度	40 ℃	±2 K	
6.101.6	端子静负载试验导则	力	6.101.6 中规定的值	0%～+10%	—
6.104	旁路关合电流试验方式	关合前的施加电压	U_{PL}	0%～+5%	6.104.3
		额定旁路关合电流	I_{BP}	0%～+5%	6.104.4
		电容器组放电电流	$I_{DISCHARGE}$	0%～+5%	
		额定旁路关合电流的频率	f_{BP}	尽可能接近要求值。不能低于运行条件下的 77%，不能高于 6 000 Hz	
		额定旁路关合电流的阻尼系数	I_2/I_1	等于或大于运行条件	6.104.2

表 A.1（续）

条款号	试验名称	试验参量	规定的试验值	试验公差/试验值的限值	引用标准
6.105	投入电流试验方式	工频试验电流	I_{INS}	±20%	6.105.4
		试验电流的频率	49 Hz～61 Hz		6.105.1
		瞬态恢复电压，峰值	U_{PL}	0%～+5%	6.105.3
		瞬态恢复电压的峰值时间	规定值	±5%	6.105.1
		“1-cos”波形的起始电压跳跃的幅值	—	≤瞬态恢复电压峰值的5%	6.105.2
		电流有效值/基波电流有效值	≤1.2		6.105.2
		瞬态恢复电压的波形	与相应的“1-cos 曲线”理论试验电压波形的最大瞬时偏差，初始电压跳跃除外	恢复电压峰值的0%～+3%	6.105.1

附　录　B
（规范性附录）
型式试验的记录和报告

B.1　应记录的资料及结果

型式试验报告中应包括型式试验所有相关的资料及结果。

应记录所有符合 B.2 的所有的旁路关合电流操作、投入电流操作和空载操作的示波图并将其包括在型式试验报告中。

型式试验报告应包括与试验用测量系统不确定度有关的叙述。该叙述应参考试验室内部程序，通过该程序可以建立测量不确定度的溯源性。

型式试验报告应包括各试验方式中旁路开关性能和一系列试验方式结束时旁路开关状态的叙述。叙述应包括下列内容：

a）旁路开关的状态，给出所做的所有更换或调整的细节以及触头、灭弧室和油（包括油量的减少）的状态。电弧屏蔽、外壳、绝缘子及套管损坏情况的描述。

b）试验方式中性能的描述，包括油、气体或火焰喷出的观测结果。

B.2　型式试验报告应包括的内容

B.2.1　概述

a）试验日期；

b）参考的报告编号；

c）试验项目数；

d）示波图张数。

B.2.2　受试电器

GB/T 11022—2011 的 6.1.4 适用。

试验报告中给出的参考图号应注明制造厂的参考编号、版次号和相应内容。

如果适用，应在试验报告中包括参考机械行程特性或通过使用图号或等效方式提供引用。

B.2.3　旁路开关，包括操动机构和辅助设备的额定参数

制造厂应给出第 4 章规定的额定参数值。

B.2.4　试验条件（对每个试验系列，如果适用）

a）极数；

b）功率因数；

c）频率，Hz；

d）发电机中性点（接地或绝缘）；

e）变压器中性点（接地或绝缘）；

f）包括接地的试验回路图；

g) 旁路开关接入试验回路的细节(例如,方向);

h) 绝缘和/或旁路以及投入用的流体的压力;

i) 操作用流体的压力。

B.2.5 短时耐受电流和峰值耐受电流试验

a) 电流:

1) 有效值,kA;

2) 峰值,kA;

b) 持续时间,s;

c) 试验期间旁路开关的性能;

d) 试验后的状态;

e) 试验前后主回路的电阻,$\mu\Omega$。

B.2.6 空载操作

a) 每组旁路和投入试验之前(见6.102.6);

b) 最后一组投入试验之后(见6.102.9.2);

c) 短时耐受电流和峰值耐受电流试验前后。

B.2.7 旁路关合电流试验方式

a) 外施电压,kV;

b) 峰值关合电流,kA;

c) 旁路电流频率,Hz;

d) 阻尼系数;

e) 合闸时间,ms;

f) 预击穿时间,ms;

g) 旁路时间,ms;

h) 旁路开关在试验中的性能;

i) 试验后的状态。

B.2.8 投入电流试验方式

a) 投入电流,A;

b) 瞬态恢复电压,峰值,kV;

c) 瞬态恢复电压的峰值时间,ms;

d) 选相整定的详细情况;

e) 燃弧时间,ms;

f) 重击穿(如果有)的次数,对于真空旁路或投入单元应记录NSDD的发生(如果有);

g) 旁路开关在试验中的性能;

h) 试验后的状态。

B.2.9 示波图和其他记录

示波图应记录整个操作。应记录下述参量。其中某些量可能需要单独记录,可能需要多个具有不同时间刻度的示波图。

a) 外施电压;

b) 每极中的电流；

c) 恢复电压(旁路开关断口间的电压)；

d) 合闸线圈电流；

e) 分闸线圈电流；

f) 适用于要求准确度的恰当的幅值和时间刻度；

g) 机械行程特性(适用时)。

不能严格满足本标准要求的全部情况及所有偏差应在试验报告的开始部分明确指出。

附 录 C
（资料性附录）
使用的符号和缩写表

表 C.1 规定了本标准中使用的符号和缩写。

表 C.1 使用的符号和缩写表

符号/缩写	范 例	含 义
A,a	表 6	旁路开关端子的表示
A	6.101.6.2	水平力的方向
A_1	图 6	水平力的方向
A_2	图 6	水平力的方向
B,b	表 6	旁路开关端子的表示
B_1	图 6	水平力的方向
B_2	图 6	水平力的方向
β	附录 F	串联电容器组电容与线路电感之间振荡的阻尼系数
C,c	表 6	旁路开关端子的表示
C	4.101	合闸操作
C_1	图 6	垂直力的方向
C_2	图 6	垂直力的方向
C—t—OC	4.101	合—分—合操作循环
C_N	3.8.3	额定电容
F	表 6	旁路开关的框架指示
f_{BP}	4.102	额定旁路关合电流的频率
f_r	4.4	额定频率
F_{shA}	图 5	端子负载，水平力
F_{shB}	图 5	端子负载，水平力
F_{sv}	图 5	端子负载，垂直力
F_{th}	表 5	水平静拉力
F_{thA}	表 5	水平静拉力，纵向
F_{thB}	表 5	水平静拉力，横向
F_{wh}	图 5	由风和覆冰引起的力
F_{tv}	表 5	垂直静拉力
I_1	表 A.1	旁路关合电流试验方式中电流的第一个峰值
I_2	表 A.1	旁路关合电流试验方式中电流的第二个峰值（与 I_1 为同极性）
I_{BP}	4.102	额定旁路关合电流
$I_{DISCHARGE}$	3.8.28	电容器组的放电电流

表 C.1（续）

符号/缩写	范　例	含　义
I_{INS}	4.103	额定旁路投入电流
I_k	4.6	额定短时耐受电流
I_{load}	附录 F	实际投入电流
I_N	3.8.4	电容器的额定电流
I_p	4.7	额定峰值耐受电流
I_r	4.5	额定电流
K	附录 F	补偿系数 X_C/X_L
M	表 1	旁路开关的质量
m	表 1	旁路和投入用流体的质量
M1	3.4.104	基本机械寿命的旁路开关的等级
M2	3.4.105	延长机械寿命的旁路开关的等级
O	表 4	分闸操作
OC	4.101	分—合操作循环
P_{re}	表 1	旁路和投入用的额定压力
P_{rm}	表 1	操作用的额定压力
T10	6.2.11	端部故障试验方式(见 GB 1984)
t	4.101	额定操作顺序中的时间间隔
t'	4.101	额定操作顺序中的时间间隔
t_3	6.2.11	T10 的 TRV 的时间坐标
T_A	6.101.3.3	周围空气温度
t_a	6.101.2.3	周围空气温度下的机械操作试验两个操作之间的时间
T_H	6.101.3.4	最高周围空气温度
t_k	4.8	额定短路持续时间
T_L	6.101.3.3	最低周围空气温度
TRV	6.2.11	瞬态恢复电压
t_X	6.101.3.3	低温试验中的时间间隔
$u(t)$	附录 F	断口间瞬态重投入电压
U_a	4.9	合闸和分闸装置以及辅助和控制回路的额定电源电压
U_{INS}	4.104	额定重投入电压
U_{LIM}	3.8.7	极限电压
U_{op}	表 1	操动机构的额定电源电压
U_N	3.8.6	电容器的额定电压
U_{pe}	表 1	额定对地雷电冲击耐受电压
U_{PL}	3.8.22	保护水平

表 C.1（续）

符号/缩写	范 例	含 义
U_{pp}	表 1	额定断口间雷电冲击耐受电压
U_r	4.2	额定电压
U_{re}	4.2.101	额定对地电压
U_{rp}	4.2.102	额定断口间电压
U_{se}	表 1	额定对地操作冲击耐受电压
U_{sp}	表 1	额定断口间操作冲击耐受电压
X_N	4.2.102	串联电容器的额定电抗
ω_1	附录 F	从额定工频推导出的角频率
ω_2	附录 F	串联电容器组电容与线路电感之间振荡的角频率

附 录 D
（资料性附录）
旁路开关额定值的举例

表 D.1 到表 D.3 给出了应用于近期工程的典型的串联电容器组额定值的研究案例。表中也给出了相应的旁路开关的额定值。表中给出的数值可以作为选定旁路开关额定值的导则，因为对应于特定的工程，所以额定值不可能标准化。需要说明的是，有些绝缘水平依照 IEEE 标准规定，在此只作为例子给出。表中所给数值应与第 4 章中描述的术语和各种额定值的缩略语相同。

表 D.1 典型的串联电容器组用旁路开关的额定值——案例 1～6

额定值	单位	案例 1	案例 2	案例 3	案例 4	案例 5	案例 6
额定对地电压 U_{re}	kV,有效值	500	500	500	500	500	500
线路最高系统电压	kV,有效值	560	560	560	560	560	560
电容器组额定电压 U_N	kV,有效值	101.3	63.9	65.3	70.4	69.9	94.8
过负荷电压	kV,有效值	136.8	86.3	81.3	87.3	86.7	117.5
保护水平 U_{PL}	kV,峰值	310.9	225.9	195.7	204	197.7	268.1
额定频率 f_r	Hz	60	60	60	60	60	60
额定电流 I_r	A,有效值	4 000	4 000	3 000	3 000	3 000	3 000
额定 30 min 电流	A,有效值	5 400	5 400	4 050	4 050	4 050	4 050
摇摆电流(最长 30 s)	A,有效值						
对地绝缘水平							
——额定工频耐受电压(干),1 min U_{de}	kV,有效值	710	710	710	710	860	860
——额定工频耐受电压(湿),10 s U_{de}	kV,有效值						
——额定操作冲击耐受电压,U_{se}	kV,峰值	1 050	1 050	1 050	1 050	1 175	1 175
——额定雷电冲击耐受电压,U_{pe}	kV,峰值	1 550	1 550	1 550	1 550	1 800	1 800
断口间绝缘水平							
——额定工频耐受电压(干),1 min U_{dp}	kV,有效值	425	260	310	310	310	365
——额定工频耐受电压(湿),10 s U_{dp}	kV,有效值	350	230	275	275	275	315
——额定雷电冲击耐受电压,U_{pp}	kV,峰值	900	550	650	650	650	750
短时耐受电流							
——额定短时耐受电流 I_k	kA,有效值	63	40	40	40	40	40
——额定短路持续时间 t_k	s	3	3	3	3	3	3
——额定峰值耐受电流 I_p	kA,峰值	164	128	128	128	128	128

表 D.1（续）

额定值	单位	案例 1	案例 2	案例 3	案例 4	案例 5	案例 6
额定操作顺序		O—C—t—OC—t—O—t'—C—t—OC	C—t—OC—t—O—t'—C—t—OC	O—C—t—OC—t—O—t'—C—t—OC	C—t—OC—t—O—t'—C—t—OC	O—C—t—OC—t—O—t'—C—t—OC	C—t—OC—t—O—t'—C—t—OC
——t	s	0.3	0.3	0.3	0.3	0.3	0.3
——t'	s	30	30	30	30	30	30
最长合闸时间	ms	34	34	34	34	34	34
最长分闸时间	ms	50	50	50	50	50	50
投入电流							
——额定旁路投入电流 I_{INS}	A，有效值	5 400	4 050	3 240	3 240	3 240	4 250
——额定重投入电压 U_{INS}	kV，峰值	310.9	225.9	195.7	204	197.7	268.1
——重投入电压到达第一个峰值的时间	ms	8	8	8	8	8	8
正常操作条件下的旁路关合电流							
——电容器组的放电电流 $I_{DISCHARGE}$	kA，峰值	37	28	21	23	23	25
——工频电流	kA，峰值	5.7	4.5	4.2	4.1	4.0	4.0
——旁路关合电流	kA，峰值	42.7	32.5	25.2	27.1	27.0	29.0
——旁路关合电流的频率 f_{BP}	Hz	385.2	509.4	408.1	470.5	471.2	530.2
——外施电压	kV，峰值	143.3	90.4	89.8	99.6	98.9	134.1
故障条件下的旁路关合电流							
——电容器组的放电电流 $I_{DISCHARGE}$	kA，峰值	80	71	52	56	57	67
——工频电流	kA，峰值	65	34	27	21	24	24
——旁路关合电流	kA，峰值	139	105	79	77	81	91
——旁路关合电流的频率 f_{BP}	Hz	385.2	509.4	408.1	470.5	471.2	530.2
——外施电压	kV，峰值	310.9	225.9	195.7	204	197.7	268.1
——阻尼系数							

表 D.1（续）

额定值	单位	案例 1	案例 2	案例 3	案例 4	案例 5	案例 6
规定的电气和机械寿命							
——空载操作	CO						
——额定电流下每年的操作次数	CO	20	20	20	20	20	20
——故障条件下每年的操作次数	CO	1	1	1	1	1	1
——故障条件下的操作次数(寿命)	CO						

表 D.2　典型的串联电容器组用旁路开关的额定值——案例 7～12

额定值	单位	案例 7	案例 8	案例 9	案例 10	案例 11	案例 12
额定对地电压 U_{re}	kV,有效值	500	500	735	252	345	345
线路最高系统电压	kV,有效值	550	550	800	252	362	362
电容器组额定电压 U_N	kV,有效值	19.9	19.9	80	46	42.6	55.6
过负荷电压	kV,有效值	29.9	29.9	140	68/105		
保护水平 U_{PL}	kV,峰值	81.6	81.6	270	148	144.4	188.6
额定频率 f_r	Hz	60	60	60	60	60	60
额定电流 I_r	A,有效值	3 150	3 150	4 000	630	2 000	2 000
额定 30 min 电流	A,有效值			6 000	945		
摇摆电流(最长 30 s)	A,有效值			7 000	1 103	2 700	2 700
对地绝缘水平							
——额定工频耐受电压(干),1 min　U_{de}	kV,有效值	650	650	830	450	710	710
——额定工频耐受电压(湿),10 s　U_{de}	kV,有效值						
——额定操作冲击耐受电压,U_{se}	kV,峰值	1 175	1 175	1 550	850	1 050	1 050
——额定雷电冲击耐受电压,U_{pe}	kV,峰值	1 550	1 550	2 100	1 175	1 550	1 550

表 D.2（续）

额定值	单位	案例 7	案例 8	案例 9	案例 10	案例 11	案例 12
断口间绝缘水平							
——额定工频耐受电压(干),1 min U_{dp}	kV,有效值	110	110	230	140	145	185
——额定工频耐受电压(湿),10 s U_{dp}	kV,有效值	69.3	69.3		185 (1s)		
——额定雷电冲击耐受电压,U_{pp}	kV,峰值	200	200	550	325	350	450
短时耐受电流							
——额定短时耐受电流 I_k	kA,有效值	40	40	40	25	40	40
——额定短路持续时间 t_k	s	1	1	1	1	1	1
——额定峰值耐受电流 I_p	kA,峰值	128	128	108	65		
额定操作顺序		O—C—t— OC—t—O— t'—C—t—OC	C—t—OC—t— O—t'—C—t—OC	C—t—OC— t'—OC	C—t—OC— t'—OC	C—O—C— t'—O—C	C—O—C— t'—O—C
—t	s	0.3	0.3	0.3	0.3		
——t'	s	30	30	15	15	30	30
最长合闸时间	ms	34	34	100	50	30	30
最长分闸时间	ms						
投入电流							
——额定旁路投入电流 I_{INS}	A,有效值	4 800	4 800	4 000	400	3 000	3 000
——额定重投入电压 U_{INS}	kV,峰值	81.6	81.6	270	148		
——重投入电压到达第一个峰值的时间	ms	4	4	4	4		
正常操作条件下的旁路关合电流							
——电容器组的放电电流 $I_{DISCHARGE}$	kA,峰值	18.3	18.3	30	23	37	37
——工频电流	kA,峰值			4	0.6		
——旁路关合电流	kA,峰值			34	24	37	37
——旁路关合电流的频率 f_{BP}	Hz	708	744	1 000	840	900	900

表 D.2（续）

额定值	单位	案例 7	案例 8	案例 9	案例 10	案例 11	案例 12
——外施电压	kV,峰值	28.1	28.1	115	65.1	60.2	78.6
故障条件下的旁路关合电流							
——电容器组的放电电流 $I_{DISCHARGE}$	kA,峰值	75	75	70	52	85	85
——工频电流	kA,峰值	65	65	5.6	8	15	15
——旁路关合电流	kA,峰值	140	140	75.6	60	100	100
——旁路关合电流的频率 f_{BP}	Hz	708	744	1 000	840	900	900
——外施电压	kV,峰值	81.6	81.6	270	148	144.4	188.6
——阻尼系数				0.5	0.5		
规定的电气和机械寿命							
——空载操作	CO			2 000	2 000		
——额定电流下每年的操作次数	CO	5	5	15	20		
——故障条件下每年的操作次数	CO			5	10		
——故障条件下的操作次数(寿命)	CO	1	1	150	300		

表 D.3　典型的串联电容器组用旁路开关的额定值——案例 13～18

额定值	单位	案例 13	案例 14	案例 15	案例 16	案例 17	案例 18
额定对地电压 U_{re}	kV,有效值	500	500	400	400	500	500
线路最高系统电压	kV,有效值	550	550	460	460	550	550
电容器组额定电压 U_N	kV,有效值	65.4		33.8	33.8	61.7	170
过负荷电压	kV,有效值			45.6	45.6		
保护水平 U_{PL}	kV,峰值	212.7		110	110	200.6	383
额定频率 f_r	Hz	60	50	60	60	50	60

表 D.3（续）

额定值	单位	案例 13	案例 14	案例 15	案例 16	案例 17	案例 18
额定电流 I_r	A,有效值	3 000	3 150	2 000	2 000	2 500	3 000
额定 30 min 电流	A,有效值	4 500					
摇摆电流(最长 30 s)	A,有效值	5 700					
对地绝缘水平							
——额定工频耐受电压(干),1 min U_{de}	kV,有效值	710		860	860	680	860
——额定工频耐受电压(湿),10 s U_{de}	kV,有效值						775
——额定操作冲击耐受电压,U_{se}	kV,峰值					1 175	1 175
——额定雷电冲击耐受电压,U_{pe}	kV,峰值	1 800	1 500	1 550	1 550	1 550	1 550
断口间绝缘水平							
——额定工频耐受电压(干),1 min U_{dp}	kV,有效值	185					325
——额定工频耐受电压(湿),10 s U_{dp}	kV,有效值						
——额定雷电冲击耐受电压,U_{pp}	kV,峰值	450					750
短时耐受电流							
——额定短时耐受电流 I_k	kA,有效值	40	50	40	40	50	40
——额定短路持续时间 t_k	s	1	3	3	3	3	1
——额定峰值耐受电流 I_p	kA,峰值		125	100	100	125	108
额定操作顺序		(O)—C—O—C	C—O—C— t'—O—C	O—t—CO— t'—CO	O—t—CO— t'—CO	C—O—C— t'—O—C	C—O—C— t'—O—C
——t	s			0.3	0.3		
——t'	s		30	30	30	30	30
最长合闸时间	s	<35	<50	36	36		<50
最长分闸时间	s		<50				<50

表 D.3(续)

额定值	单位	案例 13	案例 14	案例 15	案例 16	案例 17	案例 18
投入电流							
——额定旁路投入电流 I_{INS}	A,有效值	4 500	3 150			3 600	3 650
——额定重投入电压 U_{INS}	kV,峰值					200.6	383
——重投入电压第一次到达峰值的时间	ms					6.7	8.3
在正常操作条件下的旁路关合电流							
——电容器组的放电电流 $I_{DISCHARGE}$	kA,峰值	40				52.8	
——工频电流	kA,峰值	15					
——旁路关合电流	kA,峰值	55				52.8	
——旁路关合电流的频率 f_{BP}	Hz	430				620	680
——外施电压	kV,峰值	92.5				123.3	240.4
在故障条件下的旁路关合电流							
——电容器组的放电电流 $I_{DISCHARGE}$	kA,峰值	70		68	68	80.9	91
——工频电流	kA,峰值	30		40	40	24.7	
——旁路关合电流	kA,峰值	100		108	108	105.6	108
——旁路关合电流的频率 f_{BP}	Hz	430		1 048	1 048	620	680
——外施电压	kV,峰值	150.4		110	110	200.6	383
——阻尼系数						0.3	
规定的电气和机械寿命							
——空载操作	CO		5 000			6 000	
——在额定电流下每年的操作次数	CO						
——在故障条件下每年的操作次数	CO						
——在故障条件下的操作次数(寿命)	CO						

附 录 E
（资料性附录）
作为主旁路装置使用的旁路开关

在工频故障电流较低（电容器组通常位于线路的中部）的情况下，或者使用火花间隙而火花间隙不能可靠动作的场合，旁路开关有时作为串联电容器组过电压保护器的主保护（例如，没有使用快速旁路装置诸如火花间隙）使用。对这样的串联电容器组方案，在旁路开关闭合之前，设计用可变电阻器组来吸收因线路故障所产生的能量。图 E.1 给出了典型的元件布置。

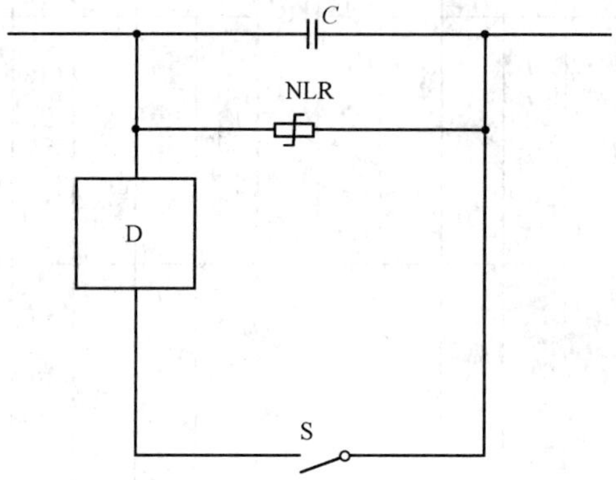

说明：

C ——串联电容器；

NLR ——非线性电阻；

D ——阻尼回路；

S ——旁路开关。

图 E.1 作为主旁路开关装置使用的旁路开关的典型元件布置

在这样的结构中，对所有的线路故障，旁路开关将承受电容器组放电电流（$I_{\mathrm{DISCHARGE}}$）和工频电流。对使用了快速旁路装置（如火花间隙）的方案这种类型的应力不再频繁出现，因为通常都是由快速旁路装置而不是由旁路开关来承受。

对这样的使用工况而且由于电气负荷的增加，在旁路关合电流试验方式（参见 6.104）中规定更多的关合操作次数可能是必要的。该操作次数应当由线路每年预期的故障次数、检修前要求的运行时间和相关电气参数决定。如果次数需要增加，应在询问单中明确指出。

附　录　F
（资料性附录）
关于重投入过程中瞬态恢复电压的说明

当旁路开关重投入一个串联电容器组时，旁路开关断口间出现的瞬态重投入电压是工频下的负载电流，包括所有的系统摇摆和紧急负载电流（如果适用），以及由容性阻抗和线路阻抗谐振所产生的阻尼的暂态振荡电流的函数。旁路开关断口间的该暂态电压可由式（F.1）和式（F.2）决定：

$$u(t)=U_N\times\sqrt{2}\times(\cos\omega_1 t-e^{-\beta t}\cos\omega_2 t)\times I_{LOAD}/I_N \quad \text{(F.1)}$$

$$\omega_2=\omega_1\times\sqrt{k}\text{ 且 }k=X_C/X_L \quad \text{(F.2)}$$

式中：

$u(t)$ ——旁路开关断口间的瞬态重投入电压；

U_N ——串联电容器组的额定电压（有效值）；

ω_1 ——从额定工频推导出的角频率；

t ——以 s 为单位的时间；

β ——串联电容器组的电容和线路的电感之间振荡的阻尼系数，一般在 0.8～0.9 之间；

ω_2 ——串联电容器组的电容和线路的电感之间振荡的角频率；

k ——补偿系数；

I_{LOAD} ——串联电容器组的实际投入电流（有效值）；

I_N ——串联电容器组的额定电流（有效值）。

GB/T 6115.1 中，典型的紧急过负荷电流范围 1.2 p.u.～1.6 p.u.，而系统摇摆电流范围是 1.7 p.u.～2.5 p.u.。根据 GB/T 6115.1，典型的补偿系数范围是 0.2 p.u.～0.8 p.u.，而保护水平 U_{PL} 的范围是 2.0 p.u.～2.5 p.u.。

低频振荡、负载电流、包括紧急负载电流和系统摇摆电流，和非线性限压器（可变电阻器）的动作水平（U_{PL}）的共同作用使旁路开关断口间的瞬态重投入电压到达第一个峰值的时间小于半个工频周期，即，对 50 Hz 系统为 10 ms，对 60 Hz 系统为 8.3 ms。

以标幺值（p.u.）表示的保护水平定义为：$U_{PL}/(U_N\times\sqrt{2})$，这里 U_{PL} 为峰值而 U_N 为有效值。

因此以电容器组额定电压峰值的标幺值（p.u.）表示的重投入电压由式（F.3）给出：

$$u(t)(\text{p.u.})=(\cos\omega_1 t-e^{-\beta t}\cos\omega_2 t)\times I_{LOAD}/I_N \quad \text{(F.3)}$$

表 F.1～表 F.16 给出了一些实例。

表 F.1　系统没有摇摆也没有紧急过负荷时瞬态重投入电压的典型示例

（I_{LOAD}=1.0 p.u.；U_{PL}=2.2 p.u.；β=0.85；f=50 Hz）

补偿系数 k	瞬态重投入电压的第一个峰值/p.u.	到达第一个峰值的时间/ms	非线性限压器在第一个电压峰值导通？
0.2	1.26	8.6	否
0.3	1.00	8.2	否
0.4	0.79	7.8	否
0.5	0.61	7.5	否
0.6	0.46	7.3	否
0.7	0.32	7.1	否
0.8	0.20	6.9	否

表 F.2 系统没有摇摆但有紧急过负荷时瞬态重投入电压的典型示例

(I_{LOAD} = 1.2 p.u.; U_{PL} = 2.2 p.u.; β = 0.85; f = 50 Hz)

补偿系数 k	瞬态重投入电压的第一个峰值/p.u.	到达第一个峰值的时间/ms	非线性限压器在第一个电压峰值导通?
0.2	1.51	8.6	否
0.3	1.20	8.2	否
0.4	0.95	7.8	否
0.5	0.74	7.5	否
0.6	0.55	7.3	否
0.7	0.39	7.1	否
0.8	0.25	6.9	否

表 F.3 系统没有摇摆但有紧急过负荷时瞬态重投入电压的典型示例

(I_{LOAD} = 1.4 p.u.; U_{PL} = 2.2 p.u.; β = 0.85; f = 50 Hz)

补偿系数 k	瞬态重投入电压的第一个峰值/p.u.	到达第一个峰值的时间/ms	非线性限压器在第一个电压峰值导通?
0.2	1.76	8.6	否
0.3	1.40	8.2	否
0.4	1.11	7.8	否
0.5	0.86	7.5	否
0.6	0.64	7.3	否
0.7	0.45	7.1	否
0.8	0.29	6.9	否

表 F.4 系统没有摇摆但有紧急过负荷时瞬态重投入电压的典型示例

(I_{LOAD} = 1.6 p.u.; U_{PL} = 2.2 p.u.; β = 0.85; f = 50 Hz)

补偿系数 k	瞬态重投入电压的第一个峰值/p.u.	到达第一个峰值的时间/ms	非线性限压器在第一个电压峰值导通?
0.2	2.01	8.6	否
0.3	1.60	8.2	否
0.4	1.27	7.8	否
0.5	0.98	7.5	否
0.6	0.73	7.3	否
0.7	0.52	7.1	否
0.8	0.33	6.9	否

表 F.5 系统有摇摆时瞬态重投入电压的典型示例

(I_{LOAD}=1.8 p.u.;U_{PL}=2.2 p.u.;β=0.85;f=50 Hz)

补偿系数 *k*	瞬态重投入电压的第一个峰值/p.u.	到达第一个峰值的时间/ms	非线性限压器在第一个电压峰值导通?
0.2	2.20	7.8	是
0.3	1.80	8.2	否
0.4	1.43	7.8	否
0.5	1.10	7.5	否
0.6	0.83	7.3	否
0.7	0.58	7.1	否
0.8	0.37	6.9	否

表 F.6 系统有摇摆时瞬态重投入电压的典型示例

(I_{LOAD}=2.0 p.u.;U_{PL}=2.2 p.u.;β=0.85;f=50 Hz)

补偿系数 *k*	瞬态重投入电压的第一个峰值/p.u.	到达第一个峰值的时间/ms	非线性限压器在第一个电压峰值导通?
0.2	2.20	6.7	是
0.3	2.01	8.2	否
0.4	1.58	7.8	否
0.5	1.23	7.5	否
0.6	0.92	7.3	否
0.7	0.65	7.1	否
0.8	0.41	6.9	否

表 F.7 系统有摇摆时瞬态重投入电压的典型示例

(I_{LOAD}=2.3 p.u.;U_{PL}=2.2 p.u.;β=0.85;f=50 Hz)

补偿系数 *k*	瞬态重投入电压的第一个峰值/p.u.	到达第一个峰值的时间/ms	非线性限压器在第一个电压峰值导通?
0.2	2.20	5.9	是
0.3	2.20	7.2	是
0.4	1.82	7.8	否
0.5	1.41	7.5	否
0.6	1.05	7.3	否
0.7	0.74	7.1	否
0.8	0.47	6.9	否

表 F.8 系统有摇摆时瞬态重投入电压的典型示例

(I_{LOAD}=2.5 p.u.;U_{PL}=2.2 p.u.;β=0.85;f=50 Hz)

补偿系数 k	瞬态重投入电压的第一个峰值/p.u.	到达第一个峰值的时间/ms	非线性限压器在第一个电压峰值导通?
0.2	2.20	5.6	是
0.3	2.20	6.4	是
0.4	1.98	7.8	否
0.5	1.53	7.5	否
0.6	1.15	7.3	否
0.7	0.81	7.1	否
0.8	0.51	6.9	否

表 F.9 系统没有摇摆也没有紧急过负荷时瞬态重投入电压的典型示例

(I_{LOAD}=1.0 p.u.;U_{PL}=2.2 p.u.;β=0.85;f=60 Hz)

补偿系数 k	瞬态重投入电压的第一个峰值/p.u.	到达第一个峰值的时间/ms	非线性限压器在第一个电压峰值导通?
0.2	1.26	7.2	否
0.3	1.00	6.8	否
0.4	0.79	6.5	否
0.5	0.61	6.3	否
0.6	0.46	6.1	否
0.7	0.32	5.9	否
0.8	0.20	5.7	否

表 F.10 系统没有摇摆但有紧急过负荷时瞬态重投入电压的典型示例

(I_{LOAD}=1.2 p.u.;U_{PL}=2.2 p.u.;β=0.85;f=60 Hz)

补偿系数 k	瞬态重投入电压的第一个峰值/p.u.	到达第一个峰值的时间/ms	非线性限压器在第一个电压峰值导通?
0.2	1.51	7.2	否
0.3	1.20	6.8	否
0.4	0.95	6.5	否
0.5	0.74	6.3	否
0.6	0.55	6.1	否
0.7	0.39	5.9	否
0.8	0.25	5.7	否

表 F.11　系统没有摇摆但有紧急过负荷时瞬态重投入电压的典型示例
(I_{LOAD}=1.4 p.u.;U_{PL}=2.2 p.u.;β=0.85;f=60 Hz)

补偿系数 k	瞬态重投入电压的第一个峰值/p.u.	到达第一个峰值的时间/ms	非线性限压器在第一个电压峰值导通?
0.2	1.76	7.2	否
0.3	1.40	6.8	否
0.4	1.11	6.5	否
0.5	0.86	6.3	否
0.6	0.64	6.1	否
0.7	0.45	5.9	否
0.8	0.29	5.7	否

表 F.12　系统没有摇摆但有紧急过负荷时瞬态重投入电压的典型示例
(I_{LOAD}=1.6 p.u.;U_{PL}=2.2 p.u.;β=0.85;f=60 Hz)

补偿系数 k	瞬态重投入电压的第一个峰值/p.u.	到达第一个峰值的时间/ms	非线性限压器在第一个电压峰值导通?
0.2	2.01	7.2	否
0.3	1.60	6.8	否
0.4	1.27	6.5	否
0.5	0.98	6.3	否
0.6	0.73	6.1	否
0.7	0.52	5.9	否
0.8	0.33	5.7	否

表 F.13　系统摇摆时瞬态重投入电压的典型示例
(I_{LOAD}=1.8 p.u.;U_{PL}=2.2 p.u.;β=0.85;f=60 Hz)

补偿系数 k	瞬态重投入电压的第一个峰值/p.u.	到达第一个峰值的时间/ms	非线性限压器在第一个电压峰值导通?
0.2	2.20	6.5	是
0.3	1.80	6.8	否
0.4	1.43	6.5	否
0.5	1.10	6.3	否
0.6	0.83	6.1	否
0.7	0.58	5.9	否
0.8	0.37	5.7	否

表 F.14 系统摇摆时瞬态重投入电压的典型示例
(I_{LOAD}=2.0 p.u.;U_{PL}=2.2 p.u.;β=0.85;f=60 Hz)

补偿系数 k	瞬态重投入电压的第一个峰值/p.u.	到达第一个峰值的时间/ms	非线性限压器在第一个电压峰值导通?
0.2	2.20	5.6	是
0.3	2.01	6.8	否
0.4	1.58	6.5	否
0.5	1.23	6.3	否
0.6	0.92	6.1	否
0.7	0.65	5.9	否
0.8	0.41	5.7	否

表 F.15 系统摇摆时瞬态重投入电压的典型示例
(I_{LOAD}=2.3 p.u.;U_{PL}=2.2 p.u.;β=0.85;f=60 Hz)

补偿系数 k	瞬态重投入电压的第一个峰值/p.u.	到达第一个峰值的时间/ms	非线性限压器在第一个电压峰值导通?
0.2	2.20	4.9	是
0.3	2.20	6.0	是
0.4	1.82	6.5	否
0.5	1.41	6.3	否
0.6	1.05	6.1	否
0.7	0.74	5.9	否
0.8	0.47	5.7	否

表 F.16 系统摇摆时重投入恢复电压的典型示例
(I_{LOAD}=2.5 p.u.;U_{PL}=2.2 p.u.;β=0.85;f=60 Hz)

补偿系数 k	瞬态重投入电压的第一个峰值/p.u.	到达第一个峰值的时间/ms	非线性限压器在第一个电压峰值导通?
0.2	2.20	4.6	是
0.3	2.20	5.4	是
0.4	1.98	6.5	否
0.5	1.53	6.3	否
0.6	1.15	6.1	否
0.7	0.81	5.9	否
0.8	0.51	5.7	否

基于这些数值可以给出以下结论：

——当在 GB/T 6115.1 中给出的范围内出现典型的紧急过负荷或系统摇摆时，对于具有低补偿系数($k \leqslant 0.3$)的串联电容器方案，旁路开关断口间瞬态重投入电压，第一个峰值非常显著并且能达到可变电阻器的保护水平(U_{PL})，在电流过零后一个相对较短的时间内(小于 1/2 个工频周期)就可到达第一个峰值。

——当在 GB/T 6115.1 中给出的范围内出现典型的紧急过负荷或系统摇摆时，对于具有相对较高的补偿系数($k>0.3$)的串联电容器方案，旁路开关断口间瞬态重投入电压，第一个峰值比较低并且达不到可变电阻器的保护水平(U_{PL})。尽管如此，对于这种方案，重投入电压的后续电压半波将达到可变电阻器的保护水平(U_{PL})，因此所设计的旁路开关应当能够耐受可变电阻器的保护水平。

图 F.1 和图 F.2 给出了典型的恢复电压波形的例子。

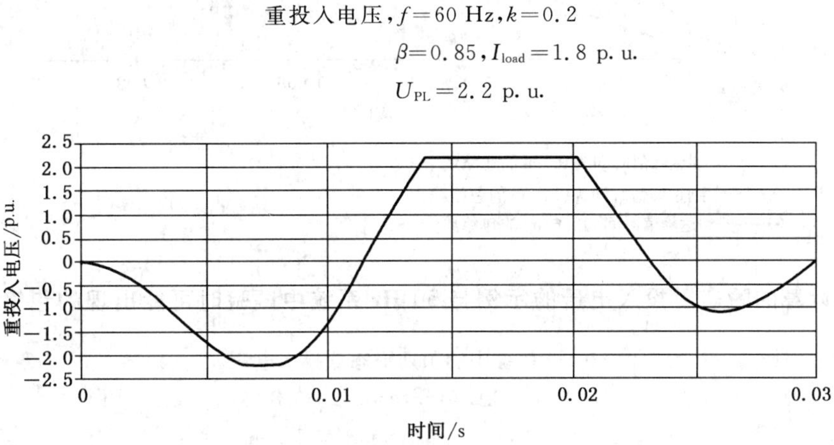

图 F.1　在低补偿系数方案($k=0.2$)且系统摇摆电流为 1.8 p.u. 时旁路开关两端的瞬态重投入电压的典型示例

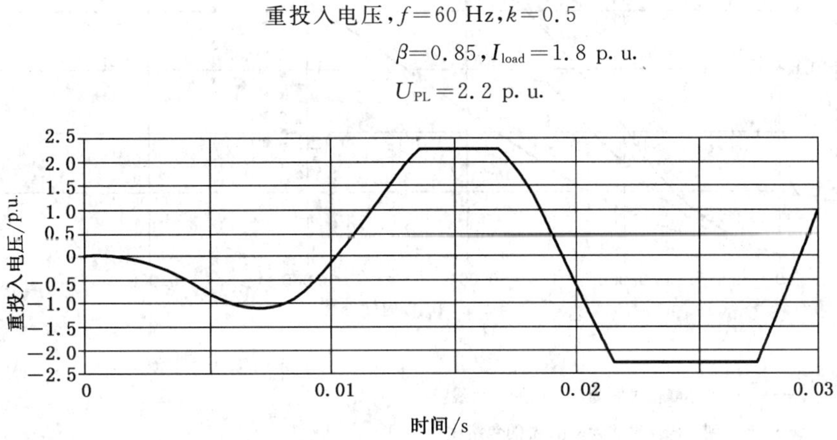

图 F.2　在高补偿系数方案($k=0.5$)且系统摇摆电流为 1.8 p.u. 时旁路开关两端的瞬态重投入电压的典型示例

分别对应于 50 Hz 和 60 Hz 系统，图 F.3 和图 F.4 汇总了表 F.1～表 F.16 所给出的工况。不同的瞬态重投入电压的包络线已经叠加在一起。

50 Hz 系统中的预期瞬态重投入电压

U_{PL}=2.2 p.u.，k=0.2～0.8

β=0.85，I_{load}=1.8 p.u.～2.5 p.u.

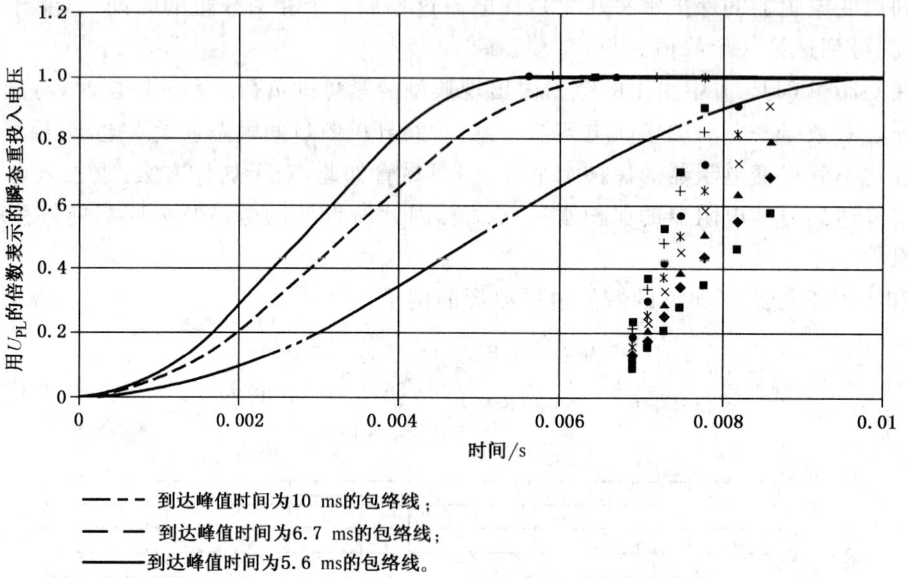

图 F.3　计算的瞬态重投入电压的示例与 50 Hz 系统中试验时可能出现的包络线的比较

60 Hz 系统中的预期瞬态重投入电压

U_{PL}=2.2 p.u.，k=0.2～0.8

β=0.85，I_{load}=1.8 p.u.～2.5 p.u.

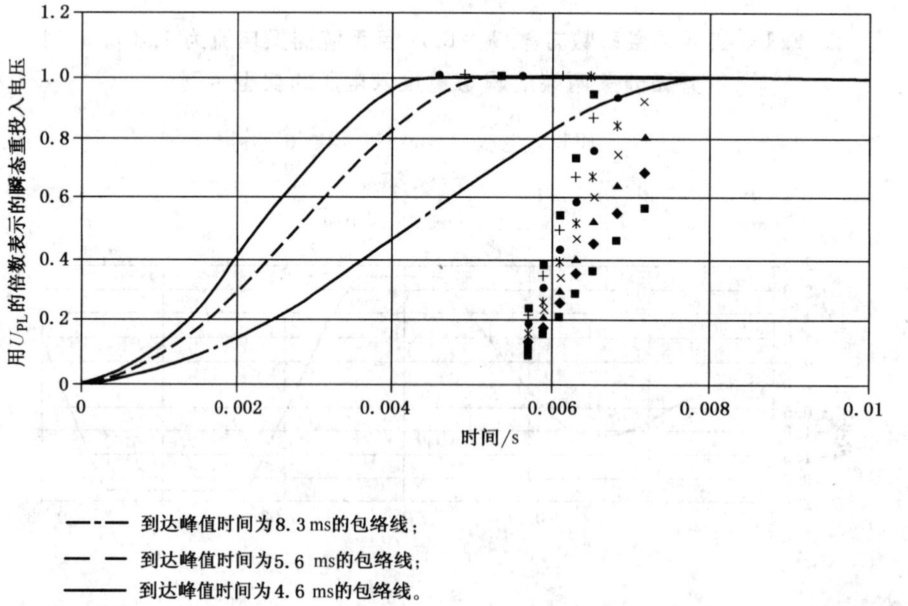

图 F.4　计算的瞬态重投入电压的示例与 60 Hz 系统中试验时可能出现的包络线的比较

基于图 F.3 和图 F.4 中所示的数据，可以给出以下结论：

——若选用 4.104 中优选的重投入电压到达第一个峰值时间 5.6 ms，覆盖了 50 Hz 系统 100%的计算实例；

——若选用重投入电压到达第一个峰值时间为 6.7 ms，覆盖了 50 Hz 系统 95%的计算实例；
——若选用重投入电压到达第一个峰值时间为 10 ms，覆盖了 50 Hz 系统 88%的计算实例；
——选用 4.104 中优选的重投入电压到达第一个峰值时间 5.6 ms，覆盖了 60 Hz 系统 95%的计算实例；
——若选用重投入电压到达第一个峰值时间为 4.6ms，覆盖了 60 Hz 系统 100%的计算实例；
——若选用重投入电压到达第一个峰值时间为 8.3ms，覆盖了 60 Hz 系统 89%的计算实例。

根据这些结果，4.104 中优选的到达第一个峰值时间(5.6 ms)能覆盖 50 Hz 和 60 Hz 系统的绝大多数实际工况，使用一个统一数值是出于标准化的目的，还可限制型式试验次数使其为要求的最少试验次数。尽管如此，对一些特定的电容器组方案(例如在 $k>0.3$ 的高补偿系数，或较小的紧急电流和较小的系统摇摆的情况下)，该数值的使用仍然受到限制，就需要规定一个较大的到达第一个峰值的时间，以便在考虑旁路开关的重投入能力时得到一个更为经济的解决方案。

如果规定一个与优选的瞬态重投入电压的第一个峰值时间不同的数值，该数值应当有详尽的系统研究作支持，而且该研究还应当考虑紧急过负荷、系统摇摆以及与紧急过负荷和系统摇摆期间的负载电流有关的可变电阻器保护水平的实际值。

附 录 G
（规范性附录）
机械特性的使用及相关要求

型式试验前应建立旁路开关的机械特性，例如通过记录空载行程曲线，也可以通过使用机械参数例如特定行程的瞬时速度等来建立。该机械特性将作为表征旁路开关机械性能的参考。

机械行程特性用来确认在机械、旁路和投入试验中使用的不同样品的机械性能相似。用于机械、旁路和投入试验的所有试验样品的机械特性应在下述包络线内。因为不同的试验室所用的测量方法不同，所以不能对包络线进行直接比较，解释曲线时需要注意。

用于记录机械特性的传感器的类型和位置应在试验报告中说明。机械特性曲线可以在动力传动链的任何部分测量，并被连续地或离散地记录。离散测量情况下，对于完整的行程至少应给出 20 个离散数值。

机械特性用来确定该参考曲线上、下允许偏差的限值。根据该参考曲线，可以从分闸时的触头分离时刻到触头行程终止时刻和合闸时的触头行程起始时刻到触头接触时刻划出两条包络线。两条包络线距初始（参考）曲线的距离应在总行程的±5％范围内，如图 8 所示。旁路开关的总行程为 40 mm 或更小时，两条包络线距初始曲线的距离应为±2 mm。已经发现，对于某些旁路开关的设计，例如真空旁路开关，这些方法可能不适用。在这种情况下，制造厂应给出适当的方法来检验旁路开关的正确动作。

如果使用曲线以外的机械特性时，制造厂应给出替代的方法和使用的公差。

图 7～图 10 是为了图解的目的，且仅说明了分闸操作。这些图都是理想的，没有考虑触头的磨擦效应或行程末端阻尼引起的外形偏差。尤其重要的是，应注意到这些图中并没有表示出阻尼效应。行程末端产生的颤动取决于驱动系统的阻尼效果。这些颤动的形状可以是谨慎设计的结果，一台样机到另一台样机会有轻微的变化，也可能是由不良设计、制造、装配或调整所导致的。因此，行程末端曲线上的任何超出包络线给定公差范围的变化，在拒绝或接受该曲线与参考曲线的等效性之前，对其作出完整的解释和理解是很重要的。通常所有曲线应在包络线范围内以便被接受。

包络线可以在垂直方向移动，直到一条曲线覆盖了该参考曲线。这就给出机械特性方面的最大允许偏差分别为 0％、10％和－10％、0％，如图 9 和 10 所示。为了得到与参考特性 10％的最大的总偏差，在每个试验的整个试验过程中，包络线的移动只允许使用一次。

表 G.1 列出了空载、关合和开断型式试验及相关的参考机械特性。

表 G.1 与机械特性相关的型式试验摘要

适用的条款	应该记录的试验	评价方法	用法/注释
6.101.1.1 机械特性	型式试验开始前的空载试验	不适用	参考机械特性通用导则
6.101.1.3 试验前后应记录的旁路开关的特性和整定值	机械和环境试验前后	不适用	记录所列项目
6.101.2.2（机械）试验前旁路开关状态	机械试验前的空载试验	a	独立操作的单极或三极旁路开关的机械试验
6.101.2.5 机械操作试验的判据	机械试验后的空载试验	b	
6.101.3.3 低温试验	低温试验前后的空载试验	b	取决于最低温度等级
6.101.3.4 高温试验	高温试验前后的空载试验	b	取决于是否要求

表 G.1（续）

适用的条款	应该记录的试验	评价方法	用法/注释
6.101.6 端子静负载试验	端子静负载试验前后的空载试验	a	参见 6.101.6.2 中的注释
6.102.3.3 多箱壳型	试验前的空载试验	a	对于共同操作的多箱壳型
6.102.4.2 单元试验	试验前的空载试验	a	对于一极中具有两个或更多不独立操作的单元的旁路开关
6.102.6（旁路关合和投入）试验前的空载操作	试验前的空载试验	a	对于所有的旁路关合和投入试验
6.102.7 替代的操动机构	试验前的空载试验	a	对于等效的替代的操动机构
	旁路关合试验	c	

注 1：a 评价方法在 6.101.1.1 和附录 G 中给出。

注 2：b 评价方法在 6.101.1.3 和 6.101.1.4 中给出。

注 3：c 评价方法在 6.102.7 中给出。

ICS 27.100
F 20

中华人民共和国国家标准

GB/T 28566—2012

发电机组并网安全条件及评价

Security specification and its evaluation for generating unit interconnection

2012-06-29 发布 2012-11-01 实施

中华人民共和国国家质量监督检验检疫总局
中国国家标准化管理委员会 发布

前　　言

本标准按照GB/T 1.1—2009给出的规则起草。

本标准由国家电力监管委员会提出。

本标准由全国电力监管标准化技术委员会(SAC/TC 296)归口。

本标准起草单位:国家电力监管委员会、中国电机工程学会、国家电网公司、中国南方电网有限责任公司、中国华能集团公司、中国大唐集团公司、中国华电集团公司、中国国电集团公司、中国电力投资集团公司、北京国华电力有限责任公司、华北电力科学研究院有限责任公司、北京电机工程学会。

本标准主要起草人:陆延昌、陈峰、池建军、李若梅、黄幼茹、王金萍、冷喜武、郑耀东、刘银顺、申彦红、胡湘燕、马继先、王天君、白亚民、李劲松、李和平、李晛、吴茂林、沈丙申、张洁、张章奎、苏为民、杨心平、杨振勇、荣燕、韩福坤、雷为民、蔡新华、樊玉林。

引　　言

发电机组并网安全性评价是电力安全生产监督管理工作的重要组成部分，对全面诊断和评价并网发电机组安全稳定运行能力、确保电网和并网发电厂的安全稳定运行非常重要。为了规范该项工作，国家电力监管委员会委托中国电机工程学会组织发电企业、电网企业及其调度机构、科研院所、中介机构的专家编制了本标准。

本标准在总结电力行业多年来开展发电机组并网安全性评价工作经验的基础上，依据法律法规、标准以及规范性文件，综合考虑电力系统发展、科技进步以及伴随新技术应用而出现的新课题，提出了发电机组并网安全必备条件及具体的评价项目，以适应当前电力系统发展的客观需要，满足电力安全生产监督管理工作的要求。

发电机组并网安全条件及评价

1 范围

本标准规定了并网发电机组的电气一次设备及系统、电气二次设备及系统、调度运行及安全管理三个方面安全性评价的必备项目和评价项目、相关的评价方法和相应的评价依据。

本标准适用于并网运行的单机容量 50 MW 及以上的水电机组、燃气-蒸汽联合循环机组，100 MW 及以上的火电机组，核电机组(常规岛部分)。

上述类型的其他容量并网运行发电机组可参照执行。

2 规范性引用文件

下列文件对于本标准的应用是必不可少的。凡是注日期的引用文件，仅注日期的版本适用于本标准。凡是不注日期的引用文件，其最新本版(包括所有的修改单)适用于本标准。

GB 311.1—2012 绝缘配合 第1部分：定义，原则和规则

GB 755—2008 旋转电机 定额和性能

GB/T 4703—2007 电容式电压互感器

GB 4962—2008 氢气使用安全技术规程

GB/T 7064—2008 隐极同步发电机技术要求

GB/T 7409.3—2007 同步电机励磁系统 大、中型同步发电机励磁系统技术要求

GB/T 7894—2009 水轮发电机基本技术条件

GB/T 8349—2000 金属封闭母线

GB 10963.2—2008 家用及类似场所用过电流保护断路器 第2部分：用于交流和直流的断路器

GB/T 14285—2006 继电保护和安全自动装置技术规程

GB/T 15468—2006 水轮机基本技术条件

GB 16847—1997 保护用电流互感器暂态特性技术要求

GB/T 18482—2010 可逆式抽水蓄能机组启动试运行规程

GB/T 20160—2006 旋转电机绝缘电阻测试

GB/T 26218.1 污秽条件下使用的高压绝缘子的选择和尺寸确定 第1部分：定义、信息和一般原则

GB/T 26218.2 污秽条件下使用的高压绝缘子的选择和尺寸确定 第2部分：交流系统用瓷和玻璃绝缘子

GB/T 26218.3 污秽条件下使用的高压绝缘子的选择和尺寸确定 第3部分：交流系统用复合绝缘子

GB 50147—2010 电气装置安装工程高压电器施工及验收规范

GB 50150—2006 电气装置安装工程电气设备交接试验标准

GB 50217—2007 电力工程电缆设计规范

GB 50229—2006 火力发电厂与变电站设计防火规范

AQ/T 9002—2006 生产经营单位生产事故应急预案编制导则

DL 408—1991 电业安全工作规程(发电厂和变电所电气部分)

DL 5027—1993 电力设备典型消防规程
DL/T 489—2006 大中型水轮发电机静止整流励磁系统及装置试验规程
DL/T 490—1992 大中型水轮发电机静止整流励磁系统及装置安装、验收规程
DL/T 491—2008 大中型水轮发电机自并励励磁系统及装置运行和检修规程
DL/T 507—2002 水轮发电机组启动试验规程
DL/T 516—2006 电力调度自动化系统运行管理规程
DL/T 544—1994 电力系统通信管理规程
DL 548—1994 电力系统通信站防雷运行管理规程
DL/T 572—2010 电力变压器运行规程
DL/T 573—2010 电力变压器检修导则
DL/T 574—2010 变压器分接开关运行维修导则
DL/T 583—2006 大中型水轮发电机静止整流励磁系统及装置技术条件
DL/T 587—2007 微机继电保护装置运行管理规程
DL/T 596—1996 电力设备预防性试验规程
DL/T 620—1997 交流电气装置的过电压保护和绝缘配合
DL/T 621—1997 交流电气装置的接地
DL/T 650—1998 大型汽轮发电机自并励静止励磁系统技术条件
DL/T 651—1998 氢冷发电机氢气湿度技术要求
DL/T 656—2006 火力发电厂汽轮机控制系统验收测试规程
DL/T 664—2008 电力设备红外热成像试验导则
DL/T 687—1999 微机型防止电气误操作装置通用技术条件
DL 705—1999 运行中氢冷发电机密封油质量标准
DL/T 722—2000 变压器油中溶解气体分析和判断导则
DL/T 724—2000 电力系统用蓄电池直流电源装置运行与维护技术规程
DL/T 741—2010 架空输电线路运行规程
DL/T 755—2001 电力系统安全稳定导则
DL/T 801—2002 大型发电机内冷却水质及系统技术条件
DL/T 843—2003 大型汽轮发电机交流励磁机励磁系统技术条件
DL/T 856—2004 电力用直流电源监控装置
DL/T 970—2005 大型汽轮发电机非正常和特殊运行及检修导则
DL/T 995—2006 继电保护和电网安全自动装置检验规程
DL/T 1040—2007 电网运行准则
DL/T 1049—2007 发电机励磁系统技术监督规程
DL/T 1051—2007 电力技术监督导则
DL 5000—2000 火力发电厂设计技术规程
DL/T 5027—1993 电力设备典型消防规程
DL/T 5044—2004 电力工程直流系统设计技术规程
DL/T 5136—2001 火力发电厂、变电所二次接线技术规程
DL/T 5153—2002 火力发电厂厂用电设计技术规定
DL/T 5164—2002 水力发电厂厂用电设计规程
DL/T 5208—2005 抽水蓄能电站设计导则
YD/T 1821—2008 通信中心机房环境条件要求
中华人民共和国主席令〔1997〕第88号 中华人民共和国防洪法

中华人民共和国国务院令〔1993〕第115号　电网调度管理条例

国家安全生产监督管理总局令第16号　安全生产事故隐患排查治理暂行规定

国家电力监管委员会令第2号　电力安全生产监管办法

国家电力监管委员会令第5号　电力二次系统安全防护规定

国家电力监管委员会令第22号　电网运行规则(试行)

电监安全〔2006〕34号　电力二次系统安全防护总体方案

电监市场〔2006〕42号　发电厂并网运行管理规定

电监安全〔2009〕61号　电力企业应急预案管理办法

能源电〔1993〕45号　电力系统电瓷外绝缘防污闪技术管理规定

3　术语和定义

下列术语和定义适用于本文件。

3.1

必备项目　necessary items

发电机组并网运行的最基本要求，主要包含对电网和并网发电机组安全运行可能造成严重影响的技术和管理内容。

3.2

评价项目　evaluation items

除必备项目之外，发电机组并网运行应满足的安全要求，主要用于评价并网发电机组及直接相关的设备、系统、安全管理工作中影响电网和并网发电机组安全稳定运行的危险因素的严重程度。

4 必备项目

必备项目内容、评价方法和评价依据见表1。

表1 必备项目内容、评价方法和评价依据

序号	项目内容	评价方法	评价依据
1	电气主结线及厂(站)用电系统应按国家和电力行业标准满足电网安全要求;并网电厂高压侧或升压站电气设备遮断容量应满足电网安全要求;110 kV及以上变压器中性点接地方式必须经所在电网调度机构审批,并严格按有关规定执行	查阅相关文档资料;检查安装点的短路电流水平计算文件;110 kV及以下变压器、其他电气一次设备应有抗短路能力的型式试验报告;220 kV及以上变压器应有抗短路能力计算报告;开关设备应有短路开断试验的型式试验报告;查阅所在电网调度机构110 kV及以上变压器中性点接地方式审批文件、现场检查	该工程初步设计中,电气主结线接入系统设计审查意见书
2	新投运的电气一次设备,如发电机、变压器、高压并联电抗器、高压电气设备等的交接试验项目应完整、合格; 已投运的电气一次设备应按照国家和电力行业标准进行预防性试验	查阅相关技术资料,包括新投运设备出厂试验报告,现场交接试验报告,已投运设备检修试验报告,缺陷记录等	1. 符合GB 50150—2006中第1章、第3章的规定; 2. 符合DL/T 596—1996中5.1的规定; 3. 符合DL/T 722—2000的要求
3	电气一次设备绝缘水平应满足有关标准要求,电气一次设备外绝缘应满足安装点的环境污秽度分级及外绝缘选择标准要求	检查电气一次设备出厂说明书、安装点的污秽度试验报告	1. 符合GB 311.1—2012的要求; 2. 符合GB/T 26218.1、GB/T 26218.2和GB/T 26218.3的规定
4	接地装置,接地引下线截面应满足热稳定校验要求;主变中性点应装有符合要求的两根接地引下线连接于地网的不同点	查阅相关文档资料,现场实际检查	
5	设计有进相功能的发电机应能进相运行。进相试验结果应报所在电网调度机构	查阅进相试验报告和调度确认文件,若调度机构未出具确认文件而接受备案的,按已确认处理	1. 符合DL/T 1040—2007中5.4.2.2.1的规定; 2. 符合DL/T 970—2005中4.1的规定

表 1（续）

序号	项目内容	评价方法	评价依据
6	励磁系统实测模型和参数(包括励磁机或励磁变、功率整流柜、自动励磁调节器)及各环节参数(包括发电机、励磁机或励磁变参数、调节器各功能环节单元的整定参数)试验验证，并书面报所在电网调度机构	查阅相关文档资料、批复文件，检测、检验、试验报告。环节特性已经证实过的，不需要每台装置进行试验验证。若调度机构未出具确认文件而接受备案的，按已确认处理	1. 符合 GB/T 7409.3—2007 中 6.2 和 7.2.2 的规定； 2. 符合 DL/T 843—2003 中 8.1e)的规定； 3. 符合 DL/T 1040—2007 中 6.18.2a)、附录 D.2.15、H.1 的规定
7	电网要求配置和已具备电力系统稳定器(PSS 装置)或具有同类功能的其他装置的机组，应进行 PSS 装置的静态检查及动态投入试验。在机组负载试验时计算出机组的阻尼比并出具相关的频率特性数据报告。试验报告书面报所在电网调度机构	查阅相关文档资料、批复文件，检测、检验、试验报告、投运记录。环节特性已经证实过的，不需要每台装置进行试验验证。若调度机构未出具确认文件而接受备案的，按已确认处理	1. 符合 GB/T 7409.3—2007 中 6.2 的规定； 2. 符合 DL/T 650—1998 中 B2 的规定； 3. 符合 DL/T 843—2003 中 6.4.12、附录 A2、B8 的规定； 4. 符合 DL/T 489—2006 中 5.4.19.6 的规定
8	在发电机组并网和正常运行时，自动励磁调节装置应完好并投入自动电压调节方式	查阅相关文档资料、检测、检验、试验报告；现场实际检查，对于不满足标准要求的励磁系统应进行技术改造，检查有关的批复文件、试验报告等文档资料；检查故障录波器应接入反映励磁系统运行特性的电气量	1. 符合 DL/T 650—1998 中 4.24 的规定； 2. 符合 GB/T 14285—2006 中 5.6 的规定； 3. 符合 DL/T 1040—2007 中 5.4.2.2.1a)、6.18.1 的规定
9	并网发电厂继电保护与安全自动装置、故障录波器及故障信息子站系统的配置选型应与所在电网调度机构技术要求相一致并正常投入运行；200 MW 及以上容量发电机组应配置专用故障录波器	查阅设备台账，检查继电保护装置的配置和类型是否经所在电网调度机构的审核和批准；现场检查实际运行的继电保护装置的配置是否与设备台账相符	1. 符合 DL/T 1040—2007 中 4.2.6 的规定； 2. 符合 GB/T 14285—2006 中 5.8.1 的规定
10	机组的高频保护、低频保护、过电压保护、低电压保护、过激磁保护、失磁保护、失步保护定值，应报所在电网调度机构；现场保护定值应与报送确认的定值一致	检查机组的高频、低频、过电压、低电压、过激磁、失磁、失步等保护定值是否满足电网运行的要求；检查上述保护的定值是否已报所在电网调度机构确认，若调度机构未出具确认文件而接受备案的，按已确认处理	符合 GB/T 14285—2006 中 5.8.1 的规定

表 1（续）

序号	项目内容	评价方法	评价依据
11	安全自动装置，包括低频、低电压、解列、联切设备等，应符合所在电网调度机构的要求；与新机组配套的安全自动装置必须与机组同步投入运行	现场实际核对检查，查阅相关文档资料、检测、检验、试验报告	符合 DL/T 1040—2007 中 6.9.3 的规定
12	电厂调度自动化设备的性能指标应符合所接入系统要求。新（改、扩）建工程的自动化设备应符合有关设计规定，满足所在电网调度机构的技术规定并接入所需信息；在机组正式并网前，应完成与所在电网调度机构调度自动化系统（EMS）、电能量采集计量系统（TMR）、电网实时动态监测系统（WAMS）、水电厂调度自动化等系统及调度数据专网调试工作，并与一次设备同步投入运行；远动通道应具备调度数据网络通道	查阅电厂基建、改（扩）建工程，关于自动化设备工程记录、设备验收报告等；检查自动化设备投入运行情况，采集信息是否符合要求，应得到所在电网调度机构的确认，若调度机构未出具确认文件而接受备案的，按已确认处理	1. 符合 DL/T 1040—2007 中 4.2.5 和 5.3.4 的规定； 2. 符合 DL/T 516—2006 中 3.4 的规定
13	设计有自动发电控制（AGC）、自动电压控制（AVC）功能的发电机组，应按照所在电网调度机构有关规定进行自动发电控制、自动电压控制联调试验，并能正常运行	现场检查自动发电控制、自动电压控制机组联调试验和运行记录，并与所在电网调度机构核实	符合 DL/T 1040—2007 中 5.4.2.2 和 6.6.2.4 的规定
14	发电机组调速系统应能满足电网稳定运行的要求，应能在空载情况下稳定运行，并满足调节转速的要求；发电机组正常运行时应具备一次调频功能。发电机组的一次调频设计资料及试验报告应报所在电网调度机构	现场检查、查阅设计资料、机组转速控制趋势、有关确认文件，若调度机构未出具确认文件而接受备案的，按已确认处理	
15	电力二次系统安全防护工作应坚持安全分区、网络专用、横向隔离、纵向认证的原则	查阅实施方案、施工配置记录、核实内容落实情况	符合《电力二次系统安全防护规定》（电监会令第 5 号）中第 4 条和第 6 条的要求
16	并网通信设备的技术制式应与所并入电力通信网采用的技术制式相一致，符合所并入的电力通信网的技术标准，并通过电网通信主管部门组织的测试验收	现场检查通信设备情况，查阅相关资料	符合 DL/T 1040—2007 中 5.3.3.8 的规定
17	电厂至所在电网调度机构应具备两个及以上可用的独立路由的通信通道；在暂不能满足上述要求的特殊情况下，并网双方应有协商解决方案。电厂端通信系统应能满足继电保护、安全自动装置、调度自动化及调度电话等业务对电力通信的要求	查阅通道网络结构图、通信系统运行方式等资料	1. 符合 DL/T 1040—2007 中 5.3.3.1 和 5.3.3.2 的规定； 2. 符合《电网运行规则（试行）》（电监会令第 22 号）中第 21 条的要求

表 1（续）

序号	项目内容	评价方法	评价依据
18	蓄电池组和充电、浮充电装置的配置应符合技术要求；电厂升压站直流系统与机组直流系统应相互独立；在交接试验时，第一次 100%容量核对性放电试验所检测容量应大于蓄电池组额定容量 90%的技术要求	检查蓄电池组核对性容量试验报告、直流系统设计图纸和现场检查。	1. 符合 DL/T 5044—2004 中第 3 章、第 4 章、第 5 章的要求； 2. 符合 DL/T 724—2000 中第 5 章、第 6 章、第 7 章的要求
19	有权接受调度(操作)指令的值班人员，应经“调度管理规程”及有关法规、运行规定等培训，经调度机构考核合格，持证上岗	查阅相关文件	符合《电网调度管理条例》(国务院令第 115 号)中第 11 条的要求
20	应编制电力突发事件综合预案，编制与并网安全相关的专项应急预案、现场处置方案	查阅现场应急预案	1. 符合《电力企业应急预案管理办法》(电监安全[2009]61 号)的要求； 2. 符合《生产经营单位生产事故应急预案编制导则》(AQ/T 9002—2006)的要求

5 评价项目

5.1 电气一次设备及系统

5.1.1 发电机

发电机项目内容、评价方法和评价依据见表 2。

表 2 发电机项目内容、评价方法和评价依据

序号	项目内容	评价方法	评价依据
1	现场交接试验或预防性试验项目应齐全，不应降低试验标准	查阅试验报告	1. 符合 GB 50150—2006 中第 3 章的规定； 2. 符合 DL/T 596—1996 中 5.1 的规定
2	发电机绝缘状况应良好	检查试验报告和缺陷记录，检查绝缘监测设备情况	1. 符合 GB 50150—2006 中第 3 章的要求； 2. 符合 GB/T 20160—2006 中第 12 章的要求； 3. 符合 DL/T 596—1996 中 5.1 的规定

表 2（续）

序号	项目内容	评价方法	评价依据
3	发电机转子绕组不应存在匝间短路和接地	查阅运行、试验和缺陷记录	
4	发电机各部位运行温度及温升应正常	现场检查温度测点指示和趋势分析，查阅运行记录	1. 符合 GB 755—2008 中 8.10 的规定； 2. 符合 GB/T 7064—2008 中 5.5、6.6 的规定； 3. 符合 GB/T 7894—2009 中第 6 章的要求； 4. 符合 GB/T 15468—2006 中 4.2.1.9 的规定
5	发电机出线的封闭母线（含中性点），排氢孔应符合规定，母线应通过耐压试验，运行中应无局部过热，封闭母线微正压系统应运行正常	现场检查，查阅缺陷记录、试验报告	1. 符合 GB/T 8349—2000 中 5.4 的规定； 2. 符合 DL/T 596—1996 中第 15 章的规定
6	氢冷发电机的漏氢量应在规定的范围内，氢气压力、氢气纯度、湿度应合格	查阅试验报告和现场检查运行数据及检测记录、缺陷记录	1. 符合 GB/T 7064—2008 中第 6 章的规定； 2. 符合 GB 4962—2008 中 4.3.24 的规定； 3. 符合 DL/T 651—1998 中第 5 章的规定
7	氢冷发电机不应存在密封油向发电机内泄漏问题	现场检查和查阅定期测试记录、缺陷记录	符合 DL 705—1999 的要求
8	水内冷发电机内冷水系统应正常和符合有关规定	现场检查和查阅检测记录及缺陷记录	1. 符合 GB/T 7064—2008 中 6.3.4 的规定； 2. 符合 DL/T 801—2002 中第 3 章的规定
9	新投运的 300 MW 及以上汽轮发电机应具有耐低频振荡能力，满足与电网的配合要求，并应具备完善的防止振荡和失步给机组造成损坏的技术措施	查阅发电机订货合同技术协议和电厂发电机运行规程有关事故预案部分	1. 符合 DL/T 1040—2007 中 5.4.2.2.2 的规定； 2. 符合 DL/T 970—2007 中 4.2 的规定
10	发电机各部位振动应合格；水轮发电机摆度值应合格	现场检查振动、摆度监测数据，查阅运行记录、缺陷记录	1. 符合 GB/T 7064—2008 中 4.26 的规定； 2. 符合 GB/T 7894—2009 中 9.8 和 9.9 的规定； 3. 符合 DL/T 507—2002 中 6.2.9、6.2.10 的规定
11	执行所在电网反事故措施，及时消除可能影响发电机及系统安全运行的其他隐患	查阅相关文档资料、检测、检验、试验报告、缺陷记录、检修记录；现场实际检查	

5.1.2 变压器与高压并联电抗器

变压器与高压并联电抗器项目内容、评价方法和评价依据见表3。

表3 变压器与高压并联电抗器项目内容、评价方法和评价依据

序号	项目内容	评价方法	评价依据
1	变压器、电抗器带油设备的局部放电、绝缘电阻、吸收比和极化指数、泄漏电流、直流电阻、套管的介质损耗因数(tanδ)值和电容量、绕组变形等交接和预防性试验的项目和周期应符合有关规定、结果合格	查阅试验周期和试验报告，检查试验项目是否齐全、试验方法是否正确、试验仪器是否有效，分析试验结果是否准确	1. 符合 GB 50150—2006 中 7.0.2.2 和第 8 章的要求； 2. 符合 DL/T 596—1996 中 6.1.1 的规定
2	变压器、电抗器带油设备的油中溶解气体色谱分析、油中含水量、500 kV 级变压器油中含气量、简化分析、击穿电压、90 ℃的介质损耗因数(tanδ)和取样分析测试的次数应按规定周期进行，试验结果应合格	查阅试验周期和试验报告，检查试验方法是否正确、试验仪器是否有效。分析试验结果是否准确	1. 符合 GB 50150—2006 中第 20 章、7.0.2.2 的要求； 2. 符合 DL/T 596—1996 中第 6 章 6.1.1、第 13 章的要求； 3. 符合 DL/T 722—2000 的要求
3	变压器的铁芯、铁轭不应存在多点接地现象，应定期检测铁芯、铁轭在运行中的接地电流，应定期在冷控柜对两路电源进行切换操作试验	查阅试验记录、运行检测记录、大修总结报告	符合 DL/T 572—2010 中 6.1.9 的规定
4	变压器上层油温不应超出规定值，变压器油温指示应准确	查阅运行报表，检查变压器有无超温现象。现场检查，分析温度与负荷关系应正常。检查温度计校验报告	符合 DL/T 572—2010 中 4.1.3 的规定
5	变压器套管及油枕的油位应正常	现场检查	符合 DL/T 572—2010 中 5.1.4 的规定
6	变压器本体、散热器及套管应无渗漏油现象	现场检查	符合 DL/T 572—2010 中 5.1.4 的规定
7	变压器的冷却系统应无缺陷。强油循环的冷却系统必须有两个独立的工作电源并能自动和手动切换。强油循环冷却的变压器应能按温度和(或)负载控制冷却器的投切	现场检查、查阅产品说明书，检查自动投切试验记录，缺陷记录、检修记录和报告	符合 DL/T 572—2010 中 3.1.4 的规定
8	变压器安装及检修管理和工艺应符合要求	查阅安装及检修规程是否符合有关规定。查阅安装或大修记录和报告，检查各项工艺是否满足要求	符合 DL/T 573—2010 的要求

表 3（续）

序号	项目内容	评价方法	评价依据
9	变压器的有载分接开关及操作机构应按规定进行检修维护	查阅有载分接开关油击穿电压、切换时间、操作顺序等试验报告；查阅检修总结	符合 DL/T 574—2010 的要求
10	变压器套管及接头、油箱壳、油枕、冷却器进出口等部位应无发热现象	现场检查、检查红外测温记录，记录内容应包括环境温度、当时负荷、测点温度、使用仪器等。如有示温蜡片，应现场检查熔化情况并查阅红外测温记录	符合 DL/T 664—2008 的要求
11	吸湿器完好、吸附剂干燥	现场检查，查阅检修记录	符合 DL/T 572—2010 中 5.1.4 的规定

5.1.3 高压电气设备

5.1.3.1 母线及架构

母线及架构项目内容、评价方法和评价依据见表 4。

表 4 母线及架构项目内容、评价方法和评价依据

序号	项目内容	评价方法	评价依据
1	电瓷外绝缘，包括变压器套管、断路器断口及均压电容等的爬电距离应符合所在地区污秽度等级要求；空冷岛下方设备外绝缘应采取加强措施以防止快速积污造成的闪络	查阅设备外绝缘台账，实测盐密值等有关资料，现场检查	1. 符合《电力系统电瓷外绝缘防污闪技术管理规定》(能源电〔1993〕45 号文附件 3)中第 6 条、第 8 条的要求； 2. 符合 GB/T 26218.1、GB/T 26218.2 和 GB/T 26218.3 的要求
2	应根据规程要求定期监测盐密值，并记录完整，测试方法应符合要求	查阅测试记录和相关资料，调查了解，现场查问	1. 符合《电力系统电瓷外绝缘防污闪技术管理规定》(能源电〔1993〕45 号文附件 3)中第 4 条的要求； 2. 符合 GB/T 26218.1、GB/T 26218.2 和 GB/T 26218.3 的要求

表 4（续）

序号	项目内容	评价方法	评价依据
3	根据地区污秽严重程度，户外电瓷外绝缘应制定防污技术措施并严格执行	查阅相关记录或指示图表，现场检查	符合《电力系统电瓷外绝缘防污闪技术管理规定》（能源电〔1993〕45号文附件3）中第7条的要求
4	隔离开关、支柱式绝缘子等是否按规定对中间法兰和根部进行无损探伤	查阅测试报告及缺陷记录，对停电设备现场检查	
5	新建变电站悬式绝缘子串应按规定做耐压试验；运行中变电站悬式绝缘子串应按预试规程进行试验；应定期对母线支持绝缘子、母线隔离开关支持绝缘子进行检查	查阅交接试验、预试报告，测试资料报告	1. 符合 GB 50150—2006 中第17章的规定； 2. 符合 DL/T 596—1996 中第10章的规定
6	各类引线接头不应存在过热情况；应定期开展红外测温并对各类引线接头和隔离开关触头进行温度监测	查阅测试报告及缺陷记录，现场检查	符合 DL/T 664—2008 中 5.2、5.3、第6章的规定
7	水泥架构（含独立避雷针）不应有严重龟裂、混凝土脱落、钢筋外露等缺陷，架构、金具不应有严重腐蚀	现场检查	符合 DL/T 741—2010 的要求

5.1.3.2　**过电压保护装置和接地装置**

过电压保护装置和接地装置项目内容、评价方法和评价依据见表5。

表5　过电压保护装置和接地装置项目内容、评价方法和评价依据

序号	项目内容	评价方法	评价依据
1	全厂的直击雷防护应满足有关规程要求，图纸、资料齐全	现场检查，查阅避雷针（线）等的保护范围及图纸资料	符合 DL/T 620—1997 中 5.2、第7章的规定
2	雷电侵入波保护应满足站内被保护设备、设施的安全运行要求	现场检查，查阅有关图纸、资料	符合 DL/T 620—1997 中第5章、第7章的规定
3	避雷器配置和选型应满足雷雨季正常工作；避雷器应正常投运，按预防性试验规程试验合格	查阅资料，现场查询	符合 DL/T 620—1997 中第5章、第8章的规定

表 5（续）

序号	项目内容	评价方法	评价依据
4	110 kV 及以上变压器、并联电抗器、高压厂用备用变压器的中性点过电压保护应符合规程要求	现场检查，查阅有关图纸资料	符合 DL/T 620—1997 中第 4 章、7.3.5 的规定
5	接地装置接地电阻应满足规程要求，并按要求定期测试；按规程要求定期测试接地网、设备引下线等的导通电阻；运行 10 年左右的钢质地网(包括设备接地引下线)应进行开挖检查；对接地电阻不能满足要求的接地网应有整改措施	查阅有关试验报告、检测记录和开挖检查记录	1. 符合 DL/T 596—1996 中 19.2 的规定； 2. 符合 GB 50150—2006 中第 26 章的要求
6	接地装置，包括设备、设施引下线的截面应满足热稳定(包括考虑腐蚀因素)校验要求；主变压器的中性点、高压并联电抗器中性点接地小电抗，应装有符合上述要求的两根与地网不同处相连的接地引下线	查阅有关校验计算资料，现场检查	符合 DL/T 621—1997 中附录 C 的要求
7	升压站等系统应有防止产生谐振过电压的措施	查阅图纸资料、运行规程、事故报告	符合 DL/T 620—1997 中第 4 章的规定

5.1.3.3 高压电器设备

高压电器设备项目内容、评价方法和评价依据见表 6。

表 6　高压电器设备内容、评价方法和评价依据

序号	项目内容	评价方法	评价依据
1	新安装的断路器、组合电器应符合验收规范要求；已运行的断路器、组合电器的大小修项目齐全并不超过规定的期限(包括故障切断次数超限)	查阅安装、检修记录、设备台账	符合 GB 50147—2010 中第 4 章、第 5 章、第 6 章的要求
2	断路器、组合电器、限流电抗器的容量和性能应满足要求	根据继电保护提供的短路容量和查阅设备台账进行校核，查阅不安全情况记录等	

表 6（续）

序号	项目内容	评价方法	评价依据
3	断路器、组合电器不应存在如触头严重发热、断路器拒分、拒合、偷跳、严重漏油、SF_6 系统严重泄漏等威胁安全运行的缺陷	现场检查，查阅缺陷记录	符合 GB 50147—2010 中第 4 章、第 5 章、第 6 章的要求
4	断路器、组合电器电气预防性试验项目中不应有超限或不合格项目（包括油、SF_6 气体等试验项目）	查阅预防性试验报告和缺陷记录	符合 DL/T 596—1996 中 8.1 和 8.2 的规定
5	发电机-变压器组高压侧断路器、组合电器应有防止非全相运行的技术措施	查阅有关资料，现场检查	
6	柱式户外断路器的将军帽应采取可靠的防雨措施	现场检查，查阅检修记录和缺陷记录等	
7	新安装的隔离开关应符合验收规范要求；已运行的应按检修规程的规定项目进行检修，不应超过期限	现场检查隔离开关的运行状况；查阅检修规程、安装、检修记录	1. 符合 GB 50147—2010 中第 8 章的要求； 2. 符合 DL/T 596—1996 中 8.9 的规定
8	隔离开关及操作机构的动作应灵活、无卡涩	查阅运行、缺陷记录	符合 DL/T 596—1996 中 8.9 的规定
9	新安装的电容式电压互感器的瞬变响应特性应符合相应标准；设备台账中应保留同型号设备的型式试验报告	查阅设备台账、型式试验报告	符合 GB/T 703—2007 的要求
10	新安装的电流互感器的暂态特性应符合相应标准；设备台账中应保留同型号设备的型式试验报告	查阅设备台账、型式试验报告	符合 GB 16847—1997 的要求
11	电压互感器、电流互感器、耦合电容器电气预防性试验项目、周期和要求应符合规程要求	查预防性试验报告	符合 DL/T 596—1996 中 7.1、7.2、12.2 的规定
12	电压互感器、电流互感器测量精度应满足计量要求	查阅设备台账、校验记录	1. 符合 GB 50150—2006 中第 9 章的要求； 2. 符合 DL/T 596—1996 中 7.1、7.2 的规定
13	电压互感器、电流互感器、耦合电容器不应存在渗漏现象，油位指示清晰、正常，SF_6 绝缘互感器应压力正常，表计定期校验	查缺陷记录、校验报告，现场检查	符合 DL/T 596—1996 中 7.1、7.2、12.2 的规定

表 6（续）

序号	项目内容	评价方法	评价依据
14	避雷器的预防性试验项目、周期和要求应符合规程要求；110 kV 及以上金属氧化物避雷器和磁吹避雷器应进行带电测试工作；金属氧化物避雷器应测全电流、阻性电流或功耗	查预防性试验报告	符合 DL/T 596—1996 中第 14 章的要求
15	110 kV 及以上金属氧化物避雷器的在线泄漏电流应按规定记录和分析	现场检查，查阅值班记录和分析记录	
16	2 kV 以上电力电缆预防性试验项目应全部符合规程要求；高压电缆头应完好、无漏油，不应有溢胶、放电和发热	查阅试验报告、缺陷记录，现场检查	符合 DL/T 596—1996 中第 11 章的要求
17	特别重要电缆，如蓄电池引至直流母线的电缆、直流润滑油泵、密封油泵电缆等，应采取耐火隔离措施或更换阻燃电缆；对于新建、扩建机组的这些电缆应采用阻燃电缆	现场检查	符合 DL 5027—1993 中 7.4.1、7.4.5、7.4.12、7.4.14 的规定
18	电缆隧道、电缆沟堵漏及排水设施应完好、不积水、积油、积灰、积粉及杂物；电缆夹层、电缆主隧道及架空电缆主通道分段阻燃、防火措施应符合要求	现场重点检查，如发电厂机、炉、电电缆隧道，电缆沟，电缆托架、桥架	1. 符合 GB 50217—2007 中 5.5.5、7.0.1、7.0.2 的规定； 2. 符合 DL 5027—1993 中 7.4.1、7.4.5、7.4.12 的规定

5.1.4 厂(站)用电系统

厂(站)用电系统项目内容、评价方法和评价依据见表 7。

表 7 厂(站)用电系统项目内容、评价方法和评价依据

序号	项目内容	评价方法	评价依据
1	厂(站)用电系统结线及运行方式应合理、可靠	查阅厂(站)用电系统结线图，根据运行方式调查了解是否存在可能造成全厂停电的隐患	符合 DL/T 5153—2002 中 3.0.8、4.5.2、4.5.3、4.5.5 的规定

表 7（续）

序号	项目内容	评价方法	评价依据
2	厂(站)用电系统应有防止产生谐振过电压的措施	查阅运行规程，查厂(站)用电系统图	符合 DL/T 620—1997 中 3.1.5、4.1.5 的规定
3	发电机组应设置交流保安电源；火电机组每两台 200 MW 机组宜设 1 台柴油发电机组，每台 300 MW 及以上机组宜设 1 台柴油发电机组、不间断电源装置(UPS)电源；水电机组及抽水蓄能机组厂用电配电应按照机组电源和外来电源配备，满足各种运行方式下厂用电负荷供电、电源相对独立和一路电源故障，另一路自动投入的需要	查阅有关设备参数	1. 符合 DL/T 5153—2002 中 4.6.1 的规定； 2. 符合 DL/T 5164—2002 中 5.1.2 的规定； 3. 符合 DL/T 5208—2005 中 10.4.1 的规定
4	备用厂用变压器自启动容量应对空载自启动、失压自启动、带负荷自启动三种方式进行校核；应有防止过投自启动负荷(如第二台厂用变故障时)的措施	查阅自启动容量计算资料，调查了解运行状况	符合 DL/T 5153—2002 中 5.5.2 的规定
5	备用电源自投装置应处于良好状态，定期试验利用机组停运时进行，并留有试验记录；柴油发电机应定期试运行，记录完整，并处于良好状态；不间断电源装置系统运行方式、运行操作、运行监视及维护检查符合运行规程要求	现场检查备用电源自投装置及不间断电源装置装置情况，查阅备用电源自投装置定期试验记录，缺陷记录，查阅柴油发电机和不间断电源装置运行维护记录	1. 符合 DL/T 5153—2002 中 4.5.1 的规定； 2. 符合 DL/T 5164—2002 中 5.1.1 的规定
6	厂(站)用电系统设备出厂及交接报告、必备的图纸齐全，且图纸资料正确	查阅出厂资料、交接报告及有关图纸	
7	应编制完备的事故保厂用电方案，且报所在电网调度机构备案	查阅保厂用电措施方案，现场询问有关人员对保厂用电方案的理解；查阅上报所在电网调度机构资料	

5.1.5 防止电气误操作技术措施

防止电气误操作技术措施项目内容、评价方法和评价依据见表 8。

表 8　防止电气误操作技术措施项目内容、评价方法和评价依据

序号	项目内容	评价方法	评价依据
1	高压电器设备应装设调度编号和设备、线路名称的双重编号牌，且字迹清晰，标色正确	现场检查	符合 DL/T 687—1999 的要求
2	主控、网控、单控、集控的控制盘、仪表上的控制开关、按钮、仪表、熔断器、连接片的标志应齐全、规范、清晰	现场检查	符合 DL/T 687—1999 的要求
3	常设的户外架构上的“禁止攀登，高压危险”、屋内间隔门上的“止步，高压危险”等标示牌应齐全、规范、清晰	现场检查	符合 DL/T 687—1999 的要求
4	电气一次系统模拟图应与实际电气一次系统设备和运行状况相符	现场检查	符合 DL/T 687—1999 的要求
5	户外 35 kV 及以上高压开关柜、间隔式配电装置有网门时，应满足“五防”操作功能	查阅有关图纸资料，现场检查	符合 DL/T 687—1999 的要求
6	屋内高压间隔设备应具备“五防”操作功能	查阅有关图纸资料，现场检查	符合 DL/T 687—1999 的要求
7	闭锁装置使用的电源应与保护及控制回路电源严格分开	查阅图纸资料，现场检查	符合 DL/T 687—1999 的要求
8	应建立严格的防误装置的管理和使用制度，责任应明确和落实，运行状况应良好	查阅管理制度，现场检查	符合 DL/T 687—1999 的要求
9	不应因装设了防误装置而使开关设备的主要性能，如开关分、合闸时间、速度等受到影响	查阅试验报告	符合 DL/T 687—1999 的要求

5.2　电气二次设备及系统

5.2.1　励磁系统

励磁系统项目内容、评价方法和评价依据见表 9。

表 9 励磁系统项目内容、评价方法和评价依据

序号	项目内容	评价方法	评价依据
1	新投入或大修后的励磁系统应按国家及行业标准做过阶跃、甩负荷、零起升压和灭磁等试验，动态特性应符合标准，动态增益应满足要求	查阅试验报告中录波图，空载阶跃试验阶跃量为5%～10%，超调量、振荡次数、调整时间、电压上升时间符合相应标准的要求；发电机100%零起升压及甩额定负荷时，端电压超调量均不大于15%额定值；检查参数设置或录波图，计算励磁系统动态增益应不小于30倍；检查发电机灭磁功能正常、可靠	1. 符合 GB/T 7409.3—2007 中 5.12～5.14、5.18 的规定； 2. 符合 DL/T 650—1998 中 4.7～4.11、6.36.23 的规定； 3. 符合 DL/T 843—2003 中 5.8、5.10～5.12、7.8～7.17、第18章的规定； 4. 符合 DL/T 583—2006 中 4.2.8 和 4.2.14 的规定
2	低励限制特性和整定参数经现场试验证实	检查自动电压调节器试验报告中低励限制部分的内容和调度下达的整定单；主控制室应能监测双向无功数据	1. 符合 GB/T 7409.3—2007 中 6.2 的规定； 2. 符合 DL/T 650—1998 中 5.3.9 和附录 B 的要求； 3. 符合 DL/T 1040—2007 中 5.4.2.2.1d）和 5.4.2.2.1i)的要求
3	励磁系统的强励能力(强励电流倍数、强励电压倍数、强励持续时间等)应满足国家标准和行业标准的要求	查阅发电机和励磁系统技术协议，查阅励磁系统模型参数，检查最小控制角、动态增益、励磁变二次电压、强励限制设定值，查阅试验报告和录波图	1. 符合 GB/T 7409.3—2007 中 5.3 的规定； 2. 符合 DL/T 843—2003 中 5.3～5.6 的规定； 3. 符合 DL/T 583—2006 中 4.2.2～4.2.4 的规定
4	励磁系统的所有保护(包括转子接地、励磁变过流等)应按设计及定值要求正确投入；二次回路、监视回路、信号回路正确、完整、可靠	检查运行设备，查阅试验报告及运行记录；转子接地保护应工作正常；励磁变过流保护的动作电流应能躲过可能的最大负荷电流、且不应限制机组强励功能；监视、操作等二次回路应正确、完整、可靠；故障录波器中信号应齐全	1. 符合 GB/T 14285—2006 中 4.2.1、4.2.2、4.10.5、4.13.1、4.2.23 的规定； 2. 符合 GB/T 7409.3—2007 中 5.20 的规定； 3. 符合 DL/T 583—2006 中 4.4.6 的规定； 4. 符合 DL/T 489—2006 中 5.3 的规定

表 9（续）

序号	项目内容	评价方法	评价依据
5	调节器在正常方式运行时应稳定、可靠；静差率、调节范围应满足要求；通道之间和运行方式之间的切换过程中应无扰动；不应存在长期手动运行的情况；调节器元器件不应出现过热现象	检查试验数据、参数设置并现场观察发电机电压应调整平稳、励磁系统应保证发电机电压静差率、自动电压调节范围和手动励磁调节范围符合相应励磁系统标准要求；通过试验录波图，检查调节器自动/手动及通道之间的切换是否平稳；检查运行记录是否存在长期手动现象；检查缺陷或故障记录是否存在调节器元器件过热现象	1. 符合 GB/T 7409.3—2007 中 5.6～5.8、5.10 的规定； 2. 符合 DL/T 650—1998 中 4.5、4.12、4.13 的规定； 3. 符合 DL/T 843—2003 中 5.7、5.13～5.15 的规定； 4. 符合 DL/T 583—2006 中 4.2.5、4.2.9、4.3.3 的规定； 5. 符合 DL/T 1049—2007 中 5.3.3a)的规定
6	调节器中的定子过流限制、V/Hz 限制、过励限制、低励限制、无功电流补偿、PSS 等功能单元的特性和定值应满足要求。PSS 装置应按调度指令投入运行、退出时应上报所在电网调度机构备案；相关参数发生改变时及时进行 PSS 调整、书面上报调整数据并再次确认	查阅整定单、试验报告、检修记录等；定子过流及过励限制应与发电机定子和转子过电流保护相匹配，强励时定子过电流限制不应动作；V/Hz 限制应与机组过激磁保护协调一致； 低励限制按照调度整定单完成整定试验，且与失磁保护匹配；无功电流补偿或称调差范围应不小于±15%，按照调度要求完成整定试验；PSS 性能应满足电网要求	1. 符合 GB/T 7409.3—2007 中 5.15、6.2～6.20 的规定； 2. 符合 DL/T 650—1998 中 4.18 的规定； 3. 符合 DL/T 843—2003 中 6.4.8～6.4.12 的规定； 4. 符合 DL/T 583—2006 中 4.4.1 的规定； 5. 符合 DL/T 1040—2007 中 5.4.2.2.1a)～d)的要求

表 9（续）

序号	项目内容	评价方法	评价依据
7	交流励磁机励磁系统中副励磁机(或励磁变压器)和主励磁机或自并励静止励磁系统中励磁变压器应满足运行要求，并安全、可靠。励磁变压器温度报警和跳闸功能应正常	检查励磁变计算书和试验记录；当发电机强励时副励磁机端电压变化应不超过10%～15%额定值；交流励磁机励磁系统中当采用机端变压器作为励磁电源时主变压器高压侧三相短路时应不失磁(检查励磁变参数；检查试验记录，当同步电压小于10%额定电压时移相电路正常工作或发连续脉冲)；交流励磁机机端三相短路或不对称短路时不应损坏；励磁变压器试验应满足相关规程要求	1. 符合DL/T 843—2003中6.1、6.2的规定； 2. 符合DL/T 650—1998中4.29、5.1的规定； 3. 符合DL/T 489—2006中5.2.1、5.4.20的规定
8	灭磁设备、转子过电压、整流设备、交/直流保护、转子滑环等无异常、过热等现象；检修时应按规程要求进行检查；灭磁装置能在各种工况下正常工作	检查灭磁计算书和技术资料。转子过电压保护动作值应高于强励后灭磁电压值、低于出厂试验峰值的70%；应采用逆变和开关两种灭磁方式；灭磁开关在额定工作电压的80%时应可靠合闸，在30%～65%之间应能可靠分闸	1. 符合DL/T 650—1998中4.27、5.5的规定； 2. 符合DL/T 843—2003中6.6的规定； 3. 符合DL/T 583—2006中4.2.13的规定
9	功率整流柜应具有冗余或足够的备用，均流、均压应满足标准要求；不应发生异常、过热、报警等现象	查阅整流柜计算书和资料，运行、试验记录和现场检查。功率整流装置的均流系数一般不小于0.85，均压系数一般不小于0.9；风冷功率整流装置风机的电源应为双电源，工作电源故障时，备用电源应能自动投入	1. 符合DL/T 650—1998中5.2.5的规定； 2. 符合DL/T 843—2003中6.3的规定； 3. 符合DL/T 583—2006中4.2.11、4.2.12的规定

表 9（续）

序号	项目内容	评价方法	评价依据
10	电厂运行、检修部门中应有国家及行业相关标准、“反措”文件；励磁系统设备的运行、检修应符合相关标准和规定的要求；制定检验计划，检修周期符合规程要求；运行和检修规程、试验措施、试验报告(包括录波图)、设备台账应齐全；励磁系统运行可靠性符合标准要求，即：因励磁系统故障引起的发电机强迫停运次数不大于 0.25 次/年，励磁系统强行切除率不大于 0.1%	检查电厂运行、检修部门应有和机组容量、类型相适应的励磁系统国家和行业标准、技术要求及“反措”文件；应有针对本厂实际情况的发电机励磁系统运行、检修规程及相关设备的具体台账、故障及事故记录等；应制定符合标准要求并结合本厂实际设备工况的详细检修计划、试验措施；应有管理完善且数据完整、录波图齐全、分析结论正确的设备交接试验报告、检修试验报告等；应得到所在电网调度机构允许机组运行的确认文件，若调度机构未出具确认文件而接受备案的，按已确认处理	1. 符合 DL/T 650—1998 中 4.23、4.24 的规定； 2. 符合 DL/T 843—2003 中 5.18、6.47 的规定； 3. 符合 DL/T 489—2006 中 3.4 的规定； 4. 符合 DL/T 583—2006 中 4.2.16 的规定； 5. 符合 DL/T 1040—2007 中 5.1.2 的规定； 6. 符合 DL/T 1049—2007 中 5.3.3、5.6 的规定
11	励磁系统应有符合实际的完整图纸；技术资料中应提供使用说明、主要设备参数及相关计算说明、励磁系统模型参数及整定值；设备改造、更换应有设计图纸、批准文件和符合要求的技术报告；机组并网后有关参数发生改变时应及时书面上报改动数据并再次确认	检查电厂运行、检修部门应有符合实际的完整图纸即正式竣工图纸，包含原理示意图，一、二次系统电气连接图，端子排图及外部设备接口图等。检查应有必备的技术资料包含发电机、励磁机、励磁变、可控硅整流器、灭磁设施、过电压保护设备和励磁调节器等的使用维护说明书、用户手册及参数整定计算书、软件流程图等；电厂应提供综合后完整的励磁系统模型参数确认报告及相关资料，包括励磁系统主要设备参数表，励磁系统模型和参数(包括各附加功能单元在内)应符合所在电网稳定分析的需	1. 符合 GB/T 7409.3—2007 中 7.2.2 的规定； 2. 符合 DL/T 650—1998 中 7.1 的规定； 3. 符合 DL/T 1040—2007 中 6.3 的规定； 4. 符合 DL/T 1049—2007 中 5.5 的规定

表 9（续）

序号	项目内容	评价方法	评价依据
11		要；对于新投运或改造后的机组应提供符合所在电网要求的确认文件，若调度机构未出具确认文件而接受备案的，按已确认处理	
12	运行人员应熟练掌握励磁系统的运行规程及紧急事故状态下的处理方法，应按调度给定电压曲线调整无功；维护人员应熟练掌握励磁系统基本原理和图纸，具备快速处理事故的能力	查阅运行记录及现场考问。正常运行时有关装置均应投入并工作正常；各设备参数、整定值等均满足运行要求并在设计允许值内。检查出现励磁系统的特殊运行方式时，运行人员能否密切监视励磁系统的运行状态、采取必要的应急措施	符合 DL/T 491—2007 中第 4 章、第 5 章、第 6 章、第 7 章、第 8 章的要求
13	应有必要的和保管良好的备品、配件	查阅有关资料和现场检查	符合 DL 490—1992 中 5.1.2 和 6.1.2 的规定

5.2.2 继电保护

继电保护项目内容、评价方法和评价依据见表 10。

表 10 继电保护项目内容、评价方法和评价依据

序号	项目内容	评价方法	评价依据
1	故障录波器、继电保护及故障信息管理系统、设备自投、低频、低电压、解列、同期等装置应能正常投入，故障录波器应具有统一对时功能，录波量应能满足运行要求	现场检查，所列装置和设备是否能够正常投入运行。查阅有关资料，检查故障录波器录波量是否满足运行要求	符合 GB/T 14285—2006 中 4.1～4.14、5.1～5.5、5.8、6.7 的要求
2	新投入或经更改的电压、电流回路应按规定检查二次回路接线的正确性；电压互感器应进行定相；各保护盘电压回路应已定相	查阅试验报告，电流互感器极性测试记录是否完整、正确，电压回路定相测试记录是否完整、正确	符合 DL/T 995—2006 中 6.2.7 和 8.2.2 的规定

表 10（续）

序号	项目内容	评价方法	评价依据
3	新投入或更改二次回路后，差动保护应在投运前测向量、差电压或差电流，带方向的保护、距离保护在投运前测量动作保护区；所有差动保护（母线、变压器、纵差、横差等）在投运前，除测定相回路及差回路电流外，还应测试各中性线的不平衡电流	查阅试验报告，各保护向量测试数据是否完整、正确。差动保护的差流是否满足要求，带方向的保护动作区是否正确。报告中是否有各中性线的平衡电流	符合 DL/T 995—2006 中 8.2.3 的规定
4	保护盘柜及柜上的继电器、压板、试验端子、熔断器、端子排等应符合安全要求，名称、标志应齐全、清晰，室外保护端子箱应整洁，密封严密	现场检查保护盘柜上的压板、熔断器标志、名称是否清晰，室外端子箱是否整洁、严密，端子排的接线是否符合安全要求	符合 DL/T 995—2006 中 6.2.5 和 6.3.2 的规定
5	电流互感器和电压互感器测量精度应满足保护要求，并进行10%误差曲线校核	查阅设备台账、测试记录或厂家测试报告，检查是否进行了 10%误差曲线的校核，校核结果是否满足运行要求	符合 DL/T 995—2006 中 6.1.2.4 的规定
6	线路纵联保护通道设备应满足标准要求并定期进行校验	查阅校验报告及设备台账，检查是否按调度管理部门的要求定期进行校验，校验报告项目是否齐全，数据是否准确	符合 DL/T 995—2006 中 6.5 的规定
7	继电保护所使用的二次电缆应采用屏蔽电缆，屏蔽电缆的屏蔽层应在双端接地。所有二次回路的对地绝缘应符合有关要求	现场检查继电保护是否采用屏蔽电缆，两端是否均接地，查阅检验报告，二次回路绝缘是否符合有关要求	符合 DL/T 995—2006 中 6.2.4 的规定
8	电压互感器和电流互感器的二次回路必须且只能有一点接地，继电保护用直流电源、信号电源和控制电源应分别由专用的直流熔断器或自动开关供电	查阅图纸，并检查保护屏、室外端子箱，二次回路的接地是否符合有关要求，保护、信号、控制的直流电源是否分开	符合 GB/T 14285—2006 中 6.2.3 和 6.3.2 的规定

表 10（续）

序号	项目内容	评价方法	评价依据
9	应在主控室，保护室敷设二次电缆的沟道，开关站的就地端子箱及保护用结合滤波器等处，使用截面不小于 100 mm^2 的裸铜排(缆)，敷设与主接地网紧密连接的等电位接地网。在主控室，保护室屏柜下层的电缆室内，按屏柜布置的方向敷设 100 mm^2 的专用铜排，将此铜排首尾相连，形成保护室内等电位接地网	现场检查在主控室、保护室屏柜下层电缆室内，是否规范地安装了用 100 mm^2 的专用铜排构成的等电位接地网，开关站至保护室是否安装了 100 mm^2 铜排(缆)并与保护室内的等电位接地网相连接	
10	220 kV 及以上电压等级变压器(含发电厂的起动/备用变压器)高抗等设备以及容量在 100 MW 及以上的发变组微机保护应按双重化配置(非电量保护除外)	查阅继电保护设备台账，并进行现场检查，了解全厂保护配置情况，是否满足双重化配置的要求	符合 GB/T 14285—2006 中 4.2.21 和 4.3.3.3 的规定
11	接入 220 kV 及以上电压等级发变组的电气量保护应起动断路器失灵保护，起动失灵保护时应由返回时间不大于 30 ms 的保护动作信号及零序电流判据构成“与”回路，发变组保护起动断路器失灵保护时，应由零序电流判据解除失灵保护的电压闭锁回路	查阅图纸，是否设计了发变组电气量保护起动断路器失灵保护。检查零序电流判据定值，是否满足发变组保护起动失灵保护的要求	符合 GB/T 14285—2006 中 4.9.2.1 和 4.9.2.2 的规定
12	有载分接开关及本体瓦斯继电器和端子箱应加装防雨罩，并结合停电检修清除瓦斯继电器里面的积水和污物	现场检查，瓦斯继电器是否加装防雨罩	
13	对于已投入并网运行，但不适应电网要求的继电保护设备及安全自动装置，包括线路、母线、发变组保护、故障录波器、故障信息子站、同期、低频、低电压、解列、联切设备等，应按所在电网调度机构的要求及时进行同步技术改造	查阅设备台账，了解继电保护及自动装置的配置情况及使用年限，是否满足电网运行的要求；现场检查，在实际运行的继电保护设备中，是否存在已超过使用年限、仍在运行的继电保护及自动装置	符合 GB/T 14285—2006 中 3.6 的规定
14	应有防“三误”，即防“误接线、误碰、误整定”的措施	查阅有关文件和运行记录，是否制定了防止“三误”的措施。是否发生过因“三误”引起的继电保护误动事故	

表 10（续）

序号	项目内容	评价方法	评价依据
15	需定期测试技术参数的保护(如线路纵联保护)应按规定测试，记录应完整、正确	查阅保护定期测试记录，是否定期测试，测试记录是否齐全，数据是否准确	符合 DL/T 587—2007 中 5.2 的规定
16	主系统保护装置动作后应及时向所在电网调度机构上报故障录波图及微机保护动作情况报告	查阅运行记录并向主管调度机构了解，是否存在未及时上报的情况	符合 DL/T 587—2007 中 5.4 的规定
17	涉网保护装置发生不正确动作后，应认真进行分析，查清事故原因，制定行之有效的防范措施并已落实；主系统保护不应存在原因不明的不正确动作事件	查阅记录及班组管理文件，检查是否进行了认真分析，是否采取了有效的防范措施并已落实	符合 DL/T 587—2007 中 4.2.6 和 6.6 的规定
18	应按时完成涉网的继电保护改定值工作；应按年度综合电抗及时核查有关保护定值	查阅整定计算资料和继电保护定值单以及工作记录	符合 DL/T 587—2007 中 4.2.1 的规定
19	发电厂的继电保护定值应有完整的整定计算资料，保护定值计算、整定应正确无误，书面整定计算资料及定值单应有完备的审批手续	查阅整定计算资料，计算过程是否准确规范，保护定值是否满足主设备安全运行的要求	符合 DL/T 587—2007 中 4.2 的规定
20	应定期编制涉网的继电保护和自动装置相关二次回路及通道设备年度检验计划，按有关要求进行定期校验，校验项目齐全，校验报告完整	查阅计划文本，是否制定年度校验计划。试验报告是否完整，项目是否齐全	1. 符合 DL/T 995—2006 中 3.4 的规定； 2. 符合 DL/T 587—2007 中 6.5 的规定
21	现场涉网继电保护定值本(卡片)、继电保护设备异常、投入和退出以及动作情况有关记录应齐全，内容应完整	查阅继电保护定值本及班组管理文件，所有保护定值是否齐全，保护异常、压板投退及动作记录是否完整、齐全	符合 DL/T 587—2007 中 6.2 和 6.3 的规定
22	现场运行规程应齐全，内容规范，并符合实际，具可操作性；相关描述应采用规范术语及调度命名	检查班组是否有经过正式审批的运行规程，规程内容是否采用了规范术语及调度命名并符合实际、具有可操作性	符合 DL/T 587—2007 中 4.2.3 的规定

表 10（续）

序号	项目内容	评价方法	评价依据
23	应按有关规定明确线路保护及线路快速保护规范术语并写入现场运行规程，保护屏、光字牌名称应统一	查阅继电保护现场运行规程，是否按快速保护的规范名称编写，保护盘柜的标志、名称是否与运行规程相符	1. 符合 DL/T 995—2006 中 6.3.2 的规定； 2. 符合 DL/T 587—2007 中 5.1 的规定
24	涉网的继电保护设备应有规范的检验规程	查阅各保护检验规程，是否规范、齐全，是否有正式的审批手续	1. 符合 DL/T 995—2006 中 3.5 和 5.2.2 的规定； 2. 符合 DL/T 587—2007 中 4.2.3 的规定
25	继电保护主管部门应有一次系统、厂用系统的运行方式图，继电保护班组及网控室应备有符合实际、齐全的并网继电保护原理接线图、展开图和端子排图	查阅图纸、资料是否完整、齐全，是否与实际设备相符	符合 DL/T 587—2007 中 6.2 的规定
26	应严格执行上级颁发的技术监督规程、制度、标准和技术规范等要求；应有完善的继电保护监督制度、继电保护监督岗位，并正常发挥作用	查阅有关资料，上级颁发的有关技术监督规程、制度、标准是否齐全，并检查执行情况；查阅是否建立、制定有关制度，是否设立继电保护监督岗位	符合 DL/T 1051—2007 中 5.4.1～5.4.5 的要求
27	涉网的继电保护的变更、改进应有设计图、审批文件	查阅设备变更的审批文件，图纸、资料，是否与新设备相符	符合 DL/T 587—2007 中 6.4 的规定
28	仪器仪表配置应符合有关要求；继电保护试验用仪器仪表及设备应定期进行检验	检查设备台账并进行实际检查，了解仪器仪表的配置情况；查阅检测报告，是否定期进行检验	符合 DL/T 995—2006 中 3.6 和 5.1 的规定
29	涉网的保护装置发生缺陷后应及时进行处理；不应因缺陷导致并网保护装置长期退出运行	查阅缺陷管理制度、运行记录、缺陷处理记录，检查保护发生缺陷后是否及时处理，是否存在因未及时处理，导致并网保护长期退出运行的现象	符合 DL/T 587—2007 中 5.6 和 5.13 的规定
30	应按时填报继电保护动作统计分析报表、日常缺陷处理报表和继电保护校验完成情况报表	查阅有关报表，检查报表填报情况，运行记录应与报表填报情况相符	符合《发电厂并网运行管理规定》（电监市场〔2006〕42 号）中第 30 条(6)项的要求

5.2.3 安全自动装置

5.2.3.1 安全自动装置配置

安全自动装置配置项目内容、评价方法和评价依据见表11。

表11 安全自动装置配置项目内容、评价方法和评价依据

序号	项目内容	评价方法	评价依据
1	故障联(遥)切机组装置和系统要求配置的失步解列、低频解列、低电压解列装置的选型,经所在电网调度机构审定并能正常投入运行	查设计文件对安全自动装置配置要求,是否应按双重化配置。查装置调试报告	符合DL/T 1040—2007中4.2.8.3的规定
2	安全自动装置二次回路、监视回路、信号回路应正确、完整、可靠	查阅有关资料和运行设备回路情况	符合DL/T 1040—2007中4.2.8.3的规定
3	安全自动装置应独立设置;双重配置的两套安全自动装置的直流电源、电流二次回路、出口回路应相互独立;每套安全自动装置应作用于一组跳闸线圈	查阅有关资料和回路情况	符合DL/T 1040—2007中4.2.8.3的规定
4	不适应电网要求的安全自动装置应按所在电网调度机构的要求及时退出运行,拆除有关设备	查设计文件对安全自动装置配置要求。查装置调试报告	符合DL/T 1040—2007中4.2.8.3的规定

5.2.3.2 安全自动装置运行

安全自动装置运行项目内容、评价方法和评价依据见表12。

表 12 安全自动装置运行项目内容、评价方法和评价依据

序号	项目内容	评价方法	评价依据
1	应制定故障联(遥)切机组装置、失步解列、低频解列、低电压解列装置的现场运行规定,并报所在电网调度机构备案;安全自动装置应确保相关试验项目合格才允许投入运行;运行人员应熟练掌握基本原理和图纸、运行规程及紧急事故状况下的处理方法;功能单元及压板应按设计及定值要求投入运行;自动装置标志、标示应清晰、准确	查阅有关运行规定及考问	符合 DL/T 1040—2007 中 4.2.8.3 的规定
2	安全自动装置动作后应在发生故障 24 h 内向所在电网调度机构上报动作分析技术报告	查阅记录及班组管理文件,查阅记录并向主管调度机构了解	符合 DL/T 1040—2007 中 6.16.3.3 的规定
3	安全自动装置设备异常、投入和退出以及动作情况有关记录应齐全,内容应完整;若系统结构变化安全自动装置需要改变定值或策略时,应按时完成安全自动装置改定值工作	现场检查,查阅工作记录	符合 DL/T 1040—2007 中 6.9.4 的规定

5.2.3.3 安全自动装置检修维护

安全自动装置检修维护项目内容、评价方法和评价依据见表 13。

表 13 安全自动装置检修维护项目内容、评价方法和评价依据

序号	项目内容	评价方法	评价依据
1	故障联(遥)切机组装置、失步解列、低频解列、低电压解列装置应有相应的检验规程,并按期进行检验,检验项目齐全、数据准确,有关资料报所在电网调度机构备案	查阅有关管理规定及记录和报表	符合 DL/T 1040—2007 中 6.9.6 的规定
2	安全自动装置设备出现异常等缺陷时,应及时进行处理;安全自动装置长期退出运行应有明确规定	查阅记录及班组管理文件	符合 DL/T 1040—2007 中 6.9.5 的规定
3	应定期编制安全自动装置年度检验计划;应按检验规定定期校验,校验项目齐全,校验报告完整	查阅计划文本、试验报告等有关记录	符合 DL/T 1040—2007 中 6.9.4 的规定

5.2.4 静止变频器(SFC)

5.2.4.1 静止变频器运行状况

静止变频器运行状况项目内容、评价方法和评价依据见表14。

表 14 静止变频器运行状况项目内容、评价方法和评价依据

序号	项目内容	评价方法	评价依据
1	静止变频器的拖动成功率应大于95%;静止变频器的异常退备次数每年应小于3次	运行统计检查	
2	静止变频器启动回路(输入输出变压器、开关及变压器和开关保护等)无重大缺陷	运行和检修日志检查	
3	静止变频器输出和输入开关与启动母线刀闸的联闭锁功能正确	文件检查	
4	静止变频器冷却水泵和阀门自动启停(开关)正常、水温、压力、内循环冷却水电导率在允许的范围内	现场检查	
5	静止变频器运行时功率柜风扇的自动启停正常	现场检查	

5.2.4.2 静止变频器技术状况

静止变频器技术状况项目内容、评价方法和评价依据见表15。

表 15 静止变频器技术状况项目内容、评价方法和评价依据

序号	项目内容	评价方法	评价依据
1	静止变频器控制器电源应采用冗余配置,信号线、控制线的屏蔽接地应符合规范	文件和现场检查	
2	静止变频器与其他控制系统(如励磁系统、电站监控系统及继电保护等)之间的接口,接线正确,动作可靠	现场检查,查阅运行日志、调试记录及缺陷记录	

表 15（续）

序号	项目内容	评价方法	评价依据
3	静止变频器控制柜内电压电流的二次回路接线应遵守相关设计规范的要求	现场检查	符合 DL/T 5136—2001 中第 7 章的要求
4	控制和功率柜接地完好，关闭严密，密封封堵完整，盘柜内无异常，无异味，照明良好	现场检查	
5	静止变频器冷却水泵自动控制、保护回路动作正确可靠，水泵运行正常，水压和流量满足要求	现场和运行日志检查	符合 GB/T 18482—2001 中 5.2.3.1 的规定
6	采用水内冷的静止变频器一次和二次冷却水管道无渗漏现象，一次和二次水温、水压、流量、电导率指示正常	现场和运行日志检查	符合 GB/T 18482—2001 中 5.2.3.1 的规定
7	采用空水冷的静止变频器冷却系统各管路、阀门、过滤器及连接部分无渗漏，水压流量指示正常	现场和运行日志检查	符合 GB/T 18482—2001 中 5.2.3.1 的规定

5.2.5 调度自动化

5.2.5.1 调度自动化设备要求

调度自动化设备要求项目内容、评价方法和评价依据见表 16。

表 16 调度自动化设备要求项目内容、评价方法和评价依据

序号	项目内容	评价方法	评价依据
1	设备应安装牢固，设备底部应密封，屏、柜体与接地系统可靠连接；设备信号电缆和控制电缆的屏蔽层应牢固接在机柜的接地铜排上（一端接地）	现场检查设备安装地点；检查设备信号电缆和控制电缆的连接情况；定期测试设备的接地电阻，检查接地电阻测试值	符合 DL/T 1040—2007 中 6.1 的规定
2	设备机柜应有标示牌；设备电缆（线）/光缆两端应有清晰的标识牌，布线整齐；二次回路电线/缆须经接线端子排与设备内电气部分联接	现场检查设备电缆/光缆（线）的连接情况	符合 DL/T 1040—2007 中 6.1 的规定

表 16（续）

序号	项目内容	评价方法	评价依据
3	设备的交流供电电源应采取防冲击措施；与通信线路间应采取防雷(强)电击保护器、光电隔离器，或使用光缆连接；出入建筑物外的信号线缆应使用光缆	现场检查设备电缆/光缆(线)采取防冲击及防雷(强)电击保护措施情况	符合 DL/T 1040—2007 中 6.1 的规定
4	设备供电电源应采用不间断电源装置或厂内直流电源系统供电；不间断电源装置在交流供电电源消失后，其带满负荷运行时间应大于 1 h；设备供电电源盘应采用分路独立空气开关(或熔断器)的供电方式；分路开关应有跳切试验报告，确保分路开关过载时正确动作	现场检查设备供电电源系统配置情况；查阅电源系统试验与运行记录	符合 DL/T 1040—2007 中 6.1 的规定
5	设备机房应具备良好的运行环境，机房内不能存放与运行设备无关的物品、不准存放易燃易爆物品，并配备足够数量且检验合格的消防器材	现场检查设备机房环境	符合 DL/T 1040—2007 中 6.1 的规定
6	电厂应根据电网调度管辖设备运行情况配置备品备件和仪器仪表，备品备件完好率应达到 100％	现场检查设备备品备件和仪器仪表配置情况，如设备电源部件、调制解调器(MODEM)、遥测采集元件、遥信采集元件、数字万用表、便携式电平表等	符合 DL/T 516—2006 中 5.2.9 的规定

5.2.5.2 接入自动化设备的信息满足电网调度要求

接入自动化设备的信息满足电网调度要求项目内容、评价方法和评价依据见表 17。

表 17　接入自动化设备的信息满足电网调度要求项目内容、评价方法和评价依据见

序号	项目内容	评价方法	评价依据
1	上送调度信息应满足所在电网调度机构信息采集规范要求；上传调度主站的每路测量数据，其电压、电流量测量精度应不低于 0.2 级，其功率量测量精度应不低于 0.5 级，应有测量精度试验报告；应定期(1～3 年)对交流采样装置或变送器进行检定(测试周期：实负荷 1 年，虚负荷 3 年)；自动化设备模拟量输出值精度应不低于 0.2 级，应有测量精度试验报告	现场抽查测量数据测量精度；查阅上送调度信息内容和自动化设备检定与测试报告；现场抽查模拟量输出值精度，检查测量精度试验报告	1. 符合 DL/T 1040—2007 中 5.3.4 和附录 A2.4 的要求； 2. 符合 DL/T 516—2006 中 7.1 和 7.7 的规定
2	电厂侧事故跳闸时，自动化设备遥信输出状态信号及事件顺序记录(SOE)应反映正确	现场查阅自动化设备运行记录	符合 DL/T 516—2006 的要求
3	自动化设备(月)可用率、远动设备遥信动作正确率满足要求；应有设备运行(月)可用率报告(考核周期以月为单位)	现场检查自动化设备运行报告和调度协议	符合 DL/T 516—2006 中附录 A.2.4 的要求

5.2.5.3　自动发电控制(AGC)

自动发电控制项目内容、评价方法和评价依据见表 18。

表 18　自动发电控制项目内容、评价方法和评价依据

序号	项目内容	评价方法	评价依据
1	电厂自动发电控制机组的调节参数应按照所在电网调度机构“机组自动发电控制(AGC)投入批准书”的规定运行；自动发电控制机组调整上/下限值、调节速率、响应时间等运行参数性能和指标应满足《电网运行准则》或电网调度规定的要求，未经所在电网调度机构批准，电厂不应自行修改自动发电控制机组的调节参数	现场查阅自动发电控制运行记录，并与所在电网调度机构核实	符合 DL/T 1040—2007 中 5.4.2.2.4 的要求
2	上传所在电网调度机构的相关自动发电控制状态信号，如自动发电控制投入/退出信号，应正确	现场检查自动化设备自动发电控制投入/退出状态信号接入与运行情况	符合 DL/T 1040—2007 中 5.4.2.2.4 的要求

5.2.5.4 自动电压控制(AVC)

自动电压控制项目内容、评价方法和评价依据见表19。

表 19 自动电压控制项目内容、评价方法和评价依据

序号	项目内容	评价方法	评价依据
1	安装有自动电压控制机组调整性能与运行参数应满足所在电网调度机构规定的要求;运行单位应有自动电压控制运行报告	现场查阅自动电压控制运行记录,并与所在电网调度机构核实	
2	参加自动电压控制运行的机组,月可投入率、调节合格率应达到要求	现场检查自动电压控制运行统计记录,并与所在电网调度机构核实	
3	上传所在电网调度机构的相关自动电压控制状态信号,如自动电压控制投入/退出/闭锁等状态信号,应正确	现场检查自动化设备自动电压控制投入/退出/闭锁等状态信号接入与运行情况	

5.2.5.5 自动化设备运行管理

自动化设备运行管理项目内容、评价方法和评价依据见表20。

表 20 自动化设备运行管理项目内容、评价方法和评价依据

序号	项目内容	评价方法	评价依据
1	自动化设备应按所在电网调度机构规定进行遥信传动试验,应有遥信传动试验记录	查阅现场自动化设备遥信传动试验记录	符合 DL/T 516—2006 中 6.5 的规定
2	自动化设备上传所在电网调度机构信息应采用两种传输通道,如:一路网络通道,一路专线通道;网络通道应满足至少两个不同方向接入所在电网调度数据网络;专线通道发送/接收信号电平应符合所在电网调度机构专业管理部门规定,电厂端发送/接收电平以装置输入/输出电平为准,每月应进行通道音频电平测试并有记录	现场检查自动化设备上传所在电网调度机构信息传输通道配置情况,查阅自动化设备信息传输通道运行记录	1. 符合 DL/T 1040—2007 中 5.3.4 的规定; 2. 符合 DL/T 516—2006 中第 8 章的规定;

表 20（续）

序号	项目内容	评价方法	评价依据
3	现场运行维护人员不能随意中断所在电网调度机构管辖设备信息采集、传输信道；因工作需要中断信息采集、传输信道应严格执行所在电网调度机构《设备检修申请制度》	现场检查自动化设备运行记录和检修申请工作票	1. 符合 DL/T 1040—2007 中 6.14 的规定； 2. 符合 DL/T 516—2006 中 5.2.8 和 8.4 的规定
4	自动化设备上传所在电网调度机构的信息参数应与调度主站系统信息参数一致；运行单位应有清晰、正确的设备（系统）参数、信息序位文档（文件文档或电子文档）	检查自动化设备参数、信息文档和运行记录，并与所在电网调度机构核实	1. 符合 DL/T 1040—2007 中 6.14 的规定； 2. 符合 DL/T 516—2006 中 7.2 的规定
5	电厂基建、改（扩）建工程，应邀请所在调度机构自动化专业参加工程技术方案、设备技术功能规范审查，参加设备招标和设备投运验收等工作；电厂自动化专业应参加工程前期方案、设备技术功能规范制定与审查，参加设备招标、设备投运前的系统联调，并及时将问题上报；电厂负责自动化工程实施，应有相应的基建、改（扩）建工程管理制度、办法；自动化设备应与一次设备同步完成建设、调试、验收与投运，确保调度自动化信息完整、准确、可靠、及时地传送至调度机构	查阅电厂基建、改（扩）建工程，关于自动化设备工程记录，抽查设备验收报告	1. 符合 DL/T 1040—2007 中 4.2.5 和 5.3.4 的规定； 2. 符合 DL/T 516—2006 中 4.3 的规定
6	电厂应有自动化设备的设备台账、竣工图纸、工厂验收报告、现场验收报告等技术资料；图纸资料应与实际运行设备相符，建立规范的图纸、资料技术档案	检查自动化设备台账、技术资料等	符合 DL/T 516—2006 中 5.2.6 和 7.1 的规定
7	根据所在电网调度机构管辖设备运行需要，电厂应配备专职自动化专业技术人员，保持人员相对稳定；专业人员情况报所在电网调度机构专业管理部门备案	现场检查核实专职自动化专业技术人员定编定职情况，并与所在电网调度机构核实	符合 DL/T 516—2006 中 3.5 的规定
8	确保自动化设备安全、稳定运行，电厂应建立完善的专业运行管理制度，包括：自动化专业岗位职责，工作标准，设备运行维护、机房安全防火、文明生产制度等	现场检查自动化专业运行管理制度	符合 DL/T 516—2006 中 5.1 和 5.2 的规定
9	电厂应有自动化设备安全应急预案和故障处置措施；应有运行设备检修、消缺记录	查阅自动化设备安全应急预案与措施资料，检查设备检修与消缺管理制度等资料	符合 DL/T 516—2006 中 5.2 的规定

表 20（续）

序号	项目内容	评价方法	评价依据
10	自动化设备故障时，专业人员应按所在电网调度机构规定时间到达现场进行故障处理并做好记录，应定期进行故障情况统计分析	查看自动化设备运行记录和设备故障情况统计分析资料	符合 DL/T 516—2006 中 5.2.5 的规定

5.2.6 电力系统通信

电力系统通信项目内容、评价方法和评价依据见表 21。

表 21 电力系统通信项目内容、评价方法和评价依据

序号	项目内容	评价方法	评价依据
1	通信设备应配置由两路独立的交流输入电源、整流器和蓄电池组组成的通信电源系统。当交流电源中断时，由通信专用蓄电池组单独供电时间应不小于 1 h；交流电源不可靠的通信站除应增加蓄电池容量外，还应配备其他备用电源	检查通信专用电源系统配置、工作状况，查阅通信专用电源系统接线图、维护记录等	1. 符合 DL/T 1040—2007 中 5.3.3.7 的规定； 2. 符合 DL/T 544—1994 中 4.2.2 的规定
2	220 kV 及以上的同一线路的两套继电保护和同一系统两套安全自动装置的通道应具备两条不同的路由，应由两套独立的通信传输设备分别提供，应由两套独立的通信电源分别供电	检查 220 kV 及以上线路继电保护和安全控制装置通道组成及通信设备、供电电源情况	符合 GB/T 14285—2006 中 6.7.3.1 的规定
3	调度交换机及通信调度台的配置与工况应满足安全生产要求；调度交换机运行软件和用户数据备份应完好准确；调度录音系统应运行可靠、录音效果良好	检查调度台和话机的配置与工况。抽查调度录音系统记录和录音效果	
4	通信设备机架（含蓄电池）应固定牢固，采取可靠的防震措施	检查通信设备机架（含蓄电池）固定和防震措施	
5	通信专用蓄电池应定期进行核对性放电试验，蓄电池容量应达到规定值；新安装或大修后的通信蓄电池组在投运前应做全核对性放电试验；蓄电池检查记录应清楚、准确	检查蓄电池外观，查阅记录。必要时可做蓄电池放电试验	符合 DL/T 724—2000 中第 6 章的要求

表 21（续）

序号	项目内容	评价方法	评价依据
6	通信机房(含电源机房和蓄电池室)应有良好的环境保护控制设施,防止灰尘和不良气体进入;室温保持在 15 ℃～30 ℃,相对湿度保持在 20%～80%;应有可靠的工作照明及事故照明	检查通信机房环境、空调、工作照明和事故照明	1. 符合 DL/T 544—1994 中 5.2.5 的规定; 2. 符合 YD/T 1821—2008 中 4.1.2 的规定
7	通信机房(含电缆竖井)应完备防火、防潮、防小动物侵入等安全措施。进、出机房的电缆沟和孔洞应用防火材料进行封堵	检查通信机房、电缆竖井和电缆沟等处	符合 DL/T 544—1994 中 5.2.2 的规定
8	入厂光缆、厂内通信缆线应经不同路径的电缆沟道、竖井进入通信机房和主控室;通信缆线与一次动力电缆应尽量分沟布防,同沟布放的应采取防火、阻燃等安全措施	检查通信机房、电缆竖井和电缆沟等处	
9	通信站(设施)的保护接地、防雷击和过电压保护措施应符合有关规定	现场抽查通信机房接地与均压、屏蔽、限幅和隔离等防雷措施的落实情况	1. 符合 DL/T 544—1994 中 7.1.4 的规定; 2. 符合 DL 548—1994 的要求
10	通信设备的标签应规范、准确、清晰和牢固;传送继电保护和安全自动装置信息的通信设备、接口板卡、缆线和接线端子应采用与其他设备有明显区分的标志	检查通信设备的标识和传送继电保护、安全自动装置等信息的设备、接口板卡、缆线和接线端子标志	
11	通信设备运行状况应良好。每月的通信设备、电路运行率和通信业务运行率应符合所在电网调度机构通信系统的运行考核指标	查阅所在电网调度机构通信月报,查阅电厂端故障记录和统计资料	符合 DL/T 544—1994 中 8.2.1 的规定
12	电厂应配备通信监测系统,应将设备运行工况、告警信号等传送至通信运行管理部门或有人值班的地方	现场检查告警信号接入情况,抽查告警装置及监测系统	符合 DL/T 1040—2007 中 5.3.3.6 的规定
13	每年雷雨季节前应对通信站接地设施进行检查和维护,接地电阻应符合要求,应有测试报告	检查接地设施,查阅接地电阻测试资料、报告。检查接地电阻测试方法应正确	符合 DL/T 544—1994 中 7.1.5 的规定
14	通信站应配置必要的测试仪器、仪表;测试仪器、仪表应完好,计量应准确	现场检查仪表配置情况和工况	符合 DL/T 544—1994 中 5.2.4 的规定
15	通信站应配置相应的通信设备备品、备件,并应妥善管理、随时可用	检查备品、备件管理制度,现场检查备品、备件的资料和存放情况	符合 DL/T 544—1994 中 5.2.4 的规定

表 21（续）

序号	项目内容	评价方法	评价依据
16	应根据通信专业特点和运行维护、管理工作的需要，配备必要的专业技术管理人员。通信人员应熟悉通信业务，岗位职责应明确、专业界面应清楚	查阅资料，了解情况和现场提问	符合 DL/T 544—1994 中 2.1.3 的规定
17	应根据通信设备运行状态安排检修；检修程序应符合所在电网调度机构通信主管部门相关规定，检修记录和报告应存档；对不满足安全生产要求的通信设备应及时安排大修或更换	查阅通信检修工作票、检修记录和检修报告	符合 DL/T 544—1994 中 5.7.1 的规定
18	应服从所在电网调度机构通信调度的指挥；应按时完成通信调度下达的电路、业务开通任务；应执行所在电网调度机构为保证电网通信系统运行安全而制定的各项规程和反事故措施	向所在电网调度机构通信主管部门了解情况；检查电路、业务开通记录；检查相关规程和反事故措施存档及执行情况	符合 DL/T 544—1994 中 5.1.3 的规定
19	应及时消除通信设备的缺陷，重大缺陷年消缺完成率应达到 100％	查阅设备缺陷消除记录	
20	应对影响运行安全的问题进行分析和制定反事故措施；应制定通信系统事故应急处置预案	查阅故障分析记录和反事故措施；检查通信系统应急处置预案	符合 DL/T 544—1994 中 2.2.4c)的规定
21	以下资料应齐全、准确： 1. 设备原理图、操作手册及现场安装调试记录、接口调试记录等技术资料； 2. 通信网络结构图及系统接线图； 3. 电源接线示意图及操作步骤； 4. 配线资料； 5. 日常运行记录、故障及缺陷处理记录； 6. 检修测试记录、检修工作票； 7. 工程竣工验收资料(含隐蔽工程照片、图像资料)； 8. 通信电路(包括：继电保护、安全自动装置、调度自动化、调度电话等业务通道)运行方式资料； 9. 电路、话路分配使用资料； 10. 现场检修、运行规程或标准化作业指导书	查阅资料、抽查资料的准确性	

5.2.7 直流系统

直流系统项目内容、评价方法和评价依据见表 22。

表 22 直流系统项目内容、评价方法和评价依据

序号	项目内容	评价方法	评价依据
1	直流母线电压正常	现场检查，用具有计量许可合格证的 $4\frac{1}{2}$ 位数字式电压表检测母线电压	符合 DL/T 724—2000 中第 7 章的规定
2	升压站控制用直流回路与保护用直流回路相互独立	现场检查，查阅直流系统有关设计图纸	
3	直流系统各级空气开关的定值满足上、下级，级差配合的要求，空气开关的时间-电流带特性满足有关国家标准的要求	查阅有关试验报告。现场抽查已运行开关的铭牌、参数。所用开关是否采用交流开关替代直流专用开关使用	符合 GB 10963.2—2008 的要求
4	直流断路器下一级不应再接熔断器；直流系统馈出开关和负荷侧开关应通过试验验证满足上、下级之间级差配合的技术要求	检查蓄电池组核对性容量试验报告、级差配合试验报告、直流系统设计图纸和现场检查。在交接试验时，第一次 100%容量核对性放电试验所检测容量应大于蓄电池组额定容量 90%的技术要求	1. 符合 DL/T 5044—2004 中第 3 章、第 4 章、第 5 章的要求； 2. 符合 DL/T 724—2000 中第 5 章、第 6 章、第 7 章的要求
5	直流绝缘检测装置运行状态良好，当直流系统发生接地故障或绝缘电阻低于整定值时，直流绝缘检测装置应准确报警	现场检查，现场做接地模拟故障来检验直流绝缘检测装置运行是否正常	符合 DL/T 856—2004 中附录 A 的要求
6	应落实防止交流电混入直流系统的技术措施，厂(站)用电系统、直流系统端子排应标记清楚，不应与交流端子排混用，交、直流端子排要尽量远离或有效隔离	现场检查保护盘柜二次端子排情况	

表 22（续）

序号	项目内容	评价方法	评价依据
7	浮充电运行的蓄电池组浮充电压或电流调整控制应符合要求	现场检查，查阅运行记录确定是否满足有关电力行业标准	符合 DL/T 724—2000 中第 6 章的规定
8	充电、浮充电装置运行稳定，电压、电流稳定度、纹波系数符合要求。定期对充电、浮充电装置进行性能参数校验	现场检查，查阅试验记录、出厂试验报告和参数测试报告	符合 DL/T 724—2000 中第 7 章的规定
9	蓄电池组定期做容量核对性充、放电试验	检查蓄电池组容量核对性充、放电试验，试验报告	符合 DL/T 724—2000 中第 6 章的规定
10	蓄电池室照明、通风、保温、防爆措施应完善	现场检查，是否有风机，或通风管道，是否安装有取暖设备，取暖设备是否存在泄漏现象。检查照明设施是否完善	1. 符合 DL 5027—1993 中 7.5.5 的规定； 2. 符合 GB 50229—2006 中 8.3.4 的规定
11	事故照明设施完善、可靠	现场检查，并查验互投装置	符合 DL/T 5044—2004 中第 7 章的要求
12	阀控密封铅酸蓄电池应每月定期测试单个蓄电池的端电压，记录齐全	查阅现场记录、电压表、校验报告，通过查验，确定是否满足有关电力行业标准	符合 DL/T 724—2000 中第 6 章、附录 H 的要求
13	现场应有符合实际情况的直流系统接线图和网络图，并标明正常运行方式；系统接线方式和运行方式合理、可靠；网络图应标明直流开关、熔断器一览表和参数。现场应存放设备厂家说明书、出厂试验测试报告；及运行维护测试记录，缺陷记录和分析报告	现场检查，检查充电、浮充电装置、馈出屏、分电屏内部实际接线、查阅图纸查阅有关技术资料	符合 DL/T 724—2000 中第 5 章的要求
14	应有现场直流系统运行与维护规程，规程满足现场要求，并具有可操作性	查阅有关运行与维护规程	符合 DL/T 724—2000 的要求

5.2.8 一次调频

5.2.8.1 一次调频主要技术指标

一次调频主要技术指标项目内容、评价方法和评价依据见表 23。

表 23 一次调频主要技术指标项目内容、评价方法和评价依据见

序号	项目内容	评价方法	评价依据
1	火电机组速度变动率一般应设计为 4%～5%；水电机组速度变动率(永态转差率)一般设计为 3%～4%	查阅设计资料、试验报告，现场检查；火电机组速度变动率一般应设计为 4%～5%；水电机组速度变动率(永态转差率)一般设计为 3%～4%	
2	机组参与一次调频的死区应小于或等于|±0.033|Hz(火电机组)、|±0.05|Hz(水电)；响应滞后时间应小于 3 s(火电)、8 s(水电)；稳定时间应小于 1 min	查阅设计资料、试验报告，现场检查	
3	机组一次调频的负荷响应速度应满足：燃煤机组达到 75%目标负荷的时间应不大于 15 s，达到 90%目标负荷的时间应不大于 30 s，燃气机组达到 90%目标负荷的时间应不大于 15 s。	查阅设计资料、试验报告，现场检查	
4	火电机组参与一次调频的负荷变化幅度不设置下限。机组参与一次调频的负荷变化幅度调频上限可以加以限制，但限制幅度不应过小，并符合有关规定。	查阅设计资料、试验报告，现场检查	
5	发电机组调速系统的传递函数及各环节参数应由有资质的单位测试，建立可直接用于电力系统仿真的计算模型，并报所在电网调度机构；如发生参数变化，应及时报所在电网调度机构	查阅测试报告和有关确认文件，若调度机构未出具确认文件而接受备案的，按已确认处理	

5.2.8.2 一次调频设计要求

一次调频设计要求项目内容、评价方法和评价依据见表 24。

表 24　一次调频设计要求项目内容、评价方法和评价依据

序号	项目内容	评价方法	评价依据
1	一次调频功能应由数字电液调节系统(DEH)实现。应采取将频差(转差)信号经速度变动率函数转变后直接叠加在汽轮机(水轮机)调节阀指令处的设计方法，而 DEH 系统的负荷控制回路根据速度变动率设计值进行闭环校正。即："负荷回路＋前馈回路"的设计方式	查看设计资料	
2	采用分散控制系统(DCS)、具有机组协调控制和自动发电控制(AGC)功能的机组，由数字电液调节系统、分散控制系统共同完成一次调频功能；即：数字电液调节系统侧采取将频差(转差)信号经速度变动率函数转换后直接叠加在汽轮机(水轮机)调节阀指令处的设计方法，而在分散控制系统中设计负荷校正回路。即："负荷回路＋前馈回路"的设计方式	查看设计资料	
3	一次调频功能是机组的必备功能之一，不应设计可由运行人员随意切除的功能，保证一次调频功能始终在投入状态	查阅设计资料、试验报告和现场检查	

5.2.8.3　一次调频试验

一次调频试验项目内容、评价方法和评价依据见表 25。

表 25　一次调频试验项目内容、评价方法和评价依据

序号	项目内容	评价方法	评价依据
1	机组初次并网、大修或控制系统发生重大改变后，应由有资质的单位进行当前配汽工况下的一次调频试验，以保障机组安全	查阅试验报告	
2	一次调频试验选择的工况点不应少于 3 个(一般推荐 60％额定负荷、75％额定负荷、90％额定负荷、100％额定负荷，选择的工况点应能较准确反映机组滑压运行的一次调频特性)	查阅试验报告	

表 25（续）

序号	项目内容	评价方法	评价依据
3	扰动量的选择：每个试验工况点，应至少分别进行±0.067 Hz及±0.1 Hz频差阶跃扰动试验；应至少选择一个工况点进行机组最大调频负荷试验，检验机组的安全性能	查阅试验报告	
4	一次调频的试验结论应包括各种试验工况下，各个扰动试验的动态转速不等率、响应时间、稳定时间等性能指标分析，并给出同网频扰动下，不同工况的动态转速变动率、响应时间、上升（下降）时间的比较和同工况下，不同网频扰动的动态转速变动率、响应时间、上升（下降）时间的比较	查阅试验报告	
5	设计有单阀、顺序阀功能的火电机组应分别进行试验。新建机组可以只进行单阀试验，当转入顺序阀运行工况后应进行顺序阀试验	查阅存档资料	

5.2.8.4　一次调频运行

一次调频运行项目内容、评价方法和评价依据见表 26。

表 26　一次调频运行项目内容、评价方法和评价依据

序号	项目内容	评价方法	评价依据
1	当电网频率出现较大波动（$\geqslant \lvert \pm 0.1 \rvert$ Hz）时，应立即打印保留机组一次调频有关的数据及曲线，以备分析和评价机组一次调频特性，主要包括机组转速（频率）、一次调频负荷、自动发电控制指令、机组负荷、实际负荷指令、调门开度、机前压力、调节级压力等；数据采集系统的采样频率应不低于1 Hz	查阅存档资料	
2	电厂应有符合本厂实际的机组一次调频运行管理制度；应设置专人管理一次调频，管理人员应深刻理解本区域电网关于发电机组一次调频运行管理的规定，掌握一次调频原理及一次调频设计原则	查阅存档资料，询问专业管理人员	

表 26（续）

序号	项目内容	评价方法	评价依据
3	一次调频管理资料应建档，资料应包括本区域电网关于发电机组一次调频运行管理的规定、每台机组的一次调频的标准设计资料(美国科学仪器制造商协会的制图标准 SAMA 图)和一次调频的工程实现逻辑图、每台机组的一次调频投入确认文件、每台机组的一次调频试验报告、调速系统的传递函数、各环节参数及有关的试验报告，以及与一次调频相关的其他资料等	查阅存档资料	

5.2.8.5 调速系统

调速系统项目内容、评价方法和评价依据见表 27。

表 27 调速系统项目内容、评价方法和评价依据

序号	项目内容	评价方法	评价依据
1	超速限制控制系统(OPC)控制器处理周期要求：采用硬件的超速限制控制系统控制器的动作回路的响应时间应不大于 20 ms，采用软件系统的超速限制控制系统处理周期应不大于 50 ms	现场设备检查	符合 DL/T 656—2006 的规定
2	完成机组甩负荷试验，试验结果符合要求	查阅试验报告	

5.2.9 二次系统安全防护

二次系统安全防护项目内容、评价方法和评价依据见表 28。

表 28　二次系统安全防护项目内容、评价方法和评价依据

序号	项目内容	评价方法	评价依据
1	发电厂二次系统安全防护应满足《电力二次系统安全防护总体方案》和《发电厂二次系统安全防护方案》	应具有数据网络安全防护实施方案和网络安全隔离措施；分区应合理、隔离措施应完备、可靠；现场查看系统网络结构图、清单，并抽查测试系统设备、网络设备、网络接线与结构图的匹配度	符合《电力二次系统安全防护规定》(电监会令第5号)中第3条、第4条、第5条的要求
2	接入电力调度数据网的技术方案和安全防护措施应经所在电网调度机构审核	查阅电厂自动化设备接入电力调度数据网的相关资料	符合《电力二次系统安全防护规定》(电监会令第5号)中第14条的要求
3	安全区的定义应正确，一区和二区之间应实现逻辑隔离，有连接的生产控制大区和管理信息大区间应安装单向横向隔离装置，并且该装置应经过国家权威机构的测试和安全认证	查阅资料，现场测试核对。检查自动化设备与厂内管理信息系统(MIS)或厂级监控信息系统(SIS)通信方式，是否采取隔离等安全防护措施。检查电厂自动化设备是否有与其发电总公司通信，采用何种方式通信，是否符合安全防护要求	符合《电力二次系统安全防护规定》(电监会令第5号)中第4条、第5条、第6条的要求
4	生产控制大区内部的系统配置应符合规定要求，硬件应满足要求；发电厂至上一级电力调度数据网之间应安装纵向加密认证装置	现场检查系统配置。生产控制区内部不得使用电子邮件服务；各业务系统不得直接互通，业务主机应关闭无用的软驱、光驱、通用串行总线(USB)接口、串行口；硬件防火墙应为国产，其功能、性能、电磁兼容应经国家认证	1. 符合《电力二次系统安全防护规定》(电监会令第5号)中第7条的要求； 2. 符合《电力二次系统安全防护总体方案》(电监安全〔2006〕34号)中第4条的要求
5	生产控制大区拨号访问服务安全防护应符合规定	现场检查，查阅资料。检查自动化设备是否有与设备厂商远程访问接口；是否采取加密、认证和访问控制；是否对远程用户的操作进行了进行安全审计	符合《电力二次系统安全防护总体方案》(电监安全〔2006〕34号)中第4条的要求

表 28（续）

序号	项目内容	评价方法	评价依据
6	生产控制大区应统一部署恶意代码防护系统，更新升级应安全	现场检查，查阅恶意代码防护系统的日志记录。生产控制大区应统一部署恶意代码防护系统，不得与管理信息大区共用一套防恶意代码管理服务器；病毒库、木马库以及入侵检测系统（IDS）规则库更新不得在线进行；病毒库、木马库升级周期应在一年内	符合《电力二次系统安全防护总体方案》（电监安全〔2006〕34 号）中第 4 条的要求
7	应建立电力二次系统安全防护管理制度、权限密码制度、门禁管理和机房人员登记制度	现场检查，查阅安全防护管理等制度资料。必须具备建立二次系统安全防护管理制度、权限密码制度、门禁管理和机房人员登记制度；现场查阅机房登记记录	符合《电力二次系统安全防护规定》（电监会令第 5 号）中第 10 条的要求
8	应建立电力二次系统安全防护应急预案，相关人员应熟练掌握预案内容	查阅安全防护应急预案资料，现场提问有关技术人员	符合《电力二次系统安全防护规定》（电监会令第 5 号）中第 12 条的要求
9	应满足《电力二次系统安全防护总体方案》中安全评估要求，应正常开展电力二次系统安全评估，评估内容应包括风险评估、攻击演习、漏洞扫描、安全体系的评估、安全设备的部署及性能评估、安全管理措施的评估	现场查阅二次系统安全评估内容和报告以及实施记录	符合《电力二次系统安全防护规定》（电监会令第 5 号）中第 11 条的要求

5.3 调度运行及安全管理

5.3.1 调度运行

调度运行项目内容、评价方法和评价依据见表 29。

表 29 调度运行项目内容、评价方法和评价依据

序号	项目内容	评价方法	评价依据
1	每值应至少配备一名具备调度业务联系资格的值班人员	查阅值班人员花名册，并与调度机构核实	
2	值班室应具备所在电网调度机构调度管理规程、运行日志、调度值班人员名单等资料	现场检查	
3	应严格执行调度命令、运行方式和发电计划；应具有发电调度计划曲线执行记录	查阅值长日志、查阅发电计划记录，与调度机构进行核实	1. 符合《电网调度管理条例》（国务院令第 115 号）中第 17 条的要求； 2. 符合《发电厂并网运行管理规定》（电监市场〔2006〕42 号）中第 13 条的要求
4	应严格执行与调度机构确定的检修计划；变更检修计划，应重新履行手续	查阅调度机构确认的年度、月度设备检修计划、记录及实际核查执行情况	符合《电网运行规则（试行）》（电监会第 22 号令）中第 38 条的要求
5	电气运行规程和电气检修规程应符合电网调度规程、规范的要求；相关的管理制度齐全	查阅电气运行规程及电气检修规程；现场实际抽查并核对主要涉网设备、装置、系统是否与现场电气运行规程或电气检修规程相符；现场考问有关人员	符合《发电厂并网运行管理规定》（电监市场〔2006〕42 号）中第 5 条的要求
6	应具有保厂用电措施；具有黑启动能力的发电厂，应制定黑启动方案并定期进行黑启动演练	查阅调度相关文件；查阅保厂用电措施；查阅具有黑启动能力发电厂启动方案及演练记录	符合 DL/T 1040—2007 中 6.9.1 的规定
7	应按要求，参加电网联合反事故演习	查阅调度相关文件；查阅演练记录；与调度机构核实	符合《电网运行规则（试行）》（电监会第 22 号令）中第 46 条的要求

5.3.2 安全管理

安全管理项目内容、评价方法和评价依据见表 30。

表 30　安全管理项目内容、评价方法和评价依据

序号	项目内容	评价方法	评价依据
1	应健全与并网安全相关岗位的安全生产责任制	查阅安全生产责任制文本，查阅考核文件，询问有关人员	符合《电力安全生产监管办法》(电监会令第 2 号)中第 8 条、第 9 条的要求
2	应建立“两票三制”管理制度以及检修申请工作票管理制度，在日常工作中管理规范，执行认真	查阅管理制度，随机抽查工作票、操作票、检修申请工作票各 10 份，查阅“两票三制”管理的相关记录、台账，查阅上述内容日常考核的相关记录	1. 符合 DL 408—1991 中第 2 章、第 3 章的要求； 2. 符合《发电厂并网运行管理规定》(电监市场〔2006〕42 号)中第 6 条的要求
3	并网设备的名称、编号应符合调度机构的要求；安全标志、标示应齐全、醒目，符合电业安全工作规程的要求	现场抽查并网设备的名称、编号，以及安全标志、标识	1. 符合 DL/T 1040—2007 中 5.1.3、5.1.4、5.1.5 的规定； 2. 符合 DL 408—1991 中 4.5、附录 D 的要求
4	发电厂应健全与并网设备、系统相关的技术监督机构，落实责任制，提高安全运行水平	查阅有关资料，现场检查技术监督执行情况	符合《电网运行规则(试行)》(电监会令第 22 号)中第 23 条的要求
5	应制订防止全厂停电的预案，并报所在电网调度机构备案	查阅文档资料及落实情况，与调度机构核实	符合《电网运行规则(试行)》(电监会令第 22 号)中第 46 条的要求
6	应建立隐患排查治理工作的长效机制；对检查发现的隐患制定整改计划，落实整改措施	查阅安全隐患排查治理工作相关资料	符合《安全生产事故隐患排查治理暂行规定》(国家安全生产监督管理总局令第 16 号)中第一章第 4 条、第二章的要求
7	防汛工作组织健全，责任落实，设施和物资完备，预案、培训和演练针对性强	查防汛责任制、措施、应急预案、培训和演练等相关资料；现场检查	符合《中华人民共和国防洪法》(中华人民共和国主席令第 88 号)中第四章第 33 条、第 34 条的要求
8	消防设施应通过国家强制性验收，并定期检验；应制定防止油库区发生火灾的技术、组织措施并落实	查阅设计文件、验收文件，查工程实物、油库区防火灾措施，并进行现场检查	1. 符合 GB 50229—1996 的规定； 2. 符合 DL 5000—2000 的规定； 3. 符合 DL 5027—1993 的规定

ICS 29.060.01
K 97

中华人民共和国国家标准

GB/T 28567—2012

电线电缆专用设备技术要求

Specifications for electric wire and cable of special equipment

2012-06-29 发布　　2012-11-01 实施

中华人民共和国国家质量监督检验检疫总局
中国国家标准化管理委员会　发布

前　言

本标准按照 GB/T 1.1—2009 给出的规则起草。

本标准由中国电器工业协会提出。

本标准由全国电工专用设备标准化技术委员会(SAC/TC 412)归口。

本标准负责起草单位:德阳东佳港机电设备有限公司、上海电缆研究所。

本标准参加起草单位:佛山市广意永雄机械有限公司、瑞安市先锋电工机械有限公司、上海鸿盛鸿机电科技有限公司、合肥神马科技股份有限公司、无锡市梅达电工机械有限公司、马鞍山市天力机械有限公司、合肥合宁电工设备有限公司、机械工业北京电工技术经济研究所。

本标准主要起草人:陈隆森、张萍、张杰、杨赫威、黄林康、周章银、万全红、曹文毅、董正康、李晓静。

电线电缆专用设备技术要求

1 范围

本标准规定了电线电缆专用设备中的连铸连轧设备、拉线设备、管式绞线设备、框式绞线设备、摇篮式成缆设备、盘式成缆设备、绕组线漆包设备的通用技术要求、专用技术要求和检验规则。

本标准适用于电线电缆专用设备中的连铸连轧设备、拉线设备、管式绞线设备、框式绞线设备、摇篮式成缆设备、盘式成缆设备、绕组线漆包设备。其他电线电缆专用设备可参考。

2 规范性引用文件

下列文件对于本文件的应用是必不可少的。凡是注日期的引用文件，仅注日期的版本适用于本文件。凡是不注日期的引用文件，其最新版本(包括所有的修改单)适用于本文件。

GB/T 191 包装储运图示标志

GB/T 2900.40 电工名词术语 电线电缆专用设备

GB/T 3953 电工圆铜线

GB/T 13306 标牌

GB/T 13384 机电产品包装通用技术条件

GB/T 23644 电工专用设备通用技术条件

GB/T 26171 电线电缆专用设备检测方法

JB/T 5814.2 电线电缆专用设备 基本参数 第2部分:拉线设备

JB/T 5816 电线电缆拉线设备 技术要求

JB/T 5817.3 电线电缆绞线设备 型式尺寸 第3部分:管绞设备

JB/T 5818.3 电线电缆绞线设备 技术要求 第3部分:管绞设备

JB/T 7601(所有部分) 电线电缆专用设备 基本技术要求

3 术语和定义

GB/T 2900.40 和 GB/T 26171 界定的术语和定义适用于本文件。

4 通用技术要求

4.1 总则

电线电缆专用设备应符合 GB/T 23644 的规定以及本标准的规定，并应按规定程序批准的图样及技术文件制造、检验和验收。

4.2 基本技术要求

4.2.1 铸件应符合 JB/T 7601.3 的规定。

4.2.2 焊接件应符合 JB/T 7601.4 的规定。

4.2.3 锻件应符合 JB/T 7601.5 的规定。

4.2.4 零部件的机械加工应符合 JB/T 7601.6 的规定。

4.2.5 零部件的热处理应符合 JB/T 7601.7 的规定。

4.2.6 零部件的表面处理应符合 JB/T 7601.8 的规定。

4.2.7 装配应符合 JB/T 7601.9 的规定。

4.2.8 设备的电气控制应符合 JB/T 7601.10 的规定。

4.2.9 外观质量应符合 JB/T 7601.11 的规定。

4.3 工作条件

4.3.1 海拔高度在 1 000 m 以下。

4.3.2 环境温度在 0 ℃～40 ℃范围内。

4.3.3 空气相对湿度不大于 85%(温度为 20 ℃±5 ℃时)。

4.3.4 电源电压波动值范围不超过额定电压的±10%。

4.4 安全要求

4.4.1 安全防护应符合 JB/T 7601.1 的规定。

4.4.2 绝缘电阻应符合 JB/T 7601.10 的规定。

4.5 环境要求

4.5.1 环境保护要求应符合 GB/T 23644 的规定。

4.5.2 设备正常运转时的噪声应不大于 85 dB(A)。

注：电动机、鼓风机等配套装置的噪声应符合相关标准。

4.6 标牌、包装、运输和贮存

4.6.1 标牌

产品标牌除符合 GB/T 13306 的规定外，还应包含下列内容：

a) 产品型号、名称、主要参数；

b) 制造厂名、商标；

c) 制造日期、出厂编号。

4.6.2 包装

a) 产品包装前，应清除灰尘，加工表面应清洗并做防锈处理；活动部分应移至最小轮廓尺寸并予以固定。

b) 包装应符合 GB/T 13384 的规定。

c) 在运输时容易损坏的仪表、零部件、备件、附件和工具均应单独包装。

4.6.3 运输和贮存

a) 包装储运图示标志应符合 GB/T 191 的规定。

b) 设备的运输方式和措施应保证设备及其包装不致损坏。

c) 贮存设备的仓库应清洁、通风，无腐蚀性的化学药品，注意防潮。

d) 贮存的设备应定期开箱检查。发现锈迹应立即清除，并应重新进行防锈处理。

4.7 检验规则

产品检验应符合 GB/T 23644 的规定。设备通用检验项目见表 1。

表 1

项目名称	本标准条号和标准号	检验类型	
		出厂检验	型式试验
a) 装配质量	4.2.7	√	√
b) 电气控制系统	4.2.8	√	√
c) 外观质量	4.2.9	√	√
d) 安全要求	4.4	√	√
e) 环境要求	4.5	√	√
f) 标牌、包装、运输和贮存	4.6	√	√
g) 空载运转性能试验	GB/T 26171	√	√
h) 负载运转性能试验	GB/T 26171	—	√

4.8 安装、使用与维护

4.8.1 安装

设备的安装应符合产品安装图样要求，并按照产品使用说明书的规定安装。

4.8.2 使用与维护

设备应按照产品使用说明书和操作手册的要求进行使用和定期维护。

5 专用技术要求

5.1 连铸连轧设备

5.1.1 型号

5.1.1.1 型号组成

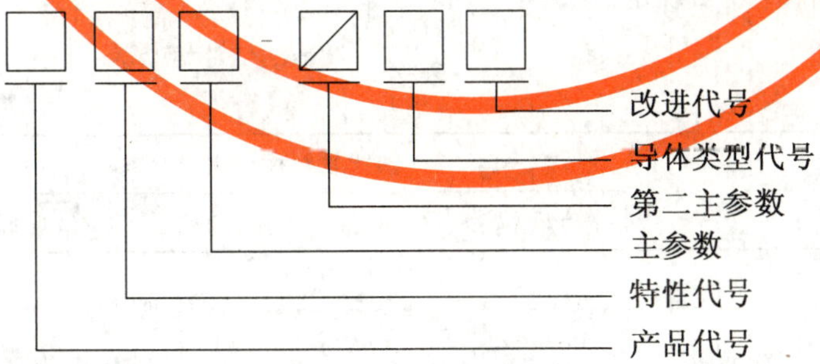

5.1.1.2 产品代号：轧用汉语拼音 Z 表示。

5.1.1.3 特性代号：铸用汉语拼音 Z 表示。

5.1.1.4 主参数：用结晶轮直径表示。

5.1.1.5 第二主参数：用轧辊直径/机架数量表示。

5.1.1.6 导体类型代号：普通铝用汉语拼音 L 表示，铜用汉语拼音 T 表示，铝合金用汉语拼音 LH 表示，铜合金用汉语拼音 TH 表示。

5.1.1.7 改进代号：改进后用 A、B、C…表示。

5.1.1.8 示例:浇铸机结晶轮直径 1 500 mm,轧辊直径 255 mm,机架数 14 的普通铝杆连铸连轧机组,表示为ZZ 1500-255/14L。

5.1.2 基本参数

基本参数应符合表 2 规定。

表 2

规格代号	结晶轮直径 mm	轧辊直径 mm	轧制道数 max	铸锭截面 mm^2	出杆直径 mm	设备中心高 mm
1500-255/15L	1 500	255	15	2 420	9.5～15	900
1600-255/14LH	1 600	255	14	2 280	9.5～12	900
1800-255/12T	1 800	255	12	2 500	8	900

5.1.3 主要零部件精度要求

5.1.3.1 结晶轮精度

a) 加工精度应符合表 3 规定。
b) 工作面的轮槽形状应符合设计要求。

表 3

对安装孔的圆跳动公差值 ≤ mm			工作表面粗糙度 Ra ≤ μm	轴孔配合表面粗糙度 Ra ≤ μm
工作表面	非工作表面	端面		
0.12	0.2	0.3	0.8	1.6

5.1.3.2 轧机齿轮箱精度

轧机齿轮箱精度应符合表 4 规定。

表 4

单位为毫米

轴承孔支承距	轴线平行度公差值 ≤	
	水平方向(F_x)	垂直方向(F_y)
60～100	0.032	0.5 F_x
>100～160	0.038	
>160～250	0.045	
>250～400	0.054	
>400～630	0.066	
>630～800	0.080	

5.1.3.3 **轧辊精度**

轧辊精度应符合表5的规定。

表5

项目名称	技术要求
a) 轧辊外圆工作表面粗糙度	≤1.6 μm
b) 轧辊工作面直径与中心安装孔轴线的同轴度公差	<0.02 mm
c) 轧辊硬度	≥42 HRC
d) 槽形	应符合设计要求

5.1.3.4 **机架体精度**

机架体精度应符合表6的规定。

表6

单位为毫米

项目名称	技术要求
a) 机架体水平孔轴线对底面的平行度公差	≤0.05
b) 机架体垂直孔轴线对底面的垂直度公差	≤0.05
c) 机架体倾斜孔轴线的倾斜度公差	≤0.5
d) 机架体燕尾槽面的倾斜度公差	≤0.1
e) 机架体燕尾槽底面与轧制中心高偏差	≤0.05

5.1.3.5 **底板精度**

a) 底板底面和燕尾导轨平面的平面度公差值不大于0.05 mm。

b) 底板底面和燕尾平面的高度偏差值不大于0.05 mm。

5.1.3.6 **收杆系统主要零件要求**

收杆系统中导杆管、甩杆头内孔和收杆框内孔、内壁粗糙度应符合设计要求。

5.1.4 **装配要求**

5.1.4.1 浇铸机

a) 结晶轮、导轮和张紧轮中心轴线的平行度公差值不大于0.10 mm。

b) 结晶轮和张紧轮装配后外圆工作表面中心轴线的轴向圆跳动公差值不大于0.16 mm。

c) 钢带装配后的张紧力应调整适度,保证能够覆盖结晶轮轮槽。

5.1.4.2 轧机精度应符合表7的规定。

表 7

单位为毫米

项目名称	技术要求
a) 轧机和传动机架输出轴齿形联轴器径向圆跳动公差	≤0.1
b) 传动机架中心高偏差	≤0.05
c) 机架体装配轧辊工作面径向圆跳动公差	≤0.05
d) 单个机架轧辊组成的孔型及辊缝	应符合设计要求

5.1.4.3 收杆系统

a) 淬火冷却包、导杆管安装位置应保证导体杆材顺利通过。

b) 甩杆头、收杆车安装位置应符合设计要求。

5.1.4.4 液压系统、气动系统和冷却润滑系统

a) 液压系统、气动系统、冷却润滑系统压力和温度应符合设计要求。

b) 系统的密封性能应无泄漏。

5.1.5 检验

连铸连轧设备的检验项目见表 8。

表 8

项目名称	本标准条号	检验类型	
		出厂检验	型式试验
a) 结晶轮精度	5.1.3.1	√	—
b) 轧辊精度	5.1.3.3	√	—
c) 机架体精度	5.1.3.4	√	—
d) 底板精度	5.1.3.5	√	—
e) 浇铸机装配要求	5.1.4.1	√	√
f) 轧机装配要求	5.1.4.2	√	√
g) 收杆系统装配要求	5.1.4.3	√	√
h) 液压系统、气动系统和冷却润滑系统	5.1.4.4	√	√

5.2 拉线设备

5.2.1 型号

5.2.1.1 型号组成

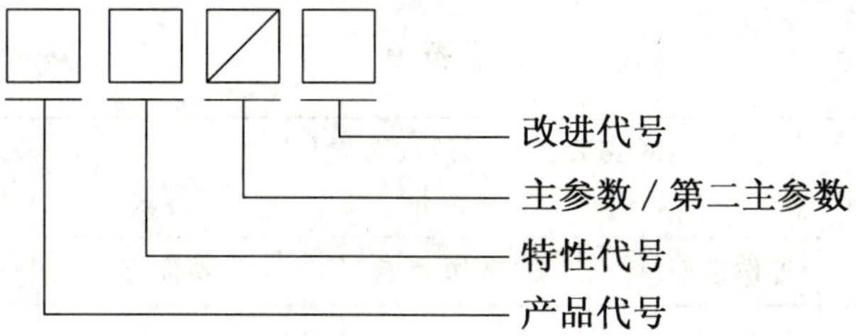

5.2.1.2 产品代号

a) 滑动式拉线系列用汉语拼音 LH 表示；

b) 非滑动式拉线系列用汉语拼音 LF 表示；

c) 拉轧混合式拉线系列用汉语拼音 LZ 表示。

5.2.1.3 特性代号：塔轮式用汉语拼音 T 表示；等径轮式用汉语拼音 D 表示。

5.2.1.4 主参数：用最后一个拉线轮直径表示。

5.2.1.5 第二主参数：用拉制模数/拉线头数表示。当拉线头数为单头时可省略。

5.2.1.6 改进代号：改进后用 A、B、C…表示。

5.2.1.7 示例：

a) 滑动式拉线设备，塔轮式，单头进线，定速轮直径为 250 mm，拉制模数 17 个，表示为 LHT250/17。

b) 非滑动式拉线设备，等径轮式，定速轮直径为 450 mm，拉制模数 13 个，2 头进线，表示为 LFD450/13/2。

5.2.2 基本参数

基本参数除应符合 JB/T 5814.2 的规定外，还应包括最高机械速度、大中小三种规格线径的生产速度等。

5.2.3 主要零部件精度要求

5.2.3.1 拉线轮精度

拉线轮的加工精度应符合图 1、表 9～表 11 的规定，其中整体式拉线轮加工精度应符合表 9 的要求，组合式拉线轮加工精度应符合表 10 的要求，拉线轮工作表面技术要求应符合表 11 的要求。

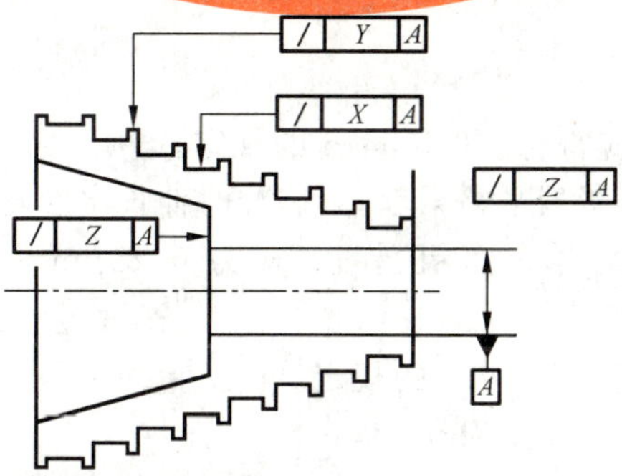

图 1

表 9

拉线轮工作面直径 mm	对安装孔的圆跳动公差值 ≤ mm			轴孔配合面表面粗糙度 Ra ≤ μm
	工作表面 X	非工作表面 Y	端面 Z	
≤50	0.015	0.1	0.04	1.6
>50～110	0.015			
>110～200	0.020			
>200～400	0.025			
>400～710	0.030			
>710	0.040	0.15	0.08	

表 10

瓷圈或钢环		钢芯或法兰	
项目名称	技术要求	项目名称	技术要求
a) 工作面直径公差	h 8	钢芯孔径公差	H7(或 G6)
b) 宽度偏差	±0.1 mm	与瓷圈配合面公差	E8

表 11

拉线轮工作面直径 mm	工作表面粗糙度 Ra ≤ μm		工作表面硬度 ≥	
	钢质	瓷质	钢质	瓷质
≤50	0.4	0.4	60 HRC	80 HRC
>50～110	0.4	0.8		
>110～200	0.4	0.8		
>200～400	0.8	0.8		
>400～710	0.8	—		

5.2.3.2 传动装置精度

a) 主机传动齿轮加工精度应符合 JB/T 5816 的规定。

b) 强力尼龙带连接牢固，连接处平整柔软，其装配时伸长率应符合其允许伸长率的规定。

c) 齿轮箱传动轴的孔轴配合表面粗糙度 Ra 为 0.8 μm～1.6 μm，轴上键槽配合应符合 JB/T 7601.9 的规定。

d) 箱体上轴孔精度应符合 JB/T 5816 的规定。

5.2.4 装配要求

5.2.4.1 拉线轮

a) 拉线轮与模架的位置应能使进线的切线与模架内模中心线相重合。

b) 两拉线轮的工作表面应位于模架移动的行程范围之内。

c) 拉线轮与定速轮的装配精度应符合表 12 规定。

表 12

单位为毫米

拉线轮工作面直径	工作表面径向圆跳动公差值 ≤	
	拉线轮	定速轮
≤50	0.03	0.025
>50～110	0.03	0.025
>110～200	0.04	0.03
>200～400	0.05	0.04
>400～710	0.08	0.06
>710	0.1	0.08

5.2.4.2 齿轮

齿轮装配要求应符合 JB/T 5816 的规定。

5.2.4.3 收排线装置

收排线装置要求应符合 JB/T 5816 的规定。

5.2.4.4 密封性

a) 拉线乳浊液与齿轮箱滑润液应不相互渗透。

b) 传动轴、油封、油窗、各气路、油路、密封处应无渗漏现象。

c) 冷却润滑系统应无渗漏现象。

5.2.5 制动时间

整机紧急制动时间不大于 5 s。

5.2.6 能耗指标

拉线设备在生产直径 3 mm 铜线规格(进料杆材直径为 8 mm)时,在原材料和产品均符合 GB/T 3953 规定条件下,电耗指标应符合表 13 的规定。

注:电耗指标测量不包含辅助装置的电耗。

表 13

单位为度每吨

能耗指标分级	生产硬圆铜线时电耗	生产软圆铜线时电耗
一级	≤60	≤150
二级	>60～80	>150～170
三级	>80～100	>170～190
四级	>100～120	>190～210
五级	>120～140	>210

5.2.7 检验

拉线设备检验项目见表 14。

表 14

项目名称	本标准条号	检验类型	
		出厂检验	型式试验
a) 拉线轮精度	5.2.3.1	√	—
b) 传动装置精度	5.2.3.2	√	—
c) 拉线轮装配要求	5.2.4.1	√	—
d) 齿轮装配要求	5.2.4.2	√	—
e) 收排线装置要求	5.2.4.3	√	—
f) 冷却润滑系统要求	5.2.4.4c)	√	—
g) 制动时间	5.2.5	—	√
h) 能耗指标	5.2.6	—	√

5.3 管式绞线设备

5.3.1 型号

5.3.1.1 型号组成

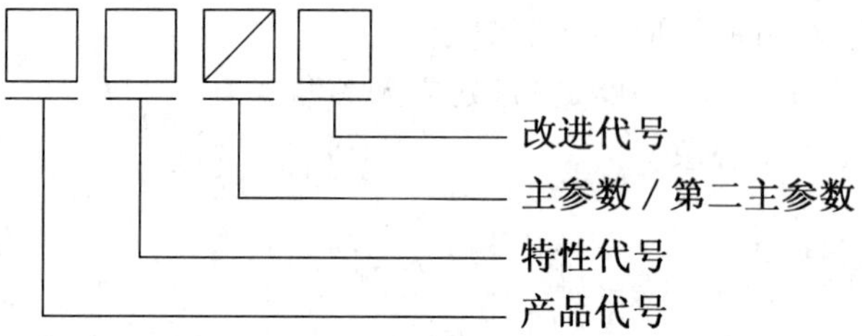

5.3.1.2 产品代号:管式绞线设备用汉语拼音 JG 表示。

5.3.1.3 特性代号:托轮支承式用汉语拼音 GA 表示;滚动轴承支承式用汉语拼音 GB 表示。

5.3.1.4 主参数/第二主参数:用筒体内放线盘规格/数量表示。

5.3.1.5 改进代号:改进后用 A、B、C…表示。

5.3.1.6 示例:

a) 托轮支承式管绞机,放线盘规格 400,数量 12 个,表示为 JGGA400/12。

b) 滚动轴承支承式管绞机,放线盘规格 630,数量 6 个,表示为 JGGB630/6。

5.3.2 基本参数

基本参数应符合 JB/T 5817.3 的规定。

5.3.3 主要零部件精度要求

5.3.3.1 筒体

a) 托轮支承式筒体精度应符合 JB/T 5818.3 的规定;

b) 滚动轴承支承式筒体精度应符合表 15 的规定。

表 15

单位为毫米

放线盘规格	滚动轴承位置外圆对两端支承轴线的同轴度公差值≤
200～400	ϕ0.06
500	ϕ0.08
≥630	ϕ0.10

5.3.3.2 线盘架精度应符合 JB/T 5818.3 的规定。

5.3.3.3 托轮精度应符合 JB/T 5818.3 的规定。

5.3.4 装配要求

5.3.4.1 筒体

a) 托轮支承式筒体装配精度应符合图 2 及表 16 的规定。

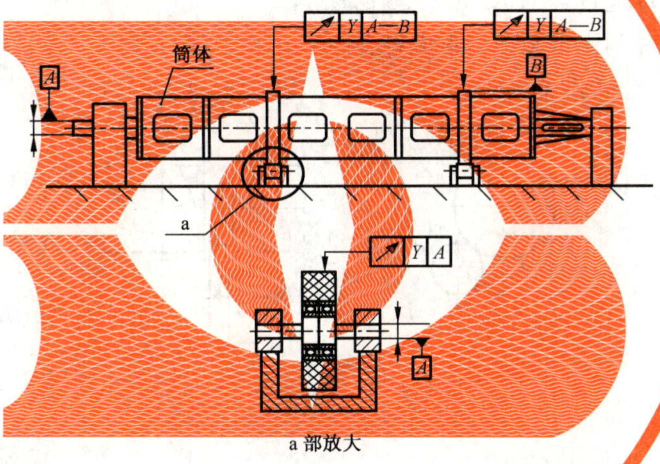

图 2

表 16

放线盘规格	圆跳动公差值 Y/mm ≤		筒体托轮圈与托轮的接触面积
	托轮	筒体托轮圈	
100～250	0.03	0.06	≥80%
315～400	0.05	0.08	
500	0.06	0.10	
≥630	0.1	0.12	

b) 滚动轴承支承式筒体装配精度应符合图 3 及表 17 的规格。

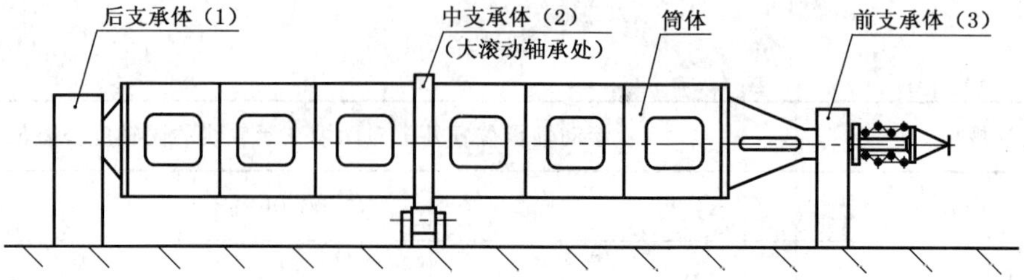

图 3

表 17

单位为毫米

项目名称	技术要求
a） 各支承轴承座的同轴度公差	≤ϕ1.0
b） 筒体各轴承座端面垂直度公差	≤0.15

5.3.4.2 线盘架装配精度应符合 JB/T 5818.3 的规定。

5.3.4.3 托轮支承式筒体的支承装配要求应符合图 4 及表 18 的规定。

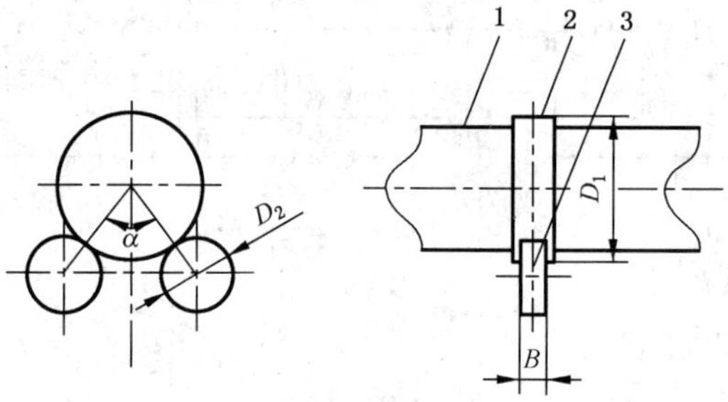

说明：

1——筒体；

2——筒体托轮圈；

3——托轮。

图 4

表 18

设备规格	筒体托轮圈直径 mm	托轮直径 D_2 ≥ mm	托轮宽度 B ≥ mm	角度 α°
100,160	200～250	140	50	62°～70°
200	＞340～380	200	80	
250	＞420～460	250	90	
300,315	＞510～600	300	100	
400,500	＞650～850	320	120	
630,800	＞900～1 200	400	160	

5.3.5 平衡要求

5.3.5.1 筒体平衡精度应符合 JB/T 5818.3 规定。

5.3.5.2 运转中线盘架水平方向偏摆角度，应符合 JB/T 5818.3 的规定。

5.3.6 制动要求应符合 JB/T 5818.3 的规定。

5.3.7 安全要求

管式绞线设备属高速运转设备，应确保人身及生产安全。当设备安全防护罩打开时，设备不能启动；防护罩关闭时，设备才允许启动。

5.3.8 检验

管式绞线设备检验项目见表 19。

表 19

项目名称	本标准条号	检验类型	
		出厂检验	型式试验
a) 筒体精度	5.3.3.1	√	√
b) 线盘架精度	5.3.3.2	√	√
c) 托轮精度	5.3.3.3	√	√
d) 筒体装配要求	5.3.4.1	—	√
e) 线盘架装配要求	5.3.4.2	—	√
f) 托轮支承式筒体的支承装配要求	5.3.4.3	√	—
g) 平衡要求	5.3.5	√	√
h) 制动要求	5.3.6	√	√
i) 安全要求	5.3.7	√	√

5.4 框式绞线设备

5.4.1 型号

5.4.1.1 型号组成

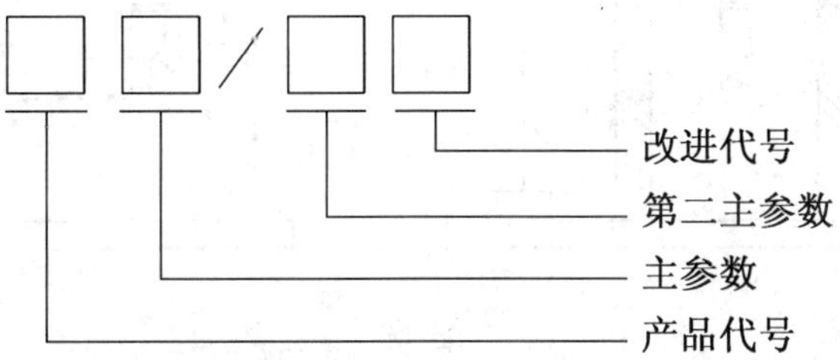

5.4.1.2 产品代号：框式绞线设备用汉语拼音 JLK 表示。

5.4.1.3 主参数：用绞笼内放线盘规格表示。

5.4.1.4 第二参数：用绞笼内放线盘数量表示，多段绞笼体中间用“+”隔开。

5.4.1.5 改进代号：改进后用 A、B、C…表示。

5.4.1.6 示例：框式绞线机，绞笼内放线盘规格 630，三段绞笼，第一段绞笼装盘数量为 12 盘，第二段绞笼装盘数量为 18 盘，第三段绞笼装盘数量为 24 盘，表示为 JLK630/12+18+24。

5.4.2 基本参数

基本参数应符合表 20 规定。

表 20

单位为毫米

绞笼内放线盘规格	绞笼段数及装盘数量	放线直径或等同直径		
		铜	铝合金	铝
500	组合	1.2～4.5	1.2～5	1.5～5
630		1.5～4.5	1.5～5	1.8～5
710		—	1.8～6	2.2～6.5
800		—	2.2～6	2.5～6.5

5.4.3 主要零部件精度要求

5.4.3.1 框架圆盘精度应符合表 21 规定。

表 21

单位为毫米

项目名称	圆盘直径	公差值
a) 框架圆盘外圆径向圆跳动	≤1 800	≤0.20
	>1 800	≤0.30
b) 框架圆盘端面圆跳动	≤1 800	≤0.25
	>1 800	≤0.40

5.4.3.2 支承架精度应符合图 5 和表 22 的规定。

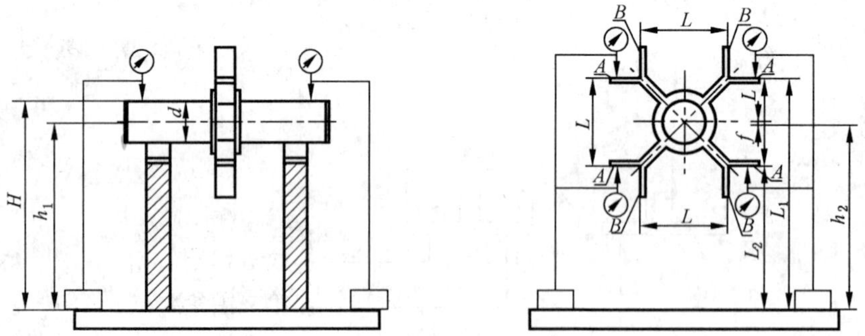

图 5

表 22

项目名称	技术要求
a) 尺寸 L 偏差	≤±0.35 mm
b) A 面、B 面对支承孔轴线平行度公差	≤0.08 mm

表 22（续）

项目名称	技术要求
c) *A* 面对 *B* 面的垂直度公差	≤0.20 mm
d) *A* 面、*B* 面对支承孔轴线的对称度公差	≤0.20 mm
e) 支承架静平衡精度	<G40

5.4.3.3 牵引轮精度应符合表 23 的规定。

表 23

单位为毫米

项目名称	牵引轮直径	公差值
两牵引轮所有 U 型槽底直径	≤2 000	≤0.25
	>2 000	≤0.35

5.4.3.4 主齿轮箱精度应符合表 24 的规定。

表 24

单位为毫米

项目名称	公差值
a) 齿轮箱同心轴孔同轴度	≤ϕ0.01
b) 齿轮箱平行轴孔组平行度	≤0.01
c) 齿轮箱轴孔组与底面平行度	≤0.05

5.4.4 装配要求

5.4.4.1 框架体精度(含整体焊接框架体)应符合表 25 的规定。

表 25

单位为毫米

项目名称	圆盘直径	公差值
a) 框架体圆盘外圆径向圆跳动	≤1 800	≤0.50
	>1 800	≤0.65
b) 框架体圆盘外端面圆跳动	≤1 800	≤0.65
	>1 800	≤0.85
c) 框架体线盘顶针安装孔同轴度	—	≤ϕ0.12
d) 框架体两端支承主轴同轴度	—	≤ϕ0.18

5.4.4.2 牵引轮装配静平衡精度应不大于 G40。

5.4.4.3 制动装置应对称，调节灵活，安全可靠，与制动片的接触面应不小于 90%。

5.4.5 检验

框式绞线设备的检验项目见表 26。

表 26

项目名称	本标准条号	检验类型	
		出厂检验	型式试验
a) 框架圆盘精度	5.4.3.1	√	√
b) 支承架精度	5.4.3.2	√	√
c) 牵引轮精度	5.4.3.3	√	√
d) 主齿轮箱精度	5.4.3.4	√	√
e) 框绞体装配要求	5.4.4.1	√	√
f) 牵引轮装配要求	5.4.4.2	√	√
g) 制动装置	5.4.4.3	√	√

5.5 摇篮式成缆设备

5.5.1 型号

5.5.1.1 型号组成

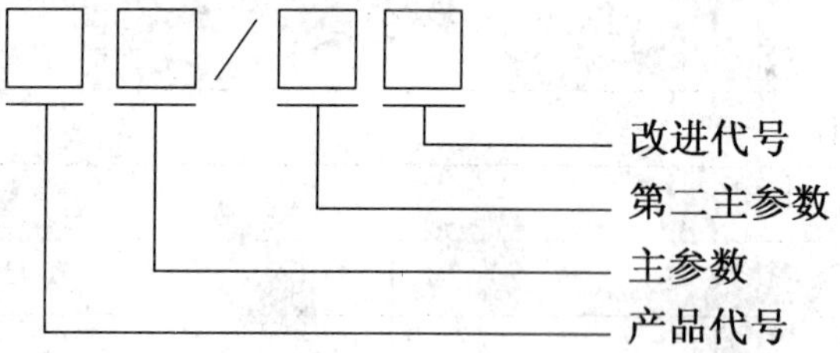

5.5.1.2 产品代号:摇篮式成缆设备用汉语拼音 CLY 表示。

5.5.1.3 主参数:用绞体内放线盘规格表示。

5.5.1.4 第二主参数:用绞体内放线盘数量表示,多段绞体中间用"+"隔开。

5.5.1.5 改进代号:改进后用 A、B、C…表示。

5.5.1.6 示例:绞体内放线盘规格为 500,绞体有 3 段,从放线至收线方向排列依次为 6 盘、12 盘、18 盘,表示为 CLY500/6+12+18。

5.5.2 基本参数

基本参数除应符合表 27 的规定外,还包括各段绞体的最高转速、节距范围、主电机规格、放线架及收排线架规格。

表 27

单位为毫米

绞体内放线盘规格	线芯直径	牵引轮直径
400	1.0~5.0	1 250~1 600
500	1.5~8.0	
630	2.0~10.0	
1 000	5.0~20.0	
1 250	6.0~25.0	
1 600	10.0~35.0	

5.5.3 主要零部件精度要求

5.5.3.1 绞盘精度应符合表28的规定。

表28 单位为毫米

绞体内放线盘规格	项目	公差值≤
400,500,630	绞盘圆跳动公差	0.15
1 000,1 250,1 600		0.20
400,500,630	绞盘上摇篮支撑孔位置度公差	ϕ0.15
1 000,1 250,1 600		0.2

5.5.3.2 绞盘托轮外圆径向圆跳动公差值应不大于0.10 mm。

5.5.3.3 线盘架精度应符合表29的规定。

表29 单位为毫米

绞体内放线盘规格	两支承轴轴线孔同轴度公差值 ≤	
	两边线盘顶尖孔	前后两线盘架支承孔
400,500,630	ϕ0.10	ϕ0.20
1 000,1 250,1 600	ϕ0.20	ϕ0.30

5.5.4 装配要求

5.5.4.1 退扭齿轮副接触斑点:齿高方向不小于40%,齿长方向不小于50%。

5.5.4.2 绞笼装配要求应符合表30的规定。

表30 单位为毫米

绞体内放线盘规格	圆跳动公差值 ≤		相邻两个绞盘上任一线盘架两支承孔轴线同轴度公差值 ≤
	绞盘	托轮	
400,500,630	0.25	0.10	ϕ0.20
1 000,1 250,1 600	0.3	0.15	ϕ0.30

5.5.4.3 线盘架装配水平倾斜度应不大于3°。

5.5.4.4 制动装置的调节必须灵活方便,安全可靠,制动接触面应不小于80%。

5.5.5 检验

摇篮式成缆设备检验项目见表31。

表 31

项目名称	本标准条号	检验类型	
		出厂检验	型式试验
a) 绞盘精度	5.5.3.1	√	√
b) 绞盘托轮外圆精度	5.5.3.2	√	√
c) 线盘架精度	5.5.3.3	√	√
d) 退扭齿轮副接触面装配要求	5.5.4.1	√	√
e) 绞笼装配要求	5.5.4.2	√	√
f) 线盘架装配水平倾斜度要求	5.5.4.3	√	√
g) 制动装置	5.5.4.4	√	√

5.6 盘式成缆设备

5.6.1 型号

5.6.1.1 型号组成

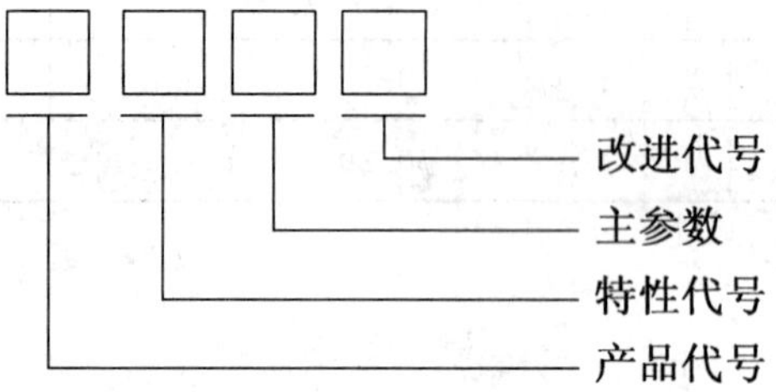

5.6.1.2 产品代号：盘式成缆设备用汉语拼音 CP 表示。

5.6.1.3 特性代号：无牵引型式用汉语拼音 W 表示；履带牵引型式用汉语拼音 D 表示。

5.6.1.4 主参数：用收线盘规格表示。

5.6.1.5 改进代号：改进后用 A、B、C…表示。

5.6.1.6 示例：履带牵引型式，收线盘规格 3150，表示为 CPD3150。

5.6.2 基本参数

基本参数除应符合表 32 的规定外，还应包括绞合转动体最高转速、放线盘规格及数量、绕包带盘规格及数量。

表 32

规格	单线规格			绞合直径 ≤ mm	绞合节距 mm	最大牵引力 N
	直径 ≤ mm	截面 mm^2	对数			
1 600	2×0.9	—	100	30	300～1 500	—
2 000	25	10～185	—	60	250～3 000	30 000
2 500	25	—	800	50	400～2 500	—
2 500	35	25～400	—	75	300～4 000	30 000

表 32（续）

规格	单线规格			绞合直径 ≤ mm	绞合节距 mm	最大牵引力 N
	直径 ≤ mm	截面 mm^2	对数			
3 150	60	25～500	—	120	300～6 000	60 000
3 500	60	25～500	—	120	300～6 000	60 000
4 000	60	25～500	—	120	300～6 000	60 000
4 500	60	25～500	—	120	300～6 000	60 000

5.6.3 主要零部件精度要求

5.6.3.1 放线架叉架体两支承轴孔的轴线同轴度公差值不大于 ϕ0.10 mm。

5.6.3.2 旋转牵引转动架体牵引轮和张紧轮轴孔的轴线平行度公差值不大于 0.40 mm。

5.6.3.3 绞合转动体承压盘圆周工作表面径向跳动公差值不大于 0.25 mm。

5.6.3.4 绞合转动体托轮圆周工作表面径向跳动公差值不大于 0.08 mm。

5.6.3.5 绞合转动体线盘架体两支承轴孔的轴线同轴度公差值不大于 ϕ0.10 mm。

5.6.4 装配要求

5.6.4.1 放线架叉架体两端顶尖轴同轴度公差值不大于 ϕ0.20 mm，见图 6。

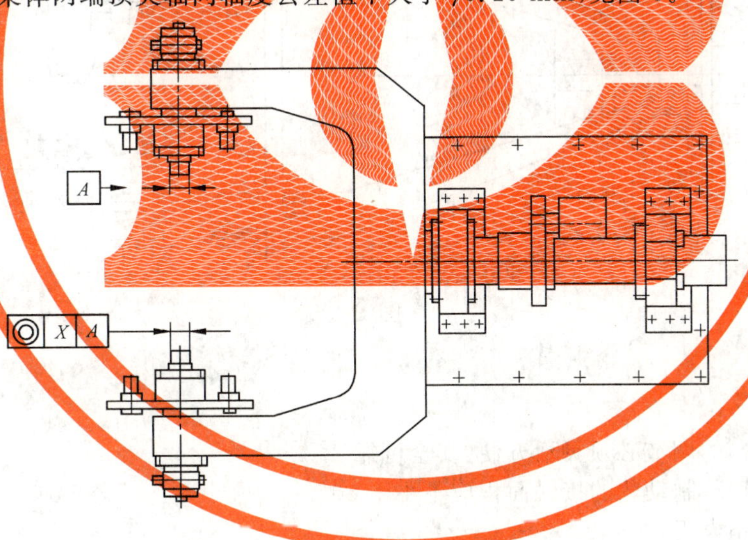

图 6

5.6.4.2 旋转牵引转动架体牵引轮轴与张紧轮轴之间的平行度公差值不大于 0.60 mm，见图 7。

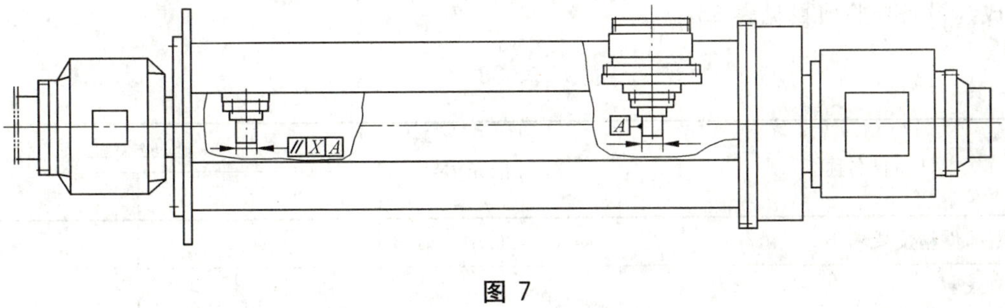

图 7

5.6.4.3 绞合转动体承压盘工作表面径向圆跳动公差值不大于 0.40 mm，见图 8。

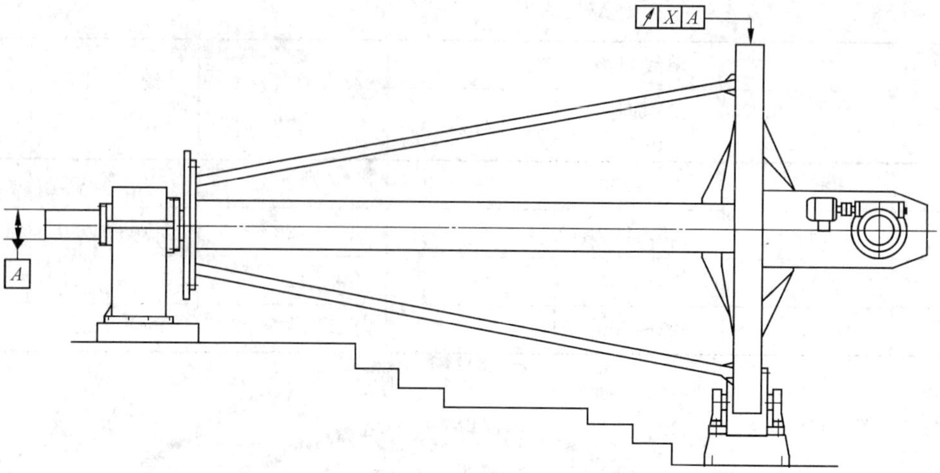

图 8

5.6.4.4 绞合转动体承压盘与托轮的接触面积应不小于 80%。

5.6.4.5 绞合转动体线盘顶尖轴同轴度公差值不大于 ϕ0.20 mm，见图 9。

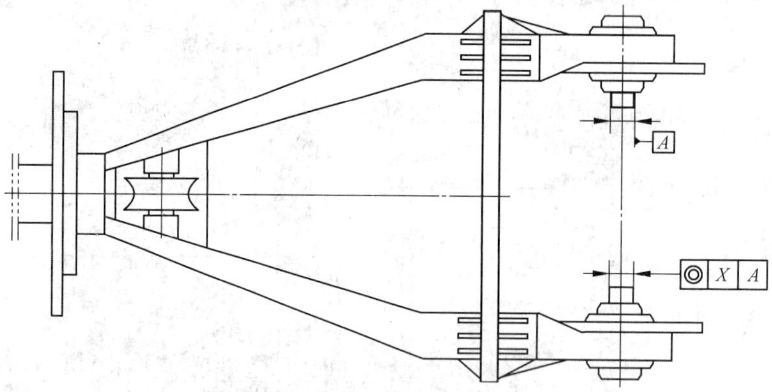

图 9

5.6.5 制动要求

5.6.5.1 制动块(带)的调节必须灵活方便、安全可靠。

5.6.5.2 制动块(带)与制动轮的接触面积应不小于 80%。

5.6.5.3 制动时间不大于 12 s。

5.6.6 检验

盘式成缆设备检验项目见表 33。

表 33

项目名称	本标准条号	检验类型	
		出厂检验	型式试验
a) 主要零部件精度要求	5.6.3	√	—
b) 装配要求	5.6.4	√	√
c) 制动要求	5.6.5	√	√

5.7 绕组线漆包设备

5.7.1 型号

5.7.1.1 型号组成

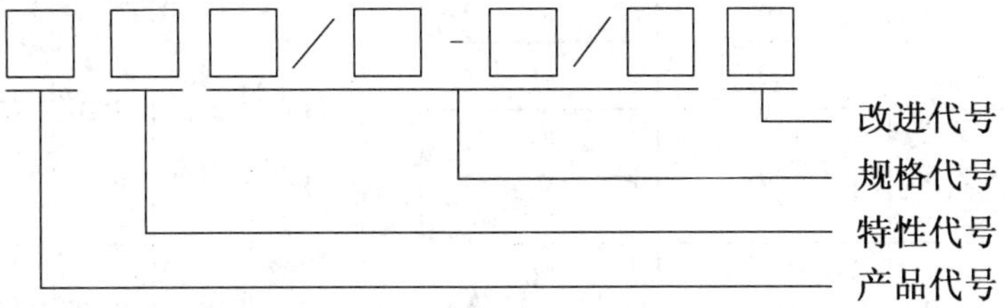

5.7.1.2 产品代号：绕组线漆包设备用汉语拼音 QH 表示。
5.7.1.3 特性代号：卧式用汉语拼音 W 表示，立式用汉语拼音 L 表示。
5.7.1.4 规格代号：用线径序号/烘炉个数-生产头数/涂漆道数表示。
5.7.1.5 改进代号：改进后用 A、B、C…表示。
5.7.1.6 示例：卧式绕组线漆包设备，线径序号为 5，烘炉个数为 1，生产头数为 10＋10，涂漆道数为 8，表示为 QHW5/1-10＋10/8。

5.7.2 基本参数

5.7.2.1 W 型漆包设备基本参数符合表 34。

表 34

规格代号	线径范围 mm	收线头数	最大收线速度 m/min	退火炉最高温度 ℃	烘炉炉膛最高温度 ℃		涂漆道数
					进口	出口	
5/1-10＋10/8	0.20～0.60	22	160	650	550	550	8
5/1-8＋8/10	0.30～0.80	16	120				10
5/1-6＋6/12	0.40～1.00	12	100				12
4/1-12＋12/8	0.10～0.30	24	320	600	500	500	8
4/1-10＋10/8	0.15～0.40	20	250				
3/1-12＋12/8	0.04～0.08	24	450	550	450	450	8
	0.05～0.12		400				
2/1-10＋10/8	0.03～0.06	20	350	500	400	450	8

5.7.2.2 L 型漆包设备基本参数符合表 35。

表 35

<table>
<tr><th rowspan="2">规格代号</th><th rowspan="2">线径范围
mm</th><th rowspan="2">收线头数</th><th rowspan="2">最大收线速度
m/min</th><th rowspan="2">退火炉最高温度
℃</th><th colspan="3">烘炉炉膛最高温度
℃</th><th rowspan="2">涂漆道数</th></tr>
<tr><th>下层</th><th>中层</th><th>上层</th></tr>
<tr><td>1/2-8+8/8</td><td>0.80～2.50</td><td>18</td><td>40</td><td rowspan="6">650</td><td rowspan="4">320</td><td rowspan="4">550</td><td rowspan="4">480</td><td>7</td></tr>
<tr><td>1/2-9+9/7</td><td>0.50～1.80</td><td>20</td><td>60</td><td>7</td></tr>
<tr><td rowspan="2">1/2-8+9/7</td><td rowspan="2">0.50～2.50</td><td rowspan="2">20</td><td>40</td><td>8</td></tr>
<tr><td>60</td><td>7</td></tr>
<tr><td rowspan="2">1/2-5+5/13</td><td rowspan="2">0.60～3.00</td><td rowspan="2">10</td><td>80</td><td rowspan="2">350</td><td rowspan="2">500</td><td rowspan="2">530</td><td>13</td></tr>
<tr><td>50</td><td>8+2+3</td></tr>
</table>

5.7.2.3　L 型漆包扁线设备基本参数符合表 36。

表 36

<table>
<tr><th rowspan="2">规格代号</th><th rowspan="2">线径范围
mm</th><th rowspan="2">收线头数</th><th rowspan="2">最大收线速度
m/min</th><th rowspan="2">退火炉最高温度
℃</th><th colspan="3">烘炉炉膛最高温度℃</th><th rowspan="2">涂漆道数</th></tr>
<tr><th>下层</th><th>中层</th><th>上层</th></tr>
<tr><td>F4/2-2+2/12</td><td rowspan="3">5～65</td><td>4</td><td rowspan="3">15</td><td rowspan="3">650</td><td rowspan="3">320</td><td rowspan="3">550</td><td rowspan="3">550</td><td>12</td></tr>
<tr><td>F4/2-3+3/12</td><td>6</td><td>12</td></tr>
<tr><td>F4/4-3+3/10+3</td><td>6</td><td>10+3</td></tr>
<tr><td colspan="9">注：F 代表线复合涂层。</td></tr>
</table>

5.7.2.4　W 型漆包设备高速型基本参数符合表 37。

表 37

<table>
<tr><th rowspan="2">规格代号</th><th rowspan="2">线径范围
mm</th><th rowspan="2">收线头数</th><th rowspan="2">最大收线速度
m/min</th><th rowspan="2">退火炉最高温度
℃</th><th colspan="2">烘炉炉膛最高温度
℃</th><th rowspan="2">涂漆道数</th></tr>
<tr><th>进口</th><th>出口</th></tr>
<tr><td>5/4-4/24</td><td>0.30～0.80</td><td rowspan="8">4</td><td>500</td><td rowspan="8">750</td><td rowspan="8">500</td><td rowspan="4">550</td><td rowspan="6">24</td></tr>
<tr><td>5/4-4/24</td><td>0.20～0.50</td><td>700</td></tr>
<tr><td>5/2-4/24</td><td>0.30～0.80</td><td>500</td></tr>
<tr><td>5/2-4/24</td><td>0.20～0.50</td><td>700</td></tr>
<tr><td>5/4-4/24</td><td>0.4～1.0</td><td>350</td><td rowspan="2">600</td></tr>
<tr><td>5/4-4/24</td><td>0.5～1.2</td><td>280</td></tr>
<tr><td rowspan="2">5/3-2/24+6</td><td>0.30～0.80</td><td>500</td><td rowspan="2">550</td><td rowspan="2">24+6</td></tr>
<tr><td>0.20～0.50</td><td>700</td></tr>
</table>

5.7.2.5 L型漆包设备高速型基本参数符合表38。

表 38

规格代号	线径范围 mm	收线头数	最大收线速度 m/min	退火炉最高温度 ℃	烘炉炉膛最高温度 ℃			涂漆道数
					下层	中层	上层	
1/4-4/18	0.60～2.00	4	200	800	450	550	650	18
	2.00～5.20		50					

5.7.3 工作条件

5.7.3.1 漆包设备的工作环境应干净、整洁，并有防尘措施。

5.7.3.2 生产0号和1号线径的W型漆包设备车间，环境温度应保持在25 ℃～30 ℃，相对湿度60%±5%，生产1号线径以上的车间，W型漆包设备环境温度不低于20 ℃；L型漆包设备环境温度不低于15 ℃。

5.7.3.3 生产用水质应为去离子的软化水。

5.7.3.4 电源电压波动不超过±5%，电源频率波动应不超过±2%。

5.7.4 主要零部件精度要求

5.7.4.1 导轮精度

a) 加工精度要求应符合图10和表39的规定。

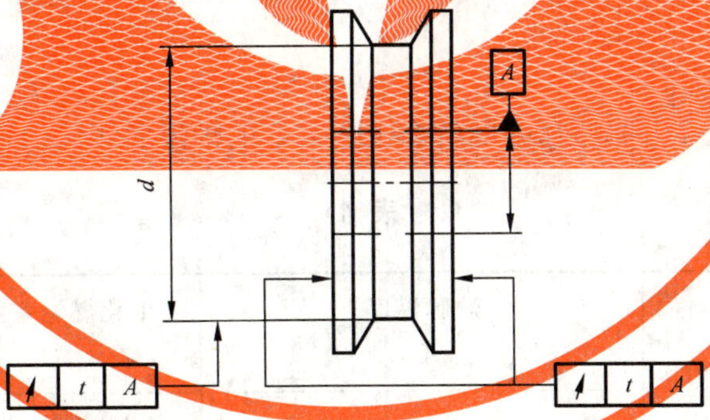

图 10

表 39

导轮直径 d mm	工作表面粗糙度 Ra ≤ μm	圆跳动公差值 t ≤ mm	
		径向	端面
30～50	1.6	0.012	0.020
>50～80		0.015	0.025
>80～120		0.015	0.025
>120～180		0.020	0.050

表 39（续）

导轮直径 *d* mm	工作表面粗糙度 *Ra* ≤ μm	圆跳动公差值 *t* ≤ mm	
		径向	端面
>180～250	1.6	0.020	0.050
>250～315		0.040	0.120
>315～400		0.040	0.120
>400～500		0.040	0.120
>500～800		0.050	0.150
>800～1 000		0.060	0.200

b） 平衡精度要求应符合表 40 的规定。

表 40

转速 r/min	单槽式		多槽式	
	平衡型式	精度等级	平衡型式	精度等级
≤320	静平衡	G40	静平衡	G40
>320～800			动平衡	G16
>800				G6.3

5.7.4.2 **烘炉**

a） 烘炉温度应符合表 41 的规定，并能符合工艺需要的炉温曲线。

表 41

机型	炉膛宽度 mm	炉膛温度 ℃		催化燃烧室温度 ℃		炉体表面平均温度 ℃
		max	同一横向剖面内任意点偏差	燃烧前 min	燃烧后 max	
W 型	200～800	650	±15	400	700	室温加 35
	1 000～1 600	550				
L 型	300～800	650				
	1 000～1 800	600				
注：不包括催化燃烧室区域。						

b) 烘炉的进口与出口断面位置公差应符合表 42 的规定。

表 42

单位为毫米

炉膛宽度	公差值
≤1 000	±1.5
>1 000	±2.0

5.7.4.3 **退火炉**

a) 退火炉应采用蒸汽封口，并用蒸汽或惰性气体保护。
b) 炉内最高温度不得超过 700 ℃，炉体外表面最高温度应不超室温 30 ℃。

5.7.4.4 **放线装置**

机械(气动)放线装置运转平稳，张力恒定。

5.7.4.5 **收线装置**

a) 收线牵引装置应采用无级调速，速度应能保持恒定、平稳。
b) 收线张力调节灵敏平稳。
c) 排线装置往复直线运行平稳，换向无停顿，排线行程调节灵敏。
d) 全自动换盘收线装置，设定各种盘具的换盘计量长度，收线捕线器处于正常的工作状态，自动换盘过程运行平稳，换盘无停顿。

5.7.5 **装配要求**

5.7.5.1 转向导轮要求转动灵活无卡涉。
5.7.5.2 循环风机安装，冷态和热态都能灵活转动，没有擦边和卡死现象。
5.7.5.3 设备总装时，进线，出线的转向导轮和涂漆毛毡和涂漆模具中心应保持在一条轴线上。

5.7.6 **烟气净化**

净化后的残留碳总含量应不大于 20 mg/m^3。

5.7.7 **检验**

绕组线漆包机检验项目见表 43。

表 43

项目名称	本标准条号	检验分类	
		出厂检验	型式试验
a) 主要零部件精度要求	5.7.4	√	√
b) 装配要求	5.7.5	√	√
c) 烟气净化	5.7.6	√	√